Mathematik in den
Ingenieur- und
Naturwissenschaften 2

Mathematik in den Ingenieur- und Naturwissenschaften 2

Differential- und Integralrechnung, Differentialgleichungen, Integraltransformationen, Funktionen einer komplexen Variablen

Rainer Ansorge, Hans J. Oberle, Kai Rothe und Thomas Sonar

5. Auflage

WILEY-VCH
Verlag GmbH & Co. KGaA

Autoren

Rainer Ansorge
Universität Hamburg
Fachbereich Mathematik
Bundesstraße 55
20146 Hamburg

Hans J. Oberle
Universität Hamburg
Fachbereich Mathematik
Bundesstraße 55
20146 Hamburg

Kai Rothe
Universität Hamburg
Fachbereich Mathematik
Bundesstraße 55
20146 Hamburg

Thomas Sonar
Technische Universität Braunschweig
Institut für Partielle Differentialgleichungen
Universitätsplatz 2
38106 Braunschweig

5. Auflage 2020

Bibliografische Information der Deutschen Nationalbibliothek
Die Deutsche Nationalbibliothek verzeichnet diese Publikation in der Deutschen Nationalbibliografie; detaillierte bibliografische Daten sind im Internet über http://dnb.d-nb.de abrufbar.

Print ISBN 978-3-527-41375-1
ePDF ISBN 978-3-527-82290-4
ePub ISBN 978-3-527-82291-1

Umschlaggestaltung SCHULZ Grafik-Design, Fußgönheim, Deutschland
Satz le-tex publishing services GmbH, Leipzig, Deutschland
Druck und Bindung CPI Group (UK) Ltd, Croydon, CR0 4YY

Gedruckt auf säurefreiem Papier.

C9783527413751_110625

Bevollmächtigter Vertreter des Herstellers gemäß EU-Produktsicherheitsverordnung ist die Wiley-VCH GmbH, Boschstr. 12, 69469 Weinheim, Deutschland, E-Mail: Product_Safety@wiley.com.

Inhaltsverzeichnis

Vorwort zur fünften Auflage

Wie schon bei der fünften Auflage des ersten Bandes haben wir bekannt gewordene Druckfehler in diesem Band korrigiert und ansonsten nur behutsam in den Text eingegriffen. Zu Beginn konkretisieren wir noch einmal den Begriff der Stetigkeit für Funktionen mehrerer Veränderlicher bevor die Differenzierbarkeit eingeführt wird, und im Abschnitt über die Taylor-Reihe haben wir die nützliche Multiindexschreibweise eingeführt. Bei der Methode der Lagrangeschen Multiplikatoren haben wir eine geometrische Motivation gegeben. Zur Lösung linearer Differentialgleichungssysteme mit konstanten Koeffizienten geben wir neben der Jordanschen Normalform nun auch die Methode der Laplace-Transformation an, wobei wir Resultate aus einem späteren Kapitel vorziehen. Dieses Vorgehen hat sich bereits im Hörsaal bewährt.

Wir danken dem Verlag, insbesondere den Herren Dr. Preuß und Dr. Sendtko, für die uns gegebene Möglichkeit, dieses bewährte Standardlehrbuch, das sich nun bereits seit 25 Jahren auf dem Markt behauptet, erneut zu überarbeiten.

Hamburg und Braunschweig, im September 2019 *Die Verfasser*

Vorwort zur vierten Auflage

Nach der vierten Auflage des ersten Bandes, der gemeinsam mit dem ersten Aufgabenband (Band 3) im letzten Jahr erschien, liegt hiermit der zweite Band unseres Werkes zur Ingenieurmathematik in vierter Auflage vor. Dieser zweite Band erscheint gemeinsam mit dem zweiten Aufgabenband (Band 4), so dass nun das Gesamtwerk vollständig ist.

Auch dieser zweite Band wurde grundlegend überarbeitet und hat in Teilen sogar eine vollständige Neubearbeitung erfahren. Das Kap. 25 (Partielle Differentialgleichungen) wurde völlig neu strukturiert. Wir diskutieren jetzt auch schwache Lösungen im distributionellen Sinn, die in zahlreichen Anwendungen der Ingenieurwissenschaften eine Rolle spielen. Auch schwache Ableitungen und Sobolew-Räume werden eingeführt, die bei der Methode der Finiten Elemente (FEM) unverzichtbar sind. Die Kap. 26 und 27 (Numerische Behandlung linearer Evolutionsgleichungen und Numerische Behandlung linearer Randwertaufgaben) der vorhergehenden Auflagen wurden zu einem Kapitel zusammengefasst und stark gestrafft. Die numerischen Methoden für partielle Differentialgleichungen haben in den letzten Jahren so große Fortschritte gemacht, dass wir im Rahmen eines Lehrbuches zur Ingenieurmathematik nur noch einen kursorischen Überblick geben und auf die immer wachsende Zahl von Lehrbüchern verweisen können. Ebenfalls völlig neu bearbeitet und stark erweitert wurde das Kapitel über die Funktionen einer komplexen Variablen, das nun, im Gegensatz zu den vorhergehenden Auflagen, dem Kapitel zu den Integraltransformationen vorangeht. Durch diese Umstellung war es möglich, auch die Integraltransformationen intensiver und ausführlicher zu behandeln.

Wir danken unseren Studierenden herzlich für ihre konstruktive Kritik, die in diese Neuauflage eingeflossen ist. Insbesondere haben sich die Studierenden, die intensiv mit den Büchern gearbeitet haben, eine dauerhafte Fadenheftung gewünscht. Auch diesem Wunsch hat der Verlag entsprochen, wofür wir sehr dankbar sind. Besonderer Dank gebührt Frau Werner vom Verlag Wiley-VCH, die uns ihr Vertrauen entgegenbrachte, auch als wir gegen Ende etwas in zeitlichen Verzug gerieten. Möge auch diese Neuauflage den Studierenden wie auch den Ingenieurinnen und Ingenieuren in der Praxis von Nutzen sein.

Hamburg und Braunschweig, im Februar 2011 *Die Verfasser*

Vorwort zur dritten Auflage

Die erfreuliche Aufnahme, die unsere ‚Mathematik für Ingenieure' bei den Lesern gefunden hat, macht nun auch hinsichtlich des zweiten Bandes eine weitere Neuauflage notwendig.

Das Buch wurde vollständig durchgesehen, bekannt gewordene Fehler wurden beseitigt, das Stichwortverzeichnis wurde überarbeitet.

So hoffen wir, dass beide Bände und der ergänzende Aufgabenband auch weiterhin den Studierenden wie den Praktikern eine deutliche Hilfe sein werden.

Hamburg, im März 2003 *Die Verfasser*

Vorwort zur zweiten Auflage

Nach zwei Neuauflagen des ersten Bandes unserer *Mathematik für Ingenieure* erfordert nun auch der zweite Band auf Grund anhaltender Nachfrage eine weitere Auflage. Neben der Beseitigung inzwischen bemerkter Druckfehler haben wir vor allem dankbar zahlreiche Verbesserungsvorschläge der Kritik und unserer Leser verarbeitet. Auch einigen im Vorlesungsgebrauch zu Tage getretenen didaktischen und sprachlichen Ungeschicklichkeiten wurde Rechnung getragen, das Lehrbuchverzeichnis wurde aktualisiert usw. Der inzwischen als Band 3 dieses Werkes entstandene Aufgabenband ergänzt natürlich auch den Aufgabenbestand der einzelnen Abschnitte dieses Bandes durch zahlreiche weitere Problemstellungen (samt Lösungsvorschlägen).

So hoffen wir, dass insgesamt eine auch zukünftig sowohl den Bedürfnissen der Studierenden wie des Praktikers entgegenkommende seriöse Darstellung der für den Ingenieur und Naturwissenschaftler wesentlichen mathematischen Teilgebiete entstanden ist.

Nach der Übernahme des Akademie Verlages durch Wiley VCH erscheint die Neuauflage nun unter dem Namen dieses Hauses, und wir danken dem jetzigen Inhaber der Publikationsrechte für sein anhaltendes Interesse.

Hamburg, im Juni 2000 *Die Verfasser*

Vorwort

Dieser Band schließt an den ersten Band unserer *Mathematik für Ingenieure* an und widmet sich der Analysis bei mehreren reellen Veränderlichen, den Integralsätzen, gewöhnlichen und partiellen Differentialgleichungen, der Optimierung, den Speziellen Funktionen, Integraltransformationen und der Funktionentheorie einer komplexen Variablen.

Natürlich ermöglichen diese Hilfsmittel zusammen mit den fortgeschrittenen Kenntnissen der Studierenden in ihren jeweiligen technischen Hauptfächern nun auch in stärkerem Maße als im ersten Band motivierende Modellbildungen aus ingenieurwissenschaftlichen Bereichen.

Wiederum werden nahezu alle angesprochenen mathematischen Teilgebiete durch Einführung in zugehörige numerische Methoden und durch Übungsaufgaben ergänzt.

Hinsichtlich des didaktischen Konzepts verweisen wir auf das Vorwort im ersten Band. Der dort ausgesprochene Dank an all jene Damen und Herren, die das Erscheinen des Werkes erst ermöglicht haben, gilt natürlich für diesen zweiten Band unverändert fort.

Hamburg, im Januar 1994 *Die Verfasser*

17
Differentialrechnung mehrerer Variabler

In diesem Abschnitt behandeln wir die Differentialrechnung von Funktionen mit mehreren unabhängigen Veränderlichen. Die Funktionswerte mögen dabei Skalare oder allgemeiner Vektoren in einem endlichdimensionalen, normierten Vektorraum sein.

Wie auch bei Funktionen $f : D \to \mathbb{R}$ in einer Variablen, d. h. $D \subset \mathbb{R}$, geht der Differenzierbarkeit von Funktionen in mehreren Veränderlichen die Stetigkeit voraus, die wir im ersten Band in Abschn. 9.1 allgemein definiert hatten. Wie in Definition 9.6 kann die Stetigkeit als Folgenstetigkeit definiert werden. Ist $D \subset \mathbb{R}^n$ und $\boldsymbol{f} : D \to \mathbb{R}^m$, dann heißt $\boldsymbol{f}$ stetig an einem inneren Punkt $\boldsymbol{x}^0 \in D$, wenn

$$\lim_{\boldsymbol{x}\to\boldsymbol{x}^0} \boldsymbol{f}(\boldsymbol{x}) = \boldsymbol{f}(\boldsymbol{x}^0)$$

für alle gegen $\boldsymbol{x}^0$ konvergenten Vektorfolgen aus D gilt. Das ε-δ-Kriterium (Satz 9.7) der Stetigkeit lautet

$$\forall \varepsilon > 0 \colon \quad \exists \delta > 0 \colon \quad \forall \boldsymbol{x} \in D \colon \quad \|\boldsymbol{x} - \boldsymbol{x}^0\|_{\mathbb{R}^n} < \delta \quad \Rightarrow \quad \|\boldsymbol{f}(\boldsymbol{x}) - \boldsymbol{f}(\boldsymbol{x}^0)\|_{\mathbb{R}^m} < \varepsilon \, ,$$

wobei wir an den Normen die jeweiligen Räume notiert haben. Verwenden wir in $\mathbb{R}^n$ und $\mathbb{R}^m$ jeweils die euklidische Norm (in endlichdimensionalen Räumen sind alle Normen äquivalent), dann lautet das ε-δ-Kriterium

$$\forall \varepsilon > 0 \colon \quad \exists \delta > 0 \colon \quad \forall \boldsymbol{x} \in D \colon$$
$$\left(\sum_{i=1}^{n} \left(x_i - x_i^0\right)^2 \right)^{1/2} < \delta \quad \Rightarrow \quad \left(\sum_{i=1}^{m} \left(f_i(\boldsymbol{x}) - f_i(\boldsymbol{x}^0)\right)^2 \right)^{1/2} < \varepsilon \, .$$

Mehr noch als im Fall von reellen Funktionen einer Veränderlichen ist der Nachweis der Stetigkeit einer Funktion mehrerer Variablen mit Hilfe des ε-δ-Kriterium eine Kunst, die in der Regel nur für sehr einfache Funktionen gelingt.

Als einfaches Beispiel soll uns die Funktion $f : \mathbb{R}^2 \to \mathbb{R}$ aus Beispiel 17.7,

$$f(x, y) := \begin{cases} \dfrac{xy}{(x^2 + y^2)^2} \, ; & \boldsymbol{x} \neq \boldsymbol{0} \, , \\ 0 \, ; & \boldsymbol{x} = \boldsymbol{0} \end{cases}$$

Mathematik in den Ingenieur- und Naturwissenschaften 2, 5. Aufl.
Rainer Ansorge, Hans J. Oberle, Kai Rothe und Thomas Sonar.

dienen, wobei wir $\boldsymbol{x} = (x, y)^{\mathrm{T}}$ geschrieben haben. Diese Funktion ist im Punkt $\boldsymbol{x}^0 = (x^0, y^0)^{\mathrm{T}} = \mathbf{0}$ *nicht* stetig, was wir mit dem Folgenkriterium zeigen wollen. Der Funktionswert bei $\boldsymbol{x}^0$ ist nach Definition $f(\boldsymbol{x}^0) = f(\mathbf{0}) = 0$, aber für die Folge

$$\boldsymbol{x}_n := \begin{pmatrix} 1/n \\ 1/n \end{pmatrix},$$

die offenbar gegen $\boldsymbol{x}^0 = \mathbf{0}$ konvergiert, folgt

$$f(\boldsymbol{x}_n) = \frac{x_n y_n}{\left(x_n^2 + y_n^2\right)^2} = \frac{\frac{1}{n^2}}{\left(\frac{1}{n^2} + \frac{1}{n^2}\right)^2} = \frac{n^4}{4n^2} = \frac{1}{4}n^2 \to \infty , \quad (n \to \infty) .$$

In Abschn. 9.2 des ersten Bandes haben wir den Ableitungsbegriff sowohl für skalare, wie auch für vektorwertige Funktionen *einer* reellen Variablen kennengelernt.

Ist $f : \mathbb{R} \supset D \to \mathbb{R}$ eine skalare Funktion, so ist die Ableitung an einem inneren Punkt x_0 des Definitionsbereichs D, vgl. Definition 9.1, definiert durch den Grenzwert

$$f'(x_0) := \lim_{x \to x_0} \frac{f(x) - f(x_0)}{x - x_0} .$$

Dieser Wert gibt die Steigung der Tangente an den Funktionsgraphen

$$\mathrm{graph}(f) := \{(x, f(x))^{\mathrm{T}} : x \in D\}$$

im Punkt $(x_0, f(x_0))^{\mathrm{T}}$ an.

Ist $\boldsymbol{f} : \mathbb{R} \supset D \to \mathbb{R}^m$ nun eine vektorwertige Funktion einer skalaren, unabhängigen Variablen x, also $\boldsymbol{f} = (f_1, \ldots, f_m)^{\mathrm{T}}$, so lässt sich die Ableitung (bei gleicher Definition wie oben) einfach komponentenweise berechnen:

$$\boldsymbol{f}'(x_0) = \left(f_1'(x_0), \ldots, f_m'(x_0)\right)^{\mathrm{T}} .$$

Geometrisch beschreibt die Ableitung $\boldsymbol{f}'(x_0)$ in diesem Fall den Geschwindigkeitsvektor der *Kurve* $x \mapsto \boldsymbol{f}(x)$ im Punkt x_0. Die unabhängige Variable wird hierbei als Zeit interpretiert.

Für die Übertragung des Ableitungsbegriffs auf Funktionen mit mehreren unabhängigen Variablen ist diese Interpretation jedoch nicht sinnvoll. Die unabhängige Variable $\boldsymbol{x}$ spielt dann eher die Rolle eines Ortsvektors. Dagegen ist die folgende Interpretation der Ableitung $\boldsymbol{f}'(x_0)$ in diesem Fall nützlich:

Ist $f : \mathbb{R} \supset D \to \mathbb{R}$ eine skalare, differenzierbare Funktion und ist $x_0 \in D^0$ ein innerer Punkt des Definitionsbereichs D, so ist $f'(x_0)$ die eindeutig bestimmte Zahl $a \in \mathbb{R}$, für die die affin-lineare Funktion (Tangente) $\ell(x) := a(x - x_0) + f(x_0)$ die Funktion f in der Nähe von x_0 „am besten" approximiert, d. h., genau für $a = f'(x_0)$ gilt

$$\lim_{x \to x_0} \frac{f(x) - \ell(x)}{|x - x_0|} = \lim_{x \to x_0} \frac{f(x) - f(x_0) - a(x - x_0)}{|x - x_0|} = 0 .$$

Mit Hilfe des Landau-Symbols, vgl. Definition 9.20, lässt sich diese Beziehung auch folgendermaßen schreiben:

$$f(x) - f(x_0) - a(x - x_0) = o(x - x_0)\,.$$

Diese Charakterisierung der Ableitung $f'(x_0)$ lässt sich nun ohne großen Mühe auch auf Funktionen mit Vektorargumenten übertragen.

Bevor wir diesen Weg in Abschn. 17.2 weiter verfolgen werden, sehen wir uns zunächst eine andere, naheliegende Vorgehensweise an. Hierbei friert man zur Differentiation nach dem Vektor $\boldsymbol{x} \in \mathbb{R}^n$ alle Komponenten von $\boldsymbol{x}$ bis auf eine Komponente ein und differenziert nun nach dieser verbliebenen skalaren Variablen x_i. Auf diese Weise erhält man nun n verschiedene Ableitungen, nämlich für jede der Variablen x_i, $i = 1, \dots, n$, nach denen differenziert wird. Welche Bedeutung haben diese *partiellen* Ableitungen und in welchen Zusammenhang stehen sie zu der oben beschriebenen Approximationseigenschaft an die Funktion f?

17.1 Partielle Ableitungen

Gegeben sei eine Funktion $f : \mathbb{R}^n \supset D \to \mathbb{R}$ in n Variablen $(x_1, \dots, x_n)$.

Halten wir alle Variablen $x_1, \dots, x_{i-1}$ und $x_{i+1}, \dots, x_n$ fest und differenzieren nun nach der verbleibenden Variablen x_i, so ergeben sich die **partiellen Ableitungen** von f.

Definition (17.1)
Sei $D \subset \mathbb{R}^n$ offen, $f : D \to \mathbb{R}$ und $\boldsymbol{x}^0 \in D$.

a) f heißt in $\boldsymbol{x}^0$ nach der i-ten Koordinate x_i **partiell differenzierbar**, falls der Grenzwert

$$\begin{aligned}\frac{\partial f}{\partial x_i}(\boldsymbol{x}^0) &:= \lim_{t\to 0} \frac{f\left(\boldsymbol{x}^0 + t\boldsymbol{e}_i\right) - f(\boldsymbol{x}^0)}{t}\\ &= \lim_{t\to 0} \frac{f\left(x_1^0, \dots, x_i^0 + t, \dots, x_n^0\right) - f\left(x_1^0, \dots, x_i^0, \dots, x_n^0\right)}{t}\end{aligned}$$

existiert. $\boldsymbol{e}_i$ bezeichnet hierbei den i-ten Einheitsvektor, $i = 1, \dots, n$.
Der Grenzwert $\frac{\partial f}{\partial x_i}(\boldsymbol{x}^0)$ heißt die **partielle Ableitung** von f nach der Variablen x_i im Punkt $\boldsymbol{x}^0 \in D$, vgl. Abb. 17.1.

b) Ist f in allen Punkten $\boldsymbol{x}^0 \in D$ partiell differenzierbar nach x_i, so heißt f **partiell differenzierbar nach der Koordinate x_i** und $\frac{\partial f}{\partial x_i}$ bezeichnet die Abbildung $\boldsymbol{x}^0 \mapsto \frac{\partial f}{\partial x_i}(\boldsymbol{x}^0)$.
Trifft dies ferner für alle Koordinaten x_i, $i = 1, \dots, n$, zu, so heißt die Funktion f **partiell differenzierbar.**
Sind darüber hinaus sämtliche partiellen Ableitungen $\frac{\partial f}{\partial x_i}$, $i = 1, \dots, n$, auf dem Definitionsbereich D stetig, so heißt f **stetig partiell differenzierbar**, oder eine **C^1-Funktion** auf D.

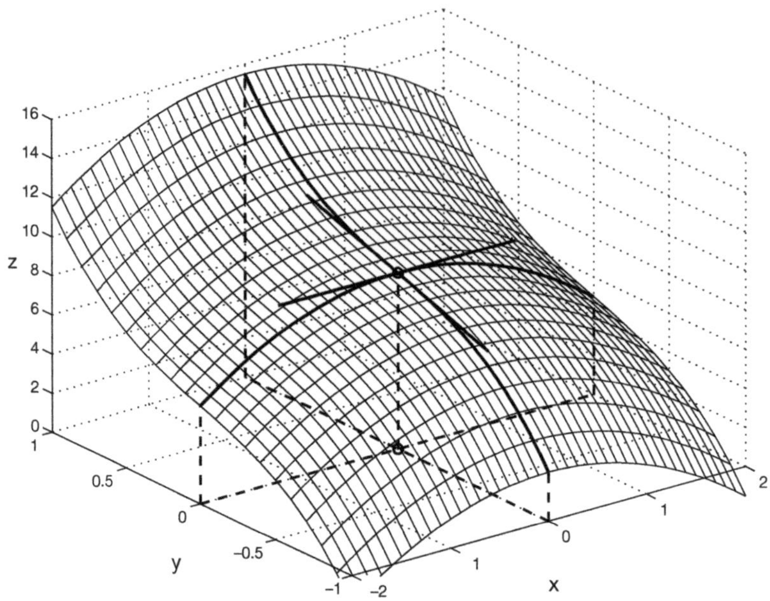

Abb. 17.1 Partielle Ableitungen einer Funktion $z = f(x, y)$.

Bemerkungen (17.2)

a) $\frac{\partial f}{\partial x_i}(\boldsymbol{x}^0)$ ist gerade die übliche eindimensionale Ableitung der „partiellen" Funktion

$$x_i \mapsto f\left(x_1^0, \dots, x_{i-1}^0, x_i, x_{i+1}^0, \dots, x_n^0\right)$$

an der Stelle x_i^0.

b) Sind die Funktionen f und g auf der offenen Menge $D \subset \mathbb{R}^n$ partiell differenzierbar, so gelten die üblichen **Differentiationsregeln**:

$$\frac{\partial}{\partial x_i}(\alpha f(\boldsymbol{x}) + \beta g(\boldsymbol{x})) = \alpha \frac{\partial f}{\partial x_i}(\boldsymbol{x}) + \beta \frac{\partial g}{\partial x_i}(\boldsymbol{x}), \quad \alpha, \beta \in \mathbb{R},$$

$$\frac{\partial}{\partial x_i}(f(\boldsymbol{x}) \cdot g(\boldsymbol{x})) = \frac{\partial f}{\partial x_i}(\boldsymbol{x}) \cdot g(\boldsymbol{x}) + f(\boldsymbol{x}) \cdot \frac{\partial g}{\partial x_i}(\boldsymbol{x}),$$

$$\frac{\partial}{\partial x_i}\left(\frac{f(\boldsymbol{x})}{g(\boldsymbol{x})}\right) = \frac{\frac{\partial f}{\partial x_i}(\boldsymbol{x}) \cdot g(\boldsymbol{x}) - f(\boldsymbol{x}) \cdot \frac{\partial g}{\partial x_i}(\boldsymbol{x})}{g(\boldsymbol{x})^2}, \quad g(\boldsymbol{x}) \neq 0.$$

c) Für die partielle Ableitung $\frac{\partial f}{\partial x_i}(\boldsymbol{x})$ sind auch die Bezeichnungen $D_i f(\boldsymbol{x}^0)$ und $f_{x_i}(\boldsymbol{x}^0)$ gebräuchlich.

Beispiele (17.3)

a) Die Funktion $f: \mathbb{R}^3 \to \mathbb{R}$ mit $f(x, y, z) := 3xz + y\sin(x) + ze^y$ ist auf $\mathbb{R}^3$ stetig partiell differenzierbar mit

$$\frac{\partial f}{\partial x} = 3z + y\cos(x)\,, \qquad \frac{\partial f}{\partial y} = \sin(x) + ze^y\,, \qquad \frac{\partial f}{\partial z} = 3x + e^y$$

b) Der Schalldruck einer räumlich eindimensionalen Schallwelle ist gegeben durch die Funktion

$$p(x, t) := A\sin(\alpha x - \omega t)\,.$$

Die partielle Ableitung $\frac{\partial p}{\partial x} = \alpha A\cos(\alpha x - \omega t)$ beschreibt dann zu einem festen Zeitpunkt t die örtliche Änderung des Schalldrucks. Analog beschreibt $\frac{\partial p}{\partial t} = -\omega A\cos(\alpha x - \omega t)$ an einem festen Ort x die zeitliche Änderung des Schalldrucks.

c) Die Zustandsgleichung eines idealen Gases lautet $pV = RT$. Dabei ist p der Druck, V das Volumen und T die (absolute) Temperatur des Gases. Ferner bezeichnet R die universelle Gaskonstante.
Jede der drei Größen p, V und T lässt sich vermöge der obigen Zustandsgleichung als Funktion der beiden anderen Variablen auffassen:

$$p = p(V, T) = \frac{RT}{V}\,, \qquad V = V(p, T) = \frac{RT}{p}\,, \qquad T = T(p, V) = \frac{pV}{R}\,.$$

Durch Berechnung der zugehörigen partiellen Ableitungen und unter Verwendung der Zustandsgleichung lässt sich folgern:

$$\frac{\partial V}{\partial p} \cdot \frac{\partial p}{\partial T} = -\frac{\partial V}{\partial T}\,.$$

Definition (17.4)

Sei $D \subset \mathbb{R}^n$ offen, $f: D \to \mathbb{R}$ sei im Punkt $\boldsymbol{x}^0 \in D$ (nach allen Koordinaten) partiell differenzierbar. Der Vektor

$$\nabla f(\boldsymbol{x}^0) := \left(\frac{\partial f}{\partial x_1}(\boldsymbol{x}^0), \ldots, \frac{\partial f}{\partial x_n}(\boldsymbol{x}^0)\right)^{\mathrm{T}}$$

heißt der **Gradient** der Funktion f im Punkt $\boldsymbol{x}^0$.

Dabei wird der symbolische Vektor $\nabla := (\frac{\partial}{\partial x_1}, \ldots, \frac{\partial}{\partial x_n})^{\mathrm{T}}$ **Nabla-Operator** genannt. Er ist nach der Form eines hebräischen Musikinstrumentes benannt.

Für den Gradienten ist mitunter auch die Schreibweise $\operatorname{grad} f(\boldsymbol{x}^0) := \nabla f(\boldsymbol{x}^0)^{\mathrm{T}}$ als Zeilenvektor gebräuchlich. Wir werden im Folgenden beide Schreibweisen verwenden.

Bemerkung (17.5)
Sind die Funktionen $f, g\colon \mathbb{R}^n \supset D \to \mathbb{R}$ auf der offenen Menge D partiell differenzierbar, so gelten die folgenden **Differentiationsregeln:**

$$\begin{aligned}\nabla(\alpha f + \beta g) &= \alpha \nabla f + \beta \nabla g \\ \nabla(f \cdot g) &= g \cdot \nabla f + f \cdot \nabla g \\ \nabla\left(\frac{f}{g}\right) &= \frac{g \cdot \nabla f - f \cdot \nabla g}{g^2}\,, \quad g(\boldsymbol{x}) \neq 0\,.\end{aligned}$$

Beispiele (17.6)

a) Für die Funktion $f(x, y) := \mathrm{e}^x \cdot \sin y$ erhält man

$$\nabla f(x, y) = (\mathrm{e}^x \sin y, \mathrm{e}^x \cos y)^{\mathrm{T}} = \mathrm{e}^x(\sin y, \cos y)^{\mathrm{T}}\,.$$

b) Es bezeichne $r(\boldsymbol{x}) := \|\boldsymbol{x}\|_2 := \sqrt{x_1^2 + x_2^2 + \ldots + x_n^2}$ die euklidische Norm des Vektors $\boldsymbol{x}$. Durch Differentiation ergibt sich

$$\frac{\partial r}{\partial x_i} = \frac{2x_i}{2\sqrt{x_1^2 + \ldots + x_n^2}} = \frac{x_i}{r}\,, \quad \boldsymbol{x} \neq \boldsymbol{0}$$

und damit $\nabla r = \frac{\boldsymbol{x}}{r}$, $\boldsymbol{x} \neq \boldsymbol{0}$.

c) In Verallgemeinerung des Beispiels b) erhält man mittels der Kettenregel für $k \in \mathbb{Z}$:

$$\nabla r^k = k r^{k-1} \nabla r = k r^{k-2} \boldsymbol{x}\,, \quad \boldsymbol{x} \neq \boldsymbol{0}\,.$$

d) Wir betrachten zwei Körper (Satellit und Erde) mit den Massen m und M. Der kleine Körper befinde sich in $\boldsymbol{x} \in \mathbb{R}^3 \setminus \{\boldsymbol{0}\}$, der große Körper im Ursprung. Beide Körper werden durch die Gravitation angezogen. Das Gravitationskraftfeld, dass auf den Körper in $\boldsymbol{x}$ wirkt, ist gegeben durch $\boldsymbol{K} = -\gamma m M \boldsymbol{x}/r^3$. Dabei ist γ die Gravitationskonstante. Aufgrund der Beziehung c) sehen wir nun, dass es eine Funktion Φ gibt, nämlich $\Phi(\boldsymbol{x}) := \gamma m M/r$, für die $\nabla \Phi = \boldsymbol{K}$ auf $\mathbb{R}^3 \setminus \{\boldsymbol{0}\}$ gilt. Man sagt, Φ ist ein Potential für das Gravitationsfeld $\boldsymbol{K}$.

Erstaunlicherweise lassen sich jedoch nicht alle Eigenschaften der Differentialrechnung einer Variablen ohne Weiteres auf den Fall partieller Ableitungen von Funktionen mehrerer Veränderlichen übertragen. So genügt beispielsweise die partielle Differenzierbarkeit i. Allg. nicht, um hiermit die Stetigkeit einer Funktion $f(x_1, \ldots, x_n)$ garantieren zu können. Man vergleiche dagegen Satz 9.23a) für Funktionen einer Variablen.

Beispiel (17.7)
Sei die Funktion $f\colon \mathbb{R}^2 \to \mathbb{R}$, gegeben durch

$$f(x, y) := \begin{cases} \dfrac{xy}{(x^2 + y^2)^2}\,, & \text{für} \quad (x, y) \neq (0, 0) \\ 0\,, & \text{für} \quad (x, y) = (0, 0)\,, \end{cases}$$

f ist auf ganz $\mathbb{R}^2$ partiell differenzierbar mit $f_x(0,0) = f_y(0,0) = 0$, sowie

$$\frac{\partial f}{\partial x} = \frac{y}{(x^2+y^2)^2} - 4\frac{x^2 y}{(x^2+y^2)^3}\,,$$
$$\frac{\partial f}{\partial y} = \frac{x}{(x^2+y^2)^2} - 4\frac{x y^2}{(x^2+y^2)^3}$$

für $(x, y) \neq (0, 0)$.

Andererseits ist die Funktion f aber in $(x_0, y_0) = (0, 0)$ **nicht stetig**! Wir haben bereits zu Anfang des Kapitels gesehen, dass der Grenzwert der Folge $f(1/n, 1/n)$ für $n \to \infty$ die Unstetigkeit in $(x_0, y_0) = (0, 0)$ zeigt.

Um aus der partiellen Differenzierbarkeit einer Funktion auf deren Stetigkeit schließen zu können, benötigt man eine zusätzliche Eigenschaft, beispielsweise die Beschränktheit aller partiellen Ableitungen dieser Funktion. Diese Bedingung ist gerade in Beispiel 17.7 verletzt!

Satz (17.8)
Ist $f : \mathbb{R}^n \supset D \to \mathbb{R}$ in einer Umgebung eines inneren Punktes $\boldsymbol{x}^0 \in D$ partiell differenzierbar und sind die partiellen Ableitungen $\frac{\partial f}{\partial x_i}$, $i = 1, \ldots, n$, dort beschränkt, so ist f im Punkt $\boldsymbol{x}^0$ stetig.

Beweis.
Zu einem hinreichend kleinen $\varepsilon > 0$ und $\|\boldsymbol{x} - \boldsymbol{x}^0\|_\infty < \varepsilon$ bilden wir:

$$\begin{aligned}
f(\boldsymbol{x}) - f(\boldsymbol{x}^0) &= \left[f(x_1, \ldots, x_n) - f\left(x_1, \ldots, x_{n-1}, x_n^0\right)\right] \\
&\quad + \left[f\left(x_1, \ldots, x_{n-1}, x_n^0\right) - f\left(x_1, \ldots, x_{n-1}^0, x_n^0\right)\right] \\
&\quad \vdots \\
&\quad + \left[f\left(x_1, x_2^0, \ldots, x_n^0\right) - f\left(x_1^0, x_2^0, \ldots, x_n^0\right)\right] .
\end{aligned}$$

Für jede der obigen Differenzen betrachten wir f als Funktion nur einer Variablen, nämlich: $f(x_1, \ldots, x_{n-1}, \cdot\,)$, $f(x_1, \ldots, x_{n-2}, \cdot\,, x_n^0), \ldots, f(\,\cdot\,, x_2^0, \ldots, x_n^0)$. Alle diese partiellen Funktionen einer Variablen sind nach Voraussetzung differenzierbar und damit auch stetig in der Nähe von x_j^0, $j = n, n-1, \ldots, 1$. Somit lässt sich auf die obigen Differenzen jeweils der erste Mittelwertsatz, vgl. Satz 10.8, anwenden und man erhält mit geeigneten Zwischenstellen $\xi_1, \ldots, \xi_n$:

$$\begin{aligned}
f(\boldsymbol{x}) - f(\boldsymbol{x}^0) &= \frac{\partial f}{\partial x_n}(x_1, \ldots, x_{n-1}, \xi_n)\ \left(x_n - x_n^0\right) \\
&\quad + \frac{\partial f}{\partial x_{n-1}}\ \left(x_1, \ldots, x_{n-2}, \xi_{n-1}, x_n^0\right)\ \left(x_{n-1} - x_{n-1}^0\right) \\
&\quad \vdots \\
&\quad + \frac{\partial f}{\partial x_1}\ \left(\xi_1, x_2^0, \ldots, x_n^0\right)\ \left(x_1 - x_1^0\right) .
\end{aligned}$$

Nun sind die partiellen Ableitungen nach Voraussetzung in der Umgebung $\|\boldsymbol{x} - \boldsymbol{x}^0\|_\infty < \varepsilon$ beschränkt: Man erhält daher aus der obigen Relation eine Abschätzung der Form:

$$|f(\boldsymbol{x}) - f(\boldsymbol{x}^0)| \leq C_1\,|x_1 - x_1^0| + \ldots + C_n\,|x_n - x_n^0|\,.$$

Daher folgt $f(\boldsymbol{x}) \to f(\boldsymbol{x}^0)$ für $\|\boldsymbol{x} - \boldsymbol{x}^0\|_\infty \to 0$, also die Stetigkeit von f in $\boldsymbol{x}^0$. ■

Bemerkung (17.9)
Die Voraussetzungen des Satzes 17.8 sind erfüllt, falls f **stetig** partiell differenzierbar ist. Die partiellen Ableitungen $\frac{\partial f}{\partial x_i}$, $i = 1, \ldots, n$, sind dann nämlich aufgrund der Min-Max-Eigenschaft von stetigen Funktionen, vgl. Satz 9.13, auf einem Kompaktum $\|\boldsymbol{x} - \boldsymbol{x}^0\|_\infty \leq \varepsilon$ beschränkt!

Stetig partiell differenzierbare Funktionen sind mithin immer auch stetig.

Höhere Ableitungen

Definition (17.10)
Eine skalare Funktion f sei auf einer offenen Menge $D \subset \mathbb{R}^n$ partiell differenzierbar. Die partiellen Ableitungen sind dann selbst wieder Funktionen $\frac{\partial f}{\partial x_i}: D \to \mathbb{R}$, und wir können uns fragen, ob diese wiederum partiell differenzierbar sind. Ist dies der Fall, so erhalten wir hiermit die **partiellen Ableitungen zweiter Ordnung** der Funktion f.

Induktiv definieren wir für $i_1, \ldots, i_k \in \{1, \ldots, n\}$:

$$\frac{\partial^2 f}{\partial x_j \partial x_i} := \frac{\partial}{\partial x_j}\left(\frac{\partial f}{\partial x_i}\right)$$

$$\frac{\partial^k f}{\partial x_{i_k} \partial x_{i_{k-1}} \ldots \partial x_{i_1}} := \frac{\partial}{\partial x_{i_k}}\left(\frac{\partial^{k-1} f}{\partial x_{i_{k-1}} \ldots \partial x_{i_1}}\right), \quad k \geq 2\,.$$

Die Funktion f heißt ***k*-fach partiell differenzierbar**, falls alle partiellen Ableitungen der Ordnung k

$$\frac{\partial^k f}{\partial x_{i_k} \partial x_{i_{k-1}} \ldots \partial x_{i_1}} = D_{i_k} D_{i_{k-1}} \ldots D_{i_1} f = f_{x_{i_1} \ldots x_{i_k}}\,, \ \{i_1, \ldots, i_k\} \subset \{1, \ldots, n\}$$

gemäß der obigen Definition auf D existieren.

Sind diese partiellen Ableitungen zudem alle stetig, so heißt die Funktion f ***k*-fach stetig partiell differenzierbar**, oder eine **C^k-Funktion** auf D, $k = 1, 2, 3 \ldots$

Darüber hinaus werden stetige Funktionen üblicherweise auch als **C^0-Funktionen** bezeichnet. Ferner heißen Funktionen, die beliebig oft stetig partiell differenzierbar sind, **C^∞-Funktionen**.

Für C^2-Funktionen ist die Reihenfolge, in der die partiellen Ableitungen zweiter Ordnung berechnet werden, unerheblich. So erhält man beispielsweise für die Funktion $f(x, y) := x^3 \sin y + x^4 y^2$

$$\frac{\partial^2 f}{\partial x\,\partial y}(x, y) = \frac{\partial}{\partial x}(x^3 \cos y + 2x^4 y) = 3x^2 \cos y + 8x^3 y$$
$$\frac{\partial^2 f}{\partial y\,\partial x}(x, y) = \frac{\partial}{\partial y}(3x^2 \sin y + 4x^3 y^2) = 3x^2 \cos y + 8x^3 y\,.$$

Tatsächlich ist aber die Stetigkeit der partiellen Ableitungen hierbei eine unentbehrliche Voraussetzung.

Satz (17.11): Vertauschbarkeitssatz von Schwarz[1]
Ist $f : \mathbb{R}^n \supset D \to \mathbb{R}$ eine C^2-Funktion auf der offenen Menge D, so gilt für alle $i, j \in \{1, \ldots, n\}$

$$\frac{\partial^2 f}{\partial x_j\,\partial x_i}(\boldsymbol{x}) = \frac{\partial^2 f}{\partial x_i\,\partial x_j}(\boldsymbol{x})\,, \quad \forall \boldsymbol{x} \in D\,.$$

Beweis.
Da für die Aussage des Satzes offenbar nur die Koordinaten x_i und x_j eine Rolle spielen, genügt es, o. B. d. A. den Fall $n = 2$ sowie $i = 1$ und $j = 2$ zu betrachten.

Sei also $(x^0, y^0) \in D$ und $\varepsilon > 0$ so klein gewählt, dass

$$Q := \{(x, y) : |x - x^0| \le \varepsilon \wedge |y - y^0| \le \varepsilon\} \subset D\,.$$

Für $(x, y) \in Q$ mit $x \neq x^0$ und $y \neq y^0$ berechnen wir den Ausdruck

$$A(x, y) := f(x, y) - f(x^0, y) - f(x, y^0) + f(x^0, y^0)\,.$$

Unter zweifacher Anwendung des Mittelwertsatzes in einer Variablen finden wir

$$\begin{aligned}
A(x, y) &= (f(x, y) - f(x^0, y)) - (f(x, y^0) - f(x^0, y^0)) \\
&=: Z_1(y) - Z_1(y^0) \\
&= Z_1'(\eta_1)(y - y^0) \\
&= \left(\frac{\partial f}{\partial y}(x, \eta_1) - \frac{\partial f}{\partial y}(x^0, \eta_1)\right)(y - y^0) \\
&= \frac{\partial^2 f}{\partial x\,\partial y}(\xi_1, \eta_1)(x - x^0)(y - y^0)
\end{aligned}$$

mit Zwischenwerten $\xi_1 = x^0 + \theta_1(x - x^0)$ und $\eta_1 = y^0 + \widetilde{\theta}_1(y - y^0), 0 < \theta_1, \widetilde{\theta}_1 < 1$.

1) Hermann Amandus Schwarz (1843–1921); Halle, Zürich, Göttingen, Berlin.

Eine andere Zusammenfassung der Terme in $A(x, y)$ ergibt

$$\begin{aligned}
A(x, y) &= (f(x, y) - f(x, y^0)) - (f(x^0, y) - f(x^0, y^0)) \\
&=: Z_2(x) - Z_2(x^0) \\
&= Z_2'(\xi_2)(x - x^0) \\
&= \left(\frac{\partial f}{\partial x}(\xi_2, y) - \frac{\partial f}{\partial x}(\xi_2, y^0) \right)(x - x^0) \\
&= \frac{\partial^2 f}{\partial y\, \partial x}(\xi_2, \eta_2)(x - x^0)(y - y^0)
\end{aligned}$$

mit Zwischenwerten $\xi_2 = x^0 + \theta_2(x - x^0)$ und $\eta_2 = y^0 + \widetilde{\theta}_2(y - y^0)$, $0 < \theta_2, \widetilde{\theta}_2 < 1$.
Da $x \neq x^0$ und $y \neq y^0$ vorausgesetzt wurde, folgt

$$\frac{\partial^2 f}{\partial x\, \partial y}(\xi_1, \eta_1) = \frac{\partial^2 f}{\partial y\, \partial x}(\xi_2, \eta_2)\,.$$

Bilden wir nun den Grenzwert dieser Ausdrücke für $(x, y) \to (x^0, y^0)$, so erhält man aufgrund der Stetigkeit der zweiten partiellen Ableitungen

$$\frac{\partial^2 f}{\partial x\, \partial y}(x^0, y^0) = \frac{\partial^2 f}{\partial y\, \partial x}(x^0, y^0)\,.$$

■

Folgerung (17.12)
Ist f eine C^k-Funktion, $k \geq 2$, so kann man die Reihenfolge der Differentiationen zur Berechnung der partiellen Ableitungen von f bis zur k-ten Ordnung beliebig vertauschen

$$\frac{\partial^k f}{\partial x_{i_k} \partial x_{i_{k-1}} \ldots \partial x_{i_1}} = \frac{\partial^k f}{\partial x_{j_k} \partial x_{j_{k-1}} \ldots \partial x_{j_1}}\,,$$

wobei $(j_1, \ldots, j_k)$ eine beliebige Permutation von $(i_1, \ldots, i_k)$ ist.

Beispiele (17.13)

a) Dass die Stetigkeit der partiellen Ableitungen eine wichtige Voraussetzung für Vertauschbarkeit der Ableitungsreihenfolge ist, zeigt das folgende Beispiel. Die Funktion

$$f(x, y) := \begin{cases} xy\dfrac{x^2 - y^2}{x^2 + y^2}\,, & \text{für} \quad (x, y) \neq (0, 0) \\ 0\,, & \text{für} \quad (x, y) = (0, 0) \end{cases}$$

ist auf $\mathbb{R}^2$ stetig und zweifach partiell differenzierbar. Eine explizite Berechnung der partiellen Ableitungen erster und zweiter Ordnung ergibt jedoch

$$\begin{aligned}
f_{xy}(0, 0) &= \frac{\partial^2 f}{\partial y\, \partial x}(0, 0) = -1 \\
f_{yx}(0, 0) &= \frac{\partial^2 f}{\partial x\, \partial y}(0, 0) = +1\,.
\end{aligned}$$

b) Will man für die Funktion

$$f(x, y, z) := y^2 z \sin(x^3) + (\cosh y + 17\, e^{x^2}) z^2$$

die partielle Ableitung dritter Ordnung f_{xyz} berechnen, so kann man aufgrund des Satzes von Schwarz zunächst nach z differenzieren:

$$f_{xyz} = \frac{\partial^2}{\partial x\, \partial y}[y^2 \sin(x^3)] + 2z \cdot \frac{\partial^2}{\partial x\, \partial y}[\cosh y + 17 e^{x^2}] = 6yx^2 \cos(x^3).$$

Viele physikalische und ingenieurwissenschaftliche Probleme führen auf sogenannte **partielle Differentialgleichungen zweiter Ordnung**. Dies sind Gleichungen, in denen neben der gesuchten Funktion (mit physikalischer Bedeutung Druck, Temperatur, ...) auch deren partielle Ableitungen nach Ort und Zeit bis zur zweiten Ordnung auftreten. Eine besondere Bedeutung kommt dabei dem sogenannten **Laplace**[2)]**-Operator** in den Ortsvariablen $x_1, \dots, x_n$ zu, der folgendermaßen definiert wird

$$\Delta := \sum_{i=1}^{n} \frac{\partial^2}{\partial x_i^2}. \tag{17.1}$$

Für eine skalare Funktion $u = u(\boldsymbol{x}, t)$, die vom Ort $\boldsymbol{x} = (x_1, \dots, x_n)^T$ und der Zeit t abhängt, ist also

$$\Delta u = \sum_{i=1}^{n} \frac{\partial^2 u}{\partial x_i^2} = u_{x_1 x_1} + \dots + u_{x_n x_n}. \tag{17.2}$$

So lassen sich beispielsweise die Transversalschwingungen einer Membran, die Ausbreitung von Schallwellen und auch andere Schwingungsprobleme durch eine skalare Funktion $u = u(\boldsymbol{x}, t)$ beschreiben, die der sogenannten **Wellengleichung**

$$\Delta u(\boldsymbol{x}, t) - \frac{1}{c^2} u_{tt}(\boldsymbol{x}, t) = 0 \tag{17.3}$$

genügt. Die Konstante c ist hierbei die Wellengeschwindigkeit. Die Ableitungen des Laplace-Operators wirken dabei wie in (17.2) nur auf die Ortsvariablen $\boldsymbol{x}$.

Die Temperaturverteilung in einem isotropen, starren Körper wird durch die sogenannte **Wärmeleitungsgleichung**

$$\Delta u(\boldsymbol{x}, t) - \frac{1}{k} u_t(\boldsymbol{x}, t) = \varphi(\boldsymbol{x}, t) \tag{17.4}$$

beschrieben. Hierbei bezeichnet $u(\boldsymbol{x}, t)$ die (normierte) Temperatur des Körpers am Ort $\boldsymbol{x}$ und zur Zeit t. $\varphi(\boldsymbol{x}, t)$ steht für die Dichte von zusätzlichen Wärmequellen, und k bezeichnet die innere Temperaturleitfähigkeit. Genauer gilt $k = \lambda/(\rho c)$ mit λ: Wärmeleitfähigkeit, ρ: Dichte und c: spezifische Wärme. Wiederum wirken die Ableitungen des Laplace-Operators nur auf die Ortsvariablen.

2) Pierre Simon Marquis de Laplace (1749–1827); Paris.

Betrachtet man die beiden Gln. (17.3) und (17.4) im homogenen und stationären Fall, also $\varphi = 0$ und $u_t = 0$, so gehen beide Gleichungen in die sogenannte **Laplace-Gleichung** oder **Potentialgleichung**

$$\Delta u(\boldsymbol{x}) = 0 \tag{17.5}$$

für die Funktion $u = u(\boldsymbol{x})$ über. Die Lösungen dieser partiellen Differentialgleichung heißen **harmonische Funktionen.**

Beispiele (17.14)

a) Wir berechnen den Laplace-Operator Δu für eine Funktion $u = u(r)$, die nur vom Abstand r des Punktes $\boldsymbol{x}$ vom Ursprung abhängt.
Mit $r = \|\boldsymbol{x}\|_2$ und Beispiel 17.6b) findet man

$$\begin{aligned}\Delta u(r) &= \sum_{i=1}^{n} \frac{\partial^2}{\partial x_i^2} u(r) = \sum_{i=1}^{n} \frac{\partial}{\partial x_i} \left[u'(r) \frac{x_i}{r} \right] \\ &= \sum_{i=1}^{n} \left\{ u''(r) \frac{x_i^2}{r^2} + u'(r) \frac{r - x_i^2/r}{r^2} \right\} \\ &= \frac{u''(r)}{r^2} \left(\sum_{i=1}^{n} x_i^2 \right) + \frac{u'(r)}{r^3} \sum_{i=1}^{n} \left(r^2 - x_i^2 \right) \\ &= u''(r) + \frac{n-1}{r} u'(r) \,.\end{aligned}$$

b) Mit Hilfe der Darstellung von $\Delta u(r)$ aus a) folgt nun direkt (einsetzen!), dass die Funktion

$$u(r) = \begin{cases} \ln r \,, & \text{für} \quad n = 2 \\ r^{2-n} \,, & \text{für} \quad n > 2 \end{cases}$$

eine radialsymmetrische Lösung der Laplace-Gleichung auf $\mathbb{R}^n \setminus \{\boldsymbol{0}\}$ bildet.

c) Ebenso folgt mit a), dass die Funktion

$$u(\boldsymbol{x}, t) := \frac{1}{r} \cos(r - ct) \,, \qquad r = \|\boldsymbol{x}\|_2 \,, \qquad \boldsymbol{x} \in \mathbb{R}^3 \setminus \{\boldsymbol{0}\} \,,$$

die Wellengleichung (17.3) löst.

Vektorwertige Funktionen

Im Folgenden betrachten wir vektorwertige Funktionen $\boldsymbol{f}\colon D \to \mathbb{R}^m$, wobei $D \subset \mathbb{R}^n$ offen sei und $m,\ n > 1$.

Definition (17.15)

Die Funktion $\boldsymbol{f}$ heißt **partiell differenzierbar** in $\boldsymbol{x}^0 \in D$, falls für alle $i = 1, \ldots, n$ die Grenzwerte

$$\frac{\partial \boldsymbol{f}}{\partial x_i} (\boldsymbol{x}^0) := \lim_{t \to 0} \frac{\boldsymbol{f}\left(\boldsymbol{x}^0 + t\boldsymbol{e}_i\right) - \boldsymbol{f}(\boldsymbol{x}^0)}{t}$$

existieren.

Die partiellen Ableitungen lassen sich demnach komponentenweise berechnen

$$\frac{\partial \boldsymbol{f}}{\partial x_i}(\boldsymbol{x}^0) = \left(\frac{\partial f_1}{\partial x_i}(\boldsymbol{x}^0), \ldots, \frac{\partial f_m}{\partial x_i}(\boldsymbol{x}^0)\right)^{\mathrm{T}} . \tag{17.6}$$

Sind alle partiellen Ableitungen $\frac{\partial f_i}{\partial x_j}$ auf D erklärt und dort stetig, so heißt $\boldsymbol{f}$ **stetig partiell differenzierbar**, oder eine $\boldsymbol{C^1}$**-Funktion**.

Analog nennt man $\boldsymbol{f}$ eine $\boldsymbol{C^k}$**-Funktion**, $k \in \mathbb{N}_0 \cup \{\infty\}$, wenn jede Komponentenfunktion f_i von $\boldsymbol{f}$ eine C^k-Funktion ist, vgl. Definition 17.10.

Fasst man die partiellen Ableitungen $\frac{\partial \boldsymbol{f}}{\partial x_i}$ (Spaltenvektoren) zu einer Matrix zusammen, so erhält man die sogenannte **Jacobi**[3]**–Matrix**, auch **Funktionalmatrix** genannt, der Funktion $\boldsymbol{f}$

$$J\boldsymbol{f}(\boldsymbol{x}^0) = \begin{pmatrix} \frac{\partial f_1}{\partial x_1}(\boldsymbol{x}^0), & \ldots, & \frac{\partial f_1}{\partial x_n}(\boldsymbol{x}^0) \\ \vdots & & \vdots \\ \frac{\partial f_m}{\partial x_1}(\boldsymbol{x}^0), & \ldots, & \frac{\partial f_m}{\partial x_n}(\boldsymbol{x}^0) \end{pmatrix} = \begin{pmatrix} \boldsymbol{\nabla} f_1(\boldsymbol{x}^0)^{\mathrm{T}} \\ \vdots \\ \boldsymbol{\nabla} f_m(\boldsymbol{x}^0)^{\mathrm{T}} \end{pmatrix} . \tag{17.7}$$

Definition (17.16)
Im Fall $m = n$ nennt man eine Funktion $\boldsymbol{f} : \mathbb{R}^n \supset D \to \mathbb{R}^n$ ein **Vektorfeld** auf D. Ist $\boldsymbol{f}$ zudem eine C^k-Funktion, so heißt $\boldsymbol{f}$ **ein** $\boldsymbol{C^k}$**-Vektorfeld**, $k \in \mathbb{N}_0 \cup \{\infty\}$.

Beispiele für Vektorfelder sind etwa die Geschwindigkeits- und Beschleunigungsfelder strömender Flüssigkeiten oder Gase, elektromagnetische Felder oder der Temperaturgradient eines bestimmten Volumens (Körpers).

Ist $f : \mathbb{R}^n \supset D \to \mathbb{R}$ eine skalare, partiell differenzierbare Funktion, so ist der Gradient $\boldsymbol{\nabla} f$ ein Vektorfeld auf D, das sogenannte **Gradientenfeld** von $\boldsymbol{f}$.

Für Vektorfelder sind neben der Jacobi-Matrix zwei weitere Ausdrücke in den partiellen Ableitungen erster Ordnung von besonderer Bedeutung, die Divergenz und die Rotation. Wir geben im Folgenden die formalen Definitionen und die resultierenden Rechenregeln an. Auf die anschauliche Bedeutung dieser Größen werden wir erst später im Zusammenhang mit der Integration von Vektorfeldern eingehen können.

Definition (17.17)
Für ein partiell differenzierbares Vektorfeld $\boldsymbol{f} : \mathbb{R}^n \supset D \to \mathbb{R}^n$, D offen, definieren wir die **Divergenz** durch

$$\operatorname{div} \boldsymbol{f}(\boldsymbol{x}^0) := \sum_{i=1}^{n} \frac{\partial f_i}{\partial x_i}(\boldsymbol{x}^0) .$$

Formale Schreibweise: $\operatorname{div} \boldsymbol{f}(\boldsymbol{x}) = \boldsymbol{\nabla}^{\mathrm{T}} \boldsymbol{f}(\boldsymbol{x}) = \langle \boldsymbol{\nabla}, \boldsymbol{f}(\boldsymbol{x}) \rangle$.

3) Carl Gustav Jacobi (1804–1851); Königsberg, Berlin.

Bemerkungen (17.18)

a) Für partiell differenzierbare Vektorfelder $\boldsymbol{f}, \boldsymbol{g}\colon D \to \mathbb{R}^n$ und eine partiell differenzierbare skalare Funktion $\varphi\colon D \to \mathbb{R}$ gelten die folgenden **Rechenregeln**:
Linearität: $\operatorname{div}(\alpha \boldsymbol{f} + \beta \boldsymbol{g}) = \alpha \operatorname{div} \boldsymbol{f} + \beta \operatorname{div} \boldsymbol{g}$,
Produktregel: $\operatorname{div}(\varphi \boldsymbol{f}) = \langle \nabla\varphi, \boldsymbol{f}\rangle + \varphi \operatorname{div} \boldsymbol{f}$.

b) Ist $f\colon D \to \mathbb{R}$ eine C^2-Funktion, so findet man für den Laplace-Operator von f die Darstellung

$$\Delta f = \operatorname{div}(\nabla f)\,.$$

Beispiele (17.19)

a) Für $\boldsymbol{x} \in \mathbb{R}^n$, $r = \|\boldsymbol{x}\|_2$ und $k \in \mathbb{N}$ berechnet man mittels Produktregel und Beispiel 17.6

$$\begin{aligned}\operatorname{div}\left(\frac{\boldsymbol{x}}{r^k}\right) &= \left\langle \nabla\frac{1}{r^k}\,,\, \boldsymbol{x}\right\rangle + \frac{1}{r^k}\operatorname{div}\boldsymbol{x}\\ &= \left\langle -kr^{-(k+2)}\boldsymbol{x}\,,\,\boldsymbol{x}\right\rangle + \frac{1}{r^k}n = \frac{n-k}{r^k}\,.\end{aligned}$$

Speziell für $k = n = 3$ folgt, dass alle Vektorfelder der Form

$$\boldsymbol{K}(\boldsymbol{x}) = c\frac{\boldsymbol{x}}{\|\boldsymbol{x}\|^3}\,, \qquad \boldsymbol{x} \in \mathbb{R}^3\,, \qquad c = \text{const.}\,,$$

sogenannte **zentrale Kraftfelder**, divergenzfrei sind, vgl. Beispiel 17.6c).

b) Mit Hilfe der Produktregel und des obigen Beispiels lässt sich $\Delta u(r)$ für eine radialsymmetrische Funktion u auch folgendermaßen berechnen, vgl. auch Beispiel 17.14

$$\begin{aligned}\Delta u(r) = \operatorname{div}(\nabla u(r)) &= \operatorname{div}\left(u'(r)\frac{\boldsymbol{x}}{r}\right)\\ &= \left\langle \nabla u'(r)\,,\,\frac{\boldsymbol{x}}{r}\right\rangle + u'(r)\operatorname{div}\left(\frac{\boldsymbol{x}}{r}\right)\\ &= \left\langle u''(r)\frac{\boldsymbol{x}}{r}\,,\,\frac{\boldsymbol{x}}{r}\right\rangle + u'(r)\frac{n-1}{r}\\ &= u''(r) + \frac{n-1}{r}u'(r)\,.\end{aligned}$$

Definition (17.20)

Für ein partiell differenzierbares Vektorfeld $\boldsymbol{f}\colon \mathbb{R}^3 \supset D \to \mathbb{R}^3$, D offen, definieren wir die **Rotation** durch

$$\operatorname{rot}\boldsymbol{f}(\boldsymbol{x}^0) := \left(\frac{\partial f_3}{\partial x_2} - \frac{\partial f_2}{\partial x_3}\,,\; \frac{\partial f_1}{\partial x_3} - \frac{\partial f_3}{\partial x_1}\,,\; \frac{\partial f_2}{\partial x_1} - \frac{\partial f_1}{\partial x_2}\right)^{\mathrm{T}}\Bigg|_{\boldsymbol{x}^0}\,.$$

Formale Schreibweise:

$$\operatorname{rot}\boldsymbol{f} = \nabla\times\boldsymbol{f} = \begin{vmatrix} \boldsymbol{e}_1 & \boldsymbol{e}_2 & \boldsymbol{e}_3\\ \dfrac{\partial}{\partial x_1} & \dfrac{\partial}{\partial x_2} & \dfrac{\partial}{\partial x_3}\\ f_1 & f_2 & f_3\end{vmatrix}\,.$$

Bemerkungen (17.21)

a) Für partiell differenzierbare Vektorfelder $\boldsymbol{f}, \boldsymbol{g}\colon D \to \mathbb{R}^3$ und eine partiell differenzierbare skalare Funktion $\varphi\colon D \to \mathbb{R}$ gelten die folgenden **Rechenregeln**:
Linearität: $\operatorname{rot}(\alpha \boldsymbol{f} + \beta \boldsymbol{g}) = \alpha \operatorname{rot} \boldsymbol{f} + \beta \operatorname{rot} \boldsymbol{g}$
Produktregel: $\operatorname{rot}(\varphi \boldsymbol{f}) = (\boldsymbol{\nabla}\varphi) \times \boldsymbol{f} + \varphi \operatorname{rot} \boldsymbol{f}$.

b) Für eine C^2-Funktion $\varphi\colon D \to \mathbb{R}$, $D \subset \mathbb{R}^3$ offen, folgt aufgrund des Vertauschbarkeitssatzes von Schwarz:

$$\operatorname{rot}(\boldsymbol{\nabla}\varphi) = \boldsymbol{0} .$$

Gradientenfelder sind also stets rotationsfrei!

Beispiele (17.22)

a) Für $\boldsymbol{x} \in \mathbb{R}^3 \setminus \{\boldsymbol{0}\}$, $r := \|\boldsymbol{x}\|_2$ und $k \in \mathbb{N}$ findet man mit Hilfe der Produktregel:

$$\begin{aligned}\operatorname{rot}\left(\frac{\boldsymbol{x}}{r^k}\right) &= \boldsymbol{\nabla}\left(\frac{1}{r^k}\right) \times \boldsymbol{x} + \frac{1}{r^k} \operatorname{rot} \boldsymbol{x} \\ &= -\frac{k}{r^{k+2}} \boldsymbol{x} \times \boldsymbol{x} + \frac{1}{r^k}\, \boldsymbol{0} = \boldsymbol{0} .\end{aligned}$$

Insbesondere sind also zentrale Kraftfelder rotationsfrei! Man vergleiche hierzu auch das Beispiel 17.19.

b) Für einen festen Vektor $\boldsymbol{a} \in \mathbb{R}^3 \setminus \{\boldsymbol{0}\}$ beschreibt die Funktion $\boldsymbol{v}(\boldsymbol{x}) := \boldsymbol{a} \times \boldsymbol{x}$ das Geschwindigkeitsfeld der Drehung des $\mathbb{R}^3$ um die Achse $\boldsymbol{a}$ mit der konstanten Winkelgeschwindigkeit $\omega = \|\boldsymbol{a}\|$.
Die explizite Berechnung der Rotation ergibt $\operatorname{rot} \boldsymbol{v}(\boldsymbol{x}) = 2\boldsymbol{a}$.

17.2 Das vollständige Differential

Für die Differentialrechnung mehrerer Veränderlicher ist insbesondere die eingangs erwähnte Approximationseigenschaft

$$f(x) = f(x_0) + f'(x_0)\,(x - x_0) + o(x - x_0)$$

wesentlich. Sie gestattet es, die Funktion f in der Nähe des Punktes x_0 durch eine affin-lineare Funktion, im eindimensionalen Fall eine Gerade, anzunähern. Diese Eigenschaft lässt sich unmittelbar auf den Fall mehrerer unabhängiger Variablen übertragen:

Definition (17.23)

Sei $D \subset \mathbb{R}^n$ offen, $\boldsymbol{x}^0 \in D$ und $\boldsymbol{f}\colon D \to \mathbb{R}^m$. Die Funktion $\boldsymbol{f}$ heißt im Punkt $\boldsymbol{x}^0$ **differenzierbar**, auch **vollständig** oder **total differenzierbar**, falls es eine lineare Abbildung

$$\boldsymbol{\ell}\colon \mathbb{R}^n \to \mathbb{R}^m , \quad \boldsymbol{\ell}(\boldsymbol{x} - \boldsymbol{x}^0) = \boldsymbol{A}\,(\boldsymbol{x} - \boldsymbol{x}^0)$$

mit einer Matrix $\boldsymbol{A} \in \mathbb{R}^{(m,n)}$ gibt, für die die folgende Approximationseigenschaft gilt

$$\boldsymbol{f}(\boldsymbol{x}) = \boldsymbol{f}(\boldsymbol{x}^0) + \boldsymbol{A}(\boldsymbol{x} - \boldsymbol{x}^0) + o(\|\boldsymbol{x} - \boldsymbol{x}^0\|) ,$$

d. h.

$$\lim_{\boldsymbol{x}\to\boldsymbol{x}^0} \frac{\boldsymbol{f}(\boldsymbol{x}) - \boldsymbol{f}(\boldsymbol{x}^0) - \boldsymbol{A}(\boldsymbol{x}-\boldsymbol{x}^0)}{\|\boldsymbol{x}-\boldsymbol{x}^0\|} = \mathbf{0}\,.$$

Die lineare Abbildung $\boldsymbol{\ell}$ heißt dann das **Differential** der Funktion $\boldsymbol{f}$ im Punkte $\boldsymbol{x}^0$ und wird mit $\mathbf{d}\boldsymbol{f}(\boldsymbol{x}^0)$ bezeichnet.

Die zugehörige Matrix $\boldsymbol{A}$ ist gerade die in (17.7) definierte **Jacobi-Matrix**, bzw. **Funktionalmatrix** $\boldsymbol{A} = \boldsymbol{J}\boldsymbol{f}(\boldsymbol{x}^0)$.

Bemerkung (17.24)
Im Fall einer skalaren Funktion, also $m = 1$, ist $\boldsymbol{A} = \boldsymbol{a}$ ein Zeilenvektor und $\boldsymbol{a}(\boldsymbol{x}-\boldsymbol{x}^0)$ ein Skalarprodukt: $\langle \boldsymbol{a}^{\mathrm{T}}, \boldsymbol{x}-\boldsymbol{x}^0\rangle$. Wie wir sehen werden, ist $\boldsymbol{a}$ dann gerade der Gradient, $\boldsymbol{a} = \boldsymbol{\nabla} f(\boldsymbol{x}^0)^{\mathrm{T}}$.

Der folgende Satz zeigt, dass das Differential und damit die Jacobi-Matrix eindeutig bestimmt ist, und gibt den Zusammenhang zu den partiellen Ableitungen von $\boldsymbol{f}$ an.

Satz (17.25)
Sei $\boldsymbol{f}\colon \mathbb{R}^n \supset D \to \mathbb{R}^m$, D offen und $\boldsymbol{x}^0 \in D$.

a) Ist $\boldsymbol{f}$ in $\boldsymbol{x}^0$ differenzierbar, so ist $\boldsymbol{f}$ auch stetig in $\boldsymbol{x}^0$.
b) Ist $\boldsymbol{f}$ in $\boldsymbol{x}^0$ differenzierbar, so ist das Differential und damit auch die Jacobi-Matrix eindeutig bestimmt und durch (17.7) gegeben.
c) Ist $\boldsymbol{f}$ eine C^1-Funktion auf D, vgl. Definition 17.15, so ist $\boldsymbol{f}$ auf D auch (vollständig) differenzierbar.

Beweis.
zu a): Ist $\boldsymbol{f}$ in $\boldsymbol{x}^0$ differenzierbar, so folgt $\lim_{\boldsymbol{x}\to\boldsymbol{x}^0} \|\boldsymbol{f}(\boldsymbol{x}) - \boldsymbol{f}(\boldsymbol{x}^0) - \boldsymbol{A}(\boldsymbol{x}-\boldsymbol{x}^0)\| = 0$ und damit auch mittels Dreiecksungleichung

$$\|\boldsymbol{f}(\boldsymbol{x}) - \boldsymbol{f}(\boldsymbol{x}^0)\| \le \|\boldsymbol{f}(\boldsymbol{x}) - \boldsymbol{f}(\boldsymbol{x}^0) - \boldsymbol{A}(\boldsymbol{x}-\boldsymbol{x}^0)\| + \|\boldsymbol{A}(\boldsymbol{x}-\boldsymbol{x}^0)\| \to 0$$

für $\boldsymbol{x} \to \boldsymbol{x}^0$, also $\lim_{\boldsymbol{x}\to\boldsymbol{x}^0} \boldsymbol{f}(\boldsymbol{x}) = \boldsymbol{f}(\boldsymbol{x}^0)$.

zu b): Mit $\boldsymbol{x} = \boldsymbol{x}^0 + t\boldsymbol{e}_i$, $|t| < \varepsilon$ und $i \in \{1, \dots, n\}$ folgt

$$\begin{aligned}
&\frac{\boldsymbol{f}(\boldsymbol{x}) - \boldsymbol{f}(\boldsymbol{x}^0) - \boldsymbol{A}(\boldsymbol{x}-\boldsymbol{x}^0)}{\|\boldsymbol{x}-\boldsymbol{x}^0\|_\infty} \\
&= \frac{\boldsymbol{f}\left(\boldsymbol{x}^0 + t\boldsymbol{e}_i\right) - \boldsymbol{f}(\boldsymbol{x}^0)}{|t|} - \frac{t\boldsymbol{A}\boldsymbol{e}_i}{|t|} \\
&= \frac{t}{|t|} \cdot \left(\frac{\boldsymbol{f}\left(\boldsymbol{x}^0 + t\boldsymbol{e}_i\right) - \boldsymbol{f}(\boldsymbol{x}^0)}{t} - \boldsymbol{A}\boldsymbol{e}_i \right) \\
&\to \mathbf{0} \qquad (t \to 0)\,.
\end{aligned}$$

Damit folgt aber auch

$$\lim_{t\to 0} \frac{\boldsymbol{f}\left(\boldsymbol{x}^0 + t\boldsymbol{e}_i\right) - \boldsymbol{f}(\boldsymbol{x}^0)}{t} = \boldsymbol{A}\boldsymbol{e}_i\,, \quad i = 1,\dots,n\,.$$

Nach Definition 17.15 ist $\boldsymbol{f}$ also partiell differenzierbar, und für die partiellen Ableitungen gilt:

$$\frac{\partial f_k}{\partial x_i}(\boldsymbol{x}^0) = a_{ki}\,, \quad i = 1,\dots,n\,, \quad k = 1,\dots,m\,.$$

Damit ist $\boldsymbol{A}$ gerade durch die Jacobi-Matrix (17.7) gegeben.

zu c): Da $\boldsymbol{f}$ nach Definition 17.23 genau dann differenzierbar ist, falls jede Komponentenfunktion f_k differenzierbar ist, genügt es o. B. d. A., die Behauptung für eine skalare Funktion $f : D \to \mathbb{R}$ zu zeigen.
Analog zum Beweis von Satz 17.8 findet man durch das Einschieben sich aufhebender Terme und Anwendung des Mittelwertsatzes

$$\begin{aligned} f(\boldsymbol{x}) - f(\boldsymbol{x}^0) &= f(x_1,\dots,x_n) - f\left(x_1,\dots,x_{n-1},x_n^0\right) \\ &\quad + f\left(x_1,\dots,x_{n-1},x_n^0\right) - f\left(x_1,\dots,x_{n-1}^0,x_n^0\right) \\ &\quad \vdots \\ &\quad + f\left(x_1,x_2^0,\dots,x_n^0\right) - f\left(x_1^0,x_2^0,\dots,x_n^0\right) \\ &= \sum_{k=1}^{n} \frac{\partial f}{\partial x_k}(\boldsymbol{\xi}_k)\left(x_k - x_k^0\right) \end{aligned}$$

mit $\boldsymbol{\xi}_k := (x_1,\dots,x_{k-1},x_k^0 + \Theta_k(x_k - x_k^0),x_{k+1}^0,\dots,x_n^0)^{\mathrm{T}}$, $0 < \Theta_k < 1$.
Damit wird:

$$f(\boldsymbol{x}) - f(\boldsymbol{x}^0) - \nabla f(\boldsymbol{x}^0)^{\mathrm{T}}(\boldsymbol{x} - \boldsymbol{x}^0) = \sum_{k=1}^{n}\left(\frac{\partial f}{\partial x_k}(\boldsymbol{\xi}_k) - \frac{\partial f}{\partial x_k}(\boldsymbol{x}^0)\right)\left(x_k - x_k^0\right)$$

und mittels Dreiecksungleichung

$$\begin{aligned} &\frac{\left|f(\boldsymbol{x}) - f(\boldsymbol{x}^0) - \nabla f(\boldsymbol{x}^0)^{\mathrm{T}}(\boldsymbol{x} - \boldsymbol{x}^0)\right|}{\|\boldsymbol{x} - \boldsymbol{x}^0\|_\infty} \\ &\quad = \left|\sum_{k=1}^{n}\left(\frac{\partial f}{\partial x_k}(\boldsymbol{\xi}_k) - \frac{\partial f}{\partial x_k}(\boldsymbol{x}^0)\right)\frac{x_k - x_k^0}{\|\boldsymbol{x} - \boldsymbol{x}^0\|_\infty}\right| \\ &\quad \le \sum_{k=1}^{n}\left|\frac{\partial f}{\partial x_k}(\boldsymbol{\xi}_k) - \frac{\partial f}{\partial x_k}(\boldsymbol{x}^0)\right| \to 0\,, \quad \text{für} \quad \boldsymbol{x} \to \boldsymbol{x}^0\,. \end{aligned}$$

Nach Definition 17.23 ist f damit also differenzierbar und für die Jacobi-Matrix gilt $\boldsymbol{J}f(\boldsymbol{x}^0) = \boldsymbol{\nabla} f(\boldsymbol{x}^0)^{\mathrm{T}}$. ■

Beispiele (17.26)

a) Für $f(x_1, x_2) := x_1 e^{2x_2}$ erhält man die Jacobi-Matrix:

$$\boldsymbol{J} f(x_1, x_2) = \boldsymbol{\nabla} f(x_1, x_2)^{\mathrm{T}} = e^{2x_2} (1 \ , \ 2x_1) \, .$$

b) Für $\boldsymbol{f}(x_1, x_2, x_3) := \begin{pmatrix} x_1 x_2 x_3 \\ \sin(x_1 + 2x_2 + 3x_3) \end{pmatrix}$ erhält man die Jacobi-Matrix:

$$\boldsymbol{J}\boldsymbol{f}(x_1, x_2, x_3) = \begin{pmatrix} x_2 x_3 & x_1 x_3 & x_1 x_2 \\ \cos s & 2\cos s & 3\cos s \end{pmatrix} \in \mathbb{R}^{(2,3)} \, .$$

Dabei bezeichnet $s := x_1 + 2x_2 + 3x_3$.

c) Für eine affin-lineare Funktion $\boldsymbol{f}(\boldsymbol{x}) := \boldsymbol{A}\boldsymbol{x} + \boldsymbol{b}$ mit $\boldsymbol{A} \in \mathbb{R}^{(m,n)}$ und $\boldsymbol{b} \in \mathbb{R}^m$ erhält man wegen $\frac{\partial \boldsymbol{f}}{\partial x_i} = \boldsymbol{A}\boldsymbol{e}_i$, $i = 1, \dots, n$,

$$\boldsymbol{J}\boldsymbol{f}(\boldsymbol{x}) = \boldsymbol{A} \, , \quad \forall \, \boldsymbol{x} \in \mathbb{R}^n \, .$$

d) Für ein quadratisches Polynom $f(\boldsymbol{x}) := \boldsymbol{x}^{\mathrm{T}}\boldsymbol{A}\boldsymbol{x} + \boldsymbol{b}^{\mathrm{T}}\boldsymbol{x} + c$ mit $\boldsymbol{A} \in \mathbb{R}^{(n,n)}$, $\boldsymbol{b} \in \mathbb{R}^n$ und $c \in \mathbb{R}$ erhält man mit der verallgemeinerten Produktregel, vgl. hierzu Band 1, Satz 9.23,

$$\begin{aligned} \frac{\partial f}{\partial x_i} &= \boldsymbol{e}_i^{\mathrm{T}}\boldsymbol{A}\boldsymbol{x} + \boldsymbol{x}^{\mathrm{T}}\boldsymbol{A}\boldsymbol{e}_i + b_i \\ &= \boldsymbol{x}^{\mathrm{T}}(\boldsymbol{A} + \boldsymbol{A}^{\mathrm{T}})\boldsymbol{e}_i + b_i \, . \end{aligned}$$

Damit ergibt sich für die Jacobi-Matrix

$$\boldsymbol{J} f(\boldsymbol{x}) = \boldsymbol{\nabla} f(\boldsymbol{x})^{\mathrm{T}} = \boldsymbol{x}^{\mathrm{T}}(\boldsymbol{A} + \boldsymbol{A}^{\mathrm{T}}) + \boldsymbol{b}^{\mathrm{T}} \, .$$

Bemerkung (17.27)

Für eine differenzierbare Funktion $\boldsymbol{f} : \mathbb{R}^n \supset D \to \mathbb{R}^m$ gilt nach Definition 17.23

$$\begin{aligned} \boldsymbol{f}(\boldsymbol{x} + \Delta\boldsymbol{x}) &= \boldsymbol{f}(\boldsymbol{x}) + \boldsymbol{J}\boldsymbol{f}(\boldsymbol{x}) \cdot \Delta\boldsymbol{x} + o(\|\Delta\boldsymbol{x}\|) \\ &= \boldsymbol{f}(\boldsymbol{x}) + \sum_{k=1}^{n} \frac{\partial \boldsymbol{f}}{\partial x_k}(\boldsymbol{x})\Delta x_k + o(\|\Delta\boldsymbol{x}\|) \, . \end{aligned}$$

Vernachlässigt man für kleine Vektoren $\Delta\boldsymbol{x}$ den Fehler $o(\|\Delta\boldsymbol{x}\|)$, so ergibt sich „in erster Näherung“ für die Änderung in $\boldsymbol{y} = \boldsymbol{f}(\boldsymbol{x})$:

$$\Delta\boldsymbol{y} := \boldsymbol{f}(\boldsymbol{x} + \Delta\boldsymbol{x}) - \boldsymbol{f}(\boldsymbol{x}) \approx \sum_{k=1}^{n} \frac{\partial \boldsymbol{f}}{\partial x_k}(\boldsymbol{x})\Delta x_k \, . \tag{17.8}$$

Man vergleiche hierzu auch Band 1, Abschn. 10.4, insbesondere Bemerkung 10.39.

Beispiel (17.28)

Die Oberfläche eines quaderförmigen Werkstücks mit den Kantenlängen x, y und z ist gegeben durch $S := 2(xy + xz + yz)$.

Es werde gemessen: $x = 10\,\text{cm}$, $y = 12\,\text{cm}$, $z = 20\,\text{cm}$. Die Messgenauigkeit betrage hierbei: $|\Delta x|$, $|\Delta y|$, $|\Delta z| \le 0.1\,\text{cm}$.

Mit diesen Daten erhält man für die Oberfläche $S = 1120\,\text{cm}^2$ und für den (absoluten) Fehler in S ergibt sich nach (17.8) in erster Näherung

$$\begin{aligned} &\Delta S \approx 2(y+z)\Delta x + 2(x+z)\Delta y + 2(x+y)\Delta z \\ \Rightarrow \quad &|\Delta S| \le (64+60+44)\cdot 0.1\,\text{cm}^2 = 16.8\,\text{cm}^2 \,. \end{aligned}$$

Damit hat man $S = (1120 \pm 17)\,\text{cm}^2$.

Bemerkung (17.29)
Ausgehend von der Näherung (17.8) $\Delta \boldsymbol{y} \approx \sum_{k=1}^{n} \frac{\partial \boldsymbol{f}}{\partial x_k}(\boldsymbol{x})\Delta x_k$ schreibt man für die Ableitung einer Funktion $\boldsymbol{f}: \mathbb{R}^n \supset D \to \mathbb{R}^m$ im Punkt $\boldsymbol{x}^0 \in D$ (offen)

$$\mathbf{d}\boldsymbol{f}(\boldsymbol{x}^0) = \frac{\partial \boldsymbol{f}}{\partial x_1}(\boldsymbol{x}^0)\,\mathrm{d}x_1 + \ldots + \frac{\partial \boldsymbol{f}}{\partial x_n}(\boldsymbol{x}^0)\,\mathrm{d}x_n \,. \tag{17.9}$$

Die Größen $\mathrm{d}x_1, \ldots, \mathrm{d}x_n$ heißen die **Differentiale** der Koordinaten $x_1, \ldots, x_n$. Ferner ist $\mathbf{d}\boldsymbol{f}(\boldsymbol{x}^0)$ das (vollständige) Differential der Funktion $\boldsymbol{f}$ im Punkt $\boldsymbol{x}^0$, vgl. Definition 17.23.

Interpretiert man die Differentiale $\mathrm{d}x_i$ nun als **Projektionen**

$$\mathrm{d}x_i(\boldsymbol{x} - \boldsymbol{x}^0) := x_i - x_i^0 \qquad (i\text{-te Koordinate})\,,$$

so wird aus der rechten Seite von (17.9) gerade eine lineare Abbildung mit

$$\mathbf{d}\boldsymbol{f}(\boldsymbol{x}^0)(\boldsymbol{x} - \boldsymbol{x}^0) = \sum_{i=1}^{n} \frac{\partial \boldsymbol{f}}{\partial x_i}(\boldsymbol{x}^0)\left(x_i - x_i^0\right) = \boldsymbol{J}\boldsymbol{f}(\boldsymbol{x}^0)\cdot(\boldsymbol{x} - \boldsymbol{x}^0)\,.$$

Mit dieser Interpretation stimmt (17.9) also genau mit der Definition 17.23 überein.

Im folgenden Satz fassen wir die wichtigsten Differentiationsregeln zusammen.

Satz (17.30): Differentiationsregeln

a) **Linearität**
Sind $\boldsymbol{f}, \boldsymbol{g}: D \to \mathbb{R}^m$, $D \subset \mathbb{R}^n$ (offen), in $\boldsymbol{x}^0 \in D$ differenzierbare Funktionen, so ist auch $(\alpha \boldsymbol{f} + \beta \boldsymbol{g})$ in $\boldsymbol{x}^0$ differenzierbar (α, β reell), und es gilt für die Differentiale $\mathbf{d}(\alpha \boldsymbol{f} + \beta \boldsymbol{g})(\boldsymbol{x}^0) = \alpha\,\mathbf{d}\boldsymbol{f}(\boldsymbol{x}^0) + \beta\,\mathbf{d}\boldsymbol{g}(\boldsymbol{x}^0)$ bzw. für die Jacobi-Matrizen

$$\boldsymbol{J}(\alpha \boldsymbol{f} + \beta \boldsymbol{g})(\boldsymbol{x}^0) = \alpha \boldsymbol{J}\boldsymbol{f}(\boldsymbol{x}^0) + \beta \boldsymbol{J}\boldsymbol{g}(\boldsymbol{x}^0)\,.$$

b) **Kettenregel**
Ist $\boldsymbol{f}: D_f \to \mathbb{R}^m$ in $\boldsymbol{x}^0 \in D_f \subset \mathbb{R}^n$ (offen) differenzierbar und ist $\boldsymbol{g}: D_g \to \mathbb{R}^k$ differenzierbar in $\boldsymbol{y}^0 := \boldsymbol{f}(\boldsymbol{x}^0) \in D_g \subset \mathbb{R}^m$ (offen), so ist auch die Hintereinanderausführung $\boldsymbol{g} \circ \boldsymbol{f}$ in $\boldsymbol{x}^0$ differenzierbar. Für die Differentiale gilt $\mathbf{d}(\boldsymbol{g} \circ \boldsymbol{f})(\boldsymbol{x}^0) = \mathbf{d}\boldsymbol{g}(\boldsymbol{y}^0) \circ \mathbf{d}\boldsymbol{f}(\boldsymbol{x}^0)$ und für die Jacobi-Matrizen analog

$$\boldsymbol{J}(\boldsymbol{g} \circ \boldsymbol{f})(\boldsymbol{x}^0) = \boldsymbol{J}\boldsymbol{g}(\boldsymbol{f}(\boldsymbol{x}^0)) \cdot \boldsymbol{J}\boldsymbol{f}(\boldsymbol{x}^0)\,.$$

Beweis.
zu a): Dies folgt unmittelbar mit den Grenzwertsätzen aus der Definition 17.23.
zu b): Aufgrund der Voraussetzungen gelten die Approximationseigenschaften:

$$\begin{aligned} \boldsymbol{f}(\boldsymbol{x}) &= \boldsymbol{f}(\boldsymbol{x}^0) + \boldsymbol{J}\boldsymbol{f}(\boldsymbol{x}^0)\,(\boldsymbol{x} - \boldsymbol{x}^0) + \boldsymbol{r}_1(\boldsymbol{x}) \\ \boldsymbol{g}(\boldsymbol{y}) &= \boldsymbol{g}(\boldsymbol{y}^0) + \boldsymbol{J}\boldsymbol{g}(\boldsymbol{y}^0)\,(\boldsymbol{y} - \boldsymbol{y}^0) + \boldsymbol{r}_2(\boldsymbol{y})\,, \end{aligned} \tag{17.10}$$

mit

$$\lim_{\boldsymbol{x}\to\boldsymbol{x}^0} \frac{\boldsymbol{r}_1(\boldsymbol{x})}{\|\boldsymbol{x} - \boldsymbol{x}^0\|} = \boldsymbol{0}\,, \qquad \lim_{\boldsymbol{y}\to\boldsymbol{y}^0} \frac{\boldsymbol{r}_2(\boldsymbol{y})}{\|\boldsymbol{y} - \boldsymbol{y}^0\|} = \boldsymbol{0}\,.$$

Insbesondere folgt aus der ersten Beziehung:

$$\begin{aligned} \|\boldsymbol{f}(\boldsymbol{x}) - \boldsymbol{f}(\boldsymbol{x}^0)\| &= \|\boldsymbol{J}\boldsymbol{f}(\boldsymbol{x}^0)\,(\boldsymbol{x} - \boldsymbol{x}^0) + \boldsymbol{r}_1(\boldsymbol{x})\,\| \\ &\le \|\boldsymbol{J}\boldsymbol{f}(\boldsymbol{x}^0)\|\;\|\boldsymbol{x} - \boldsymbol{x}^0\| + \|\boldsymbol{r}_1(\boldsymbol{x})\| \\ \Rightarrow \quad \frac{\|\boldsymbol{f}(\boldsymbol{x}) - \boldsymbol{f}(\boldsymbol{x}^0)\|}{\|\boldsymbol{x} - \boldsymbol{x}^0\|} &\le \|\boldsymbol{J}\boldsymbol{f}(\boldsymbol{x}^0)\| + \frac{\|\boldsymbol{r}_1(\boldsymbol{x})\|}{\|\boldsymbol{x} - \boldsymbol{x}^0\|}\,. \end{aligned}$$

Hiermit sieht man, dass $\frac{\|\boldsymbol{f}(\boldsymbol{x}) - \boldsymbol{f}(\boldsymbol{x}^0)\|}{\|\boldsymbol{x} - \boldsymbol{x}^0\|}$ für $\boldsymbol{x} \to \boldsymbol{x}^0$ beschränkt ist.
Setzt man nun die erste der Beziehungen (17.10) in die zweite ein, so erhält man:

$$\begin{aligned} \boldsymbol{g}(\boldsymbol{f}(\boldsymbol{x})) = \boldsymbol{g}(\boldsymbol{f}(\boldsymbol{x}^0)) &+ \boldsymbol{J}\boldsymbol{g}(\boldsymbol{y}^0) \cdot \boldsymbol{J}\boldsymbol{f}(\boldsymbol{x}^0) \cdot (\boldsymbol{x} - \boldsymbol{x}^0) \\ &+ \underbrace{\boldsymbol{J}\boldsymbol{g}(\boldsymbol{y}^0) \cdot \boldsymbol{r}_1(\boldsymbol{x}) + \boldsymbol{r}_2(\boldsymbol{y})}_{=:\,\boldsymbol{r}(\boldsymbol{x})}\,. \end{aligned}$$

Hieraus folgt für $\boldsymbol{x} \neq \boldsymbol{x}^0$ und $\boldsymbol{y} := \boldsymbol{f}(\boldsymbol{x})$:

$$\begin{aligned} \frac{\boldsymbol{r}(\boldsymbol{x})}{\|\boldsymbol{x} - \boldsymbol{x}^0\|} &= \boldsymbol{J}\boldsymbol{g}(\boldsymbol{y}^0)\frac{\boldsymbol{r}_1(\boldsymbol{x})}{\|\boldsymbol{x} - \boldsymbol{x}^0\|} + \frac{\boldsymbol{r}_2(\boldsymbol{y})}{\|\boldsymbol{x} - \boldsymbol{x}^0\|} \\ &= \begin{cases} \boldsymbol{J}\boldsymbol{g}(\boldsymbol{y}^0)\dfrac{\boldsymbol{r}_1(\boldsymbol{x})}{\|\boldsymbol{x} - \boldsymbol{x}^0\|}\,, & \text{falls} \quad \boldsymbol{y} = \boldsymbol{f}(\boldsymbol{x}) = \boldsymbol{y}^0\,, \\ \boldsymbol{J}\boldsymbol{g}(\boldsymbol{y}^0)\dfrac{\boldsymbol{r}_1(\boldsymbol{x})}{\|\boldsymbol{x} - \boldsymbol{x}^0\|} + \dfrac{\boldsymbol{r}_2(\boldsymbol{y})}{\|\boldsymbol{y} - \boldsymbol{y}^0\|} \cdot \dfrac{\|\boldsymbol{f}(\boldsymbol{x}) - \boldsymbol{f}(\boldsymbol{x}^0)\|}{\|\boldsymbol{x} - \boldsymbol{x}^0\|}\,, & \text{sonst.} \end{cases} \end{aligned}$$

Wegen der Stetigkeit von $\boldsymbol{f}$ in $\boldsymbol{x}^0$ geht auch $\boldsymbol{y} \to \boldsymbol{y}^0$ für $\boldsymbol{x} \to \boldsymbol{x}^0$. Damit ergibt sich:

$$\lim_{\boldsymbol{x}\to\boldsymbol{x}^0} \frac{\boldsymbol{r}(\boldsymbol{x})}{\|\boldsymbol{x} - \boldsymbol{x}^0\|} = \boldsymbol{0}\,.$$

Insgesamt ist hiermit gezeigt, dass $(\boldsymbol{g} \circ \boldsymbol{f})$ in $\boldsymbol{x}^0$ differenzierbar ist und dass für die Jacobi-Matrix $\boldsymbol{J}(\boldsymbol{g} \circ \boldsymbol{f})(\boldsymbol{x}^0) = \boldsymbol{J}\boldsymbol{g}(\boldsymbol{f}(\boldsymbol{x}^0)) \cdot \boldsymbol{J}\boldsymbol{f}(\boldsymbol{x}^0)$ gilt. ■

Bemerkung (17.31)
Mitunter wird die Kettenregel auf den folgenden Spezialfall angewendet:

Es sei $\boldsymbol{c}: I \to D \subset \mathbb{R}^n$ eine in $t_0 \in I$ differenzierbare Kurve. Dabei ist $I \subset \mathbb{R}$ ein Intervall und $D \subset \mathbb{R}^n$ eine offene Menge. Ferner sei $f: D \to \mathbb{R}$ eine in $\boldsymbol{x}^0 := \boldsymbol{c}(t_0)$ differenzierbare skalare Funktion.

Aufgrund der Kettenregel ist dann auch die Hintereinanderausführung

$$f \circ \boldsymbol{c}: I \to \mathbb{R}\,, \quad (f \circ \boldsymbol{c})(t) = f(c_1(t), \dots, c_n(t))$$

in t_0 differenzierbar und für die Ableitung gilt

$$(f \circ \boldsymbol{c})'(t_0) = \boldsymbol{J}f(\boldsymbol{c}(t_0)) \cdot \boldsymbol{J}\boldsymbol{c}(t_0) = \boldsymbol{\nabla} f(\boldsymbol{c}(t_0))^{\mathrm{T}} \boldsymbol{c}'(t_0) = \sum_{k=1}^{n} \frac{\partial f}{\partial x_k}(\boldsymbol{c}(t_0)) \cdot c_k'(t_0)\,.$$

Beispiel (17.32)
Ein Massenpunkt bewege sich mit der zeitlich veränderlichen Masse $m(t) = m_0 - \alpha t$ und der (skalaren) Geschwindigkeit $v(t) = v_0 + \beta t^3$. Wir fragen nach der zeitlichen Änderung der kinetischen Energie $T = \frac{1}{2} m v^2$.

Natürlich könnte man die obigen Funktionen m und v einsetzen und die resultierende Funktion $T(t)$ direkt differenzieren. Man kann aber stattdessen auch die Kettenregel anwenden:

$$\frac{\mathrm{d}T}{\mathrm{d}t} = \boldsymbol{\nabla} T(m, v)^{\mathrm{T}} \cdot \begin{pmatrix} m'(t) \\ v'(t) \end{pmatrix} = \left(\frac{1}{2} v^2,\ m v \right) \begin{pmatrix} -\alpha \\ 3\beta t^2 \end{pmatrix} = 3\beta m v t^2 - \frac{1}{2} \alpha v^2\,.$$

Wenn man hierin nun die Funktionen m und v einsetzt, ergibt sich:

$$\frac{\mathrm{d}T}{\mathrm{d}t} = 3\beta(m_0 - \alpha t)\,\left(v_0 + \beta t^3\right) t^2 - \frac{\alpha}{2}\,\left(v_0 + \beta t^3\right)^2\,.$$

Richtungsableitungen

Bei der Definition der partiellen Ableitungen in Definition 17.1 haben wir eine Funktion f von mehreren Variablen „längs einer Koordinatenrichtung“ eingeschränkt und diese partielle Funktion einer Variablen $t \mapsto f(\boldsymbol{x}^0 + t\boldsymbol{e}_i)$ im Punkt $t = 0$ differenziert.

Es ist klar, dass man die Einschränkung auf eindimensionale Teilbereiche des Definitionsbereichs nicht nur längs der Koordinatenrichtungen $\boldsymbol{e}_1, \dots, \boldsymbol{e}_n$ vornehmen muss, sondern allgemeiner eine Funktion von mehreren Veränderlichen auch „längs beliebiger Richtungen“ $t \mapsto f(\boldsymbol{x}^0 + t\boldsymbol{v})$ differenzieren kann. Dies ist im Übrigen ein Spezialfall der in Bemerkung 17.31 beschriebenen Situation.

Definition (17.33)
Für eine Funktion $f: D \to \mathbb{R}, D \subset \mathbb{R}^n$ offen, $\boldsymbol{x}^0 \in D$ und einen Vektor $\boldsymbol{v} \in \mathbb{R}^n \setminus \{\boldsymbol{0}\}$ heißt

$$D_{\boldsymbol{v}} f(\boldsymbol{x}^0) := \lim_{t \to 0} \frac{f(\boldsymbol{x}^0 + t\boldsymbol{v}) - f(\boldsymbol{x}^0)}{t}$$

die **Richtungsableitung**, auch **Gâteaux**[4]**–Ableitung**, von f in Richtung $\boldsymbol{v}$.

4) René Gâteaux (1889–1914); Bar-le-Duc, Rom.

Bemerkungen (17.34)

a) Die obige Definition lässt sich auf Funktionale $f: V \supset D \to \mathbb{R}$ von allgemeinen normierten Vektorräumen V übertragen. In diesem Zusammenhang wird die Richtungsableitung auch mit $\delta f(\boldsymbol{x}^0, \boldsymbol{v})$ bezeichnet und **erste Variation** von f im Punkt $\boldsymbol{x}^0$ und in Richtung $\boldsymbol{v}$ genannt.

b) Ist der Richtungsvektor $\boldsymbol{v}$ ein Einheitsvektor, also $\|\boldsymbol{v}\| = 1$, so beschreibt $D_{\boldsymbol{v}} f(\boldsymbol{x}^0)$ den Anstieg bzw. die Steigung der Funktion f im Punkt $\boldsymbol{x}^0$ in Richtung $\boldsymbol{v}$.

c) Wählt man als Richtungsvektoren $\boldsymbol{v}$ die kanonischen Einheitsvektoren $\boldsymbol{e}_i$ in den Koordinatenrichtungen, so erhält man für die Richtungsableitungen gerade die partiellen Ableitungen von f:

$$D_{\boldsymbol{e}_i} f(\boldsymbol{x}^0) = \frac{\partial f}{\partial x_i}(\boldsymbol{x}^0), \; i = 1, \ldots, n.$$

d) Ist f im Punkt $\boldsymbol{x}^0$ differenzierbar, so gilt

$$D_{\boldsymbol{v}} f(\boldsymbol{x}^0) = \frac{\mathrm{d}}{\mathrm{d}t}(f \circ \boldsymbol{c})(0)$$

mit $\boldsymbol{c}(t) := \boldsymbol{x}^0 + t\boldsymbol{v}$. Da $\boldsymbol{c}$ als affin-lineare Funktion differenzierbar ist, existieren sämtliche Richtungsableitungen von f in $\boldsymbol{x}^0$ und mit der Kettenregel folgt

$$D_{\boldsymbol{v}} f(\boldsymbol{x}^0) = \nabla f(\boldsymbol{x}^0)^{\mathrm{T}} \boldsymbol{c}'(0) = \nabla f(\boldsymbol{x}^0)^{\mathrm{T}} \boldsymbol{v}. \tag{17.11}$$

Es sei nochmals darauf hingewiesen, vgl. Satz 17.25, dass die Voraussetzung der Differenzierbarkeit von f erfüllt ist, falls f stetig partiell differenzierbar ist. Die bloße partielle Differenzierbarkeit von f genügt hierfür nicht.

Satz (17.35): Eigenschaften des Gradienten

Sei $f: D \to \mathbb{R}$ mit $D \subset \mathbb{R}^n$ offen im Punkt $\boldsymbol{x}^0 \in D$ differenzierbar.

a) Der Gradientenvektor $\nabla f(\boldsymbol{x}^0) \in \mathbb{R}^n$ steht senkrecht auf der **Niveaumenge**

$$N_f(\boldsymbol{x}^0) := \{\boldsymbol{x} \in D : f(\boldsymbol{x}) = f(\boldsymbol{x}^0)\}.$$

Im Fall $n = 2$ nennt man die Niveaumengen auch **Höhenlinien**, im Fall $n = 3$ **Äquipotentialflächen**, vgl. Abb. 17.2.

b) $\nabla f(\boldsymbol{x}^0)$ gibt die **Richtung des steilsten Anstiegs** von f im Punkt $\boldsymbol{x}^0$ an.

Beweis.

zu a): Sei $\boldsymbol{c}(t)$, $-\varepsilon < t < \varepsilon$, eine differenzierbare Kurve mit $\boldsymbol{c}(0) = \boldsymbol{x}^0$, die ganz in der Niveaumenge $N_f(\boldsymbol{x}^0)$ verläuft. Die Existenz solcher Kurven wird später für differenzierbare und in $\boldsymbol{x}^0$ reguläre Funktionen mit Hilfe des Satzes über implizite Funktionen sichergestellt.
Nach Definition der Niveaumenge $N_f(\boldsymbol{x}^0)$ gilt dann

$$f(\boldsymbol{c}(t)) = f(\boldsymbol{x}^0) = \text{const.}, \quad \forall\, t \in\,]-\varepsilon, \varepsilon[\,.$$

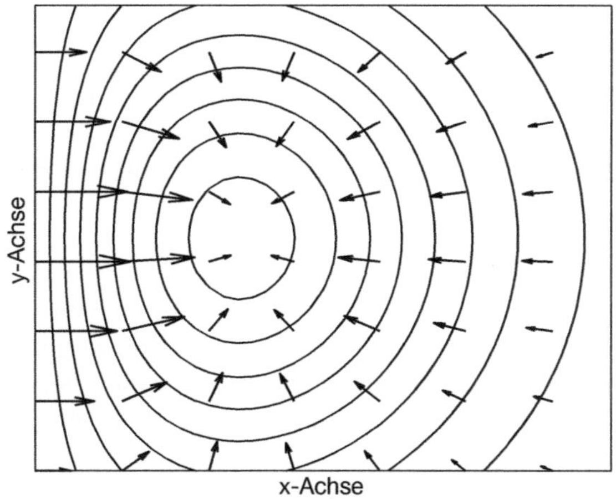

Abb. 17.2 Höhenlinien und Gradienten von $f(x,y) = x \cdot e^{x^2+y^2}$.

Differenziert man diese Identität nach t mittels Kettenregel, so folgt in $t = 0$:

$$\nabla f(\boldsymbol{x}^0)^{\mathrm{T}} \boldsymbol{c}'(0) = 0\,.$$

Dies bedeutet gerade geometrisch, dass der Gradient $\nabla f(\boldsymbol{x}^0)$ auf allen Tangentialvektoren $\boldsymbol{c}'(0)$ an die Niveaumenge $N_f(\boldsymbol{x}^0)$ in $\boldsymbol{x}^0$ senkrecht steht.

zu b): Die Steigung von f in Richtung eines Einheitsvektors $\boldsymbol{v}$, $\|\boldsymbol{v}\| = 1$, ist durch die Richtungsableitung

$$D_{\boldsymbol{v}} f(\boldsymbol{x}^0) = \nabla f(\boldsymbol{x}^0)^{\mathrm{T}} \boldsymbol{v}$$

gegeben. Die Cauchy-Schwarzsche Ungleichung für das obige Skalarprodukt ergibt die Abschätzung

$$|D_{\boldsymbol{v}} f(\boldsymbol{x}^0)| \le \|\nabla f(\boldsymbol{x}^0)\|_2\,.$$

Ist $\nabla f(\boldsymbol{x}^0) = \boldsymbol{0}$, so verschwinden folglich auch alle Steigungen $D_{\boldsymbol{v}} f(\boldsymbol{x}^0)$, d. h., $\boldsymbol{x}^0$ ist ein **stationärer Punkt** von f.

Im Fall $\nabla f(\boldsymbol{x}^0) \neq \boldsymbol{0}$ werden die Schranken der obigen Abschätzung $\pm\|\nabla f(\boldsymbol{x}^0)\|_2$ auch angenommen, und zwar wird für die Richtungsvektoren

$$\boldsymbol{v} = \pm \frac{\nabla f(\boldsymbol{x}^0)}{\|\nabla f(\boldsymbol{x}^0)\|_2}\,.$$

Im Fall des positiven Vorzeichens wird $D_{\boldsymbol{v}} f(\boldsymbol{x}^0)$ maximal, im Fall des negativen Vorzeichens minimal.

$\nabla f(\boldsymbol{x}^0)$ weist also in Richtung des stärksten Anstiegs von f und $-\nabla f(\boldsymbol{x}^0)$ in Richtung des stärksten Abstiegs von f. ∎

Bemerkungen (17.36)
Die obige Eigenschaft des Gradienten 17.35b) lässt sich vorteilhaft für die numerische Berechnung der lokalen Minima einer Funktion f verwenden. Auf dieser Eigenschaft beruhen im Wesentlichen die verschiedenen Varianten des **Gradientenverfahrens**, die auch **Verfahren des steilsten Abstiegs (steepest descent methods)** genannt werden.

Krummlinige Koordinaten

Die Kettenregel ist ein wichtiges Hilfsmittel, um Ableitungsausdrücke einer Funktion f auf neue Koordinatensysteme umzurechnen. Dabei werden neben den linearen Koordinatentransformationen, die wir bereits in Kap. 5 des ersten Bandes kennengelernt haben, auch allgemeinere nichtlineare Transformationen zugelassen. Man spricht dann von krummlinigen Koordinatensystemen.

Dazu sei $\boldsymbol{x} = \boldsymbol{\Phi}(\boldsymbol{u})$ eine C^1-Abbildung $\boldsymbol{\Phi}\colon U \to V$ zweier offener Bereiche $U, V \subset \mathbb{R}^n$. Wir nehmen an, dass die Jacobi-Matrix $\boldsymbol{J\Phi}(\boldsymbol{u}^0)$ an jeder Stelle $\boldsymbol{u}^0 \in U$ regulär ist. Wie wir später sehen werden, ist $\boldsymbol{\Phi}$ dann *lokal* bei $\boldsymbol{u}^0$ eine bijektive Transformation.

Durch eventuelle Einschränkung von U und V lässt sich also erreichen, dass $\boldsymbol{\Phi}\colon U \to V$ bijektiv ist. Ferner sei auch die Umkehrabbildung $\boldsymbol{\Phi}^{-1}\colon V \to U$ eine C^1-Abbildung. Auch diese Eigenschaft lässt sich aus der Regularität der Jacobi-Matrix ableiten.

Wie in Abb. 17.3 angedeutet, lässt sich die Wirkung der Koordinatentransformation $\boldsymbol{x} = \boldsymbol{\Phi}(\boldsymbol{u})$ für $n = 2$ dadurch veranschaulichen, dass man die Bilder der Koordinatenlinien $u_i = \text{const.}$, $i = 1, 2$, betrachtet. Beispielsweise erhält man für Polarkoordinaten

$$x_1 = r\cos\varphi\,, \quad x_2 = r\sin\varphi\,, \quad r > 0\,, \quad -\pi < \varphi < \pi$$

als Bilder der Koordinatenlinien $r = \text{const.}$ konzentrische Kreise um den Ursprung und als Bilder der Koordinatenlinien $\varphi = \text{const.}$ Halbgeraden.

Wir interessieren uns nun dafür, wie sich Ableitungsausdrücke von Funktionen bei Koordinatentransformationen $\boldsymbol{x} = \boldsymbol{\Phi}(\boldsymbol{u})$ auf die neuen Koordinaten $\boldsymbol{u}$ umrechnen lassen.

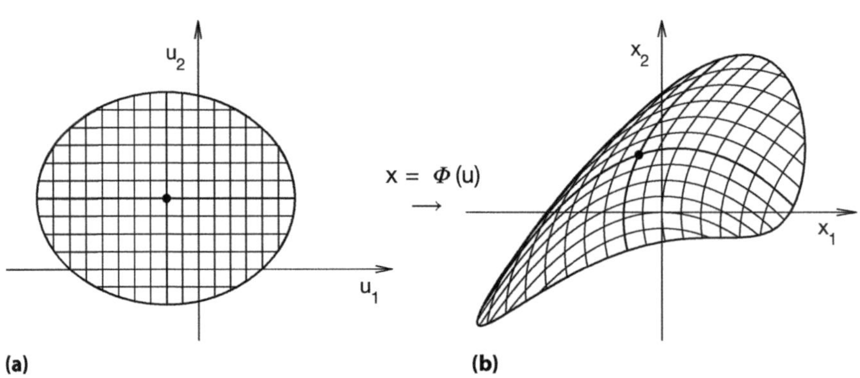

Abb. 17.3 Nichtlineare Koordinatentransformation.

Allgemein gilt nun für alle $\boldsymbol{u} \in U$ die Identität $\boldsymbol{\Phi}^{-1}(\boldsymbol{\Phi}(\boldsymbol{u})) = \boldsymbol{u}$. Diese Identität wird nun nach $\boldsymbol{u}$ differenziert. Mit der Kettenregel erhält man

$$\boldsymbol{J\Phi}^{-1}(\boldsymbol{x}) \cdot \boldsymbol{J\Phi}(\boldsymbol{u}) = \boldsymbol{I}_n\,, \quad \boldsymbol{x} = \boldsymbol{\Phi}(\boldsymbol{u})$$

und damit

$$\boldsymbol{J\Phi}^{-1}(\boldsymbol{x}) = (\boldsymbol{J\Phi}(\boldsymbol{u}))^{-1}\,, \quad \boldsymbol{x} = \boldsymbol{\Phi}(\boldsymbol{u})\,. \tag{17.12}$$

Sei nun $\widetilde{f}$ eine Funktion in der Variablen $\boldsymbol{x}$, $\widetilde{f}\colon V \to \mathbb{R}$ und es bezeichne $f(\boldsymbol{u}) := \widetilde{f}(\boldsymbol{\Phi}(\boldsymbol{u}))$ die „gleiche“ Funktion, allerdings ausgedrückt in den neuen Koordinaten $\boldsymbol{u}$.

Die Differentiation dieser Funktion mittels Kettenregel ergibt:

$$\frac{\partial f}{\partial u_i} = \sum_{j=1}^{n} \frac{\partial \widetilde{f}}{\partial x_j} \cdot \frac{\partial \Phi_j}{\partial u_i} = \sum_{j=1}^{n} g^{ij} \cdot \frac{\partial \widetilde{f}}{\partial x_j}\,.$$

Dabei wird die Matrix $\boldsymbol{G}(\boldsymbol{u}) := (g^{ij}) \in \mathbb{R}^{(n,n)}$ definiert durch

$$g^{ij} := \frac{\partial \Phi_j}{\partial u_i}\,, \quad \boldsymbol{G}(\boldsymbol{u}) := (g^{ij}) = (\boldsymbol{J\Phi}(\boldsymbol{u}))^{\mathrm{T}}\,. \tag{17.13}$$

Für die obige Beziehung schreiben wir auch abkürzend:

$$\frac{\partial}{\partial u_i} = \sum_{j=1}^{n} g^{ij} \frac{\partial}{\partial x_j} \quad \text{oder} \quad \boldsymbol{\nabla}_{\boldsymbol{u}} = \boldsymbol{G}\boldsymbol{\nabla}_{\boldsymbol{x}}\,. \tag{17.14}$$

Die Umkehrung dieser Relationen erhält man durch eine analoge Untersuchung für $\boldsymbol{\Phi}^{-1}$ anstelle von $\boldsymbol{\Phi}$:

$$\frac{\partial}{\partial x_i} = \sum_{j=1}^{n} g_{ij} \frac{\partial}{\partial u_j} \quad \text{oder} \quad \boldsymbol{\nabla}_{\boldsymbol{x}} = \boldsymbol{G}^{-1}\boldsymbol{\nabla}_{\boldsymbol{u}}\,. \tag{17.15}$$

wobei

$$(g_{ij}) := (g^{ij})^{-1} = (\boldsymbol{J\Phi})^{-\mathrm{T}} = (\boldsymbol{J\Phi}^{-1})^{\mathrm{T}}\,. \tag{17.16}$$

Beispiel (17.37)
Das Polarkoordinatensystem ist gegeben durch die Transformation

$$\boldsymbol{x} := \boldsymbol{\Phi}(\boldsymbol{u}) := \begin{pmatrix} r\cos\varphi \\ r\sin\varphi \end{pmatrix}, \qquad \begin{array}{l} \boldsymbol{u} = (r, \varphi)\,, \\ r > 0\,, \ -\pi < \varphi < \pi\,. \end{array}$$

Damit erhält man für die Jacobi-Matrix von $\boldsymbol{\Phi}$:

$$\boldsymbol{J\Phi}(\boldsymbol{u}) = \begin{pmatrix} \cos\varphi & -r\sin\varphi \\ \sin\varphi & r\cos\varphi \end{pmatrix},$$

und somit

$$(g^{ij}) = \begin{pmatrix} \cos\varphi & \sin\varphi \\ -r\sin\varphi & r\cos\varphi \end{pmatrix}, \quad (g_{ij}) = \begin{pmatrix} \cos\varphi & -\frac{1}{r}\sin\varphi \\ \sin\varphi & \frac{1}{r}\cos\varphi \end{pmatrix}.$$

Nach (17.15) ergibt sich also für die Umrechnung der partiellen Ableitungen:

$$\begin{aligned} \frac{\partial}{\partial x_1} &= \cos\varphi\frac{\partial}{\partial r} - \frac{1}{r}\sin\varphi\frac{\partial}{\partial\varphi} \\ \frac{\partial}{\partial x_2} &= \sin\varphi\frac{\partial}{\partial r} + \frac{1}{r}\cos\varphi\frac{\partial}{\partial\varphi}\,. \end{aligned} \tag{17.17}$$

Beispiel (17.38)
Gegeben sei die Funktion $\widetilde{f}(x, y) := y\sqrt{x^2 + y^2}$. Die Umrechnung in Polarkoordinaten ergibt $f(r, \varphi) = r^2 \sin\varphi$ und damit die partiellen Ableitungen $f_r = 2r\sin\varphi$ und $f_\varphi = r^2\cos\varphi$. Die Anwendung von (17.17) ergibt nun

$$\begin{aligned} \widetilde{f}_x &= \cos(\varphi) f_r - \frac{1}{r}\sin(\varphi) f_\varphi = \frac{xy}{r} \\ \widetilde{f}_y &= \sin(\varphi) f_r + \frac{1}{r}\cos(\varphi) f_\varphi = r + \frac{y^2}{r}\,. \end{aligned}$$

Diese Ergebnisse stimmen offenbar mit den Resultaten, die man durch direkte partielle Differentiation von $\widetilde{f}$ erhält, überein.

Die Beziehung (17.17) lässt sich verwenden, um auch andere Differentialoperatoren des $\mathbb{R}^2$ auf Polarkoordinaten umzurechnen. So erhält man beispielsweise für die zweiten partiellen Ableitungen:

$$\begin{aligned} \frac{\partial^2}{\partial x_1^2} &= \cos^2(\varphi)\frac{\partial^2}{\partial r^2} - \frac{\sin(2\varphi)}{r}\frac{\partial^2}{\partial r\partial\varphi} + \frac{\sin^2\varphi}{r^2}\frac{\partial^2}{\partial\varphi^2} + \frac{\sin(2\varphi)}{r^2}\frac{\partial}{\partial\varphi} + \frac{\sin^2\varphi}{r}\frac{\partial}{\partial r} \\ \frac{\partial^2}{\partial x_2^2} &= \sin^2\varphi\frac{\partial^2}{\partial r^2} + \frac{\sin(2\varphi)}{r}\frac{\partial^2}{\partial r\partial\varphi} + \frac{\cos^2\varphi}{r^2}\frac{\partial^2}{\partial\varphi^2} - \frac{\sin(2\varphi)}{r^2}\frac{\partial}{\partial\varphi} + \frac{\cos^2\varphi}{r}\frac{\partial}{\partial r} \end{aligned}$$

Damit ergibt sich die folgende **Umrechnungsformel für den Laplace-Operator in Polarkoordinaten**:

$$\Delta = \frac{\partial^2}{\partial x_1^2} + \frac{\partial^2}{\partial x_2^2} = \frac{\partial^2}{\partial r^2} + \frac{1}{r^2}\frac{\partial^2}{\partial\varphi^2} + \frac{1}{r}\frac{\partial}{\partial r}\,. \tag{17.18}$$

Man vergleiche hierzu auch das Beispiel 17.14.

Beispiel (17.39)
Die Kugelkoordinaten des $\mathbb{R}^3$ sind gegeben durch die Koordinatentransformation

$$\boldsymbol{x} = \boldsymbol{\Phi}(\boldsymbol{u}) = \begin{pmatrix} r\cos\varphi\cos\theta \\ r\sin\varphi\cos\theta \\ r\sin\theta \end{pmatrix}, \qquad \begin{aligned} &\boldsymbol{u} = (r,\ \varphi,\ \theta)\,, \\ &r > 0\,, \quad -\pi < \varphi < \pi\,, \\ &-\pi/2 < \theta < \pi/2\,. \end{aligned}$$

Für die Jacobi-Matrix und die Transformationsmatrizen $(\boldsymbol{J\Phi}(u))^{\mathrm{T}}$ und $(\boldsymbol{J\Phi}(u))^{-\mathrm{T}}$ ergibt sich

$$\boldsymbol{J\Phi}(\boldsymbol{u}) = \begin{pmatrix} \cos\varphi\cos\theta & -r\sin\varphi\cos\theta & -r\cos\varphi\sin\theta \\ \sin\varphi\cos\theta & r\cos\varphi\cos\theta & -r\sin\varphi\sin\theta \\ \sin\theta & 0 & r\cos\theta \end{pmatrix},$$

$$(g^{ij}) = (\boldsymbol{J\Phi})(\boldsymbol{u}))^{\mathrm{T}},$$

$$(g_{ij}) = \begin{pmatrix} \cos\varphi\cos\theta & -\dfrac{\sin\varphi}{r\cos\theta} & -\dfrac{1}{r}\cos\varphi\sin\theta \\ \sin\varphi\cos\theta & \dfrac{\cos\varphi}{r\cos\theta} & -\dfrac{1}{r}\sin\varphi\sin\theta \\ \sin\theta & 0 & \dfrac{1}{r}\cos\theta \end{pmatrix}.$$

Mit (17.17) folgt dann für die partiellen Ableitungen erster Ordnung:

$$\begin{aligned} \frac{\partial}{\partial x_1} &= \cos\varphi\cos\theta\frac{\partial}{\partial r} - \frac{\sin\varphi}{r\cos\theta}\frac{\partial}{\partial\varphi} - \frac{1}{r}\cos\varphi\sin\theta\frac{\partial}{\partial\theta} \\ \frac{\partial}{\partial x_2} &= \sin\varphi\cos\theta\frac{\partial}{\partial r} + \frac{\cos\varphi}{r\cos\theta}\frac{\partial}{\partial\varphi} - \frac{1}{r}\sin\varphi\sin\theta\frac{\partial}{\partial\theta} \\ \frac{\partial}{\partial x_3} &= \sin\theta\frac{\partial}{\partial r} + \frac{1}{r}\cos\theta\frac{\partial}{\partial\theta}\,. \end{aligned} \tag{17.19}$$

Mit einer etwas aufwendigeren Rechnung findet man mit Hilfe der obigen Beziehungen die Umrechnung des dreidimensionalen Laplace-Operators in Kugelkoordinaten:

$$\Delta = \frac{\partial^2}{\partial r^2} + \frac{1}{r^2\cos^2\theta}\frac{\partial^2}{\partial\varphi^2} + \frac{1}{r^2}\frac{\partial^2}{\partial\theta^2} + \frac{2}{r}\frac{\partial}{\partial r} - \frac{\tan\theta}{r^2}\frac{\partial}{\partial\theta}\,. \tag{17.20}$$

17.3 Mittelwertsätze und Taylorscher Satz

Wir betrachten zunächst die Verallgemeinerung des ersten Mittelwertsatzes, vgl. Satz 10.8, auf skalare Funktionen von mehreren unabhängigen Variablen.

Satz (17.40): Mittelwertsatz
Sei $f : D \to \mathbb{R}$ eine auf einer offenen Menge $D \subset \mathbb{R}^n$ differenzierbare, skalare Funktion. Ferner seien $\boldsymbol{a}, \boldsymbol{b} \in D$ zwei Punkte in D, für die die Verbindungsstrecke

$$[\boldsymbol{a}, \boldsymbol{b}] := \{\boldsymbol{a} + t(\boldsymbol{b} - \boldsymbol{a}) : t \in [0, 1]\}$$

ganz in D liegt. Dann gibt es eine Zahl $\theta \in\,]0, 1[$ mit

$$f(\boldsymbol{b}) - f(\boldsymbol{a}) = \boldsymbol{\nabla} f(\boldsymbol{a} + \theta(\boldsymbol{b} - \boldsymbol{a}))^{\mathrm{T}}(\boldsymbol{b} - \boldsymbol{a})\,.$$

Beweis.
Mit einer geeigneten Parametrisierung der Verbindungsstrecke $[\boldsymbol{a}, \boldsymbol{b}]$ lässt sich die Behauptung sofort auf den Fall einer unabhängigen Veränderlichen zurückführen. Dazu definieren wir die Verbindungsstrecke

$$\boldsymbol{c}(t) := \boldsymbol{a} + t(\boldsymbol{b} - \boldsymbol{a}), \quad 0 \le t \le 1.$$

Die Komposition $h(t) := f(\boldsymbol{c}(t))$ ist stetig auf $[0, 1]$ und nach der Kettenregel 17.30 auch differenzierbar auf dem offenen Intervall $]0, 1[$. Damit sind die Voraussetzungen des ersten Mittelwertsatzes 10.8 für skalare Funktionen einer Variablen erfüllt, und wir erhalten

$$\begin{aligned} f(\boldsymbol{b}) - f(\boldsymbol{a}) &= h(1) - h(0) \\ &= h'(\theta) \cdot (1 - 0), \quad 0 < \theta < 1 \\ &= \boldsymbol{\nabla} f(\boldsymbol{a} + \theta(\boldsymbol{b} - \boldsymbol{a}))^{\mathrm{T}}(\boldsymbol{b} - \boldsymbol{a}). \end{aligned}$$

■

Bemerkungen (17.41)
Gilt die Voraussetzung des Mittelwertsatzes $[\boldsymbol{a}, \boldsymbol{b}] \subset D$ für *alle* Punktepaare $\boldsymbol{a}, \boldsymbol{b} \in D$, so heißt die Menge D **konvex**, vgl. Abb. 17.4.

Konvexe Mengen und konvexe Funktionen, vgl. auch Abschn. 10.1, spielen innerhalb der angewandten Analysis, insbesondere in der Optimierungstheorie, eine wichtige Rolle.

Bei konvexen Definitionsbereichen gilt der Mittelwertsatz also nach Definition für beliebige Punkte $\boldsymbol{a}, \boldsymbol{b} \in D$.

Beispiel (17.42)
Gegeben ist die Funktion $f(x_1, x_2) := \cos x_1 + \sin x_2$. Es gilt $f(0, 0) = f(\pi/2, \pi/2) = 1$.

Nach dem Mittelwertsatz muss es daher ein $\theta \in]0, 1[$ geben mit der Eigenschaft

$$\begin{aligned} 0 &= \boldsymbol{\nabla} f\left(\theta\begin{pmatrix}\pi/2 \\ \pi/2\end{pmatrix}\right)^{\mathrm{T}}\begin{pmatrix}\pi/2 \\ \pi/2\end{pmatrix} \\ &= \left(-\sin\left(\theta\frac{\pi}{2}\right), \cos\left(\theta\frac{\pi}{2}\right)\right)\begin{pmatrix}\pi/2 \\ \pi/2\end{pmatrix} \\ &= \frac{\pi}{2}\left(\cos\left(\theta\frac{\pi}{2}\right) - \sin\left(\theta\frac{\pi}{2}\right)\right). \end{aligned}$$

In der Tat ist diese Gleichung für $\theta := \frac{1}{2}$ erfüllt.

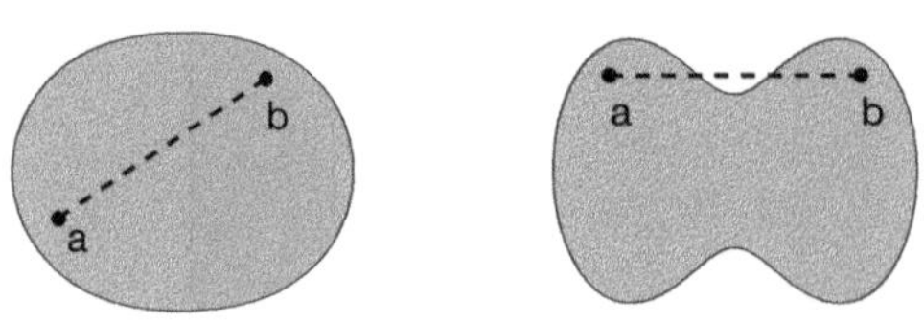

Abb. 17.4 Konvexe und nichtkonvexe Menge.

Leider lässt sich der Mittelwertsatz in obiger Gleichungsform *nicht* auf den Fall vektorwertiger Funktionen übertragen. Dies liegt im Wesentlichen daran, dass der Mittelwertsatz für jede Komponente einer vektorwertigen Funktion die Existenz eines entsprechenden Zwischenwertes θ garantiert. Man kann jedoch nicht erwarten, für alle Komponenten ein universelles θ zu finden. Das folgende Beispiel verdeutlicht dies.

Beispiel (17.43)
Gegeben ist die Funktion $\boldsymbol{f}(t) := (\cos t,\ \sin t)^{\mathrm{T}}$ auf dem Intervall $0 \leq t \leq \pi/2$. Es gilt

$$\boldsymbol{f}\left(\frac{\pi}{2}\right) - \boldsymbol{f}(0) = \begin{pmatrix} 0 \\ 1 \end{pmatrix} - \begin{pmatrix} 1 \\ 0 \end{pmatrix} = \begin{pmatrix} -1 \\ 1 \end{pmatrix} .$$

Würde der Mittelwertsatz für vektorwertige Funktionen gelten, müsste es demnach ein $\theta \in\,]0, 1[$ geben mit

$$\boldsymbol{f}'\left(\theta\frac{\pi}{2}\right) \cdot \left(\frac{\pi}{2} - 0\right) = \frac{\pi}{2} \begin{pmatrix} -\sin(\theta\pi/2) \\ \cos(\theta\pi/2) \end{pmatrix} = \begin{pmatrix} -1 \\ 1 \end{pmatrix} .$$

Die Gleichheit dieser beiden Vektoren ist jedoch für kein θ erfüllt, da der erste Vektor die Länge $\pi/2$, der zweite aber die Länge $\sqrt{2}$ besitzt.

Anstelle des Mittelwertsatzes gibt es für vektorwertige Funktionen jedoch eine etwas schwächere Variante, den sogenannten Mittelwert-Abschätzungssatz.

Satz (17.44): Mittelwert-Abschätzungssatz
Die Funktion $\boldsymbol{f}: D \to \mathbb{R}^m$ sei differenzierbar auf der offenen Menge $D \subset \mathbb{R}^n$. Ferner seien $\boldsymbol{a}, \boldsymbol{b}$ Punkte in D mit $[\boldsymbol{a}, \boldsymbol{b}] \subset D$.
Dann existiert ein $\theta \in\,]0, 1[$ mit

$$\|\boldsymbol{f}(\boldsymbol{b}) - \boldsymbol{f}(\boldsymbol{a})\|_2 \leq \|\boldsymbol{J}\boldsymbol{f}(\boldsymbol{a} + \theta(\boldsymbol{b} - \boldsymbol{a})) \cdot (\boldsymbol{b} - \boldsymbol{a})\|_2 .$$

Beweis.
Zu einem festen Vektor $\boldsymbol{v} \in \mathbb{R}^m \setminus \{\boldsymbol{0}\}$ definieren wir die skalare Hilfsfunktion $g(\boldsymbol{x}) := \boldsymbol{v}^{\mathrm{T}}\boldsymbol{f}(\boldsymbol{x})$. Die Funktion g ist dann auf D differenzierbar mit

$$\boldsymbol{\nabla} g(\boldsymbol{x}) = \boldsymbol{J}\boldsymbol{f}(\boldsymbol{x})^{\mathrm{T}}\boldsymbol{v} .$$

Die Anwendung des Mittelwertsatzes 17.40 auf g liefert:

$$\exists\, \theta \in\,]0, 1[: \quad g(\boldsymbol{b}) - g(\boldsymbol{a}) = \boldsymbol{\nabla} g(\boldsymbol{a} + \theta(\boldsymbol{b} - \boldsymbol{a}))^{\mathrm{T}}(\boldsymbol{b} - \boldsymbol{a}) .$$

Hierin wird nun g und $\boldsymbol{\nabla} g$ eingesetzt:

$$\boldsymbol{v}^{\mathrm{T}}(\boldsymbol{f}(\boldsymbol{b}) - \boldsymbol{f}(\boldsymbol{a})) = \boldsymbol{v}^{\mathrm{T}}\boldsymbol{J}\boldsymbol{f}(\boldsymbol{a} + \theta(\boldsymbol{b} - \boldsymbol{a})) \cdot (\boldsymbol{b} - \boldsymbol{a}) .$$

Mit Hilfe der Cauchy-Schwarzschen Ungleichung, vgl. Satz 3.8, folgt hieraus:

$$|\, \boldsymbol{v}^{\mathrm{T}}(\boldsymbol{f}(\boldsymbol{b}) - \boldsymbol{f}(\boldsymbol{a}))\, | \leq \|\boldsymbol{v}\|_2\, \|\, \boldsymbol{J}\boldsymbol{f}(\boldsymbol{a} + \theta(\boldsymbol{b} - \boldsymbol{a}))\, (\boldsymbol{b} - \boldsymbol{a})\, \|_2 .$$

Speziell für $\boldsymbol{v} := \boldsymbol{f}(\boldsymbol{b}) - \boldsymbol{f}(\boldsymbol{a})$ ergibt sich hieraus die Behauptung. ■

Bemerkungen (17.45)

a) Die Abschätzung in Satz 17.44 lässt sich abschwächen zu den folgenden Abschätzungen

$$\text{(i)} \quad \|\boldsymbol{f}(\boldsymbol{b}) - \boldsymbol{f}(\boldsymbol{a})\|_2 \leq \|\boldsymbol{J}\boldsymbol{f}(\boldsymbol{a} + \theta(\boldsymbol{b} - \boldsymbol{a}))\|_2 \cdot \|\boldsymbol{b} - \boldsymbol{a}\|_2\,,$$

$$\text{(ii)} \quad \|\boldsymbol{f}(\boldsymbol{b}) - \boldsymbol{f}(\boldsymbol{a})\|_2 \leq \sup_{\boldsymbol{x}\in[\boldsymbol{a},\boldsymbol{b}]} \|\boldsymbol{J}\boldsymbol{f}(\boldsymbol{x})\|_2 \cdot \|\boldsymbol{b} - \boldsymbol{a}\|_2\,,$$

wobei die Matrixnormen analog zum quadratischen Fall, vgl. Definition 7.41, definiert werden.

Zumeist wird der Mittelwert-Abschätzungssatz in einer dieser Formen zitiert.

b) Ist $D \subset \mathbb{R}^n$ konvex und offen und ist die Funktion $\boldsymbol{f}: D \to \mathbb{R}^m$ differenzierbar mit

$$L := \sup_{\boldsymbol{x}\in[\boldsymbol{a},\boldsymbol{b}]} \|\boldsymbol{J}\boldsymbol{f}(\boldsymbol{x})\|_2 < \infty\,,$$

so ist $\boldsymbol{f}$ Lipschitz-stetig auf D mit der Lipschitz-Konstanten L (bezogen auf $\|\cdot\|_2$), vgl. Definition 10.42.

Bemerkungen (17.46)

Der Mittelwert-Abschätzungssatz gilt in der abgeschwächten Form Bemerkung 17.45 (ii) auch für beliebige Vektornormen und der jeweils zugehörigen Matrixnorm, vgl. Definition 7.41

$$\|\boldsymbol{f}(\boldsymbol{b}) - \boldsymbol{f}(\boldsymbol{a})\| \leq \sup_{\boldsymbol{x}\in[\boldsymbol{a},\boldsymbol{b}]} \|\boldsymbol{J}\boldsymbol{f}(\boldsymbol{x})\| \cdot \|\boldsymbol{b} - \boldsymbol{a}\|\,.$$

Man beweist dies etwa mit Hilfe der Integraldarstellung

$$\boldsymbol{f}(\boldsymbol{b}) - \boldsymbol{f}(\boldsymbol{a}) = \left(\int_0^1 \boldsymbol{J}\boldsymbol{f}(\boldsymbol{a} + t(\boldsymbol{b} - \boldsymbol{a}))\,\mathrm{d}t \right) \cdot (\boldsymbol{b} - \boldsymbol{a})$$

sowie der Abschätzung $\| \int_0^1 \boldsymbol{A}(t)\,\mathrm{d}t\| \leq \int_0^1 \|\boldsymbol{A}(t)\|\,\mathrm{d}t$.

Satz (17.47): Satz von Taylor[5]

Die Funktion $f: D \to \mathbb{R}$ sei eine (skalare) C^{m+1}-Funktion auf einer offenen und konvexen Menge $D \subset \mathbb{R}^n$. Ferner sei $\boldsymbol{x}^0 \in D$ (**Entwicklungspunkt**).

Dann gilt für alle $\boldsymbol{x} \in D$ die folgende **Taylor-Entwicklung**

$$f(\boldsymbol{x}) = T_m(\boldsymbol{x}; \boldsymbol{x}^0) + R_m(\boldsymbol{x}; \boldsymbol{x}^0)$$

$$T_m(\boldsymbol{x}; \boldsymbol{x}^0) = \sum_{j=0}^{m} \frac{1}{j\,!}\,[(\boldsymbol{x} - \boldsymbol{x}^0)^{\mathrm{T}}\boldsymbol{\nabla}]^j f(\boldsymbol{x}^0)$$

(Taylor-Polynom *m*-ten Grades)

$$R_m(\boldsymbol{x}, \boldsymbol{x}^0) = \frac{1}{(m+1)\,!}\,[(\boldsymbol{x} - \boldsymbol{x}^0)^{\mathrm{T}}\boldsymbol{\nabla}]^{m+1} f(\boldsymbol{x}^0 + \theta(\boldsymbol{x} - \boldsymbol{x}^0))$$

(Restgliedformel nach Lagrange[6]**)**

mit einem geeignetem $\theta = \theta(\boldsymbol{x}, \boldsymbol{x}^0) \in\,]0, 1[$.

5) Brook Taylor (1685–1731); Cambridge.

6) Joseph Louis Lagrange (1736–1813); Turin, Paris.

Erläuterung (17.48)
Die Differentialoperatoren $[(\boldsymbol{x}-\boldsymbol{x})^{\mathrm{T}}\boldsymbol{\nabla}]^j$ mit $\boldsymbol{\nabla} = (\frac{\partial}{\partial x_1}, \dots, \frac{\partial}{\partial x_n})^{\mathrm{T}}$ sind hierbei folgendermaßen zu bilden:

$$[(\boldsymbol{x}-\boldsymbol{x}^0)^{\mathrm{T}}\boldsymbol{\nabla}]^j = \left(\sum_{i=1}^{n}\left(x_i - x_i^0\right)\frac{\partial}{\partial x_i}\right)^j .$$

Die rechte Seite ist hierbei formal auszumultiplizieren. Dabei sind die entstehenden Ausdrücke nach den partiellen Ableitungen (Differentialoperatoren) zu sortieren. Die resultierende Linearkombination der partiellen Ableitungen ist anschließend auf die Funktion f anzuwenden, und die partiellen Ableitungen sind dann in $\boldsymbol{x}^0$ bzw. in $\boldsymbol{x}^0 + \theta(\boldsymbol{x}-\boldsymbol{x}^0)$ auszuwerten. Man beachte also: Erst wird differenziert, dann werden die Ableitungen an den entsprechenden Argumenten ausgewertet.

Für $n = 2$ ergeben sich beispielsweise so die folgenden Ausdrücke

$$\begin{aligned}
[(\boldsymbol{x}-\boldsymbol{x}^0)^{\mathrm{T}}\boldsymbol{\nabla}]^0 f(\boldsymbol{x}^0) &= f(\boldsymbol{x}^0)\\
[(\boldsymbol{x}-\boldsymbol{x}^0)^{\mathrm{T}}\boldsymbol{\nabla}]^1 f(\boldsymbol{x}^0) &= \left(x_1 - x_1^0\right)\frac{\partial f}{\partial x_1}(\boldsymbol{x}^0) + \left(x_2 - x_2^0\right)\frac{\partial f}{\partial x_2}(\boldsymbol{x}^0)\\
[(\boldsymbol{x}-\boldsymbol{x}^0)^{\mathrm{T}}\boldsymbol{\nabla}]^2 f(\boldsymbol{x}^0) &= \left((x_1 - x_1^0)\frac{\partial}{\partial x_1} + \left(x_2 - x_2^0\right)\frac{\partial}{\partial x_2}\right)^2 f(\boldsymbol{x}^0)\\
&= \left(x_1 - x_1^0\right)^2\frac{\partial^2 f}{\partial x_1^2}(\boldsymbol{x}^0)\\
&\quad + 2\left(x_1 - x_1^0\right)\left(x_2 - x_2^0\right)\frac{\partial^2 f}{\partial x_1 \partial x_2}(\boldsymbol{x}^0)\\
&\quad + \left(x_2 - x_2^0\right)^2\frac{\partial^2 f}{\partial x_2^2}(\boldsymbol{x}^0) .
\end{aligned}$$

Beweis (zu Satz 17.47).
Mit $\boldsymbol{x} \in D$ gehört aufgrund der vorausgesetzten Konvexität auch die gesamte Verbindungsstrecke $[\boldsymbol{x}^0, \boldsymbol{x}]$ zum Definitionsbereich D. Da D ferner offen ist, gibt es also ein $\varepsilon_1 > 0$ und ein $\varepsilon_2 > 1$ mit

$$\boldsymbol{x}^0 + t(\boldsymbol{x}-\boldsymbol{x}^0) \in D , \quad \forall\, t\colon\ -\varepsilon_1 < t < \varepsilon_2 .$$

Die Taylor-Entwicklung der Funktion $h(t) := f(\boldsymbol{x}^0 + t(\boldsymbol{x}-\boldsymbol{x}^0))$, $-\varepsilon_1 < t < \varepsilon_2$, zum Entwicklungspunkt $t_0 = 0$ liefert somit

$$h(1) = \sum_{j=0}^{m}\frac{1}{j!}h^{(j)}(0) + \frac{1}{(m+1)!}h^{(m+1)}(\theta) , \quad 0 < \theta < 1 .$$

Wir drücken hierin nun die Ableitungen von h durch die partiellen Ableitungen von f aus:

$$\begin{aligned}
h(1) &= f(\boldsymbol{x}) \\
h(t) &= f(\boldsymbol{x}^0 + t(\boldsymbol{x} - \boldsymbol{x}^0)) = [(\boldsymbol{x} - \boldsymbol{x}^0)^{\mathrm{T}}\boldsymbol{\nabla}]^0 f(\boldsymbol{x}^0 + t(\boldsymbol{x} - \boldsymbol{x}^0)) \\
h'(t) &= \sum_{i=1}^{n} \frac{\partial f}{\partial x_i}(\boldsymbol{x}^0 + t(\boldsymbol{x} - \boldsymbol{x}^0))\left(x_i - x_i^0\right) \\
&= \sum_{i_1=1}^{n} \left(x_{i_1} - x_{i_1}^0\right) \frac{\partial f}{\partial x_{i_1}}(\boldsymbol{x}^0 + t(\boldsymbol{x} - \boldsymbol{x}^0)) \\
&= [(\boldsymbol{x} - \boldsymbol{x}^0)^{\mathrm{T}}\boldsymbol{\nabla}]^1 f(\boldsymbol{x}^0 + t(\boldsymbol{x} - \boldsymbol{x}^0)) \\
h''(t) &= \sum_{i_1=1}^{n} \left[(x_{i_1} - x_{i_1}^0) \sum_{i_2=1}^{n} \left(x_{i_2} - x_{i_2}^0\right) \frac{\partial^2 f}{\partial x_{i_1} \partial x_{i_2}}(\boldsymbol{x}^0 + t(\boldsymbol{x} - \boldsymbol{x}^0))\right] \\
&= \left(\sum_{i_1=1}^{n} \left(x_{i_1} - x_{i_1}^0\right) \frac{\partial}{\partial x_{i_1}}\right)\left(\sum_{i_2=1}^{n} \left(x_{i_2} - x_{i_2^0}\right) \frac{\partial}{\partial x_{i_2}}\right) f(\boldsymbol{x}^0 + t(\boldsymbol{x} - \boldsymbol{x}^0)) \\
&= [(\boldsymbol{x} - \boldsymbol{x}^0)^{\mathrm{T}}\boldsymbol{\nabla}]^2 f(\boldsymbol{x}^0 + t(\boldsymbol{x} - \boldsymbol{x}^0))
\end{aligned}$$

Man erkennt hieran, dass auch allgemein gilt:

$$h^{(j)}(t) = [(\boldsymbol{x} - \boldsymbol{x}^0)^{\mathrm{T}}\boldsymbol{\nabla}]^j f(\boldsymbol{x}^0 + t(\boldsymbol{x} - \boldsymbol{x}^0)), \quad j = 1, 2, \ldots, m+1 .$$

Setzt man diese Ausdrücke nun in die obige Taylor-Entwicklung von h ein, so folgt gerade die Behauptung des Taylorschen Satzes. ■

Beispiel (17.49)
Wir bestimmen das Taylor-Polynom $T_2(\boldsymbol{x}, \boldsymbol{x}^0)$ zweiten Grades der Funktion

$$f(x, y, z) = xy^2 \sin z$$

zum Entwicklungspunkt $\boldsymbol{x}^0 = (1, 2, 0)^{\mathrm{T}}$.

Zunächst stellen wir die benötigten partiellen Ableitungen in einer Tabelle zusammen:

Ableitungen	Auswertung in $\boldsymbol{x}^0$
$f = xy^2 \sin z$	0
$f_x = y^2 \sin z$	0
$f_y = 2xy \sin z$	0
$f_z = xy^2 \cos z$	4
$f_{xx} = 0$	0
$f_{xy} = 2y \sin z$	0
$f_{xz} = y^2 \cos z$	4
$f_{yy} = 2x \sin z$	0
$f_{yz} = 2xy \cos z$	4
$f_{zz} = -xy^2 \sin z$	0

Weiter gilt mit den Abkürzungen $\partial_x := \frac{\partial}{\partial x}$, $\partial_y := \frac{\partial}{\partial y}$ und analog für die höheren Ableitungen

$$
\begin{aligned}
[(\boldsymbol{x} - \boldsymbol{x}^0)^{\mathrm{T}} \boldsymbol{\nabla}] &= (x-1)\partial_x + (y-2)\partial_y + z\,\partial_z \\
[(\boldsymbol{x} - \boldsymbol{x}^0)^{\mathrm{T}} \boldsymbol{\nabla}]^2 &= (x-1)^2\,\partial_{xx} + (y-2)^2\,\partial_{yy} + z^2\,\partial_{zz} \\
&\quad + 2(x-1)(y-2)\partial_{xy} + 2(x-1)z\,\partial_{xz} + 2(y-2)z\,\partial_{yz}\,.
\end{aligned}
$$

Damit folgt:

$$
\begin{aligned}
T_2(\boldsymbol{x};\boldsymbol{x}^0) &= 0 + \frac{1}{1!}\,[(x-1)\cdot 0 + (y-2)\cdot 0 + z\cdot 4] \\
&\quad + \frac{1}{2!}\,[(x-1)^2\cdot 0 + (y-2)^2\cdot 0 + z^2\cdot 0 \\
&\quad + 2(x-1)(y-2)\cdot 0 + 2(x-1)z\cdot 4 + 2(y-2)z\cdot 4] \\
&= 4z + \frac{1}{2}\,(8(x-1)z + 8(y-2)z) \\
&= 4z(x+y-2)\,.
\end{aligned}
$$

Beispiel (17.50)
Gesucht ist das Taylor-Polynom $T_3(\boldsymbol{x};\boldsymbol{x}^0)$ dritten Grades für die Funktion $f(x,y) := \cos(x)\mathrm{e}^y$ zum Entwicklungspunkt $\boldsymbol{x}^0 = (0,0)^{\mathrm{T}}$.

Bei gleichem Vorgehen wie in Beispiel 17.49, also Berechnung der partiellen Ableitung bis zur dritten Ordnung, Auswertung im Entwicklungspunkt und Einsetzen in die allgemeine Formel aus Satz 17.47 erhält man:

$$
T_3(\boldsymbol{x};\boldsymbol{x}^0) = 1 + y + \frac{1}{2\,!}\,(-x^2 + y^2) + \frac{1}{3\,!}\,(-3x^2y + y^3)\,.
$$

Alternativ hätte man für dieses Beispiel auch die bekannten eindimensionalen Reihenentwicklungen für $\cos x$ und für e^y verwenden können. Beim Ausmultiplizieren braucht man dann nur alle Polynomterme maximal dritten Grades zu berücksichtigen:

$$
\begin{aligned}
f(x,y) &= \left(1 - \frac{x^2}{2\,!} + \frac{x^4}{4\,!} - \ldots\right)\left(1 + y + \frac{y^2}{2\,!} + \frac{y^3}{3\,!} + \ldots\right) \\
&= 1 + y + \frac{1}{2}y^2 + \frac{1}{6}y^3 - \frac{1}{2}x^2 - \frac{1}{2}x^2y + O(\|(x,y)^{\mathrm{T}}\|^4)
\end{aligned}
$$

Bemerkungen (17.51)

a) Setzt man für den Abstand zum Entwicklungspunkt $\boldsymbol{v} := \boldsymbol{x} - \boldsymbol{x}^0$, so lässt sich der Differentialoperator

$$
[(\boldsymbol{x} - \boldsymbol{x}^0)^{\mathrm{T}} \boldsymbol{\nabla}] = \sum_{i=1}^{n} v_i \frac{\partial}{\partial x_i}
$$

als Richtungsableitung $D_{\boldsymbol{v}}$ in Richtung $\boldsymbol{v}$ interpretieren, vgl. (17.11). Die in der Taylor-Entwicklung auftretende Potenz $D_{\boldsymbol{v}}^j$ entspricht dann der j-fachen Anwendung dieses Differentialoperators $D_{\boldsymbol{v}}$.

Damit lässt sich die Taylor-Entwicklung auch folgendermaßen schreiben:

$$f(\boldsymbol{x}^0 + \boldsymbol{v}) = \sum_{j=0}^{m} \frac{1}{j\,!} D_{\boldsymbol{v}}^j f(\boldsymbol{x}^0) + \frac{1}{(m+1)\,!} D_{\boldsymbol{v}}^{m+1} f(\boldsymbol{x}^0 + \theta \boldsymbol{v}) \tag{17.21}$$

mit $0 < \theta < 1$. Man erkennt die formale Ähnlichkeit zur eindimensionalen Taylor-Entwicklung Satz 10.13.

b) Eine weitere wichtige Darstellung der Taylor-Entwicklung erhält man mit Hilfe von Multiindices, die später in Definition 25.22 wieder auftauchen. Ein **Multiindex** ist ein n-Tupel

$$\alpha := (\alpha_1, \alpha_2, \dots, \alpha_n) \in \mathbb{N}_0^n ,$$

dessen **Länge** wir als

$$|\alpha| := \sum_{i=1}^{n} \alpha_1$$

definieren. Aus Gründen der Bezeichnungskonsistenz müssten wir eigentlich $\boldsymbol{\alpha}$ und nicht α schreiben, denn α ist ja ein Vektor, aber das ist bei Multiindices ganz unüblich. Ist $\boldsymbol{x} \in \mathbb{R}^n$, dann sei

$$\boldsymbol{x}^\alpha := x_1^{\alpha_1} \cdot x_2^{\alpha_2} \cdots x_n^{\alpha_n} .$$

Als Fakultät eines Multiindex setzen wir

$$\alpha! := \alpha_1!\alpha_2! \cdots \alpha_n! .$$

Mit Hilfe der Multiindices können wir nun die α-te Ableitung einer Funktion $f : D \to \mathbb{R}$ definieren:

$$\partial^\alpha f(\boldsymbol{x}) := \frac{\partial^{\alpha_1} \partial^{\alpha_2} \cdots \partial^{\alpha_n}}{\partial x_1^{\alpha_1} \partial x_2^{\alpha_2} \cdots \partial x_n^{\alpha_n}} f(\boldsymbol{x}) = \frac{\partial^{|\alpha|}}{\partial x_1^{\alpha_1} \partial x_2^{\alpha_2} \cdots \partial x_n^{\alpha_n}} f(\boldsymbol{x}) .$$

Ist $n = 2$ und $\boldsymbol{x} = (x, y)$, dann lauten die möglichen Multiindices bis zur Ableitungsordnung 2

$$\begin{aligned} &\text{Länge } |\alpha| = 0: && (0,0) , \\ &\text{Länge } |\alpha| = 1: && (1,0), (0,1) , \\ &\text{Länge } |\alpha| = 2: && (2,0), (1,1), (0,2) \end{aligned}$$

und die zugehörigen partiellen Ableitungen sind

$$\begin{aligned} &\partial^{(0,0)} f(x,y) = f(x,y) , \\ &\partial^{(1,0)} f(x,y) = \frac{\partial f}{\partial x}(x,y) , \qquad \partial^{(0,1)} f(x,y) = \frac{\partial f}{\partial y}(x,y) , \\ &\partial^{(2,0)} f(x,y) = \frac{\partial^2 f}{\partial x^2}(x,y) , \qquad \partial^{(1,1)} f(x,y) = \frac{\partial^2 f}{\partial x \, \partial y}(x,y) , \\ &\partial^{(0,2)} f(x,y) = \frac{\partial^2 f}{\partial y^2}(x,y) , \end{aligned}$$

aber $\partial^{(1,1)} f(x, y)$ kann auch $\frac{\partial^2 f}{\partial y\, \partial x}(x, y)$ sein, weshalb diese Ableitung doppelt zu zählen ist. Das Taylor-Polynom $T_2(\boldsymbol{x}, \boldsymbol{x}^0)$ lautet dann

$$T_2(\boldsymbol{x}, \boldsymbol{x}^0) = \sum_{|\alpha|=0}^{2} \frac{\partial^\alpha f(\boldsymbol{x}^0)}{\alpha!}(\boldsymbol{x} - \boldsymbol{x}^0)^\alpha ,$$

also

$$\begin{aligned}
&T_2(\boldsymbol{x}, \boldsymbol{x}^0)\\
&= \partial^{(0,0)} f(x^0, y^0) + \partial^{(1,0)} f(x^0, y^0)(x - x^0) + \partial^{(0,1)} f(x^0, y^0)(y - y^0)\\
&\quad + \frac{1}{2}\partial^{(2,0)} f(x^0, y^0)(x - x^0)^2 + \frac{1}{2} \cdot 2 \cdot \partial^{(1,1)} f(x^0, y^0)(x - x^0) \cdot (y - y^0)\\
&\quad + \frac{1}{2}\partial^{(0,2)} f(x^0, y^0)(y - y^0)^2\\
&= f(x^0, y^0) + \frac{\partial f}{\partial x}(x^0, y^0)(x - x^0) + \frac{\partial f}{\partial y}(x^0, y^0)(y - y^0)\\
&\quad + \frac{1}{2}\frac{\partial^2 f}{\partial x^2}(x - x^0)^2 + \frac{\partial^2 f}{\partial x\, \partial y}(x - x^0)(y - y^0) + \frac{1}{2}\frac{\partial^2 f}{\partial y^2}(y - y^0)^2 .
\end{aligned}$$

Die Taylor-Reihe einer Funktion $f : D \to \mathbb{R}$ in Multiindex-Schreibweise lautet dann

$$f(\boldsymbol{x}) = \sum_{|\alpha|\geq 0} \frac{\partial^\alpha f(\boldsymbol{x}^0)}{\alpha!}(\boldsymbol{x} - \boldsymbol{x}^0)^\alpha .$$

c) Das Restglied der Taylor-Formel lautet explizit geschrieben:

$$R_m(\boldsymbol{x}, \boldsymbol{x}^0) = \frac{1}{(m+1)!} \sum_{i_1=1}^{n} \cdots \sum_{i_{m+1}=1}^{n} f_{x_{i_1} \ldots x_{i_{m+1}}}(\boldsymbol{x}^0 + \theta \boldsymbol{v}) v_{i_1} \ldots v_{i_{m+1}} . \tag{17.22}$$

Ist daher C eine gemeinsame Schranke für alle partiellen Ableitungen der Ordnung $(m + 1)$ in einer Umgebung von $\boldsymbol{x}^0$, so gilt dort:

$$|R_m(\boldsymbol{x}; \boldsymbol{x}^0)| \leq \frac{n^{m+1}}{(m+1)!} \cdot C \cdot \|\boldsymbol{x} - \boldsymbol{x}^0\|_\infty^{m+1} . \tag{17.23}$$

Insbesondere folgt für die **Approximationsgüte des Taylor-Polynoms** einer C^{m+1}-Funktion:

$$f(\boldsymbol{x}) = T_m(\boldsymbol{x}; \boldsymbol{x}^0) + O(\|\boldsymbol{x} - \boldsymbol{x}^0\|^{m+1}) . \tag{17.24}$$

Für viele Untersuchungen von Funktionen mehrerer Veränderlicher ist es insbesondere von Bedeutung, das Verhalten der Terme zweiter Ordnung in der Taylor-Entwicklung beurteilen zu können. Hierzu ist es sinnvoll, die zweiten partiellen Ableitungen $f_{x_i x_j}(\boldsymbol{x}^0)$ einer Funktion f zu einer Matrix zusammenzufassen.

Definition (17.52)
Die Matrix der zweiten partiellen Ableitungen

$$\boldsymbol{\nabla}^2 f(\boldsymbol{x}^0) := \begin{pmatrix} f_{x_1x_1}(\boldsymbol{x}^0) & \dots & f_{x_1x_n}(\boldsymbol{x}^0) \\ \vdots & & \vdots \\ f_{x_nx_1}(\boldsymbol{x}^0) & \dots & f_{x_nx_n}(\boldsymbol{x}^0) \end{pmatrix} \in \mathbb{R}^{(n,n)}$$

heißt **Hesse-Matrix**[7] der Funktion f im Punkt $\boldsymbol{x}^0$. Sie ist die Jacobi-Matrix des Gradienten $\boldsymbol{\nabla} f(\boldsymbol{x})$ von f. Mitunter wird sie auch mit $\boldsymbol{H} f(\boldsymbol{x}^0)$ oder mit $D^2 f(\boldsymbol{x}^0)$ bezeichnet.

Aufgrund des Schwarzschen Vertauschungssatzes 17.11 ist die Hesse-Matrix einer C^2-Funktion stets **symmetrisch.**

Die ersten drei Summanden der Taylor-Entwicklung einer C^3-Funktion f lauten hiermit:

$$\begin{aligned} f(\boldsymbol{x}) &= f(\boldsymbol{x}^0) + \boldsymbol{\nabla} f(\boldsymbol{x}^0)^{\mathrm{T}}(\boldsymbol{x} - \boldsymbol{x}^0) \\ &\quad + \frac{1}{2\,!}(\boldsymbol{x} - \boldsymbol{x}^0)^{\mathrm{T}} \boldsymbol{\nabla}^2 f(\boldsymbol{x}^0)(\boldsymbol{x} - \boldsymbol{x}^0) + O(\|\boldsymbol{x} - \boldsymbol{x}^0\|^3)\,. \end{aligned} \tag{17.25}$$

7) Ludwig Otto Hesse (1811–1874); Königsberg, Halle, Heidelberg, München.

18
Anwendungen der Differentialrechnung mehrerer Variablen

Eine wichtige Aufgabe der Analysis mehrerer Variablen ist es, notwendige und hinreichende Kriterien für die Lösung von **Optimierungsaufgaben** zur Verfügung zu stellen. Bei diesen Aufgaben sind die lokalen (evtl. auch globalen) Extrema einer Funktion $f(x_1, \dots, x_n)$ mehrerer Variablen zu bestimmen.

Der Definitionsbereich von f kann dabei eine offene Teilmenge des $\mathbb{R}^n$ sein. Solche Probleme werden im Abschn. 18.1 betrachtet. Der Definitionsbereich von f kann aber auch durch weitere Nebenbedingungen (wir betrachten hier lediglich Nebenbedingungen in Gleichungsform $\boldsymbol{g}(\boldsymbol{x}) = \boldsymbol{0}$) eingeschränkt sein. Derartige **Optimierungsaufgaben mit Nebenbedingungen** werden wir in Abschn. 18.3. untersuchen.

Zuvor beschäftigen wir uns in Abschn. 18.2 noch mit den (geometrischen) Eigenschaften der durch ein Gleichungssystem $\boldsymbol{g}(\boldsymbol{x}) = \boldsymbol{0}$ festgelegten Bereiche (sogenannte Untermannigfaltigkeiten des $\mathbb{R}^n$). Insbesondere interessiert uns die Frage, ob solche Bereiche lokal als Graphen von (implizit definierten) Funktionen dargestellt werden können und somit also auch eine gewisse Glattheit besitzen. Kernstück dieses Abschnittes ist der Satz über implizite Funktionen.

Die praktische Behandlung der oben beschriebenen Optimierungsprobleme führt immer wieder auf die Teilaufgabe, ein gewisses Gleichungssystem zu lösen. Diese Gleichungssysteme sind in aller Regel nichtlinear und meist so komplex, dass eine analytische Lösung dieser Aufgaben nicht möglich ist. Wir werden daher in Abschn. 18.4 auch auf numerische Verfahren zur Lösung dieser Probleme eingehen, wobei das Newton-Verfahren im Vordergrund stehen wird.

18.1 Extrema von Funktionen mehrerer Variablen

Gegeben sei eine stetige, skalare Funktion $f\colon \mathbb{R}^n \supset D \to \mathbb{R}$ in n Variablen $(x_1, \dots, x_n)$. Der Definitionsbereich D braucht nicht offen zu sein, soll jedoch ein nichtleeres Inneres D^0 besitzen, vgl. Definition 9.1. Wir setzen ferner voraus, dass f auf D^0 hinreichend oft stetig partiell differenzierbar ist. Meist genügt es, hierzu $f \in C^2(D^0)$ vorauszusetzen.

Wir interessieren uns für die Extrema (Maxima und Minima) der Funktion f. Zunächst erinnern wir an die schon bekannte Existenzaussage, die Min-Max-Eigenschaft, vgl. Satz 9.13. Ist der Definitionsbereich D kompakt, d. h., D ist be-

Mathematik in den Ingenieur- und Naturwissenschaften 2, 5. Aufl.
Rainer Ansorge, Hans J. Oberle, Kai Rothe und Thomas Sonar.

schränkt und abgeschlossen, so nimmt f auf D ein globales Maximum und ein globales Minimum an.

Zur Ermittlung der Stellen, an denen f maximal oder minimal wird, stellen wir notwendige Bedingungen auf, wobei wir uns (wie im Eindimensionalen) zunächst auf die Bestimmung der **lokalen** Extrema im Innern des Definitionsbereichs beschränken.

Satz (18.1): Notwendige Bedingungen I
Besitzt f in einem Punkt $\boldsymbol{x}^0 \in D^0$ ein lokales Extremum (Minimum oder Maximum), so gilt $\nabla f(\boldsymbol{x}^0) = \mathbf{0}$.

Beweis.
Für beliebiges $\boldsymbol{v} \in \mathbb{R}^n \setminus \{\mathbf{0}\}$ ist $h(t) := f(\boldsymbol{x}^0 + t\boldsymbol{v})$ in einer Umgebung von $t^0 = 0$ erklärt und dort stetig differenzierbar. Ferner hat h in $t^0 = 0$ ein lokales Extremum. Damit folgt nach Satz 10.5:

$$h'(0) = \nabla f(\boldsymbol{x}^0)^{\mathrm{T}} \boldsymbol{v} = 0\,.$$

Da diese Beziehung für alle Vektoren $\boldsymbol{v} \neq \mathbf{0}$ gilt, folgt hiermit $\nabla f(\boldsymbol{x}^0) = \mathbf{0}$. ■

Bemerkungen (18.2)

a) $\nabla f(\boldsymbol{x}) = \mathbf{0}$ ist ein i. Allg. nichtlineares Gleichungssystem mit n Gleichungen und n Unbekannten zur Berechnung von $\boldsymbol{x} = \boldsymbol{x}^0$.
b) Die Punkte $\boldsymbol{x}^0 \in D^0$ mit $\nabla f(\boldsymbol{x}^0) = \mathbf{0}$ heißen **stationäre Punkte** von f. Stationäre Punkte sind nicht notwendig lokale Extrema; so hat beispielsweise die Funktion

$$f(x, y) := x^2 - y^2\,, \quad (x, y) \in \mathbb{R}^2$$

nur einen stationären Punkt, nämlich $\boldsymbol{x}^0 = \mathbf{0}$, dieser ist jedoch weder ein lokales Maximum noch ein lokales Minimum, sondern ein **Sattelpunkt** von f, vgl. Abb. 18.1.

Satz (18.3): Klassifikation stationärer Punkte
Sei $f : \mathbb{R}^n \supset D \to \mathbb{R}$ eine C^2-Funktion und $\boldsymbol{x}^0 \in D^0$ ein stationärer Punkt von f, d. h. $\nabla f(\boldsymbol{x}^0) = \mathbf{0}$.

a) **Notwendige Bedingung II**
Ist $\boldsymbol{x}^0$ ein lokales Minimum von f, so ist die Hesse-Matrix $\nabla^2 f(\boldsymbol{x}^0)$ positiv semidefinit; ist $\boldsymbol{x}^0$ ein lokales Maximum, so ist $\nabla^2 f(\boldsymbol{x}^0)$ negativ semidefinit.
b) **Hinreichende Bedingung**
Ist die Hesse-Matrix $\nabla^2 f(\boldsymbol{x}^0)$ positiv definit, so ist $\boldsymbol{x}^0$ ein strenges lokales Minimum von f. Ist $\nabla^2 f(\boldsymbol{x}^0)$ negativ definit, so ist $\boldsymbol{x}^0$ ein strenges lokales Maximum von f. Ist die Hesse-Matrix $\nabla^2 f(\boldsymbol{x}^0)$ dagegen indefinit, so ist $\boldsymbol{x}^0$ ein Sattelpunkt, d. h., in jeder Umgebung von $\boldsymbol{x}^0$ gibt es Punkte $\boldsymbol{x}^1$, $\boldsymbol{x}^2 \in D$ mit $f(\boldsymbol{x}^1) < f(\boldsymbol{x}^0) < f(\boldsymbol{x}^2)$.

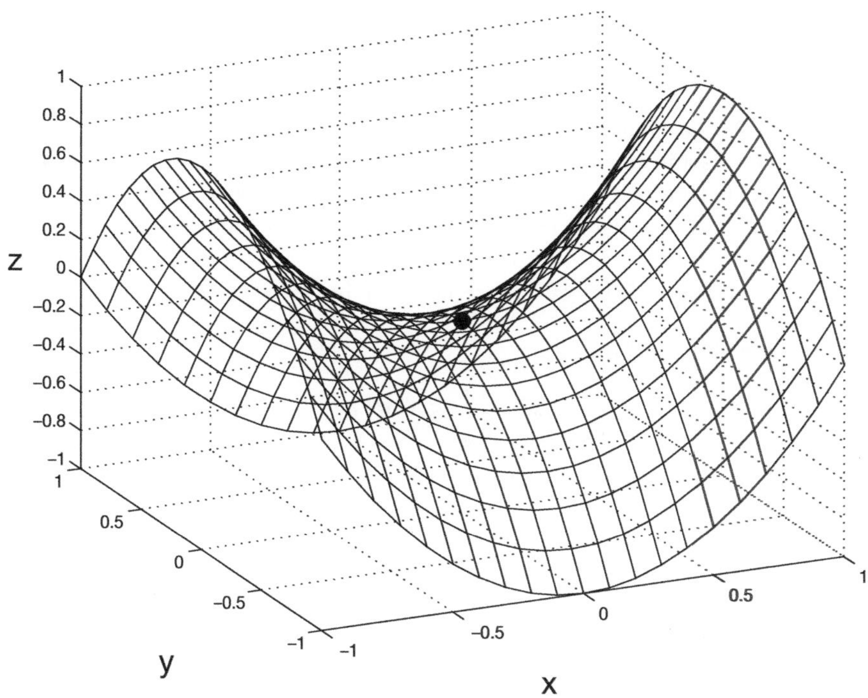

Abb. 18.1 Sattelpunkt einer Funktion $z = f(x, y)$.

Beweis.

zu a): Sei $\boldsymbol{x}^0$ ein lokales Minimum von f. Für eine Richtung $\boldsymbol{v} \neq \mathbf{0}$ und hinreichend kleinem $t > 0$ gilt dann aufgrund des Taylorschen Satzes ($\nabla f(\boldsymbol{x}^0) = \mathbf{0}$!)

$$f(\boldsymbol{x}^0 + t\boldsymbol{v}) - f(\boldsymbol{x}^0) = \frac{1}{2}(t\boldsymbol{v})^{\mathrm{T}}\nabla^2 f(\boldsymbol{x}^0 + \theta t\boldsymbol{v})\,(t\boldsymbol{v}) \geq 0$$

mit $\theta = \theta(t, \boldsymbol{v}) \in \,]0, 1[$. Daher ist auch

$$\boldsymbol{v}^{\mathrm{T}}\nabla^2 f(\boldsymbol{x}^0 + \theta t\boldsymbol{v})\boldsymbol{v} \geq 0\,.$$

Für $t \to 0$ folgt hieraus wegen der Stetigkeit der zweiten partiellen Ableitung sofort $\boldsymbol{v}^{\mathrm{T}}\nabla^2 f(\boldsymbol{x}^0)\boldsymbol{v} \geq 0$, d. h., $\nabla^2 f(\boldsymbol{x}^0)$ ist positiv semidefinit.
Der Beweis für ein lokales Maximum wird analog geführt.

zu b): Sei umgekehrt $\nabla^2 f(\boldsymbol{x}^0)$ positiv definit. Wegen der Stetigkeit der zweiten partiellen Ableitungen ist die Hesse-Matrix $\nabla^2 f(\boldsymbol{x})$ auch in einer hinreichend kleinen Umgebung $\boldsymbol{x} \in K_\varepsilon(\boldsymbol{x}^0) \subset D$ positiv definit. Man beachte hierzu das Definitheitskriterium 7.38c) sowie die Stetigkeit der Determinante (als Polynomfunktion).
Für alle $\boldsymbol{x} \in K_\varepsilon(\boldsymbol{x}^0)$, $\boldsymbol{x} \neq \boldsymbol{x}^0$, folgt mit dem Taylorschen Satz:

$$f(\boldsymbol{x}) - f(\boldsymbol{x}^0) = \frac{1}{2}\,(\boldsymbol{x} - \boldsymbol{x}^0)^{\mathrm{T}}\nabla^2 f(\boldsymbol{x}^0 + \theta(\boldsymbol{x} - \boldsymbol{x}^0))\,(\boldsymbol{x} - \boldsymbol{x}^0) > 0\,, \quad \theta \in \,]0, 1[\,.$$

Damit hat f in $\boldsymbol{x}^0$ ein strenges lokales Minimum.
Für eine negativ definite Hesse-Matrix $\nabla^2 f(\boldsymbol{x}^0)$ erfolgt der Beweis wieder analog.
Sei $\nabla^2 f(\boldsymbol{x}^0)$ nun indefinit. Dann existieren zwei Eigenwerte von $\nabla^2 f(\boldsymbol{x}^0)$ mit verschiedenem Vorzeichen. Zugehörige Eigenvektoren seien $\boldsymbol{v}, \boldsymbol{w} \in \mathbb{R}^n$. Hierfür folgt somit $\boldsymbol{v}^{\mathrm{T}} \nabla^2 f(\boldsymbol{x}^0) \boldsymbol{v} > 0$ sowie $\boldsymbol{w}^{\mathrm{T}} \nabla^2 f(\boldsymbol{x}^0) \boldsymbol{w} < 0$.
Analog zu a) schließt man nun, dass es $\varepsilon_1, \ \varepsilon_2 > 0$ gibt mit

$$f(\boldsymbol{x}^0 + t\boldsymbol{v}) - f(\boldsymbol{x}^0) = \frac{1}{2}(t\boldsymbol{v})^{\mathrm{T}} \nabla^2 f\left(\boldsymbol{x}^0 + \theta_1 t\boldsymbol{v}\right)(t\boldsymbol{v}) > 0$$

für alle $t \in]0, \varepsilon_1[$ und

$$f(\boldsymbol{x}^0 + t\boldsymbol{w}) - f(\boldsymbol{x}^0) = \frac{1}{2}(t\boldsymbol{w})^{\mathrm{T}} \nabla^2 f\left(\boldsymbol{x}^0 + \theta_2 t\boldsymbol{w}\right)(t\boldsymbol{w}) < 0$$

für alle $t \in]0, \varepsilon_2[$. Damit ist gezeigt, dass $\boldsymbol{x}^0$ ein Sattelpunkt von f ist. ■

Bemerkungen (18.4)

a) Der Beweis zu vorstehendem Satz zeigt: In einem stationären Punkt sind durch die Eigenvektoren zu positiven bzw. negativen Eigenwerten der Hesse-Matrix Richtungen gegeben, in denen f wächst bzw. fällt.

b) Ein stationärer Punkt $\boldsymbol{x}^0$ mit $\det \nabla^2 f(\boldsymbol{x}^0) = 0$, d. h. $\lambda = 0$ ist ein Eigenwert von $\nabla^2 f(\boldsymbol{x}^0)$, heißt **ausgeartet**. Ist $\boldsymbol{x}^0$ nicht ausgearteter stationärer Punkt, so trifft genau einer der drei folgenden Fälle zu:
   i) Alle Eigenwerte sind positiv $\Rightarrow$ $\boldsymbol{x}^0$ ist strenges lokales Minimum.
   ii) Alle Eigenwerte sind negativ $\Rightarrow$ $\boldsymbol{x}^0$ ist strenges lokales Maximum.
   iii) $\exists$ Eigenwerte$\lambda_1, \lambda_2 \colon \ \lambda_1 \cdot \lambda_2 < 0$ $\Rightarrow$ $\boldsymbol{x}^0$ ist Sattelpunkt.

c) Nach Satz 18.3 gelten die folgenden Implikationen:

$$\begin{array}{ccc} \boldsymbol{x}^0 \ \text{lokales Minimum} & \Leftarrow & \boldsymbol{x}^0 \ \text{strenges lokales Minimum} \\ \Downarrow & & \Uparrow \\ \nabla^2 f(\boldsymbol{x}^0) \ \text{positiv semidefinit} & \Leftarrow & \nabla^2 f(\boldsymbol{x}^0) \ \text{positiv definit} \end{array}$$

Man beachte, dass hierbei in keinem Fall die Umkehrung der Implikation gilt! Gegenbeispiele lassen sich jeweils leicht konstruieren: Für eine konstante Funktion ist jeder Punkt $\boldsymbol{x}^0$ ein lokales Minimum, jedoch nicht streng. Für $f(x_1, x_2) := x_1^4 - x_2^4$ ist $\nabla^2 f(\mathbf{0})$ positiv semidefinit, jedoch ist $\mathbf{0}$ kein lokales Minimum und $\nabla^2 f(\mathbf{0})$ ist nicht positiv definit. Schließlich hat $f(x_1, x_2) := x_1^4 + x_2^4$ in $\boldsymbol{x}^0 = \mathbf{0}$ ein strenges globales Minimum, ohne dass $\nabla^2 f(\mathbf{0})$ positiv definit ist.

d) Ist f eine C^3-Funktion und $\boldsymbol{x}^0$ ein stationärer Punkt von f mit positiv definiter Hesse-Matrix $\nabla^2 f(\boldsymbol{x}^0)$, so lässt sich abschätzen:

$$(\boldsymbol{x} - \boldsymbol{x}^0)^{\mathrm{T}} \nabla^2 f(\boldsymbol{x}^0)\,(\boldsymbol{x} - \boldsymbol{x}^0) \geq \lambda_{\min} \cdot \|\boldsymbol{x} - \boldsymbol{x}^0\|^2 \, .$$

Hierbei bezeichnet $\lambda_{\min} > 0$ den kleinsten Eigenwert der Hesse-Matrix $\nabla^2 f(\boldsymbol{x}^0)$; man vergleiche hierzu das Rayleighsche Prinzip (Satz 7.49).

Mit dem Taylorschen Satz folgt hieraus:

$$\begin{aligned} f(\boldsymbol{x}) - f(\boldsymbol{x}^0) &\geq \frac{1}{2}\lambda_{\min}\|\boldsymbol{x}-\boldsymbol{x}^0\|^2 + R_3(\boldsymbol{x};\boldsymbol{x}^0) \\ &\geq \|\boldsymbol{x}-\boldsymbol{x}^0\|^2 \left(\frac{\lambda_{\min}}{2} - C\,\|\boldsymbol{x}-\boldsymbol{x}^0\|\right) \end{aligned}$$

mit einer geeigneten Konstanten $C > 0$.
In der Nähe eines nichtentarteten lokalen Minimums $\boldsymbol{x}^0$ wächst f also mindestens quadratisch mit dem Abstand $\|\boldsymbol{x}-\boldsymbol{x}^0\|$.

Beispiel (18.5)
Die Funktion $z = f(x, y) := y^2(x-1) + x^2(x+1)$ soll auf ihre stationären Punkte hin untersucht werden. Zunächst berechnen wir:

$$\boldsymbol{\nabla} f(x, y) = (y^2 + 3x^2 + 2x\,,\; 2y(x-1))^{\mathrm{T}}\,.$$

Damit hat f genau die beiden stationären Punkte:

$$\boldsymbol{x}^0 = \begin{pmatrix} 0 \\ 0 \end{pmatrix}, \quad \boldsymbol{x}^1 = \begin{pmatrix} -2/3 \\ 0 \end{pmatrix}$$

mit den zugehörigen Funktionswerten $z_0 = f(\boldsymbol{x}^0) = 0,\; z_1 = f(\boldsymbol{x}^1) = \frac{4}{27}$.
Für die Hesse-Matrizen findet man mit

$$f_{xx} = 6x + 2\,, \quad f_{xy} = 2y\,, \quad f_{yy} = 2(x-1)\,,$$

$\boldsymbol{\nabla}^2 f(\boldsymbol{x}^0) = \begin{pmatrix} 2 & 0 \\ 0 & -2 \end{pmatrix}$ ist indefinit; $\boldsymbol{x}^0$ ist also ein Sattelpunkt.

$\boldsymbol{\nabla}^2 f(\boldsymbol{x}^1) = \begin{pmatrix} -2 & 0 \\ 0 & -10/3 \end{pmatrix}$ ist negativ definit; $\boldsymbol{x}^1$ ist also ein strenges lokales Maximum von f.

18.2 Implizit definierte Funktionen

Wir beschäftigen uns in diesem Abschnitt mit Teilmengen G des $\mathbb{R}^n$, die als Lösungsmengen von Gleichungssystemen der Form

$$\boldsymbol{g}(\boldsymbol{x}) = \boldsymbol{0}\,, \tag{18.1}$$

mit $\boldsymbol{g}\colon \mathbb{R}^n \supset D \to \mathbb{R}^m$ auftreten.

Durch (18.1) ist ein Gleichungssystem mit m Gleichungen und n Unbekannten $x_1, \ldots, x_n$ gegeben. Hierbei gelte: $m < n$, d. h., das Gleichungssystem sei „unterbestimmt".

Wir fragen, ob sich das Gleichungssystem (18.1) nach gewissen Unbekannten, etwa den letzten m Variablen $x_{n-m+1}, \ldots, x_n$, auflösen lässt. Genauer fragen wir, ob es eine Funktion $\boldsymbol{f}(x_1, \dots, x_{n-m})$ der ersten $n - m$ Variablen gibt, so dass zumindest für gewisse Teilbereiche von D gilt

$$\boldsymbol{g}(\boldsymbol{x}) = \boldsymbol{0} \quad \Longleftrightarrow \quad \begin{pmatrix} x_{n-m+1} \\ \vdots \\ x_n \end{pmatrix} = \boldsymbol{f}(x_1, \dots, x_{n-m}) . \tag{18.2}$$

Wir sagen in diesem Fall, die Funktion $\boldsymbol{f} : \mathbb{R}^{n-m} \supset D_f \to \mathbb{R}^m$ werde durch das Gleichungssystem $\boldsymbol{g}(\boldsymbol{x}) = \boldsymbol{0}$ **implizit definiert**. Die Lösungsmenge G von (18.1) lässt sich dann lokal als Graph der Funktion $\boldsymbol{f}$ interpretieren.

Es ist zu beachten, dass i. Allg. nicht a priori gesagt werden kann, nach welchen der Variablen $(x_1, \dots, x_n)$ das Gleichungssystem auflösbar ist. Ferner ist eine implizit definierte Funktion $\boldsymbol{f}(x_1, \dots, x_{n-m})$ mit (18.2) i. Allg. nicht eindeutig bestimmt, und schließlich gilt die Beziehung (18.2) i. Allg. auch nicht für alle $\boldsymbol{x} \in D$, sondern nur für einen gewissen Teilbereich $\widetilde{D} \subset D$. Man spricht daher von der **lokalen Auflösbarkeit** des nichtlinearen Gleichungssystems.

Beispiele (18.6)

a) Die Kreisgleichung

$$g(x, y) = x^2 + y^2 - r^2 = 0 , \quad r > 0$$

definiert implizit die folgenden vier Funktionen

$$y = \pm\sqrt{r^2 - x^2} , \quad -r \le x \le r$$
$$x = \pm\sqrt{r^2 - y^2} , \quad -r \le y \le r .$$

b) Sei $\boldsymbol{g}$ eine affin-lineare Funktion, also $\boldsymbol{g}(\boldsymbol{x}) = \boldsymbol{C}\boldsymbol{x} + \boldsymbol{b}$, $\boldsymbol{C} \in \mathbb{R}^{(m,n)}$, $\boldsymbol{b} \in \mathbb{R}^m$. Wir spalten die Variablen $\boldsymbol{x}$ in zwei Vektoren auf:

$$\boldsymbol{x}^{(1)} := (x_1, \dots, x_{n-m})^{\mathrm{T}} \in \mathbb{R}^{n-m}$$
$$\boldsymbol{x}^{(2)} := (x_{n-m+1}, \dots, x_n)^{\mathrm{T}} \in \mathbb{R}^m .$$

Analog wird die Matrix $\boldsymbol{C}$ aufgeteilt: $\boldsymbol{C} = (\boldsymbol{B}, \boldsymbol{A})$ mit $\boldsymbol{B} \in \mathbb{R}^{(m,n-m)}$ und $\boldsymbol{A} \in \mathbb{R}^{(m,m)}$. Hieran sieht man, dass das Gleichungssystem $\boldsymbol{g}(\boldsymbol{x}) = \boldsymbol{0}$ genau dann nach den Variablen $\boldsymbol{x}^{(2)}$ auflösbar ist, wenn die Matrix $\boldsymbol{A}$ regulär ist. In diesem Fall gilt

$$\begin{aligned} \boldsymbol{g}(\boldsymbol{x}) = \boldsymbol{0} \quad &\Longleftrightarrow \quad \boldsymbol{B}\boldsymbol{x}^{(1)} + \boldsymbol{A}\boldsymbol{x}^{(2)} + \boldsymbol{b} = \boldsymbol{0} \\ &\Longleftrightarrow \quad \boldsymbol{x}^{(2)} = -\boldsymbol{A}^{-1}(\boldsymbol{B}\boldsymbol{x}^{(1)} + \boldsymbol{b}) =: \boldsymbol{f}(\boldsymbol{x}^{(1)}) . \end{aligned}$$

Im Vorgriff auf den allgemeinen nichtlinearen Fall sei angemerkt, dass die Matrizen $\boldsymbol{A}$ und $\boldsymbol{B}$ auch als die Matrizen der partiellen Ableitungen von $\boldsymbol{g}$ nach $\boldsymbol{x}^{(2)}$, bzw. nach $\boldsymbol{x}^{(1)}$ gedeutet werden können:

$$\boldsymbol{A} = \frac{\partial \boldsymbol{g}}{\partial \boldsymbol{x}^{(2)}}(\boldsymbol{x}^{(1)}, \boldsymbol{x}^{(2)}) , \quad \boldsymbol{B} = \frac{\partial \boldsymbol{g}}{\partial \boldsymbol{x}^{(1)}}(\boldsymbol{x}^{(1)}, \boldsymbol{x}^{(2)}) .$$

In Verallgemeinerung der in (17.6) eingeführten Schreibweise bezeichnet also

$$J_{x^{(2)}}g(x) = \frac{\partial g}{\partial x^{(2)}}(x^{(1)}, x^{(2)}) \in \mathbb{R}^{(m,m)}$$

die (quadratische) Jacobi-Matrix der partiellen Abbildung $x^{(2)} \mapsto g(x^{(1)}, x^{(2)})$ bei festgehaltenen Variablen $x^{(1)}$.

Die im obigen Beispiel festgestellte Regularität der Matrix $J_{x^{(2)}}g(x)$ wird sich gerade als wichtige Voraussetzung für die Auflösbarkeit auch im Fall nichtlinearer Funktionen g erweisen.

Wir gehen zurück zur allgemeinen Situation und und teilen die Variablen wie in Beispiel 18.6b) auf. Der Einfachheit halber schreiben wir dabei anstelle von (18.1)

$$g(x, y) = 0 \in \mathbb{R}^m, \quad x \in \mathbb{R}^{n-m}, \quad y \in \mathbb{R}^m. \tag{18.3}$$

Wir untersuchen nun die Auflösbarkeit dieses Gleichungssystems nach den Variablen y.

Dazu formen wir das obige Gleichungssystem um, so dass wir den Banachschen Fixpunktsatz 10.45 anwenden können:

$$g(x, y) = 0 \iff h(x, y) = y - A^{-1}g(x, y) = y. \tag{18.4}$$

Dabei ist $A \in \mathbb{R}^{(m,m)}$ eine zunächst beliebige reguläre Matrix. Für die zu (18.4) zugehörige Fixpunktiteration ist nun x als ein fester Parametervektor anzusehen. In einem ersten Schritt werden wir die stetige Abhängigkeit der Lösung y dieser Fixpunktgleichung von dem Parametervektor x zeigen.

Satz (18.7): Parameterabhängiger Fixpunktsatz
Es seien $U := \overline{K}_{\varepsilon_1}(x^0)$ und $V := \overline{K}_{\varepsilon_2}(y^0)$ abgeschlossene Normkugeln mit den Radien $\varepsilon_1, \varepsilon_2 > 0$ um die Mittelpunkte $x^0 \in \mathbb{R}^{n-m}$ und $y^0 \in \mathbb{R}^m$.

Die Funktion $h\colon U \times V \to \mathbb{R}^m$ sei stetig, $L \in]0, 1[$ und es mögen die folgenden Voraussetzungen erfüllt sein

a) $h(x^0, y^0) = y^0$,
b) $\|h(x, y_1) - h(x, y_2)\| \le L\|y_1 - y_2\|, \quad \forall\, x \in U,\ y_1, y_2 \in V$,
c) $\|h(x, y^0) - y^0\| \le \varepsilon_2(1 - L), \quad$ für alle $x \in U$.

Dann existiert eine *stetige* Funktion $f\colon U \to V$ mit $h(x, f(x)) = f(x)$ für alle $x \in U$.

Beweis.
Wir verwenden für $x \in U$ die Fixpunktiteration

$$y^{(k+1)} := h(x, y^{(k)}), \quad k = 0, 1, \dots$$

mit Startwert $y^{(0)} := y^0$, dem Mittelpunkt der Kugel V. Die Iterierten $y^{(k)}$ werden damit Funktionen von $x \in U$, $y^{(k)} := y^{(k)}(x)$ mit $y^{(0)}(x) = y^0$.

Mit den Eigenschaften b) und c) sind die Voraussetzungen des Fixpunktsatzes erfüllt. Man vergleiche hierzu den Satz 10.47 und setze darin $\Phi(y) := h(x, y)$ und

$r := \varepsilon_2 > 0$. Damit folgt, dass das Gleichungssystem $\boldsymbol{y} = \boldsymbol{h}(\boldsymbol{x}, \boldsymbol{y})$ für jedes $\boldsymbol{x} \in U$ genau eine Lösung $\boldsymbol{y} = \boldsymbol{f}(\boldsymbol{x}) \in V$ besitzt, und dass gilt

$$\boldsymbol{f}(\boldsymbol{x}) = \lim_{k\to\infty} \boldsymbol{y}^{(k)}(\boldsymbol{x}) .$$

Da $\boldsymbol{h}$ stetig ist und ebenso die konstante Anfangsfunktion $\boldsymbol{y}^{(0)}$ stetig ist, sind damit auch alle Iterierten $\boldsymbol{y}^{(k)}$ stetige Funktionen auf U. Schließlich ist die Konvergenz $\boldsymbol{y}^{(k)}(\boldsymbol{x}) \to \boldsymbol{f}(\boldsymbol{x})$, $k \to \infty$, aufgrund der Fehlerabschätzung des Fixpunktsatzes auch gleichmäßig:

$$\|\boldsymbol{y}^{(k)}(\boldsymbol{x}) - \boldsymbol{f}(\boldsymbol{x})\| \le \frac{L^k}{1-L} \|\boldsymbol{y}^{(1)}(\boldsymbol{x}) - \boldsymbol{y}^0\| \le C \cdot L^k \to 0 (k \to \infty) .$$

Nach Satz 11.3 ist daher auch die Grenzfunktion $\boldsymbol{f}$ stetig auf U. ■

Mit diesem technischen Hilfsmittel, dem parameterabhängigen Fixpunktsatz, lässt sich nun der folgende Satz über implizite Funktionen beweisen.

Satz (18.8): Satz über implizite Funktionen

Sei $\boldsymbol{g}: D \to \mathbb{R}^m$ eine C^1-Funktion mit $D \subset \mathbb{R}^n$ offen und $1 \le m < n$.

Die Variablen in D seien wie oben separiert: $(\boldsymbol{x}, \boldsymbol{y})$, $\boldsymbol{x} \in \mathbb{R}^{n-m}$, $\boldsymbol{y} \in \mathbb{R}^m$. $(\boldsymbol{x}^0, \boldsymbol{y}^0) \in D$ sei ein Lösungspunkt, also $\boldsymbol{g}(\boldsymbol{x}^0, \boldsymbol{y}^0) = \boldsymbol{0}$. Ferner sei die folgende Jacobi-Matrix **regulär**

$$\frac{\partial \boldsymbol{g}}{\partial \boldsymbol{y}}(\boldsymbol{x}^0, \boldsymbol{y}^0) := \begin{pmatrix} \frac{\partial g_1}{\partial y_1}(\boldsymbol{x}^0, \boldsymbol{y}^0) & \dots & \frac{\partial g_1}{\partial y_m}(\boldsymbol{x}^0, \boldsymbol{y}^0) \\ \vdots & & \vdots \\ \frac{\partial g_m}{\partial y_1}(\boldsymbol{x}^0, \boldsymbol{y}^0) & \dots & \frac{\partial g_m}{\partial y_m}(\boldsymbol{x}^0, \boldsymbol{y}^0) \end{pmatrix} .$$

Dann gibt es Umgebungen $U \subset \mathbb{R}^{n-m}$ von $\boldsymbol{x}^0$ und $V \subset \mathbb{R}^m$ von $\boldsymbol{y}^0$, mit $U \times V \subset D$, sowie eine eindeutig bestimmte stetige Funktion $\boldsymbol{f}: U \to V$ mit

$$\boldsymbol{f}(\boldsymbol{x}^0) = \boldsymbol{y}^0 \quad \text{und} \quad \boldsymbol{g}(\boldsymbol{x}, \boldsymbol{f}(\boldsymbol{x})) = \boldsymbol{0} \quad (\forall\, \boldsymbol{x} \in U) .$$

Die Funktion $\boldsymbol{f}$ ist sogar stetig differenzierbar auf U und es gilt für alle $\boldsymbol{x} \in U$

$$J\boldsymbol{f}(\boldsymbol{x}) = -\left(\frac{\partial \boldsymbol{g}}{\partial \boldsymbol{y}}(\boldsymbol{x}, \boldsymbol{f}(\boldsymbol{x}))\right)^{-1} \left(\frac{\partial \boldsymbol{g}}{\partial \boldsymbol{x}}(\boldsymbol{x}, \boldsymbol{f}(\boldsymbol{x}))\right) .$$

Beweis.

Das Gleichungssystem $\boldsymbol{g}(\boldsymbol{x}, \boldsymbol{y}) = \boldsymbol{0}$ wird wie in (18.4) umgeschrieben zu:

$$\boldsymbol{h}(\boldsymbol{x}, \boldsymbol{y}) := \boldsymbol{y} - \boldsymbol{A}^{-1}\boldsymbol{g}(\boldsymbol{x}, \boldsymbol{y}) = \boldsymbol{y}$$

mit einer regulären (m, m)-Matrix $\boldsymbol{A}$. $\boldsymbol{h}$ ist eine C^1-Funktion mit $\boldsymbol{h}(\boldsymbol{x}^0, \boldsymbol{y}^0) = \boldsymbol{y}^0$. Ferner gilt

$$\begin{aligned} \boldsymbol{h}(\boldsymbol{x}, \boldsymbol{y}_1) - \boldsymbol{h}(\boldsymbol{x}, \boldsymbol{y}_2) &= \boldsymbol{y}_1 - \boldsymbol{y}_2 - \boldsymbol{A}^{-1}(\boldsymbol{g}(\boldsymbol{x}, \boldsymbol{y}_1) - \boldsymbol{g}(\boldsymbol{x}, \boldsymbol{y}_2)) \\ &= -\boldsymbol{A}^{-1}[\boldsymbol{g}(\boldsymbol{x}, \boldsymbol{y}_1) - \boldsymbol{g}(\boldsymbol{x}, \boldsymbol{y}_2) - \boldsymbol{A}(\boldsymbol{y}_1 - \boldsymbol{y}_2)] . \end{aligned}$$

Wir wollen die rechte Seite dieser Gleichung nach oben abschätzen und damit die Kontraktionseigenschaft von $\boldsymbol{h}$ zeigen. Nach Definition der Differenzierbarkeit wird hierdurch die Wahl $\boldsymbol{A} := \frac{\partial \boldsymbol{g}}{\partial \boldsymbol{y}}(\boldsymbol{x}^0, \boldsymbol{y}^0)$ nahe gelegt.

Nach Voraussetzung ist $\boldsymbol{A}$ dann regulär und wir können bei festem $\boldsymbol{x}$ den Mittelwert-Abschätzungssatz 17.44 auf die differenzierbare Funktion $\boldsymbol{r}(\boldsymbol{y}) := \boldsymbol{g}(\boldsymbol{x}, \boldsymbol{y}) - \boldsymbol{A}\,\boldsymbol{y}$ anwenden.

Für die eckige Klammer in der obigen Gleichung folgt damit:

$$
\begin{aligned}
\|\boldsymbol{g}(\boldsymbol{x}, \boldsymbol{y}_1) - \boldsymbol{g}(\boldsymbol{x}, \boldsymbol{y}_2) - \boldsymbol{A}\,(\boldsymbol{y}_1 - \boldsymbol{y}_2)\,\| &= \|\boldsymbol{r}(\boldsymbol{y}_1) - \boldsymbol{r}(\boldsymbol{y}_2)\,\| \\
&\le \|\boldsymbol{J}\boldsymbol{r}(\widetilde{\boldsymbol{y}})\,(\boldsymbol{y}_1 - \boldsymbol{y}_2)\,\| \\
&\le \|\frac{\partial \boldsymbol{g}}{\partial \boldsymbol{y}}(\boldsymbol{x}, \widetilde{\boldsymbol{y}}) - \boldsymbol{A}\|\;\|\boldsymbol{y}_1 - \boldsymbol{y}_2\| \\
&= \|\frac{\partial \boldsymbol{g}}{\partial \boldsymbol{y}}(\boldsymbol{x}, \widetilde{\boldsymbol{y}}) - \frac{\partial \boldsymbol{g}}{\partial \boldsymbol{y}}(\boldsymbol{x}^0, \boldsymbol{y}^0)\,\|\;\|\boldsymbol{y}_1 - \boldsymbol{y}_2\|\,.
\end{aligned}
$$

Dabei ist $\widetilde{\boldsymbol{y}} = \boldsymbol{y}_1 + \theta(\boldsymbol{y}_2 - \boldsymbol{y}_1)$ mit $\theta = \theta(\boldsymbol{x}, \boldsymbol{y}_1, \boldsymbol{y}_2) \in \,]0, 1[$.

Aufgrund der Stetigkeit von $\boldsymbol{J}_{\boldsymbol{y}}\boldsymbol{g}$ im Punkt $(\boldsymbol{x}^0, \boldsymbol{y}^0)$ konvergiert der erste Faktor gegen null, falls $(\boldsymbol{x}, \boldsymbol{y}_1)$ und $(\boldsymbol{x}, \boldsymbol{y}_2)$ gegen $(\boldsymbol{x}^0, \boldsymbol{y}^0)$ konvergieren.

Es gibt daher abgeschlossene Kugeln $U = \overline{K}_{\varepsilon_1}(\boldsymbol{x}^0)$ und $V = \overline{K}_{\varepsilon_2}(\boldsymbol{y}^0)$, $\varepsilon_1, \varepsilon_2 > 0$, sowie eine Kontraktionskonstante L, $0 < L < 1$, mit:

$$
\|\boldsymbol{h}(\boldsymbol{x}, \boldsymbol{y}_1) - \boldsymbol{h}(\boldsymbol{x}, \boldsymbol{y}_2)\| \le L\|\boldsymbol{y}_1 - \boldsymbol{y}_2\|\,,
$$

für alle $\boldsymbol{x} \in U$ und $\boldsymbol{y}_1, \boldsymbol{y}_2 \in V$.

Durch eventuelle Verkleinerung von ε_1 lässt sich zusätzlich erreichen, dass für alle $\boldsymbol{x} \in U$ gilt:

$$
\|\boldsymbol{h}(\boldsymbol{x}, \boldsymbol{y}^0) - \boldsymbol{y}^0\| = \|\boldsymbol{A}^{-1}\boldsymbol{g}(\boldsymbol{x}, \boldsymbol{y}^0)\| \le \varepsilon_2(1 - L)\,.
$$

Damit sind nun alle Voraussetzungen des parameterabhängigen Fixpunktsatzes 18.7 erfüllt. Es folgt daher die Existenz, Eindeutigkeit und Stetigkeit einer Lösung $\boldsymbol{f}: U \to V$ mit $\boldsymbol{g}(\boldsymbol{x}, \boldsymbol{f}(\boldsymbol{x})) = \boldsymbol{0}$ für alle $\boldsymbol{x} \in U$.

Unter der Voraussetzung der Differenzierbarkeit von $\boldsymbol{f}$ lässt sich die behauptete Darstellung der Jacobi-Matrix $\boldsymbol{J}\boldsymbol{f}(\boldsymbol{x})$ leicht durch **implizite Differentiation** herleiten. Hierzu differenziert man die Identität $\boldsymbol{g}(\boldsymbol{x}, \boldsymbol{f}(\boldsymbol{x})) = \boldsymbol{0}$ unter Verwendung der Kettenregel partiell nach $\boldsymbol{x}$. Es ergibt sich

$$
\frac{\partial \boldsymbol{g}}{\partial \boldsymbol{x}}(\boldsymbol{x}, \boldsymbol{f}(\boldsymbol{x})) + \frac{\partial \boldsymbol{g}}{\partial \boldsymbol{y}}(\boldsymbol{x}, \boldsymbol{f}(\boldsymbol{x})) \cdot \boldsymbol{J}\boldsymbol{f}(\boldsymbol{x}) = \boldsymbol{0}
$$

und somit die in Satz 18.8 behauptete Relation

$$
\boldsymbol{J}\boldsymbol{f}(\boldsymbol{x}) = -\left(\frac{\partial \boldsymbol{g}}{\partial \boldsymbol{y}}(\boldsymbol{x}, \boldsymbol{f}(\boldsymbol{x}))\right)^{-1} \frac{\partial \boldsymbol{g}}{\partial \boldsymbol{x}}(\boldsymbol{x}, \boldsymbol{f}(\boldsymbol{x}))\,. \tag{18.5}
$$

Letzteres setzt natürlich voraus, dass $\frac{\partial \boldsymbol{g}}{\partial \boldsymbol{y}}(\boldsymbol{x}, \boldsymbol{f}(\boldsymbol{x}))$ auf ganz U regulär ist.

Wegen der vorausgesetzten C^1-Eigenschaft von $\boldsymbol{g}$ und der bewiesenen Stetigkeit von $\boldsymbol{f}$ lässt sich dies jedoch nach evtl. weiterer Verkleinerung von U und V erreichen.

Es bleibt nun, den Nachweis der Differenzierbarkeit von $\boldsymbol{f}$ zu führen. Dieser Teil des Beweises ist relativ technisch. Wir deuten die wesentlichen Beweisschritte daher nur an.

Ausgangspunkt ist die Differenzierbarkeit von $\boldsymbol{g}$. Hiernach gilt für vorgegebenes $\varepsilon > 0$:

$$\left\|\boldsymbol{g}(\boldsymbol{x}+\Delta\boldsymbol{x}, \boldsymbol{y}+\Delta\boldsymbol{y}) - \boldsymbol{g}(\boldsymbol{x}, \boldsymbol{y}) - \frac{\partial \boldsymbol{g}}{\partial \boldsymbol{x}}(\boldsymbol{x}, \boldsymbol{y})\Delta\boldsymbol{x} - \frac{\partial \boldsymbol{g}}{\partial \boldsymbol{y}}(\boldsymbol{x}, \boldsymbol{y})\Delta\boldsymbol{y}\right\| \\ \le \varepsilon(\|\Delta\boldsymbol{x}\| + \|\Delta\boldsymbol{y}\|)$$

für alle $\|\Delta\boldsymbol{x}\|, \|\Delta\boldsymbol{y}\| < \delta = \delta(\varepsilon)$.

Sind nun $\boldsymbol{x}, \boldsymbol{x}+\Delta\boldsymbol{x} \in U$ und setzt man $\boldsymbol{y} := \boldsymbol{f}(\boldsymbol{x})$, sowie $\Delta\boldsymbol{y} := \boldsymbol{f}(\boldsymbol{x}+\Delta\boldsymbol{x}) - \boldsymbol{f}(\boldsymbol{x})$, so verschwinden nach Definition von $\boldsymbol{f}$ die ersten beiden Summanden in der obigen Ungleichung und wir erhalten:

$$\left\|\frac{\partial \boldsymbol{g}}{\partial \boldsymbol{x}}(\boldsymbol{x}, \boldsymbol{y})\Delta\boldsymbol{x} + \frac{\partial \boldsymbol{g}}{\partial \boldsymbol{y}}(\boldsymbol{x}, \boldsymbol{y})\Delta\boldsymbol{y}\right\| \le \varepsilon(\|\Delta\boldsymbol{x}\| + \|\Delta\boldsymbol{y}\|)$$

oder

$$\| \Delta\boldsymbol{y} + \boldsymbol{A}^{-1}\boldsymbol{B}\Delta\boldsymbol{x} \| \le \varepsilon\|\boldsymbol{A}^{-1}\|(\|\Delta\boldsymbol{x}\| + \|\Delta\boldsymbol{y}\|) \tag{18.6}$$

mit $\boldsymbol{A} := \frac{\partial \boldsymbol{g}}{\partial \boldsymbol{y}}(\boldsymbol{x}, \boldsymbol{y})$ und $\boldsymbol{B} := \frac{\partial \boldsymbol{g}}{\partial \boldsymbol{x}}(\boldsymbol{x}, \boldsymbol{y})$.

Wendet man hierauf die Dreiecksungleichung an, so ergibt sich

$$\|\Delta\boldsymbol{y}\| - \|\boldsymbol{A}^{-1}\boldsymbol{B}\Delta\boldsymbol{x}\| \le \varepsilon\|\boldsymbol{A}^{-1}\|(\|\Delta\boldsymbol{x}\| + \|\Delta\boldsymbol{y}\|)$$

oder

$$(1 - \varepsilon\|\boldsymbol{A}^{-1}\|)\|\Delta\boldsymbol{y}\| \le \varepsilon\|\boldsymbol{A}^{-1}\| \, \|\Delta\boldsymbol{x}\| + \|\boldsymbol{A}^{-1}\boldsymbol{B}\Delta\boldsymbol{x}\| \,.$$

Für hinreichend kleine $\varepsilon > 0$ folgt hieraus eine Abschätzung der Form $\|\Delta\boldsymbol{y}\| \le C \cdot \|\Delta\boldsymbol{x}\|$ mit einer geeigneten Konstanten $C > 0$.

Setzt man diese Abschätzung in die rechte Seite von (18.6) ein, so erhält man mit der Definition von $\Delta\boldsymbol{y}$:

$$\| \boldsymbol{f}(\boldsymbol{x}+\Delta\boldsymbol{x}) - \boldsymbol{f}(\boldsymbol{x}) - \boldsymbol{A}^{-1}\boldsymbol{B}\Delta\boldsymbol{x} \| \le \varepsilon(1+C)\, \|\boldsymbol{A}^{-1}\| \, \|\Delta\boldsymbol{x}\|$$

für alle $\Delta\boldsymbol{x}$ mit $\|\Delta\boldsymbol{x}\| \le \delta = \delta(\varepsilon)$.

Diese Abschätzung zeigt gerade die Approximationseigenschaft

$$\boldsymbol{f}(\boldsymbol{x}+\Delta\boldsymbol{x}) - \boldsymbol{f}(\boldsymbol{x}) - \boldsymbol{A}^{-1}\boldsymbol{B}\Delta\boldsymbol{x} = o(\|\Delta\boldsymbol{x}\|)\,.$$

Damit ist $\boldsymbol{f}$ also im Punkt $\boldsymbol{x}$ differenzierbar mit der Jacobi-Matrix $\boldsymbol{J}\boldsymbol{f}(\boldsymbol{x}) = \boldsymbol{A}^{-1}\boldsymbol{B}$.

Die Stetigkeit der partiellen Ableitungen von $\boldsymbol{f}$ folgt schließlich direkt aus der Darstellung (18.5). ■

Beispiele (18.9)

a) Für den Ursprungskreis mit Radius $r > 0$, gegeben durch

$$g(x, y) = x^2 + y^2 - r^2 = 0\,,$$

findet man im Punkt $(x^0, y^0) = (0, r)$

$$\frac{\partial g}{\partial x}(0, r) = 0\,, \quad \frac{\partial g}{\partial y}(0, r) = 2r \neq 0\,.$$

Nach dem Satz über implizite Funktionen ist demnach in der Nähe von x^0 die Auflösbarkeit nach y in der Form $y = f(x)$ möglich und f ist in einer geeigneten Umgebung von x^0 eindeutig bestimmt und dort stetig differenzierbar. Wie groß diese Umgebung ist, lässt sich i. Allg. allerdings nur numerisch bestimmen. Im vorliegenden Fall ist $f(x) = \sqrt{r^2 - x^2}$, also kann die Umgebung $U =]-r, r[$ (ohne Randpunkte!) gewählt werden.
Die Ableitung f' findet man wie im obigen Beweis durch implizite Differentiation der Gleichung $g(x, y) = 0$ nach x:

$$\begin{aligned} & 2x + 2yy' = 0 \\ \Rightarrow\quad & y' = f'(x) = -\frac{x}{y} = -\frac{x}{\sqrt{r^2 - x^2}}\,. \end{aligned}$$

b) Die Gleichung

$$g(x, y) = e^{y-x} + 3y + x^2 - 1 = 0$$

ist für jedes $x \in \mathbb{R}$ eindeutig nach $y := f(x)$ auflösbar. Dies folgt aus der strengen Monotonie und der Surjektivität der Hilfsfunktion $h(y) := e^{y-x} + 3y$ für festes x.
Wegen $\frac{\partial g}{\partial y} = e^{y-x} + 3 > 0$ ist auch der Satz über implizite Funktionen anwendbar, und wir erhalten die stetige Differenzierbarkeit der Funktion f auf ganz $\mathbb{R}$. Implizite Differentiation der vorgegebenen Gleichung nach x ergibt:

$$\begin{aligned} & e^{y-x}(y' - 1) + 3y' + 2x = 0 \\ \Rightarrow\quad & y' = -\frac{e^{y-x} - 2x}{e^{y-x} + 3}\,. \end{aligned}$$

Die obige Relation zeigt, dass $y = f(x)$ sogar eine C^2-Funktion ist. y'' lässt sich durch nochmaliges implizites Differenzieren bestimmen. Es ergibt sich:

$$\begin{aligned} & e^{y-x}y'' + e^{y-x}(y' - 1)^2 + 3y'' + 2 = 0 \\ \Rightarrow\quad & y'' = -\frac{2 + e^{y-x}(y' - 1)^2}{e^{y-x} + 3}\,. \end{aligned}$$

Man beachte, dass in diesem Beispiel eine **explizite** Auflösung nach y nicht möglich ist. Die Funktion f kann also ebenso wie die Ableitungen nur numerisch berechnet werden.

Bemerkung (18.10)
Allgemein erhält man durch implizites Differenzieren einer durch die Gleichung

$$g(x, y) = 0\,, \quad \text{mit} \quad \frac{\partial g}{\partial y} \neq 0$$

implizit erklärten Funktion $y = f(x)$, $x,\ y \in \mathbb{R}$:

$$f'(x) = -\frac{g_x}{g_y}\,, \quad f''(x) = -\frac{g_{xx}g_y^2 - 2g_{xy}g_xg_y + g_{yy}g_x^2}{g_y^3}\,.$$

Insbesondere folgt daher, dass f in x^0 einen stationären Punkt besitzt, falls mit $y^0 := f(x_0)$ gilt:

$$g(x^0, y^0) = g_x(x^0, y^0) = 0 \quad \text{und} \quad g_y(x^0, y^0) \neq 0\,.$$

Ferner besitzt f in x^0 ein strenges lokales Maximum, bzw. Minimum, falls zusätzlich gilt

$$\frac{g_{xx}(x^0, y^0)}{g_y(x^0, y^0)} > 0\,, \quad \text{bzw.} \quad \frac{g_{xx}(x^0, y^0)}{g_y(x^0, y^0)} < 0\,.$$

Implizite Darstellung ebener Kurven

Die Lösungsmenge einer skalaren Gleichung $g(x, y) = 0$ mit einer hinreichend oft differenzierbaren Funktion g ist nach dem Satz über implizite Funktionen im Fall

$$\nabla g = (g_x, g_y)^{\mathrm{T}} \neq \mathbf{0}$$

lokal als Graph einer Funktion $y = f(x)$ oder $x = f(y)$ gegeben.

Solche Lösungspunkte (x^0, y^0) der Gleichung $g = 0$ heißen **reguläre Punkte**, während Lösungspunkte mit $\nabla g(x^0, y^0) = \mathbf{0}$ **singuläre Punkte** genannt werden.

Für reguläre Lösungspunkte $\boldsymbol{x}^0 = (x^0, y^0)$ ist demnach in eindeutiger Weise eine Tangente an die Lösungsmenge (Lösungskurve) definiert. Gilt

$$g_x(\boldsymbol{x}^0) = 0\,, \quad g_y(\boldsymbol{x}^0) \neq 0\,,$$

so besitzt die Lösungskurve eine **horizontale Tangente** in $\boldsymbol{x}^0$. Analog implizieren die Gleichungen

$$g_x(\boldsymbol{x}^0) \neq 0\,, \quad g_y(\boldsymbol{x}^0) = 0\,,$$

dass die Lösungskurve eine **vertikale Tangente** in $\boldsymbol{x}^0$ hat.

Im Fall eines singulären Punktes $\boldsymbol{x}^0$ lässt sich die Lösungsmenge nach dem Taylorschen Satz lokal bei $\boldsymbol{x}^0$ durch die Terme zweiter Ableitungsordnung beschreiben, d. h. durch die Lösungsmenge der quadratische Gleichung

$$g_{xx}(\boldsymbol{x}^0)\,(x - x^0)^2 + 2g_{xy}(\boldsymbol{x}^0)\,(x - x^0)\,(y - y^0) + g_{yy}(\boldsymbol{x}^0)\,(y - y^0)^2 = 0\,.$$

Verwendet man die Klassifikation stationärer Punkte für g, vgl. Satz 18.3, so erhält man für $\nabla^2 g \neq \mathbf{0}$:

$$\begin{aligned} &\det \nabla^2 g(\boldsymbol{x}^0) > 0: && \boldsymbol{x}^0 \text{ ist } \textbf{isolierter Punkt} \text{ der Lösungsmenge} \\ &\det \nabla^2 g(\boldsymbol{x}^0) < 0: && \boldsymbol{x}^0\ \textbf{Doppelpunkt} \\ &\det \nabla^2 g(\boldsymbol{x}^0) = 0: && \boldsymbol{x}^0 \text{ ist } \textbf{Rückkehrpunkt (Spitze)} \end{aligned}$$

Beispiele (18.11)
In den folgenden Beispielen wird jeweils der singuläre Punkt $\boldsymbol{x}^0 = \mathbf{0}$ betrachtet:

a)
$$\begin{aligned} g(x, y) &= y^2(x-1) + x^2(x-2) = 0 \\ g_x &= y^2 + 3x^2 - 4x \\ g_y &= 2y(x-1) \\ g_{xx} &= 6x - 4 \\ g_{xy} &= 2y \\ g_{yy} &= 2(x-1) \\ \nabla^2 g(\mathbf{0}) &= \begin{pmatrix} -4 & 0 \\ 0 & -2 \end{pmatrix}, \end{aligned}$$

$\boldsymbol{x}^0 = \mathbf{0}$ ist also ein isolierter Punkt.

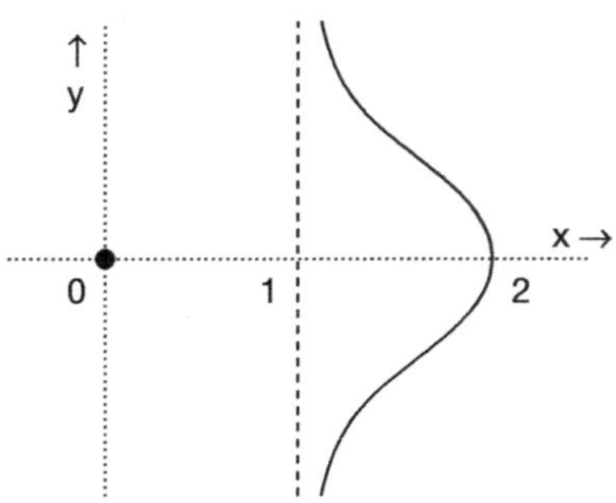

Abb. 18.2 Isolierter Punkt.

b)
$$\begin{aligned} g(x, y) &= y^2(x-1) + x^2(x+q^2) = 0 \\ g_x &= y^2 + 3x^2 + 2xq^2 \\ g_y &= 2y(x-1) \\ g_{xx} &= 6x + 2q^2 \\ g_{xy} &= 2y \\ g_{yy} &= 2(x-1) \\ \nabla^2 g(\mathbf{0}) &= \begin{pmatrix} 2q^2 & 0 \\ 0 & -2 \end{pmatrix}, \end{aligned}$$

$\boldsymbol{x}^0 = \mathbf{0}$ ist also für $q \neq 0$ ein Doppelpunkt.

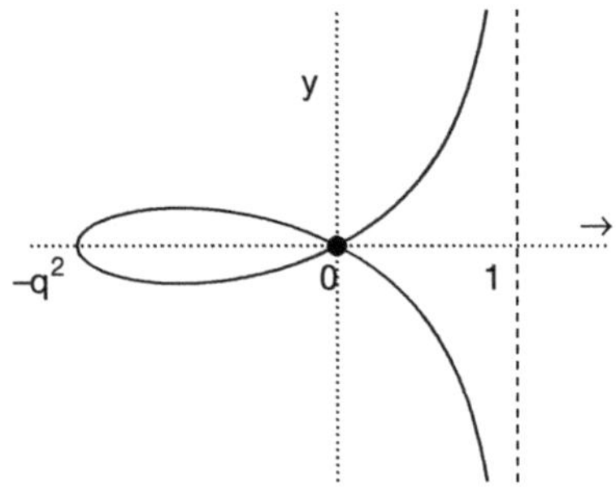

Abb. 18.3 Doppelpunkt.

c)

$$\begin{aligned} g(x, y) &= y^2(x-1) + x^3 = 0 \\ g_x &= y^2 + 3x^2 \\ g_y &= 2y(x-1) \\ g_{xx} &= 6x \\ g_{xy} &= 2y \\ g_{yy} &= 2(x-1) \\ \boldsymbol{\nabla}^2 g(\mathbf{0}) &= \begin{pmatrix} 0 & 0 \\ 0 & -2 \end{pmatrix}, \end{aligned}$$

$\boldsymbol{x}^0 = \mathbf{0}$ ist also ein Rückkehrpunkt.

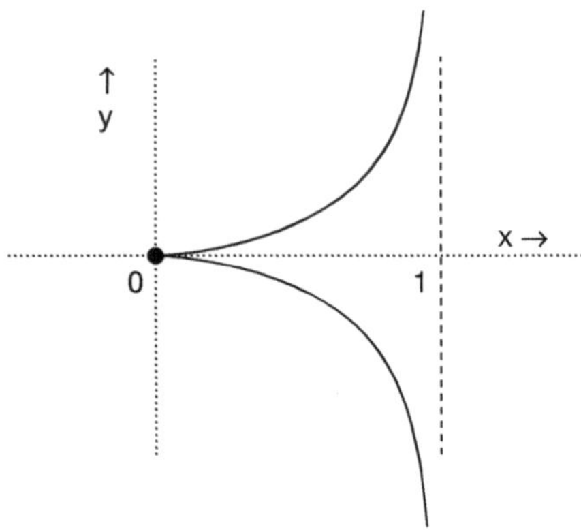

Abb. 18.4 Rückkehrpunkt.

Implizite Darstellung von Flächen

Die Lösungsmenge einer skalaren Gleichung $g(x, y, z) = 0$ in drei Variablen stellt im regulären Fall $\boldsymbol{\nabla} g \neq \mathbf{0}$ lokal eine Fläche im $\mathbb{R}^3$ dar. Wir wollen hier nur reguläre Lösungspunkte $\boldsymbol{x}^0$ betrachten, d. h., es gelte $\boldsymbol{\nabla} g(\boldsymbol{x}^0) \neq \mathbf{0}$.

Die **Tangentialebene** an die Fläche in einem Lösungspunkt $\boldsymbol{x}^0$ lautet nach dem Taylorschen Satz (Terme erster Ordnung):

$$g_x(\boldsymbol{x}^0)\,(x - x^0) + g_y(\boldsymbol{x}^0)\,(y - y^0) + g_z(\boldsymbol{x}^0)\,(z - z^0) = 0$$

oder:

$$\boldsymbol{\nabla} g(\boldsymbol{x}^0)^{\mathrm{T}}\,(\boldsymbol{x} - \boldsymbol{x}^0) = 0\,. \tag{18.7}$$

An dieser Relation erkennt man wiederum, dass der Gradient $\nabla g(\boldsymbol{x}^0)$ auf der Fläche $g(x, y, z) = 0$ senkrecht steht; vgl. auch Satz 17.35.

Ist $g_z(\boldsymbol{x}^0) \neq 0$, so lässt sich die Lösungsfläche lokal bei $\boldsymbol{x}^0$ als Graph einer implizit definierten Funktion $z = f(x, y)$ darstellen. Für die partiellen Ableitungen von f erhält man wiederum durch implizite Differentiation:

$$\nabla f(x, y) = (f_x, f_y)^{\mathrm{T}} = -\frac{1}{g_z}(g_x, g_y)^{\mathrm{T}} = \left(-\frac{g_x}{g_z}, -\frac{g_y}{g_z}\right)^{\mathrm{T}} .$$

Es sei angemerkt, dass sich auch Ableitungen höherer Ordnung von f durch implizite Differentiationen berechnen lassen. Hierdurch wird beispielsweise eine Klassifikation der kritischen Punkte von f ermöglicht, ohne dass die Funktion f explizit bekannt sein muss.

Das Umkehrproblem

Mit Hilfe des Satzes über implizite Funktionen lässt sich auch sehr einfach die Frage beantworten, ob man ein vorgegebenes Gleichungssystem

$$\boldsymbol{f}(\boldsymbol{x}) = \boldsymbol{y}\,, \quad \boldsymbol{x}, \boldsymbol{y} \in \mathbb{R}^n\,,$$

invertieren, d. h. nach den Variablen $\boldsymbol{x}$ auflösen kann. Hiermit wird zugleich die Frage positiv beantwortet, ob das obige Gleichungssystem für alle $\boldsymbol{y}$ in einer Umgebung eines Ankerpunktes $\boldsymbol{y}^0$ lösbar ist.

Es sei $\boldsymbol{f}: D \to \mathbb{R}^n$ eine vorgegebene C^1-Funktion und $D \subset \mathbb{R}^n$ offen. Wir fragen nach der lokalen Invertierbarkeit der Funktion $\boldsymbol{f}$. Dazu schreiben wir das obige Gleichungssystem um in der Form $\boldsymbol{g}(\boldsymbol{x}, \boldsymbol{y}) := f(\boldsymbol{x}) - \boldsymbol{y} = \boldsymbol{0}$ und wenden auf $\boldsymbol{g}$ den Satz über implizite Funktionen an.

Satz (18.12): Umkehrsatz
Sei $\boldsymbol{f}: D \to \mathbb{R}^n$ eine auf einer offenen Menge $D \subset \mathbb{R}^n$ definierte C^1-Funktion.

Ist die Jacobi-Matrix $\boldsymbol{Jf}(\boldsymbol{x}^0)$ für ein $\boldsymbol{x}^0 \in D$ regulär, so gibt es offene Umgebungen U von $\boldsymbol{x}^0$ und V von $\boldsymbol{y}^0 := \boldsymbol{f}(\boldsymbol{x}^0)$, so dass die Funktion $\boldsymbol{f}$ den Bereich U *bijektiv* auf V abbildet.

Ferner ist die Umkehrabbildung $\boldsymbol{f}^{-1}: V \to U$ ebenfalls eine C^1-Funktion, und es gilt für alle $\boldsymbol{x} \in U$:

$$\boldsymbol{Jf}^{-1}(\boldsymbol{y}) = (\boldsymbol{Jf}(\boldsymbol{x}))^{-1}\,, \quad \boldsymbol{y} = \boldsymbol{f}(\boldsymbol{x})\,.$$

Beweis.
Das vorgegebene Gleichungssystem $\boldsymbol{f}(\boldsymbol{x}) = \boldsymbol{y}$ ist äquivalent zu

$$\boldsymbol{g}(\boldsymbol{x}, \boldsymbol{y}) := \boldsymbol{f}(\boldsymbol{x}) - \boldsymbol{y} = \boldsymbol{0}$$

und $\boldsymbol{g}: D \times \mathbb{R}^n \to \mathbb{R}^n$ ist eine C^1-Funktion.

Es gilt $\boldsymbol{g}(\boldsymbol{x}^0, \boldsymbol{y}^0) = \boldsymbol{0}$ und die Jacobi-Matrix $\frac{\partial \boldsymbol{g}}{\partial \boldsymbol{x}}(\boldsymbol{x}^0, \boldsymbol{y}^0) = \boldsymbol{Jf}(\boldsymbol{x}^0)$ ist regulär.

Nach dem Satz über implizite Funktionen lässt sich daher die Gleichung $\boldsymbol{g}(\boldsymbol{x}, \boldsymbol{y}) = \boldsymbol{0}$ lokal bei $(\boldsymbol{x}^0, \boldsymbol{y}^0)$ nach $\boldsymbol{x}$ auflösen. Die implizit definierte Funktion – diese ist gerade $\boldsymbol{f}^{-1}(\boldsymbol{y})$ – ist ferner eine C^1-Funktion, und für deren Jacobi-Matrix gilt

$$\boldsymbol{Jf}^{-1}(\boldsymbol{y}) \cdot \boldsymbol{Jf}(\boldsymbol{x}) = \boldsymbol{I}_n\,, \quad \boldsymbol{y} = \boldsymbol{f}(\boldsymbol{x})\,.$$

■

Bemerkung (18.13)
Bijektive C^1-Funktionen, deren Umkehrungen ebenfalls C^1-Abbildungen sind, werden auch **C^1-Diffeomorphismen** genannt.

Der Umkehrsatz besagt also, dass C^1-Funktionen mit regulärer Jacobi-Matrix lokal auch C^1-Diffeomorphismen sind. Derartige Abbildungen werden in den Anwendungen häufig als Koordinatentransformationen verwendet.

Transformation von Volumina

Sei $\boldsymbol{f}: D \to \mathbb{R}^n$, mit $D \subset \mathbb{R}^n$ offen, ein auf (offenen) Umgebungen U_1 von $\boldsymbol{x}^0 \in D$ und U_2 von $\boldsymbol{y}^0 := \boldsymbol{f}(\boldsymbol{x}^0)$ definierter C^1-Diffeomorphismus.

Ein „kleines" Volumen V bei $\boldsymbol{x}^0$ wird dann auf ein „kleines" Volumen $\widetilde{V}$ bei $\boldsymbol{y}^0$ abgebildet. Für die (vorzeichenbehafteten) Volumina gilt dann näherungsweise

$$\operatorname{vol}(\widetilde{V}) \approx \det(\boldsymbol{J}\boldsymbol{f}(\boldsymbol{x}^0)) \cdot \operatorname{vol}(V)\,.$$

Genauer ist diese Beziehung als ein Grenzprozess zu verstehen:

$$\lim_{\operatorname{vol}(V)\to 0} \frac{\operatorname{vol}(\widetilde{V})}{\operatorname{vol}(V)} = \det(\boldsymbol{J}\boldsymbol{f}(\boldsymbol{x}^0))\,. \tag{18.8}$$

Zur Erläuterung von (18.8) betrachten wir einen Quader Q mit Ecke $\boldsymbol{x}^0$ und Kanten parallel zu den Koordinatenachsen. Die Kantenlängen seien $q_1, \dots, q_n$. Das Bild $\widetilde{Q} = f(Q)$ von Q unter der Abbildung $\boldsymbol{f}$ kann dann „in erster Näherung" durch ein Parallelotop mit den Kanten

$$\left(q_1 \cdot \frac{\partial \boldsymbol{f}}{\partial x_1}(\boldsymbol{x}^0)\right), \dots, \left(q_n \cdot \frac{\partial \boldsymbol{f}}{\partial x_n}(\boldsymbol{x}^0)\right)\,.$$

approximiert werden, vgl. Abb. 18.5.

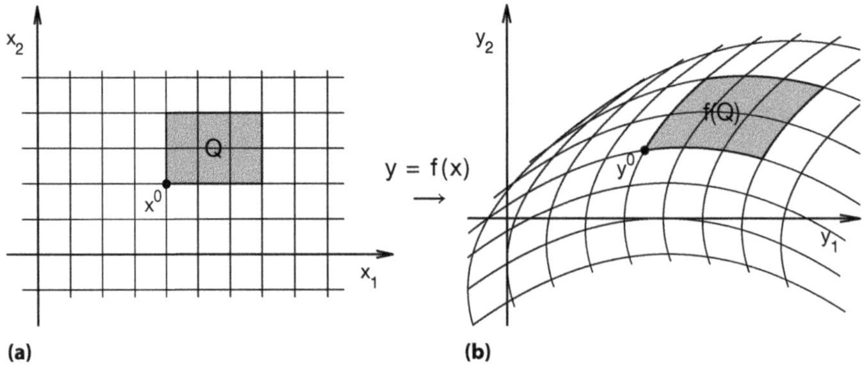

Abb. 18.5 Transformation eines Quaders unter Diffeomorphismen.

Nach Abschn. 4.5 über das (vorzeichenbehaftete) Volumen eines Parallelotops gilt dann

$$\mathrm{vol}(Q) = \det(q_1\boldsymbol{e}_1, \ldots, q_n\boldsymbol{e}_n) = \prod_{i=1}^{n} q_i$$

$$\mathrm{vol}(\widetilde{Q}) \approx \det\left(q_1\frac{\partial \boldsymbol{f}}{\partial x_1}, \ldots, q_n\frac{\partial \boldsymbol{f}}{\partial x_n}\right) = \left(\prod_{i=1}^{n} q_i\right) \cdot \det(\boldsymbol{J}\boldsymbol{f}(\boldsymbol{x}^0)),$$

also folgt $\mathrm{vol}(\widetilde{Q}) \approx \det(\boldsymbol{J}\boldsymbol{f}(\boldsymbol{x}^0)) \cdot \mathrm{vol}(Q)$.

Man beachte, dass im Fall $\det(\boldsymbol{J}\boldsymbol{f}(\boldsymbol{x}^0)) > 0$ die Orientierung des Urbild-Parallelotops und des approximierten Bild-Parallelotops erhalten bleiben, während sie sich im Fall $\det(\boldsymbol{J}\boldsymbol{f}(\boldsymbol{x}^0)) < 0$ unterscheiden.

Die Kontinuitätsgleichung

Als eine Anwendung der Beziehung (18.8) betrachten wir eine **quellen- und senkenfreie Strömung** einer Flüssigkeit oder eines Gases. Die **Dichte** werde dabei mit $\rho(\boldsymbol{x}, t)$ bezeichnet, $\boldsymbol{x} \in \mathbb{R}^3$ ist die Ortsvariable und $t \in \mathbb{R}$ beschreibt die Zeit. Schließlich werde mit $\boldsymbol{u}(\boldsymbol{x}, t)$ die Strömungsgeschwindigkeit bezeichnet.

$V(t)$ bezeichne ein „kleines" Volumen zur Zeit t mit Schwerpunkt im Ortsvektor $\boldsymbol{x}$. Wir betrachten die räumliche und zeitliche Änderung von $V(t)$ in einem Zeitintervall $[t, t + \Delta t]$, wobei die Länge des Zeitintervall Δt ebenfalls „klein" sein möge. $V(t)$ geht dabei über in ein Volumen $V(t + \Delta t)$ mit Schwerpunkt $\boldsymbol{y}$, vgl. Abb. 18.6.

Zunächst möge die Ortsänderung durch einen Diffeomorphismus des $\mathbb{R}^3$ gegeben sein, der bezüglich der Zeit linearisiert die folgende Form hat

$$\boldsymbol{y} = \boldsymbol{f}(\boldsymbol{x}) = \boldsymbol{x} + \boldsymbol{u}(\boldsymbol{x}, t) \cdot \Delta t + o(\Delta t).$$

Der Fehlerterm $o(\Delta t)$ hängt dabei natürlich auch vom Ort $\boldsymbol{x}$ ab, er behält jedoch auch bei Differentiation nach einer der Ortsvariablen die Eigenschaft bei, für $\Delta t \to 0$ schneller als Δt zu verschwinden, sofern diese Ortsableitungen beschränkt sind.

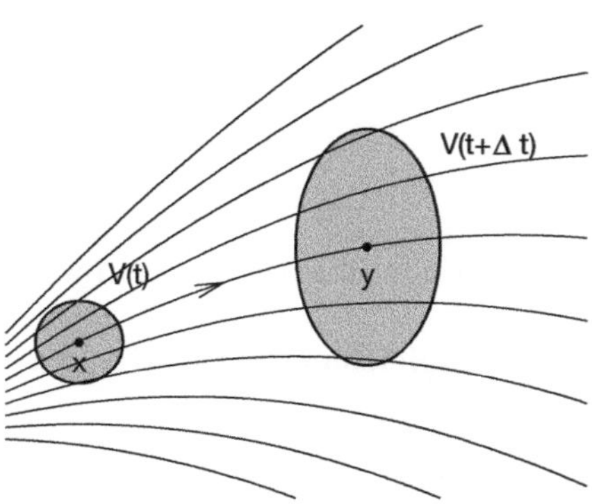

Abb. 18.6 Volumenänderung im Zeitintervall $[t,\ t + \Delta t]$.

Für die Volumenänderung ergibt sich damit aus (18.8) in erster Näherung, d. h. unter Vernachlässigung von Termen höherer Ordnung in Δt:

$$\begin{aligned}\frac{V(t+\Delta t)}{V(t)} &= \det(\boldsymbol{J}\boldsymbol{f}(\boldsymbol{x})) + o(\Delta t)\\ &= \begin{vmatrix} \left(1+\Delta t\frac{\partial u_1}{\partial x_1}\right) & \Delta t\frac{\partial u_1}{\partial x_2} & \Delta t\frac{\partial u_1}{\partial x_3}\\ \Delta t\frac{\partial u_2}{\partial x_1} & \left(1+\Delta t\frac{\partial u_2}{\partial x_2}\right) & \Delta t\frac{\partial u_2}{\partial x_3}\\ \Delta t\frac{\partial u_3}{\partial x_1} & \Delta t\frac{\partial u_3}{\partial x_2} & \left(1+\Delta t\frac{\partial u_3}{\partial x_3}\right)\end{vmatrix} + o(\Delta t)\\ &= 1+\Delta t\cdot\left(\frac{\partial u_1}{\partial x_1}+\frac{\partial u_2}{\partial x_2}+\frac{\partial u_3}{\partial x_3}\right)+o(\Delta t)\end{aligned}$$

und damit

$$V(t+\Delta t) = (1+\operatorname{div}\boldsymbol{u}(\boldsymbol{x},t)\cdot\Delta t)V(t)+o(\Delta t)\,.$$

Für die Masse $m(t+\Delta t)$ des Volumens $V(t+\Delta t)$ ergibt sich damit unter Verwendung der Taylor-Entwicklung für die Dichte und bei ausschließlicher Berücksichtigung von Termen erster Ordnung in Δt:

$$\begin{aligned}&m(t+\Delta t)\\ &\quad= \rho(\boldsymbol{x}+\boldsymbol{u}\cdot\Delta t,\ t+\Delta t)\cdot V(t+\Delta t)+o(\Delta t)\\ &\quad= \left[\rho(\boldsymbol{x},t)+\left(\boldsymbol{\nabla}\rho^{\mathrm{T}}\boldsymbol{u}+\frac{\partial\rho}{\partial t}\right)\Delta t\right] * [1+\operatorname{div}\boldsymbol{u}(\boldsymbol{x},t)\cdot\Delta t]\ V(t)+o(\Delta t)\\ &\quad= \rho(\boldsymbol{x},t)\cdot V(t)+\left(\frac{\partial\rho}{\partial t}+\boldsymbol{\nabla}\rho^{\mathrm{T}}\boldsymbol{u}+\rho\cdot\operatorname{div}\boldsymbol{u}\right)V(t)\Delta t+o(\Delta t)\\ &\quad= m(t)+\left(\frac{\partial\rho}{\partial t}+\operatorname{div}(\rho\boldsymbol{u})\right)V(t)\Delta t+o(\Delta t)\,.\end{aligned}$$

Die letzte Umformung ergibt sich aus der Produktregel 17.18.

Da wir angenommen haben, dass die Strömung quellen- und senkenfrei ist, bleibt die Masse erhalten: $m(t+\Delta t) = m(t)$. Damit folgt aber auch

$$\lim_{\Delta t\to 0}\frac{m(t+\Delta t)-m(t)}{\Delta t} = 0$$

und der Term erster Ordnung in der obigen Entwicklung muss daher verschwinden.

Wir erhalten damit die sogenannte **Kontinuitätsgleichung**, die im Wesentlichen die Erhaltung der Masse beschreibt:

$$\frac{\partial\rho}{\partial t}(\boldsymbol{x},t)+\operatorname{div}(\rho(\boldsymbol{x},t)\cdot\boldsymbol{u}(\boldsymbol{x},t)) = 0\,. \tag{18.9}$$

Bemerkungen (18.14)

a) Für stationäre und inkompressible Strömungen, d. h. $\boldsymbol{u} = \boldsymbol{u}(\boldsymbol{x})$ und ρ konstant, vereinfacht sich die Kontinuitätsgleichung zu $\operatorname{div} \boldsymbol{u} = 0$.

b) Besitzt eine stationäre und inkompressible Strömung ein sogenanntes **Geschwindigkeitspotential**, d. h. existiert eine skalare Funktion $\varphi(\boldsymbol{x})$ mit $\nabla\varphi(\boldsymbol{x}) = \boldsymbol{u}(\boldsymbol{x})$, so folgt aus a) $\Delta\varphi(\boldsymbol{x}) = 0$, d. h. das Geschwindigkeitspotential φ ist notwendigerweise eine Lösung der Potentialgleichung.

c) Auch bei nicht konstanter Dichte ρ wird eine Strömung gelegentlich als inkompressibel bezeichnet, wenn $\operatorname{div} \boldsymbol{u} = 0$ gilt. Mit den Bemerkungen 18.9 und 17.18 tritt dies genau im Fall

$$\frac{\partial \rho}{\partial t} + \nabla\rho^{\mathrm{T}} \boldsymbol{u} = 0$$

ein.

18.3 Extremalprobleme mit Gleichungsnebenbedingungen

Gegeben sei eine skalare Funktion $f: D \to \mathbb{R}$ mit $D \subset \mathbb{R}^n$ offen. Wir betrachten die Aufgabe, die lokalen oder globalen Extrema (Maxima und Minima) der Funktion f zu ermitteln, wobei allerdings nur solche $\boldsymbol{x}$ zugelassen werden sollen, die ein vorgegebenes Gleichungssystem

$$\begin{aligned} g_1(x_1, \dots, x_n) &= 0 \\ &\vdots \\ g_m(x_1, \dots, x_n) &= 0 \end{aligned} \tag{18.10}$$

erfüllen. Wir suchen die Extrema von f also nicht auf ganz D, sondern auf der kleineren Menge der **zulässigen Punkte**

$$G := \{\boldsymbol{x} \in D : \boldsymbol{g}(\boldsymbol{x}) = \boldsymbol{0}\} . \tag{18.11}$$

Hierbei sei $\boldsymbol{g} := (g_1, \dots, g_m)^{\mathrm{T}}$ eine C^1-Abbildung $\boldsymbol{g}: D \to \mathbb{R}^m$, $m < n$.

Man spricht bei dieser Problemstellung von einer **Optimierungsaufgabe mit Gleichungsrestriktionen**.

Beispiele (18.15)

a) Gesucht ist ein Quader mit maximalem Volumen bei vorgegebener Oberfläche O.

Bezeichnen x, y, z die Kantenlängen des gesuchten Quaders, so ist also die Funktion (Volumen)

$$f(x, y, z) := x \cdot y \cdot z$$

zu maximieren unter der Nebenbedingung

$$g(x, y, z) := 2(xy + xz + yz) - O = 0 .$$

Als Definitionsbereich der Funktionen f und g lässt sich $D :=]0, \infty[^3$ wählen.

b) Gesucht seien die Punkte auf der Parabel $y = x^2 - a$, die vom Ursprung den kürzesten Abstand d haben.
Zu minimieren ist also die Funktion

$$f(x, y) = d^2 = x^2 + y^2$$

unter der Nebenbedingung

$$g(x, y) = y - x^2 + a = 0 .$$

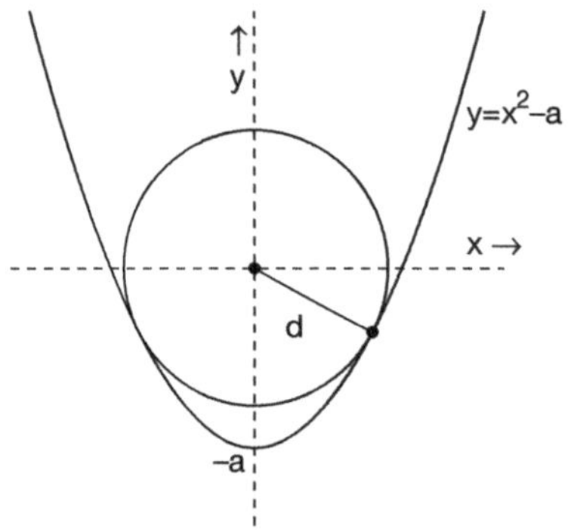

Abb. 18.7 Abstand vom Ursprung.

Bemerkung (18.16)
Durch die Nebenbedingung $\boldsymbol{g}(\boldsymbol{x}) = \boldsymbol{0}$ reduziert sich der **Freiheitsgrad** der Optimierungsaufgabe i. Allg. von n auf $n - m$.

Dem könnte man dadurch Rechnung tragen, dass man versucht, das Gleichungssystem $\boldsymbol{g}(\boldsymbol{x}) = \boldsymbol{0}$ nach m Variablen, etwa nach $x_{n-m+1}, \dots , x_n$, aufzulösen, also den Satz über implizite Funktionen anzuwenden. Setzt man diese Variablen dann in die Funktion $f(x_1, \dots , x_n)$ ein, so erhält man eine unrestringierte Optimierungsaufgabe in den Variablen $x_1, \dots , x_{n-m}$ und kann die in Abschn. 18.1 hergeleiteten Kriterien anwenden.

Gegen dieses Vorgehen spricht jedoch, dass die Auflösung von $\boldsymbol{g}(\boldsymbol{x}) = \boldsymbol{0}$ nach m Variablen häufig nicht explizit durchgeführt werden kann und i. Allg. auch nicht eindeutig zu sein braucht.

Beispiel (18.17)
Behandelt man das Optimierungsproblem aus Beispiel 18.15b) durch Auflösung der Nebenbedingung nach x^2, so erhält man die unrestringierte Optimierungsaufgabe

$$\text{Minimiere} \quad h(y) := (y + a) + y^2 , \quad y \in \mathbb{R} .$$

Diese hat das eindeutig bestimmte globale Minimum $y^* = -0.5$. Die zugehörigen x-Werte ergeben sich zu $x^*_{\pm} = \pm\sqrt{a - 0.5}$.

Offenbar findet wir auf diesem Weg nur Lösungen im Fall $a \geq 0.5$. Anderseits ist die Optimierungsaufgabe aber auch für $a < 0.5$ sinnvoll gestellt und besitzt dann sogar eine eindeutig bestimmte Lösung, nämlich $(x^*, y^*) = (0, -a)$. Warum finden wir diese Lösung nicht mit der obigen Eliminationsmethode?

Die Lagrange-Multiplikatorenregel

Die folgende, nach Lagrange benannte Methode ist von fundamentaler Bedeutung in der Optimierungstheorie und in sehr viel allgemeineren Situationen anwendbar. Auch mit diesem Verfahren wird die restringierte Optimierungsaufgabe in eine unrestringierte transformiert. Die Grundidee ist, die Nebenbedingungen $g_i(\boldsymbol{x}) = 0, \; i = 1, \dots, m$, mit (unbekannten) **Lagrange-Multiplikatoren** $\lambda_i \in \mathbb{R}$ an die zu maximierende oder zu minimierende Funktion f „anzukoppeln". Hierdurch wird der Freiheitsgrad also nicht reduziert, sondern vielmehr erweitert. Man betrachtet anstelle von f also die sogenannte **erweiterte Funktion**

$$L(\boldsymbol{x}, \boldsymbol{\lambda}) := f(\boldsymbol{x}) + \sum_{i=1}^{m} \lambda_i g_i(\boldsymbol{x}) = f(\boldsymbol{x}) + \boldsymbol{\lambda}^{\mathrm{T}} \boldsymbol{g}(\boldsymbol{x}) \tag{18.12}$$

und maximiert (bzw. minimiert) diese für festes $\boldsymbol{\lambda} = (\lambda_1, \dots, \lambda_m)^{\mathrm{T}}$ über dem gesamten Bereich $\boldsymbol{x} \in D$ (unrestringiert!). Die erweiterte Funktion $L(\boldsymbol{x}, \lambda)$ wird auch **Lagrange-Funktion** genannt.

Zunächst stellen wir sehr einfach fest:

Satz (18.18): Lagrange-Lemma
Minimiert bzw. maximiert $\boldsymbol{x}^0 \in D$ die Lagrange-Funktion $L(\boldsymbol{x}, \boldsymbol{\lambda})$ für ein festes $\boldsymbol{\lambda}$ über D und gilt $\boldsymbol{g}(\boldsymbol{x}^0) = \boldsymbol{0}$, so ist $\boldsymbol{x}^0$ zugleich ein globales Minimum bzw. Maximum von f über der zulässigen Menge $G := \{\boldsymbol{x} \in D : \boldsymbol{g}(\boldsymbol{x}) = \boldsymbol{0}\}$.

Beweis.
Für beliebiges $\boldsymbol{x} \in D$ gilt für ein Minimum nach Voraussetzung

$$f(\boldsymbol{x}^0) + \boldsymbol{\lambda}^{\mathrm{T}} \boldsymbol{g}(\boldsymbol{x}^0) \le f(\boldsymbol{x}) + \boldsymbol{\lambda}^{\mathrm{T}} \boldsymbol{g}(\boldsymbol{x}) \,.$$

Wählt man nun speziell $\boldsymbol{x} \in G$ zulässig, so ist $\boldsymbol{g}(\boldsymbol{x}^0) = \boldsymbol{g}(\boldsymbol{x}) = \boldsymbol{0}$. Damit folgt direkt $f(\boldsymbol{x}^0) \le f(\boldsymbol{x})$. ■

Bemerkungen (18.19)
Sind die Funktionen f und $g_i, \; i = 1, \dots, m, \; C^1$-Funktionen, so ist eine notwendige Bedingung für eine Extremalstelle $\boldsymbol{x}^0$ von L gegeben durch

$$\boldsymbol{\nabla}_{\boldsymbol{x}} L(\boldsymbol{x}, \boldsymbol{\lambda}) = \boldsymbol{\nabla} f(\boldsymbol{x}) + \sum_{i=1}^{m} \lambda_i \boldsymbol{\nabla} g_i(\boldsymbol{x}) = \boldsymbol{0} \,. \tag{18.13}$$

Die Beziehung (18.13) bildet zusammen mit $\boldsymbol{g}(\boldsymbol{x}) = \boldsymbol{0}$ ein i. Allg. nichtlineares Gleichungssystem mit $(n + m)$ Gleichungen für die $(n + m)$ Unbekannten $\boldsymbol{x}$ und $\boldsymbol{\lambda}$. Die Lösungen $(\boldsymbol{x}^0, \boldsymbol{\lambda}^0)$ dieses Gleichungssystems sind gerade Kandidaten für die gesuchten Extremalstellen **(notwendige Bedingung)**.

Man kann natürlich auch (und das ist vielleicht für die Anfänger der natürlicher erscheinende Zugang) anstelle von (18.13) den gesamten Gradienten

$$\boldsymbol{\nabla}_{(\boldsymbol{x}, \boldsymbol{\lambda})} L(\boldsymbol{x}, \boldsymbol{\lambda}) = \boldsymbol{0}$$

betrachten, was auf die beiden Teilgradienten

$$\boldsymbol{\nabla}_{\boldsymbol{x}}L(\boldsymbol{x},\boldsymbol{\lambda}) = \boldsymbol{\nabla}_{\boldsymbol{x}}f(\boldsymbol{x}) + \sum_{i=1}^{m}\lambda_i\boldsymbol{\nabla}_{\boldsymbol{x}}g_i(\boldsymbol{x}) = \mathbf{0}$$

$$\boldsymbol{\nabla}_{\boldsymbol{\lambda}}L(\boldsymbol{x},\boldsymbol{\lambda}) = \boldsymbol{\nabla}_{\boldsymbol{\lambda}}f(\boldsymbol{x}) + \boldsymbol{\nabla}_{\boldsymbol{\lambda}}\left(\sum_{i=1}^{m}\lambda_i\boldsymbol{\nabla}_{\boldsymbol{x}}g_i(\boldsymbol{x})\right) = \boldsymbol{g}(\boldsymbol{x}) = \mathbf{0}\,.$$

führt. Die erste Gleichung ist genau (18.13) und die zweite Gleichung ist unsere Nebenbedingung. Daher ist (18.13) zusammen mit der Nebenbedingung $\boldsymbol{g}(\boldsymbol{x}) = \mathbf{0}$ tatsächlich die notwendige Bedingung.

Sind die Funktionen f und g_i darüber hinaus C^2-Funktionen und ist die Hesse-Matrix $\boldsymbol{\nabla}^2_{\boldsymbol{x}}L(\boldsymbol{x}^0,\boldsymbol{\lambda}^0)$ der Lagrange-Funktion (bezogen auf die Variable $\boldsymbol{x}$) positiv bzw. negativ definit, so ist $\boldsymbol{x}^0$ nach Satz 18.3 tatsächlich ein strenges lokales Minimum bzw. Maximum von f auf G (**hinreichende Bedingung**).

Es sei jedoch ausdrücklich angemerkt, dass diese Form der hinreichenden Bedingung in den meisten Anwendungen eine zu strenge Forderung darstellt, d. h., die Bedingung ist nicht erfüllt, obgleich $\boldsymbol{x}^0$ ein strenges lokales Extremum der Optimierungsaufgabe ist; vgl. auch Bemerkung 18.23. Insbesondere kann man aus der Indefinitheit der Hesse-Matrix $\boldsymbol{\nabla}^2_{\boldsymbol{x}}L(\boldsymbol{x}^0,\boldsymbol{\lambda}^0)$ **nicht** schließen, dass $\boldsymbol{x}^0$ keine Extremalstelle ist!

Beispiel (18.20)

a) Gesucht seien die Extrema von $f(x, y) := x + y$ unter der Nebenbedingung $g(x, y) := x^2 + y^2 - 25 = 0$. Die Niveaulinien von f und die Menge $\{(x, y) : g(x, y) = 0\}$ sind in der folgenden Abbildung zu sehen.

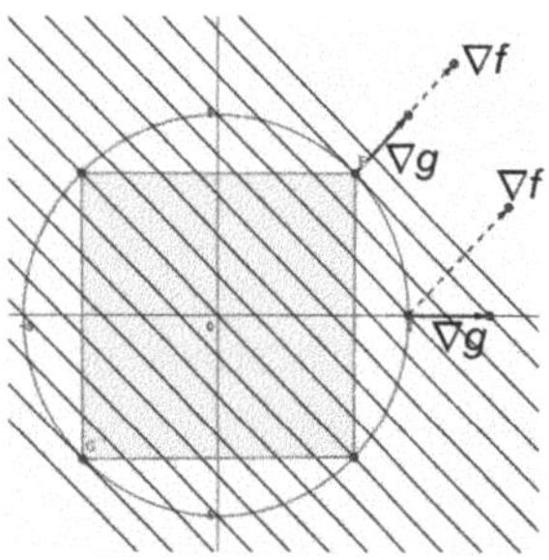

Wegen (18.13) kann ein Extremum nur dann vorliegen, wenn ∇f und ∇g in dieselbe Richtung zeigen. Wie aus der Abbildung ersichtlich, liegt diese Situation an genau zwei Stellen auf dem Kreis $g(x, y) = 0$ vor, die wir berechnen wollen.

Für (18.13) folgt aus $L(x, y, \lambda) := f(x, y) + \lambda g(x, y) = x + y + \lambda(x^2 + y^2 - 25)$:

$$\nabla_{(x,y)}L(x, y, \lambda) = \begin{pmatrix} 1 + 2\lambda x \\ 1 + 2\lambda y \end{pmatrix} = \mathbf{0}\,,$$

was auf $x = -1/(2\lambda)$ bzw. $y = -1/(2\lambda)$ führt. Einsetzen in die Nebenbedingung $g(x, y) = 0$ liefert

$$g(x, y) = x^2 + y^2 - 25 = \frac{1}{4\lambda^2} + \frac{1}{4\lambda^2} - 25 = \frac{1}{2\lambda^2} - 25 = 0\,,$$

also $\lambda = \frac{1}{\pm\sqrt{50}}$. Damit gibt es zwei Lösungen, nämlich

$$\lambda^{(1)} = \frac{1}{+\sqrt{50}}\,, \quad x^{(1)} = -\frac{\sqrt{50}}{2}\,, \quad y^{(1)} = -\frac{\sqrt{50}}{2}$$

und

$$\lambda^{(2)} = \frac{1}{-\sqrt{50}}\,, \quad x^{(2)} = \frac{\sqrt{50}}{2}\,, \quad y^{(2)} = \frac{\sqrt{50}}{2}\,.$$

Die gesuchten Koordinaten sind die rechte obere, bzw. linke untere Ecke des in der obigen Abbildung in den Kreis gezeichneten Quadrates. In der Tat sind es nur diese beiden Punkte, an denen die Gradienten ∇f und ∇g in die gleiche Richtung zeigen.

b) Gesucht seien die Extrema von $f(x, y) := xy$ auf der Kreisscheibe

$$K := \{(x, y)^{\mathrm{T}} : x^2 + y^2 \leq 1\}\,.$$

Zunächst folgt aus der Min-Max-Eigenschaft, dass f über der kompakten Menge K globale Maxima und Minima besitzen muss.
Im Innern $K^0 = \{(x, y)^{\mathrm{T}} : x^2 + y^2 < 1\}$ hat man die notwendige Bedingung

$$\nabla f(x, y) = (y, x)^{\mathrm{T}} = \mathbf{0}\,,$$

die nur von $\boldsymbol{x}^0 = \mathbf{0}$ erfüllt wird. Da jedoch die Hesse-Matrix

$$\nabla^2 f(\mathbf{0}) = \begin{pmatrix} 0 & 1 \\ 1 & 0 \end{pmatrix}$$

indefinit ist, ist $\boldsymbol{x}^0$ lediglich ein Sattelpunkt von f.
Zur Untersuchung der Randpunkte $g(x, y) = x^2 + y^2 - 1 = 0$ bilden wir die Lagrange-Funktion

$$L(x, y, \lambda) = xy + \lambda(x^2 + y^2 - 1)\,.$$

Die notwendige Bedingung (18.13) liefert dann das Gleichungssystem

$$\begin{aligned} L_x = 0: &\quad y + 2\lambda x = 0 \\ L_y = 0: &\quad x + 2\lambda y = 0 \\ g = 0: &\quad x^2 + y^2 = 1\,. \end{aligned}$$

Dieses besitzt genau vier Lösungen, nämlich

$$\lambda_{1,2} = 0.5: \qquad \boldsymbol{x}^{(1)} = \left(\sqrt{0.5}, -\sqrt{0.5}\right), \quad \boldsymbol{x}^{(2)} = -\boldsymbol{x}^{(1)}$$

$$\lambda_{3,4} = -0.5: \qquad \boldsymbol{x}^{(3)} = \left(\sqrt{0.5}, \sqrt{0.5}\right), \quad \boldsymbol{x}^{(4)} = -\boldsymbol{x}^{(3)} .$$

Auswertung der Funktionswerte ergibt $f(\boldsymbol{x}^{(1)}) = f(\boldsymbol{x}^{(2)}) = -0.5$ und $f(\boldsymbol{x}^{(3)}) = f(\boldsymbol{x}^{(4)}) = 0.5$. Folglich sind $\boldsymbol{x}^{(1)}$ und $\boldsymbol{x}^{(2)}$ globale Minima und $\boldsymbol{x}^{(3)}$ und $\boldsymbol{x}^{(4)}$ globale Maxima von f auf K.
Man rechnet leicht nach, dass die in Bemerkung 18.19 genannte hinreichende Bedingung in keinem Fall erfüllt ist!

Beispiel (18.21)
Wir betrachten nochmals die Optimierungsaufgabe aus Beispiel 18.15b)

$$\begin{array}{ll} \text{Minimiere} & f(x, y) = x^2 + y^2 \\ \text{unter der Nebenbedingung} & g(x, y) = y - x^2 + a = 0 . \end{array}$$

Zunächst ist klar, dass $(0, -a)$ ein zulässiger Punkt ist. Zur Bestimmung eines Minimums auf der zulässigen Menge G kommen also nur Punkte in Frage, die in der kompakten Menge

$$X := \{(x, y) : g(x, y) = 0 \ \wedge \ x^2 + y^2 \leq a^2\}$$

liegen. Als stetige Funktion besitzt f damit ein globales Minimum über X und damit auch über der zulässigen Menge.

Mit der Lagrange-Funktion $L(x, y, \lambda) = x^2 + y^2 + \lambda(y - x^2 + a)$ ergibt sich die notwendige Bedingung

$$\nabla_x L = \begin{pmatrix} 2x - 2\lambda x \\ 2y + \lambda \end{pmatrix} = \begin{pmatrix} 0 \\ 0 \end{pmatrix} .$$

Hierfür ergeben sich die Lösungen:

$$\begin{array}{llll} \text{(i)} & x = 0 , & y = -a , & \lambda = 2a \\ \text{(ii)} & x = \pm\sqrt{a - 0.5} , & y = -0.5 , & \lambda = 1 . \end{array}$$

Die Lösungen (ii) sind nur für $a \geq 0.5$ erklärt und stimmen mit denen aus Beispiel 18.17 überein. Durch (i) wird die Lösung für $a \leq 0.5$ beschrieben.

Nach dem bisher Festgestellten ist noch nicht klar, ob die offenbar nützliche Methode nach Lagrange auch immer anwendbar ist, wenn f auf G ein Extremum besitzt. Hierüber gibt der folgende Satz Auskunft, mit dem im Wesentlichen die Existenz der Lagrange-Multiplikatoren bewiesen wird.

Satz (18.22): Lagrange-Multiplikatoren-Regel
Seien $f, g_1, \ldots, g_m : D \to \mathbb{R}$ C^1-Funktionen auf der offenen Menge $D \subset \mathbb{R}^n$ und sei $\boldsymbol{x}^0 \in D$ ein lokales Extremum von f unter der Nebenbedingung $\boldsymbol{g}(\boldsymbol{x}) = \boldsymbol{0}$.

Ferner gelte die **Regularitätsbedingung (constraint qualification)**

$$\text{Rang}(\boldsymbol{J}\boldsymbol{g}(\boldsymbol{x}^0)) = m\,.$$

Dann existieren Lagrange-Multiplikatoren $\lambda_1, \ldots, \lambda_m$, so dass für die Lagrange-Funktion $L := f + \boldsymbol{\lambda}^{\mathrm{T}}\boldsymbol{g}$ die folgende **notwendige Bedingung erster Ordnung** gilt:

$$\boldsymbol{\nabla}_{\boldsymbol{x}} L(\boldsymbol{x}^0, \boldsymbol{\lambda}) = \boldsymbol{0}\,.$$

Beweis.
Aufgrund der Regularitätsbedingung besitzt die Jacobi-Matrix $\boldsymbol{J}\boldsymbol{g}(\boldsymbol{x}^0)$ m linear unabhängige Spaltenvektoren. Die Variablen $\boldsymbol{x} \in \mathbb{R}^n$ lassen sich daher entsprechend aufteilen: $\boldsymbol{x} = (\boldsymbol{x}_{\mathrm{R}}, \boldsymbol{y})$ mit $\boldsymbol{x}_{\mathrm{R}} \in \mathbb{R}^{n-m}$ und $\boldsymbol{y} \in \mathbb{R}^m$. Diese Aufteilung ist dergestalt, dass die Teilmatrix

$$\frac{\partial \boldsymbol{g}}{\partial \boldsymbol{y}}(\boldsymbol{x}^0) \quad \text{regulär ist}\,.$$

Zur Bedeutung der beiden Teilmatrizen $\frac{\partial \boldsymbol{g}}{\partial \boldsymbol{y}}$ und $\frac{\partial \boldsymbol{g}}{\partial \boldsymbol{x}_{\mathrm{R}}}$ von $\boldsymbol{J}\boldsymbol{g}(\boldsymbol{x})$ vergleiche man auch Beispiel 18.6b).

Nach dem Satz über implizite Funktionen lässt sich das Gleichungssystem $\boldsymbol{g}(\boldsymbol{x}) = \boldsymbol{0}$ daher lokal bei $\boldsymbol{x}^0$ nach $\boldsymbol{y}$ auflösen:

$$\boldsymbol{g}(\boldsymbol{x}) = \boldsymbol{0} \quad \Longleftrightarrow \quad \boldsymbol{y} = \boldsymbol{h}(\boldsymbol{x}_{\mathrm{R}})\,, \quad \boldsymbol{x}_{\mathrm{R}} \in K_{\varepsilon_1}\left(\boldsymbol{x}_{\mathrm{R}}^0\right)\,, \quad \boldsymbol{y} \in K_{\varepsilon_2}(\boldsymbol{y}^0)\,.$$

Die reduzierte Zielfunktion $f_{\mathrm{R}}(\boldsymbol{x}_{\mathrm{R}}) := f(\boldsymbol{x}_{\mathrm{R}}, \boldsymbol{h}(\boldsymbol{x}_{\mathrm{R}}))$, $\boldsymbol{x}_{\mathrm{R}} \in K_{\varepsilon_1}(\boldsymbol{x}_{\mathrm{R}}^0)$, besitzt folglich in $\boldsymbol{x}_{\mathrm{R}} = \boldsymbol{x}_{\mathrm{R}}^0$ ein lokales Extremum über der offenen Menge $K_{\varepsilon_1}(\boldsymbol{x}_{\mathrm{R}}^0)$.

Damit ist die folgende notwendige Bedingung 18.1 erfüllt:

$$\boldsymbol{\nabla} f_{\mathrm{R}}\left(\boldsymbol{x}_{\mathrm{R}}^0\right)^{\mathrm{T}} = \frac{\partial f}{\partial \boldsymbol{x}_{\mathrm{R}}}(\boldsymbol{x}^0) + \frac{\partial f}{\partial \boldsymbol{y}}(\boldsymbol{x}^0) \cdot \boldsymbol{J}\boldsymbol{h}\left(\boldsymbol{x}_{\mathrm{R}}^0\right) = \boldsymbol{0}^{\mathrm{T}}\,,$$

bzw. mit dem Satz über implizite Funktionen:

$$\boldsymbol{\nabla} f_{\mathrm{R}}\left(\boldsymbol{x}_{\mathrm{R}}^0\right)^{\mathrm{T}} = \frac{\partial f}{\partial \boldsymbol{x}_{\mathrm{R}}}(\boldsymbol{x}^0) - \frac{\partial f}{\partial \boldsymbol{y}}(\boldsymbol{x}^0) \left(\frac{\partial \boldsymbol{g}}{\partial \boldsymbol{y}}(\boldsymbol{x}^0)\right)^{-1} \frac{\partial \boldsymbol{g}}{\partial \boldsymbol{x}_{\mathrm{R}}}(\boldsymbol{x}^0) = \boldsymbol{0}^{\mathrm{T}}\,.$$

Definiert man nun den Lagrange-Multiplikator durch

$$\boldsymbol{\lambda}^{\mathrm{T}} := -\frac{\partial f}{\partial \boldsymbol{y}}(\boldsymbol{x}^0) \left(\frac{\partial \boldsymbol{g}}{\partial \boldsymbol{y}}(\boldsymbol{x}^0)\right)^{-1}\,,$$

so ergeben sich aus Obigem und der Definition:

$$\frac{\partial f}{\partial \boldsymbol{x}_\mathrm{R}}(\boldsymbol{x}^0) + \boldsymbol{\lambda}^\mathrm{T} \frac{\partial \boldsymbol{g}}{\partial \boldsymbol{x}_\mathrm{R}}(\boldsymbol{x}^0) = \boldsymbol{0}^\mathrm{T}\,, \quad \frac{\partial f}{\partial \boldsymbol{y}}(\boldsymbol{x}^0) + \boldsymbol{\lambda}^\mathrm{T} \frac{\partial \boldsymbol{g}}{\partial \boldsymbol{y}}(\boldsymbol{x}^0) = \boldsymbol{0}^\mathrm{T}\,.$$

Fasst man die Koordinaten $(\boldsymbol{x}_\mathrm{R}, \boldsymbol{y})$ nun wieder zusammen, so folgt:

$$\boldsymbol{\nabla} f(\boldsymbol{x}^0) + \sum_{i=1}^{m} \lambda_i \, \boldsymbol{\nabla} g_i(\boldsymbol{x}^0) = \boldsymbol{0}\,. \qquad \blacksquare$$

Bemerkung (18.23)

Die soeben bewiesene Beziehung (18.13) stellt die wesentliche notwendige Bedingung „erster Ordnung" dar. Analog zu den unrestringierten Optimierungsaufgaben lassen sich auch für Optimierungsaufgaben mit Gleichungsnebenbedingungen notwendige und hinreichende Bedingungen „zweiter Ordnung" formulieren. Wir geben diese im Folgenden an, ohne auf die Beweise eingehen zu können. Hierzu verweisen wir auf die Lehrbücher zur Optimierung.

Für das Folgende nehmen wir also an, dass die Funktionen $f, g_1, \dots, g_m : D \to \mathbb{R}$ sogar zweifach stetig differenzierbar sind.

a) **Notwendige Bedingung zweiter Ordnung**
Ist $\boldsymbol{x}^0 \in D$ ein lokales Minimum von f unter der Nebenbedingung $\boldsymbol{g}(\boldsymbol{x}) = \boldsymbol{0}$, ist die Regularitätsbedingung, Rang $\boldsymbol{J}\boldsymbol{g}(\boldsymbol{x}^0) = m$, erfüllt und sind $\lambda_1, \dots, \lambda_m$ zugehörige Lagrange-Multiplikatoren nach Satz 18.22), so ist die Hesse-Matrix $\boldsymbol{\nabla}^2_{\boldsymbol{x}} L(\boldsymbol{x}^0, \boldsymbol{\lambda})$ der Lagrange-Funktion positiv semidefinit auf dem Tangentialraum der zulässigen Menge G

$$T_G(\boldsymbol{x}^0) := \left\{ \boldsymbol{y} \in \mathbb{R}^n : \boldsymbol{\nabla} g_i(\boldsymbol{x}^0)^\mathrm{T} \boldsymbol{y} = 0,\ i = 1, \dots, m \right\}\,.$$

Genauer bedeutet dies:

$$\forall \boldsymbol{y} \in T_G(\boldsymbol{x}^0): \quad \boldsymbol{y}^\mathrm{T} \boldsymbol{\nabla}^2_{\boldsymbol{x}} L(\boldsymbol{x}^0, \boldsymbol{\lambda}) \boldsymbol{y} \geq 0\,.$$

b) **Hinreichende Bedingung zweiter Ordnung**
Ist $\boldsymbol{x}^0 \in G$ zulässig und existieren Lagrange-Parameter $\lambda_1, \dots, \lambda_m$, so dass $\boldsymbol{x}^0$ stationärer Punkt der zugehörigen Lagrange-Funktion $L(\boldsymbol{x}, \boldsymbol{\lambda}) := f(\boldsymbol{x}) + \boldsymbol{\lambda}^\mathrm{T} \boldsymbol{g}(\boldsymbol{x})$ ist und ist ferner die zugehörige Hesse-Matrix $\boldsymbol{\nabla}^2_{\boldsymbol{x}} L(\boldsymbol{x}^0, \boldsymbol{\lambda})$ positiv definit auf dem Tangentialraum $T_G(\boldsymbol{x}^0)$, d. h.,

$$\forall \boldsymbol{y} \in T_G(\boldsymbol{x}^0) \setminus \{\boldsymbol{0}\}: \quad \boldsymbol{y}^\mathrm{T} \boldsymbol{\nabla}^2_{\boldsymbol{x}} L(\boldsymbol{x}^0, \boldsymbol{\lambda}) \boldsymbol{y} > 0\,,$$

so ist $\boldsymbol{x}^0$ ein strenges lokales Minimum von f unter der Nebenbedingung $\boldsymbol{g}(\boldsymbol{x}) = \boldsymbol{0}$.

Beispiel (18.24)
Betrachten wir nochmals das Beispiel 18.20:

$$\begin{aligned}&\text{Minimiere:} && f(x_1, x_2) := x_1 x_2\\ &\text{unter der Nebenbedingung} && g(x_1, x_2) := x_1^2 + x_2^2 - 1 = 0\,.\end{aligned}$$

Mit der Lagrange-Funktion $L(\boldsymbol{x}, \lambda) = x_1 x_2 + \lambda(x_1^2 + x_2^2 - 1)$ und den notwendigen Bedingungen $L_{x_1} = L_{x_2} = g = 0$ hatten wir als Lösungskandidaten erhalten:

$$\lambda = 0.5\,, \quad \boldsymbol{x}^* = \sqrt{0.5} \cdot (1\,,\,-1)^{\mathrm{T}}\,.$$

Wir untersuchen die Bedingungen zweiter Ordnung:
Mit $\nabla g = 2\boldsymbol{x}$ ergibt sich der Tangentialraum zu $T_G(x^*) = \{\, \boldsymbol{y} \in \mathbb{R}^2 : (\boldsymbol{x}^*)^{\mathrm{T}} \boldsymbol{y} = 0\}$.
Ferner ist

$$\nabla_{\boldsymbol{x}}^2 L(\boldsymbol{x}^*, \lambda) = \begin{pmatrix} 2\lambda & 1 \\ 1 & 2\lambda \end{pmatrix} = \begin{pmatrix} 1 & 1 \\ 1 & 1 \end{pmatrix}.$$

Die Hesse-Matrix der Lagrange-Funktion ist also *nicht* positiv definit auf $\mathbb{R}^2$, allerdings gilt für $\boldsymbol{y} \in T_G(\boldsymbol{x}^*) \setminus \{\boldsymbol{0}\}$:

$$\boldsymbol{y}^{\mathrm{T}} \nabla_{\boldsymbol{x}}^2 L(\boldsymbol{x}^*, \lambda) \boldsymbol{y} = (y_1 + y_2)^2 = 4y_1^2 > 0\,.$$

Damit ist die hinreichende Bedingung zweiter Ordnung erfüllt und $\boldsymbol{x}^*$ ist ein strenges lokales (und sogar globales) Minimum.

Beispiel (18.25)
Eine elektrische Leitung bestehe aus n Teilstrecken der Längen $\ell_1, \dots, \ell_n > 0$. Zu vorgegebenem Gesamtspannungsabfall $U > 0$ seien ebenfalls die Stromstärken $I_1, \dots, I_n > 0$ innerhalb der Teilstrecken vorgeschrieben. Gesucht sind die Querschnitte $q_1, \dots, q_n$, so dass das Gesamtvolumen $V = \sum_i \ell_i q_i$ minimal wird.

In mathematischer Formulierung lautet die Aufgabe wie folgt: Zu minimieren ist die Funktion

$$V(q_1, \dots, q_n) := \sum_{i=1}^{n} \ell_i q_i\,, \qquad q_i > 0\,,$$

unter der Nebenbedingung:

$$g(q_1, \dots, q_n) := c\left(\frac{\ell_1}{q_1} I_1 + \dots + \frac{\ell_n}{q_n} I_n\right) - U = 0$$

Dabei bezeichnet c den spezifischen Widerstand.

Zunächst kann man sich mit einem Kompaktheitsargument davon überzeugen, dass die Optimierungsaufgabe tatsächlich ein globales Minimum besitzt: Aus der Nebenbedingung erhält man direkt die folgende Abschätzung für zulässige Punkte q:

$$\forall\, i: \quad q_i \geq r_1 := \min_j \frac{c\ell_j I_j}{U} > 0\,.$$

Ferner ist mit $\widetilde{q}_i := nc\ell_i I_i / U$ ein zulässiger Punkt gegeben. Man braucht bei der Suche nach einem Minimum daher nur solche zulässigen Punkte q zu betrachten, für die $V(q) \leq V(\widetilde{q})$ gilt. Aus dieser Ungleichung leitet man eine zweite Abschätzung her:

$$\forall\, i: \quad q_i \leq r_2 := \max_j (1/\ell_j) \cdot \frac{nc}{U} \left(\sum_j \ell_j^2 I_j \right)\,.$$

Insgesamt ist damit die Aufgabe auf das Kompaktum $r_1 \leq q_i \leq r_2$ reduziert und besitzt daher nach dem Satz von Weierstraß ein globales Minimum.

Kommen wir nun zu den notwendigen Bedingungen: Mit der Lagrange-Funktion

$$L(q_1, \ldots, q_n, \lambda) = \sum_{j=1}^{n} \ell_j q_j + \lambda \left(c \sum_{j=1}^{n} \frac{\ell_j I_j}{q_j} - U \right)$$

lauten die notwendigen Bedingungen:

$$\frac{\partial L}{\partial q_i} = \ell_i - \lambda c \frac{\ell_i I_i}{q_i^2} = 0\,, \quad i = 1, \ldots, n\,,$$

also: $q_i^* = \sqrt{\lambda c I_i}$, $i = 1, \ldots, n$. Dies in die Nebenbedingung eingesetzt, ergibt

$$U = c \sum_{j=1}^{n} \frac{\ell_j I_j}{\sqrt{\lambda c I_j}}\,,$$

also

$$\sqrt{\lambda c} = \frac{c}{U} \sum_{j=1}^{n} \ell_j \sqrt{I_j}\,,$$

und damit

$$q_i^* = \frac{c\sqrt{I_i}}{U} \sum_{j=1}^{n} \ell_j \sqrt{I_j}\,, \quad i = 1, \ldots, n\,.$$

Aufgrund der Vorüberlegung ist hiermit das (eindeutig bestimmte) globale Minimum der Optimierungsaufgabe gegeben.

Beispiel (18.26): Kettenlinie
Wir fragen, in welcher Form ein an den Enden befestigtes homogenes Seil durchhängt.

Das Seil möge die Länge ℓ und die Masse m besitzen. Es befinde sich ganz in der (x, z)-Ebene, sei in den Punkten $(0, z_0)$ und (b, z_b) befestigt und unterliege lediglich der Schwerkraft.

In der beschriebenen Form ist die Aufgabe ein sogenanntes **Variationsproblem** mit einer **isoperimetrischen Nebenbedingung** (Längen-Nebenbedingung). Wir ersetzen diese Aufgabe durch ein finites Optimierungsproblem, das wir mit Hilfe des Lagrange-Formalismus lösen können. Hierzu denken wir uns das Seil ersetzt durch n gleichlange, masselose Stangen, in deren Enden (x_i, z_i), $i = 0, 1, \dots, n$, jeweils Massenpunkte der Masse m/n, in den Enden x_0 und x_n jeweils $m/(2n)$, angebracht sind, vgl. Abb. 18.8.

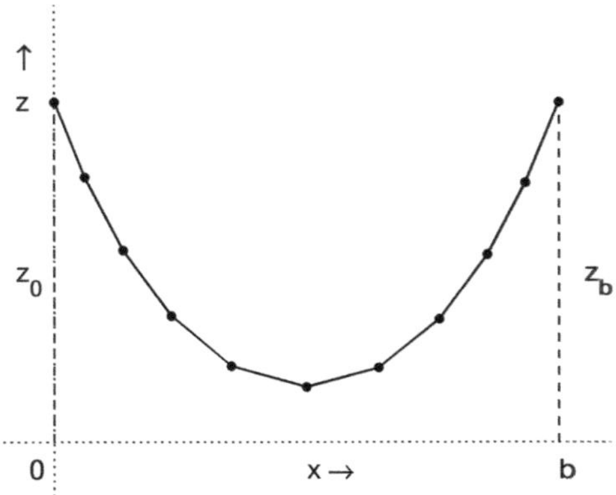

Abb. 18.8 Kettenlinie.

Aufgabe ist es dann, die (x_i, z_i), $i = 1, \dots, n-1$ so zu bestimmen, dass die potentielle Energie der inneren Massenpunkte

$$U = \frac{m}{n} \sum_{i=1}^{n-1} z_i$$

minimiert wird unter den Nebenbedingungen

$$g_i := (x_i - x_{i-1})^2 + (z_i - z_{i-1})^2 - \left(\frac{\ell}{n}\right)^2 = 0\,, \qquad i = 1, \dots, n\,.$$

Mit der Lagrange-Funktion $L := U + \sum_{i=1}^{n} \lambda_i g_i$ erhalten wir die folgenden notwendigen Bedingungen:

$$\frac{\partial L}{\partial x_i} = 2(\lambda_i \Delta x_i - \lambda_{i+1} \Delta x_{i+1}) = 0$$
$$\frac{\partial L}{\partial z_i} = \frac{m}{n} + 2(\lambda_i \Delta z_i - \lambda_{i+1} \Delta z_{i+1}) = 0$$
$$\frac{\partial L}{\partial \lambda_i} = (\Delta x_i)^2 + (\Delta z_i)^2 - \frac{\ell^2}{n^2} = 0\,.$$

Dabei bezeichne man: $\Delta x_i := x_i - x_{i-1}$, $\Delta z_i := z_i - z_{i-1}$.

Aus der ersten Gleichung folgt, dass $\lambda_i \Delta x_i$ unabhängig vom Index i ist. Wir setzen $\lambda_i \Delta x_i =: \alpha(n)$ und nehmen an, dass $\alpha(n) \longrightarrow \alpha \neq 0$ $(n \to \infty)$ konvergiert. Aus den beiden weiteren Gleichungen folgt dann durch Elimination von n:

$$\frac{\lambda_{i+1}\Delta z_{i+1} - \lambda_i \Delta z_i}{\sqrt{(\Delta x_i)^2 + (\Delta z_i)^2}} = \frac{m}{2\ell}$$

oder

$$\frac{\dfrac{\Delta z_{i+1}}{\Delta x_i \cdot \Delta x_{i+1}} - \dfrac{\Delta z_i}{(\Delta x_i)^2}}{\sqrt{1 + \left(\frac{\Delta z_i}{\Delta x_i}\right)^2}} = \frac{m}{2\ell\,\alpha(n)} \,. \tag{18.14}$$

Setzen wir hierin für große n: $\Delta x_{i+1} \approx \Delta x_i$ und führen dann den Grenzübergang $n \to \infty$ aus, so ergibt sich aus (18.14) eine **gewöhnliche Differentialgleichung zweiter Ordnung** zur Bestimmung von $z(x)$:

$$\frac{z''(x)}{\sqrt{1 + (z'(x))^2}} = \frac{m}{2\ell\alpha} = C \,. \tag{18.15}$$

(18.15) wird auch als die Differentialgleichung der Kettenlinie bezeichnet. Ihre Lösung lautet

$$z(x) = A + \frac{1}{C}\cosh(Cx + B) \,. \tag{18.16}$$

Hierbei sind A, B und C Konstanten. Sie sind so zu bestimmen, dass die Längenbedingung

$$\int_0^b \sqrt{1 + (z'(x))^2}\,\mathrm{d}x = \ell$$

und die Randbedingungen $z(0) = z_0$, $z(b) = z_b$ erfüllt werden.

Bemerkung (18.27)
Es sei abschließend angemerkt, dass sich auf ganz ähnliche Weise mit der Lagrange-Methode auch Optimierungsaufgaben mit **Ungleichungsnebenbedingungen** der Form $h_j(\boldsymbol{x}) \le 0$, $j = 1, \ldots, p$ behandeln lassen.

Als Lagrange-Funktion erhält man dann

$$L(\boldsymbol{x}, \boldsymbol{\lambda}, \boldsymbol{\mu}) := f(\boldsymbol{x}) + \sum_{i=1}^{m} \lambda_i g_i(\boldsymbol{x}) + \sum_{j=1}^{p} \mu_j h_j(\boldsymbol{x}) \,. \tag{18.17}$$

Es lässt sich ein Lagrange-Lemma analog zu Satz 18.18 beweisen, ferner hat man auch eine Existenzaussage für die Lagrange-Multiplikatoren analog zu Satz 18.22. Für die obige Problemstellung heißt diese Aussage der **Satz von**

Karush-Kuhn-Tucker[1] und die entsprechenden notwendigen Bedingungen erster Ordnung heißen **KKT-Bedingungen**.

Im Unterschied zu den Gleichungsnebenbedingungen müssen die Lagrange-Multiplikatoren μ_j zusätzlich nichtnegativ sein (für die Minimierung von f) und die sogenannten **Komplementaritätsbedingungen** erfüllen:

$$\mu_j \cdot h_j(\boldsymbol{x}^0) = 0 . \tag{18.18}$$

Für genauere Informationen zu dieser Aufgabenstellung und insbesondere auch für die numerischen Verfahren zur deren Lösung sei auf die Lehrbücher über Optimierung verwiesen.

18.4 Das Newton-Verfahren zur Lösung nichtlinearer Gleichungssysteme

In den Abschn. 18.1–18.3 sind wir des öfteren auf das Problem gestoßen, die Lösung eines nichtlinearen Gleichungssystems zu bestimmen. Es ist schon erwähnt worden, dass man nur in den seltensten Fällen eine solche Lösung explizit analytisch berechnen kann. In aller Regel ist man auf numerische Näherungsverfahren angewiesen.

Eine Möglichkeit, solche numerischen Verfahren zur Nullstellen-Bestimmung zu konstruieren, haben wir bereits in Abschn. 10.5 kennengelernt. Hierbei wurde versucht, das nichtlineare Gleichungssystem $\boldsymbol{f}(\boldsymbol{x}) = \boldsymbol{0}$ in eine äquivalente Fixpunktgleichung $\boldsymbol{x} = \boldsymbol{\Phi}(\boldsymbol{x})$ umzuformen und sodann mit Hilfe des Banachschen Fixpunktsatzes die Konvergenz der Fixpunktiteration $\boldsymbol{x}^{k+1} := \boldsymbol{\Phi}(\boldsymbol{x}^k)$ nachzuweisen.

Ein Vorteil dieser Vorgehensweise ist, dass sie i. Allg. auf relativ einfache (ableitungsfreie) numerische Verfahren führt. Andererseits ist jedoch der Konvergenzbeweis (Abschätzung der Kontraktionskonstanten) in konkreten Fällen nicht leicht zu führen, und häufig sind dann auch die numerischen Verfahren nur recht langsam (linear) konvergent.

Es ist nun naheliegend, eine besonders geeignete Verfahrensfunktion $\boldsymbol{\Phi}(\boldsymbol{x})$ mit Hilfe des Taylorschen Satzes für die Funktion $\boldsymbol{f}$ zu konstruieren. Diese Idee führt auf eine Verallgemeinerung des Newton[2]-Verfahrens (vgl. auch die Abschn. 7.3, 8.1 und 10.1) für den Fall vektorwertiger Funktionen.

Gegeben sei eine C^1-Funktion $\boldsymbol{f}: D \to \mathbb{R}^n$ mit $D \subset \mathbb{R}^n$ offen. Gesucht ist eine Nullstelle von $\boldsymbol{f}$, also eine Lösung $\boldsymbol{x}^* \in D$ des Gleichungssystems

$$\boldsymbol{f}(\boldsymbol{x}) = \boldsymbol{0} \in \mathbb{R}^n . \tag{18.19}$$

Die Taylor-Entwicklung von $\boldsymbol{f}$ um einen Startwert $\boldsymbol{x}^0 \in D$ lautet

$$\boldsymbol{f}(\boldsymbol{x}) = \boldsymbol{f}(\boldsymbol{x}^0) + \boldsymbol{J}\boldsymbol{f}(\boldsymbol{x}^0)(\boldsymbol{x} - \boldsymbol{x}^0) + o(\|\boldsymbol{x} - \boldsymbol{x}^0\|) .$$

1) Benannt nach William Karush (1939) und Harold W. Kuhn, Albert W. Tucker (1951).

2) Isaac Newton (1643–1727); Cambridge.

Setzt man hierin für $\boldsymbol{x}$ die gesuchte Nullstelle $\boldsymbol{x}^*$ ein und vernachlässigt den Fehlerterm $o(\|\boldsymbol{x}^* - \boldsymbol{x}^0\|)$, so erhält man

$$\boldsymbol{J}\boldsymbol{f}(\boldsymbol{x}^0)\,(\boldsymbol{x}^* - \boldsymbol{x}^0) \approx -\boldsymbol{f}(\boldsymbol{x}^0)\,.$$

Als neue Näherung für $\boldsymbol{x}^*$ wählt man daher die Lösung $\boldsymbol{x}^1$ des *linearen Gleichungssystems*

$$\boldsymbol{J}\boldsymbol{f}(\boldsymbol{x}^0)\,(\boldsymbol{x}^1 - \boldsymbol{x}^0) = -\boldsymbol{f}(\boldsymbol{x}^0)\,. \tag{18.20}$$

Sofern die Jacobi-Matrix $\boldsymbol{J}\boldsymbol{f}(\boldsymbol{x}^0)$ regulär ist, besitzt (18.20) eine eindeutig bestimmte Lösung, die beispielsweise mit dem Gaußschen Eliminationsverfahren berechnet werden kann.

Ist $\boldsymbol{x}^0$ eine brauchbare Näherung für $\boldsymbol{x}^*$, d. h., ist der Fehlerterm $o(\|\boldsymbol{x}^* - \boldsymbol{x}^0\|)$ klein, so ist zu erwarten, dass $\boldsymbol{x}^1$ eine deutlich bessere Näherung für $\boldsymbol{x}^*$ liefert als $\boldsymbol{x}^0$.

Diese obige Vorgehensweise wird iteriert. Damit lautet der **Algorithmus für das Newton-Verfahren**:

$$\begin{aligned}
&\text{Wähle einen Startvektor } \boldsymbol{x}^0 \in D\,, \quad \text{tol} > 0\\
&\text{für} \quad k = 0, 1, 2, \ldots\\
&\qquad \text{Berechne } \Delta\boldsymbol{x}^k \text{ aus } \boldsymbol{J}\boldsymbol{f}(\boldsymbol{x}^k)\Delta\boldsymbol{x}^k = -\boldsymbol{f}(\boldsymbol{x}^k)\,,\\
&\qquad\qquad \boldsymbol{x}^{k+1} := \boldsymbol{x}^k + \Delta\boldsymbol{x}^k\,,\\
&\qquad \text{Abbruch, falls } \|\boldsymbol{x}^{k+1} - \boldsymbol{x}^k\| < \text{tol}\cdot\|\boldsymbol{x}^k\|\\
&\text{end} \quad k
\end{aligned} \tag{18.21}$$

In jedem Iterationsschritt des Verfahrens ist also ein lineares Gleichungssystem zur Bestimmung der **Newton-Korrektur** $\Delta\boldsymbol{x}^k$ zu lösen.

Eine wichtige Eigenschaft des Newton-Verfahrens ist seine Skalierungsinvarianz.

Satz (18.28): Skalierungsinvarianz

Das Newton-Verfahren ist invariant unter linearen Transformationen (Skalierungen) der Form

$$\boldsymbol{f}(\boldsymbol{x}) \to \boldsymbol{g}(\boldsymbol{y}) := \boldsymbol{A}\cdot\boldsymbol{f}(\boldsymbol{B}\boldsymbol{y})\,,$$

mit beliebigen (festen) regulären Matrizen $\boldsymbol{A}$, $\boldsymbol{B} \in \mathbb{R}^{(n,n)}$.

Beweis.

Bildet man das Newton-Verfahren für die Funktion $\boldsymbol{g}$ und verwendet dabei den Startvektor $\boldsymbol{y}^0 = \boldsymbol{B}^{-1}\boldsymbol{x}^0$, so findet man mit vollständiger Induktion für die Newton-Iterierten der beiden Funktionen $\boldsymbol{f}$ und $\boldsymbol{g}$:

$$\begin{aligned}
\Delta\boldsymbol{y}^k &= -(\boldsymbol{J}\boldsymbol{g}(\boldsymbol{y}^k))^{-1}\cdot\boldsymbol{g}(\boldsymbol{y}^k)\\
&= -(\boldsymbol{A}\cdot\boldsymbol{J}\boldsymbol{f}(\boldsymbol{B}\boldsymbol{y}^k)\cdot\boldsymbol{B})^{-1}\cdot\boldsymbol{A}\boldsymbol{f}(\boldsymbol{B}\boldsymbol{y}^k)\\
&= -\boldsymbol{B}^{-1}\boldsymbol{J}\boldsymbol{f}(\boldsymbol{x}^k)^{-1}\cdot\boldsymbol{f}(\boldsymbol{x}^k)\\
&= \boldsymbol{B}^{-1}\Delta\boldsymbol{x}^k\\
\Rightarrow \quad \boldsymbol{y}^{k+1} &= \boldsymbol{y}^k + \Delta\boldsymbol{y}^k = \boldsymbol{B}^{-1}(\boldsymbol{x}^k + \Delta\boldsymbol{x}^k) = \boldsymbol{B}^{-1}\boldsymbol{x}^{k+1}\,.
\end{aligned}$$

Damit gilt für die Newton-Iterierten $\boldsymbol{x}^k$ und $\boldsymbol{y}^k$ der Funktionen $\boldsymbol{f}$ und $\boldsymbol{g}$ der feste Zusammenhang $\forall\, k\colon \boldsymbol{x}^k = \boldsymbol{B}\boldsymbol{y}^k$. Die Konvergenzgeschwindigkeit ist für beide Iterationen also gleich und auch für die Grenzwerte (Nullstellen) gilt der Zusammenhang $\boldsymbol{x}^* = \boldsymbol{B}\boldsymbol{y}^*$, d. h., das Newton-Verfahren ist invariant gegenüber linearen Transformationen. ∎

Analog zum eindimensionalen Fall, vgl. Satz 10.18, lässt sich auch für vektorwertige Funktionen die (lokale) quadratische Konvergenz des Newton-Verfahrens zeigen. Die folgende skalierungsinvariante Form dieses Konvergenzsatzes ist dem Lehrbuch von Deuflhard und Hohmann [53] entnommen:

Satz (18.29): Konvergenzsatz
Sei $\boldsymbol{f}\colon \mathbb{R}^n \supset D \to \mathbb{R}^n$ eine C^1-Funktion, D offen, und sei $\boldsymbol{x}^* \in D$ eine Nullstelle von $\boldsymbol{f}$. Die Jacobi-Matrix $\boldsymbol{J}\boldsymbol{f}(\boldsymbol{x})$ sei regulär für alle $\boldsymbol{x} \in D$, und es gelte eine Lipschitz-Bedingung

$$\left\| (\boldsymbol{J}\boldsymbol{f}(\boldsymbol{x}))^{-1} (\boldsymbol{J}\boldsymbol{f}(\boldsymbol{y}) - \boldsymbol{J}\boldsymbol{f}(\boldsymbol{x})) \right\| \le L\, \|\boldsymbol{y} - \boldsymbol{x}\|$$

für alle $\boldsymbol{x}, \boldsymbol{y} \in D$ mit einer Lipschitz-Konstanten $L > 0$.

Dann ist das Newton-Verfahren (18.21) für alle Startwerte $\boldsymbol{x}^0 \in D$ mit

$$\|\boldsymbol{x}^0 - \boldsymbol{x}^*\| < \frac{2}{L} =: r \quad \text{und} \quad K_r(\boldsymbol{x}^*) \subset D$$

wohldefiniert. Alle Newton-Iterierten $\boldsymbol{x}^k$ liegen in der Kugel $K_r(\boldsymbol{x}^*)$ und konvergieren **quadratisch** gegen $\boldsymbol{x}^*$:

$$\|\boldsymbol{x}^{k+1} - \boldsymbol{x}^*\| \le \frac{L}{2}\, \|\boldsymbol{x}^k - \boldsymbol{x}^*\|^2 .$$

Ferner ist $\boldsymbol{x}^*$ die einzige Nullstelle von $\boldsymbol{f}$ innerhalb der Kugel $K_r(\boldsymbol{x}^*)$.

Beweis.
Für $\boldsymbol{x}, \boldsymbol{y} \in K_r(\boldsymbol{x}^*)$ betrachten wir die Hilfsfunktion

$$\boldsymbol{\varphi}(t) := (\boldsymbol{J}\boldsymbol{f}(\boldsymbol{x}))^{-1} \cdot \boldsymbol{f}(\boldsymbol{x} + t(\boldsymbol{y} - \boldsymbol{x})) , \qquad t \in [0, 1] .$$

Die Funktion $\boldsymbol{\varphi}$ ist dann stetig differenzierbar mit

$$\boldsymbol{\varphi}'(t) = (\boldsymbol{J}\boldsymbol{f}(\boldsymbol{x}))^{-1} \cdot \boldsymbol{J}\boldsymbol{f}(\boldsymbol{x} + t(\boldsymbol{y} - \boldsymbol{x})) \cdot (\boldsymbol{y} - \boldsymbol{x}) .$$

Somit folgt für $t \in [0, 1]$:

$$\begin{aligned}
\|\boldsymbol{\varphi}'(t) - \boldsymbol{\varphi}'(0)\| &= \left\| (\boldsymbol{J}\boldsymbol{f}(\boldsymbol{x}))^{-1} (\boldsymbol{J}\boldsymbol{f}(\boldsymbol{x} + t(\boldsymbol{y} - \boldsymbol{x})) - \boldsymbol{J}\boldsymbol{f}(\boldsymbol{x}))(\boldsymbol{y} - \boldsymbol{x}) \right\| \\
&\le \left\| (\boldsymbol{J}\boldsymbol{f}(\boldsymbol{x}))^{-1} (\boldsymbol{J}\boldsymbol{f}(\boldsymbol{x} + t(\boldsymbol{y} - \boldsymbol{x})) - \boldsymbol{J}\boldsymbol{f}(\boldsymbol{x})) \right\| \, \|\boldsymbol{y} - \boldsymbol{x}\| \\
&\le L \cdot t \cdot \|\boldsymbol{y} - \boldsymbol{x}\|^2 .
\end{aligned}$$

Weiter erhält man hieraus die Abschätzung:

$$
\begin{aligned}
&\|(\boldsymbol{J}\boldsymbol{f}(\boldsymbol{x}))^{-1}(\boldsymbol{f}(\boldsymbol{y})-\boldsymbol{f}(\boldsymbol{x})-\boldsymbol{J}\boldsymbol{f}(\boldsymbol{x})(\boldsymbol{y}-\boldsymbol{x}))\| = \|\boldsymbol{\varphi}(1)-\boldsymbol{\varphi}(0)-\boldsymbol{\varphi}'(0)\| \\
&= \left\| \int_0^1 (\boldsymbol{\varphi}'(t)-\boldsymbol{\varphi}'(0))\,\mathrm{d}t \right\| \le \int_0^1 \|\boldsymbol{\varphi}'(t)-\boldsymbol{\varphi}'(0)\|\,\mathrm{d}t \\
&\le \int_0^1 L\cdot t\cdot \|\boldsymbol{y}-\boldsymbol{x}\|^2\,\mathrm{d}t = \frac{L}{2}\,\|\boldsymbol{y}-\boldsymbol{x}\|^2 .
\end{aligned}
\tag{18.22}
$$

Hiermit lässt sich nun schließlich auch der Fehler $\|\boldsymbol{x}^{k+1}-\boldsymbol{x}^*\|$ der Newton-Iterierten abschätzen:

$$
\begin{aligned}
\boldsymbol{x}^{k+1}-\boldsymbol{x}^* &= \boldsymbol{x}^k-(\boldsymbol{J}\boldsymbol{f}(\boldsymbol{x}^k))^{-1}\boldsymbol{f}(\boldsymbol{x}^k)-\boldsymbol{x}^* \\
&= -(\boldsymbol{J}\boldsymbol{f}(\boldsymbol{x}^k))^{-1}(\boldsymbol{f}(\boldsymbol{x}^k)-\boldsymbol{f}(\boldsymbol{x}^*))+(\boldsymbol{x}^k-\boldsymbol{x}^*) \\
&= (\boldsymbol{J}\boldsymbol{f}(\boldsymbol{x}^k))^{-1}\left(\boldsymbol{f}(\boldsymbol{x}^*)-\boldsymbol{f}(\boldsymbol{x}^k)-\boldsymbol{J}\boldsymbol{f}(\boldsymbol{x}^k)(\boldsymbol{x}^*-\boldsymbol{x}^k)\right) .
\end{aligned}
$$

Für $0<\|\boldsymbol{x}^k-\boldsymbol{x}^*\|<r=2/L$ folgt hieraus und aus (18.22) mit $\boldsymbol{x}:=\boldsymbol{x}^k$ und $\boldsymbol{y}:=\boldsymbol{x}^*$:

$$
\|\boldsymbol{x}^{k+1}-\boldsymbol{x}^*\| \le \frac{L}{2}\,\|\boldsymbol{x}^k-\boldsymbol{x}^*\|^2 < \|\boldsymbol{x}^k-\boldsymbol{x}^*\| . \tag{18.23}
$$

Die Folge $\|\boldsymbol{x}^k-\boldsymbol{x}^*\|$ ist somit streng monoton fallend und nichtnegativ, also insbesondere konvergent gegen eine reelle Zahl $d\ge 0$. Mit (18.23) folgt

$$
0\le d<r=2/L \quad \text{und} \quad d\le (L/2)\cdot d^2 .
$$

Dies impliziert jedoch $d=0$, also mit (18.23) die behauptete quadratische Konvergenz.

Zum Nachweis der Eindeutigkeit: Wäre $\boldsymbol{x}^{**}\in K_r(\boldsymbol{x}^*)$ eine weitere Nullstelle von $\boldsymbol{f}$, so würde mit (18.22) folgen:

$$
\begin{aligned}
\|\boldsymbol{x}^{**}-\boldsymbol{x}^*\| &= \left\|(\boldsymbol{J}\boldsymbol{f}(\boldsymbol{x}^*))^{-1}(\boldsymbol{f}(\boldsymbol{x}^{**})-\boldsymbol{f}(\boldsymbol{x}^*)-\boldsymbol{J}\boldsymbol{f}(\boldsymbol{x}^*)(\boldsymbol{x}^{**}-\boldsymbol{x}^*))\right\| \\
&\le \frac{L}{2}\,\|\boldsymbol{x}^{**}-\boldsymbol{x}^*\|^2 < \|\boldsymbol{x}^{**}-\boldsymbol{x}^*\| .
\end{aligned}
$$

Damit erhält man einen Widerspruch. $\boldsymbol{x}^*$ ist also die einzige Nullstelle in der Kugel $K_r(\boldsymbol{x}^*)$. ■

Bemerkung (18.30)

Unter etwas stärkeren Voraussetzungen lässt sich sogar die Existenz einer Nullstelle von $\boldsymbol{f}$ beweisen, die wir ja in Satz 18.29 vorausgesetzt hatten. Diese Aussage ist unter dem Namen **Satz von Newton-Kantorovich** bekannt. Hierzu sei auf die Lehrbücher zur Numerischen Mathematik, insbesondere auf das Lehrbuch von Collatz [13] verwiesen.

Das gedämpfte Newton-Verfahren

Der obige Satz 18.29 zeigt lediglich die **lokale** Konvergenz des Newton-Verfahrens in der Nähe einer Nullstelle mit regulärer Jacobi-Matrix. In der Tat zeigen viele numerische Untersuchungen, dass der Einzugsbereich des Newton-Verfahrens, insbesondere für Gleichungssysteme mit höherer Dimension n, sehr klein sein kann. Für solche Beispiele lässt sich also die Konvergenz des Verfahrens nur bei Vorliegen von sehr guten Startdaten garantieren.

Eine deutliche Verbesserung der (globalen) Konvergenzeigenschaften des Newton-Verfahrens lässt sich dadurch erreichen, dass man „weit weg" von der Lösung $\boldsymbol{x}^*$ die Länge der Newton-Korrektur $\Delta\boldsymbol{x}^k$ reduziert, also anstelle von (18.21) die folgende Iteration verwendet:

$$\begin{aligned} \boldsymbol{J}\boldsymbol{f}(\boldsymbol{x}^k)\Delta\boldsymbol{x}^k &= -\boldsymbol{f}(\boldsymbol{x}^k) \\ \boldsymbol{x}^{k+1} &= \boldsymbol{x}^k + \lambda_k\, \Delta\boldsymbol{x}^k\,. \end{aligned} \tag{18.24}$$

Der **Dämpfungsparameter** $\lambda_k \in \,]0,1]$ wird hierbei so gewählt, dass eine geeignete **Testfunktion** $T(\boldsymbol{x})$ in jedem Iterationsschritt fällt. Die Testfunktion ist dabei so zu konstruieren, dass gilt

$$\forall\, \boldsymbol{x} \in D: \quad T(\boldsymbol{x}) \geq 0\,, \quad T(\boldsymbol{x}) = 0 \quad \Longleftrightarrow \quad \boldsymbol{f}(\boldsymbol{x}) = \boldsymbol{0}\,. \tag{18.25}$$

Man fordert also eine bezogen auf eine solche Testfunktion monotone Konvergenz der Folge $\boldsymbol{x}^k$. Eine einfache Wahl für eine Testfunktion wäre etwa

$$T(\boldsymbol{x}) := \|\boldsymbol{f}(\boldsymbol{x})\|_2^2\,. \tag{18.26}$$

Die Existenz eines positiven Dämpfungsparameters lässt sich dann (zumindest in der Theorie) durch den folgenden Satz sicherstellen.

Satz (18.31)
Ist $\boldsymbol{f}$ eine C^1-Funktion auf der offenen Menge $D \subset \mathbb{R}^n$, so gilt für eine Iterierte $\boldsymbol{x}^k \in D$ mit $\boldsymbol{f}(\boldsymbol{x}^k) \neq \boldsymbol{0}$:

$$\exists\, \mu_k > 0: \quad \forall\, \lambda \in \,]0, \mu_k[: \quad \|\boldsymbol{f}(\boldsymbol{x}^k + \lambda\, \Delta\boldsymbol{x}^k)\|_2^2 < \|\boldsymbol{f}(\boldsymbol{x}^k)\|_2^2\,.$$

Beweis.
Man definiere $\varphi(\lambda) := \|\boldsymbol{f}(\boldsymbol{x}^k + \lambda\Delta\boldsymbol{x}^k)\|_2^2$ für $-\varepsilon < \lambda < \varepsilon$. Damit ist φ ist eine C^1-Funktion mit $\varphi(0) = \|\boldsymbol{f}(\boldsymbol{x}^k)\|_2^2 > 0$ und

$$\varphi'(0) = 2(\boldsymbol{f}(\boldsymbol{x}^k))^{\mathrm{T}}\boldsymbol{J}\boldsymbol{f}(\boldsymbol{x}^k)\Delta\boldsymbol{x}^k = -2(\boldsymbol{f}(\boldsymbol{x}^k))^{\mathrm{T}}\boldsymbol{f}(\boldsymbol{x}^k) < 0\,.$$

Es folgt, dass φ in einer Umgebung von $\lambda = 0$ streng monoton fällt, und damit die Behauptung des Satzes. ■

Bei der Festlegung einer **Schrittweitenstrategie** für den Dämpfungsparameter λ_k hat man darauf zu achten, dass einerseits die Testfunktion in jedem Iterationsschritt streng monoton fällt und andererseits in der Nähe einer Lösung $\boldsymbol{x}^*$ der maximale Dämpfungsparameter $\lambda_k = 1$ gewählt wird, da nur dann die quadratische Konvergenz des Verfahrens gewährleistet ist.

Ein relativ einfaches Verfahren zur Realisierung einer solchen Schrittweitenstrategie ist im folgenden Algorithmus angegeben. Es wird dabei eine Halbierungsstrategie verfolgt, analog zu der sogenannten **Armijo-Schrittweite**, die häufig in numerischen Optimierungsverfahren verwendet wird. Das Verfahren wird abgebrochen, falls eine vorgegebene minimale Schrittweite $\lambda_{\min} > 0$ unterschritten wird.

Algorithmus (18.32)

$\mu := \lambda_{-1} := 1$

für $\quad k = 0,\ 1,\ 2, \ldots$

Wähle $\quad \lambda_k \in \left\{\mu,\ \frac{\mu}{2},\ \frac{\mu}{4},\ \frac{\mu}{8}, \ldots\right\}$ maximal, mit

$$T\left(\boldsymbol{x}^k + \lambda_k\, \Delta \boldsymbol{x}^k\right) < T(\boldsymbol{x}^k)$$

Abbruch, falls $\quad \lambda_k < \lambda_{\min}$

$\boldsymbol{x}_{k+1} := \boldsymbol{x}^k + \lambda_k\, \Delta \boldsymbol{x}^k$

$$\mu := \begin{cases} \min(1,\ 2\lambda_k), & \text{falls} \quad \lambda_k = \lambda_{k-1} \\ \lambda_k, & \text{sonst} \end{cases}$$

end $\quad k$

Bemerkungen (18.33)

a) Die in Satz 18.31 und Algorithmus 18.32 geforderte Abstiegsbedingung kann verschärft werden, um einen für eine schnelle Konvergenz „ausreichenden" Abstieg der Testfunktion zu garantieren.

b) Die Testfunktion nach (18.26) ist nicht skalierungsinvariant. Es ist daher zu empfehlen, eine skalierungsinvariante Form der Abstiegsbedingung zu verwenden, beispielsweise

$$\| \boldsymbol{J f}(\boldsymbol{x}^k)^{-1} \boldsymbol{f}(\boldsymbol{x}^{k+1}) \|_2 < \| \boldsymbol{J f}(\boldsymbol{x}^k)^{-1} \boldsymbol{f}(\boldsymbol{x}^k) \|_2 \,. \tag{18.27}$$

Man bezeichnet (18.27) auch als **natürlichen Monotonietest**. Die rechte Seite in (18.27) ist gerade die Länge der Newton-Korrektur $\|\Delta \boldsymbol{x}^k\|_2$. Die linke Seite ist die Länge der sogenannten **vereinfachten Newton-Korrektur** $\overline{\Delta} \boldsymbol{x}^{k+1}$, die man sehr einfach als Lösung des linearen Gleichungssystems

$$\boldsymbol{J f}(\boldsymbol{x}^k) \overline{\Delta} \boldsymbol{x}^{k+1} = -\boldsymbol{f}(\boldsymbol{x}^{k+1})$$

erhält. Man hat dazu lediglich eine weitere Vorwärts-Rückwärts-Substitution durchzuführen, nachdem man das Gleichungssystem in (18.24) bereits mittels Dreieckszerlegung der Jacobi-Matrix gelöst hat.

c) Anstelle der exakten Jacobi-Matrix genügt es i. Allg., eine Näherung der Jacobi-Matrix zu verwenden, wie man sie etwa durch numerische Differenzenbildung (**numerische Differentiation**) erhält.

Mitunter genügt es auch, die Jacobi-Matrix nicht in jedem Iterationsschritt neu zu berechnen. Behält man die Jacobi-Matrix für eine Reihe von Iterationsschritten bei, so spricht man vom **vereinfachten Newton-Verfahren**. Häufig wird die Jacobi-Matrix in einigen Iterationsschritten ohne Neuauswertung mit Hilfe der vorliegenden Informationen über $\boldsymbol{f}$ geeignet korrigiert. Man spricht dann von **Quasi-Newton-Verfahren**. Dabei werden für die Korrektur zumeist Ansätze verwendet, bei denen man geeignete Matrizen vom Rang 1 oder vom Rang 2 zur jeweils letzten Approximation der Jacobi-Matrix addiert.

Nichtlineare Ausgleichsprobleme

Gegeben seien Messdaten $(t_i, y_i) \in \mathbb{R}^2$, $i = 1, \dots, m$, sowie eine **Ansatzfunktion** $y = f(t; x_1, \dots, x_n)$, die im Sinn der kleinsten Quadrate an die Messdaten angepasst werden soll.

Der Vektor $\boldsymbol{x} = (x_1, \dots, x_n)^{\mathrm{T}}$ beschreibt die Parameter der Ansatzfunktion. Es wird angenommen, dass $n << m$ ist, also deutlich mehr Messdaten zur Verfügung stehen als die Anzahl an Parametern.

Aufgabe ist es demnach, die Funktion

$$g(\boldsymbol{x}) := \|\boldsymbol{F}(\boldsymbol{x}) - \boldsymbol{y}\|_2^2, \quad \boldsymbol{x} \in \mathbb{R}^n, \tag{18.28}$$

mit

$$\boldsymbol{F}(\boldsymbol{x}) := \begin{pmatrix} f(t_1; \boldsymbol{x}) \\ \vdots \\ f(t_m, \boldsymbol{x}) \end{pmatrix} \quad \text{und} \quad \boldsymbol{y} := \begin{pmatrix} y_1 \\ \vdots \\ y_m \end{pmatrix}, \tag{18.29}$$

zu minimieren.

Die grundlegende Idee des Newton-Verfahrens war es, ein nichtlineares Gleichungssystem $\boldsymbol{f}(\boldsymbol{x}) = \boldsymbol{0}$ in der Nähe einer Näherung $\boldsymbol{x}^k$ durch ein lineares Gleichungssystem zu approximieren (Linearisierung mittels des Taylorschen Satzes).

Die gleiche Idee lässt sich nun verwenden, um das obige nichtlineare Ausgleichsprobleme im Sinn der kleinsten Quadrate numerisch zu lösen. Dieses Verfahren geht ebenso wie die Methode der kleinsten Quadrate für lineare Ausgleichsprobleme, vgl. Abschn. 6.1, auf Gauß[3] zurück und wird **Gauß–Newton-Verfahren** genannt.

Sei also $\boldsymbol{x}^0 \in \mathbb{R}^n$ eine Näherung für eine Lösung $\boldsymbol{x}^*$ des Ausgleichsproblems (18.28). Die Existenz einer Lösung $\boldsymbol{x}^*$ wird dabei vorausgesetzt.

Wie verwenden die Taylor-Entwicklung von $\boldsymbol{F}$ zum Entwicklungspunkt $\boldsymbol{x}^0$ und brechen diese nach dem linearen Term ab. Damit erhalten wir

$$g(\boldsymbol{x}) \approx \widetilde{g}(\boldsymbol{x}) := \| \boldsymbol{F}(\boldsymbol{x}^0) + \boldsymbol{JF}(\boldsymbol{x}^0)(\boldsymbol{x} - \boldsymbol{x}^0) - \boldsymbol{y} \|_2^2 .$$

Die Minimierung von $\widetilde{g}$ anstelle von g bildet nun eine *lineare* Ausgleichsaufgabe, die mit den in Abschn. 6 behandelten Verfahren gelöst werden.

3) Carl Friedrich Gauß (1777–1855); Göttingen.

Wir erhalten damit den folgenden Algorithmus.

Algorithmus (18.34): Gauß-Newton-Iteration

für $k = 0, 1, 2, \dots$

Zur Näherung $\boldsymbol{x}^k$ löse man das lineare Ausgleichsproblem:

Minimiere bezüglich $\boldsymbol{\Delta x}^k$:

$$\widetilde{g}(\boldsymbol{\Delta x}^k) := \| \boldsymbol{JF}(\boldsymbol{x}^k)\boldsymbol{\Delta x}^k - (\boldsymbol{y} - \boldsymbol{F}(\boldsymbol{x}^k)) \|_2^2$$

und setze

$$\boldsymbol{x}^{k+1} := \boldsymbol{x}^k + \boldsymbol{\Delta x}^k .$$

end k

Bemerkungen (18.35)

a) Für das Gauß-Newton-Verfahren lässt sich analog zu Satz 18.29 ein lokaler Konvergenzsatz beweisen. Die in Satz 18.29 vorausgesetzte Regularität der Jacobi-Matrix ist hierbei zu ersetzen durch die Bedingung, dass $\boldsymbol{JF}(\boldsymbol{x})$ (keine quadratische Matrix!) maximalen Rang besitzt. Man vergleiche hierzu auch den Satz 6.3 für die hiermit gewährleistete eindeutige Lösbarkeit der linearen Hilfsprobleme. Ferner wird eine zusätzliche Bedingung benötigt, die im Wesentlichen fordert, dass Daten und Ansatzfunktion „adäquat“ sind. Leider kann auch in diesem Fall für das Gauß-Newton-Verfahren lediglich **lineare** Konvergenz gezeigt werden.

b) Analog zum gewöhnlichen Newton-Verfahren ist auch für das Gauß-Newton-Verfahren empfehlenswert, eine **Schrittweitenstrategie** zur Dämpfung der Gauß-Newton-Korrekturen vorzusehen. Als Testfunktion lässt sich hierbei die zu minimierende Funktion $T(\boldsymbol{x}) := g(\boldsymbol{x})$ verwenden.

Beispiel (18.36)

Die Funktion $y = f(t, \boldsymbol{x}) := x_1 + x_2 \cdot \exp(tx_3)$ soll an die Messdaten

t_i	−5	−3	−1	1	3	5
y_i	127	151	379	421	460	426

angepasst werden.

Mit den Startdaten $x_1^0 = 300$, $x_2^0 = -1$ und $x_3^0 = -0.3$ liefert das gedämpfte Gauß-Newton-Verfahren (es wurde die oben angegebene Schrittweitenstrategie gewählt) das in der folgenden Tabelle abzulesende Konvergenzverhalten.

Für die Lösung des nichtlinearen Ausgleichsproblems ergeben sich hiermit die Näherungen:

$$x_1^* = 523.306$$
$$x_2^* = -156.948$$
$$x_3^* = -0.199\,665$$

mit dem zugehörigen Residuum $g(\boldsymbol{x}^*) = 1.34\,\mathrm{e}\,4$.

Die gegebenen Messdaten und die resultierende Ausgleichsfunktion sind in der folgenden Abb. 18.9. dargestellt.

Iteration	$g(x^k)$	$\|\Delta x^k\|$	λ_k
0	1.13 e 5	2.75 e 2	0.78 e −2
1	1.12 e 5	2.67 e 2	0.78 e −2
2	1.11 e 5	2.68 e 2	0.78 e −2
3	1.08 e 5	2.64 e 2	0.16 e −1
4	1.02 e 5	2.56 e 2	0.31 e −1
5	9.11 e 4	2.40 e 2	0.63 e −1
6	7.29 e 4	2.10 e 2	0.125
7	4.69 e 4	1.57 e 2	0.25
8	2.18 e 4	7.87 e 1	0.5
9	1.34 e 4	2.81 e −4	1.0
10	1.34 e 4	2.00 e −4	1.0
11	1.34 e 4	8.52 e −5	1.0
12	1.34 e 4	3.63 e −5	1.0

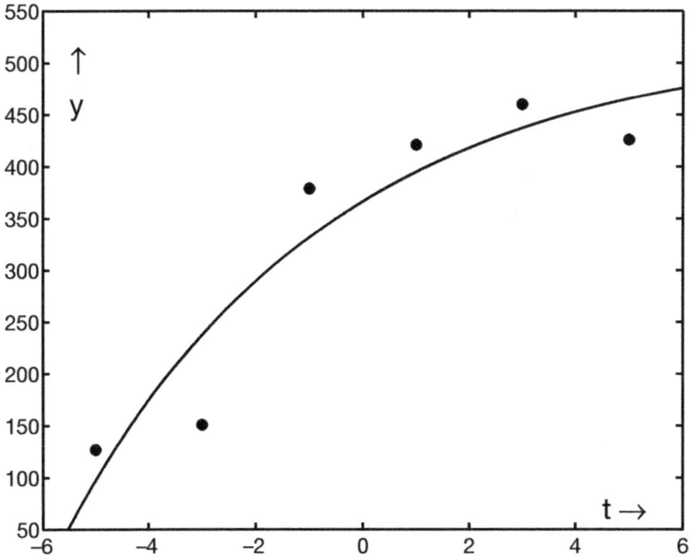

Abb. 18.9 Nichtlineare Ausgleichsfunktion.

Abschließend sei erwähnt, dass in der **MATLAB**–Rechenumgebung professionelle Software zur Lösung nichtlinearer Ausgleichsaufgaben zur Verfügung steht. Der Standardaufruf dieses Programms lautet

$$[\boldsymbol{x}, \text{resnorm}, \textbf{residual}] = \text{lsqnonlin}(@\text{fun}, \boldsymbol{x}0)$$

Dabei ist fun eine Funktion (Unterprogramm) zur Berechnung von $\boldsymbol{F}(\boldsymbol{x}) - \boldsymbol{y}$, $\boldsymbol{x}0$ ist ein vorzugebender Startvektor für das Iterationsverfahren. Der Ergebnisvektor ist dann durch $\boldsymbol{x}$ gegeben, **residual** gibt den optimalen Residuenvektor $\boldsymbol{F}(\boldsymbol{x}^*) - \boldsymbol{y}$ an und resnorm dessen euklidische Norm.

19
Integralrechnung mehrerer Variablen

19.1 Bereichsintegrale

Gegeben sei eine Funktion $f: D \to \mathbb{R}$ mit Definitionsbereich $D \subset \mathbb{R}^n$. Unser Ziel ist die Berechnung des Volumens „unterhalb" des Graphen von f, genauer zwischen dem Graphen von f und der $\boldsymbol{x}$-Ebene, vgl. Abb. 19.1. Wie bei der Integralrechnung einer Veränderlichen bezeichnen wir dieses Volumen als Integral

$$V = \int_D f(\boldsymbol{x})\,\mathrm{d}\boldsymbol{x}$$

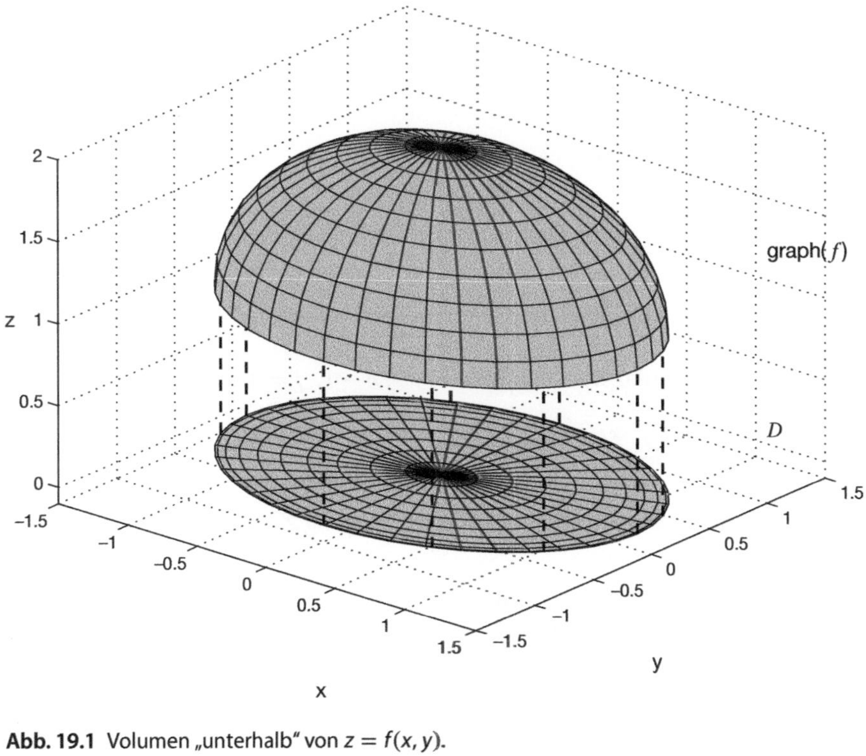

Abb. 19.1 Volumen „unterhalb" von $z = f(x, y)$.

Mathematik in den Ingenieur- und Naturwissenschaften 2, 5. Aufl.
Rainer Ansorge, Hans J. Oberle, Kai Rothe und Thomas Sonar.

Die Konstruktion des Integrals erfolgt im Wesentlichen wie im Fall einer Variablen. Wichtiger Unterschied ist allerdings, dass der Definitionsbereich i. Allg. eine kompliziertere Menge sein kann als im Eindimensionalen. Hier hatten wir als Definitionsbereiche ja lediglich Intervalle zugelassen.

Der Einfachheit halber beschränken wir uns zunächst auf den Fall $n = 2$ und auf einen kompakten Quader (Rechteck) als Definitionsbereich. Sei also $D = [a_1, b_1] \times [a_2, b_2]$ und $f : D \to \mathbb{R}$ eine beschränkte Funktion.

Definition (19.1)

a) Eine Menge der Form $Z = \{(x_0, x_1, \dots, x_n), (y_0, y_1, \dots, y_m)\}$ heißt eine **Zerlegung** des Quaders $D = [a_1, b_1] \times [a_2, b_2]$, falls Folgendes gilt:

$$a_1 = x_0 < x_1 < \dots < x_n = b_1 ,$$
$$a_2 = y_0 < y_1 < \dots < y_m = b_2 .$$

Mit $\boldsymbol{Z}(D)$ wird die **Menge der Zerlegungen** von D bezeichnet. Ferner heißt

$$\|Z\| := \max_{i,j} \{|x_{i+1} - x_i|, |y_{j+1} - y_j|\}$$

die **Feinheit** einer Zerlegung $Z \in \boldsymbol{Z}(D)$.

b) Zu einer Zerlegung Z bilden die Mengen $Q_{ij} := [x_i, x_{i+1}] \times [y_j, y_{j+1}]$ die **Teilquader** dieser Zerlegung.
Das **Volumen**, bzw. der **Flächeninhalt** dieser Teilquader Q_{ij} ist dann definiert durch

$$\operatorname{vol}(Q_{ij}) := (x_{i+1} - x_i)(y_{j+1} - y_j) .$$

c) Schließlich heißen

$$U_f(Z) := \sum_{i,j} \inf\{f(\boldsymbol{x}) : \boldsymbol{x} \in Q_{ij}\} \cdot \operatorname{vol}(Q_{ij}) ,$$
$$O_f(Z) := \sum_{i,j} \sup\{f(\boldsymbol{x}) : \boldsymbol{x} \in Q_{ij}\} \cdot \operatorname{vol}(Q_{ij})$$

die **Riemannsche Untersumme bzw. Obersumme** der Funktion f zur Zerlegung Z.
Für beliebige Punkte $\boldsymbol{x}_{ij} \in Q_{ij}$, $i = 0, \dots, n-1$, $j = 0, \dots, m-1$, heißt

$$R_f(Z) := \sum_{i,j} f(\boldsymbol{x}_{ij}) \cdot \operatorname{vol}(Q_{ij})$$

eine **Riemannsche Summe** von f zur Zerlegung Z.

Bemerkung (19.2)

Analog zum eindimensionalen Fall zeigt man die folgenden Eigenschaften der Riemannschen Unter- und Obersummen:

a) Eine Riemannsche Summe zur Zerlegung Z liegt stets zwischen der Unter- und der Obersumme dieser Zerlegung

$$U_f(Z) \le R_f(Z) \le O_f(Z) .$$

b) Entsteht eine Zerlegung Z_2 aus einer Zerlegung Z_1 durch Hinzunahme weiterer Zwischenpunkte x_i und/oder y_j, so gilt

$$U_f(Z_2) \geq U_f(Z_1), \quad O_f(Z_2) \leq O_f(Z_1).$$

c) Für beliebige Zerlegungen Z_1, $Z_2 \in \mathbf{Z}(D)$ gilt stets $U_f(Z_1) \leq O_f(Z_2)$.

Definition (19.3)

a) Aufgrund der obigen Eigenschaften existieren die Grenzwerte

$$\underline{\int_D} f(\boldsymbol{x})\,\mathrm{d}\boldsymbol{x} := \sup\{U_f(Z) : Z \in \mathbf{Z}(D)\}$$

$$\overline{\int_D} f(\boldsymbol{x})\,\mathrm{d}\boldsymbol{x} := \inf\{O_f(Z) : Z \in \mathbf{Z}(D)\}.$$

Sie heißen **Riemannsches Unter- bzw. Oberintegral** der Funktion f über D.

b) Stimmen Unter- und Oberintegral einer beschränkten Funktion f überein, so heißt f **Riemann-integrierbar** über D und der gemeinsame Wert

$$\int_D f(\boldsymbol{x})\,\mathrm{d}\boldsymbol{x} := \underline{\int_D} f(\boldsymbol{x})\,\mathrm{d}\boldsymbol{x} = \overline{\int_D} f(\boldsymbol{x})\,\mathrm{d}\boldsymbol{x}$$

heißt dann das **(Riemann-) Integral** von f über D.

Bemerkung (19.4)

Es ist unmittelbar klar, dass sich die obigen Definitionen ganz analog auf den Fall von Raumdimensionen $n > 2$ übertragen lassen.

Für das Integral $\int_D f(\boldsymbol{x})\,\mathrm{d}\boldsymbol{x}$ schreibt man im Fall $n = 2$ bzw. $n = 3$ auch

$$\iint_D f(x, y)\,\mathrm{d}(x, y) \quad \text{bzw.} \quad \iiint_D f(x, y, z)\,\mathrm{d}(x, y, z)$$

Die folgenden elementaren Eigenschaften des Riemann-Integrals beweist man wie im Fall einer Variablen.

Satz (19.5)

a) **Linearität:**

$$\int_D (\alpha f(\boldsymbol{x}) + \beta g(\boldsymbol{x}))\,\mathrm{d}\boldsymbol{x} = \alpha \int_D f(\boldsymbol{x})\,\mathrm{d}\boldsymbol{x} + \beta \int_D g(\boldsymbol{x})\,\mathrm{d}\boldsymbol{x}.$$

b) **Monotonie:** Gilt $f(\boldsymbol{x}) \leq g(\boldsymbol{x})$ für alle $\boldsymbol{x} \in D$, so folgt:

$$\int_D f(\boldsymbol{x})\,\mathrm{d}\boldsymbol{x} \leq \int_D g(\boldsymbol{x})\,\mathrm{d}\boldsymbol{x}.$$

c) **Positivität:** Gilt $f(\boldsymbol{x}) \geq 0$ für alle $\boldsymbol{x} \in D$, so folgt:

$$\int_D f(\boldsymbol{x})\,\mathrm{d}\boldsymbol{x} \geq 0\,.$$

d) Sind D_1, D_2 und $D \subset \mathbb{R}^n$ Quader mit $D = D_1 \cup D_2$ und gilt $\mathrm{vol}(D_1 \cap D_2) = 0$, so ist f genau dann über D integrierbar, falls f über D_1 und über D_2 integrierbar ist. In diesem Fall gilt:

$$\int_D f(\boldsymbol{x})\,\mathrm{d}\boldsymbol{x} = \int_{D_1} f(\boldsymbol{x})\,\mathrm{d}\boldsymbol{x} + \int_{D_2} f(\boldsymbol{x})\,\mathrm{d}\boldsymbol{x}\,.$$

e) **Abschätzung:**

$$\left|\int_D f(\boldsymbol{x})\,\mathrm{d}\boldsymbol{x}\right| \leq \sup\{|f(\boldsymbol{x})| : \boldsymbol{x} \in D\} \cdot \mathrm{vol}(D)\,.$$

f) **Riemannsches Kriterium:**
f ist genau dann über dem Quader D integrierbar, falls gilt:

$$\forall\, \varepsilon > 0: \quad \exists\, Z \in \mathbf{Z}(D): \quad O_f(Z) - U_f(Z) < \varepsilon\,.$$

In den meisten Fällen lässt sich die Berechnung von mehrdimensionalen Integralen auf die iterierte Berechnung eindimensionaler Integrale zurückführen. Ein wichtiges Hilfsmittel hierzu ist der folgende Satz von Fubini.

Satz (19.6): Satz von Fubini[1]
Ist $f : D \to \mathbb{R}$ integrierbar, $D = [a_1, b_1] \times [a_2, b_2] \subset \mathbb{R}^2$ ein Quader und existieren die Integrale

$$F(x) := \int_{a_2}^{b_2} f(x, y)\,\mathrm{d}y \quad \text{bzw.} \quad G(y) := \int_{a_1}^{b_1} f(x, y)\,\mathrm{d}x$$

für alle $x \in [a_1, b_1]$ bzw. $y \in [a_2, b_2]$, so gilt

$$\int_D f(\boldsymbol{x})\,\mathrm{d}\boldsymbol{x} = \int_{a_1}^{b_1}\int_{a_2}^{b_2} f(x, y)\,\mathrm{d}y\,\mathrm{d}x \quad \text{bzw.} \quad \int_D f(\boldsymbol{x})\,\mathrm{d}\boldsymbol{x} = \int_{a_2}^{b_2}\int_{a_1}^{b_1} f(x, y)\,\mathrm{d}x\,\mathrm{d}y\,.$$

1) Guido Fubini (1879–1943); Catania, Genua, Turin, New York.

Beweis.
Sei $Z = \{(x_0, \dots, x_n), (y_0, \dots, y_m)\}$ eine beliebige Zerlegung von D.
Für $0 \le i < n$, $0 \le j < m$, $\xi_i \in [x_i, x_{i+1}]$ und $y \in [y_j, y_{j+1}]$ gilt dann

$$\inf\{f(\boldsymbol{x}) : \boldsymbol{x} \in Q_{ij}\} \le f(\xi_i, y) \le \sup\{f(\boldsymbol{x}) : \boldsymbol{x} \in Q_{ij}\}$$

Die Integration dieser Ungleichung bezüglich y ergibt

$$\begin{aligned}&\inf\{f(\boldsymbol{x}) : \boldsymbol{x} \in Q_{ij}\} \cdot (y_{j+1} - y_j)\\ &\le \int_{y_j}^{y_{j+1}} f(\xi_i, y)\,\mathrm{d}y \le \sup\{f(\boldsymbol{x}) : \boldsymbol{x} \in Q_{ij}\} \cdot (y_{j+1} - y_j)\,.\end{aligned}$$

Multipliziert man diese Ungleichung mit $(x_{i+1} - x_i)$ und summiert anschließend über i, j, so folgt

$$U_f(Z) \le \sum_{i=0}^{n-1} \left(\int_{a_2}^{b_2} f(\xi_i, y)\,\mathrm{d}y \right) \cdot (x_{i+1} - x_i) \le O_f(Z)\,.$$

Dies ist aber gerade eine Abschätzung für eine beliebige Riemannsche Summe von F zur Zerlegung $Z_x := \{x_0, \dots, x_n\}$ von $[a_1, b_1]$.
Insbesondere folgt also hieraus

$$U_f(Z) \le U_F(Z_x) \le O_F(Z_x) \le O_f(Z)\,,$$

und für $\|Z\| \to 0$ erhält man die Behauptung. ■

Beispiel (19.7)
Sei $D := [0, 1] \times [0, 2]$ und $f(x, y) := 2 - xy$.
Da stetige Funktionen, wie wir sogleich sehen werden, über Quadern integrierbar sind, ist die Voraussetzung des Satzes von Fubini erfüllt und es gilt

$$\begin{aligned}\int_D f(\boldsymbol{x})\,\mathrm{d}\boldsymbol{x} &= \int_0^2 \int_0^1 (2 - xy)\,\mathrm{d}x\,\mathrm{d}y = \int_0^2 \left[2x - \frac{x^2 y}{2}\right]_{x=0}^{x=1} \mathrm{d}y\\ &= \int_0^2 \left(2 - \frac{y}{2}\right) \mathrm{d}y = \left[2y - \frac{y^2}{4}\right]_{y=0}^{y=2} = 3\,.\end{aligned}$$

Bemerkung (19.8)
Die Voraussetzung der Integrierbarkeit von f ist wesentlich für die Gültigkeit des Satzes von Fubini. Die Existenz der iterierten Integrale alleine genügt *nicht*, um die Integrierbarkeit von f zu garantieren!

Beispiel (19.9)
Man rechnet leicht nach, dass das iterierte Integral $\int_0^1 \int_0^1 f(x, y)\,\mathrm{d}x\,\mathrm{d}y$ für die folgende Funktion

$$f(x, y) := \begin{cases} 1\,, & \text{falls} \quad y \in \mathbb{Q} \\ 2x\,, & \text{falls} \quad y \notin \mathbb{Q} \end{cases}$$

existiert. Die Funktion f ist jedoch nicht über dem Quader $D := [0, 1] \times [0, 1]$ integrierbar! Für Unter- und Oberintegral ergeben sich nämlich, wie eine geometrische Betrachtung des Graphen von f zeigt,

$$\underline{\int}_D f(x, y)\,\mathrm{d}(x, y) = \frac{3}{4}\,, \qquad \overline{\int}_D f(x, x)\,\mathrm{d}(x, y) = \frac{5}{4}\,.$$

Integrale über kompakten Bereichen

Wir erweitern nun den Integralbegriff auf den Fall beliebiger, kompakter Integrationsbereiche D.

Definition (19.10)
Sei $D \subset \mathbb{R}^n$ eine nichtleere, kompakte Menge und $f\colon D \to \mathbb{R}$ beschränkt. Wir setzen:

$$f^*(\boldsymbol{x}) := \begin{cases} f(\boldsymbol{x})\,, & \text{falls} \quad \boldsymbol{x} \in D \\ 0\,, & \text{falls} \quad \boldsymbol{x} \in \mathbb{R}^n \setminus D\,. \end{cases}$$

Speziell für die konstante Funktion $f = 1$ heißt f^* die **charakteristische Funktion** der Menge D. Diese wird auch mit χ_D bezeichnet.

Sei $Q^* \subset \mathbb{R}^n$ nun der kleinste Quader mit $D \subset Q^*$. Dieser ist eindeutig bestimmt. Damit definieren wir:

a) f heißt **integrierbar** über D, falls f^* über Q^* integrierbar ist. In diesem Fall setzen wir:

$$\int_D f(\boldsymbol{x})\,\mathrm{d}\boldsymbol{x} := \int_{Q^*} f^*(\boldsymbol{x})\,\mathrm{d}\boldsymbol{x}\,.$$

b) Die Menge D heißt **messbar**, falls das Integral

$$\operatorname{vol}(D) := \int_D 1\,\mathrm{d}\boldsymbol{x} = \int_{Q^*} \chi_D(\boldsymbol{x})\,\mathrm{d}\boldsymbol{x}$$

existiert. $\operatorname{vol}(D)$ heißt dann das **Volumen** von D.

c) D heißt eine **Nullmenge**, falls D messbar ist und $\operatorname{vol}(D) = 0$ gilt.

Bemerkung (19.11)
Ist die Menge D selbst ein Quader, so folgt $Q^* = D$, d. h., der Integrierbarkeitsbegriff im Sinn von Definition 19.10 stimmt mit dem früheren Begriff von Definition 19.3 überein.

Ferner sind Quader stets messbare Mengen, und der Volumenbegriff stimmt hierfür auch mit dem früheren Volumenbegriff nach Definition 19.1 überein.

Bemerkung (19.12)
Für eine beschränkte (nicht notwendig kompakte) Menge $D \subset \mathbb{R}^n$ bezeichne $\overline{\text{vol}}(D)$ bzw. $\underline{\text{vol}}(D)$ das Ober– bzw. Unterintegral der charakteristischen Funktion von D.

Dann gelten die folgenden Eigenschaften:

a) Sind $D_1,\ D_2 \subset \mathbb{R}^n$ beschränkt und disjunkt, also $D_1 \cap D_2 = \emptyset$, so gilt

$$\underline{\text{vol}}(D_1 \cup D_2) \le \underline{\text{vol}}(D_1) + \overline{\text{vol}}(D_2) \le \overline{\text{vol}}(D_1 \cup D_2)\,.$$

b) Sind $D_1,\ D_2$ kompakt und messbar, so gilt für $D_1 \subset D \subset D_2$:

$$\text{vol}(D_1) \le \underline{\text{vol}}(D) \le \overline{\text{vol}}(D) \le \text{vol}(D_2)\,.$$

c) Für eine beschränkte Menge $D \subset \mathbb{R}^n$ gilt:

$$\overline{\text{vol}}(D) = \overline{\text{vol}}(\overline{D})\,, \quad \underline{\text{vol}}(D) = \underline{\text{vol}}(D^0)\,.$$

Hierbei bezeichnet D^0 den (offenen) Kern und $\overline{D}$ die abgeschlossene Hülle der Menge D, vgl. auch Definition 9.1.

Wir verzichten auf den Beweis dieser technischen Aussagen und verweisen hierzu auf die Lehrbücher zur Analysis.

Satz (19.13)
Sei $D \subset \mathbb{R}^n$ nichtleer und kompakt. D ist genau dann messbar, falls der Rand ∂D von D eine Nullmenge ist.

Beweis.
Sei Q^* wieder der kleinste, D umfassende Quader, Z sei eine Zerlegung von Q^* mit den Teilquadern $Q_i,\ i \in I$. Ferner seien $f(\boldsymbol{x}) := \chi_D(\boldsymbol{x})$ und $g(\boldsymbol{x}) := \chi_{\partial D}(\boldsymbol{x})$ die charakteristischen Funktionen von D und ∂D.

Damit wird

$$O_f(Z) - U_f(Z) = \sum_{Q_i \cap D \neq \emptyset,\ Q_i \not\subset D} \text{vol}(Q_i) \le \sum_{Q_i \cap \partial D \neq \emptyset} \text{vol}(Q_i) = O_g(Z)\,.$$

Ist ∂D also eine Nullmenge, so ist D nach dem Riemannschen Kriterium messbar.

Umgekehrt gilt wegen $\overline{D} = D^0 \cup \partial D$ nach Bemerkung 19.12:

$$\begin{aligned}\overline{\text{vol}}(D) &= \overline{\text{vol}}(\overline{D}) = \overline{\text{vol}}(D^0 \cup \partial D)\\ &\ge \underline{\text{vol}}(D^0) + \overline{\text{vol}}(\partial D) = \underline{\text{vol}}(D) + \overline{\text{vol}}(\partial D)\,.\end{aligned}$$

Ist D also messbar, d. h. gilt $\overline{\text{vol}}(D) = \underline{\text{vol}}(D)$, so ist demnach ∂D eine Nullmenge.

■

Mit Hilfe dieses Satzes lässt sich nun die Integrierbarkeit stetiger Funktionen über kompakten und messbaren Mengen beweisen.

Satz (19.14)
Sei $D \subset \mathbb{R}^n$ nichtleer, kompakt und messbar. Dann ist jede stetige Funktion $f : D \to \mathbb{R}$ über D integrierbar.

Beweis.
Aufgrund der Kompaktheit von D ist f auf D auch gleichmäßig stetig. Daher existiert zu $\varepsilon > 0$ ein $\delta = \delta(\varepsilon) > 0$ mit:

$$\|\boldsymbol{x} - \boldsymbol{y}\|_\infty < \delta \quad \Rightarrow \quad |f(\boldsymbol{x}) - f(\boldsymbol{y})| < \varepsilon .$$

Sei nun Q ein D umfassender Quader und Z eine Zerlegung von Q mit $\|Z\| < \delta$ und den Teilquadern Q_i, $i \in I$.

Dann folgt mit Definition 19.10:

$$\begin{aligned} O_{f^*}(Z) - U_{f^*}(Z) &= \sum_i \left(\sup_{Q_i} f^*(\boldsymbol{x}) - \inf_{Q_i} f^*(\boldsymbol{x}) \right) \cdot \operatorname{vol}(Q_i) \\ &= \sum_{Q_i \subset D^0} \ldots + \sum_{Q_i \cap \partial D \neq \emptyset} \ldots \\ &\leq \varepsilon \cdot \operatorname{vol}(D) + C \sum_{Q_i \cap \partial D \neq \emptyset} \operatorname{vol}(Q_i) \end{aligned}$$

mit einer geeigneten Konstanten $C \geq 2\|f\|_\infty$.

Wegen

$$\sum_{Q_i \cap \partial D \neq \emptyset} \operatorname{vol}(Q_i) = O_{1|\partial D}(Z) \quad \Rightarrow \quad \operatorname{vol}(\partial D) = 0 \quad (\|Z\| \to 0)$$

lässt sich die rechte Seite der obigen Ungleichung durch Wahl einer geeigneten Zerlegung Z unter jede positive Schranke drücken.

Damit folgt die Integrierbarkeit nach dem Riemannschen Kriterium. ■

Analog zum Fall einer unabhängigen Variablen, vgl. Satz 13.20, lässt sich für die Integrale stetiger Funktionen die folgende Mittelwert-Eigenschaft zeigen.

Satz (19.15): Mittelwertsatz der Integralrechnung
Sei $D \subset \mathbb{R}^n$ nichtleer, kompakt, zusammenhängend und messbar. Ist dann $f : D \to \mathbb{R}$ stetig, so gibt es einen Punkt $\boldsymbol{\xi} \in D$ mit:

$$\int_D f(\boldsymbol{x})\,\mathrm{d}\boldsymbol{x} = f(\boldsymbol{\xi}) \cdot \operatorname{vol}(D) .$$

Beweis.
Aufgrund der vorausgesetzten Stetigkeit nimmt f Minimum und Maximum über dem Kompaktum D an. Es gibt also $\boldsymbol{x}^0,\ \boldsymbol{x}^1 \in D$ mit

$$\forall\, \boldsymbol{x} \in D: \quad f(\boldsymbol{x}^0) \le f(\boldsymbol{x}) \le f(\boldsymbol{x}^1)\,.$$

Mit der Monotonie 19.5 folgt hieraus durch Integration

$$f(\boldsymbol{x}^0) \cdot \mathrm{vol}(D) \le \int\limits_D f(\boldsymbol{x})\,\mathrm{d}\boldsymbol{x} \le f(\boldsymbol{x}^1) \cdot \mathrm{vol}(D)\,.$$

Wählt man nun eine stetige Funktion $\boldsymbol{c}\colon [0,1] \to D$ mit $\boldsymbol{c}(0) = \boldsymbol{x}^0$ und $\boldsymbol{c}(1) = \boldsymbol{x}^1$, so folgt mit dem Zwischenwertsatz für die stetige Komposition $f \circ \boldsymbol{c}$:

$$\exists\, t_1 \in [0,1]: \quad f(\boldsymbol{c}(t_1)) = \frac{1}{\mathrm{vol}(D)} \cdot \int\limits_D f(\boldsymbol{x})\,\mathrm{d}\boldsymbol{x}\,.$$

Damit ist die Existenz des Zwischenwertes $\boldsymbol{\xi} := \boldsymbol{c}(t_1)$ gezeigt. ■

Für die praktische Anwendung der Integralrechnung ist es wichtig, dass sich auch die Integration von Funktionen über krummlinig berandeten Bereichen auf die iterierte Berechnung von eindimensionale Integralen zurückführen lässt. Hierzu werden relativ einfach gestaltete Bereiche betrachtet, wie sie zumeist auch in den Anwendungen auftreten.

Definition (19.16)

a) Eine Teilmenge $D \subset \mathbb{R}^2$ heißt ein **Normalbereich**, falls sich D in der Form

$$D = \{(x,y) : a \le x \le b \ \wedge\ g(x) \le y \le h(x)\}\,,$$

oder

$$D = \{(x,y) : \widetilde{a} \le y \le \widetilde{b} \ \wedge\ \widetilde{g}(y) \le x \le \widetilde{h}(y)\}$$

mit stetigen Funktionen $g,\ h$ bzw. $\widetilde{g},\ \widetilde{h}$ darstellen lässt.

b) Analog heißt eine Teilmenge $D \subset \mathbb{R}^3$ ein **Normalbereich**, falls es eine Darstellung

$$D = \{(x_1,x_2,x_3) : a \le x_i \le b \ \wedge\ g(x_i) \le x_j \le h(x_i)$$
$$\wedge\ u(x_i,x_j) \le x_k \le v(x_i,x_j)\}$$

gibt, wobei (i,j,k) eine Permutation von $(1,2,3)$ ist und $g,\ h$, sowie $u,\ v$ stetige Funktionen sind.

c) Eine Teilmenge $D \subset \mathbb{R}^n$ heißt **projizierbar** in Richtung x_i, $i \in \{1,\dots,n\}$, falls es eine messbare Menge $B \subset \mathbb{R}^{n-1}$ und stetige Funktionen $u,\ v$ gibt, so dass

$$D = \{\boldsymbol{x} \in \mathbb{R}^n : \boldsymbol{y} = (x_1,\dots,x_{i-1},x_{i+1},\dots,x_n)^{\mathrm{T}} \in B$$
$$\wedge\, u(\boldsymbol{y}) \le x_i \le v(\boldsymbol{y})\Big\}\,.$$

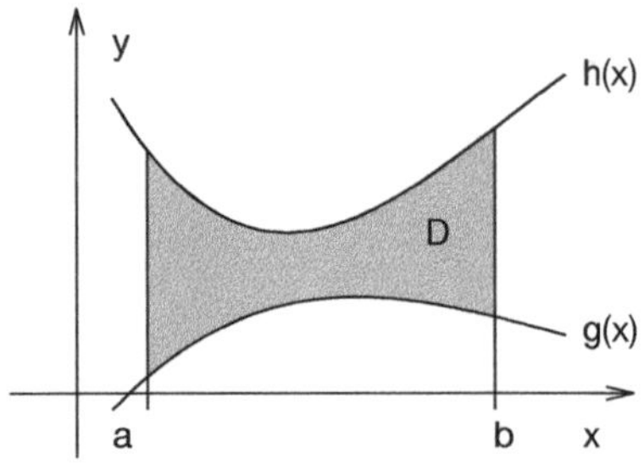

(a)

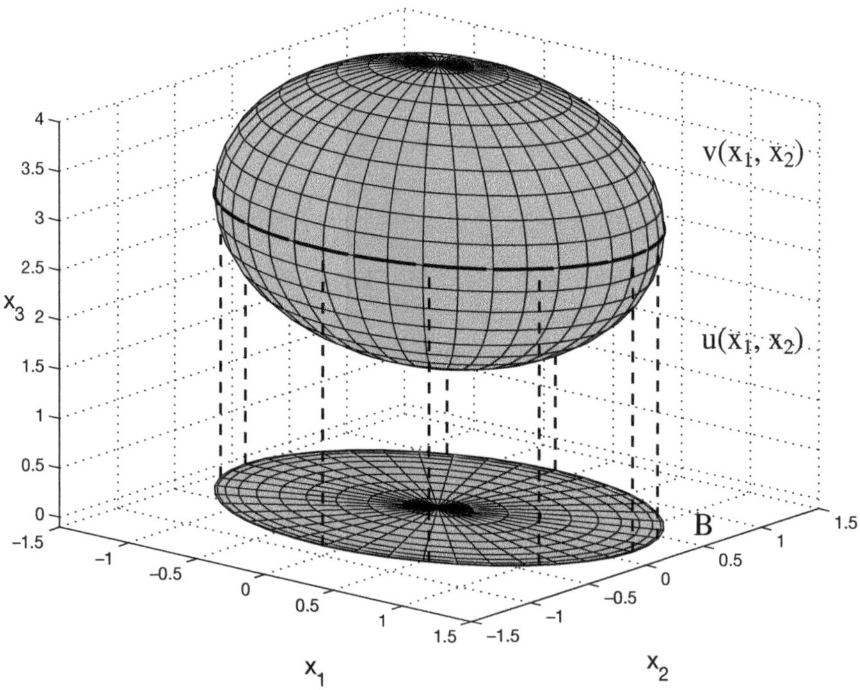

(b)

Abb. 19.2 Normalbereich und projizierbare Menge.

Bemerkung (19.17)

a) Projizierbare Mengen sind messbar!
Mit Hilfe der gleichmäßigen Stetigkeit der Funktionen u und v (B ist kompakt!) lässt sich nämlich zeigen, dass der Rand von D eine Nullmenge ist.
Damit sind aber auch alle Normalbereiche (diese sind ja projizierbar) messbar.

b) In den meisten Anwendungen lässt sich der Bereich D als Vereinigung endlich vieler Normalbereiche darstellen, vgl. Abb. 19.3. Solche Mengen sind also nach Obigem messbar.

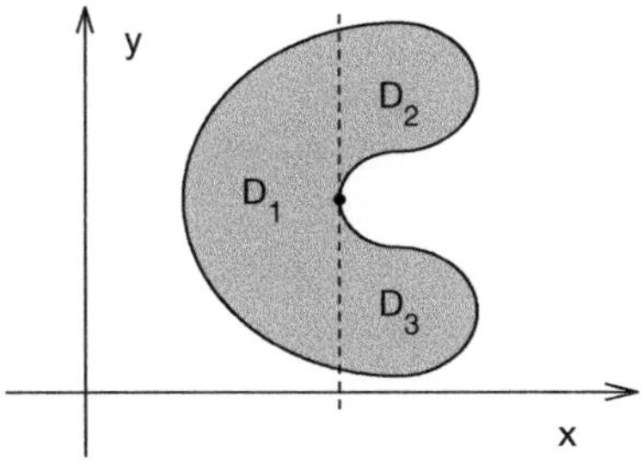

Abb. 19.3 Zerlegung in Normalbereiche. $D = D_1 \cup D_2 \cup D_3$; $\int_D \ldots = \int_{D_1} + \int_{D_2} + \int_{D_3}$; $\mathrm{vol}(D_i \cap D_j) = 0$ für $i \neq j$.

Folgerung (19.18)
Ist f stetig auf einem Normalbereich

$$D = \{(x, y) \in \mathbb{R}^2 : a \leq x \leq b \wedge g(x) \leq y \leq h(x)\},$$

so gilt

$$\int_D f(\boldsymbol{x})\,\mathrm{d}\boldsymbol{x} = \int_a^b \int_{g(x)}^{h(x)} f(x, y)\,\mathrm{d}y\,\mathrm{d}x .$$

Beweis.
Sei $Q = [a, b] \times [c, d]$ das kleinste Rechteck, welches D umfasst, vgl. Abb. 19.4, also:

$$c := \inf_{x \in [a,b]} g(x)$$

$$d := \sup_{x \in [a,b]} h(x)$$

und sei f^* wie in Definition 19.10 definiert.

Dann folgt:

$$\int_D f(\boldsymbol{x})\,\mathrm{d}\boldsymbol{x} = \int_Q f^*(\boldsymbol{x})\,\mathrm{d}\boldsymbol{x} = \int_a^b \int_c^d f^*(x, y)\,\mathrm{d}y\,\mathrm{d}x = \int_a^b \int_{g(x)}^{h(x)} f(x, y)\,\mathrm{d}y\,\mathrm{d}x .$$ ■

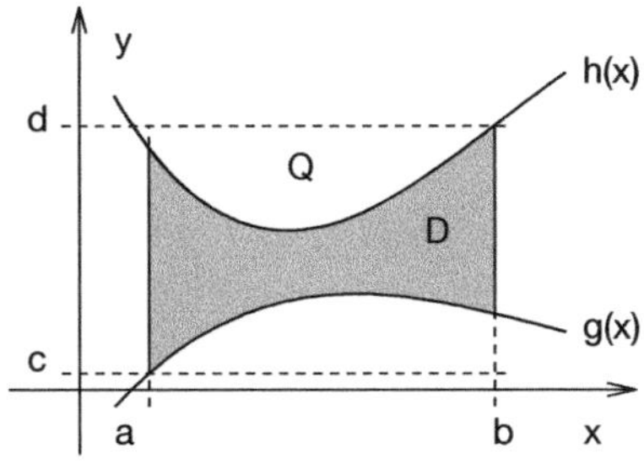

Abb. 19.4 Normalbereich D.

Bemerkung (19.19)
Analoge Beziehungen gelten für höheren Dimensionen. Ist $D \subset \mathbb{R}^n$ eine projizierbare Menge, so gilt mit den Bezeichnungen von Definition 19.16

$$\int_D f(\boldsymbol{x})\,\mathrm{d}\boldsymbol{x} = \int_B \left(\int_{u(\boldsymbol{y})}^{v(\boldsymbol{y})} f(\boldsymbol{x})\,\mathrm{d}x_i \right) \mathrm{d}\boldsymbol{y}\,.$$

Ist B nun wieder projizierbar und so fort, so lässt sich das Integral über D sukzessive auf die Berechnung eindimensionaler Integrale zurückführen.

Beispiele (19.20)
Die Funktion $f(x, y) := x + 2y$ sei über der durch zwei Parabeln begrenzten Fläche

$$D := \{(x, y) : -1 \le x \le 1 \,\wedge\, x^2 \le y \le 2 - x^2\}$$

zu integrieren.

D ist ein Normalbereich, also messbar. Die Funktion f ist daher als stetige Funktion über D integrierbar. Nach Folgerung 19.18 gilt:

$$\begin{aligned}\int_D f(x, y)\,\mathrm{d}(x, y) &= \int_{-1}^{1} \int_{x^2}^{2-x^2} (x + 2y)\,\mathrm{d}y\,\mathrm{d}x = \int_{-1}^{1} (xy + y^2)\Big|_{y=x^2}^{y=2-x^2}\,\mathrm{d}x \\ &= \int_{-1}^{1} (x(2 - 2x^2) + (2 - x^2)^2 - x^4)\,\mathrm{d}x \\ &= \int_{-1}^{1} (-2x^3 - 4x^2 + 2x + 4)\,\mathrm{d}x \\ &= \left[-\frac{1}{2}x^4 - \frac{4}{3}x^3 + x^2 + 4x\right]_{-1}^{1} = \frac{16}{3}\,.\end{aligned}$$

Beispiele (19.21)
Zu berechnen sei das innere Volumen des Rotationsparaboloids, vgl. Abb. 19.5:

$$V = \{(x, y, z)^{\mathrm{T}} : x^2 + y^2 \le 1 \,\wedge\, x^2 + y^2 \le z \le 1\}\,.$$

Man erhält:

$$\begin{aligned}\mathrm{vol}(V) &= \int_V 1\,\mathrm{d}(x, y, z) = \int_{-1}^{1} \int_{-\sqrt{1-x^2}}^{\sqrt{1-x^2}} \int_{x^2+y^2}^{1} \mathrm{d}z\,\mathrm{d}y\,\mathrm{d}x \\ &= \int_{-1}^{1} \int_{-\sqrt{1-x^2}}^{\sqrt{1-x^2}} (1 - x^2 - y^2)\,\mathrm{d}y\,\mathrm{d}x\end{aligned}$$

$$= \int_{-1}^{1} \left[(1-x^2)y - \frac{y^3}{3} \right]_{y=-\sqrt{1-x^2}}^{y=\sqrt{1-x^2}} \mathrm{d}x = \frac{4}{3} \int_{-1}^{1} (1-x^2)^{3/2} \,\mathrm{d}x$$

$$= \frac{1}{3} \left[x\left(\sqrt{1-x^2}\right)^3 + \frac{3}{2}x\sqrt{1-x^2} + \frac{3}{2}\arcsin x \right]_{-1}^{1} = \frac{\pi}{2}\,.$$

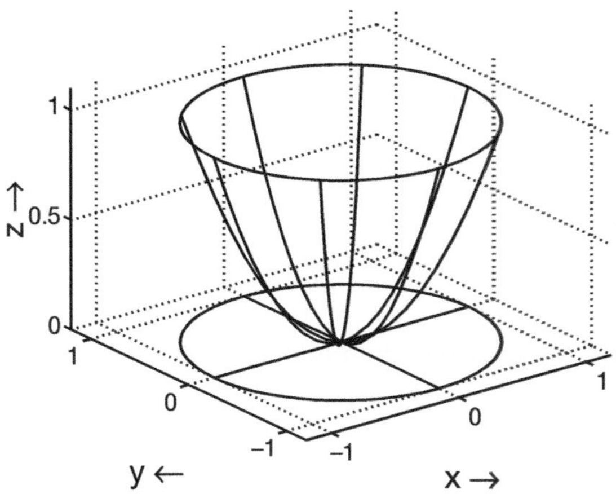

Abb. 19.5 Rotationsparaboloid.

Allgemeine Zerlegungen

Ohne auf die Details der Beweise einzugehen, geben wir noch die Möglichkeit an, Integrale durch allgemeine Zerlegungen des Integrationsbereiches zu approximieren.

Sei $D \subset \mathbb{R}^n$ eine kompakte und messbare Menge. $Z = \{D_1, \ldots, D_m\}$ heißt eine **allgemeine Zerlegung** von D, falls die Mengen D_k kompakt, messbar und zusammenhängend sind und die folgenden Zerlegungseigenschaften gelten:

$$\bigcup_{j=1}^{m} D_j = D \quad \text{und} \quad \forall\, i \neq j\colon\ D_i^0 \cap D_j^0 = \emptyset\,.$$

Ferner heißt

$$\operatorname{diam}(D_j) := \sup\{\|\boldsymbol{x} - \boldsymbol{y}\| : \boldsymbol{x},\ \boldsymbol{y} \in D_j\} \tag{19.1}$$

der **Durchmesser (Diameter)** der Menge D_j und

$$\|Z\| := \max\{\operatorname{diam} D_j : j = 1, \ldots, m\} \tag{19.2}$$

die **Feinheit** der allgemeinen Zerlegung Z, vgl. Abb. 19.6.

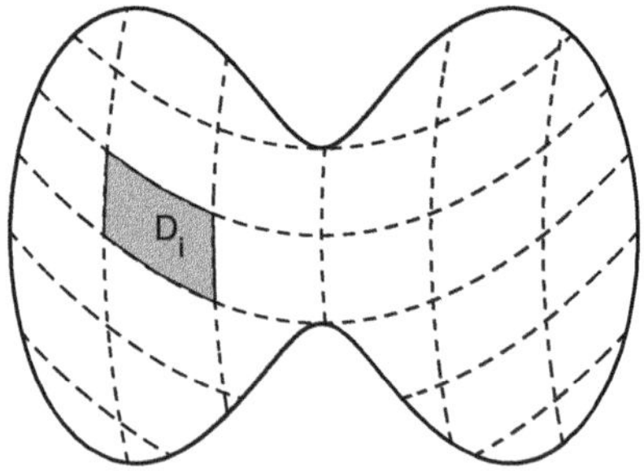

Abb. 19.6 Allgemeine Zerlegungen.

In Verallgemeinerung von Definition 19.1 bilden wir nun für eine stetige Funktion $f : D \to \mathbb{R}$ Summen der Form

$$R_f(Z) = \sum_{j=1}^{m} f(\boldsymbol{x}^j)\,\mathrm{vol}(D_j) \tag{19.3}$$

mit (beliebigen) $\boldsymbol{x}^j \in D_j$, $j = 1, \dots, m$.

Die Summen $R_f(Z)$ heißen **Riemannsche Summen** von f zur allgemeinen Zerlegung Z. Hierfür gilt die folgende Konvergenzaussage:

Satz (19.22)
Sei $D \subset \mathbb{R}^n$ nichtleer, kompakt und messbar und $f : D \to \mathbb{R}$ stetig. Für jede Folge $(Z_k)_{k\in\mathbb{N}}$ allgemeiner Zerlegungen von D mit $\|Z_k\| \to 0 (k \to \infty)$ und für jede Folge zugehöriger Riemannscher Summen $R_f(Z_k)$ gilt:

$$\lim_{k\to\infty} R_f(Z_k) = \int_D f(\boldsymbol{x})\,\mathrm{d}\boldsymbol{x}\,.$$

Die obigen allgemeinen Zerlegungen einer messbaren Menge D lassen sich dazu verwenden, um die in Abschn. 14.3 für „massebelegte" Kurven eingeführten Begriffe „Schwerpunkt und Trägheitsmoment" auch auf Flächen ($D \subset \mathbb{R}^2$) und Körper ($D \subset \mathbb{R}^3$) zu übertragen.

Bezeichnet $\rho(\boldsymbol{x})$ die Massendichte einer Fläche $D \subset \mathbb{R}^2$ oder eines Körpers $D \subset \mathbb{R}^3$ und ist $Z = \{D_1, \dots, D_m\}$ eine allgemeine Zerlegung von D, sowie $\boldsymbol{x}^j \in D_j$, $j = 1, \dots, m$, so denken wir uns D approximiert durch ein System von Massenpunkten mit den Massen $m_j = \rho(\boldsymbol{x}^j) \cdot \mathrm{vol}(D_j)$ und den Ortsvektoren $\boldsymbol{x}^j$.

Für den Schwerpunkt dieses Systems gilt dann, vgl. Beispiel 14.17

$$\boldsymbol{x}_\mathrm{s} = \frac{\sum_{j=1}^{m} \rho(\boldsymbol{x}^j)\,\mathrm{vol}(D_j)\boldsymbol{x}^j}{\sum_{j=1}^{m} \rho(\boldsymbol{x}^j)\,\mathrm{vol}(D_j)}\,.$$

Zähler (koordinatenweise) und Nenner dieses Bruches lassen sich jeweils als allgemeine Riemannsche Summen interpretieren, die für $\|Z\| \to 0$ gegen die entsprechenden Bereichsintegrale konvergieren. Man erhält somit:

Definition (19.23)
Sei $D \subset \mathbb{R}^2$ bzw. $D \subset \mathbb{R}^3$ eine messbare Menge und $\rho\colon D \to \mathbb{R}$ eine stetige und nichtnegative Funktion, die die Massendichte von D beschreibt. Dann ist der **Schwerpunkt** der Fläche bzw. des Körpers D gegeben durch

$$\boldsymbol{x}_{\mathrm{s}} := \frac{\int_D \rho(\boldsymbol{x})\boldsymbol{x}\,\mathrm{d}\boldsymbol{x}}{\int_D \rho(\boldsymbol{x})\,\mathrm{d}\boldsymbol{x}} .$$

Das Integral im Zähler ist hierbei koordinatenweise auszuwerten.

Beispiel (19.24)
Gesucht sei der Schwerpunkt einer geraden, homogenen Pyramide mit quadratischer Grundfläche (Kantenlänge a) und Höhe h, vgl. Abb. 19.7.

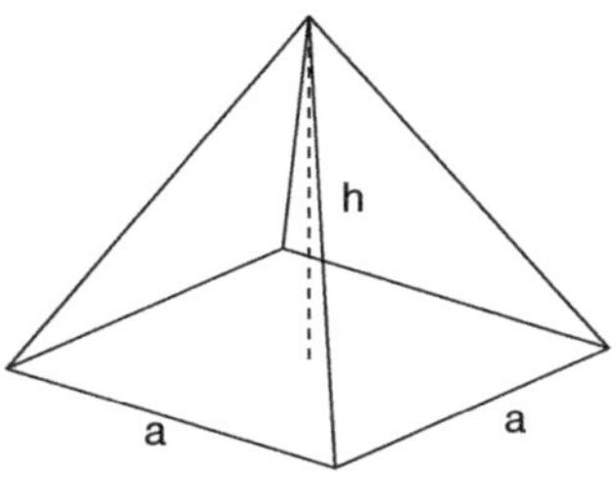

Abb. 19.7 Pyramide.

Als Teilmenge des $\mathbb{R}^3$ lässt sich die Pyramide folgendermaßen beschreiben:

$$P = \left\{ (x, y, z)^{\mathrm{T}} : \max(|x|\,,\,|y|) \le \frac{a(h-z)}{2h}\,,\;\; 0 \le z \le h \right\} .$$

Für den Schwerpunkt $\boldsymbol{x}_{\mathrm{s}}$ ergibt sich damit bei konstanter Dichte ρ:

$$\mathrm{vol}(P) = \int\limits_0^h \int\limits_{-\frac{a(h-z)}{2h}}^{\frac{a(h-z)}{2h}} \int\limits_{-\frac{a(h-z)}{2h}}^{\frac{a(h-z)}{2h}} \mathrm{d}x\,\mathrm{d}y\,\mathrm{d}z = \frac{1}{3}a^2 h$$

$$\mathrm{vol}(P)\cdot \boldsymbol{x}_{\mathrm{s}} = \int\limits_0^h \int\limits_{-\frac{a(h-z)}{2h}}^{\frac{a(h-z)}{2h}} \int\limits_{-\frac{a(h-z)}{2h}}^{\frac{a(h-z)}{2h}} (x, y, z)^{\mathrm{T}}\,\mathrm{d}x\,\mathrm{d}y\,\mathrm{d}z = \left(0,\; 0,\; \frac{1}{12}a^2h^2\right)^{\mathrm{T}} .$$

Damit wird $\boldsymbol{x}_{\mathrm{s}} = (0, 0, h/4)^{\mathrm{T}}$. Der Schwerpunkt liegt also im Abstand $h/4$ von der Grundfläche.

Auf ähnliche Weise lassen sich Trägheitsmomente für massenbelegte Flächen oder Körper definieren. Analog zu (14.12) definieren wir:

Definition (19.25)
Sei $D \subset \mathbb{R}^2$ bzw. $D \subset \mathbb{R}^3$ eine messbare Menge, $\rho\colon D \to \mathbb{R}$ sei eine nichtnegative, stetige Funktion, die die Massendichte von D beschreibt. Ferner bezeichne $r(\boldsymbol{x})$ den Abstand des Punktes $\boldsymbol{x} \in D$ von einer vorgegebenen Drehachse.

Dann ist das **Trägheitsmoment** von D bezüglich dieser Achse gegeben durch

$$\Theta_{\text{Achse}} := \int\limits_D \rho(\boldsymbol{x}) r^2(\boldsymbol{x})\,\mathrm{d}\boldsymbol{x}\,.$$

Beispiel (19.26)
Wir berechnen das Trägheitsmoment Θ eines homogenen Zylinders

$$Z = \left\{(x, y, z)^{\mathrm{T}} : x^2 + y^2 \le r^2\,,\ -\ell/2 \le z \le \ell/2\right\}$$

mit (konstanter) Dichte ρ bezüglich der x-Achse, vgl. Abb. 19.8.

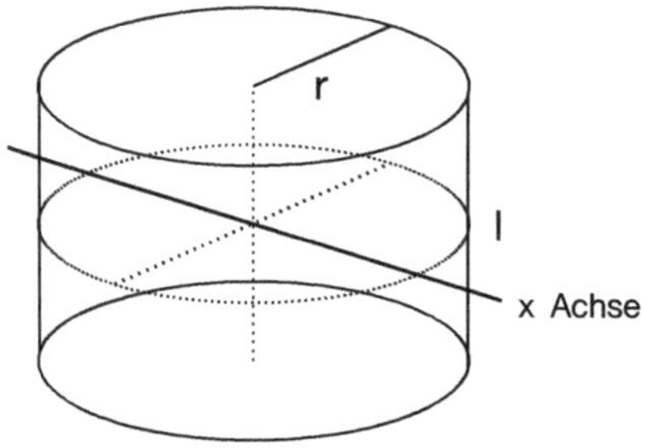

Abb. 19.8 Zylinder.

Mit Definition 19.25 erhält man

$$\begin{aligned}\Theta_{x\text{-Achse}} &= \int\limits_Z \rho \cdot (y^2 + z^2)\,\mathrm{d}(x, y, z)\\ &= \rho \int\limits_{-r}^{r} \int\limits_{-\sqrt{r^2-x^2}}^{\sqrt{r^2-x^2}} \int\limits_{-\ell/2}^{\ell/2} (y^2 + z^2)\,\mathrm{d}z\,\mathrm{d}y\,\mathrm{d}x\\ &= \rho \frac{\pi \ell r^2}{12} (3r^2 + \ell^2)\,.\end{aligned}$$

Der Transformationssatz

Für die praktische Berechnung mehrdimensionaler Integrale ist der folgende Transformationssatz von besonderer Bedeutung. Er bildet die direkte Verallgemeinerung der (eindimensionalen) Substitutionsregel Satz 13.17 und gestattet es, die Berechnung mehrdimensionaler Integrale in geeigneten Koordinatensystemen durchzuführen.

Satz (19.27): Transformationssatz
Sei $\boldsymbol{\Phi}: U \to \mathbb{R}^n$, $U \subset \mathbb{R}^n$ offen, eine C^1-Abbildung. $D \subset U$ sei eine kompakte, messbare Menge, so dass $\boldsymbol{\Phi}$ auf dem Innern von D einen C^1-Diffeomorphismus $\boldsymbol{\Phi}|_{D^0}: D^0 \to \boldsymbol{\Phi}(D^0)$ bildet.

Dann ist auch das Bild $\boldsymbol{\Phi}(D)$ kompakt und messbar, und für jede stetige Funktion $f: \boldsymbol{\Phi}(D) \to \mathbb{R}$ gilt

$$\int\limits_{\boldsymbol{\Phi}(D)} f(\boldsymbol{x})\,\mathrm{d}\boldsymbol{x} = \int\limits_{D} f(\boldsymbol{\Phi}(\boldsymbol{u}))\,|\det \boldsymbol{J\Phi}(\boldsymbol{u})|\,\mathrm{d}\boldsymbol{u}\,.$$

Beweis.
Wir verzichten auf einen strengen Beweis und begnügen uns mit Angabe der wesentlichen Beweisideen und einer heuristischen Herleitung mittels der in (18.8) festgestellten Transformationseigenschaft von Volumina.

a) In einem ersten Schritt zeigen wir die Existenz der Integrale. Für die rechte Seite der Behauptung ist dies klar, da der Integrand stetig und der Integrationsbereich D messbar ist. Für die linke Seite der Behauptung hat man die Messbarkeit des Bildes $\boldsymbol{\Phi}(D)$ zu zeigen.
Zunächst ist $\boldsymbol{\Phi}(D)$ kompakt, da D kompakt und $\boldsymbol{\Phi}$ stetig ist. Da ferner $\boldsymbol{\Phi}$ auf D^0 ein C^1-Diffeomorphismus ist, folgt, dass $\boldsymbol{\Phi}(D^0)$ eine offene Teilmenge des $\mathbb{R}^n$ ist. Hieraus lässt sich folgern, dass für den Rand $\partial(\boldsymbol{\Phi}(D)) \subset \boldsymbol{\Phi}(\partial D)$ gilt.
Nun ist ∂D eine Nullmenge und $\boldsymbol{\Phi}$ Lipschitz-stetig auf D. Damit folgt, dass auch $\boldsymbol{\Phi}(\partial D)$ eine Nullmenge ist und somit ist nach Obigem auch $\partial(\boldsymbol{\Phi}(D))$ eine Nullmenge. Mit Satz 19.13 ist $\boldsymbol{\Phi}(D)$ daher messbar.
b) In einem zweiten Schritt zeigen wir nun die behauptete Gleichheit der Integrale.
Dazu sei $Z = \{Q_j\}$ eine Überdeckung von D durch Quader $Q_j \subset U$, $j = 1, \ldots, m$, mit der Feinheit $\|Z\|$.
Nach Definition 19.1 gilt dann $\mathrm{vol}(Q_j) \leq \|Z\|^n \to 0$ für $\|Z\| \to 0$.
Vermöge $\boldsymbol{\Phi}$ wird hierdurch eine allgemeine Zerlegung

$$\widetilde{Z} = \{\widetilde{Q}_j : j = 1, \ldots, m\}$$

des Bildes $\boldsymbol{\Phi}(D)$ induziert, wobei $\widetilde{Q}_j := \boldsymbol{\Phi}(D) \cap \boldsymbol{\Phi}(Q_j)$, vgl. Abb. 19.9.

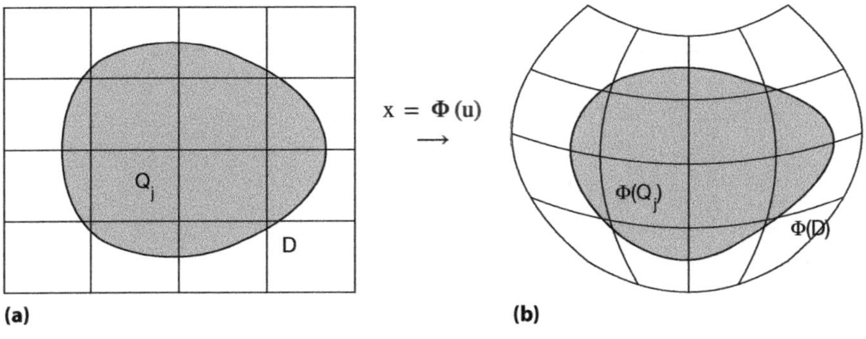

Abb. 19.9 Transformation einer Quaderüberdeckung.

Aufgrund der Lipschitz-Stetigkeit von Φ gilt ferner $\|\widetilde{Z}\| \to 0$ für $\|Z\| \to 0$. Mit $\boldsymbol{u}_j \in Q_j$, $\boldsymbol{x}_j := \boldsymbol{\Phi}(\boldsymbol{u}_j)$ und

$$f^*(\boldsymbol{x}) := \begin{cases} f(\boldsymbol{x}), & \text{falls} \quad \boldsymbol{x} \in \boldsymbol{\Phi}(D) \\ 0, & \text{sonst} \end{cases}$$

folgt dann für $\|Z\| \to 0$:

$$\sum_j f^*(\boldsymbol{x}_j) \operatorname{vol}(\boldsymbol{\Phi}(Q_j)) \to \int_{\Phi(D)} f(\boldsymbol{x}) \, \mathrm{d}\boldsymbol{x} .$$

Andererseits folgt aufgrund des Transformationsverhaltens von Volumina, vgl. (18.8):

$$\sum_j f^*(\boldsymbol{x}_j) \operatorname{vol}(\boldsymbol{\Phi}(Q_j)) \approx \sum_j f^*(\boldsymbol{\Phi}(\boldsymbol{u}_j)) \cdot |\det(\boldsymbol{J\Phi}(\boldsymbol{u}_j))| \cdot \operatorname{vol}(Q_j) ,$$

wobei der Fehler dieser Näherung (wegen der Beschränktheit von $\sum f^*(\boldsymbol{\Phi}(\boldsymbol{u}_j)) \operatorname{vol}(Q_j))$ für $\|Z\| \to 0$ verschwindet.
Die rechte Seite der obigen Beziehung konvergiert aber für $\|Z\| \to 0$ gegen das Integral

$$\int_D f(\boldsymbol{\Phi}(\boldsymbol{u})) \, |\det \boldsymbol{J\Phi}(\boldsymbol{u})| \, \mathrm{d}\boldsymbol{u} .$$

Insgesamt folgt somit die Aussage des Transformationssatzes. ■

Bemerkung (19.28)
Man beachte, dass im Transformationssatz 19.27 lediglich die Bijektivität der Transformation $\boldsymbol{\Phi}$ auf dem inneren Bereich D^0 gefordert wird, nicht jedoch die Bijektivität auf dem Rand von D!

Beispiel (19.29)
Wir berechnen den Schwerpunkt eines (homogenen) Kugeloktanten:

$$V = \{(x, y, z) \in \mathbb{R}^3 : x^2 + y^2 + z^2 \leq 1 \wedge x, y, z \geq 0\} .$$

Wir wenden den Transformationssatz an und wählen für $\boldsymbol{\Phi}$ Kugelkoordinaten:

$$\boldsymbol{x} = \begin{pmatrix} x \\ y \\ z \end{pmatrix} = \begin{pmatrix} r\cos\varphi\cos\theta \\ r\sin\varphi\cos\theta \\ r\sin\theta \end{pmatrix} = \boldsymbol{\Phi}(r, \varphi, \theta) .$$

Die Transformation $\boldsymbol{\Phi}$ ist auf ganz $\mathbb{R}^3$ erklärt. Mit

$$D = [0,1] \times \left[0, \frac{\pi}{2}\right] \times \left[0, \frac{\pi}{2}\right]$$

gilt $\boldsymbol{\Phi}(D) = V$. Auf der offenen Menge D^0 ist $\boldsymbol{\Phi}$ in der Tat ein C^1-Diffeomorphismus (nicht aber auf D) und es gilt, vgl. auch Beispiel 17.39,

$$\det(\boldsymbol{J\Phi}(r, \varphi, \theta)) = r^2 \cos\theta \,. \tag{19.4}$$

Nach dem Transformationssatz folgt somit

$$\operatorname{vol}(V) = \int_V \mathrm{d}\boldsymbol{x} = \int_0^1 \int_0^{\pi/2} \int_0^{\pi/2} r^2 \cos\theta \,\mathrm{d}\theta \,\mathrm{d}\varphi \,\mathrm{d}r = \frac{\pi}{6}\,, \quad \text{sowie}$$

$$\begin{aligned}\operatorname{vol}(V) \cdot x_s &= \int_V x \,\mathrm{d}\boldsymbol{x} = \int_0^1 \int_0^{\pi/2} \int_0^{\pi/2} (r\cos\varphi\cos\theta) r^2 \cos\theta \,\mathrm{d}\theta \,\mathrm{d}\varphi \,\mathrm{d}r \\ &= \int_0^1 r^3 \,\mathrm{d}r \cdot \int_0^{\pi/2} \cos\varphi \,\mathrm{d}\varphi \cdot \int_0^{\pi/2} \cos^2\theta \,\mathrm{d}\theta = \frac{\pi}{16}\,.\end{aligned}$$

Damit folgt $x_s = \frac{3}{8}$. Analog findet man $y_s = z_s = \frac{3}{8}$, also $\boldsymbol{x}_s = \frac{3}{8} \cdot (1,1,1)^{\mathrm{T}}$.

Beispiel (19.30)
Für das Trägheitsmoment eines homogenen Körpers (messbare Menge) $K \subset \mathbb{R}^3$ mit der konstanten Dichte ρ und der Gesamtmasse $m = \rho \cdot \int_K \mathrm{d}\boldsymbol{x}$ gilt bezüglich einer vorgegebenen Drehachse A der sogenannte **Steinersche**[2)] **Satz**:

$$\Theta_A = md^2 + \Theta_S\,.$$

Hierbei ist S die zu A parallele Achse durch den Schwerpunkt $\boldsymbol{x}_s$ des Körpers und d ist der Abstand des Schwerpunktes $\boldsymbol{x}_s$ von der Achse A.

Der Beweis hierzu lässt sich mit Hilfe des Transformationssatzes und der Verschiebung $\boldsymbol{x} := \boldsymbol{\Phi}(\boldsymbol{u}) = \boldsymbol{x}_s + \boldsymbol{u}$ führen.

Die verschobene Menge $D := \{\boldsymbol{x} - \boldsymbol{x}_s : \boldsymbol{x} \in K\}$ hat offenbar den Schwerpunkt $\boldsymbol{0}$. Damit gilt:

$$\int_D \boldsymbol{u} \,\mathrm{d}\boldsymbol{u} = \boldsymbol{0}\,.$$

2) Jakob Steiner (1796–1863); Berlin.

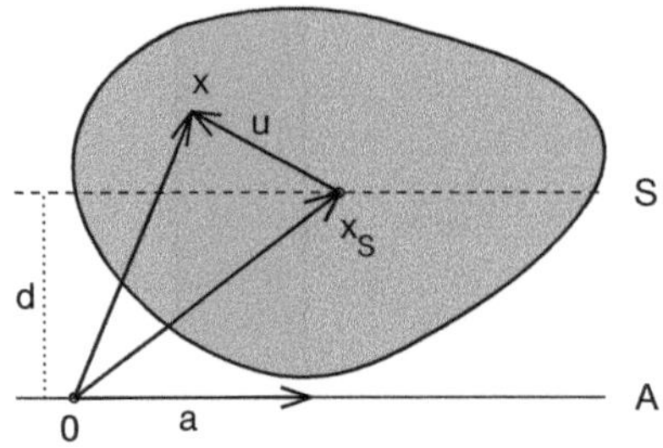

Abb. 19.10 Der Steinersche Satz.

Wie in Abb. 19.10 angedeutet, bezeichne $\boldsymbol{a}$ einen Einheitsvektor in Richtung der Achse. Damit folgt:

$$
\begin{aligned}
\frac{1}{\rho}\Theta_A &= \int\limits_K (\langle \boldsymbol{x}, \boldsymbol{x}\rangle - \langle \boldsymbol{x}, \boldsymbol{a}\rangle^2)\,\mathrm{d}\boldsymbol{x} \\
&= \int\limits_D \left(\langle \boldsymbol{x}_\mathrm{s} + \boldsymbol{u}, \boldsymbol{x}_\mathrm{s} + \boldsymbol{u}\rangle - \langle \boldsymbol{x}_\mathrm{s} + \boldsymbol{u}, \boldsymbol{a}\rangle^2\right)\mathrm{d}\boldsymbol{u} \\
&= \int\limits_D \Big(\langle \boldsymbol{x}_\mathrm{s}, \boldsymbol{x}_\mathrm{s}\rangle + 2\langle \boldsymbol{x}_\mathrm{s}, \boldsymbol{u}\rangle + \langle \boldsymbol{u}, \boldsymbol{u}\rangle - \langle \boldsymbol{x}_\mathrm{s}, \boldsymbol{a}\rangle^2 - 2\langle \boldsymbol{x}_\mathrm{s}, \boldsymbol{a}\rangle\,\langle \boldsymbol{u}, \boldsymbol{a}\rangle \\
&\qquad - \langle \boldsymbol{u}, \boldsymbol{a}\rangle^2\Big)\,\mathrm{d}\boldsymbol{u} \\
&= \int\limits_D \left(\langle \boldsymbol{x}_\mathrm{s}, \boldsymbol{x}_\mathrm{s}\rangle - \langle \boldsymbol{x}_\mathrm{s}, \boldsymbol{a}\rangle^2\right)\mathrm{d}\boldsymbol{u} + \int\limits_D \left(\langle \boldsymbol{u}, \boldsymbol{u}\rangle - \langle \boldsymbol{u}, \boldsymbol{a}\rangle^2\right)\mathrm{d}\boldsymbol{u} \\
&\qquad + \int\limits_D 2\langle \boldsymbol{x}_\mathrm{s} - \langle \boldsymbol{x}_\mathrm{s}, \boldsymbol{a}\rangle \boldsymbol{a}, \boldsymbol{u}\rangle\,\mathrm{d}\boldsymbol{u}
\end{aligned}
$$

Der Integrand des ersten Integrals ist gerade d^2, das zweite Integral liefert (bis auf den Faktor ρ) das Trägheitsmoment des Körpers bezüglich der Schwerpunktsachse S und das dritte Integral verschwindet wegen $\int_D \boldsymbol{u}\,\mathrm{d}\boldsymbol{u} = \boldsymbol{0}$.

Damit haben wir den Steinerschen Satz bewiesen.

Beispiel (19.31)
Bekanntlich lässt sich das **Fehlerintegral**, auch **Gauß-Integral** genannt,

$$
I := \int\limits_0^\infty \mathrm{e}^{-x^2}\,\mathrm{d}x
$$

nicht durch analytische Berechnung einer Stammfunktion bestimmen. Durch einen Kunstgriff lässt sich die Berechnung jedoch auf die Berechnung eines Flächenintegrals zurückführen. Zunächst ist

$$
I^2 = \left(\int\limits_0^\infty \mathrm{e}^{-x^2}\,\mathrm{d}x\right)^2 = \lim_{R\to\infty}\left(\int\limits_0^R \mathrm{e}^{-x^2}\,\mathrm{d}x\right)\left(\int\limits_0^R \mathrm{e}^{-y^2}\,\mathrm{d}y\right) = \lim_{R\to\infty} I_R\,,
$$

$$
\text{mit}\quad I_R := \int\limits_{[0,R]\times[0,R]} \mathrm{e}^{-(x^2+y^2)}\,\mathrm{d}(x,y)\,.
$$

Nun lässt sich natürlich das Integral I_R über dem Quadrat $[0, R]^2$ ebenso wenig analytisch bestimmen wie zuvor eine Stammfunktion zu e^{-x^2}. Allerdings lässt sich das Integral recht einfach abschätzen:

Bezeichnet K_ρ den Viertelkreis (1. Quadrant) mit Radius ρ, so gilt

$$\int\limits_{K_R} e^{-(x^2+y^2)}\, d(x,y) \le I_R \le \int\limits_{K_{\sqrt{2}R}} e^{-(x^2+y^2)}\, d(x,y)\,.$$

Für die Integrale über K_ρ, $\rho = R$ und $\rho = \sqrt{2}R$, findet man nun mit Hilfe der Transformation in Polarkoordinaten:

$$\int\limits_{K_\rho} e^{-(x^2+y^2)}\, d(x,y) = \int\limits_0^\rho \int\limits_0^{\pi/2} e^{-r^2} r\, d\varphi\, dr = \frac{\pi}{4}\left(1 - e^{-\rho^2}\right).$$

Damit hat man die Abschätzung:

$$\frac{\pi}{4}\left(1 - e^{-R^2}\right) \le I_R \le \frac{\pi}{4}\left(1 - e^{-2R^2}\right)$$

und hiermit

$$\lim_{R\to\infty} I_R = \frac{\pi}{4}\,, \quad \text{d.h.} \quad \int\limits_0^\infty e^{-x^2}\, dx = \frac{\sqrt{\pi}}{2}\,.$$

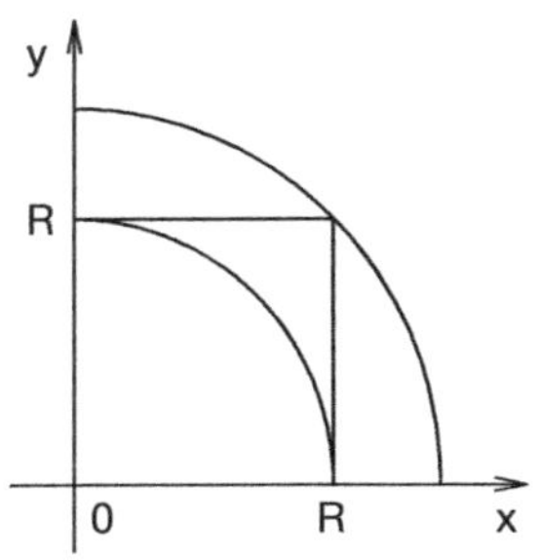

Abb. 19.11 Zur Abschätzung des Fehlerintegrals.

19.2 Kurvenintegrale

Wir knüpfen im Folgenden an die Abschn. 14.2 und 14.3 an.

Für eine stückweise C^1-Kurve $\boldsymbol{c}\colon [a,b] \to D$, $D \subset \mathbb{R}^n$ und eine stetige, skalare Funktion $f\colon D \to \mathbb{R}$ hatten wir in Definition 14.15 das **Kurvenintegral erster Art** definiert durch

$$\int\limits_{\boldsymbol{c}} f(\boldsymbol{x})\, ds := \int\limits_a^b f(\boldsymbol{c}(t)) \cdot \|\boldsymbol{c}'(t)\|\, dt\,. \tag{19.5}$$

$ds := \|\boldsymbol{c}'(t)\|\, dt$ bezeichnet dabei das **Bogenelement** der Kurve $\boldsymbol{c}$, vgl. Parameter 14.12. Mit $\|\cdot\|$ ist in diesem Abschnitt stets die euklidische Norm $\|\cdot\|_2$ gemeint.

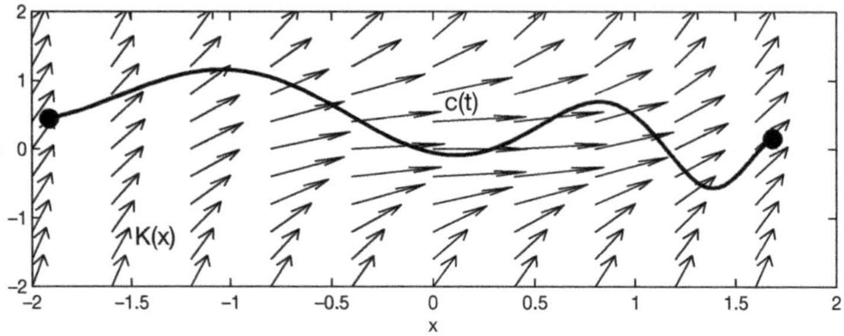

Abb. 19.12 Bewegung eines Massenpunktes im Kraftfeld.

Ein physikalischer Hintergrund für obige Definition ist beispielsweise die Aufgabe, die Gesamtmasse eines massebelegten Drahtes zu bestimmen. Bezeichnet $\rho = \rho(\boldsymbol{x})$ die Massendichte des Drahtes, so ergibt sich für die Gesamtmasse gerade das Kurvenintegral $\int_{\boldsymbol{c}} \rho(\boldsymbol{x})\,\mathrm{d}s$. Auch weitere physikalische Größen, wie Schwerpunkt und Trägheitsmoment eines massebelegten Drahtes, lassen sich durch Kurvenintegrale erster Art ausdrücken.

Neben (19.5) ist jedoch auch das Integral eines Vektorfeldes „längs einer Kurve" von physikalischem Interesse. Wir betrachten etwa die folgende Situation:

Ein Massenpunkt bewege sich längs einer Kurve $\boldsymbol{c}$ in einem Kraftfeld $\boldsymbol{K} = \boldsymbol{K}(\boldsymbol{x})$, vgl. Abb. 19.12. Wir fragen nach der physikalischen Arbeit, die hierbei geleistet wird.

Approximieren wir die Kurve $\boldsymbol{c}$ wieder wie in Abschn. 14.2. durch einen Streckenzug mit Ecken $\boldsymbol{c}(t_i)$, wobei

$$Z = \{a = t_0 < t_1 < \ldots < t_m = b\}$$

die zugehörige Zerlegung von $[a, b]$ sei, und ersetzen wir das Kraftfeld $\boldsymbol{K}$ längs einer Teilstrecke $[\boldsymbol{c}(t_i), \boldsymbol{c}(t_{i+1})]$ durch die konstante Kraft $\boldsymbol{K}(\boldsymbol{c}(t_i))$, so erhalten wir für die Gesamtarbeit näherungsweise eine Summe von Skalarprodukten:

$$A \approx \sum_{i=0}^{m-1} \langle \boldsymbol{K}(\boldsymbol{c}(t_i)) \,,\, \boldsymbol{c}(t_{i+1}) - \boldsymbol{c}(t_i) \rangle \,,$$

bzw. in Koordinaten:

$$\begin{aligned} A &\approx \sum_{j=1}^{n} \sum_{i=0}^{m-1} K_j(\boldsymbol{c}(t_i))\,(c_j(t_{i+1}) - c_j(t_i)) \\ &= \sum_{j=1}^{n} \sum_{i=0}^{m-1} K_j(\boldsymbol{c}(t_i)) c_j'(\tau_{ij})\,(t_{i+1} - t_i)\,. \end{aligned}$$

Für eine Folge von Zerlegungen Z mit $\|Z\| \to 0$ konvergiert dieser Ausdruck gegen das Integral:

$$\int_a^b \langle \boldsymbol{K}(\boldsymbol{c}(t)) \,,\, \boldsymbol{c}'(t) \rangle \,\mathrm{d}t \,.$$

Definition (19.32)
Für ein stetiges Vektorfeld $\boldsymbol{f}: D \to \mathbb{R}^n$, $D \subset \mathbb{R}^n$ offen, und eine stückweise C^1-Kurve $\boldsymbol{c}: [a, b] \to D$ wird das **Kurvenintegral zweiter Art** definiert durch

$$\int_{\boldsymbol{c}} \boldsymbol{f}(\boldsymbol{x})\, \mathrm{d}\boldsymbol{x} := \int_a^b \langle \boldsymbol{f}(\boldsymbol{c}(t)), \boldsymbol{c}'(t)\rangle \, \mathrm{d}t .$$

Für eine geschlossene Kurve $\boldsymbol{c}$, also $\boldsymbol{c}(a) = \boldsymbol{c}(b)$, bezeichnet man das Kurvenintegral auch mit

$$\oint_{\boldsymbol{c}} \boldsymbol{f}(\boldsymbol{x})\, \mathrm{d}\boldsymbol{x} .$$

Bemerkung (19.33)
Wir notieren einige wichtige Eigenschaften des Kurvenintegrals zweiter Art.

a) **Linearität:**

$$\int_{\boldsymbol{c}} (\alpha \boldsymbol{f}(\boldsymbol{x}) + \beta \boldsymbol{g}(\boldsymbol{x}))\, \mathrm{d}\boldsymbol{x} = \alpha \int_{\boldsymbol{c}} \boldsymbol{f}(\boldsymbol{x})\, \mathrm{d}\boldsymbol{x} + \beta \int_{\boldsymbol{c}} \boldsymbol{g}(\boldsymbol{x})\, \mathrm{d}\boldsymbol{x} .$$

b) Für den „rückwärts" durchlaufenen Weg $(-\boldsymbol{c})(t) := \boldsymbol{c}(b + a - t)$, $a \le t \le b$ gilt:

$$\int_{-\boldsymbol{c}} \boldsymbol{f}(\boldsymbol{x})\, \mathrm{d}\boldsymbol{x} = -\int_{\boldsymbol{c}} \boldsymbol{f}(\boldsymbol{x})\, \mathrm{d}\boldsymbol{x} .$$

c) **Additivität bezüglich der Wege:**

$$\int_{\boldsymbol{c}_1 + \boldsymbol{c}_2} \boldsymbol{f}(\boldsymbol{x})\, \mathrm{d}\boldsymbol{x} = \int_{\boldsymbol{c}_1} \boldsymbol{f}(\boldsymbol{x})\, \mathrm{d}\boldsymbol{x} + \int_{\boldsymbol{c}_2} \boldsymbol{f}(\boldsymbol{x})\, \mathrm{d}\boldsymbol{x} .$$

Hierbei bezeichnet $(\boldsymbol{c}_1 + \boldsymbol{c}_2)$ den durch „Aneinandersetzen" von $\boldsymbol{c}_1$ und $\boldsymbol{c}_2$ entstehenden Weg. Vorausgesetzt wird dabei, dass der Endpunkt von $\boldsymbol{c}_1$ mit dem Anfangspunkt von $\boldsymbol{c}_2$ übereinstimmt.

d) **Parametrisierungsinvarianz:** Wie in Satz 14.16 zeigt man, dass auch die Kurvenintegrale zweiter Art parametrisierungsinvariant sind.

e) Im Fall einer glatten C^1-Kurve $\boldsymbol{c}$, d. h. $\forall\, t: \boldsymbol{c}'(t) \neq \boldsymbol{0}$, vgl. Definition 14.4, lässt sich das Kurvenintegral auch im Sinn eines Kurvenintegrals erster Art interpretieren. Es gilt nämlich:

$$\int_{\boldsymbol{c}} \boldsymbol{f}(\boldsymbol{x})\, \mathrm{d}\boldsymbol{x} = \int_a^b \langle \boldsymbol{f}(\boldsymbol{c}(t)), \boldsymbol{T}(t)\rangle \|\boldsymbol{c}'(t)\| \, \mathrm{d}t = \int_{\boldsymbol{c}} \langle \boldsymbol{f}, \boldsymbol{T}\rangle \, \mathrm{d}s ,$$

wobei $\boldsymbol{T}$ den **Tangenten-Einheitsvektor** der Kurve $\boldsymbol{c}$ bezeichnet:

$$\boldsymbol{T}(t) := \frac{\boldsymbol{c}'(t)}{\|\boldsymbol{c}'(t)\|} .$$

f) Für die praktische Berechnung von Kurvenintegralen ist mitunter die folgende formale Schreibweise nützlich:

$$\int_c f(x)\,dx = \int_c \sum_{i=1}^{n} f_i(x)\,dx_i = \sum_{i=1}^{n} \int_c f_i(x)\,dx_i\,, \tag{19.6}$$

dabei sind die Teilintegrale gegeben durch

$$\int_c f_i(x)\,dx_i := \int_a^b f_i(c(t))c_i'(t)\,dt\,. \tag{19.7}$$

Beispiel (19.34)
Für $x \in \mathbb{R}^3$ und $0 \leq t \leq 2\pi$ sei

$$f(x) := (-y\,,\,x\,,\,z^2)^T \quad \text{und} \quad c(t) := (\cos t, \sin t, at)^T\,.$$

Für das Kurvenintegral zweiter Art ergibt sich:

$$\begin{aligned}\int_c f(x)\,dx &= \int_c (-y\,dx + x\,dy + z^2\,dz)\\ &= \int_0^{2\pi} [(-\sin t)(-\sin t) + \cos t\cos t + a^2t^2a]\,dt\\ &= \int_0^{2\pi} (1 + a^3t^2)\,dt = 2\pi + \frac{a^3}{3}(2\pi)^3\,.\end{aligned}$$

In der Strömungslehre heißt das Kurvenintegral zweiter Art $\oint_c u(x)\,dx$ des Geschwindigkeitsfeldes u einer Strömung längs einer geschlossenen Kurve c auch die **Zirkulation** des Feldes u längs c. Es wird hierdurch eine Bilanz der tangentialen Komponenten des Geschwindigkeitsfeldes längs der gesamten Kurve c gebildet.

Beispiel (19.35)
Für das Geschwindigkeitsfeld $u(x, y) := (y, 0)^T \in \mathbb{R}^2$ erhält man längs des Kreises $c(t) := (r\cos t,\ 1 + r\sin t)^T,\ 0 \leq t \leq 2\pi$ den folgenden Wert für die Zirkulation:

$$\begin{aligned}\oint_c u(x)\,dx &= \int_0^{2\pi} \left\langle \begin{pmatrix} 1 + r\sin t \\ 0 \end{pmatrix}, \begin{pmatrix} -r\sin t \\ r\cos t \end{pmatrix} \right\rangle dt\\ &= \int_0^{2\pi} (-r\sin t - r^2\sin^2 t)\,dt\\ &= \left[r\cos t - \frac{r^2}{2}(t - \sin t\cdot\cos t) \right]_0^{2\pi} = -\pi r^2\,.\end{aligned}$$

Definition (19.36)
Ein stetiges Vektorfeld $\boldsymbol{f} = \boldsymbol{f}(\boldsymbol{x})$, $\boldsymbol{x} \in D \subset \mathbb{R}^n$, heißt **wirbelfrei**, falls das Kurvenintegral von $\boldsymbol{f}$ längs *aller* geschlossenen, stückweise C^1-Kurven $\boldsymbol{c}$ in D verschwindet, d. h.

$$\forall\, \boldsymbol{c}\colon [a,b] \to D \text{ geschlossene } C^1\text{-Kurve:} \quad \oint_{\boldsymbol{c}} \boldsymbol{f}(\boldsymbol{x})\,\mathrm{d}\boldsymbol{x} = 0\,.$$

Bemerkung (19.37)
Ein Vektorfeld $\boldsymbol{f}$ ist offensichtlich genau dann wirbelfrei, wenn der Wert des Kurvenintegrals $\int_{\boldsymbol{c}} \boldsymbol{f}(\boldsymbol{x})\,\mathrm{d}\boldsymbol{x}$ nur vom Anfangs- und Endpunkt der C^1-Kurve $\boldsymbol{c}$, jedoch nicht vom speziellen Verlauf der Kurve abhängt. Man sagt dann, das Kurvenintegral ist **wegunabhängig**:

$$\forall\, \boldsymbol{c}_1, \boldsymbol{c}_2\colon [a,b] \to D\,, \quad \boldsymbol{c}_1(a) = \boldsymbol{c}_2(a) \wedge \boldsymbol{c}_1(b) = \boldsymbol{c}_2(b)\colon$$
$$\oint_{\boldsymbol{c}_1} \boldsymbol{f}(\boldsymbol{x})\,\mathrm{d}\boldsymbol{x} = \oint_{\boldsymbol{c}_2} \boldsymbol{f}(\boldsymbol{x})\,\mathrm{d}\boldsymbol{x}\,.$$

Im Folgenden beschäftigen wir uns mit Kriterien für ein Vektorfeld $\boldsymbol{f}$, die die Wegunabhängigkeit der Kurvenintegrale über $\boldsymbol{f}$ garantieren. Zugleich erhalten wir dabei ein praktisches Verfahren (den Hauptsatz für Kurvenintegrale) zur Berechnung von Kurvenintegralen. Dafür müssen wir jedoch den zulässigen Bereich $D \subset \mathbb{R}^n$ auf sogenannte Gebiete einschränken.

Definition (19.38)
Eine Teilmenge $D \subset \mathbb{R}^n$ heißt **zusammenhängend**, falls je zwei Punkte in D durch eine stückweise C^1-Kurve verbunden werden können, also:

$$\forall\, \boldsymbol{x}^0, \boldsymbol{x}^1 \in D\colon \ \exists\, \boldsymbol{c}\colon [a,b] \to D \text{ (stückweise } C^1\text{)}\colon \quad \boldsymbol{c}(a) = \boldsymbol{x}^0 \wedge \boldsymbol{c}(b) = \boldsymbol{x}^1\,.$$

Eine offene und zusammenhängende Menge $D \subset \mathbb{R}^n$ heißt ein **Gebiet** in $\mathbb{R}^n$.

Bemerkung (19.39)
Man kann zeigen, dass eine offene Menge $D \subset \mathbb{R}^n$ genau dann *nicht* zusammenhängend ist, wenn es disjunkte, offene Mengen U_1, $U_2 \subset \mathbb{R}^n$ gibt mit

$$U_1 \cap D \neq \emptyset\,, \quad U_2 \cap D \neq \emptyset\,, \quad D \subset U_1 \cup U_2\,.$$

Nicht zusammenhängende, offene Mengen sind also in (zumindest) zwei nichtleere, disjunkte offene Bereiche trennbar. Zusammenhängende Mengen sind dies nicht!

Definition (19.40)
Sei $\boldsymbol{f}\colon D \to \mathbb{R}^n$ ein stetiges Vektorfeld auf einem Gebiet $D \subset \mathbb{R}^n$. Wir sagen, $\boldsymbol{f}$ ist ein **Gradientenfeld**, falls es eine skalare C^1-Funktion $\Phi\colon D \to \mathbb{R}$ gibt mit $\boldsymbol{\nabla}\Phi(\boldsymbol{x}) = \boldsymbol{f}(\boldsymbol{x})$, $\forall\, \boldsymbol{x} \in D$. In diesem Fall heißt Φ eine **Stammfunktion** oder ein **Potential** von $\boldsymbol{f}$. Wie im eindimensionalen Fall ist Φ nur bis auf eine additive Konstante durch $\boldsymbol{f}$ bestimmt.

Beispiel (19.41): Energieerhaltung
Physikalische Kraftfelder $\boldsymbol{K} = \boldsymbol{K}(\boldsymbol{x})$, die ein Potential besitzen, $\boldsymbol{K}(\boldsymbol{x}) = \nabla\Phi(\boldsymbol{x})$, heißen **konservativ** (im Sinne von „energieerhaltend"). Das negative Potential $U(\boldsymbol{x}) := -\Phi(\boldsymbol{x})$ spielt dabei die Rolle der **potentiellen Energie**.

Aus dem Newtonschen Kraftgesetz $\boldsymbol{K}(\boldsymbol{x}) = m\ddot{\boldsymbol{x}} = -\nabla U(\boldsymbol{x})$ folgt nämlich durch Multiplikation mit $\dot{\boldsymbol{x}}$:

$$0 = m\ddot{\boldsymbol{x}}^{\mathrm{T}}\dot{\boldsymbol{x}} + \nabla U(\boldsymbol{x})^{\mathrm{T}}\dot{\boldsymbol{x}} = \frac{\mathrm{d}}{\mathrm{d}t}\left(\frac{1}{2}m\|\dot{\boldsymbol{x}}\|^2 + U(\boldsymbol{x})\right).$$

Hieraus folgt, dass die Gesamtenergie $E(t) := \frac{1}{2}m\|\dot{\boldsymbol{x}}\|^2 + U(\boldsymbol{x})$, das ist die Summe aus kinetischer und potentieller Energie, längs aller Lösungen der Newtonschen Bewegungsgleichung konstant ist.

Der folgende Satz gibt nun eine wichtige Verallgemeinerung des Hauptsatzes der Differential- und Integralrechnung, vgl. Satz 13.14, für Kurvenintegrale.

Satz (19.42): Hauptsatz für Kurvenintegrale
Sei $D \subset \mathbb{R}^n$ ein Gebiet und $\boldsymbol{f}$ ein stetiges Vektorfeld auf D.

a) Besitzt $\boldsymbol{f}$ ein Potential Φ, so gilt für alle stückweisen C^1-Kurven $\boldsymbol{c}: [a, b] \to D$:

$$\int_{\boldsymbol{c}} \boldsymbol{f}(\boldsymbol{x})\,\mathrm{d}\boldsymbol{x} = \Phi(\boldsymbol{c}(b)) - \Phi(\boldsymbol{c}(a)),$$

insbesondere ist das Kurvenintegral wegunabhängig und $\boldsymbol{f}$ ist wirbelfrei.

b) Umgekehrt gilt: Ist $\boldsymbol{f}$ wirbelfrei, so existiert ein Potential Φ von $\boldsymbol{f}$. Ist $\boldsymbol{x}^0 \in D$ ein fester Punkt, und bezeichnet $\boldsymbol{c}_{\boldsymbol{x}}$ für $\boldsymbol{x} \in D$ eine beliebige, die Punkte $\boldsymbol{x}^0$ und $\boldsymbol{x}$ verbindende stückweise C^1-Kurve in D, so ist Φ gegeben durch:

$$\Phi(\boldsymbol{x}) = \int_{\boldsymbol{c}_{\boldsymbol{x}}} \boldsymbol{f}(\boldsymbol{y})\,\mathrm{d}\boldsymbol{y} + C, \quad C = \text{const.}.$$

Beweis.

zu a): Der Einfachheit halber nehmen wir an, dass $\boldsymbol{c}(t)$, $a \leq t \leq b$, eine C^1-Kurve ist. Dann folgt mit der Kettenregel:

$$\begin{aligned}\int_{\boldsymbol{c}} \boldsymbol{f}(\boldsymbol{x})\,\mathrm{d}\boldsymbol{x} &= \int_{\boldsymbol{c}} \nabla\Phi(\boldsymbol{x})\,\mathrm{d}\boldsymbol{x} = \int_a^b \sum_{i=1}^{n} \frac{\partial\Phi}{\partial x_i}(\boldsymbol{c}(t)) \cdot c_i'(t)\,\mathrm{d}t \\ &= \int_a^b \frac{\mathrm{d}}{\mathrm{d}t}(\Phi(\boldsymbol{c}(t))\,\mathrm{d}t = \Phi(\boldsymbol{c}(b)) - \Phi(\boldsymbol{c}(a)).\end{aligned}$$

zu b): Es genügt zu zeigen, dass durch

$$\Phi(\boldsymbol{x}) := \int_{\boldsymbol{c}_{\boldsymbol{x}}} \boldsymbol{f}(\boldsymbol{y})\,\mathrm{d}\boldsymbol{y}$$

tatsächlich ein Potential für $\boldsymbol{f}$ definiert wird. O. B. d. A. führen wir den Beweis für $n = 2$.
Sei $\boldsymbol{x} \in D$, $\Delta\boldsymbol{x} \in \mathbb{R}^2$ mit $\|\Delta\boldsymbol{x}\|$ hinreichend klein. Die Kurvenstücke $\boldsymbol{c}_1$ und $\boldsymbol{c}_2$, vgl. Abb. 19.13, seien gegeben durch

$$\boldsymbol{c}_1(t) := \begin{pmatrix} x_1 + t\Delta x_1 \\ x_2 \end{pmatrix}, \quad \boldsymbol{c}_2(t) := \begin{pmatrix} x_1 + \Delta x_1 \\ x_2 + t\Delta x_2 \end{pmatrix}, \quad 0 \le t \le 1 .$$

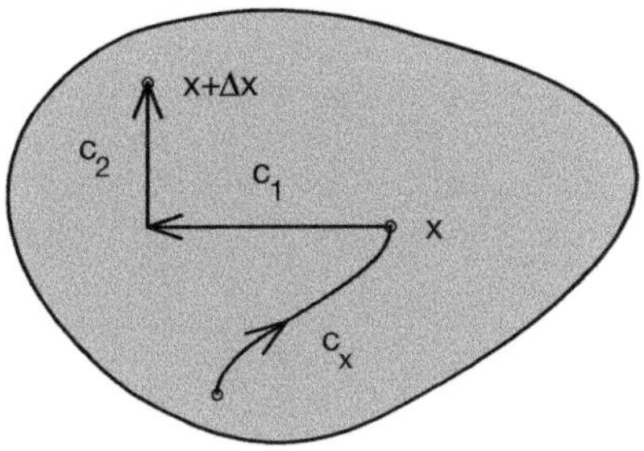

Abb. 19.13 Integrationsweg.

Damit folgt:

$$\begin{aligned}
\Phi(\boldsymbol{x} + \Delta\boldsymbol{x}) - \Phi(\boldsymbol{x}) &= \int_{\boldsymbol{c}_{\boldsymbol{x}}+\boldsymbol{c}_1+\boldsymbol{c}_2} \boldsymbol{f}(\boldsymbol{y})\,\mathrm{d}\boldsymbol{y} - \int_{\boldsymbol{c}_{\boldsymbol{x}}} \boldsymbol{f}(\boldsymbol{y})\,\mathrm{d}\boldsymbol{y} \\
&= \int_{\boldsymbol{c}_1} \boldsymbol{f}(\boldsymbol{y})\,\mathrm{d}\boldsymbol{y} + \int_{\boldsymbol{c}_2} \boldsymbol{f}(\boldsymbol{y})\,\mathrm{d}\boldsymbol{y} \\
&= \int_0^1 f_1(\boldsymbol{c}_1(t))\Delta x_1\,\mathrm{d}t + \int_0^1 f_2(\boldsymbol{c}_2(t))\Delta x_2\,\mathrm{d}t \\
&= f_1(\boldsymbol{x} + \boldsymbol{\xi}_1)\Delta x_1 + f_2(\boldsymbol{x} + \boldsymbol{\xi}_2)\Delta x_2 .
\end{aligned}$$

Letzteres ergibt sich aus dem Mittelwertsatz 13.20 mit:

$$\boldsymbol{\xi}_1 = \begin{pmatrix} \tau_1\Delta x_1 \\ 0 \end{pmatrix}, \quad \boldsymbol{\xi}_2 = \begin{pmatrix} \Delta x_1 \\ \tau_2\Delta x_2 \end{pmatrix}, \quad 0 \le \tau_1,\ \tau_2 \le 1 .$$

Bildet man die Grenzwerte $\Delta x_1,\ \Delta x_2 \to 0$, so erhält man:

$$f_1(\boldsymbol{x}) = \frac{\partial\Phi}{\partial x_1}(\boldsymbol{x}), \quad f_2(\boldsymbol{x}) = \frac{\partial\Phi}{\partial x_2}(\boldsymbol{x}),$$

also $\boldsymbol{f}(\boldsymbol{x}) = \boldsymbol{\nabla}\Phi(\boldsymbol{x})$. ■

Beispiele (19.43)

a) Als zentrales Kraftfeld bezeichnet man ein Vektorfeld der Form

$$K(\boldsymbol{x}) = c_0 \frac{\boldsymbol{x}}{\|\boldsymbol{x}\|^3}, \quad \boldsymbol{x} \in \mathbb{R}^3 \setminus \{\boldsymbol{0}\}, \quad c_0 \in \mathbb{R}.$$

$\boldsymbol{K}$ besitzt ein Potential $\Phi(\boldsymbol{x}) = -c_0 \frac{1}{\|\boldsymbol{x}\|}$. Für die längs einer stückweisen C^1-Kurve $\boldsymbol{c}\colon [a, b] \to \mathbb{R}^3 \setminus \{\boldsymbol{0}\}$ geleistete Arbeit gilt damit:

$$A = \int_{\boldsymbol{c}} \boldsymbol{K}(\boldsymbol{x})\,\mathrm{d}\boldsymbol{x} = c_0 \left(\frac{1}{\|\boldsymbol{c}(a)\|} - \frac{1}{\|\boldsymbol{c}(b)\|} \right).$$

b) Das Vektorfeld

$$\boldsymbol{f}(x, y, z) := (2xy + z^3,\ x^2 + 3z,\ 3xz^2 + 3y)^{\mathrm{T}}, \quad (x, y, z)^{\mathrm{T}} \in \mathbb{R}^3$$

besitzt das Potential $\Phi(x, y, z) = x^2 y + xz^3 + 3yz$.
Für eine beliebige, die Punkte $P = (1, 1, 2)$ und $Q = (3, 5, -2)$ verbindende C^1-Kurve $\boldsymbol{c}$ gilt damit:

$$\int_{\boldsymbol{c}} \boldsymbol{f}(\boldsymbol{x})\,\mathrm{d}\boldsymbol{x} = \Phi(Q) - \Phi(P) = -24.$$

Interpretiert man $\boldsymbol{f}$ als elektrisches Feld, so gibt $\int_{\boldsymbol{c}} \boldsymbol{f}(\boldsymbol{x})\,\mathrm{d}\boldsymbol{x}$ die Spannung zwischen den Punkten P und Q an.

c) Wir betrachten das Vektorfeld

$$\boldsymbol{f}(x, y) := \frac{1}{x^2 + y^2} \begin{pmatrix} -y \\ x \end{pmatrix}, \quad (x, y)^{\mathrm{T}} \in D = \mathbb{R}^2 \setminus \{\boldsymbol{0}\}.$$

Für den Einheitskreis $\boldsymbol{c}(t) := (\cos t, \sin t)^{\mathrm{T}}$, $0 \le t \le 2\pi$, findet man:

$$\oint_{\boldsymbol{c}} \boldsymbol{f}(\boldsymbol{x})\,\mathrm{d}\boldsymbol{x} = \int_0^{2\pi} (-\sin t,\ \cos t) \begin{pmatrix} -\sin t \\ \cos t \end{pmatrix} \mathrm{d}t = \int_0^{2\pi} 1\,\mathrm{d}t = 2\pi \neq 0.$$

Das Vektorfeld $\boldsymbol{f}$ ist also nicht wirbelfrei, es besitzt folglich auf D auch kein Potential!

Bemerkung (19.44)
Ist $\boldsymbol{f}: \mathbb{R}^3 \supset D \to \mathbb{R}^3$, ein C^1-Gradientenfeld, also $\boldsymbol{f}(\boldsymbol{x}) = \nabla\Phi(\boldsymbol{x})$, so folgt, vgl. auch Bemerkung 17.21:

$$\operatorname{rot} \boldsymbol{f}(\boldsymbol{x}) = \operatorname{rot}(\nabla\Phi(\boldsymbol{x})) = \boldsymbol{0}\,, \quad \forall\, \boldsymbol{x} \in D\,.$$

Damit haben wir gesehen, dass die sogenannte **Integrabilitätsbedingung** $\operatorname{rot} \boldsymbol{f} = \boldsymbol{0}$ eine notwendige Bedingung für die Existenz eines Potential ist, wobei die stetige Differenzierbarkeit von $\boldsymbol{f}$ vorausgesetzt wird.

Diese Bedingung lässt sich auch im zweidimensionalen Fall, also für ein C^1-Vektorfeld $\boldsymbol{f}: \mathbb{R}^2 \supset D \to \mathbb{R}^2$, erhalten. Hierzu definiert man:

$$\operatorname{rot} \boldsymbol{f}(x, y) := \frac{\partial f_2}{\partial x}(x, y) - \frac{\partial f_1}{\partial y}(x, y)\,. \tag{19.8}$$

Man beachte, dass $\operatorname{rot} \boldsymbol{f}$ im Fall $n = 2$ ein ***Skalar*** ist! Hierbei lässt sich $\operatorname{rot} \boldsymbol{f}$ auch als z-Komponente der Rotation von der in den $\mathbb{R}^3$ eingebetteten Funktion

$$\widehat{\boldsymbol{f}}(x, y, z) := (f_1(x, y), f_2(x, y), 0)^{\mathrm{T}}$$

interpretieren.

In vielen Fällen ist die Integrabilitätsbedingung $\operatorname{rot} \boldsymbol{f} = 0$ sogar ***hinreichend*** für die Existenz eines Potentials. Allerdings darf dann das Gebiet $D \subset \mathbb{R}^2$ keine „Löcher" enthalten!

So rechnet man für das Vektorfeld $\boldsymbol{f}$ aus Beispiel 19.43c) explizit nach

$$\operatorname{rot}\left[\frac{1}{r^2}\begin{pmatrix} -y \\ x \end{pmatrix}\right] = \frac{\partial}{\partial x}\left(\frac{x}{x^2+y^2}\right) - \frac{\partial}{\partial y}\left(-\frac{y}{x^2+y^2}\right) = 0\,.$$

Trotzdem besitzt $\boldsymbol{f}$, wie wir ja in Beispiel 19.43 gesehen haben, auf dem Gebiet $D := \mathbb{R}^2 \setminus \{\boldsymbol{0}\}$ kein Potential. Das Gebiet D ist, wie man sagt, nicht **einfach zusammenhängend**, vgl. Definition 19.48. Schränkt man sich jedoch auf Teilgebiete von D „ohne Löcher" ein, so besitzt $\boldsymbol{f}$ dort sehr wohl ein Potential: So ist z. B. $\Phi(x, y) := \arctan(y/x)$ eine Stammfunktion auf den beiden „Teilgebieten" $x \neq 0$.

Der genauere Zusammenhang zwischen Integrabilitätsbedingung und der Existenz eines Potentials wird für den zweidimensionalen Fall durch den folgenden Integralsatz von Green[3] wiedergegeben.

Satz (19.45): Integralsatz von Green
Sei $\boldsymbol{f}$ ein C^1-Vektorfeld auf einem Gebiet $D \subset \mathbb{R}^2$. $K \subset D$ sei kompakt und bezüglich beider Koordinatenrichtungen projizierbar. K wird dann von einer geschlossenen, stückweisen C^1-Kurve $\boldsymbol{c}: [0, 1] \to D$ berandet. Die Parametrisierung sei dabei so gewählt, dass K stets links zur Durchlaufrichtung liegt (positiver Umlauf). Dann gilt:

$$\oint_{\boldsymbol{c}} \boldsymbol{f}(\boldsymbol{x})\, \mathrm{d}\boldsymbol{x} = \int_K \operatorname{rot} \boldsymbol{f}(\boldsymbol{x})\, \mathrm{d}\boldsymbol{x}$$

3) George Green (1793–1841); Cambridge.

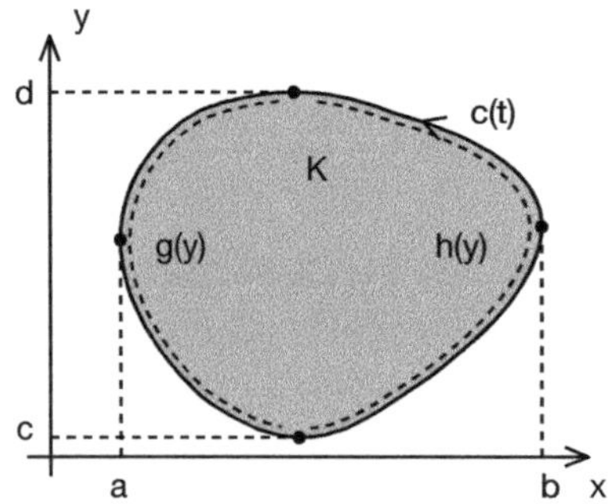

Abb. 19.14 Zum Integralsatz von Green.

Beweis.
Mit den Bezeichnungen der Abb. 19.14 folgt:

$$\int_K \frac{\partial f_2}{\partial x}(x, y)\,\mathrm{d}\boldsymbol{x} = \int_c^d \int_{g(y)}^{h(y)} \frac{\partial f_2}{\partial x}(x, y)\,\mathrm{d}x\,\mathrm{d}y$$

$$= \int_c^d [f_2(h(y), y) - f_2(g(y), y)]\,\mathrm{d}y = \oint_{\boldsymbol{c}} f_2(x, y)\,\mathrm{d}y\,.$$

Analog erhält man $\int_K \frac{\partial f_1}{\partial y}(x, y)\,\mathrm{d}\boldsymbol{x} = -\oint_{\boldsymbol{c}} f_1(x, y)\,\mathrm{d}x$, und damit

$$\int_K \operatorname{rot} \boldsymbol{f}(x, y)\,\mathrm{d}\boldsymbol{x} = \oint_{\boldsymbol{c}} \boldsymbol{f}(\boldsymbol{x})\,\mathrm{d}\boldsymbol{x}\,.$$

■

Bemerkungen (19.46)

a) Der Greensche Integralsatz gilt auch für kompakte Teilmengen des $\mathbb{R}^2$, die sich in endlich viele, bezüglich beider Koordinatenrichtungen projizierbare Bereiche zerlegen lassen. Solchen Mengen werden **Greensche Bereiche** genannt, vgl. Abb. 19.15.

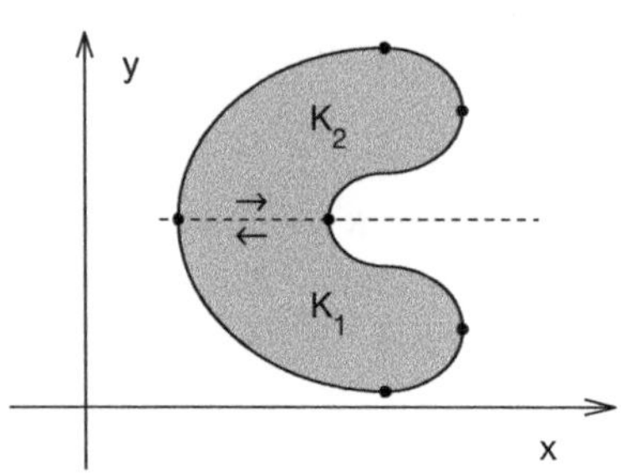

Abb. 19.15 Greenscher Bereich.

b) O. B. d. A. werde der Rand ∂K eines Greenschen Bereichs durch das Bild einer geschlossenen, glatten stückweisen C^1-Kurve $\boldsymbol{c}$ dargestellt. Mit Hilfe des Tangenteneinheitsvektors $\boldsymbol{T}(t) = \boldsymbol{c}'(t)/\|\boldsymbol{c}'(t)\|$ lässt sich der Greensche Satz dann auch folgendermaßen schreiben:

$$\int_K \operatorname{rot} \boldsymbol{f}\, d\boldsymbol{x} = \oint_{\partial K} \langle \boldsymbol{f}, \boldsymbol{T} \rangle\, ds\,. \tag{19.9}$$

Bezeichnet $\boldsymbol{f}$ hierbei das Geschwindigkeitsfeld einer Strömung, so beschreibt die rechte Seite von (19.9) die **Zirkulation** der Strömung. Gilt also $\operatorname{rot} \boldsymbol{f} = 0$ auf einem Gebiet D, so ist die Strömung dort zirkulations-, d. h. wirbelfrei.

c) Wir ersetzen in der rechten Seite von (19.9) den Tangenteneinheitsvektor $\boldsymbol{T}$ durch den äußeren Normaleneinheitsvektor $\boldsymbol{n}$ des Greenschen Bereichs K,

$$\boldsymbol{n} = (T_2, \; -T_1)^{\mathrm{T}}\,.$$

Damit folgt

$$\oint_{\partial K} \langle \boldsymbol{f}, \boldsymbol{n} \rangle\, ds = \oint_{\partial K} (f_1 T_2 - f_2 T_1)\, ds = \oint_{\partial K} \left\langle \begin{pmatrix} -f_2 \\ f_1 \end{pmatrix}, \boldsymbol{T} \right\rangle ds$$
$$= \int_K \operatorname{rot} \begin{pmatrix} -f_2 \\ f_1 \end{pmatrix} d\boldsymbol{x} = \int_K \operatorname{div} \boldsymbol{f}\, d\boldsymbol{x}\,.$$

Man hat also neben (19.9) noch eine entsprechende Beziehung für das Integral über die Divergenz eines C^1-Vektorfeldes:

$$\int_K \operatorname{div} \boldsymbol{f}\, d\boldsymbol{x} = \oint_{\partial K} \langle \boldsymbol{f}, \boldsymbol{n} \rangle\, ds\,, \tag{19.10}$$

wobei $\boldsymbol{n}$ den äußeren Normalenvektor des Greenschen Bereichs K bezeichnet.

Ist $\boldsymbol{f}$ wiederum das Geschwindigkeitsfeld einer Strömung, so beschreibt die rechte Seite von (19.10) den **Gesamtfluss** der Strömung durch den Rand von K.

Gilt insbesondere also $\operatorname{div} \boldsymbol{f} = 0$ auf einem Gebiet D, so ist die Strömung dort **quellen- und senkenfrei.**

Wir kommen nochmals zurück auf die Frage der Existenz eines Potentials für ein vorgegebenes Vektorfeld $\boldsymbol{f}$ im $\mathbb{R}^2$. Aufgrund des Greenschen Integralsatzes gilt:

Folgerung (19.47)
Gilt $\operatorname{rot} \boldsymbol{f} = 0$ für ein C^1-Vektorfeld $\boldsymbol{f}$ auf einem Gebiet $D \subset \mathbb{R}^2$, so verschwindet das Kurvenintegral $\oint_c \boldsymbol{f}(\boldsymbol{x})\, d\boldsymbol{x}$ für jede geschlossene stückweise C^1-Kurve, die einen Greenschen Bereich $K \subset D$ (vollständig) berandet.
Diese Bedingung beinhaltet insbesondere, dass K keine „Löcher" enthalten darf, da deren Ränder ja zum Rand ∂K gehören.

Definition (19.48)
Ein Gebiet $D \subset \mathbb{R}^n$ heißt **einfach zusammenhängend**, falls sich jede geschlossene, stückweise C^1-Kurve $\boldsymbol{c}\colon [a,b] \to D$ stetig innerhalb der Menge D auf einen Punkt $\boldsymbol{x}^0 \in D$ zusammenziehen lässt, vgl. Abb. 19.16. Genauer bedeutet dies, dass sich zur Kurve $\boldsymbol{c}$ eine stetige Abbildung

$$\boldsymbol{\Phi}\colon [a,b] \times [0,1] \to D$$

konstruieren lässt mit den Eigenschaften

$$\boldsymbol{\Phi}(t,0) = \boldsymbol{c}(t)\,, \quad \forall\, t \in [a,b]\,, \qquad \text{und} \qquad \boldsymbol{\Phi}(t,1) = \boldsymbol{x}^0 \in D\,, \quad \forall\, t \in [a,b]\,.$$

Eine solche Abbildung $\boldsymbol{\Phi} = \boldsymbol{\Phi}(t,s)$ heißt eine **Homotopie** von $\boldsymbol{c}$ auf den Punkt $\boldsymbol{x}^0$.

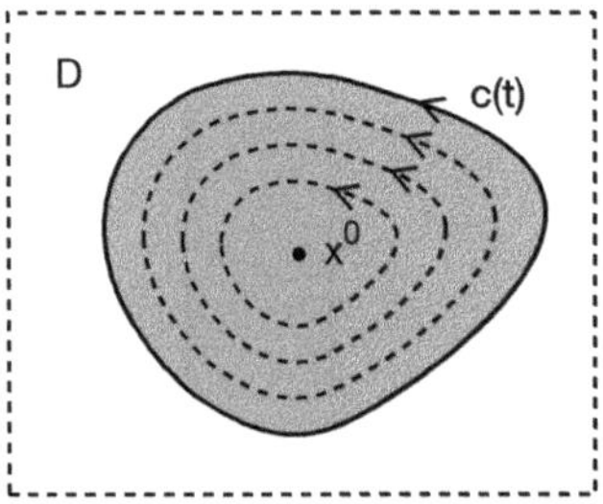

Abb. 19.16 Einfacher Zusammenhang einer Menge.

In Verallgemeinerung von Folgerung 19.47 gilt nun:

Satz (19.49): Allgemeine Integrabilitätsbedingung
Sei $D \subset \mathbb{R}^n$ ein einfach zusammenhängendes Gebiet. Ein C^1-Vektorfeld $\boldsymbol{f}\colon D \to \mathbb{R}^n$ besitzt genau dann ein Potential auf D, falls die **Integrabilitätsbedingung**

$$\forall\, \boldsymbol{x} \in D\colon \quad \boldsymbol{J f}(\boldsymbol{x}) = (\boldsymbol{J f}(\boldsymbol{x}))^{\mathrm{T}}$$

erfüllt ist. In Koordinatenschreibweise: $\forall j,k\colon \quad \dfrac{\partial f_k}{\partial x_j}(\boldsymbol{x}) = \dfrac{\partial f_j}{\partial x_k}(\boldsymbol{x})\,.$

Beweis.
Die Notwendigkeit der Integrabilitätsbedingung folgt unmittelbar aus dem Vertauschbarkeitssatz von Schwarz, vgl. Satz 17.11.

Gelte umgekehrt die Integrabilitätsbedingung. Wir gehen analog zum Beweis des Hauptsatzes 19.42 vor. Es sei $\boldsymbol{x}^0 \in D$ ein fester Punkt. Für $\boldsymbol{x} \in D$ bezeichne $\boldsymbol{c}_{\boldsymbol{x}}\colon [0,1] \to D$ eine die Punkte $\boldsymbol{x}^0$ und $\boldsymbol{x}$ verbindende stückweise C^1-Kurve in D.

Wir zeigen nun, dass die Funktion

$$\Phi(\boldsymbol{x}) := \int_{c_x} \boldsymbol{f}(\boldsymbol{y})\,\mathrm{d}\boldsymbol{y}\,, \qquad \boldsymbol{x} \in D\,,$$

dann ein Potential für $\boldsymbol{f}$ ist.

Vereinfachend betrachten wir hier o. B. d. A. den Fall einer direkten Verbindungsstrecke, also

$$c_{\boldsymbol{x}}(t) := \boldsymbol{x}^0 + t(\boldsymbol{x} - \boldsymbol{x}^0),\ 0 \le t \le 1\,.$$

Hierfür ergibt sich:

$$\begin{aligned}
\nabla\Phi(\boldsymbol{x}) &= \frac{\partial}{\partial \boldsymbol{x}} \int_0^1 (\boldsymbol{f}(\boldsymbol{x}^0 + t(\boldsymbol{x} - \boldsymbol{x}^0)))^{\mathrm{T}}(\boldsymbol{x} - \boldsymbol{x}^0)\,\mathrm{d}t \\
&= \int_0^1 \left[t\boldsymbol{J}\boldsymbol{f}(\boldsymbol{c}_{\boldsymbol{x}}(t))^{\mathrm{T}}\,(\boldsymbol{x} - \boldsymbol{x}^0) + \boldsymbol{f}(\boldsymbol{c}_{\boldsymbol{x}}(t)) \right] \mathrm{d}t \\
&= \int_0^1 \left[t\boldsymbol{J}\boldsymbol{f}(\boldsymbol{c}_{\boldsymbol{x}}(t))\,(\boldsymbol{x} - \boldsymbol{x}^0) + \boldsymbol{f}(\boldsymbol{c}_{\boldsymbol{x}}(t)) \right] \mathrm{d}t \\
&= \int_0^1 \frac{\mathrm{d}}{\mathrm{d}t}\,[t \cdot \boldsymbol{f}(\boldsymbol{c}_{\boldsymbol{x}}(t))]\,\mathrm{d}t = \boldsymbol{f}(\boldsymbol{c}_{\boldsymbol{x}}(1)) = \boldsymbol{f}(\boldsymbol{x})\,.
\end{aligned}$$

Es bleibt zu zeigen, dass die Funktion $\Phi(\boldsymbol{x})$ durch obige Vorschrift auch wohldefiniert ist, d. h., dass der Wert $\Phi(\boldsymbol{x})$ von der Wahl der speziellen stückweisen C^1-Kurve $\boldsymbol{c}_{\boldsymbol{x}}$ unabhängig ist.

Allgemein lässt sich zeigen, dass sich der Wert eines Kurvenintegrals $\int_c \boldsymbol{f}(\boldsymbol{x})\,\mathrm{d}\boldsymbol{x}$ bei stetiger Deformierung (Homotopie) der Kurve im Sinne von Definition 19.48, jedoch bei festen Anfangs- und Endpunkten, nicht verändert. Wir verzichten hier auf die Einzelheiten dieses Beweisschrittes und verweisen auf die Lehrbücher zur Analysis.

Da das Gebiet D nun als einfach zusammenhängend vorausgesetzt wurde, lassen sich aber je zwei stückweise C^1-Kurven mit gleichen Anfangs- und Endpunkten durch eine Homotopie ineinander überführen. Daher sind auch die Kurvenintegrale über je zwei die Punkte $\boldsymbol{x}^0$ und $\boldsymbol{x}$ verbindende Kurven gleich. Die Funktion Φ ist also wohldefiniert. ∎

Bemerkung (19.50)
Für die Dimensionen $n = 2$ und $n = 3$ stimmt die obige Integrabilitätsbedingung mit der früheren Bedingung $\operatorname{rot} \boldsymbol{f}(\boldsymbol{x}) = \boldsymbol{0}$, vgl. Bemerkung 19.44, überein.

Beispiel (19.51)
Gegeben sei das Vektorfeld

$$\boldsymbol{f}(\boldsymbol{x}) = \begin{pmatrix} \dfrac{2xy}{r^2} + \sin z \\ \ln(r^2) + \dfrac{2y^2}{r^2} + z\mathrm{e}^y \\ \dfrac{2yz}{r^2} + \mathrm{e}^y + x\cos z \end{pmatrix} \in \mathbb{R}^3$$

für $\boldsymbol{x} \in D := \mathbb{R}^3 \setminus \{\boldsymbol{0}\}$, mit $r^2 := x^2 + y^2 + z^2$.

Aufgabe ist es festzustellen, ob $\boldsymbol{f}$ ein Potential besitzt und dieses ist gegebenenfalls zu bestimmen.

Zunächst ist das Gebiet D einfach zusammenhängend. Ferner findet man

$$\operatorname{rot} \boldsymbol{f} = \begin{vmatrix} \boldsymbol{e}_1 & \boldsymbol{e}_2 & \boldsymbol{e}_3 \\ \partial_x & \partial_y & \partial_z \\ f_1 & f_2 & f_3 \end{vmatrix} = \boldsymbol{0} .$$

Die Integrabilitätsbedingung ist demnach erfüllt und nach Satz 19.49 besitzt $\boldsymbol{f}$ daher ein Potential Φ.

Aus $\frac{\partial \Phi}{\partial x} = f_1 = \frac{2xy}{r^2} + \sin z$ folgt durch Integration bezüglich der Variablen x:

$$\Phi(\boldsymbol{x}) = y \ln(r^2) + x \sin z + c(y, z)$$

mit einer unbekannten Funktion $c = c(y, z)$.

Setzt man dies in $\frac{\partial \Phi}{\partial y} = f_2 = \ln(r^2) + \frac{2y^2}{r^2} + z\mathrm{e}^y$ ein, so folgt:

$$\ln(r^2) + \frac{2y^2}{r^2} + \frac{\partial c}{\partial y} = \ln(r^2) + \frac{2y^2}{r^2} + z\mathrm{e}^y ,$$

und somit $c(y, z) = z\mathrm{e}^y + d(z)$ mit einer unbekannten Funktion $d = d(z)$.

Dies wiederum in die dritte Bedingung $\frac{\partial \Phi}{\partial z} = f_3$ eingesetzt, ergibt:

$$\frac{\partial \Phi}{\partial z} = \frac{2yz}{r^2} + x \cos z + \mathrm{e}^y + d'(z) = \frac{2yz}{r^2} + \mathrm{e}^y + x \cos z .$$

Damit folgt $d'(z) = 0$, also ist $d(z) = C$ konstant.

Das gesuchte Potential lautet damit

$$\Phi(\boldsymbol{x}) = y \ln(r^2) + x \sin z + z\mathrm{e}^y + C .$$

19.3 Oberflächenintegrale

Definition (19.52)

Sei $D \subset \mathbb{R}^2$ ein Gebiet und $\boldsymbol{p}\colon D \to \mathbb{R}^3$ eine C^1-Abbildung:

$$\boldsymbol{x} = \boldsymbol{p}(\boldsymbol{u}) , \quad \boldsymbol{x} \in \mathbb{R}^3 , \quad \boldsymbol{u} = (u_1, u_2)^{\mathrm{T}} \in D \subset \mathbb{R}^2 .$$

Sind die beiden partiellen Ableitungen $\partial \boldsymbol{p}/\partial u_1(\boldsymbol{u})$ und $\partial \boldsymbol{p}/\partial u_2(\boldsymbol{u})$ für alle Parameter $\boldsymbol{u} \in D$ linear unabhängig, so heißt $F := \{\boldsymbol{p}(\boldsymbol{u}) : \boldsymbol{u} \in D\}$ eine **Fläche**, genauer: ein **Flächenstück**. Die Abbildung $\boldsymbol{x} = \boldsymbol{p}(\boldsymbol{u})$ heißt dann eine **Parametrisierung** oder eine **Parameterdarstellung** der Fläche F.

Wie in Abb. 19.17 angegeben, bilden die partiellen Ableitungen $\partial \boldsymbol{p}/\partial u_1(\boldsymbol{u}^0)$ und $\partial \boldsymbol{p}/\partial u_2(\boldsymbol{u}^0)$ gerade Tangentenvektoren an die Bilder der Koordinatenlinien $t \mapsto \boldsymbol{x}(t) = \boldsymbol{p}(\boldsymbol{u}^0 + t\boldsymbol{e}_i)$, $i = 1, 2$. Die geforderte lineare Unabhängigkeit garantiert also, dass die Bilder der Koordinatenlinien auf der Fläche nicht parallel verlaufen.

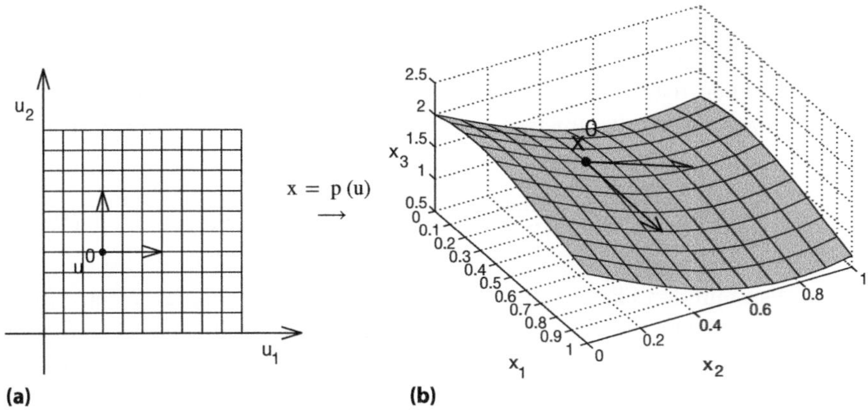

Abb. 19.17 Parametrisierung einer Fläche.

Beispiele (19.53)

a) Für vorgegebenes $r > 0$ beschreibt die Abbildung

$$\boldsymbol{p}(\varphi, z) := \begin{pmatrix} r\cos\varphi \\ r\sin\varphi \\ z \end{pmatrix}, \quad (\varphi, z) \in \mathbb{R}^2 =: D$$

einen (unbeschränkten) Zylinder im $\mathbb{R}^3$.
Zur Darstellung eines beschränkten Zylinder schränkt man den Definitionsbereich weiter ein, etwa auf

$$(\varphi, z) \in K := [0, 2\pi] \times [0, H] \subset D .$$

Die Voraussetzung, dass die partiellen Ableitungen

$$\frac{\partial \boldsymbol{p}}{\partial \varphi} = \begin{pmatrix} -r\sin\varphi \\ r\cos\varphi \\ 0 \end{pmatrix}, \quad \frac{\partial \boldsymbol{p}}{\partial z} = \begin{pmatrix} 0 \\ 0 \\ 1 \end{pmatrix}$$

linear unabhängig sind, ist auf ganz D erfüllt.

b) Der Graph einer skalaren C^1-Funktion φ: $\mathbb{R}^2 \supset D \to \mathbb{R}$, wobei D ein Gebiet im $\mathbb{R}^2$ sei, ist stets eine Fläche. Eine Parametrisierung ist gegeben durch

$$\boldsymbol{x} = \boldsymbol{p}(u_1, u_2) := \begin{pmatrix} u_1 \\ u_2 \\ \varphi(u_1, u_2) \end{pmatrix}, \quad \boldsymbol{u} \in D .$$

Die partiellen Ableitungen $\frac{\partial \boldsymbol{p}}{\partial u_1} = (1,\ 0,\ \varphi_{u_1})^{\mathrm{T}}$, $\frac{\partial \boldsymbol{p}}{\partial u_2} = (0,\ 1,\ \varphi_{u_2})^{\mathrm{T}}$ sind in der Tat linear unabhängig.

c) Wie schon bemerkt, liegen die Vektoren $\frac{\partial \boldsymbol{p}}{\partial u_1}(\boldsymbol{u}^0)$ und $\frac{\partial \boldsymbol{p}}{\partial u_2}(\boldsymbol{u}^0)$ tangential an der Fläche F, vgl. Abb. 19.17.
Sie spannen daher die **Tangentialebene** $T_{\boldsymbol{x}^0}F$ der Fläche im Punkte $\boldsymbol{x}^0 = \boldsymbol{p}(\boldsymbol{u}^0)$ auf. Für die Parameterdarstellung der Tangentialebene ergibt sich somit:

$$T_{\boldsymbol{x}^0}F: \quad \boldsymbol{x} - \boldsymbol{x}^0 = \lambda \frac{\partial \boldsymbol{p}}{\partial u_1}(\boldsymbol{u}^0) + \mu \frac{\partial \boldsymbol{p}}{\partial u_2}(\boldsymbol{u}^0), \quad \lambda, \mu \in \mathbb{R}. \tag{19.11}$$

Wir wollen nun den Flächeninhalt einer Fläche F messen. Genauer betrachten wir eine kompakte, messbare und zusammenhängende Teilmenge $K \subset D$ und bestimmen den Flächeninhalt des Bildes $\boldsymbol{p}(K)$.

Sei dazu $Z = \{Q_{ij}\}$ eine Überdeckung der kompakten Menge $K \subset \mathbb{R}^2$ durch Quader.

Das Bild eines Teilquaders Q_{ij} mit den Kantenlängen Δu_1^{ij} und Δu_2^{ij} lässt sich in erster Näherung durch ein Parallelogramm approximieren, welches von den Vektoren $\Delta u_1^{ij} \cdot \frac{\partial \boldsymbol{p}}{\partial u_1}(\boldsymbol{u}^{ij})$, und $\Delta u_2^{ij} \cdot \frac{\partial \boldsymbol{p}}{\partial u_2}(\boldsymbol{u}^{ij})$ aufgespannt wird. Dabei sei $\boldsymbol{u}^{ij}$ die linke untere Ecke von Q_{ij}, vgl. Abb. 19.18.

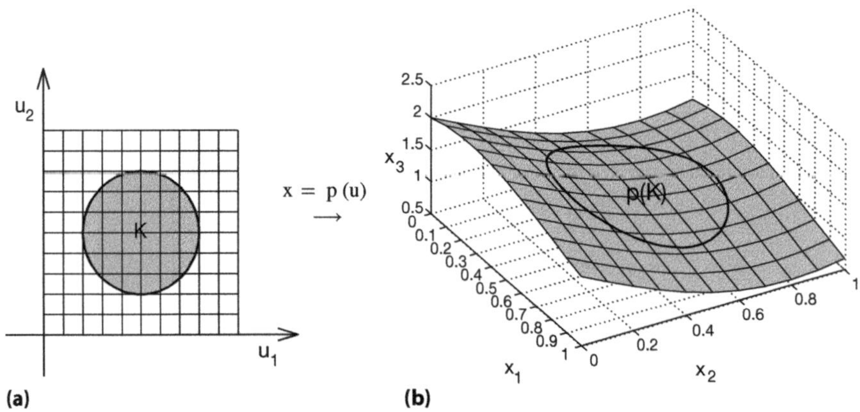

Abb. 19.18 Quaderüberdeckung einer Fläche.

Nach Definition des Vektorproduktes, vgl. (3.15), hat $\boldsymbol{p}(Q_{ij})$ daher in erster Näherung den Flächeninhalt

$$\Delta u_1^{ij} \cdot \Delta u_2^{ij} \cdot \left\| \frac{\partial \boldsymbol{p}}{\partial u_1} \times \frac{\partial \boldsymbol{p}}{\partial u_2} \right\| .$$

Summiert man diese Flächenteile nun auf, so erhält man eine Riemannsche Summe

$$\sum_{i,j} \left\| \frac{\partial \boldsymbol{p}}{\partial u_1}(\boldsymbol{u}^{ij}) \times \frac{\partial \boldsymbol{p}}{\partial u_2}(\boldsymbol{u}^{ij}) \right\| \cdot \operatorname{vol}(Q_{ij}),$$

die für $\|Z\| \to 0$ gegen das Integral

$$\int_K \left\| \frac{\partial \boldsymbol{p}}{\partial u_1} \times \frac{\partial \boldsymbol{p}}{\partial u_2} \right\| \mathrm{d}\boldsymbol{u}$$

konvergiert. Dies gibt Anlass zu folgender Definition:

Definition (19.54)
Sei $\boldsymbol{p}\colon \mathbb{R}^2 \supset D \to \mathbb{R}^3$ die Parameterdarstellung einer Fläche F, und sei $K \subset D$ kompakt, messbar und zusammenhängend. Dann wird der Flächeninhalt von $\boldsymbol{p}(K)$ definiert durch das **Oberflächenintegral**

$$\int_{\boldsymbol{p}(K)} \mathrm{d}o := \int_K \left\| \frac{\partial \boldsymbol{p}}{\partial u_1}(\boldsymbol{u}) \times \frac{\partial \boldsymbol{p}}{\partial u_2}(\boldsymbol{u}) \right\| \mathrm{d}\boldsymbol{u} \,.$$

Das Differential $\mathrm{d}o := \|\frac{\partial \boldsymbol{p}}{\partial u_1} \times \frac{\partial \boldsymbol{p}}{\partial u_2}\| \,\mathrm{d}\boldsymbol{u}$ heißt das **Oberflächenelement** der Fläche F bezüglich der Parametrisierung $\boldsymbol{x} = \boldsymbol{p}(\boldsymbol{u})$.

Beispiel (19.55)
Für die Mantelfläche des Zylinders $Z = \boldsymbol{p}(K)$, vgl. Beispiel 19.53a), mit

$$K := [0, 2\pi] \times [0, H] \subset D = \mathbb{R}^2 \,,$$

$$\boldsymbol{x} = \boldsymbol{p}(\varphi, z) := \begin{pmatrix} r\cos\varphi \\ r\sin\varphi \\ z \end{pmatrix}, \qquad (\varphi, z) \in D \,,$$

erhält man: $\|\frac{\partial \boldsymbol{p}}{\partial \varphi} \times \frac{\partial \boldsymbol{p}}{\partial z}\| = r$ und damit:

$$O(Z) = \int_Z \mathrm{d}o = \int_K r\,\mathrm{d}(\varphi, z) = \int_0^{2\pi}\int_0^H r\,\mathrm{d}z\,\mathrm{d}\varphi = 2\pi r H \,.$$

Bevor wir uns weitere Beispiele für Oberflächenintegrale ansehen, beweisen wir die Parametrisierungsinvarianz des Oberflächenintegrals.

Satz (19.56)
Das in Definition 19.54 definierte Oberflächenintegral ist unabhängig von der speziellen Parametrisierung der Fläche.

Beweis.
Es seien $\boldsymbol{p}\colon D \to \mathbb{R}^3$ und $\boldsymbol{q}\colon \widetilde{D} \to \mathbb{R}^3$ C^1-Parametrisierungen einer Fläche, wobei D, $\widetilde{D} \subset \mathbb{R}^2$ Gebiete und $K \subset D$, $\widetilde{K} \subset \widetilde{D}$ kompakte, messbare und zusammenhängende Mengen mit $F = \boldsymbol{p}(K) = \boldsymbol{q}(\widetilde{K})$ sind.

Wir nehmen an, dass $\boldsymbol{p}$ und $\boldsymbol{q}$ durch eine C^1-Umparametrisierung $\boldsymbol{\Phi}\colon \widetilde{D} \to D$ auseinander hervorgehen, d. h., $(u_1, u_2) = \boldsymbol{\Phi}(v_1, v_2)$ sei ein C^1-Diffeomorphismus auf $\widetilde{D}$ mit $\boldsymbol{q} = \boldsymbol{p} \circ \boldsymbol{\Phi}$ und $K = \boldsymbol{\Phi}(\widetilde{K})$.

Aufgrund der Kettenregel gilt dann für die Jacobi-Matrizen $\boldsymbol{J}\boldsymbol{q}(\boldsymbol{v}) = \boldsymbol{J}\boldsymbol{p}(\boldsymbol{u}) \cdot \boldsymbol{J}\boldsymbol{\Phi}(\boldsymbol{v})$, also:

$$\left(\frac{\partial \boldsymbol{q}}{\partial v_1}, \frac{\partial \boldsymbol{q}}{\partial v_2}\right) = \left(\frac{\partial \boldsymbol{p}}{\partial u_1}, \frac{\partial \boldsymbol{p}}{\partial u_2}\right) \cdot \begin{pmatrix} \frac{\partial \Phi_1}{\partial v_1} & \frac{\partial \Phi_1}{\partial v_2} \\ \frac{\partial \Phi_2}{\partial v_1} & \frac{\partial \Phi_2}{\partial v_2} \end{pmatrix}$$
$$= \left(\sum_j \frac{\partial \boldsymbol{p}}{\partial u_j}\frac{\partial \Phi_j}{\partial v_1}, \sum_j \frac{\partial \boldsymbol{p}}{\partial u_j}\frac{\partial \Phi_j}{\partial v_2}\right)$$

und damit

$$\left(\frac{\partial \boldsymbol{q}}{\partial v_1} \times \frac{\partial \boldsymbol{q}}{\partial v_2}\right) = \left(\frac{\partial \Phi_1}{\partial v_1}\frac{\partial \Phi_2}{\partial v_2} - \frac{\partial \Phi_2}{\partial v_1}\frac{\partial \Phi_1}{\partial v_2}\right)\left(\frac{\partial \boldsymbol{p}}{\partial u_1} \times \frac{\partial \boldsymbol{p}}{\partial u_2}\right)$$
$$= \det(\boldsymbol{J}\boldsymbol{\Phi}(\boldsymbol{v})) \cdot \left(\frac{\partial \boldsymbol{p}}{\partial u_1} \times \frac{\partial \boldsymbol{p}}{\partial u_2}\right).$$

Mit dem Transformationssatz 19.27 folgt damit für das Oberflächenintegral

$$\int_K \left\|\frac{\partial \boldsymbol{p}}{\partial u_1}(\boldsymbol{u}) \times \frac{\partial \boldsymbol{p}}{\partial u_2}(\boldsymbol{u})\right\| \mathrm{d}\boldsymbol{u} = \int_{\Phi(\widetilde{K})} \left\|\frac{\partial \boldsymbol{p}}{\partial u_1}(\boldsymbol{u}) \times \frac{\partial \boldsymbol{p}}{\partial u_2}(\boldsymbol{u})\right\| \mathrm{d}\boldsymbol{u}$$
$$= \int_{\widetilde{K}} \left\|\frac{\partial \boldsymbol{p}}{\partial u_1}(\boldsymbol{\Phi}(\boldsymbol{v})) \times \frac{\partial \boldsymbol{p}}{\partial u_2}(\boldsymbol{\Phi}(\boldsymbol{v}))\right\| \cdot |\det \boldsymbol{J}\boldsymbol{\Phi}(\boldsymbol{v})| \,\mathrm{d}\boldsymbol{v}$$
$$= \int_{\widetilde{K}} \left\|\frac{\partial \boldsymbol{q}}{\partial v_1}(\boldsymbol{v}) \times \frac{\partial \boldsymbol{q}}{\partial v_2}(\boldsymbol{v})\right\| \mathrm{d}\boldsymbol{v}$$

und damit die behauptete Parametrisierungsinvarianz. ∎

Bemerkung (19.57)

Ist die Fläche wie in Beispiel 19.53b) als Graph einer skalaren Funktion $x_3 = \varphi(x_1, x_2)$ gegeben, so erhalten wir mit der Parametrisierung nach Beispiel 19.53b):

$$\frac{\partial \boldsymbol{p}}{\partial x_1} \times \frac{\partial \boldsymbol{p}}{\partial x_2} = \begin{vmatrix} \boldsymbol{e}_1 & \boldsymbol{e}_2 & \boldsymbol{e}_3 \\ 1 & 0 & \varphi_{x_1} \\ 0 & 1 & \varphi_{x_2} \end{vmatrix} = \begin{pmatrix} -\varphi_{x_1} \\ -\varphi_{x_2} \\ 1 \end{pmatrix}.$$

Damit wird

$$\left\|\frac{\partial \boldsymbol{p}}{\partial x_1} \times \frac{\partial \boldsymbol{p}}{\partial x_2}\right\| = \sqrt{1 + \varphi_{x_1}^2 + \varphi_{x_2}^2}$$

und für das Oberflächenintegral ergibt sich

$$O(\boldsymbol{p}(K)) = \int_{\boldsymbol{p}(K)} \mathrm{d}o = \int_K \sqrt{1 + \varphi_{x_1}^2 + \varphi_{x_2}^2}\, \mathrm{d}(x_1, x_2)\,.$$

Beispiel (19.58)
Wir bestimmen den Flächeninhalt einer Halbkugel mit Radius R. Dazu verwenden wir eine Parametrisierung der oberen Kugelkappe $x_1^2 + x_2^2 + x_3^2 = R^2,\ x_3 \geq 0$, gemäß:

$$x_3 = \varphi(x_1, x_2) = \sqrt{R^2 - x_1^2 - x_2^2}\,.$$

Nach Bemerkung 19.57 ergibt sich dann für die Oberfläche:

$$O = \int_{x_1^2+x_2^2 \leq R^2} \left[1 + \left(\frac{-x_1}{\sqrt{R^2 - x_1^2 - x_2^2}}\right)^2 + \left(\frac{-x_2}{\sqrt{R^2 - x_1^2 - x_2^2}}\right)^2\right]^{1/2} \mathrm{d}(x_1, x_2)$$

$$= \int_{x_1^2+x_2^2 \leq R^2} \frac{R}{\sqrt{R^2 - x_1^2 - x_2^2}}\, \mathrm{d}(x_1, x_2) = \int_0^R \int_0^{2\pi} \frac{R}{\sqrt{R^2 - r^2}}\, r\, \mathrm{d}\varphi\, \mathrm{d}r$$

$$= \pi R \int_0^R \frac{2r}{\sqrt{R^2 - r^2}}\, \mathrm{d}r = -\pi R \int_{R^2}^0 \frac{\mathrm{d}z}{\sqrt{z}} = 2\pi R \sqrt{z}\Big|_{z=0}^{z=R^2} = 2\pi R^2\,.$$

Für die gesamte Kugeloberfläche ergibt sich damit $O = 4\pi R^2$.

Bei der obigen Rechnung ist zu beachten, dass die für Definition 19.54 benötigten Voraussetzungen hierbei *nicht* erfüllt sind: Die Funktion φ ist nämlich nicht stetig differenzierbar auf einer den Kreis $K = \{(x_1, x_2)^{\mathrm{T}} : x_1^2 + x_2^2 \leq R^2\}$ umfassenden *offenen* Menge. Die Funktion φ ist ja auf dem Rand ∂K nicht einmal differenzierbar!

Allerdings lässt sich die obige Rechnung im Sinn eines Grenzwertes $\widetilde{R} \to R$; $\widetilde{R} < R$ rechtfertigen. Für eine Parametrisierung mittels Kugelkoordinaten vergleiche man das Beispiel 19.61.

Beispiel (19.59)
Mit einer analogen Rechnung lässt sich die Oberfläche des Paraboloid-Teilstücks

$$P\colon x_3 = 2 - x_1^2 - x_2^2\,, \quad x_1^2 + x_2^2 \leq 2\,.$$

bestimmen. In diesem Fall erfüllt die Parametrisierung $x_3 = \varphi(x_1, x_2) = 2 - x_1^2 - x_2^2$ alle notwendigen Voraussetzungen aus Definition 19.54. Unter Verwendung von Polarkoordinaten erhält man für das Integral aus Bemerkung 19.57: $O(P) = \frac{13}{3}\pi$.

Bemerkungen (19.60)

a) Das Oberflächenelement do einer Fläche lässt sich wie folgt umformen:

$$\begin{aligned}&\left\|\frac{\partial \boldsymbol{p}}{\partial u_1} \times \frac{\partial \boldsymbol{p}}{\partial u_2}\right\|^2\\ &\quad = (x_{u_1} y_{u_2} - x_{u_2} y_{u_1})^2 + (y_{u_1} z_{u_2} - y_{u_2} z_{u_1})^2 + (z_{u_1} x_{u_2} - z_{u_2} x_{u_1})^2\\ &\quad = \left|\frac{\partial(x, y)}{\partial(u_1, u_2)}\right|^2 + \left|\frac{\partial(y, z)}{\partial(u_1, u_2)}\right|^2 + \left|\frac{\partial(z, x)}{\partial(u_1, u_2)}\right|^2 ,\end{aligned}$$

dabei bezeichnen $|\frac{\partial(x,y)}{\partial(u_1,u_2)}|$ usw. die Determinanten der entsprechenden Jacobi-Matrizen.

Damit ergibt sich die folgende Darstellung des Oberflächenelements:

$$\mathrm{d}o := \left(\left|\frac{\partial(x, y)}{\partial(u_1, u_2)}\right|^2 + \left|\frac{\partial(y, z)}{\partial(u_1, u_2)}\right|^2 + \left|\frac{\partial(z, x)}{\partial(u_1, u_2)}\right|^2\right)^{1/2} \mathrm{d}(u_1, u_2) . \tag{19.12}$$

b) Nach (3.8) und (3.15) lässt sich das Vektorprodukt auch durch das Skalarprodukt darstellen. Damit gilt

$$\left\|\frac{\partial \boldsymbol{p}}{\partial u_1} \times \frac{\partial \boldsymbol{p}}{\partial u_2}\right\|^2 = \left\|\frac{\partial \boldsymbol{p}}{\partial u_1}\right\|^2 \cdot \left\|\frac{\partial \boldsymbol{p}}{\partial u_2}\right\|^2 - \left\langle \frac{\partial \boldsymbol{p}}{\partial u_1}, \frac{\partial \boldsymbol{p}}{\partial u_2}\right\rangle^2 .$$

Nach Gauß führt man nun die folgenden Bezeichnungen ein:

$$E := \left\|\frac{\partial \boldsymbol{p}}{\partial u_1}\right\|^2 , \quad F := \left\langle \frac{\partial \boldsymbol{p}}{\partial u_1}, \frac{\partial \boldsymbol{p}}{\partial u_2}\right\rangle , \quad G := \left\|\frac{\partial \boldsymbol{p}}{\partial u_2}\right\|^2 . \tag{19.13}$$

Die Funktionen E, F und G bilden die Koeffizienten der sogenannten **ersten Fundamentalform**

$$q(\mathrm{d}u_1, \mathrm{d}u_2) = E\,\mathrm{d}u_1^2 + 2F\,\mathrm{d}u_1\,\mathrm{d}u_2 + G\,\mathrm{d}u_2^2$$

der Fläche $\boldsymbol{x} = \boldsymbol{p}(\boldsymbol{u})$. Diese ist als quadratische Form zu interpretieren mit der zugehörigen positiv definiten Koeffizientenmatrix

$$\begin{pmatrix} E & F \\ F & G \end{pmatrix} .$$

Mit dieser Bezeichnung erhält man für das Oberflächenelement:

$$\mathrm{d}o = \sqrt{EG - F^2}\,\mathrm{d}(u_1, u_2) . \tag{19.14}$$

Beispiel (19.61)
Wir berechnen nochmals die Oberfläche einer Halbkugel, vgl. Beispiel 19.58,

$$S_2^+ := \left\{ \boldsymbol{x} \in \mathbb{R}^3 : x_1^2 + x_2^2 + x_3^2 - R^2 = 0 \,\wedge\, x_3 \geq 0 \right\}$$

und verwenden zur Parametrisierung Kugelkoordinaten

$$\boldsymbol{x} = R \begin{pmatrix} \cos\varphi\cos\theta \\ \sin\varphi\cos\theta \\ \sin\theta \end{pmatrix}, \quad (\varphi, \theta) \in [0, 2\pi] \times [0, \pi/2] \,.$$

Mit den Ableitungen

$$\frac{\partial \boldsymbol{p}}{\partial \varphi} = R \begin{pmatrix} -\sin\varphi\cos\theta \\ \cos\varphi\cos\theta \\ 0 \end{pmatrix}, \quad \frac{\partial \boldsymbol{p}}{\partial \theta} = R \begin{pmatrix} -\cos\varphi\sin\theta \\ -\sin\varphi\sin\theta \\ \cos\theta \end{pmatrix}$$

und (19.13) erhält man die folgenden Koeffizienten der ersten Fundamentalform

$$E = R^2\cos^2\theta\,, \quad F = 0\,, \quad G = R^2\,.$$

Damit folgt $\mathrm{d}o = R^2\cos\theta\,\mathrm{d}(\varphi, \theta)$ und man erhält für die Oberfläche der Halbkugel

$$O = \int\limits_{S_2^+} \mathrm{d}o = \int\limits_0^{\pi/2}\int\limits_0^{2\pi} R^2\cos\theta\,\mathrm{d}\varphi\,\mathrm{d}\theta = 2\pi R^2 \sin\theta\Big|_0^{\pi/2} = 2\pi R^2\,.$$

In Analogie zu den Kurvenintegralen, vgl. (19.5) und Definition 19.32, lassen sich mittels des Oberflächenelements do einer Fläche auch Oberflächenintegrale von skalaren bzw. vektorwertigen Funktionen definieren. Auch hierbei unterscheidet man zwischen Oberflächenintegralen erster und zweiter Art.

Definition (19.62)
Sei $\boldsymbol{x} = \boldsymbol{p}(\boldsymbol{u})$ eine C^1-Parametrisierung einer Fläche $F = \boldsymbol{p}(K)$. Dabei sei $K \subset D \subset \mathbb{R}^2$ eine kompakte, messbare und zusammenhängende Teilmenge eines Gebietes D und $\boldsymbol{p}\colon D \to \mathbb{R}^3$.

a) Für eine stetige Funktion $f\colon F \to \mathbb{R}$ definiert man das **Oberflächenintegral erster Art** durch

$$\int\limits_F f(\boldsymbol{x})\,\mathrm{d}o := \int\limits_K f(\boldsymbol{p}(\boldsymbol{u})) \cdot \left\| \frac{\partial \boldsymbol{p}}{\partial u_1} \times \frac{\partial \boldsymbol{p}}{\partial u_2} \right\| \mathrm{d}\boldsymbol{u}\,.$$

b) Für ein stetiges Vektorfeld $\boldsymbol{f}\colon F \to \mathbb{R}^3$ definiert man das **Oberflächenintegral zweiter Art** durch

$$\int\limits_F \boldsymbol{f}(\boldsymbol{x})\,\mathrm{d}\boldsymbol{o} := \int\limits_F \langle \boldsymbol{f}(\boldsymbol{x}), \boldsymbol{n}(\boldsymbol{x}) \rangle\,\mathrm{d}o = \int\limits_K \left\langle \boldsymbol{f}(\boldsymbol{p}(\boldsymbol{u})), \frac{\partial \boldsymbol{p}}{\partial u_1} \times \frac{\partial \boldsymbol{p}}{\partial u_2} \right\rangle \mathrm{d}\boldsymbol{u}\,.$$

Hierbei bezeichnet $\boldsymbol{n}(\boldsymbol{x})$ den **Einheitsnormalenvektor** der Fläche F bezüglich der Parametrisierung $\boldsymbol{x} = \boldsymbol{p}(\boldsymbol{u})$. Dieser ist gegeben durch:

$$\boldsymbol{n}(\boldsymbol{x}) := \left(\frac{\partial \boldsymbol{p}}{\partial u_1} \times \frac{\partial \boldsymbol{p}}{\partial u_2}\right) \Big/ \left\| \frac{\partial \boldsymbol{p}}{\partial u_1} \times \frac{\partial \boldsymbol{p}}{\partial u_2} \right\| , \quad \boldsymbol{x} = \boldsymbol{p}(\boldsymbol{u}) .$$

Bemerkungen (19.63)

a) Es sei angemerkt, dass der Einheitsnormalenvektor durch die Gestalt der Fläche F nur bis auf das Vorzeichen eindeutig festgelegt ist. Eine Vertauschung der Koordinaten u_1 und u_2 in der Parametrisierung $\boldsymbol{x} = \boldsymbol{p}(\boldsymbol{u})$ von F ändert das Vorzeichen von $\boldsymbol{n}(\boldsymbol{x})$.

b) Im Fall einer geschlossenen Fläche, d. h. F ist „glatte" Oberfläche eines kompakten, einfach zusammenhängenden Körpers im $\mathbb{R}^3$, werden die Oberflächenintegrale wieder mit

$$\oint_F f(\boldsymbol{x})\,\mathrm{d}o \quad \text{bzw.} \quad \oint_F \boldsymbol{f}(\boldsymbol{x})\,\mathrm{d}\boldsymbol{o}$$

bezeichnet.
In diesem Fall wird die Parametrisierung der Fläche so gewählt, dass der Einheitsnormalenvektor $\boldsymbol{n}(\boldsymbol{x})$ nach außen weist (äußere Normale).

c) Die Oberflächenintegrale lassen sich wiederum physikalisch deuten: Ist $\rho = \rho(\boldsymbol{x})$ die Dichte (Masse pro Flächeneinheit) einer massebelegten Fläche $F = \boldsymbol{p}(K)$, so ist die Gesamtmasse der Fläche gegeben durch das Oberflächenintegral $\int_F \rho(\boldsymbol{x})\,\mathrm{d}o$.
Bezeichnet $\boldsymbol{f} = \boldsymbol{f}(\boldsymbol{x})$ das Geschwindigkeitsfeld der stationären Strömung einer Flüssigkeit oder eines Gases, so gibt das Oberflächenintegral $\int_F \boldsymbol{f}(\boldsymbol{x})\,\mathrm{d}\boldsymbol{o}$ das Volumen der Flüssigkeit oder des Gases an, das pro Zeiteinheit durch die Fläche F hindurchtritt. Man nennt das Oberflächenintegral $\int_F \boldsymbol{f}(\boldsymbol{x})\,\mathrm{d}\boldsymbol{o}$ daher auch den **Fluss** des Vektorfeldes $\boldsymbol{f}$ durch die Fläche F, vgl. Abb. 19.19.

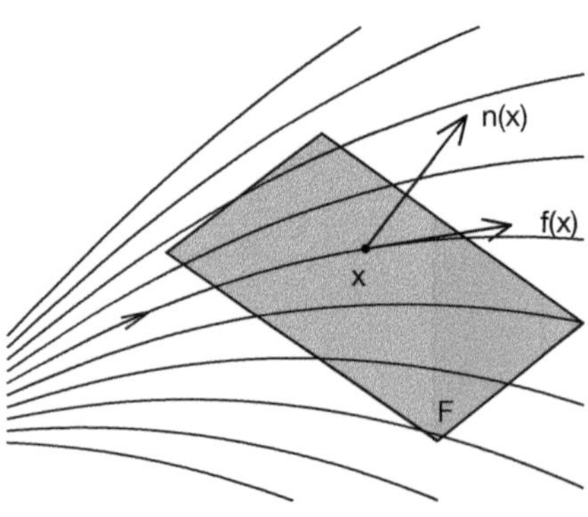

Abb. 19.19 Fluss durch eine Fläche.

In Analogie zum Integralsatz von Green in der Version (19.10) ergibt sich der Gesamtfluss eines Vektorfeldes $\boldsymbol{f}(\boldsymbol{x})$ durch die Oberfläche eines Körpers als Summe aller inneren Quellen und Senken der Strömung. Dies wird beschrieben durch den folgenden Integralsatz von Gauß:

Satz (19.64): Integralsatz von Gauß
Es sei $G \subset \mathbb{R}^3$ ein kompakter und messbarer Standardbereich, d. h., G sei bezüglich jeder Koordinate projizierbar. Der Rand ∂G bestehe aus endlich vielen glatten Flächenstücken mit äußerer Normalen $\boldsymbol{n}(\boldsymbol{x})$.
Ist $\boldsymbol{f} : D \to \mathbb{R}^3$ ein C^1-Vektorfeld mit $G \subset D$, so gilt

$$\int_G \operatorname{div} \boldsymbol{f}(\boldsymbol{x})\,\mathrm{d}\boldsymbol{x} = \oint_{\partial G} \boldsymbol{f}(\boldsymbol{x})\,\mathrm{d}\boldsymbol{o}\,.$$

Beweis.
Wir betrachten die Projektion von G bezüglich der z-Achse. Mit den Bezeichnungen der nachfolgenden Abb. 19.20 gilt dann:

$$\int_G \frac{\partial f_3}{\partial z}\,\mathrm{d}\boldsymbol{x} = \int_{G_z}\int_{z_1}^{z_2} \frac{\partial f_3}{\partial z}\,\mathrm{d}z\,\mathrm{d}(x,y) = \int_{G_z} [f_3(x,y,z_2) - f_3(x,y,z_1)]\,\mathrm{d}(x,y)\,.$$

Die rechte Seite lässt sich nun als Oberflächenintegral über den Rand ∂G deuten. Wir teilen den Rand auf in den oberen Teil ∂G^+, beschrieben durch $z = z_2(x, y)$, und den unteren Teil ∂G^- mit $z = z_1(x, y)$, vgl. Abb. 19.20.

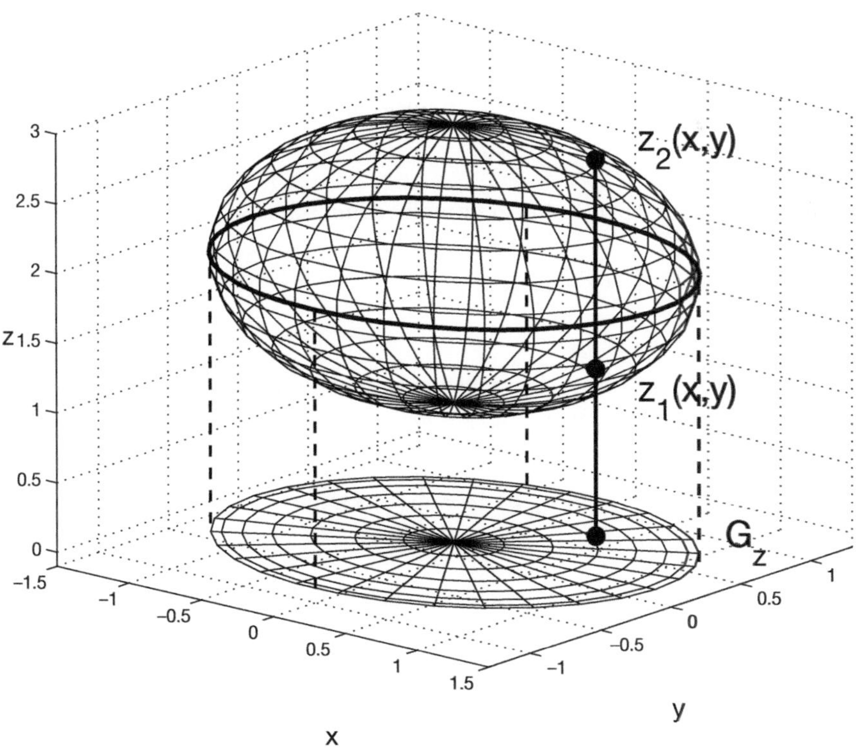

Abb. 19.20 Projektion in z-Richtung.

Für ∂G^+ hat man somit die Parameterdarstellung:

$$\boldsymbol{p}(x, y) := (x,\ y,\ z_2(x, y))^{\mathrm{T}}\ , \quad (x, y) \in G_z\ .$$

Damit wird $\boldsymbol{p}_x = (1,\ 0,\ \frac{\partial z_2}{\partial x})^{\mathrm{T}}\ ,\quad \boldsymbol{p}_y = (0,\ 1,\ \frac{\partial z_2}{\partial y})^{\mathrm{T}}$, und für die äußere Normale ergibt sich

$$\boldsymbol{n}(x, y, z_2) = \frac{\left(-\frac{\partial z_2}{\partial x},\ -\frac{\partial z_2}{\partial y},\ 1\right)^{\mathrm{T}}}{\sqrt{1 + \left(\frac{\partial z_2}{\partial x}\right)^2 + \left(\frac{\partial z_2}{\partial y}\right)^2}}\ .$$

Hiermit folgt weiter nach Definition des Oberflächenintegrals erster Art

$$\begin{aligned}\int\limits_{G_z} f_3(x, y, z_2)\,\mathrm{d}(x, y) &= \int\limits_{\partial G^+} \frac{f_3(x, y, z)}{\sqrt{1 + \left(\frac{\partial z_2}{\partial x}\right)^2 + \left(\frac{\partial z_2}{\partial y}\right)^2}}\,\mathrm{d}o \\ &= \int\limits_{\partial G^+} f_3(\boldsymbol{x})\langle \boldsymbol{e}_3, \boldsymbol{n}\rangle\,\mathrm{d}o\ .\end{aligned}$$

Analog ergibt sich für den unteren Rand ∂G^- mit der äußeren Normalen $\boldsymbol{n}$:

$$\int\limits_{G_z} f_3(x, y, z_1)\,\mathrm{d}(x, y) = -\int\limits_{\partial G^-} f_3(\boldsymbol{x})\langle \boldsymbol{e}_3, \boldsymbol{n}\rangle\,\mathrm{d}o\ .$$

Die Differenz dieser beiden Integrale ergibt damit schließlich:

$$\int\limits_G \frac{\partial f_3}{\partial z}\,\mathrm{d}\boldsymbol{x} = \oint\limits_{\partial G} f_3(\boldsymbol{x})\langle \boldsymbol{e}_3, \boldsymbol{n}\rangle\,\mathrm{d}o\ .$$

Analoge Beziehungen ergeben sich nun aus den Projektionen von G bezüglich der x- und der y-Achse, also:

$$\int\limits_G \frac{\partial f_j}{\partial x_j}\,\mathrm{d}\boldsymbol{x} = \oint\limits_{\partial G} f_j(\boldsymbol{x})\langle \boldsymbol{e}_j, \boldsymbol{n}\rangle\,\mathrm{d}o = \oint\limits_{\partial G} \langle f_j(\boldsymbol{x})\boldsymbol{e}_j, \boldsymbol{n}\rangle\,\mathrm{d}o\ , \quad j = 1, 2, 3\ .$$

Die Summation dieser drei Beziehungen liefert die Behauptung des Gaußschen Integralsatzes. ■

Beispiel (19.65)
Wir betrachten das Vektorfeld $f(\boldsymbol{x}) := \boldsymbol{x}$ und wählen als „Testkörper" die euklidische Einheitskugel $K = \{\boldsymbol{x} \in \mathbb{R}^3 : \|\boldsymbol{x}\|_2 \leq 1\}$.

Wegen $\operatorname{div} \boldsymbol{x} = 3$ folgt unmittelbar

$$\int_K \operatorname{div} f(\boldsymbol{x})\, \mathrm{d}\boldsymbol{x} = 3 \cdot \operatorname{vol}(K) = 4\pi \,.$$

Das Oberflächenintegral wird mit Hilfe der Parametrisierung mittels Kugelkoordinaten

$$\boldsymbol{p}(\varphi, \theta) = \begin{pmatrix} \cos\varphi \cos\theta \\ \sin\varphi \cos\theta \\ \sin\theta \end{pmatrix}, \quad 0 \leq \varphi \leq 2\pi \,, \quad -\pi/2 \leq \theta \leq \pi/2 \,,$$

berechnet. Man findet:

$$\frac{\partial \boldsymbol{p}}{\partial \varphi} \times \frac{\partial \boldsymbol{p}}{\partial \theta} = \cos\theta \cdot \boldsymbol{p}(\varphi, \theta) \,, \quad \text{also}$$
$$\boldsymbol{n} = \boldsymbol{p}(\varphi, \theta) \,, \quad \mathrm{d}o = \cos\theta \, \mathrm{d}(\varphi, \theta) \,.$$

Damit folgt:

$$\oint_{\partial K} \boldsymbol{f}(\boldsymbol{x})\, \mathrm{d}\boldsymbol{o} = \oint_{\partial K} \langle \boldsymbol{x}, \boldsymbol{n} \rangle \, \mathrm{d}o = \int_{-\pi/2}^{\pi/2} \int_0^{2\pi} \|\boldsymbol{p}(\varphi, \theta)\|^2 \cos\theta \, \mathrm{d}\varphi \, \mathrm{d}\theta = 4\pi \,.$$

Als eine Folgerung des Gaußschen Integralsatzes ergeben sich die Greenschen Formeln:

Satz (19.66): Formeln von Green
$G \subset \mathbb{R}^3$ erfülle die Voraussetzungen des Gaußschen Integralsatzes. Für C^2-Funktionen $f, g\colon D \to \mathbb{R}$, $G \subset D$, gelten dann die Relationen:

$$\int_G (f \Delta g + \langle \boldsymbol{\nabla} f, \boldsymbol{\nabla} g \rangle)\, \mathrm{d}\boldsymbol{x} = \oint_{\partial G} f \frac{\partial g}{\partial \boldsymbol{n}} \, \mathrm{d}o$$

$$\int_G (f \Delta g - g \Delta f)\, \mathrm{d}\boldsymbol{x} = \oint_{\partial G} \left(f \frac{\partial g}{\partial \boldsymbol{n}} - g \frac{\partial f}{\partial \boldsymbol{n}} \right) \mathrm{d}o$$

Hierbei bezeichnet $\frac{\partial f}{\partial n}(\boldsymbol{x}) := D_{\boldsymbol{n}} f(\boldsymbol{x})$, $\boldsymbol{x} \in \partial G$, die Richtungsableitung von f in Richtung des äußeren Normaleneinheitsvektors $\boldsymbol{n}(\boldsymbol{x})$; vgl. auch Definition 17.33.

Beweis.
Mit $\boldsymbol{F}(\boldsymbol{x}) := f(\boldsymbol{x}) \cdot \boldsymbol{\nabla} g(\boldsymbol{x})$ folgt

$$\begin{aligned}\operatorname{div} \boldsymbol{F} &= \frac{\partial}{\partial x_1}\left(f \cdot \frac{\partial g}{\partial x_1}\right) + \frac{\partial}{\partial x_2}\left(f \cdot \frac{\partial g}{\partial x_2}\right) + \frac{\partial}{\partial x_3}\left(f \cdot \frac{\partial g}{\partial x_3}\right) \\ &= f \cdot \Delta g + \langle \boldsymbol{\nabla} f, \boldsymbol{\nabla} g \rangle .\end{aligned}$$

Die Anwendung des Integralsatzes von Gauß ergibt nun

$$\begin{aligned}\int_G (f \cdot \Delta g + \langle \boldsymbol{\nabla} f, \boldsymbol{\nabla} g \rangle)\, \mathrm{d}\boldsymbol{x} &= \int_G \operatorname{div} \boldsymbol{F}\, \mathrm{d}\boldsymbol{x} = \oint_{\partial G} \langle \boldsymbol{F}, \boldsymbol{n} \rangle\, \mathrm{d}o \\ &= \oint_{\partial G} f \cdot \langle \boldsymbol{\nabla} g, \boldsymbol{n} \rangle\, \mathrm{d}o = \oint_{\partial G} f \cdot \frac{\partial g}{\partial \boldsymbol{n}}\, \mathrm{d}o .\end{aligned}$$

Vertauscht man in der ersten Greenschen Formel die Rollen von f und g und subtrahiert diese Relation von der ersten Greenschen Formel, so erhält man die zweite Formel. ■

Folgerung (19.67)
Eine Menge $G \subset \mathbb{R}^3$ erfülle wieder die Voraussetzungen des Gaußschen Integralsatzes. Wir betrachten nun die folgenden beiden Randwertaufgaben:

Dirichletsches[4] Problem (Erste Randwertaufgabe):
Gesucht ist eine auf G (einschließlich Rand) stetige Funktion u mit

$$\begin{aligned}\Delta u &= 0, \qquad \forall\, \boldsymbol{x} \in G^0 \\ u(\boldsymbol{x}) &= h(\boldsymbol{x}), \quad \forall\, \boldsymbol{x} \in \partial G .\end{aligned} \tag{19.15}$$

Dabei ist h eine vorgegebene stetige Funktion auf dem Rand ∂G.

Neumannsches[5] Problem (Zweite Randwertaufgabe):
Gesucht ist eine auf G (einschließlich Rand) stetige Funktion u mit

$$\begin{aligned}\Delta u &= 0, \qquad \forall\, \boldsymbol{x} \in G^0 \\ \frac{\partial u}{\partial \boldsymbol{n}}(\boldsymbol{x}) &= g(\boldsymbol{x}), \quad \forall\, \boldsymbol{x} \in \partial G .\end{aligned} \tag{19.16}$$

g ist hierbei eine vorgegebene stetige Funktion auf ∂G.

Beide Randwertaufgaben haben vielfältige Anwendungen in Physik und Ingenieurwissenschaften.

Mit Hilfe der Greenschen Formeln erhalten wir nun sehr einfach eine **Eindeutigkeitsaussage** für beide Arten von Randwertaufgaben. Sind nämlich u und v Lösungen der Dirichletschen bzw. der Neumannschen Randwertaufgabe, so folgt mit

$$f(\boldsymbol{x}) := g(\boldsymbol{x}) := u(\boldsymbol{x}) - v(\boldsymbol{x})$$

aus der ersten Greenschen Formel:

$$\int_G \|\boldsymbol{\nabla} f\|^2\, \mathrm{d}\boldsymbol{x} = \oint_{\partial G} f \cdot \frac{\partial f}{\partial \boldsymbol{n}}\, \mathrm{d}o = 0 .$$

Letzteres gilt, da $f = 0$ auf ∂G für die Dirichletschen Randwertaufgabe bzw. $\frac{\partial f}{\partial n} = 0$ auf ∂G für die Neumannsche Randwertaufgabe erfüllt ist.

Daraus folgt, dass ∇f auf G^0 verschwindet. Aus Stetigkeitsgründen ist daher f auf ganz G konstant.

Für die Dirichletschen Randwertaufgabe verschwindet f auf ∂G, somit gilt $f(\boldsymbol{x}) = 0$ für alle $\boldsymbol{x} \in G$. Die beiden Lösungen u und v stimmen also auf G überein. Für die Neumannsche Randwertaufgabe lässt sich lediglich $u(\boldsymbol{x}) = v(\boldsymbol{x}) + C$, $C = \text{const.}$ folgern, d. h., eine Lösung dieser Randwertaufgabe ist nur bis auf eine additive Konstante eindeutig bestimmt.

Zum Abschluss gehen wir noch auf eine Verallgemeinerung des Greenschen Integralsatzes der Ebene, vgl. Satz 19.45, ein. Die Aussage dieses Satzes gilt nämlich analog für glatte Flächenstücke im $\mathbb{R}^3$:

Satz (19.68): Integralsatz von Stokes[6]
Sei $\boldsymbol{f}: D \to \mathbb{R}^3$ ein C^1-Vektorfeld auf einem Gebiet $D \subset \mathbb{R}^3$. $F = \boldsymbol{p}(K)$ sei eine Fläche in D, $F \subset D$, mit der Parameterdarstellung $\boldsymbol{x} = \boldsymbol{p}(\boldsymbol{u})$, $\boldsymbol{u} \in \mathbb{R}^2$.

$K \subset \mathbb{R}^2$ sei ein Greenscher Bereich. Der Rand ∂K werde durch eine stückweise glatte C^1-Kurve $\boldsymbol{c}$ parametrisiert, derer Bild $\tilde{\boldsymbol{c}}(t) := \boldsymbol{p}(\boldsymbol{c}(t))$ dann den „Rand" ∂F der Fläche F parametrisiert.

Die Orientierung der Randkurve $\tilde{\boldsymbol{c}}$ sei hierbei so gewählt, dass $\boldsymbol{n}(\tilde{\boldsymbol{c}}(t)) \times \dot{\tilde{\boldsymbol{c}}}(t)$ in Richtung der Fläche weist, vgl. Abb. 19.21. Dann gilt:

$$\int_F \operatorname{rot} \boldsymbol{f}(\boldsymbol{x})\, \mathrm{d}\boldsymbol{o} = \oint_{\partial F} \boldsymbol{f}(\boldsymbol{x})\, \mathrm{d}\boldsymbol{x}$$

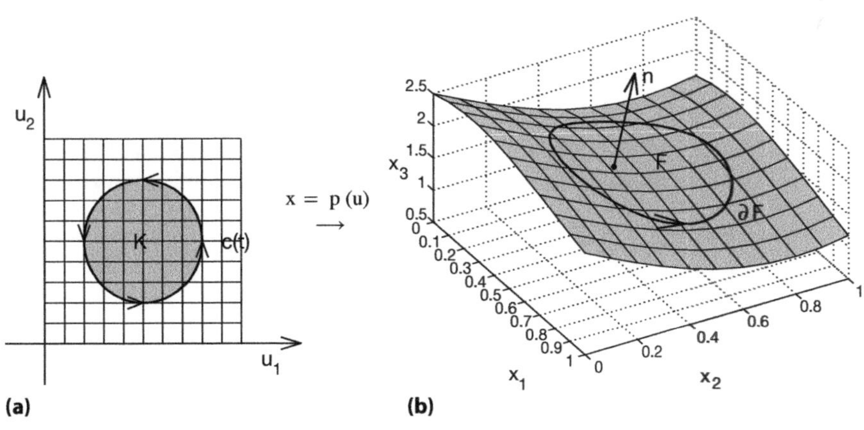

Abb. 19.21 Zum Integralsatz von Stokes.

4) Gustav Peter Lejeune Dirichlet (1805–1859); Paris, Breslau, Berlin, Göttingen.
5) Franz Ernst Neumann (1798–1895); Königsberg.
6) George Gabriel Stokes (1819–1903); Cambridge.

Beweis.
Zunächst ist

$$
\begin{aligned}
&\int_F \operatorname{rot} \boldsymbol{f}(\boldsymbol{x})\, \mathrm{d}\boldsymbol{o} \\
&\quad = \int_F \langle \operatorname{rot} \boldsymbol{f}, \boldsymbol{n}\rangle \, \mathrm{d}o \\
&\quad = \int_F \left[\left(\frac{\partial f_3}{\partial y} - \frac{\partial f_2}{\partial z}\right) n_1 + \left(\frac{\partial f_1}{\partial z} - \frac{\partial f_3}{\partial x}\right) n_2 + \left(\frac{\partial f_2}{\partial x} - \frac{\partial f_1}{\partial y}\right) n_3\right] \mathrm{d}o \\
&\quad = \int_F \left(\frac{\partial f_1}{\partial z} n_2 - \frac{\partial f_1}{\partial y} n_3\right) \mathrm{d}o + \int_F \left(\frac{\partial f_2}{\partial x} n_3 - \frac{\partial f_2}{\partial z} n_1\right) \mathrm{d}o \\
&\qquad + \int_F \left(\frac{\partial f_3}{\partial y} n_1 - \frac{\partial f_3}{\partial x} n_2\right) \mathrm{d}o \\
&\quad =: I_1 + I_2 + I_3 \,.
\end{aligned}
$$

Mit Hilfe der Normalenrichtung

$$
\frac{\partial \boldsymbol{p}}{\partial u} \times \frac{\partial \boldsymbol{p}}{\partial v} = \begin{pmatrix} y_u z_v - y_v z_u \\ -x_u z_v + x_v z_u \\ x_u y_v - x_u y_v \end{pmatrix}
$$

lassen sich die Einzelintegrale weiter umformen. Für I_1 ergibt sich beispielsweise:

$$
I_1 = \int_K \left[\frac{\partial f_1}{\partial z} (-x_u z_v + x_v z_u) - \frac{\partial f_1}{\partial y} (x_u y_v - x_v y_u)\right] \mathrm{d}(u, v) \,.
$$

Vereinfachend nehmen wir nun an, dass die Parametrisierung $\boldsymbol{x} = \boldsymbol{p}(u, v)$ sogar eine C^2-Funktion sei. Dann lässt sich obiges Integral weiter umformen zu:

$$
I_1 = \int_K \left(\frac{\partial}{\partial u} \left[f_1(\boldsymbol{p}(u, v)) x_v\right] - \frac{\partial}{\partial v} \left[f_1(\boldsymbol{p}(u, v)) x_u\right]\right) \mathrm{d}(u, v) \,.
$$

Beide Teilintegrale von I_1 lassen sich nun nach dem Beweis des Greenschen Integralsatzes, vgl. Satz 19.45, in ein Kurvenintegral über den Rand ∂K umwandeln. Dabei sei ∂K parametrisiert in Form einer stückweisen C^1-Kurve $\boldsymbol{c}(t)$, $a \le t \le b$. Das Bild hiervon $\widetilde{\boldsymbol{c}}(t) := \boldsymbol{p}(\boldsymbol{c}(t))$ ist dann eine Parametrisierung von ∂F, vgl. Abb. 19.21.

Damit folgt für I_1:

$$
I_1 = \oint_{\boldsymbol{c}} f_1(\boldsymbol{p}(u, v)) x_v \, \mathrm{d}v + \oint_{\boldsymbol{c}} f_1(\boldsymbol{p}(u, v)) x_u \, \mathrm{d}u = \oint_{\widetilde{\boldsymbol{c}}} f_1(\boldsymbol{x}) \, \mathrm{d}x \,.
$$

Auf analoge Weise erhält man für die anderen beiden Integrale:

$$I_2 = \oint_{\tilde{c}} f_2(\boldsymbol{x})\,\mathrm{d}y\,, \quad I_3 = \oint_{\tilde{c}} f_3(\boldsymbol{x})\,\mathrm{d}z\,.$$

Die Summation der drei Integrale liefert schließlich die Behauptung:

$$\int_F \operatorname{rot} \boldsymbol{f}(\boldsymbol{x})\,\mathrm{d}\boldsymbol{o} = \oint_{\tilde{c}} \boldsymbol{f}(\boldsymbol{x})\,\mathrm{d}\boldsymbol{x} = \oint_{\partial F} \boldsymbol{f}(\boldsymbol{x})\,\mathrm{d}\boldsymbol{x}\,. \qquad \blacksquare$$

Beispiel (19.69)
Für die Zirkulation des Vektorfeldes $\boldsymbol{f}(x, y, z) := (-y,\ x,\ -z)^{\mathrm{T}}$ längs des Kreises $\tilde{c}(t) := (\cos t,\ \sin t,\ 0)^{\mathrm{T}}$, $0 \le t \le 2\pi$, findet man

$$\oint_{\tilde{c}} \boldsymbol{f}(\boldsymbol{x})\,\mathrm{d}\boldsymbol{x} = \int_0^{2\pi} (-\sin t,\ \cos t,\ 0) \begin{pmatrix} -\sin t \\ \cos t \\ 0 \end{pmatrix} \mathrm{d}t = 2\pi\,.$$

Andererseits ist $\operatorname{rot} \boldsymbol{f} = (0,\ 0,\ 2)^{\mathrm{T}}$. Als von der Kurve $\tilde{c}$ berandete Fläche wählen wir die obere Kugelhälfte mit der Parametrisierung durch Kugelkoordinaten

$$\boldsymbol{x} = \boldsymbol{p}(\varphi, \theta) = \begin{pmatrix} \cos\varphi\cos\theta \\ \sin\varphi\cos\theta \\ \sin\theta \end{pmatrix}, \quad 0 \le \varphi \le 2\pi\,, \quad 0 \le \theta \le \pi/2\,,$$

Analog zu Beispiel 19.65 ergibt sich hiermit für das Oberflächenintegral:

$$\begin{aligned} \int_F \operatorname{rot} \boldsymbol{f}(\boldsymbol{x})\,\mathrm{d}\boldsymbol{o} &= \int_0^{\pi/2}\int_0^{2\pi} (0, 0, 2) \begin{pmatrix} \cos\varphi\cos\theta \\ \sin\varphi\cos\theta \\ \sin\theta \end{pmatrix} \cos\theta\,\mathrm{d}\varphi\,\mathrm{d}\theta \\ &= 2\pi \int_0^{\pi/2} 2\sin\theta\cos\theta\,\mathrm{d}\theta = 2\pi\,. \end{aligned}$$

Eine wichtige Anwendung des Stokesssches und des Gaußschen Integralsatzes findet man in den Grundgesetzen der Elektrodynamik. Die sogenannten **Maxwellschen**[7] **Gleichungen** lauten in integraler Form:

$$\begin{aligned} \int_c \boldsymbol{H}\,\mathrm{d}\boldsymbol{x} &= \frac{1}{c}\int_F \left(4\pi \boldsymbol{J} + \frac{\partial \boldsymbol{D}}{\partial t}\right)\mathrm{d}\boldsymbol{o} \\ \int_c \boldsymbol{E}\,\mathrm{d}\boldsymbol{x} &= -\frac{1}{c}\frac{\partial}{\partial t}\int_F \boldsymbol{B}\,\mathrm{d}\boldsymbol{o} \end{aligned} \tag{19.17}$$

$$\begin{aligned} \int_{\partial V} \boldsymbol{D}\,\mathrm{d}\boldsymbol{o} &= 4\pi \int_V \rho\,\mathrm{d}\boldsymbol{x} \\ \int_{\partial V} \boldsymbol{B}\,\mathrm{d}\boldsymbol{o} &= 0\,. \end{aligned} \tag{19.18}$$

7) James Clerk Maxwell (1831–1879); Aberdeen, London, Cambridge.

Hierbei bezeichnen $\boldsymbol{H} = \boldsymbol{H}(\boldsymbol{x}, t)$ die magnetische Feldstärke, $\boldsymbol{E} = \boldsymbol{E}(\boldsymbol{x}, t)$ die elektrische Feldstärke, $\boldsymbol{B}$ die magnetische Induktion ($\boldsymbol{B} = \mu\boldsymbol{H}$), $\boldsymbol{D}$ die dielektrische Verschiebung ($\boldsymbol{D} = \varepsilon\boldsymbol{E}$), ρ die Ladungsdichte und $\boldsymbol{J}$ den Leitungsstrom. Schließlich sind ε die Dielektrizitätskonstante, μ die magnetische Permeabilität und c die Lichtgeschwindigkeit.

In (19.17) werden $\boldsymbol{H}$ und $\boldsymbol{E}$ über einen geschlossenen Weg $\boldsymbol{c}$ integriert, der eine Fläche F im $\mathbb{R}^3$ berandet. In (19.18) werden die Oberflächenintegrale von $\boldsymbol{D}$ und $\boldsymbol{B}$ über den Rand eines Standardbereichs V gebildet.

Mittels des Stokesschen Satzes lassen sich die linken Seiten von (19.17) nun ebenfalls in Flächenintegrale umwandeln, und man erhält:

$$\int_F \left(\operatorname{rot} \boldsymbol{H} - \frac{4\pi}{c}\boldsymbol{J} - \frac{1}{c}\frac{\partial \boldsymbol{D}}{\partial t}\right) \mathrm{d}\boldsymbol{o} = 0$$

$$\int_F \left(\operatorname{rot} \boldsymbol{E} + \frac{1}{c}\frac{\partial}{\partial t}\boldsymbol{B}\right) \mathrm{d}\boldsymbol{o} = 0\,.$$

Da diese Beziehungen nun für *jedes* Flächenstück F gelten müssen, können sie nur erfüllt sein, falls die Integranden selber verschwinden, also

$$\begin{aligned} \operatorname{rot} \boldsymbol{H} &= \frac{4\pi}{c}\boldsymbol{J} + \frac{1}{c}\frac{\partial \boldsymbol{D}}{\partial t} \\ \operatorname{rot} \boldsymbol{E} &= -\frac{1}{c}\frac{\partial \boldsymbol{B}}{\partial t}\,. \end{aligned} \tag{19.19}$$

Auf analogem Weg erhält man durch Anwendung des Gaußschen Integralsatzes aus (19.18) die Beziehungen

$$\begin{aligned} \operatorname{div} \boldsymbol{D} &= 4\pi\rho \\ \operatorname{div} \boldsymbol{B} &= 0\,. \end{aligned} \tag{19.20}$$

Dies sind gerade die Maxwellschen Gleichungen in differentieller Form. Für weitere Untersuchungen der Maxwellschen Gleichungen sei auf spätere Abschnitte verwiesen.

20
Gewöhnliche Differentialgleichungen

20.1 Einführung und Beispiele

Viele Gesetze der Natur- und Ingenieurwissenschaften, aber auch Modellierungsansätze aus anderen Anwendungsbereichen der Mathematik, beispielsweise der Wirtschaftswissenschaften, lassen sich mittels Gleichungen formulieren, in denen neben den gesuchten Funktionen auch deren Ableitungen auftreten. Sind die gesuchten Größen hierbei Funktionen von *einer* reellen Variablen, diese wird dann oftmals die Zeit sein, so spricht man von einer **gewöhnlichen Differentialgleichung**. Sind dagegen die gesuchten Größen Funktionen *mehrerer* reeller Variablen (etwa des Ortes $\boldsymbol{x} \in \mathbb{R}^3$, oder von Ort und Zeit $(\boldsymbol{x}, t) \in \mathbb{R}^4$), so sind die auftretenden Ableitungen partielle Ableitungen, und man spricht in diesem Fall von **partiellen Differentialgleichungen**.

Beide Arten von Differentialgleichungen sind uns in den bisherigen Untersuchungen schon an verschiedenen Stellen begegnet. Beispielsweise lassen sich die Relationen, die sich durch implizites Differenzieren ergeben, als Differentialgleichungen deuten. In den Beispielen 18.9 waren dies gewöhnliche Differentialgleichungen. Ein System partieller Differentialgleichungen haben wir beispielsweise im letzten Abschn. 19.3 mit den Maxwellschen Gleichungen der Elektrodynamik kennengelernt, vgl. (19.19) und (19.20).

In den folgenden Abschnitten wollen wir zunächst die grundlegenden analytischen und numerische Methoden zur Lösung *gewöhnlicher Differentialgleichungen* bzw. von Systemen gewöhnlicher Differentialgleichungen betrachten.

Definition (20.1)

a) Ein Gleichungssystem der Form
$$\boldsymbol{F}(t, \boldsymbol{y}(t), \boldsymbol{y}'(t), \dots, \boldsymbol{y}^{(m)}(t)) = \boldsymbol{0} \tag{20.1}$$
mit $\boldsymbol{F}\colon [a, b] \times \mathbb{R}^n \times \ldots \times \mathbb{R}^n \to \mathbb{R}^n$ heißt ein **System gewöhnlicher Differentialgleichungen** in **impliziter** Form. Die Funktion $\boldsymbol{F}$ wird hierbei als stetig differenzierbar vorausgesetzt. Wir suchen also eine C^m-Funktion $\boldsymbol{y}\colon [a, b] \to \mathbb{R}^n$, die (20.1) für alle $t \in [a, b]$ erfüllt. Tritt die Ableitung $\boldsymbol{y}^{(m)}$ in $\boldsymbol{F}$ explizit auf, so sagt man, die Differentialgleichung (20.1) hat die **Ordnung** m.
Lässt sich (20.1) nach $\boldsymbol{y}^{(m)}(t)$ auflösen, also
$$\boldsymbol{y}^{(m)}(t) = \boldsymbol{f}(t, \boldsymbol{y}(t), \boldsymbol{y}'(t), \dots, \boldsymbol{y}^{(m-1)}(t)), \tag{20.2}$$
so spricht man von einem **expliziten** Differentialgleichungssystem der Ordnung m.

Mathematik in den Ingenieur- und Naturwissenschaften 2, 5. Aufl.
Rainer Ansorge, Hans J. Oberle, Kai Rothe und Thomas Sonar.

b) Ein Differentialgleichungssystem (20.1) bzw. (20.2) heißt **autonom**, falls $\boldsymbol{F}$ bzw. $\boldsymbol{f}$ nicht *explizit* von der Zeit abhängt, d. h., falls also gilt:

$$\begin{aligned} &\boldsymbol{F}(\boldsymbol{y}(t), \boldsymbol{y}'(t), \dots, \boldsymbol{y}^{(m)}(t)) = \boldsymbol{0}\,, \quad \text{bzw.} \\ &\boldsymbol{y}^{(m)}(t) = \boldsymbol{f}(\boldsymbol{y}(t), \dots, \boldsymbol{y}^{(m-1)}(t))\,. \end{aligned} \tag{20.3}$$

Die Lösungskurven von autonomen Differentialgleichungssystems heißen auch die **Trajektorien** der Differentialgleichung.

c) Ein Differentialgleichungssystem (20.1) bzw. (20.2) heißt **linear**, falls die Gleichungen affin-linear in den abhängigen Variablen $\boldsymbol{y}(t), \dots, \boldsymbol{y}^{(m)}(t)$ sind, also

$$\begin{aligned} &\boldsymbol{F} = \sum_{k=0}^{m} \boldsymbol{A}_k(t)\boldsymbol{y}^{(k)}(t) - \boldsymbol{b}(t) = \boldsymbol{0}\,, \quad \text{bzw.} \\ &\boldsymbol{y}^{(m)}(t) + \sum_{k=0}^{m-1} \boldsymbol{A}_k(t)\boldsymbol{y}^{(k)}(t) = \boldsymbol{b}(t)\,. \end{aligned} \tag{20.4}$$

Hierbei sind die $\boldsymbol{A}_k(t) \in \mathbb{R}^{(n,n)}$ stetige Matrixfunktionen. Die (stetige) Funktion $\boldsymbol{b}(t) \in \mathbb{R}^n$ heißt die **Inhomogenität** der linearen Differentialgleichung (20.4).

Ein lineares Differentialgleichungssystem heißt **homogen**, falls $\boldsymbol{b} = \boldsymbol{0}$ ist, andernfalls **inhomogen**.

Im Folgenden wollen wir hauptsächlich die explizite Form eines Differentialgleichungssystems zugrunde legen. In aller Regel besitzt ein Differentialgleichungssystem unendlich viele Lösungen. Eine spezielle Lösung erhält man, wenn man zusätzliche Bedingungen, sogenannte Anfangs- oder Randbedingungen, an die Lösung stellt. Schreibt man etwa alle Koordinaten der gesuchten Funktion $\boldsymbol{y}$ an einer Stelle $t_0 = a$ vor, so spricht man von einer Anfangswertaufgabe oder von einem Anfangswertproblem.

Anfangswertaufgabe (20.2)

$$\begin{aligned} &\boldsymbol{y}'(t) = \boldsymbol{f}(t, \boldsymbol{y}(t))\,, \quad a \le t \le b\,, \quad \boldsymbol{y}(t) \in \mathbb{R}^n\,, \\ &\boldsymbol{y}(a) = \boldsymbol{y}_a \in \mathbb{R}^n \qquad (n \text{ Anfangsbedingungen})\,. \end{aligned}$$

Fließen dagegen in die geforderten Bedingungen Lösungsdaten $\boldsymbol{y}(t)$ an *mehreren* Stellen ein, beispielsweise an den Randpunkten des Intervalls $[a, b]$, so spricht man von einer Randwertaufgabe oder von einem Randwertproblem.

Randwertaufgabe (20.3)

$$\begin{aligned} &\boldsymbol{y}'(t) = \boldsymbol{f}(t, \boldsymbol{y}(t))\,, \quad a \le t \le b\,, \quad \boldsymbol{y}(t) \in \mathbb{R}^n\,, \\ &\boldsymbol{r}(\boldsymbol{y}(a), \boldsymbol{y}(b)) = \boldsymbol{0} \in \mathbb{R}^n \qquad (n \text{ Randbedingungen})\,. \end{aligned}$$

Wir wollen uns zunächst einige konkrete Anwendungsbeispiele für gewöhnliche Differentialgleichungen ansehen.

Beispiel (20.4): Bevölkerungsmodell I
Es bezeichnet $N(t)$ die Größe einer Population, etwa einer Bakterienpopulation auf einem ausreichend großem Nährboden. Dann gilt für die Änderung ΔN der Population in einem kleinen Zeitintervall Δt:

$$\frac{\Delta N}{\Delta t} \approx (b - d) \cdot N(t) .$$

Hierbei bezeichnet b die Geburtenrate und d die Sterberate der Population. Diese werden als konstant angenommen.

Für $\Delta t \to 0$ geht die obige Beziehung in eine Gleichheit über und man erhält die Differentialgleichung

$$N'(t) = \alpha \cdot N(t) , \quad \alpha := b - d .$$

Ist die Populationsgröße zu einem Zeitpunkt t_0 bekannt, $N(t_0) = N_0$, so ergibt sich die eindeutige Lösung

$$N(t) = N_0 e^{\alpha(t-t_0)} .$$

Das Verhalten von N bezeichnet man daher als **exponentielles Wachstum**.

Beispiel (20.5): Bevölkerungsmodell II
Es ist klar, dass exponentielles Wachstum nur so lange realistisch sein kann, wie Geburten- bzw. Sterberate nicht durch äußere Einflüsse, beispielsweise durch Nahrungsmangel oder Seuchen, beeinflusst werden. Nach einem Vorschlag des belgischen Mathematikers Verhulst[1)] kann man Wachstums- und Sterberate als von $N(t)$ affin-linear abhängiger Funktionen ansetzen. Man erhält dann die Differentialgleichung

$$N'(t) = \beta(N_\infty - N(t)) \cdot N(t) .$$

Die Lösung der zugehörigen Anfangswertaufgabe mit $N(t_0) = N_0 < N_\infty$ lautet

$$N(t) = \frac{N_\infty \cdot N_0}{N_0 + (N_\infty - N_0)e^{-\beta N_\infty (t-t_0)}} .$$

Man spricht hierbei auch von **logistischem Wachstum**, vgl. Abb. 20.1.

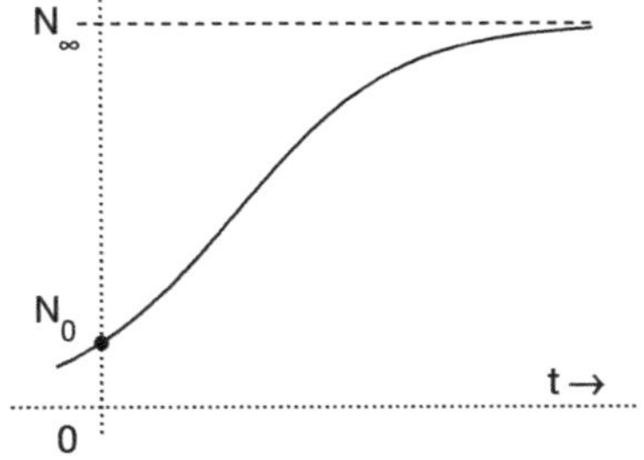

Abb. 20.1 Logistisches Wachstum.

1) Pierre-Francois Verhulst (1804–1849); Brüssel.

Bei einigen einfach strukturierten Lebewesen konnte tatsächlich logistisches Wachstumsverhalten nachgewiesen werden.

Beispiel (20.6): Regelkreisglied
Bei dem mechanischen System in Abb. 20.2 wird die vorgegebene Eingangsgröße $y_e(t)$ über eine Feder, beschrieben durch das Hookesche[2] Gesetz $K_F = k(y_e(t) - y_a(t))$, und ein Dämpfungsglied $K_D = r y_a'(t)$ zur gesuchten Ausgangsgröße $y_a(t)$ transformiert.

Die Bedingung des Kräftegleichgewichts liefert die folgende Differentialgleichung für y_a:

$$y_a'(t) = -\lambda y_a(t) + \lambda y_e(t) , \quad \lambda := k/r .$$

Bei vorgegebener Eingangsgröße y_e und vorgegebenem Anfangswert $y_a(t_0)$ liegt die Lösung der Anfangswertaufgabe für $t \geq t_0$ fest:

$$y_a(t) = y_a(t_0)e^{-\lambda(t-t_0)} + \lambda \int_{t_0}^{t} y_e(\tau)e^{\lambda(\tau-t)}\,d\tau .$$

In diesem Zusammenhang ist die folgende Frage von Interesse: Wie muss man bei einer vorgegebener Anfangsauslenkung $y_a(t_0) \neq 0$ die Eingangsfunktion $y_e(t)$, $t \geq t_0$, wählen, damit y_a möglichst schnell wieder den Gleichgewichtszustand $y_a = 0$ erreicht? Bei dieser Fragestellung handelt es sich um eine sogenannte **Aufgabe der optimalen Steuerung**.

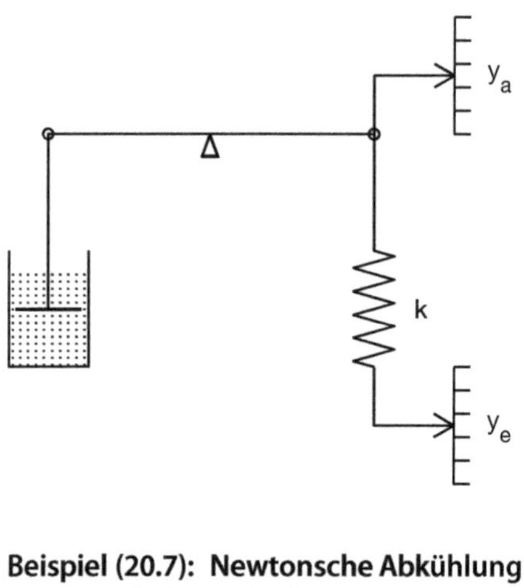

Abb. 20.2 Regelkreisglied.

Beispiel (20.7): Newtonsche Abkühlung
Die räumlich gemittelte Temperatur $T(t)$ eines homogenen Körpers lässt sich vereinfacht beschreiben durch die folgende lineare Differentialgleichung:

$$\frac{dT}{dt} = \frac{k \cdot F}{c \cdot m} (T_a(t) - T(t)) .$$

2) Robert Hooke (1635–1703); London.

Hierbei wird mit $T(t)$ die Temperatur des Körpers zur Zeit t, mit $T_a(t)$ die Außentemperatur, mit m die Masse des Körpers und mit F seine Oberfläche bezeichnet. c ist die spezifische Wärme und k ein Proportionalitätsfaktor.

Man beachte, dass die obige Differentialgleichung trotz unterschiedlicher physikalischer Bedeutung mit der des Beispiels 20.6 übereinstimmt. Damit ergibt sich für die Lösung der entsprechenden Anfangswertaufgabe:

$$T(t) = T(t_0)e^{-\lambda(t-t_0)} + \lambda \int_{t_0}^{t} T_a(\tau)e^{\lambda(\tau-t)}\, d\tau\,, \quad \lambda := (kF)/(cm)\,.$$

Beispiel (20.8): Elektrischer Schwingkreis

Wir betrachten einen elektrischen Schwingkreis mit Ohmschem Widerstand R, Induktivität L und Kapazität C, vgl. Abb. 20.3. Die Spannungsabfälle seien entsprechend mit U_R, U_L und U_C bezeichnet. Damit gelten die Beziehungen

$$U_R = I \cdot R\,, \quad U_L = L \cdot I'\,, \quad I = C \cdot U_C'\,,$$
$$U_R + U_L + U_C = U(t)\,.$$

Die angelegte Spannung $U(t)$ sei eine Wechselspannung der Form $U(t) = U_0 \sin(\omega t)$. Durch Differentiation der obigen Gleichung erhält man eine lineare Differentialgleichung zweiter Ordnung für die Stromstärke:

$$LI''(t) + RI'(t) + \frac{1}{C}I(t) = U_0\omega\cos(\omega t)\,. \tag{20.5}$$

Zur Festlegung einer speziellen Lösung dieser Differentialgleichung hat man zur Anfangszeit $t = 0$ noch die Anfangswerte $I(0)$ und $I'(0)$ vorzugeben.

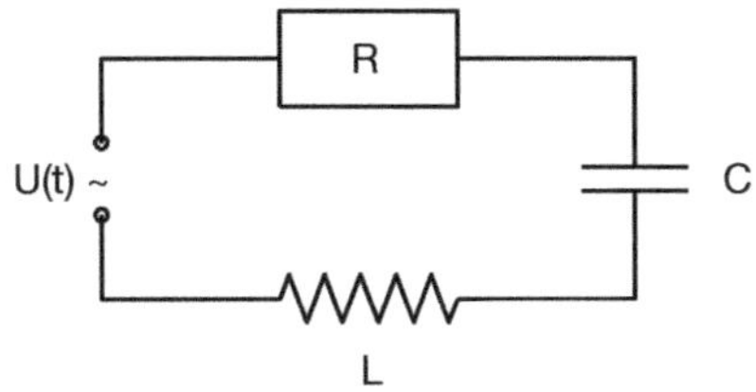

Abb. 20.3 Schwingkreis.

Beispiel (20.9): Das restringierte Dreikörperproblem

Wir wollen die Bewegung eines Satelliten im Kraftfeld von Erde und Mond berechnen.

Vereinfachend nehmen wir dazu an, dass die Bewegung aller drei Körper, Satellit, Erde und Mond, in einer Ebene erfolgt und dass Erde und Mond mit konstanter Winkelgeschwindigkeit und konstantem Abstand um den gemeinsamen Schwerpunkt rotieren. Die Bewegung des Satelliten wird dann in einem mitrotierenden Koordinatensystem beschrieben, dessen x-Achse durch die Schwerpunkte von Erde und Mond geht und dessen y-Achse durch den gemeinsamen

Schwerpunkt von Erde und Mond verläuft. Die Position (x, y) des Satelliten genügt dann dem folgenden Differentialgleichungssystem

$$\begin{aligned} rlx'' &= x + 2y' - \mu' \frac{x+\mu}{((x+\mu)^2 + y^2)^{3/2}} - \mu \frac{x-\mu'}{((x-\mu')^2 + y^2)^{3/2}} \,, \\ y'' &= y - 2x' - \mu' \frac{y}{((x+\mu)^2 + y^2)^{3/2}} - \mu \frac{y}{((x-\mu')^2 + y^2)^{3/2}} \,. \end{aligned} \tag{20.6}$$

Die Konstanten μ bzw. μ' bezeichnen hierbei das Verhältnis von Mond- bzw. Erdmasse zur Gesamtmasse von Erde und Mond:

$$\mu = \frac{1}{82.45}\,, \quad \mu' = 1 - \mu\,.$$

Für die Anfangswerte

$$\begin{aligned} x(0) &= 1.2\,, & x'(0) &= 0 \\ y(0) &= 0\,, & y'(0) &\approx -1.049\,357\,510 \end{aligned} \tag{20.7}$$

erhält man eine periodische Satellitenbahn mit der Periode $T \approx 6.192\,169\,331$. Die (numerisch berechnete) Lösung zu diesen Anfangsdaten ist in Abb. 20.4 wiedergegeben.

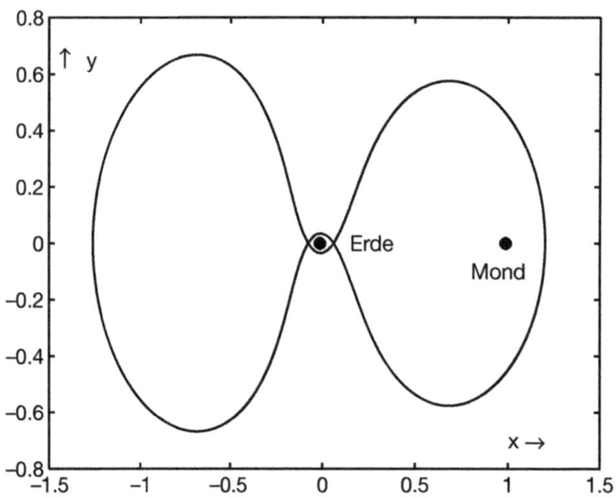

Abb. 20.4 Das restringierte Dreikörperproblem.

Bemerkung (20.10)
Zur Bestimmung einer Anfangsgeschwindigkeit $y'(0)$, die gerade auf eine periodische Bahn des Satelliten mit Periode T führt, hat man anstelle einer Anfangswertaufgabe eine **Randwertaufgabe** zu lösen. An Randbedingungen kann man dabei etwa fordern:

$$\begin{aligned} x(0) &= 1.2\,, & x'(0) &= 0\,, & x'(T) &= 0\,, \\ y(0) &= 0\,, & x(T) &= 1.2\,. \end{aligned} \tag{20.8}$$

Man beachte, dass in diesem Fall die Länge des Integrationsintervalls T selbst unbekannt ist. Man spricht hierbei von einer **Randwertaufgabe mit freier Endzeit**.

Zur numerischen Lösung einer solchen Aufgabe transformiert man das Intervall $[0, T]$ unbekannter Länge mittels $t = T \cdot \tau, 0 \le \tau \le 1$, auf das (feste) Intervall $[0, 1]$ und betrachtet T als einen (freien) Parameter der Randwertaufgabe.

Bemerkung (20.11)
Im Folgenden werden wir fast ausschließlich explizite Differentialgleichungssysteme erster Ordnung betrachten. Dies ist keine wesentliche Einschränkung, da sich explizite Differentialgleichungen höherer Ordnung stets sehr einfach in äquivalente Systeme erster Ordnung transformieren lassen.

So definiert man beispielsweise für das Beispiel (20.5) $y_1(t) := I(t)$ und $y_2(t) := I'(t)$. Dann ist das folgende Differentialgleichungssystem erster Ordnung äquivalent zu (20.5)

$$\begin{aligned} y_1'(t) &= y_2(t)\,, \\ y_2'(t) &= -(R/L)y_2(t) - 1/(LC)y_1(t) + U_0(\omega/L)\cos(\omega t)\,. \end{aligned} \tag{20.9}$$

Für das restringierte Dreikörperproblem (20.6) definiert man analog $y_1(t) := x(t)$, $y_2(t) := x'(t)$, $y_3(t) := y(t)$ und $y_4(t) := y'(t)$. Man erhält damit das folgende Differentialgleichungssystem erster Ordnung:

$$\begin{aligned} x_1' &= x_2 \\ x_2' &= x_1 + 2x_4 - \mu' \frac{x_1 + \mu}{\left((x_1+\mu)^2 + x_3^2\right)^{3/2}} - \mu \frac{x_1 - \mu'}{\left((x_1-\mu')^2 + x_3^2\right)^{3/2}} \\ x_3' &= x_4 \\ x_4' &= x_3 - 2x_2 - \mu' \frac{x_3}{\left((x_1+\mu)^2 + x_3^2\right)^{3/2}} - \mu \frac{x_3}{\left((x_1-\mu')^2 + x_3^2\right)^{3/2}}\,. \end{aligned} \tag{20.10}$$

Für den einfachsten Fall einer skalaren Differentialgleichung erster Ordnung

$$y'(t) = f(t, y(t))\,, \quad y(t) \in \mathbb{R}^1\,, \tag{20.11}$$

gibt es eine geometrische Darstellung durch das sogenannte **Richtungsfeld** der Differentialgleichung: Jedem Punkt (t, y) wird die Tangentenrichtung $y' := f(t, y)$ zugeordnet, vgl. Abb. 20.5.

Die Lösungen $y(t)$ der Differentialgleichung sind dann gerade Kurven, die in dieses Richtungsfeld „passen", deren Steigungen also an jeder Stelle mit der vorgegeben Richtung übereinstimmen.

Ein Tripel $(t, y, y') \in \mathbb{R}^3$, welches die vorgegebene Differentialgleichung $y' = f(t, y)$ erfüllt, nennt man auch ein **Linienelement** der Differentialgleichung.

Mitunter lassen sich Lösungen schon anhand einer Skizze des Richtungsfeldes erraten.

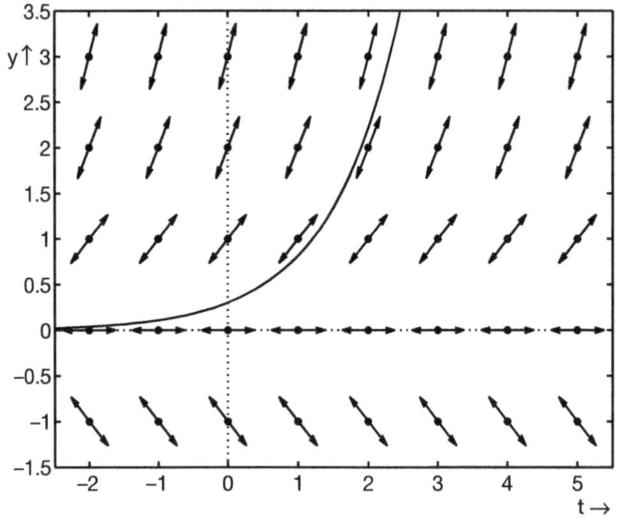

Abb. 20.5 Richtungsfeld der Differentialgleichung $y' = y$.

Für die Differentialgleichung $y' = -t/y$ liegt beispielsweise das Linienelement stets senkrecht zum Ortsvektor (t, y), vgl. die Abb. 20.6. Es ist daher zu vermuten, dass die „Kreise"

$$y(t) = \pm\sqrt{r^2 - t^2}\,, \qquad -r < t < r\,,$$

Lösungen der Differentialgleichung sind. Man prüft dies auch unmittelbar analytisch nach.

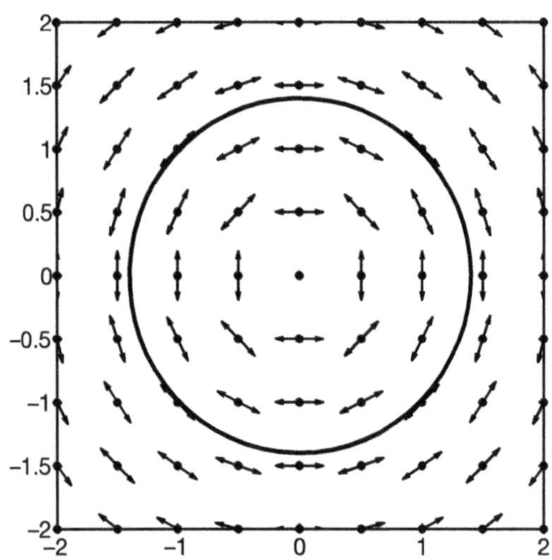

Abb. 20.6 Richtungsfeld der Differentialgleichung $y' = -t/y$.

20.2 Elementare Lösungsmethoden

Wir beschreiben in diesem Abschnitt einige analytische Methoden, mit deren Hilfe man die Lösung einer skalaren Differentialgleichung erster Ordnung auf die Berechnung bestimmter bzw. unbestimmter Integrale, sogenannte Quadraturen, zurückführen kann. Im Allgemeinen lassen sich Differentialgleichungen erster (und höherer) Ordnung allerdings nicht elementar (analytisch) lösen.

20.2.1 Separierbare Differentialgleichungen

Eine Differentialgleichung der Form

$$y'(t) = f(t) \cdot g(y) \tag{20.12}$$

mit stetigen Funktionen $f\colon \mathbb{R} \supset D_f \to \mathbb{R}$, $g\colon \mathbb{R} \supset D_g \to \mathbb{R}$ heißt **separierbar**.

Gesucht ist eine Funktion $y \in C^1(I)$, so dass die Differentialgleichung auf einem (möglichst großen) Intervall $I \subset D_f \subset \mathbb{R}$ erfüllt ist. Ist $g(y(t)) \neq 0$, für alle $t \in I$, so lassen sich die Variablen trennen:

$$\frac{y'(t)}{g(y(t))} = f(t)\,.$$

Die Integration diese Gleichung ergibt für $(t_0, y_0) \in I \times D_g$ mittels der Substitutionsregel:

$$\int_{t_0}^{t} \frac{y'(\tau)}{g(y(\tau))}\,\mathrm{d}\tau = \int_{y_0}^{y} \frac{\mathrm{d}y}{g(y)} = \int_{t_0}^{t} f(\tau)\,\mathrm{d}\tau\,.$$

Bezeichnet nun $H(y) := \int (1/g)\,\mathrm{d}y$ eine Stammfunktion von $1/g$, so folgt

$$H(y) = H(y_0) + \int_{t_0}^{t} f(\tau)\,\mathrm{d}\tau\,.$$

Nun ist $g(y) \neq 0$. Die Funktion H ist also injektiv und daher auch invertierbar. Somit erhält man also die Lösungsformel:

$$y(t) = H^{-1}\left(H(y_0) + \int_{t_0}^{t} f(\tau)\,\mathrm{d}\tau\right), \quad H(y) := \int \frac{\mathrm{d}y}{g(y)}\,. \tag{20.13}$$

Durch (20.13) sind auch *alle* Lösungen gegeben, für die $g(y(t)) \neq 0$ $(\forall\, t)$ gilt.

Ist dagegen $g(y_0) = 0$, so ist durch $y(t) := y_0$ eine weitere, sogenannte **singuläre Lösung** gegeben.

Beispiele (20.12)

a) Die Differentialgleichung $y' = 3y^{2/3}\cos t$ lässt sich mittels Trennung der Variablen umformen. Man erhält $(1/3)y^{-2/3}y' = \cos t$. Integration mit $t_0 = 0$ und $y_0 \neq 0$ ergibt die Lösungsschar

$$y(t) = (C + \sin t)^3\,, \quad C := y_0^{1/3}\,.$$

Daneben gibt es noch die singuläre Lösung $y_{\text{sing}} = 0$.

b) Für die Differentialgleichung $y' = -t/y$, vgl. Abb. 20.6, erhält man mittels Trennung der Variablen:

$$\begin{aligned} & yy' = -t \\ \Rightarrow\quad & \int_{y_0}^{y} \eta \,\mathrm{d}\eta = -\int_{t_0}^{t} \tau \,\mathrm{d}\tau \\ \Rightarrow\quad & \frac{1}{2}\left(y^2 - y_0^2\right) = -\frac{1}{2}\left(t^2 - t_0^2\right) \\ \Rightarrow\quad & y^2 + t^2 = y_0^2 + t_0^2 =: r^2\,. \end{aligned}$$

20.2.2 Ähnlichkeitsdifferentialgleichungen

Hierunter versteht man Differentialgleichungen der Form

$$y'(t) = f\left(\frac{y(t)}{t}\right)\,. \tag{20.14}$$

Substituiert man hierbei $u(t) := y(t)/t$, so erhält man

$$f(u) = y' = (t \cdot u)' = t \cdot u' + u$$

und damit die Differentialgleichung

$$u'(t) = \frac{f(u(t)) - u(t)}{t}\,,$$

die mittels Trennung der Variablen (Abschn. 20.2.1) gelöst werden kann.

Beispiel (20.13)

Gesucht sei die Ortslinie aller Punkte (t, y), für die der Tangentenabschnitt auf der y-Achse gleich dem Abstand des Punktes vom Ursprung ist.

Nach Abb. 20.7 ist der Tangentenabschnitt auf der y-Achse gegeben durch $d + y$, wobei $y' = -d/t$ gilt. Ferner ist der Abstand des Punktes (t, y) vom Ursprung gerade $\sqrt{t^2 + y^2}$. Damit folgt

$$\begin{aligned} & y - ty' = \sqrt{t^2 + y^2} \\ \Rightarrow\quad & y' = \frac{y}{t} - \sqrt{1 + \left(\frac{y}{t}\right)^2}\,. \end{aligned}$$

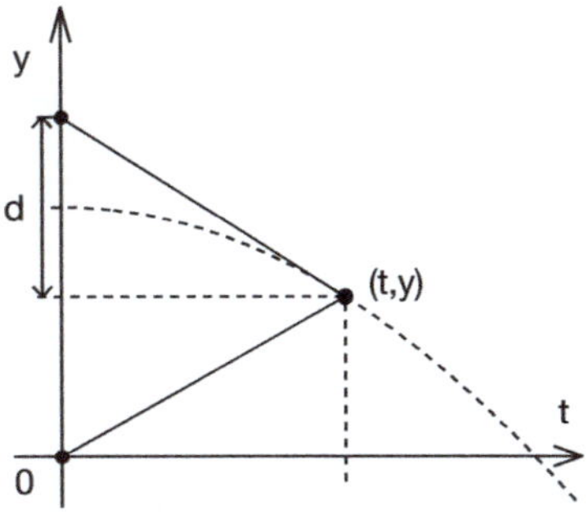

Abb. 20.7 Zu Beispiel 20.13.

Dies ist also eine Ähnlichkeitsdifferentialgleichung. Die Substitution $u := y/t$ ergibt die Differentialgleichung

$$u'(t) = -\frac{\sqrt{1+u(t)^2}}{t}\,.$$

Die Trennung der Variablen führt auf

$$\ln\left(u + \sqrt{1+u^2}\right) = -\ln|t| + C_1\,,$$

und mittels Rücksubstitution ergibt sich hieraus schließlich die Parabelschar

$$t^2 = C^2 - 2Cy\,, \quad C = \mathrm{e}^{C_1} > 0\,.$$

20.2.3 Lineare Differentialgleichungen erster Ordnung

Eine Differentialgleichung der Form

$$y'(t) + a(t)y(t) = b(t) \tag{20.15}$$

heißt eine **lineare Differentialgleichung erster Ordnung**. Die Funktion b heißt die **Inhomogenität** der Differentialgleichung. Die Differentialgleichung heißt **homogen**, falls $b = 0$ gilt, andernfalls **inhomogen**.

Analog zur Lösungsdarstellung für lineare Gleichungssysteme gilt für die **allgemeine Lösung** einer linearen Differentialgleichung (20.15) die Darstellung

$$y(t) = y_\mathrm{p}(t) + y_\mathrm{h}(t)\,, \tag{20.16}$$

Hierbei ist y_p eine **spezielle oder partikuläre Lösung** der inhomogenen Differentialgleichung (20.15) und y_h bezeichnet die allgemeine Lösung der **zugehörigen homogenen Differentialgleichung**

$$y_\mathrm{h}'(t) + a(t)y_\mathrm{h}(t) = 0\,.$$

Der Zusatz „allgemein“ bedeutet dabei, dass sich jede Lösung der Differentialgleichung (20.15) bzw. (20.16) in der angegebenen Form schreiben lässt.

Die homogene Differentialgleichung

Die homogene lineare Differentialgleichung lässt sich durch Trennung der Variablen lösen. Man erhält:

$$y_{\mathrm{h}}(t) = C \cdot \exp\left(-\int_{t_0}^{t} a(\tau)\,\mathrm{d}\tau\right). \tag{20.17}$$

C ist dabei eine Integrationskonstante.

Partikuläre Lösung der inhomogenen Differentialgleichung

Eine partikuläre Lösung y_{p} der inhomogenen Gleichung erhält man nun durch einen auf *Lagrange* zurückgehenden Ansatz, der **Variation der Konstanten**, vgl. (20.17):

$$y_{\mathrm{p}}(t) = C(t) \cdot \exp\left(-\int_{t_0}^{t} a(\tau)\,\mathrm{d}\tau\right). \tag{20.18}$$

Setzt man (20.18) in die inhomogene Differentialgleichung (20.15) ein, so folgt

$$C'(t) \cdot \exp\left(-\int_{t_0}^{t} a(\tau)\,\mathrm{d}\tau\right) - a(t)y_{\mathrm{p}}(t) + a(t)y_{\mathrm{p}}(t) = b(t)\,.$$

Hieraus erhält man durch Integration:

$$C(t) = \int_{t_0}^{t} b(\tau) \cdot \exp\left(\int_{t_0}^{\tau} a(\xi)\,\mathrm{d}\xi\right)\mathrm{d}\tau\,.$$

Bei fester Anfangszeit t_0 liefert dies zusammen mit (20.18) eine partikuläre Lösung der inhomogenen Differentialgleichung. Durch Einsetzen und Zusammenfassen der Integrale erhält man schließlich die Darstellung

$$y_{\mathrm{p}}(t) = \int_{t_0}^{t} b(\tau) \cdot \exp\left(-\int_{\tau}^{t} a(\xi)\,\mathrm{d}\xi\right)\mathrm{d}\tau\,. \tag{20.19}$$

Spezielle Ansätze

Im Fall eines *konstanten* Koeffizienten a in (20.15) und spezieller Inhomogenitäten $b(t)$ kann man mitunter durch spezielle Ansätze schneller eine partikuläre Lösung finden. In der folgenden Tab. 20.1 sind einige solcher Ansätze angegeben.

Tab. 20.1 Partikuläre Lösung in Abhängigkeit der rechten Seite.

$b(t)$	$y_p(t)$
$\sum_{k=0}^m b_k t^k$	$\sum_{k=0}^m C_k t^k$
$b_1 \cos(\omega t) + b_2 \sin(\omega t)$	$C \sin(\omega t - \gamma)$
$b e^{\lambda t}$	$C e^{\lambda t}$, falls $\lambda \neq -a$
	$Ct e^{\lambda t}$, falls $\lambda = -a$

Beispiele (20.14)

a) Zur Beschreibung des Bevölkerungswachstums hatten wir in Beispiel 20.4 die folgende Anfangswertaufgabe betrachtet

$$N'(t) = \alpha N(t)\,, \quad N(t_0) = N_0\,.$$

Die Differentialgleichung ist linear und homogen mit $a(t) = -\alpha$. Nach (20.17) lautet die Lösung demnach $N(t) = N_0 e^{\alpha(t-t_0)}$.

b) In Beispiel 20.6 hatten wir zur Beschreibung eines Regelkreisgliedes die folgende Differentialgleichung betrachtet

$$y_a'(t) = -\lambda y_a(t) + \lambda y_e(t)\,.$$

Dabei ist y_e eine vorgegebene Eingangsfunktion und λ ein konstanter Parameter. Die in Beispiel 20.6 angegebene Lösungsdarstellung ergibt sich nun sofort aus (20.17) und (20.19):

$$y_a(t) = y_a(t_0)e^{-\lambda(t-t_0)} + \lambda \int_{t_0}^{t} y_e(\tau)e^{\lambda(\tau - t)}\,d\tau\,.$$

c) Die Stromstärke $I(t)$ in einem Wechselstromkreis mit einem Ohmschem Widerstand R, einer Induktivität L und der angelegten Wechselspannung $U(t) = U_0 \sin(\omega t)$, vgl. Abb. 20.8, genügt der Anfangswertaufgabe

$$I'(t) = -\frac{R}{L} I + \frac{U_0}{L} \sin(\omega t)\,, \quad I(0) = 0\,.$$

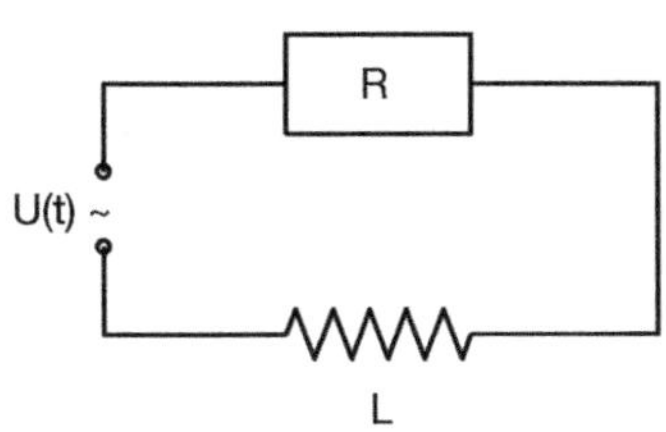

Abb. 20.8 Wechselstromkreis.

Die allgemeine Lösung der zugehörigen homogenen Differentialgleichung lautet

$$I_h(t) = C_1 e^{-R/Lt} .$$

Eine partikuläre Lösung erhalten wir mit dem Ansatz $I_p(t) = C_2 \sin(\omega t - \gamma)$, vgl. Tab. 20.1.
Damit ergibt sich die allgemeine Lösung der inhomogenen Differentialgleichung zu

$$I(t) = \frac{U_0}{\sqrt{R^2 + \omega^2 L^2}} \left(\sin(\omega t - \gamma) + C e^{-R/Lt} \right) .$$

Der Parameter γ ist gegeben durch:

$$\cos \gamma = \frac{R}{\sqrt{R^2 + \omega^2 L^2}} , \quad \sin \gamma = \frac{\omega L}{\sqrt{R^2 + \omega^2 L^2}} .$$

Der Parameter C ergibt sich schließlich durch Anpassung an die Anfangsbedingung zu $C = \sin \gamma$.
Die Stromstärke $I(t)$ ist also für größere t-Werte eine gegenüber der Erregerspannung $U(t)$ verschobene Sinuskurve. Der zweite Summand in obiger Lösung beschreibt die Einschwingphase, vgl. Abb. 20.9.

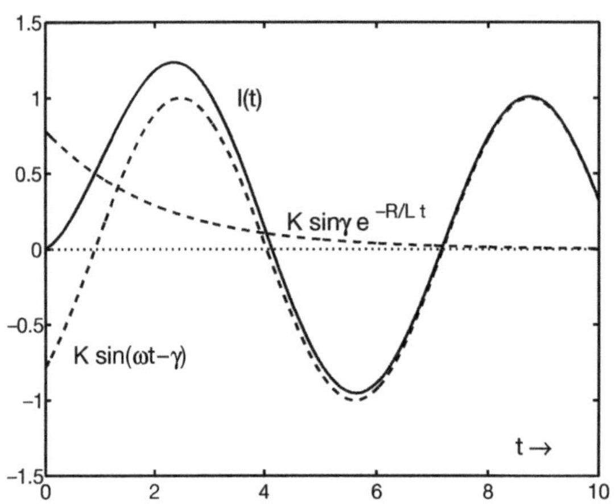

Abb. 20.9 Einschwingvorgang der Stromstärke.

20.2.4 Bernoullische Differentialgleichungen

Eine Differentialgleichung der Form

$$y'(t) + a(t)y(t) + b(t)\,(y(t))^{\alpha} = 0\,, \qquad \alpha \neq 0, 1 \tag{20.20}$$

heißt **Bernoullische Differentialgleichung**, benannt nach Jakob Bernoulli[3]. Eine Differentialgleichung der Form

Bernoullische Differentialgleichungen lassen sich stets auf Quadraturen zurückführen. Die Substitution $u(t) := y(t)^{1-\alpha}$ führt nämlich auf eine lineare Differentialgleichung für u:

$$u'(t) + (1 - \alpha)a(t)u(t) = (\alpha - 1)b(t)\,. \tag{20.21}$$

Diese lässt sich mit der oben angegebenen Technik, der Variation der Konstanten, lösen. Man beachte jedoch, dass durch die Rücktransformation $y = u^{1/(1-\alpha)}$ eventuell Singularitäten in der Lösung y auftreten können.

Die Lösungen einer Bernoullischen Differentialgleichung müssen also im Gegensatz zu denen einer linearen Differentialgleichung i. Allg. nicht für alle $t \in \mathbb{R}$ definiert sein.

Beispiel (20.15)
Für die Bernoullische Differentialgleichung

$$y' = y + ty^2$$

erhält man mit der obigen Substitution die Lösungen

$$y(t) = 0 \quad \text{und} \quad y(t) = \frac{1}{1 - t + Ce^{-t}}\,, \qquad C\colon \ \text{Integrationskonstante}\,.$$

Je nach Anfangswert, d. h. je nach Größe und Vorzeichen der Integrationskonstanten C, besitzt die zweite Lösung keine, eine oder zwei Singularitäten. So findet man beispielsweise, dass die Lösung zum Anfangswert $y(0) = 2$ nur in einem beschränkten Intervall existiert mit den numerisch berechnete Grenzen:

$$-1.6783\ldots < t < 0.7680\ldots$$

20.2.5 Riccatische Differentialgleichungen

Eine Differentialgleichung der Form

$$y'(t) + a(t)y(t) + b(t)y^2(t) = c(t) \tag{20.22}$$

heißt eine **Riccatische[4] Differentialgleichung**. Hierbei werden die Funktionen a, b und c als stetig auf einem geeigneten Intervall $I \subset \mathbb{R}$ vorausgesetzt.

Riccatische Differentialgleichungen lassen sich – anders als die bisher betrachteten Differentialgleichungsklassen – nur in speziellen Fällen in geschlossener Form lösen.

---

3) Jakob Bernoulli (1654–1705); Basel.
4) Jacopo Francesco Riccati (1676–1754); Padua.

Eine der einfachsten Riccatischen Differentialgleichungen lautet

$$y' = t^2 + y^2 \,. \tag{20.23}$$

Sie wurde bereits 1694 in einer Arbeit von Johann Bernoulli[5] untersucht, der jedoch keine Lösung finden konnte. Acht Jahre später gab sein Bruder Jakob eine Lösung in Reihenform an. Joseph Liouville[6] konnte 1841 zeigen, dass die Gl. (20.23) trotz ihrer einfachen Gestalt nicht durch elementare Funktionen gelöst werden kann. Eine Lösungsdarstellung mit Hilfe der Besselschen[7] Funktionen findet man in dem Lehrbuch von Heuser [28]. Dort schreibt er: An der ausnehmend hübschen und ausnehmend störrischen Gl. (20.23) hängt ein gutes Stück Mathematikgeschichte!

Ist jedoch eine partikuläre Lösung y_{p} einer Riccatischen Differentialgleichung (20.22) bekannt, so lassen sich auch alle übrigen Lösungen ermitteln. Dazu führt man die folgende Substitution durch:

$$u(t) := \frac{1}{y(t) - y_{\mathrm{p}}(t)} \,.$$

Man rechnet nun nach, dass die Riccati-Gleichung hierdurch auf die folgende lineare Differentialgleichung für u transformiert wird:

$$u'(t) - [a(t) + 2b(t)y_{\mathrm{p}}(t)]u(t) = b(t) \,.$$

Diese lässt sich mit den bekannten Techniken lösen.

Beispiel (20.16)
Gegeben sei die Riccatische Differentialgleichung

$$y'(t) = -2t + 3ty - ty^2 \,.$$

Mittels Einsetzen überzeugt man sich, dass $y_{\mathrm{p}} := 1$ eine partikuläre Lösung ist. Die Substitution $u := 1/(y-1)$ ergibt nun, vgl. Abb. 20.10:

$$\begin{aligned} u' &= -u^2 y' \\ &= -u^2(-2t + 3ty - ty^2) \\ &= -u^2\left(-2t + 3t\left(1 + \frac{1}{u}\right) - t\left(1 + \frac{1}{u}\right)^2\right) \\ &= t(1-u) \end{aligned}$$

$$\Rightarrow \quad u = 1 + C\mathrm{e}^{-t^2/2}$$

$$\Rightarrow \quad y = 1 + \frac{1}{1 + C\mathrm{e}^{-t^2/2}} \,.$$

---

5) Johann Bernoulli (1667–1748): Groningen, Basel.
6) Joseph Liouville (1809–1892); Paris.
7) Friedrich Wilhelm Bessel (1784–1846); Königsberg.

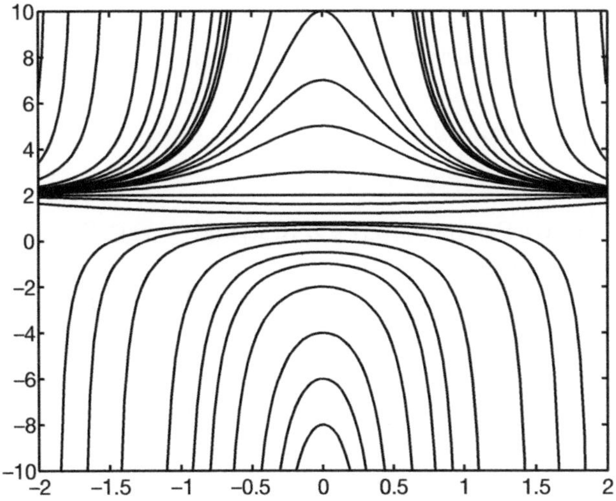

Abb. 20.10 Einige Trajektorien zu Beispiel 20.16.

20.2.6 Exakte Differentialgleichungen

Eine Differentialgleichung der Form

$$g(t, y) + h(t, y)y' = 0 \tag{20.24}$$

heißt **exakt** auf einem Gebiet $D \subset \mathbb{R}^2$, falls das zugehörige Vektorfeld

$$\boldsymbol{F}(t, y) := \begin{pmatrix} g(t, y) \\ h(t, y) \end{pmatrix}$$

dort ein Potential besitzt, d. h., falls es eine C^1-Funktion $\Phi\colon D \to \mathbb{R}$ gibt mit

$$\forall (t, y) \in D\colon \quad g(t, y) = \Phi_t(t, y) \quad \text{und} \quad h(t, y) = \Phi_y(t, y)\,.$$

Unter Verwendung der Kettenregel kann man daher eine exakte Differentialgleichung folgendermaßen umformen

$$g(t, y) + h(t, y)y'(t) = \frac{\partial \Phi}{\partial t} + \frac{\partial \Phi}{\partial y} y'(t) = \frac{\mathrm{d}}{\mathrm{d}t}\left(\Phi(t, y(t))\right) = 0\,.$$

Die Lösungen der Differentialgleichung (20.24) sind also durch die folgende implizite Gleichung festgelegt:

$$\Phi(t, y(t)) = C = \text{const.} \tag{20.25}$$

Sind die Funktionen g und h stetig differenzierbar auf D und ist der betrachtete Definitionsbereich D einfach zusammenhängend, vgl. Definition 19.48, so hat man nach dem Satz 19.49 für die Exaktheit der Differentialgleichung (20.25) die folgende notwendige und hinreichende **Integrabilitätsbedingung**:

$$\forall (t, y) \in D\colon \quad \frac{\partial h}{\partial t}(t, y) = \frac{\partial g}{\partial y}(t, y)\,. \tag{20.26}$$

Ein Potential Φ lässt sich dann nach dem Hauptsatz für Kurvenintegrale, vgl. Satz 19.42, mit Hilfe des folgenden Kurvenintegrals berechnen:

$$\Phi(t, y) = \int\limits_{c_{(t,y)}} \boldsymbol{F}(\tau, \eta)\,\mathrm{d}(\tau, \eta)\,.$$

Hierbei bezeichnet $\boldsymbol{c}_{(t,y)}$ eine die Punkte $(t_0, y_0) \in D$ (fest) und $(t, y) \in D$ (variabel) verbindende stückweise C^1-Kurve.

Ist der Definitionsbereich $D = \mathbb{R}^2$, so kann man für die verbindende Kurve $\boldsymbol{c}_{(t,y)}$ den folgenden „Hakenweg“ wählen:

$$(t_0, y_0) \longrightarrow (t, y_0) \longrightarrow (t, y)\,.$$

Damit ergibt sich dann die folgende Integraldarstellung für das Potential:

$$\Phi(t, y) = \int\limits_{t_0}^{t} g(\tau, y_0)\,\mathrm{d}\tau + \int\limits_{y_0}^{y} h(t, \eta)\,\mathrm{d}\eta\,. \tag{20.27}$$

Beispiel (20.17)
Die Differentialgleichung

$$(1 + 2ty + y^2) + (t^2 + 2ty)y' = 0$$

erfüllt die Integrabilitätsbedingung (20.26) auf $D = \mathbb{R}^2$, sie ist also exakt.

Aus den Bedingungen für ein Potential, d. h. ohne die Verwendung von (20.27), folgt direkt durch Integration:

$$\begin{aligned} &\frac{\partial \Phi}{\partial t} = g = 1 + 2ty + y^2 \\ \Rightarrow\quad &\Phi(t, y) = (1 + y^2)t + t^2 y + C(y)\,. \end{aligned}$$

Man beachte, dass die Integrationskonstante C von der als Parameter behandelten Variablen y abhängen kann. Für die zweite Bedingung $\Phi_y = h$ verwenden wir nun die obige Darstellung von Φ, sowie die stetige Differenzierbarkeit der Integrationsvariablen $C = C(y)$:

$$\begin{aligned} &\frac{\partial \Phi}{\partial y} = h = t^2 + 2ty \\ \Rightarrow\quad &2yt + t^2 + C'(y) = t^2 + 2ty \\ \Rightarrow\quad &C(y) = C = \text{const.} \end{aligned}$$

Damit sind die Lösungen der Differentialgleichung gegeben durch die implizite Gleichung

$$(1 + y^2)t + yt^2 = C\,.$$

20.2.7 Die Methode des integrierenden Faktors

Wir betrachten wiederum die Differentialgleichung (20.24)

$$g(t, y) + h(t, y)y' = 0$$

und nehmen an, dass diese *nicht exakt* sei.

Wir versuchen nun, eine Funktion $m = m(t, y) \neq 0$ so zu bestimmen, dass die mit m multiplizierte Gleichung

$$m(t, y) \cdot g(t, y) + m(t, y) \cdot h(t, y) \cdot y'(t) = 0 \tag{20.28}$$

exakt wird.

Gelingt dies, so heißt m ein **integrierender Faktor** der Differentialgleichung (20.24).

Wir untersuchen nun die Integrabilitätsbedingung für (20.28):

$$\begin{aligned} &\frac{\partial}{\partial t}(m \cdot h) - \frac{\partial}{\partial y}(m \cdot g) = 0 \\ \Longleftrightarrow \quad &\left(h\frac{\partial m}{\partial t} - g\frac{\partial m}{\partial y}\right) + m \cdot \left(\frac{\partial h}{\partial t} - \frac{\partial g}{\partial y}\right) = 0\,. \end{aligned} \tag{20.29}$$

Zur Bestimmung von m hat man also die obige partielle Differentialgleichung erster Ordnung zu lösen. In den folgenden beiden Fällen lässt sich diese jedoch auf eine gewöhnliche Differentialgleichung reduzieren.

1. Fall:
Die Funktion $(h_t - g_y)/h$ hänge nur von der Variablen t ab.

In diesem Fall setzen wir $m = m(t)$ und lösen die aus (20.29) resultierende lineare Differentialgleichung

$$\frac{\mathrm{d}m}{\mathrm{d}t} = -\left\{\frac{1}{h}\left(\frac{\partial h}{\partial t} - \frac{\partial g}{\partial y}\right)\right\} \cdot m(t)\,. \tag{20.30}$$

Jede Lösung $m(t) \neq 0$ hiervon ist ein integrierender Faktor.

2. Fall:
Die Funktion $(h_t - g_y)/g$ hänge nur von der Variablen y ab.

In diesem Fall setzen wir $m = m(y)$ und lösen die aus (20.29) resultierende lineare Differentialgleichung

$$\frac{\mathrm{d}m}{\mathrm{d}y} = \left\{\frac{1}{g}\left(\frac{\partial h}{\partial t} - \frac{\partial g}{\partial y}\right)\right\} \cdot m(y)\,. \tag{20.31}$$

Jede Lösung $m(y) \neq 0$ ist dann wiederum ein integrierender Faktor.

Beispiel (20.18)
Die Differentialgleichung

$$(1 - ty) + (ty - t^2)y' = 0$$

ist nicht exakt, da

$$\frac{\partial h}{\partial t} - \frac{\partial g}{\partial y} = (y - 2t) - (-t) = y - t \not\equiv 0\,.$$

Man erkennt aber hieran, dass

$$\frac{1}{h}\left(\frac{\partial h}{\partial t} - \frac{\partial g}{\partial y}\right) = \frac{1}{t}$$

nur von t abhängt. Nach (20.30) hat man also die folgende lineare Differentialgleichung für einen integrierenden Faktor der Form $m = m(t)$:

$$\frac{\mathrm{d}m}{\mathrm{d}t} = -\frac{1}{t} \cdot m(t)\,.$$

Eine Lösung dieser Differentialgleichung ist $m(t) = 1/t$ und in der Tat ist die durch t dividierte Differentialgleichung exakt:

$$\left(\frac{1}{t} - y\right) + (y - t)y' = 0\,, \quad t \neq 0\,.$$

Für die Lösungen dieser Differentialgleichung findet man die implizite Darstellung:

$$\ln|t| - ty + \frac{1}{2}y^2 = \text{const.}$$

20.3 Ebene Systeme und Differentialgleichungen zweiter Ordnung

Wir gehen kurz auf elementare Lösungsverfahren für ebene autonome Differentialgleichungssysteme und für Differentialgleichungen zweiter Ordnung ein. Differentialgleichungen zweiter Ordnung treten besonders häufig in physikalisch-ingenieurwissenschaftlichen Anwendungen auf. Natürlich gilt auch hierfür: Im Allgemeinen lassen sich Differentialgleichungen zweiter Ordnung nicht elementar (analytisch) integrieren. Es gibt jedoch einige Kniffe, mit denen es wenigstens in gewissen Fällen gelingt, zu einer analytischen Lösung zu gelangen.

20.3.1 Ebene autonome Differentialgleichungssysteme

Ein explizites Differentialgleichungssystem erster Ordnung, $\boldsymbol{y}'(t) = \boldsymbol{f}(t, \boldsymbol{y}(t))$, heißt bekanntlich **autonom**, falls $\boldsymbol{f}$ von der Zeit t nicht explizit abhängt, also $\boldsymbol{y}'(t) = \boldsymbol{f}(\boldsymbol{y}(t))$ gilt mit einem stetigen Vektorfeld $\boldsymbol{f}: \mathbb{R}^n \supset D \to \mathbb{R}^n$, vgl. Definition 20.1.

Im Fall der Dimension $n = 2$ lautet also eine autonome Anfangswertaufgabe

$$\begin{aligned} x'(t) &= f(x(t), y(t)), \quad & x(0) &= x_0 \\ y'(t) &= g(x(t), y(t)), \quad & y(0) &= y_0 . \end{aligned} \tag{20.32}$$

Ist $f(x_0, y_0) = g(x_0, y_0) = 0$, so heißt (x_0, y_0) ein **Gleichgewichtspunkt** des Differentialgleichungssystems. Solche Punkte werden wir in Abschn. 22.4 genauer untersuchen.

Im Folgenden nehmen wir dagegen o. B. d. A. an, dass $f(x_0, y_0) \neq 0$ gilt. Ist stattdessen $g(x_0, y_0) \neq 0$, so lassen sich die Rollen von x und y vertauschen.

Die Funktion x ist unter dieser Annahme lokal bei $t = 0$ streng monoton und damit auch lokal invertierbar. Setzt man $Y(x) := y(t(x))$, wobei $t = t(x)$ die Umkehrabbildung von $x = x(t)$ bezeichne, so genügt Y der sogenannten **Phasendifferentialgleichung**

$$f(x, Y) \cdot Y'(x) - g(x, Y) = 0 . \tag{20.33}$$

Diese Differentialgleichung ist gerade vom Typ (20.24). Die Lösungen $Y = Y(x)$ heißen auch **Phasenkurven** des Systems (20.32). Durch sie wird die *Gestalt* der Trajektorien $(x(t), y(t))$ beschrieben, jedoch nicht ihre zeitliche Durchlaufung.

Beispiel (20.19)
Die sogenannte **Schwingungsdifferentialgleichung** ist gegeben durch

$$x''(t) = -\omega^2 x(t), \quad \omega > 0 .$$

Sie ist eine lineare Differentialgleichung zweiter Ordnung mit konstanten Koeffizienten. Mit Hilfe einer Standardtransformation $y(t) := x'(t)$ lässt sich diese Differentialgleichung in ein äquivalentes System erster Ordnung transformieren:

$$\begin{aligned} x'(t) &= y(t), \quad & x(0) &= x_0 \\ y'(t) &= -\omega^2 x(t), \quad & y(0) &= y_0 . \end{aligned}$$

Die zugehörige Phasendifferentialgleichung lautet $Y(x)Y'(x) = -\omega^2 x$. Sie besitzt die Lösung

$$Y^2 + \omega^2 x^2 = y_0^2 + \omega^2 x_0^2$$

Die Phasenkurven sind also Ellipsen, bei denen die Halbachsen a und b im festen Verhältnis $a : b = 1 : \omega$ stehen, vgl. Abb. 20.11.

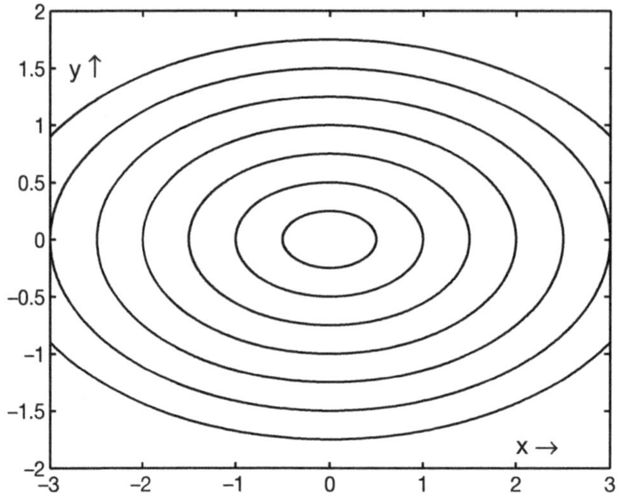

Abb. 20.11 Phasenkurven zu Beispiel 20.19.

20.3.2 Differentialgleichungen zweiter Ordnung

Die Technik aus dem obigen Abschnitt lässt sich allgemein auf autonome Differentialgleichungen zweiter Ordnung anwenden

$$x''(t) = f(x(t), x'(t)) . \tag{20.34}$$

Vermöge der Definition $y(t) := x'(t)$ wird (20.34) in ein System erster Ordnung transformiert

$$x'(t) = y(t) , \quad y'(t) = f(x(t), y(t)) .$$

Für dieses System lautet die zugehörige Phasendifferentialgleichung

$$Y'(x) = \frac{1}{Y(x)} \cdot f(x, Y(x)) . \tag{20.35}$$

Hat man eine Lösung $Y = Y(x)$ bestimmt, so lässt sich auch die Funktion $t = t(x)$ durch eine Quadratur ermitteln

$$\frac{\mathrm{d}t}{\mathrm{d}x} = \frac{1}{Y(x)} \quad \Rightarrow \quad t - t_0 = \int_{x_0}^{x} \frac{\mathrm{d}x}{Y(x)} .$$

Schließlich erhält man dann durch Bildung der Umkehrfunktion $x = x(t)$ und damit auch $y(t) = Y(x(t))$.

Im Folgenden betrachten wir noch zwei Spezialfälle von skalaren Differentialgleichungen zweiter Ordnung.

Spezialfall 1:
Die rechte Seite der Differentialgleichung hänge nicht explizit von x ab. Man hat also eine (nicht notwendig autonome) Differentialgleichung der Form

$$x''(t) = f(t, x'(t)) . \tag{20.36}$$

Mit der Definition $y(t) := x'(t)$ erhält man wieder ein System erster Ordnung

$$x'(t) = y(t) , \quad y'(t) = f(t, y(t)) .$$

Dieses System ist aber nun glücklicherweise *entkoppelt*, d. h., wir können die zweite Differentialgleichung unabhängig von x lösen und danach die erste Differentialgleichung durch eine Quadratur.

Beispiel (20.20)
Nach Beispiel 17.14 lautet die Laplace-Gleichung für eine punktsymmetrische Funktion $u(r)$, $r = \|\boldsymbol{x}\|_2$, $\boldsymbol{x} \in \mathbb{R}^3$:

$$u''(r) + \frac{2}{r}u'(r) = 0 .$$

Mit $y(r) := u'(r)$ erhält man hieraus die lineare Differentialgleichung $y'(r) = -\frac{2}{r} \cdot y(r)$ mit der Lösung

$$y(r) = -C_1 \cdot \frac{1}{r^2} , \quad r > 0 .$$

Die Integration dieser Lösung liefert:

$$u(r) = C_0 + C_1\frac{1}{r} , \quad C_0, C_1 = \text{const.}$$

Man beachte, dass wir hiermit *alle* punktsymmetrischen Lösungen der Laplace-Gleichung bestimmt haben.

Beispiel (20.21)
Die Gestalt einer an den Enden befestigten, hängenden Kette wird nach Beispiel 18.26 durch die folgende Differentialgleichung zweiter Ordnung beschrieben:

$$y''(x) = k\sqrt{1 + (y'(x))^2} .$$

Hierbei bezeichnet $k > 0$ einen konstanten Parameter, der von den Materialeigenschaften der Kette abhängt.

Mit der Substitution $z(x) := y'(x)$ erhält man das folgende Differentialgleichungssystem erster Ordnung

$$y'(x) = z(x) , \quad z'(x) = k\sqrt{1 + z(x)^2} .$$

Die zweite Gleichung lässt sich recht einfach mittels Trennung der Variablen lösen. Man findet:

$$z(x) = \sinh(kx + C_1)\,.$$

Hieraus liefert die erste Gleichung mittels Quadratur die sogenannte **Kettenlinie**

$$y(x) = \frac{1}{k}\cosh(kx + C_1) + C_2\,. \tag{20.37}$$

Die Integrationskonstanten C_1 und C_2 werden durch die beiden Randbedingungen $y(a) = y_a$ und $y(b) = y_b$ (Aufhängung der Kette) festgelegt, vgl. Abb. 20.12.

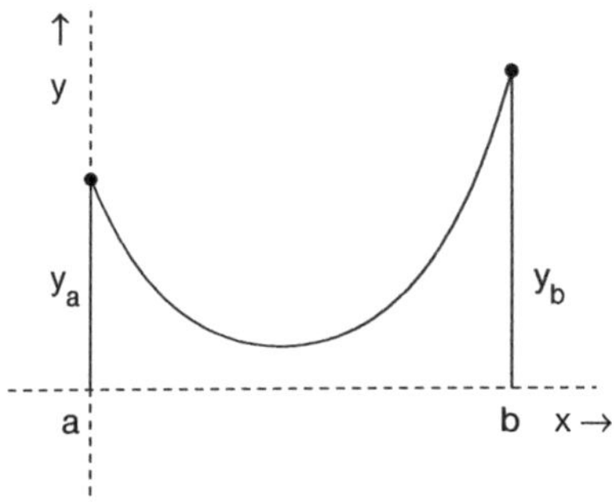

Abb. 20.12 Kettenlinie.

Spezialfall 2:
Autonome Differentialgleichungen zweiter Ordnung der Form

$$x''(t) = f(x(t)) \tag{20.38}$$

lassen sich ohne Rückgriff auf die Phasendifferentialgleichung durch Quadraturen lösen. Dazu multiplizieren wir diese Differentialgleichung mit $x'(t)$ und integrieren anschließend:

$$\begin{aligned} & x'(t)\cdot x''(t) = f(x(t))\cdot x'(t) \\ \Rightarrow \quad & \frac{1}{2}x'(t)^2 = \int f(x)\,\mathrm{d}x =: F(x) + C_1 \\ \Rightarrow \quad & x'(t) = \pm\sqrt{2(F(x) + C_1)}\,. \end{aligned}$$

Wir nehmen nun wiederum an, dass x auf einem gewissen Intervall lokal invertierbar ist, genauer dass $x' \neq 0$ gilt, und erhalten

$$\frac{\mathrm{d}t}{\mathrm{d}x} = \pm\frac{1}{\sqrt{2(F(x)+C_1)}} \quad \Rightarrow \quad t(x) = \pm\int \frac{\mathrm{d}x}{\sqrt{2(F(x)+C_1)}}\,.$$

Die Durchführung dieser Integration und die Invertierung der resultierenden Beziehung, d. h. die Auflösung nach $x(t)$, liefert sodann die Lösung der Differentialgleichung (20.38).

Beispiel (20.22): Fluchtgeschwindigkeit einer Rakete

Die Bewegung einer (antriebslosen) Rakete außerhalb der Erdatmosphäre ist durch das Gravitationsgesetz bestimmt. Vernachlässigt man den Einfluss anderer Himmelskörper, und nimmt man eine geradlinige, eindimensionale Bewegung an, so gilt für den Abstand Erde-Rakete die Differentialgleichung

$$r''(t) = -\gamma M_{\mathrm{E}} \cdot \frac{1}{r(t)^2}, \quad r(0) = r_0, \quad r'(0) = v_0. \tag{20.39}$$

Dabei bezeichnet γ die *Gravitationskonstante* ($\gamma \approx 6.67 \times 10^{-11}\,\mathrm{N\,m^2\,kg^{-2}}$) und M_{E} die *Masse der Erde* ($M_{\mathrm{E}} \approx 5.95 \times 10^{24}\,\mathrm{kg}$).

Wir bestimmen die kleinste Anfangsgeschwindigkeit v_0, die die Rakete besitzen muss, um den Anziehungsbereich der Erde verlassen zu können, die sogenannte **Fluchtgeschwindigkeit**.

Dazu multiplizieren wir die Differentialgleichung mit $r'(t)$ und integrieren:

$$\begin{aligned} & r''(t) \cdot r'(t) = -\gamma M_{\mathrm{E}} \frac{r'(t)}{r(t)^2} \\ \Rightarrow \quad & r'(t)^2 = \frac{2\gamma M_{\mathrm{E}}}{r(t)} + C, \quad C = \text{const.} \end{aligned} \tag{20.40}$$

Hierin setzen wir die Anfangswerte $r(0) = r_0$ und $\dot{r}(0) = v_0$ ein, und finden:

$$r'(t)^2 = 2\gamma M_{\mathrm{E}} \left(\frac{1}{r(t)} - \frac{1}{r_0} \right) + v_0^2. \tag{20.41}$$

Die gesuchte Fluchtgeschwindigkeit v_0 ist nun die kleinste Anfangsgeschwindigkeit, für die $r'(t)$ stets positiv bleibt. Damit folgt $v_0 = \sqrt{2\gamma M_{\mathrm{E}}/r_0}$.

Setzt man für r_0 den Erdradius ($r_0 \approx 6.36 \times 10^6\,\mathrm{m}$) ein, so erhält man $v_0 \approx 11.2\,\mathrm{km/s}$.

Die Integration von (20.41), genauer der Umkehrung $\mathrm{d}t/\mathrm{d}r$, lässt sich in Abhängigkeit von v_0 explizit ausführen, jedoch ist die analytische Umkehrung der Lösung $t = t(r)$ in der Form $r = r(t)$ nicht möglich.

21
Theorie der Anfangswertaufgaben

Wir beschäftigen uns in diesem Abschnitt mit theoretischen Aussagen für Anfangswertaufgaben der folgenden Form

$$\begin{aligned} \boldsymbol{y}'(t) &= \boldsymbol{f}(t, \boldsymbol{y}(t)), \\ \boldsymbol{y}(t_0) &= \boldsymbol{y}_0 . \end{aligned} \tag{21.1}$$

Hierbei ist $\boldsymbol{f}: D \to \mathbb{R}^n$, $D \subset \mathbb{R} \times \mathbb{R}^n$, eine vorgegebene Funktion, die sogenannte **rechte Seite** der Differentialgleichung. D sei offen und enthalte den Anfangspunkt $(t_0, \boldsymbol{y}_0)$.

Schon in sehr einfachen Fällen lässt sich eine Lösung $\boldsymbol{y}$ von (21.1) nicht explizit angeben. Es sind daher Aussagen von Interesse, die unter möglichst allgemeinen Voraussetzungen an die rechte Seite Existenz, Eindeutigkeit und Stabilität einer Lösung garantieren.

Im Einzelnen interessieren hierbei die folgenden Fragen:

- Existiert eine Lösung $\boldsymbol{y}$ für t in einer Umgebung $|t - t_0| < \varepsilon$ der Anfangszeit t_0?
- Ist diese eindeutig bestimmt?
- Wie weit lässt sich eine solche Lösung fortsetzen?
- Wie verändert sich die Lösung bei Störung der Anfangsdaten $(t_0, \boldsymbol{y}_0)$ oder der rechten Seite $\boldsymbol{f}$?

21.1 Existenz und Eindeutigkeit für Anfangswertaufgaben

Wir beginnen mit den Fragen zur Existenz und Eindeutigkeit einer Lösung der Anfangswertaufgabe.

Zunächst sei ein historischer Rückblick gegeben:

Auf Cauchy[1)] (1826) geht ein Satz zurück, der die lokale Existenz und Eindeutigkeit garantiert, unter der Voraussetzung, dass die rechte Seite $\boldsymbol{f}$ auf einem Gebiet $D \subset \mathbb{R} \times \mathbb{R}^n$ stetig und beschränkt ist und sämtliche partiellen Ableitungen $\frac{\partial f}{\partial y_i}$, $i = 1, \dots, n$, dort existieren und beschränkt sind.

1) Augustin Louis Cauchy (1789–1857); Paris.

Mathematik in den Ingenieur- und Naturwissenschaften **2**, 5. Aufl.
Rainer Ansorge, Hans J. Oberle, Kai Rothe und Thomas Sonar.

Lipschitz[2] ersetzte 1876 die Voraussetzung an die partiellen Ableitungen durch eine schwächere Bedingung, die sogenannte **Lipschitz-Bedingung**:

$$\forall\,(t,\boldsymbol{z}),\ (t,\boldsymbol{y}) \in D: \quad \|\boldsymbol{f}(t,\boldsymbol{z}) - \boldsymbol{f}(t,\boldsymbol{y})\| \le L \cdot \|\boldsymbol{z} - \boldsymbol{y}\| \ . \tag{21.2}$$

Picard[3] und Lindelöf[4] gaben 1890/94 einen konstruktiven Beweis des Satzes von Lipschitz, bei dem sie das **Verfahren der sukzessiven Approximation**, vgl. auch (21.6), anwendeten.

Auf Peano[5] (1890) geht schließlich ein Existenzsatz zurück, der die Existenz einer Lösung der Anfangswertaufgabe bereits dann garantiert, wenn die rechte Seite lediglich stetig und beschränkt ist. Die Eindeutigkeit der Lösung ist allerdings unter diesen schwachen Voraussetzungen nicht mehr gesichert. Ein Beispiel für eine solche Anfangswertaufgabe ohne eindeutige Lösung ist im Folgenden angegeben.

Beispiel (21.1)
Wir betrachten die Anfangswertaufgabe

$$y'(t) = \sqrt{|y(t)|}\,, \quad y(0) = 0\,.$$

Die rechte Seite $f(t,y) := \sqrt{|y|}$ ist stetig und beschränkt auf $D = \mathbb{R} \times [-a, a]$, $a > 0$, erfüllt jedoch dort *keine* Lipschitz-Bedingung.

In der Tat ist für beliebige $\alpha, \beta > 0$

$$y(t;\alpha,\beta) = \begin{cases} -\dfrac{1}{4}(t+\alpha)^2\,, & -\infty < t \le -\alpha \\ 0\,, & -\alpha \le t \le \beta \\ \dfrac{1}{4}(t-\beta)^2\,, & \beta \le t < \infty \end{cases}$$

eine Lösung der Anfangswertaufgabe, vgl. Abb. 21.1.

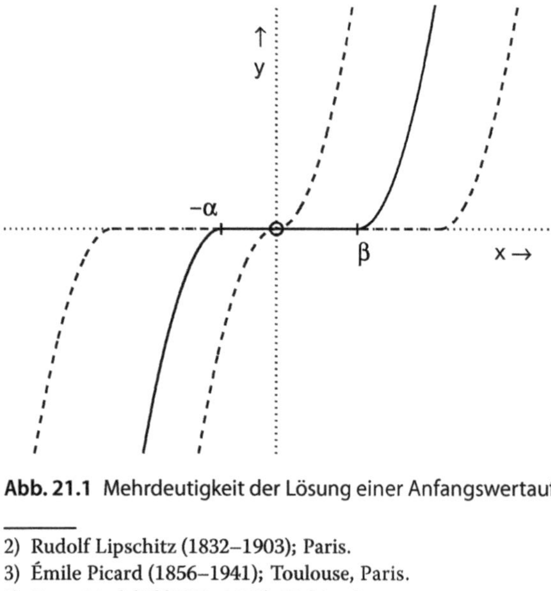

Abb. 21.1 Mehrdeutigkeit der Lösung einer Anfangswertaufgabe.

2) Rudolf Lipschitz (1832–1903); Paris.
3) Émile Picard (1856–1941); Toulouse, Paris.
4) Ernst Lindelöf (1870–1946); Helsingfors.
5) Giuseppe Peano (1858–1932); Turin.

Satz (21.2): Existenzsatz von Peano
Sei $\boldsymbol{f}: \mathbb{R} \times \mathbb{R}^n \supset D \to \mathbb{R}^n$ stetig auf einem Gebiet D und sei $(t_0, \boldsymbol{y}_0) \in D$.
Dann gibt es ein $\varepsilon > 0$, so dass die Anfangswertaufgabe (21.1) im Intervall $|t - t_0| < \varepsilon$ eine Lösung besitzt.

Für einen Beweis des Satzes von Peano verzichten wir. Es sei hierzu auf die Lehrbücher über gewöhnliche Differentialgleichungen verwiesen.

Es sei jedoch angemerkt, dass sich der Beweis des Satzes konstruktiv führen lässt. Als Näherung für eine Lösung konstruiert man Polygonzüge mit dem sogenannten **Eulerschen**[6] **Polygonzug-Verfahren**, d. h., ausgehend vom Anfangswert $(t_0, \boldsymbol{y}_0)$ werden die Ecken des Polygonzuges bestimmt gemäß:

$$t_{i+1} := t_i + h_i\,, \quad \boldsymbol{y}_{i+1} := \boldsymbol{y}_i + h_i \boldsymbol{f}(t_i, \boldsymbol{y}_i)\,, \quad h_i \neq 0\,. \tag{21.3}$$

Es lässt sich unter den genannten Voraussetzungen zeigen, dass jede Folge solcher Polygonzüge, für die die (maximale) Schrittweite $h_{\max} := \max_i |h_i|$ gegen null konvergiert, eine Teilfolge besitzt, die gegen eine Lösung der Anfangswertaufgabe konvergiert, vgl. Abb. 21.2.

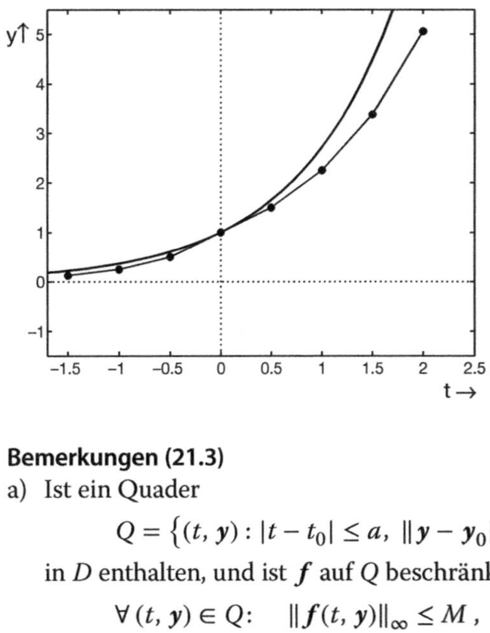

Abb. 21.2 Euler-Verfahren für $y' = y$, $y(0) = 1$.

Bemerkungen (21.3)

a) Ist ein Quader

$$Q = \{(t, \boldsymbol{y}) : |t - t_0| \le a,\ \|\boldsymbol{y} - \boldsymbol{y}_0\|_\infty \le b\}$$

in D enthalten, und ist $\boldsymbol{f}$ auf Q beschränkt,

$$\forall\, (t, \boldsymbol{y}) \in Q: \quad \|\boldsymbol{f}(t, \boldsymbol{y})\|_\infty \le M\,,$$

so liegen alle Eulerschen Polygonzüge in dem Doppelkegel

$$K := \{(t, \boldsymbol{y}) \in Q : |t - t_0| \le \varepsilon \wedge \|\boldsymbol{y} - \boldsymbol{y}_0\|_\infty \le M\,|t - t_0|\}$$

mit

$$\varepsilon := \min\left(a, \frac{b}{M}\right)\,. \tag{21.4}$$

Insbesondere existiert daher die Lösung der Anfangswertaufgabe zumindest in dem Intervall $|t - t_0| \le \varepsilon$, vgl. Abb. 21.3.

6) Leonard Euler (1707–1783); Basel, Berlin, St. Petersburg.

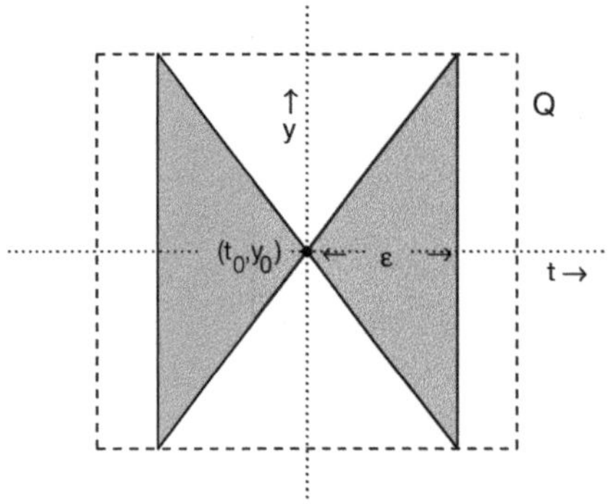

Abb. 21.3 Existenzkegel.

b) Unter den Voraussetzungen des Peanoschen Satzes lässt sich jede Lösung der Anfangswertaufgabe auf ein maximales Existenzintervall $-\infty \leq t_{\min} < t < t_{\max} \leq \infty$ fortsetzen. Der Graph $(t, \boldsymbol{y}(t))$ der Lösung kommt dabei für $t \to t_{\min}$ bzw. für $t \to t_{\max}$ dem Rand von D beliebig nahe, d. h., jeder Häufungspunkt von $(t, \boldsymbol{y}(t))$ für $t \to t_{\min}$ oder $t \to t_{\max}$ liegt auf ∂D.

Beispiele (21.4)

a) $y' = y, \quad y(0) = 1.$
Die Lösung dieser Anfangswertaufgabe, $y(t) = \exp(t)$, ist auf ganz $\mathbb{R}$ definiert. Es ist also $t_{\min} = -\infty, \; t_{\max} = +\infty$.

b) $y' = -\dfrac{t}{y}, \quad y(0) = r > 0, \quad D = \mathbb{R}\times]0, \infty[.$

Die Lösung dieser Anfangswertaufgabe lautet $y(t) = \sqrt{r^2 - t^2}$. Daher ist $t_{\min} = -r$, $t_{\max} = +r$ und

$$\lim_{t\to t_{\min}} (t, y(t)) = (-r, 0) \in \partial D\,, \qquad \lim_{t\to t_{\max}} (t, y(t)) = (r, 0) \in \partial D\,.$$

c) Für die Anfangswertaufgabe

$$y' = y^2\,, \quad y(0) = 1\,, \quad D = \mathbb{R} \times \mathbb{R}$$

findet man mittels Trennung der Variablen:

$$y(t) = \frac{1}{1-t}\,, \quad -\infty = t_{\min} < t < t_{\max} = 1\,.$$

d) Die Lösung der Anfangswertaufgabe

$$y' = -\frac{\sqrt{1-y^2}}{t^2}\,, \quad y(1) = 0\,, \quad D =]0, \infty[\times]-1, 1[$$

lautet $y(t) = \sin(\frac{1}{t} - 1)$.
Sie ist auf $0 = t_{\min} < t < t_{\max} = \infty$ definiert. Für $t \to 0^+$ besitzt die Lösung Häufungspunkte $(0, \lambda) \in \partial D$, $-1 \leq \lambda \leq 1$.

Man beachte, dass es neben den obigen Lösungen die beiden singulären Lösungen $y(t) = \pm 1$ gibt, und in den Punkten $(t, \pm 1)$ die lokale Eindeutigkeit der Lösung verletzt ist.

Wir kommen nun zum Satz von Picard-Lindelöf, der unter der zusätzlichen Voraussetzung der Lipschitz-Bedingung (21.2) auch die Eindeutigkeit der Lösung einer Anfangswertaufgabe garantiert.

Satz (21.5): Satz von Picard-Lindelöf
Sei $\boldsymbol{f} : \mathbb{R} \times \mathbb{R}^n \supset D \to \mathbb{R}^n$ stetig auf einem Quader $Q \subset D$ der Form

$$Q = \left\{(t, \boldsymbol{y}) \in \mathbb{R}^{n+1} : |t - t_0| \le a \wedge \|\boldsymbol{y} - \boldsymbol{y}_0\|_\infty \le b\right\} .$$

Ferner gebe es Konstanten $M,\ L > 0$ mit:

$$\forall\,(t, \boldsymbol{y}) \in Q: \quad \|\boldsymbol{f}(t, \boldsymbol{y})\| \le M$$
$$\forall\,(t, \boldsymbol{y}),\ (t, \boldsymbol{z}) \in Q: \quad \|\boldsymbol{f}(t, \boldsymbol{z}) - \boldsymbol{f}(t, \boldsymbol{y})\| \le L \cdot \|\boldsymbol{z} - \boldsymbol{y}\| .$$

Dann besitzt die Anfangswertaufgabe (21.1) eine eindeutig bestimmte Lösung $\boldsymbol{y}$, die mindestens im Intervall $[t_0 - \varepsilon, t_0 + \varepsilon]$, mit $\varepsilon := \min(a, b/M)$ definiert ist.

Beweis.
Durch komponentenweise Integration lässt sich die vorgegebene Anfangswertaufgabe (21.1) in die folgende äquivalente Integralgleichung umformen:

$$\boldsymbol{y}(t) = \boldsymbol{y}_0 + \int_{t_0}^{t} \boldsymbol{f}(\tau, \boldsymbol{y}(\tau))\,\mathrm{d}\tau =: \Phi(\boldsymbol{y})(t) . \tag{21.5}$$

Diese hat die Form einer Fixpunktgleichung zur Bestimmung der Lösung $\boldsymbol{y}$ und es ist daher naheliegend, zur Lösung dieser Gleichung die zugehörige Fixpunktiteration zu verwenden:

$$\boldsymbol{y}^{[0]}(t) := \boldsymbol{y}_0 , \quad \boldsymbol{y}^{[k+1]}(t) := \boldsymbol{y}_0 + \int_{t_0}^{t} \boldsymbol{f}(\tau, \boldsymbol{y}^{[k]}(\tau))\,\mathrm{d}\tau , \quad k \in \mathbb{N}_0 . \tag{21.6}$$

Der obere Index ist hierbei der Iterationsindex des Verfahrens. Die obige Iteration heißt auch das **Verfahren der sukzessiven Approximation.**

Wir führen nun den Konvergenzbeweis für (21.6) analog zum Beweis des Fixpunktsatzes 10.45.

Zunächst sieht man, dass alle Iterierten $\boldsymbol{y}^{[k]}$ durch (21.6) auf dem Intervall $|t - t_0| \le \varepsilon$ erklärt sind und ganz im Quader Q verlaufen:

$$\|\boldsymbol{y}^{[k+1]}(t) - \boldsymbol{y}_0\| = \left\| \int_{t_0}^{t} \boldsymbol{f}(\tau, \boldsymbol{y}^{[k]}(\tau))\,\mathrm{d}\tau \right\| \le M \cdot |t - t_0| \le b .$$

Die Lipschitz-Bedingung ergibt ferner die Abschätzung:

$$\left\| \boldsymbol{y}^{[k+1]}(t) - \boldsymbol{y}^{[k]}(t) \right\| = \left\| \int_{t_0}^{t} \left(\boldsymbol{f}(\tau, \boldsymbol{y}^{[k]}(\tau)) - \boldsymbol{f}(\tau, \boldsymbol{y}^{[k-1]}(\tau)) \right) \mathrm{d}\tau \right\|$$

$$\leq L \cdot \int_{t_0}^{t} \left\| \boldsymbol{y}^{[k]}(\tau) - \boldsymbol{y}^{[k-1]}(\tau) \right\| \mathrm{d}\tau ,$$

woraus man wegen $\|\boldsymbol{y}^{(1)}(t) - \boldsymbol{y}_0\| \leq M\,|t - t_0|$ mittels vollständiger Induktion erhält:

$$\forall\, k \in \mathbb{N},\ |t - t_0| \leq \varepsilon: \qquad \left\| \boldsymbol{y}^{[k]}(t) - \boldsymbol{y}^{[k-1]}(t) \right\| \leq M \cdot L^{k-1} \frac{|t - t_0|^k}{k!} .$$

Dies zeigt die gleichmäßige Konvergenz der Reihe $\sum_{j=1}^{\infty} (\boldsymbol{y}^{[j]}(t) - \boldsymbol{y}^{[j-1]}(t))$ und damit auch die gleichmäßige Konvergenz (für $k \to \infty$) von

$$\boldsymbol{y}^{[k]}(t) = \boldsymbol{y}_0 + \sum_{j=1}^{k} (\boldsymbol{y}^{[j]}(t) - \boldsymbol{y}^{[j-1]}(t))$$

gegen eine stetige Lösung $\boldsymbol{y}$ von (21.5) auf dem Intervall $|t - t_0| \leq \varepsilon$.

Zur Eindeutigkeit: Sind $\boldsymbol{y},\ \widetilde{\boldsymbol{y}}$ stetige Lösungen von (21.5), so folgt:

$$\left\| \boldsymbol{y}(t) - \widetilde{\boldsymbol{y}}(t) \right\| = \left\| \int_{t_0}^{t} (\boldsymbol{f}(\tau, \boldsymbol{y}(\tau)) - \boldsymbol{f}(\tau, \widetilde{\boldsymbol{y}}(\tau)))\, \mathrm{d}\tau \right\|$$

$$\leq L \cdot \int_{t_0}^{t} \left\| \boldsymbol{y}(\tau) - \widetilde{\boldsymbol{y}}(\tau) \right\| \mathrm{d}\tau$$

$$\leq L \cdot \left\| \boldsymbol{y} - \widetilde{\boldsymbol{y}} \right\|_{\infty} \cdot |t - t_0| .$$

Setzt man diese Abschätzung wieder in das Integral ein und iteriert dies, so folgt

$$\left\| \boldsymbol{y}(t) - \widetilde{\boldsymbol{y}}(t) \right\| \leq L^k \cdot \left\| \boldsymbol{y} - \widetilde{\boldsymbol{y}} \right\|_{\infty} \cdot \frac{|t - t_0|^k}{k!} \to 0 \qquad (k \to \infty) .$$

Somit folgt $\boldsymbol{y}(t) = \widetilde{\boldsymbol{y}}(t),\ \ \forall t\colon |t - t_0| \leq \varepsilon$. ■

Bemerkungen (21.6)

a) Der obige Satz von Picard und Lindelöf lässt sich folgendermaßen modifizieren:
Erfüllt $\boldsymbol{f}$ auf $[a, b] \times \mathbb{R}^n$ eine (globale) Lipschitz-Bedingung (21.2), so besitzt die Anfangswertaufgabe (21.1) mit $t_0 \in [a, b]$ eine eindeutig bestimmte Lösung, die auf dem gesamten Intervall $[a, b]$ erklärt ist **(globale Existenz)**!

b) Eine *lineare* Anfangswertaufgabe

$$\boldsymbol{y}'(t) = \boldsymbol{A}(t)\boldsymbol{y}(t) + \boldsymbol{b}(t)\,, \quad \boldsymbol{y}(t_0) = \boldsymbol{y}_0 \tag{21.7}$$

mit stetigen Funktionen $\boldsymbol{A}\colon \mathbb{R} \to \mathbb{R}^{(n,n)}$ und $\boldsymbol{b}\colon \mathbb{R} \to \mathbb{R}^n$ besitzt eine eindeutig bestimmte Lösung, die auf ganz $\mathbb{R}$ definiert ist.

Beweis.
Die Aussage folgt aus a) wegen

$$\|\boldsymbol{f}(t,\boldsymbol{z}) - \boldsymbol{f}(t,\boldsymbol{y})\| \le \|\boldsymbol{A}(t)\|\ \|\boldsymbol{z} - \boldsymbol{y}\|\ .$$

Die globale Lipschitz-Bedingung ist also auf *jedem* Streifen $[a, b] \times \mathbb{R}^n$ erfüllt. ■

c) Zum Nachweis der Lipschitz-Bedingung ist der folgende Sachverhalt hilfreich:
Ist $\boldsymbol{f}$ auf einem Quader Q eine C^1-Funktion, so erfüllt $\boldsymbol{f}$ dort auch eine Lipschitz-Bedingung.

Beweis.
Die partiellen Ableitungen $\frac{\partial f_i}{\partial y_j}$ sind stetig und damit auf der kompakten Menge Q beschränkt. Für $i \in \{1, \dots, n\}$ folgt daher mit

$$L_i := \sup\left\{\sum_{j=1}^{n}\left|\frac{\partial f_i}{\partial y_j}(t,\boldsymbol{y})\right| : (t,\boldsymbol{y}) \in Q\right\} < \infty \tag{21.8}$$

und dem Mittelwertsatz:

$$f_i(t,\boldsymbol{z}) - f_i(t,\boldsymbol{y}) = \frac{\partial f_i}{\partial \boldsymbol{y}}(\boldsymbol{y} + \Theta_i(\boldsymbol{z} - \boldsymbol{y}))\,(\boldsymbol{z} - \boldsymbol{y})\,, \quad 0 < \Theta_i < 1\,,$$

unmittelbar $|f_i(t,\boldsymbol{z}) - f_i(t,\boldsymbol{y})| \le L_i\ \|\boldsymbol{z} - \boldsymbol{y}\|_\infty$ und somit auch

$$\|\boldsymbol{f}(t,\boldsymbol{z}) - \boldsymbol{f}(t,\boldsymbol{y})\|_\infty \le \max(L_i) \cdot \|\boldsymbol{z} - \boldsymbol{y}\|_\infty\ .$$

Damit ist also $L := \max\{L_i : i = 1, \dots, n\}$ eine geeignete Lipschitz-Konstante von $\boldsymbol{f}$ auf Q. ■

Beispiel (21.7)
Für die Anfangswertaufgabe $y' = y,\ y(0) = 1$ liefert das Verfahren der sukzessiven Approximation die Näherungen (Beweis per Induktion):

$$y^{[k]}(t) = \sum_{j=0}^{k}\frac{1}{j!}t^j\ .$$

Für $k \to \infty$ hat man folglich:

$$y(t) = \lim_{k\to\infty} y^{[k]}(t) = \sum_{j=0}^{\infty}\frac{1}{j!}t^j = \exp(t)\ .$$

21.2 Abhängigkeit von Parametern, Stabilität

Wir betrachten wieder eine Anfangswertaufgabe

$$\boldsymbol{y}'(t) = \boldsymbol{f}(t, \boldsymbol{y}(t)), \quad \boldsymbol{y}(t_0) = \boldsymbol{y}_0 \in \mathbb{R}^n, \tag{21.9}$$

und setzen voraus, dass $\boldsymbol{f}: D \to \mathbb{R}^n$ auf einem Gebiet $D \subset \mathbb{R} \times \mathbb{R}^n$ stetig differenzierbar ist.

Die Lösung der Anfangswertaufgabe ist somit für alle Anfangswerte $(t_0, \boldsymbol{y}_0) \in D$ aufgrund des Satzes von Picard und Lindelöf (lokal) eindeutig bestimmt. Man vergleiche hierzu auch die Bemerkung 21.6c). Wir denken uns ferner die Lösung in D maximal fortgesetzt und bezeichnen diese Fortsetzung mit $\boldsymbol{y}(t; t_0, \boldsymbol{y}_0)$.

Wir wollen in diesem Abschnitt untersuchen, wie sich Störungen in der rechten Seite $\boldsymbol{f}$ der Differentialgleichung oder Störungen im Anfangswert $(t_0, \boldsymbol{y}_0)$ auf die Lösung der Anfangswertaufgabe auswirken. Solche Störungen sind beispielsweise bei einer numerischen Lösung der Anfangswertaufgabe aufgrund der auftretenden Rundungsfehler unvermeidbar. Aber auch in Anwendungen sind die Anfangsdaten häufig nur mit einer gewissen Genauigkeit gegeben.

Bevor wir zu quantitativen Fehleraussagen kommen, sei ein Stabilitätssatz zitiert, der allgemein die stetige Abhängigkeit der Lösung $\boldsymbol{y}(t; t_0, \boldsymbol{y}_0)$ vom Anfangswert und der rechten Seite zeigt.

Satz (21.8): Stabilitätssatz
Sei $\boldsymbol{f}^{[m]}: D \to \mathbb{R}^n$ eine Folge stetiger Funktionen auf dem Gebiet $D \subset \mathbb{R}^{n+1}$ und es konvergiere $\boldsymbol{f}^{[m]} \to \boldsymbol{f}$ für $m \to \infty$ lokal gleichmäßig auf D.

Ferner sei $(t_m, \boldsymbol{y}_m) \in D$ eine Folge von Anfangswerten mit $(t_m, \boldsymbol{y}_m) \to (t_0, \boldsymbol{y}_0) \in D (m \to \infty)$. Schließlich bezeichne $\boldsymbol{y}^{[m]}$ bzw. $\boldsymbol{y}$ Lösungen der zugehörigen Anfangswertaufgaben

$$\boldsymbol{y}^{[m]\prime} = \boldsymbol{f}^{[m]}(t, \boldsymbol{y}^{[m]}),\ \boldsymbol{y}^{[m]}(t_m) = \boldsymbol{y}_m \quad \text{bzw.} \quad \boldsymbol{y}' = \boldsymbol{f}(t, \boldsymbol{y}),\ \boldsymbol{y}(t_0) = \boldsymbol{y}_0 \, .$$

Ist die Lösung $\boldsymbol{y}$ der Grenzanfangswertaufgabe dann auf einem kompakten Intervall $I_0 \subset \mathbb{R}$ definiert, so sind auch die Nachbarlösungen $\boldsymbol{y}^{[m]}$ für hinreichend großes m auf I_0 erklärt (bzw. auf I_0 fortsetzbar) und konvergieren gleichmäßig gegen $\boldsymbol{y}$.

Man beachte, dass die eindeutige Lösbarkeit lediglich für die Grenzanfangswertaufgabe gefordert wird. Der Beweis dieses Stabilitätssatzes erfolgt analog zum Beweis des Peanoschen Existenzsatzes. Wir verweisen hierzu wiederum auf die Literatur zu gewöhnlichen Differentialgleichungen.

Quantitative Fehlerabschätzungen

Zur Gewinnung quantitativer Fehleraussagen benötigen wir das folgende technische Hilfsmittel:

Satz (21.9): Lemma von Gronwall[7], 1919
Gilt für eine auf dem Intervall $|t - t_0| \leq \varepsilon$ stetige Funktion r eine Abschätzung der Form

$$r(t) \leq \alpha + \beta \cdot \int_{t_0}^{t} r(\tau)\,\mathrm{d}\tau\,, \quad \alpha \geq 0,\ \beta > 0\,,$$

so folgt: $r(t) \leq \alpha \mathrm{e}^{\beta\,|t-t_0|}$ für alle $|t - t_0| \leq \varepsilon$.

Beweis.
Man setze

$$u(t) := \mathrm{e}^{-\beta t} \int_{t_0}^{t} r(\tau)\,\mathrm{d}\tau\,.$$

Dies differenziert ergibt unter Anwendung der vorausgesetzten Ungleichung:

$$u'(t) = -\beta u(t) + \mathrm{e}^{-\beta t} r(t) \leq \alpha \mathrm{e}^{-\beta t}\,,$$

also $\alpha \mathrm{e}^{-\beta t} - u'(t) \geq 0$. Diese Ungleichung wird nun über $[t_0, t]$ für $t_0 \leq t \leq t_0 + \varepsilon$ integriert:

$$-\frac{\alpha}{\beta}\mathrm{e}^{-\beta t} - u(t) \geq -\frac{\alpha}{\beta}\mathrm{e}^{-\beta t_0}\,.$$

Es folgt also

$$u(t) \leq \frac{\alpha}{\beta}\left(\mathrm{e}^{-\beta t_0} - \mathrm{e}^{-\beta t}\right)$$

und somit durch Anwendung der Ausgangsungleichung:

$$r(t) \leq \alpha + \beta \mathrm{e}^{\beta t} u(t) \leq \alpha \mathrm{e}^{\beta(t-t_0)}\,.$$

Für $t \leq t_0$ kann man die Aussage vermöge der Transformation $\tilde{r}(t) := r(2t_0 - t)$, $t \geq t_0$, auf den Fall $t \geq t_0$ zurückführen. ■

Mit dem Gronwall-Lemma lässt sich nun leicht die folgende Fehlerabschätzung für die Lösung der Anfangswertaufgabe herleiten:

Satz (21.10)
Für Anfangswerte $\boldsymbol{y}_0$, $\boldsymbol{z}_0 \in \mathbb{R}^n$ seien die Lösungen $\boldsymbol{y}(t; t_0, \boldsymbol{y}_0)$ und $\boldsymbol{y}(t; t_0, \boldsymbol{z}_0)$ der entsprechenden Anfangswertaufgaben (21.9) auf dem Intervall $|t - t_0| \leq \varepsilon$ definiert.

$L > 0$ bezeichne eine Lipschitz-Konstante von $\boldsymbol{f}$ auf einem Quader $Q \subset \mathbb{R}^{n+1}$, welcher beide Lösungen enthält, vgl. Satz 21.5. Dann gilt für $|t - t_0| \leq \varepsilon$:

$$\left\|\boldsymbol{y}(t; t_0, \boldsymbol{y}_0) - \boldsymbol{y}(t; t_0, \boldsymbol{z}_0)\right\| \leq \mathrm{e}^{L|t-t_0|} \cdot \left\|\boldsymbol{y}_0 - \boldsymbol{z}_0\right\|\,.$$

7) Thomas Haken Gronwall (1877–1932); Stockholm, Princeton, New York.

Beweis.
Die integrale Form der Anfangswertaufgabe

$$\boldsymbol{y}(t;t_0,\boldsymbol{y}_0) = \boldsymbol{y}_0 + \int_{t_0}^{t} \boldsymbol{f}\left(\tau, \boldsymbol{y}(\tau;t_0,\boldsymbol{y}_0)\right) \mathrm{d}\tau$$

liefert mit Hilfe der Dreiecksungleichung die Abschätzung:

$$\begin{aligned}
&\left\|\boldsymbol{y}(t;t_0,\boldsymbol{y}_0) - \boldsymbol{y}(t;t_0,\boldsymbol{z}_0)\right\| \\
&\quad \le \left\|\boldsymbol{y}_0 - \boldsymbol{z}_0\right\| + \int_{t_0}^{t} \left\|\boldsymbol{f}(\tau, \boldsymbol{y}(\tau;t_0,\boldsymbol{y}_0)) - \boldsymbol{f}(\tau; \boldsymbol{y}(\tau;t_0,\boldsymbol{z}_0))\right\| \mathrm{d}\tau \\
&\quad \le \left\|\boldsymbol{y}_0 - \boldsymbol{z}_0\right\| + L \cdot \int_{t_0}^{t} \left\|\boldsymbol{y}(\tau;t_0,\boldsymbol{y}_0)) - \boldsymbol{y}(\tau;t_0,\boldsymbol{z}_0))\right\| \mathrm{d}\tau \,.
\end{aligned}$$

Dies ist aber gerade eine Abschätzung, wie sie als Voraussetzung des Lemmas von Gronwall aufgetreten ist:

$$\begin{aligned}
&r(t) \le \alpha + \beta \int_{t_0}^{t} r(\tau)\,\mathrm{d}\tau \quad \text{mit} \\
&r(t) := \left\|\boldsymbol{y}(t;t_0,\boldsymbol{y}_0) - \boldsymbol{y}(t;t_0,\boldsymbol{z}_0)\right\| \,, \\
&\quad \alpha := \left\|\boldsymbol{y}_0 - \boldsymbol{z}_0\right\| \ge 0 \,, \quad \beta := L > 0 \,.
\end{aligned}$$

Mit dem Lemma von Gronwall folgt daher:

$$\left\|\boldsymbol{y}(t;t_0,\boldsymbol{y}_0) - \boldsymbol{y}(t;t_0,\boldsymbol{z}_0)\right\| \le \left\|\boldsymbol{y}_0 - \boldsymbol{z}_0\right\| \, \mathrm{e}^{L\,|t-t_0|} \,. \qquad \blacksquare$$

Bemerkungen (21.11)

a) Die in obigem Satz gezeigte Abschätzung bedeutet gerade die Lipschitz-stetige Abhängigkeit der Lösung einer Anfangswertaufgabe von den Anfangswerten $\boldsymbol{y}_0$.

b) Die obige Abschätzung ist im Allgemeinen nicht zu verbessern, da beispielsweise für die lineare Anfangswertaufgabe

$$y' = Ly \,, \quad y(t_0) = y_0 \,, \quad \text{mit} \quad L > 0 \quad \text{und} \quad t \ge t_0 \,,$$

die Abschätzung mit Gleichheit gilt. Für $t < t_0$ wird hierbei jedoch der tatsächliche Fehler erheblich überschätzt.

c) In Verallgemeinerung des Satzes 21.10 lassen sich auch Fehler in der rechten Seite $\boldsymbol{f}$ und in der Anfangszeit t_0 berücksichtigen.
Es seien $\boldsymbol{f}$, $\boldsymbol{g}$ stetig differenzierbare Funktionen auf einem Quader Q, wobei die folgenden Abschätzungen gelten mögen:

$$\|\boldsymbol{f}(t,\boldsymbol{y}) - \boldsymbol{g}(t,\boldsymbol{y})\| \le \delta \,, \quad \|\boldsymbol{g}(t,\boldsymbol{y})\| \le M \,, \quad \|\boldsymbol{f}(t,\boldsymbol{z}) - \boldsymbol{f}(t,\boldsymbol{y})\| \le L\|\boldsymbol{z} - \boldsymbol{y}\| \,.$$

Für die Lösungen y und z der beiden Anfangswertaufgaben

$$\begin{aligned} y' &= f(t, y)\,, \quad & y(t_0) &= y_0\,, \\ z' &= g(t, z)\,, \quad & z(t_1) &= z_0 \end{aligned}$$

mit (t_0, y_0), $(t_0, z_0) \in Q^0$ gilt dann die Abschätzung

$$\begin{aligned} \|y(t) - z(t)\| \le{}& \|y_0 - z_0\|\, e^{L|t-t_0|} + M\,|t_1 - t_0|\, e^{L|t-t_0|} \\ &+ \frac{\delta}{L}\left(e^{L|t-t_0|} - 1\right). \end{aligned} \tag{21.10}$$

Der erste Summand beschreibt den Fehleranteil, der in $y(t)$ aufgrund der Änderung der Anfangswerte auftritt, der zweite Summand den Fehler, der durch die Variation der Anfangszeit auftritt, und der dritte Summand beschreibt schließlich den Fehler, der durch die veränderte rechte Seite des Differentialgleichungssystems hervorgerufen wird.

Häufig treten in den Anwendungen Anfangswertaufgaben auf, bei denen die rechte Seite noch von gewissen Parametern $\lambda_1, \ldots, \lambda_m$ abhängt. Hierbei ist natürlich ebenfalls die Frage von Interesse, wie sich die Lösung einer solchen **parameterabhängigen Anfangswertaufgabe**

$$y'(t) = f(t, y, \lambda)\,, \quad y(t_0) = y_0\,, \tag{21.11}$$

in Abhängigkeit von den Parametern $\lambda \in \mathbb{R}^m$ verhält.

Vermöge einer einfachen Transformation lässt sich jedoch (21.11) in die äquivalente Anfangswertaufgabe in Standardform umschreiben. Dazu setzt man $z(t) := \lambda$ und erhält

$$\begin{aligned} y' &= f(t, y, z)\,, \quad & y(t_0) &= y_0 \\ z' &= 0\,, & z(t_0) &= \lambda\,. \end{aligned} \tag{21.12}$$

Hier ist λ nun Teil der Anfangsdaten und die Auswirkung von Fehlern in λ lässt sich nunmehr durch Satz 21.10 bzw. (21.10) beschreiben.

Die Variationsgleichungen

Häufig interessiert man sich über die recht groben Abschätzungen 21.10 bzw. (21.10) hinaus für die konkrete Auswertung der sogenannten **Variationen.** Hierunter versteht man die Größen

$$Y(t) := \frac{\partial}{\partial y_0} y(t; t_0, y_0) \in \mathbb{R}^{(n,n)} \quad \text{und} \quad w(t) := \frac{\partial}{\partial t_0} y(t; t_0, y_0) \in \mathbb{R}^n\,. \tag{21.13}$$

Diese Daten lassen sich interpretieren als die (absoluten) *Konditionszahlen* für die Abbildung $(t_0, y_0) \mapsto y(t; t_0, y_0)$.

Um die Existenz der hierbei auftretenden partiellen Ableitungen sicherzustellen, sei der folgende Satz zitiert. Für einen Beweis wird wiederum auf die Standardliteratur verwiesen.

Satz (21.12)
Die rechte Seite $\boldsymbol{f}$ der Anfangswertaufgabe (21.9) sei eine C^1-Funktion auf einem Gebiet $D \subset \mathbb{R}^{n+1}$. $\boldsymbol{y}^*$ sei eine auf einem kompakten Intervall $I \subset \mathbb{R}$ erklärte Lösung der Differentialgleichung $\boldsymbol{y}' = \boldsymbol{f}(t, \boldsymbol{y})$ mit Werten $(t, \boldsymbol{y}^*(t)) \in D$. Dann gilt:

a) Es gibt einen Streifen

$$S_\varepsilon := \left\{(t, \boldsymbol{y})^{\mathrm{T}} : t \in I \wedge \|\boldsymbol{y} - \boldsymbol{y}^*(t)\| \le \varepsilon\right\} \subset D, \ \varepsilon > 0\,,$$

um $\boldsymbol{y}^*$, so dass die Lösungen $\boldsymbol{y}(t; t_0, \boldsymbol{y}_0)$ von (21.9) für alle Anfangswerte $(t_0, \boldsymbol{y}_0) \in S_\varepsilon$ auf ganz I erklärt sind.

b) Die Lösung $\boldsymbol{y}(t; t_0, \boldsymbol{y}_0)$ ist eine C^1-Funktion bezüglich aller Variablen auf $I \times S_\varepsilon$.

c) Die Variationen $\boldsymbol{Y}(t)$, $\boldsymbol{w}(t)$ lassen sich als Lösungen der folgenden linearen Anfangswertaufgaben erhalten

$$\begin{aligned} \boldsymbol{Y}'(t) &= \boldsymbol{f}_{\boldsymbol{y}}(t, \boldsymbol{y}(t; t_0, \boldsymbol{y}_0)) \cdot \boldsymbol{Y}(t)\,, \quad \boldsymbol{Y}(t_0) = \boldsymbol{I}_n \\ \boldsymbol{w}'(t) &= \boldsymbol{f}_{\boldsymbol{y}}(t, \boldsymbol{y}(t; t_0, \boldsymbol{y}_0)) \cdot \boldsymbol{w}(t)\,, \quad \boldsymbol{w}(t_0) = -\boldsymbol{f}(t_0, \boldsymbol{y}_0)\,. \end{aligned} \tag{21.14}$$

Die linearen Differentialgleichungen in (21.14) heißen auch die **Variationsgleichungen** von $\boldsymbol{y}' = \boldsymbol{f}(t, \boldsymbol{y})$.

Bemerkung (21.13)
Eine sehr einfache Herleitung der Variationsgleichungen erhält man, wenn man voraussetzt, dass $\boldsymbol{y}(t; t_0, \boldsymbol{y}_0)$ sogar eine C^2-Funktion auf $I \times S_\varepsilon$ ist. Aus der Differentialgleichung

$$\frac{\partial}{\partial t}\boldsymbol{y}(t; t_0, \boldsymbol{y}_0) = \boldsymbol{f}(t, \boldsymbol{y}(t; t_0, \boldsymbol{y}_0))$$

folgt dann durch partielle Differentiation nach $\boldsymbol{y}_0$ mit Hilfe der Kettenregel:

$$\frac{\partial}{\partial \boldsymbol{y}_0}\frac{\partial}{\partial t}\boldsymbol{y}(t; t_0, \boldsymbol{y}_0) = \boldsymbol{f}_{\boldsymbol{y}}(t, \boldsymbol{y}(t; t_0, \boldsymbol{y}_0)) \cdot \frac{\partial}{\partial \boldsymbol{y}_0}\boldsymbol{y}(t; t_0, \boldsymbol{y}_0)\,.$$

Vertauscht man hierin nach dem Satz von Schwarz die partiellen Ableitungen auf der linken Seite, so erhält man gerade die erste Variationsgleichung für $\boldsymbol{Y}$. Die zugehörige Anfangsbedingung ergibt sich ebenso durch Differentiation der Identität $\boldsymbol{y}(t_0; t_0, \boldsymbol{y}_0) = \boldsymbol{y}_0$ nach $\boldsymbol{y}_0$.

Beispiel (21.14)
Gegeben sei die Anfangswertaufgabe $y' = y^2$, $y(1) = 1$. Mit den obigen Bezeichnungen ist also $t_0 = 1$ und $y_0 = 1$. Für die Lösung der Anfangswertaufgabe findet man mittels Trennung der Variablen $y(t) = 1/(2 - t)$.

Wir fragen, wie sich $y(t)$ verändert, wenn man den Anfangswert $y_0 = 1$ variiert, etwa in der Form $y(1) = 1 + \varepsilon$.

Nach (21.14) genügt $Y(t) := \frac{\partial y(t; 1, y_0)}{\partial y_0}$ der linearen Anfangswertaufgabe

$$Y'(t) = 2y(t) \cdot Y(t) = \frac{2}{2 - t} \cdot Y(t)\,, \quad Y(1) = 1\,.$$

Für die Lösung dieser Anfangswertaufgabe erhält man – wieder mit Trennung der Variablen $Y(t) = \frac{1}{(2-t)^2}$. Damit ergeben sich die ersten beiden Terme der Taylor-Entwicklung zu

$$y(t; 1; 1+\varepsilon) = \frac{1}{2-t} + \frac{\varepsilon}{(2-t)^2} + O(\varepsilon^2)\,.$$

Beispielsweise wird also ein Fehler im Anfangswert y_0 im Punkt $t = 1.5$ etwa mit dem Faktor $\kappa = 4$ verstärkt.

Einschließung von Lösungen

Wir gehen abschließend noch kurz auf die Möglichkeit ein, Lösungen von Anfangswertaufgaben einzuschließen und hieraus Aussagen über das Existenzintervall einer Lösung zu gewinnen.

Wir betrachten zunächst *Differentialungleichungen*. Dazu bezeichne $D^+g(t) := g'(t^+)$ die rechtsseitige Ableitung einer Funktion $g\colon [a,b] \to \mathbb{R}$, also

$$D^+g(t_0) := \lim_{t\to t_0+} \frac{g(t)-g(t_0)}{t-t_0}\,. \tag{21.15}$$

Wir zeigen als wichtiges Beispiel, dass Normen stets einseitig differenzierbar sind:

Satz (21.15): Über die Ableitung von Normen
Sei $\boldsymbol{y}\colon [a,b] \to \mathbb{R}^n$ eine C^1-Funktion und $\|\cdot\|$ eine Norm für $\mathbb{R}^n$. Dann ist die Funktion $g(t) := \|\boldsymbol{y}(t)\|$ auf $[a,b[$ rechtsseitig differenzierbar und es gilt

$$D^+\|\boldsymbol{y}(t)\| \le \|\boldsymbol{y}'(t)\|\,.$$

Beweis.
Für $\boldsymbol{y},\ \boldsymbol{u} \in \mathbb{R}^n$, $h > 0$ und $0 < \mu \le 1$ gilt aufgrund der Dreiecksungleichung

$$\begin{aligned}
&\|\boldsymbol{y}+\mu h\boldsymbol{u}\| - \|\mu\boldsymbol{y}+\mu h\boldsymbol{u}\| \le \|\boldsymbol{y}-\mu\boldsymbol{y}\| = (1-\mu)\|\boldsymbol{y}\|\\
\Rightarrow\quad &\|\boldsymbol{y}+\mu h\boldsymbol{u}\| - \|\boldsymbol{y}\| \le \|\mu\boldsymbol{y}+\mu h\boldsymbol{u}\| - \mu\|\boldsymbol{y}\|\\
\Rightarrow\quad &\frac{\|\boldsymbol{y}+\mu h\boldsymbol{u}\| - \|\boldsymbol{y}\|}{\mu h} \le \frac{\|\boldsymbol{y}+h\boldsymbol{u}\| - \|\boldsymbol{y}\|}{h}\,.
\end{aligned}$$

Damit sieht man, dass die Funktion $(\|\boldsymbol{y}+h\boldsymbol{u}\| - \|\boldsymbol{y}\|)/h$ bez. $h > 0$ monoton wächst. Sie ist auch nach unten beschränkt, denn

$$\frac{\|\boldsymbol{y}+h\boldsymbol{u}\| - \|\boldsymbol{y}\|}{h} \ge \frac{\|\boldsymbol{y}\| - h\|\boldsymbol{u}\| - \|\boldsymbol{y}\|}{h} = -\|\boldsymbol{u}\|\,.$$

Damit existiert der Grenzwert $\lim_{h\to 0+}(\|\boldsymbol{y}+h\boldsymbol{u}\| - \|\boldsymbol{y}\|)/h$ und damit für $t \in [a,b[$ und $0 < h < b-t$ auch der Grenzwert

$$\lim_{h\to 0+} \frac{\|\boldsymbol{y}(t)+h\boldsymbol{y}'(t)\| - \|\boldsymbol{y}(t)\|}{h} \le \|\boldsymbol{y}'(t)\|\,. \tag{21.16}$$

Schließlich folgt nun mit

$$\begin{aligned}&\left|\left(\frac{\|\boldsymbol{y}(t+h)\|-\|\boldsymbol{y}(t)\|}{h}\right)-\left(\frac{\|\boldsymbol{y}(t)+h\boldsymbol{y}'(t)\|-\|\boldsymbol{y}(t)\|}{h}\right)\right|\\&\quad=(1/h)\mid\|\boldsymbol{y}(t+h)\|-\|\boldsymbol{y}(t)+h\boldsymbol{y}'(t)\|\mid\\&\quad\le(1/h)\,\|\boldsymbol{y}(t+h)-\boldsymbol{y}(t)-h\boldsymbol{y}'(t)\|\to 0\quad(h\to 0+)\,,\end{aligned}$$

dass auch der Grenzwert $\lim_{h\to 0+}(\|\boldsymbol{y}(t+h\|)-\|\boldsymbol{y}(t)\|)/h$ existiert und mit dem in (21.16) angegebenen Grenzwert übereinstimmt. ■

In dem folgenden Vergleichssatz werden zunächst skalare Differentialgleichungen miteinander verglichen.

Satz (21.16): Vergleichssatz
Sei $\omega\colon [t_0, t_0+a]\times\mathbb{R}\to\mathbb{R}$ stetig, $a>0$. Die Anfangswertaufgabe $u'=\omega(t,u)$, $u(t_0)=u_0$ habe eine eindeutig bestimmte Lösung u, die auf $[t_0, t_0+a]$ definiert sei.

Gilt dann für eine stetige, rechtsseitig differenzierbare Funktion $v\colon [t_0, t_0+a]\to\mathbb{R}$ die Differentialungleichung $D^+v(t)\le\omega(t,v(t))$, $t_0\le t<t_0+a$, und $v(t_0)\le u_0$, so folgt hieraus für alle $t\in[t_0,t_0+a]$: $v(t)\le u(t)$.

Beweis.
Wir betrachten die folgende Familie von Anfangswertaufgaben (der obere Index $m\in\mathbb{N}$ bezeichne den Folgenindex!)

$$u'=\omega^{[m]}(t,u):=\omega(t,u)+1/m\,,\qquad u^{[m]}(t_0)=u_0\,.$$

Die Folge $(\omega^{[m]})$ konvergiert auf $[t_0,t_0+a]\times\mathbb{R}$ gleichmäßig gegen ω. Mit dem Stabilitätssatz 21.8 folgt, dass $u^{[m]}$ für hinreichend große m auf $[t_0,t_0+a]$ definiert ist und dort gleichmäßig gegen u konvergiert.

Wir zeigen, dass $v(t)\le u^{[m]}(t)$ für alle $t\in[t_0,t_0+a]$ und hinreichend große m gilt. Wegen der gleichmäßigen Konvergenz folgt hieraus dann die Behauptung für u. Die Ungleichung gilt für $t=t_0$. Wäre sie nicht für alle t gültig, so gäbe es $t_0<t_1<t_2$ mit $v(t_1)=u^{[m]}(t_1)$ und $v(t)>u^{[m]}(t)$ für alle $t\in\,]t_1,t_2]$. Für diese t folgt damit $v(t)-v(t_1)>u^{[m]}(t)-u^{[m]}(t_1)$. Damit erhält man mittels Grenzübergang $t\to t_1+$

$$D^+v(t_1)\ge\omega\left(t_1,u^{[m]}(t_1)\right)+1/m=\omega(t_1,v(t_1))+1/m>\omega(t_1,v(t_1))\,,$$

im Widerspruch zur vorausgesetzten Differentialungleichung. ■

Bemerkung (21.17)
Sei $\boldsymbol{y}$ eine Lösung der Anfangswertaufgabe (21.1) mit $\boldsymbol{f}\colon [t_0,t_0+a]\times\mathbb{R}^n\to\mathbb{R}^n$ stetig und gelte eine Abschätzung

$$\forall(t,\boldsymbol{y})\in[t_0,t_0+a]\times\mathbb{R}^n\colon\quad\|\boldsymbol{f}(t,\boldsymbol{y})\|\le\omega(t,\|\boldsymbol{y}\|)$$

mit einer stetigen Funktion $\omega\colon [t_0,t_0+a]\times\mathbb{R}\to\mathbb{R}$. Nach Satz 21.15 folgt dann

$$D^+\|\boldsymbol{y}(t)\|\le\|\boldsymbol{y}'(t)\|=\|f(t,\boldsymbol{y}(t))\|\le\omega(t,\|\boldsymbol{y}(t)\|)\,.$$

Hat nun die Anfangswertaufgabe $u' = \omega(t, u)$, $u(t_0) = \|\boldsymbol{y}_0\|$ eine eindeutig bestimmte Lösung auf $[t_0, t_0 + a]$, so folgt nach dem Vergleichssatz 21.16 mit $v(t) := \|\boldsymbol{y}(t)\|$ die Abschätzung

$$\forall\, t \in [t_0, t_0 + a]: \quad \|\boldsymbol{y}(t)\| \leq u(t)\,.$$

Insbesondere existiert die Lösung $\boldsymbol{y}$ daher aufgrund der Fortsetzungseigenschaft 21.3b) wenigstens im Intervall $[t_0, t_0 + a]$.

Beispiel (21.18)
Wir betrachten nochmals das frühe Bernoullische Beispiel für eine Riccatische Differentialgleichung, vgl. auch (20.23)

$$y' = t^2 + y^2\,, \qquad y(0) = 1\,.$$

Eine untere Schranke für y erhält man durch Verkleinerung der rechten Seite, etwa zu $u' = u^2$, $u(0) = 1$. Der Vergleichssatz besagt dann, dass auf dem gemeinsamen Existenzintervall $y(t) \geq 1/(1 - t)$ gelten muss. Damit ist klar, dass y spätestens in $t = 1$ eine Singularität besitzen muss, genauer: das maximale Existenzintervall (nach rechts) ist $[0, t_{max}[$ mit $t_{max} \leq 1$.

Eine obere Schranke für y erhält man durch Vergrößerung der rechten Seite, auf $[0, 1]$ etwa zu $v' = 1 + v^2$, $v(0) = 1$. Der Vergleichssatz besagt dann wiederum, dass auf dem gemeinsamen Existenzintervall $y(t) \leq \tan(t + \pi/4)$ gelten muss. Damit ist aber auch klar, dass y frühestens in $t = \pi/4$ eine Singularität besitzen kann, d. h. $\pi/4 \leq t_{max} \leq 1$.

Die numerisch berechnete Lösung der Anfangswertaufgabe ist zusammen mit oberer und unterer Schranke in Abb. 21.4 dargestellt. Die (numerisch bestimmte) Singularität der Lösung liegt bei $t_{max} \approx 0.969\,810\,653\,9$.

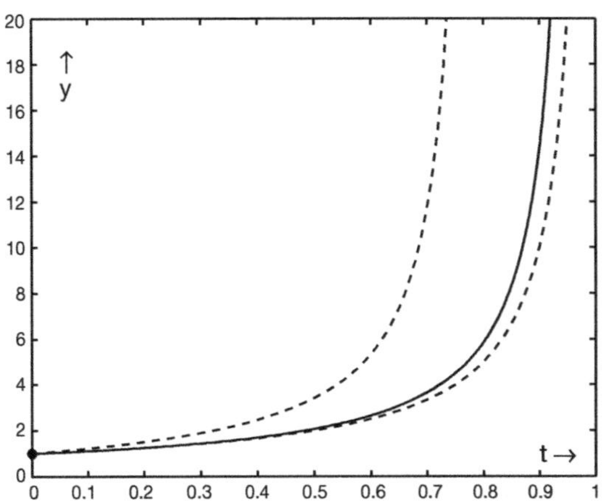

Abb. 21.4 Einschließung der Lösung von Beispiel 21.18.

22
Lineare Differentialgleichungen

22.1 Systeme erster Ordnung

Wir betrachten ein explizites lineares Differentialgleichungssystem erster Ordnung:

$$\boldsymbol{y}'(t) = \boldsymbol{A}(t)\boldsymbol{y}(t) + \boldsymbol{b}(t)\,. \tag{22.1}$$

Wir setzen voraus, dass die Koeffizientenmatrix $\boldsymbol{A}(t) \in \mathbb{R}^{(n,n)}$ und die Inhomogenität $\boldsymbol{b}(t) \in \mathbb{R}^n$ stetige Funktionen der Zeit $t \in \mathbb{R}$ sind.

Die zugehörige Anfangswertaufgabe mit Anfangswerten $(t_0, \boldsymbol{y}_0) \in \mathbb{R}^{n+1}$ hat, wie wir bereits wissen, stets eine eindeutig bestimmte Lösung $\boldsymbol{y}(t; t_0, \boldsymbol{y}_0)$, die für alle $t \in \mathbb{R}$ erklärt ist, vgl. Bemerkung 21.6.

Aufgrund der Linearität hat man bei Systemen analog zum Fall einer einzelnen linearen Differentialgleichung, vgl. (20.16), den folgenden Satz über die Struktur der allgemeinen Lösung von (22.1). Der Begriff „allgemeine Lösung" bedeutet dabei wie in Abschn. 20.2, dass *jede* C^1-Lösung $\boldsymbol{y}$ der Differentialgleichung (22.1) die im Folgenden angegebene Darstellung besitzt.

Satz (22.1)
Die allgemeine Lösung der Differentialgleichung (22.1) besitzt die Darstellung

$$\boldsymbol{y}(t) = \boldsymbol{y}_{\mathrm{p}}(t) + \boldsymbol{y}_{\mathrm{h}}(t)\,.$$

Dabei bezeichne $\boldsymbol{y}_{\mathrm{p}}$ eine spezielle (partikuläre) Lösung der inhomogenen Differentialgleichung (22.1) und $\boldsymbol{y}_{\mathrm{h}}$ die allgemeine Lösung der zugehörigen homogenen Differentialgleichung $\boldsymbol{y}' = \boldsymbol{A}\,\boldsymbol{y}$.

Beweis.
Sind $\boldsymbol{y}_{\mathrm{p}}$ und $\boldsymbol{y}_{\mathrm{h}}$ wie oben angegeben, so ist $\boldsymbol{y} := \boldsymbol{y}_{\mathrm{p}} + \boldsymbol{y}_{\mathrm{h}}$ offenbar stets eine Lösung der inhomogenen Differentialgleichung (22.1).

Umgekehrt sieht man genauso: Sind $\boldsymbol{y}$ und $\boldsymbol{y}_{\mathrm{p}}$ beide Lösungen der inhomogenen Differentialgleichung, so erfüllt $\boldsymbol{y} - \boldsymbol{y}_{\mathrm{p}}$ offensichtlich die zugehörige homogene Differentialgleichung. ■

Mathematik in den Ingenieur- und Naturwissenschaften 2, 5. Aufl.
Rainer Ansorge, Hans J. Oberle, Kai Rothe und Thomas Sonar.

Die homogene Differentialgleichung

Die Lösungen der homogenen linearen Differentialgleichung

$$\boldsymbol{y}'(t) = \boldsymbol{A}(t)\boldsymbol{y}(t) \tag{22.2}$$

bilden einen (reellen) Vektorraum, genauer: sie bilden einen endlichdimensionalen Teilraum des Vektorraums $C^1(\mathbb{R}, \mathbb{R}^n)$ aller stetig differenzierbaren Funktionen $\boldsymbol{y}: \mathbb{R} \to \mathbb{R}^n$.

Zur Aufstellung der allgemeinen Lösung $\boldsymbol{y}_\mathrm{h}$ der homogenen Differentialgleichung genügt es daher, eine Basis des Lösungsraumes zu ermitteln. Eine solche Basis lässt sich folgendermaßen konstruieren:

Konstruktion einer Lösungsbasis:

a) Man wähle $t_0 \in \mathbb{R}$ sowie eine Basis $(\boldsymbol{v}^1, \dots, \boldsymbol{v}^n)$ des $\mathbb{R}^n$.

b) Man löse die folgenden n Anfangswertaufgaben (für $k = 1, \dots, n$):

$$\frac{\mathrm{d}}{\mathrm{d}t}\boldsymbol{y}^k(t) = \boldsymbol{A}(t)\boldsymbol{y}^k(t)\,, \quad \boldsymbol{y}^k(t_0) = \boldsymbol{v}^k\,. \tag{22.3}$$

Die Lösungen $\boldsymbol{y}^k(t)$, $k = 1, \dots, n$, werden zu einer Matrix zusammengefasst:

$$\boldsymbol{Y}(t) := (\boldsymbol{y}^1(t), \dots, \boldsymbol{y}^n(t)) \in \mathbb{R}^{(n,n)} \tag{22.4}$$

Diese Matrix heißt eine **Fundamentalmatrix** oder ein **Fundamentalsystem** der Differentialgleichung (22.1) bzw. (22.2).

Nach (22.3) ist $\boldsymbol{Y}$ zugleich Lösung der Matrix-Anfangswertaufgabe:

$$\boldsymbol{Y}'(t) = \boldsymbol{A}(t)\boldsymbol{Y}(t)\,, \quad \boldsymbol{Y}(t_0) = (\boldsymbol{v}^1, \dots, \boldsymbol{v}^n)\,. \tag{22.5}$$

Der folgende Satz zeigt, dass $\boldsymbol{Y}$ eine Basis des Lösungsraumes bildet.

Satz (22.2)

Sei $\boldsymbol{Y} \in \mathbb{R}^{(n,n)}$ ein beliebiges Fundamentalsystem. Dann gilt:

a) Die allgemeine Lösung der homogenen Differentialgleichung (22.2) lautet

$$\boldsymbol{y}_\mathrm{h}(t) = \boldsymbol{Y}(t) \cdot \boldsymbol{c} = \sum_{k=1}^{n} c_k \boldsymbol{y}^k(t)\,, \quad \boldsymbol{c} \in \mathbb{R}^n\,.$$

b) Die Fundamentalmatrix $\boldsymbol{Y}(t)$ ist für alle $t \in \mathbb{R}$ regulär.

Beweis.

Nach Konstruktion ist $\boldsymbol{Y}(t_0)$ regulär. Ferner ist klar, dass $\boldsymbol{y}(t) := \boldsymbol{Y}(t) \cdot \boldsymbol{c}$ für jedes $\boldsymbol{c} \in \mathbb{R}^n$ eine Lösung der homogenen Differentialgleichung (22.2) ist.

Ist umgekehrt $\boldsymbol{y}^*$ eine Lösung von (22.2), so setze man

$$\boldsymbol{c}^* := \boldsymbol{Y}(t_0)^{-1}\boldsymbol{y}^*(t_0)\,.$$

Dann sind sowohl $\boldsymbol{y}^*$ als auch $\boldsymbol{y}(t) := \boldsymbol{Y}(t)\boldsymbol{c}^*$ Lösungen der Anfangswertaufgabe

$$\boldsymbol{y}'(t) = \boldsymbol{A}(t)\boldsymbol{y}(t), \quad \boldsymbol{y}(t_0) = \boldsymbol{y}^*(t_0).$$

Andererseits ist die Anfangswertaufgabe *eindeutig* lösbar. Daher folgt: $\boldsymbol{y}^* = \boldsymbol{Y}\boldsymbol{c}^*$. Damit ist a) gezeigt.

Es bleibt zu zeigen, dass $\boldsymbol{Y}(t)$ auch für $t = t_1 \neq t_0$ regulär ist. Dazu zeigen wir:

$$\forall \boldsymbol{y}^1 \in \mathbb{R}^n: \ \exists \boldsymbol{c} \in \mathbb{R}^n: \ \boldsymbol{Y}(t_1)\boldsymbol{c} = \boldsymbol{y}^1.$$

Für vorgegebenes $t_1 \neq t_0$ und $\boldsymbol{y}^1 \in \mathbb{R}^n$ besitzt die Anfangswertaufgabe

$$\boldsymbol{y}'(t) = \boldsymbol{A}(t)\boldsymbol{y}(t), \quad \boldsymbol{y}(t_1) = \boldsymbol{y}^1$$

eine eindeutig bestimmte Lösung $\boldsymbol{y}$. Nach a) existiert daher ein $\boldsymbol{c} \in \mathbb{R}^n$ mit $\boldsymbol{y}(t) = \boldsymbol{Y}(t)\boldsymbol{c}$. Speziell für $t = t_1$ ergibt sich hiermit die Behauptung. ■

Definition (22.3)
Die C^1-Funktion $W(t) := \det(\boldsymbol{Y}(t))$ heißt die **Wronski-Determinante**[1] der linearen Differentialgleichung (22.2) zum Fundamentalsystem $\boldsymbol{Y}$.

Satz (22.4)
Die Wronski-Determinante genügt der folgenden linearen homogenen Differentialgleichung:

$$W'(t) = \text{Spur}(\boldsymbol{A}(t)) \cdot W(t)$$

und hat damit die Lösungsdarstellung:

$$W(t) = W(t_0) \exp\left(\int_{t_0}^{t} \text{Spur}(\boldsymbol{A}(\tau))\, \mathrm{d}\tau \right). \qquad (22.6)$$

Beweis.
Man berechnet die Ableitung der Funktion $W(t) := \det(\boldsymbol{Y}(t))$ mit Hilfe der Kettenregel und des Laplaceschen Entwicklungssatzes.

Dazu bezeichne $\boldsymbol{Y}_{jk}(t)$ die $(n-1, n-1)$-Matrix, die aus $\boldsymbol{Y}(t)$ durch Streichen der j-ten Zeile und k-ten Spalte entsteht. Damit erhält man

$$W(t) = \det(\boldsymbol{Y}(t)) = \begin{vmatrix} y_1^1 & y_1^2 & \cdots & y_1^n \\ \vdots & \vdots & & \vdots \\ y_n^1 & y_n^2 & \cdots & y_n^n \end{vmatrix}$$

1) Josef-Maria Hoëné-Wronski (1778–1853); Paris.

$$
\begin{aligned}
\Rightarrow \quad W'(t) &= \sum_{i,j=1}^{n} \frac{\partial}{\partial y_j^i}\left(\sum_{k=1}^{n}(-1)^{j+k} y_j^k \det(\boldsymbol{Y}_{jk})\right) \cdot \frac{\mathrm{d}}{\mathrm{d}t} y_j^i(t) \\
&= \sum_{i,j=1}^{n} (-1)^{i+j} \det(\boldsymbol{Y}_{ji}) \cdot \left(\sum_{k=1}^{n} a_{jk}(t) y_k^i(t)\right) \\
&= \sum_{j,k=1}^{n} a_{jk}(t)\left(\sum_{i=1}^{n}(-1)^{i+j} y_k^i \det(\boldsymbol{Y}_{ji})\right) \\
&= \sum_{j,k=1}^{n} a_{jk}(t) \cdot W(t) \cdot \delta_{kj} \\
&= \mathrm{Spur}(\boldsymbol{A}(t)) \cdot W(t)\,.
\end{aligned}
$$

■

Das Reduktionsverfahren

Es ist i. Allg. keine leichte Aufgabe, zu einem vorgegebenen linearen Differentialgleichungssystem eine Fundamentalmatrix zu ermitteln. Mit dem folgenden Verfahren lässt sich mitunter die Dimension des Problems reduzieren, sofern zumindest eine nichtverschwindende Lösung $\boldsymbol{y}^n$ des vorgegebenen homogenen Differentialgleichungssystems bekannt ist.

Wir nehmen o. B. d. A. an, dass $y_n^n(t) \neq 0$ ist und verwenden den **Ansatz**

$$\boldsymbol{y}(t) = w_n(t)\boldsymbol{y}^n(t) + \boldsymbol{z}(t) \quad \text{mit} \quad w_n(t) \in \mathbb{R}\,, \quad \boldsymbol{z}(t) \in \mathbb{R}^n\,.$$

Die Differentiation des obigen Ansatzes ergibt

$$
\begin{aligned}
\boldsymbol{y}'(t) &= w_n'(t)\boldsymbol{y}^n(t) + w_n(t)\frac{\mathrm{d}}{\mathrm{d}t}\boldsymbol{y}^n(t) + \boldsymbol{z}'(t) \\
&= w_n'(t)\boldsymbol{y}^n(t) + w_n(t)\boldsymbol{A}(t)\boldsymbol{y}^n(t) + \boldsymbol{z}'(t)\,.
\end{aligned}
$$

Damit folgt:

$$
\begin{aligned}
\boldsymbol{y}'(t) = \boldsymbol{A}(t)\boldsymbol{y}(t) \quad &\Longleftrightarrow \quad \boldsymbol{z}'(t) = \boldsymbol{A}(t)\boldsymbol{z}(t) - w_n'(t)\boldsymbol{y}^n(t) \\
&\Longleftrightarrow \quad z_i'(t) = \sum_{k=1}^{n} a_{ik}(t) z_k(t) - w_n'(t) y_i^n(t)\,, \quad i = 1, \dots, n\,.
\end{aligned}
$$

Die Idee besteht nun darin, die Funktion w_n so zu wählen, dass die rechte Seite von z_n' nur noch von z_n abhängt.

Dann lässt sich in obigem Differentialgleichungssystem $z_n := 0$ setzen, und die rechten Seiten von $z_1', \dots, z_{n-1}'$ hängen nur noch von $z_1, \dots, z_{n-1}$ ab. Man erhält also $n-1$ Gleichungen für $n-1$ gesuchte Funktionen.

Die Bedingung hierfür ist gerade $w_n' = (\sum_{k=1}^{n-1} a_{nk}z_k)/y_n^n$. Mit $z_n := 0$ lauten nunmehr die restlichen Gleichungen

$$\begin{aligned} z_i'(t) &= \sum_{k=1}^{n-1} a_{ik}(t)z_k(t) - \left(\sum_{k=1}^{n-1} a_{nk}(t)z_k(t)\right)\frac{y_i^n(t)}{y_n^n(t)} \\ &= \sum_{k=1}^{n-1}\left(a_{ik}(t) - a_{nk}(t)\cdot\frac{y_i^n(t)}{y_n^n(t)}\right)z_k(t) \\ &=: \sum_{k=1}^{n-1} b_{ik}(t)z_k(t)\,, \quad i = 1,\ldots,n-1\,. \end{aligned}$$

Das Reduktionsverfahren lässt sich somit folgendermaßen zusammenfassen:

Reduktionsverfahren (22.5)

a) Man setze $b_{ik}(t) := a_{ik}(t) - a_{nk}(t)\cdot\frac{y_i^n(t)}{y_n^n(t)}$; $\quad i,k = 1,\ldots,n-1$.

b) Man bestimme die allgemeine Lösung des homogenen, linearen Differentialgleichungssystems

$$\boldsymbol{z}'(t) = \boldsymbol{B}(t)\boldsymbol{z}(t)\,, \quad \boldsymbol{z}(t) \in \mathbb{R}^{n-1}\,, \quad \boldsymbol{B}(t) := (b_{ik}(t)) \in \mathbb{R}^{(n-1,n-1)}\,.$$

c) Zu jeder Lösung $\boldsymbol{z} \neq \boldsymbol{0}$ ist dann durch

$$\boldsymbol{y}(t) := w_n(t)\boldsymbol{y}^n(t) + \begin{pmatrix}\boldsymbol{z}(t)\\0\end{pmatrix} \quad \text{mit}$$

$$w_n(t) := \int_{t_0}^{t}\left(\sum_{k=1}^{n-1} a_{nk}(\tau)z_k(\tau)/\,y_n^n(\tau)\right)\mathrm{d}\tau$$

eine von $\boldsymbol{y}^n$ linear unabhängige Lösung gegeben.

Beispiel (22.6)

Man prüft leicht nach, dass eine Lösung des linearen Differentialgleichungssystems

$$\frac{\mathrm{d}}{\mathrm{d}t}\begin{pmatrix}y_1\\y_2\end{pmatrix} = \begin{pmatrix}0 & 1\\-1 & t\end{pmatrix}\begin{pmatrix}y_1\\y_2\end{pmatrix}$$

durch $\boldsymbol{y}^2(t) = (t,1)^{\mathrm{T}}$ gegeben ist. Die Voraussetzung $y_2^2 \neq 0$ ist erfüllt.

Das Reduktionsverfahren 22.5 liefert damit:

$$b_{11}(t) = a_{11}(t) - a_{21}(t)\cdot\frac{y_1^2(t)}{y_2^2(t)} = 0 - (-1)\cdot\frac{t}{1} = t$$

$$\Rightarrow \quad z'(t) = t\cdot z(t)\,.$$

Eine Lösung dieser Differentialgleichung lautet $z(t) = \mathrm{e}^{t^2/2}$. Damit wird:

$$w_2(t) = \int_0^t a_{21}(t) \cdot \frac{z(t)}{y_2^2(t)} \,\mathrm{d}\tau = -\int_0^t \mathrm{e}^{\tau^2/2} \,\mathrm{d}\tau$$

$$\begin{aligned} \boldsymbol{y}^1(t) &= -\int_0^t \mathrm{e}^{\tau^2/2} \,\mathrm{d}\tau \cdot \begin{pmatrix} t \\ 1 \end{pmatrix} + \begin{pmatrix} \mathrm{e}^{t^2/2} \\ 0 \end{pmatrix} \\ &= \left(\mathrm{e}^{t^2/2} - t \int_0^t \mathrm{e}^{\tau^2/2} \,\mathrm{d}\tau, -\int_0^t \mathrm{e}^{\tau^2/2} \,\mathrm{d}\tau \right)^{\mathrm{T}} . \end{aligned}$$

Die inhomogene Differentialgleichung

Wir bestimmen nun eine partikuläre Lösung $\boldsymbol{y}_\mathrm{p}$ für die inhomogene Differentialgleichung (22.1). Dazu sei $\boldsymbol{Y}$ ein Fundamentalsystem der zugehörigen homogenen Differentialgleichung (22.2), also

$$\boldsymbol{y}_\mathrm{h}(t) := \boldsymbol{Y}(t)\boldsymbol{c} , \quad \boldsymbol{c} \in \mathbb{R}^n .$$

die allgemeine Lösung der homogenen Differentialgleichung.

Wie im Fall einer skalaren Gleichung verwenden wir den auf Lagrange zurückgehenden Ansatz der **Variation der Konstanten**, vgl. (20.18):

$$\boldsymbol{y}_\mathrm{p}(t) = \boldsymbol{Y}(t) \cdot \boldsymbol{c}(t) . \tag{22.7}$$

Die Differentiation dieses Ansatzes ergibt

$$\begin{aligned} \boldsymbol{y}_\mathrm{p}'(t) &= \boldsymbol{Y}'(t)\boldsymbol{c}(t) + \boldsymbol{Y}(t)\boldsymbol{c}'(t) \\ &= \boldsymbol{A}(t)\boldsymbol{Y}(t)\boldsymbol{c}(t) + \boldsymbol{Y}(t)\boldsymbol{c}'(t) \\ &= \boldsymbol{A}(t)\boldsymbol{y}_\mathrm{p}(t) + \boldsymbol{Y}(t)\boldsymbol{c}'(t) . \end{aligned}$$

Die Funktion $\boldsymbol{y}_\mathrm{p} = \boldsymbol{Y}\boldsymbol{c}$ löst daher genau dann die inhomogene Differentialgleichung (22.1), falls gilt:

$$\boldsymbol{Y}(t)\boldsymbol{c}'(t) = \boldsymbol{b}(t) \quad \text{oder}$$

$$\boldsymbol{c}(t) = \boldsymbol{c}_0 + \int_{t_0}^t \boldsymbol{Y}(\tau)^{-1}\boldsymbol{b}(\tau) \,\mathrm{d}\tau , \quad \boldsymbol{c}_0 \in \mathbb{R}^n .$$

Insgesamt haben wir damit gezeigt:

Satz (22.7)
Vorgegeben sei die inhomogene Differentialgleichung (22.1). $\boldsymbol{Y}$ sei ein beliebiges zugehöriges Fundamentalsystem.

a) Die allgemeine Lösung von (22.1) ist gegeben durch

$$\boldsymbol{y}(t) = \boldsymbol{Y}(t)\left[\boldsymbol{c}_0 + \int_{t_0}^{t} \boldsymbol{Y}(\tau)^{-1}\boldsymbol{b}(\tau)\,\mathrm{d}\tau\right], \quad \boldsymbol{c}_0 \in \mathbb{R}^n .$$

b) Für $\boldsymbol{c}_0 := \boldsymbol{Y}(t_0)^{-1}\boldsymbol{y}_0$ erfüllt $\boldsymbol{y}$ die Anfangsbedingung $\boldsymbol{y}(t_0) = \boldsymbol{y}_0$.

22.2 Systeme erster Ordnung mit konstanten Koeffizienten

Wir betrachten ein lineares, homogenes Differentialgleichungssystem mit konstanter Koeffizientenmatrix:

$$\boldsymbol{y}'(t) = \boldsymbol{A}\,\boldsymbol{y}(t), \quad \boldsymbol{A} \in \mathbb{R}^{(n,n)} . \tag{22.8}$$

Zur Bestimmung eines Fundamentalsystems verwenden wir in Analogie zum eindimensionalen Fall, vgl. die Lösungsdarstellung (20.17), den **Ansatz**:

$$\boldsymbol{y}(t) = \mathrm{e}^{\lambda t} \cdot \boldsymbol{v}, \quad \lambda \in \mathbb{R}/\mathbb{C}, \quad \boldsymbol{v} \in \mathbb{R}^n/\mathbb{C}^n . \tag{22.9}$$

Setzt man diesen Ansatz in die Differentialgleichung ein, so folgt

$$\boldsymbol{y}' = \boldsymbol{A}\,\boldsymbol{y} \quad \Longleftrightarrow \quad \boldsymbol{A}\boldsymbol{v} = \lambda \boldsymbol{v}, \tag{22.10}$$

d. h., durch (22.9) ist genau dann eine nichttriviale Lösung der Differentialgleichung (22.8) gegeben, falls λ ein Eigenwert von $\boldsymbol{A}$ und $\boldsymbol{v}$ ein zugehöriger Eigenvektor ist.

Fall 1: Alle Eigenwerte sind reell, es existiert eine Basis aus Eigenvektoren
Alle Eigenwerte $\lambda_1, \ldots, \lambda_n$ von $\boldsymbol{A}$ seien reell, nicht notwendig einfach, und es gebe eine Basis des $\mathbb{R}^n$ aus (reellen) Eigenvektoren $(\boldsymbol{v}^1, \ldots, \boldsymbol{v}^n)$.

Dann ist

$$\boldsymbol{Y}(t) := \left(\mathrm{e}^{\lambda_1 t}\boldsymbol{v}^1, \ldots, \mathrm{e}^{\lambda_n t}\boldsymbol{v}^n\right)$$

ein (reelles) Fundamentalsystem der Differentialgleichung (22.8).

Jeder Spaltenvektor $\boldsymbol{y}^k(t) = \mathrm{e}^{\lambda_k t}\boldsymbol{v}^k$ ist ja aufgrund unseres Ansatzes eine Lösung der Differentialgleichung und für $t = 0$ ist $\boldsymbol{Y}(0) = (\boldsymbol{v}^1, \ldots, \boldsymbol{v}^n)$ nach Annahme regulär.

Die allgemeine Lösung von (22.8) lautet somit:

$$\boldsymbol{y}_\mathrm{h}(t) = \sum_{k=1}^{n} C_k \mathrm{e}^{\lambda_k t}\boldsymbol{v}^k, \quad C_k \in \mathbb{R} . \tag{22.11}$$

Fall 2: *A* ist diagonalisierbar
Die Matrix $\boldsymbol{A}$ sei diagonalisierbar, d. h., es gibt eine Basis von $\mathbb{C}^n$ aus Eigenvektoren $\boldsymbol{v}^1, \dots, \boldsymbol{v}^n$. Die zugehörigen Eigenwerte $\lambda_1, \dots, \lambda_n$ müssen dabei weder einfach noch reell sein.

Die obige Voraussetzung ist für alle normalen, insbesondere also auch für alle symmetrischen Matrizen erfüllt; vgl. Satz 7.28 und Bemerkung 7.29.

Wie im ersten Fall – allerdings mit Rechnung in $\mathbb{C}$ – lautet die allgemeine Lösung der homogenen Differentialgleichung

$$\boldsymbol{y}_\mathrm{h}(t) = \sum_{k=1}^{n} C_k \mathrm{e}^{\lambda_k t} \boldsymbol{v}^k , \quad C_k \in \mathbb{C} . \tag{22.12}$$

Meist ist man jedoch daran interessiert, ein *reelles* Fundamentalsystem zu finden. Hierzu hat man zu beachten, dass mit $\lambda \in \mathbb{C} \setminus \mathbb{R}$ auch stets der konjugiert komplexe Wert $\overline{\lambda}$ ein Eigenwert der reellen Matrix $\boldsymbol{A}$ ist und ferner, dass mit einem Eigenvektor $\boldsymbol{v} \in \mathbb{C}^n$ zum Eigenwert λ auch der konjugierte Eigenvektor $\overline{\boldsymbol{v}}$ ein Eigenvektor zum Eigenwert $\overline{\lambda}$ ist.

Nichtreelle Eigenwerte und Eigenvektoren treten also stets paarweise auf, und man erhält die zugehörigen reellen Lösungen gemäß

$$\begin{aligned} \boldsymbol{y}^1(t) &= \mathrm{Re}(\mathrm{e}^{\lambda t}\boldsymbol{v}) = \frac{1}{2}\left(\mathrm{e}^{\lambda t}\boldsymbol{v} + \mathrm{e}^{\overline{\lambda} t}\overline{\boldsymbol{v}}\right) \\ \boldsymbol{y}^2(t) &= \mathrm{Im}(\mathrm{e}^{\lambda t}\boldsymbol{v}) = \frac{1}{2i}\left(\mathrm{e}^{\lambda t}\boldsymbol{v} - \mathrm{e}^{\overline{\lambda} t}\overline{\boldsymbol{v}}\right) . \end{aligned} \tag{22.13}$$

Beispiel (22.8)
Für das Differentialgleichungssystem

$$\begin{pmatrix} y_1' \\ y_2' \end{pmatrix} = \begin{pmatrix} 1 & -1 \\ 4 & 1 \end{pmatrix} \begin{pmatrix} y_1 \\ y_2 \end{pmatrix}$$

erhält man die folgenden Eigenwerte und Eigenvektoren:

$$\lambda_1 = 1 + 2i , \quad \boldsymbol{v}^1 = \begin{pmatrix} 1 \\ -2i \end{pmatrix} ,$$

$$\lambda_2 = 1 - 2i , \quad \boldsymbol{v}^2 = \begin{pmatrix} 1 \\ 2i \end{pmatrix} .$$

Ein komplexes Fundamentalsystem ist daher gegeben durch:

$$\boldsymbol{z}^1(t) = \mathrm{e}^{(1+2i)t} \begin{pmatrix} 1 \\ -2i \end{pmatrix} , \quad \boldsymbol{z}^2(t) = \mathrm{e}^{(1-2i)t} \begin{pmatrix} 1 \\ 2i \end{pmatrix} .$$

Die Umrechnung in ein reelles Fundamentalsystem gemäß (22.13) ergibt:

$$\boldsymbol{y}^1(t) = \mathrm{e}^t \begin{pmatrix} \cos(2t) \\ 2\sin(2t) \end{pmatrix} , \quad \boldsymbol{y}^2(t) = \mathrm{e}^t \begin{pmatrix} \sin(2t) \\ -2\cos(2t) \end{pmatrix} .$$

Damit lautet die allgemeine (reelle) Lösung:

$$y_h(t) = e^t \begin{pmatrix} C_1 \cos(2t) + C_2 \sin(2t) \\ 2C_1 \sin(2t) \; - 2C_2 \cos(2t) \end{pmatrix}, \quad C_1, C_2 \in \mathbb{R} .$$

Fall 3: *A* ist nicht diagonalisierbar

Wir betrachten nun den Fall, dass die Koeffizientenmatrix $\boldsymbol{A}$ nicht diagonalisierbar ist, es also keine Basis aus Eigenvektoren der Matrix $\boldsymbol{A}$ gibt.

In diesem Fall ermitteln wir die Jordansche Normalform $\boldsymbol{J}$ der Matrix $\boldsymbol{A}$ einschließlich einer zugehörigen Transformationsmatrix $\boldsymbol{S}$, die $\boldsymbol{A}$ auf Jordansche Normalform transformiert, vgl. auch den Abschn. 7.1. Wir stellen die wesentlichen Relationen zusammen:

$$\boldsymbol{J} = \boldsymbol{S}^{-1}\boldsymbol{A}\boldsymbol{S}$$

$$\boldsymbol{J} = \begin{pmatrix} \boldsymbol{J}_1 & & 0 \\ & \ddots & \\ 0 & & \boldsymbol{J}_m \end{pmatrix}; \quad \boldsymbol{J}_j \in \mathbb{C}^{(r_j, r_j)} \quad \textbf{Jordan-Kästchen}$$

$$\boldsymbol{S} = \left(\boldsymbol{v}^{11}, \dots, \boldsymbol{v}^{1r_1} \mid \boldsymbol{v}^{21}, \dots, \boldsymbol{v}^{2r_2} \mid \dots \mid \boldsymbol{v}^{m1}, \dots, \boldsymbol{v}^{mr_m}\right) \tag{22.14}$$

$$\boldsymbol{v}^{j1}: \text{Eigenvektor zum Eigenwert} \lambda_j\,, \; j = 1, \dots, m$$

$$\boldsymbol{v}^{jk}: \text{Hauptvektor der Stufe } (k-1)\,, \quad k = 2, \dots, r_j$$

$$(\boldsymbol{A} - \lambda_j \boldsymbol{I}_n)\boldsymbol{v}^{j,k} = \boldsymbol{v}^{j,k-1}\,, \quad k = 2, \dots, r_j \qquad \textbf{Kettenbedingung}\,.$$

Mittels der Jordanschen Normalform transformieren wir nun die Differentialgleichung (22.8) in eine solche, die die Jordan-Matrix $\boldsymbol{J}$ als Koeffizientenmatrix besitzt. Dazu setzen wir $\boldsymbol{z}(t) := \boldsymbol{S}^{-1}\boldsymbol{y}(t) \in \mathbb{R}^n$ und erhalten für $\boldsymbol{z}$ die Differentialgleichung:

$$\begin{aligned} &\boldsymbol{z}'(t) = \boldsymbol{S}^{-1}\boldsymbol{y}'(t) = \boldsymbol{S}^{-1}\boldsymbol{A}\,\boldsymbol{y}(t) = \boldsymbol{S}^{-1}\boldsymbol{A}\boldsymbol{S}\boldsymbol{z}(t) \\ \Rightarrow \quad &\boldsymbol{z}'(t) = \boldsymbol{J} \cdot \boldsymbol{z}(t)\,. \end{aligned} \tag{22.15}$$

Kennt man ein Fundamentalsystem $\boldsymbol{Z}$ der transformierten Differentialgleichung $\boldsymbol{z}' = \boldsymbol{J}\boldsymbol{z}$, so erhält man ein Fundamentalsystem für die vorgegebene Differentialgleichung durch Rücktransformation $\boldsymbol{Y}(t) := \boldsymbol{S} \cdot \boldsymbol{Z}(t)$.

Das Differentialgleichungssystem $\boldsymbol{z}' = \boldsymbol{J}\boldsymbol{z}$ zerfällt nun in die einzelnen Jordan-Blöcke. Es genügt daher, lediglich die zu einem Jordan-Kästchen (o. B. d. A. dem ersten) gehörigen Differentialgleichungen zu betrachten:

$$\frac{\mathrm{d}}{\mathrm{d}t}\begin{pmatrix} z_1 \\ z_2 \\ \vdots \\ z_r \end{pmatrix} = \begin{pmatrix} \lambda_1 & 1 & & 0 \\ & \lambda_1 & \ddots & \\ & & \ddots & 1 \\ 0 & & & \lambda_1 \end{pmatrix}\begin{pmatrix} z_1 \\ z_2 \\ \vdots \\ z_r \end{pmatrix}. \tag{22.16}$$

(22.16) ist ein *gestaffeltes* System linearer, inhomogener Differentialgleichungen, die – beginnend bei der letzten Gleichung für z_r – rekursiv für $k = r, r-1, \dots, 1$ mittels Variation der Konstanten gelöst werden können.

Man erhält so das folgende Fundamentalsystem in $\mathbb{C}^r$ für (22.16). Hierbei sind nur die zu diesem Jordan-Kästchen gehörigen Koordinaten $z_1, \dots, z_r$ angegeben (die anderen Koordinaten sind jeweils null zu setzen):

$$e^{\lambda_1 t}\begin{pmatrix} 1 \\ 0 \\ \vdots \\ \vdots \\ \vdots \\ 0 \end{pmatrix}, \; e^{\lambda_1 t}\begin{pmatrix} t/1! \\ 1 \\ 0 \\ \vdots \\ \vdots \\ 0 \end{pmatrix}, \; e^{\lambda_1 t}\begin{pmatrix} t^2/2! \\ t/1! \\ 1 \\ 0 \\ \vdots \\ 0 \end{pmatrix}, \dots, e^{\lambda_1 t}\begin{pmatrix} t^{r-1}/(r-1)! \\ \vdots \\ \vdots \\ \vdots \\ t/1! \\ 1 \end{pmatrix}. \tag{22.17}$$

Ist nun $(\boldsymbol{v}^{11}, \dots, \boldsymbol{v}^{1r})$ ein zugehöriges System aus Eigenvektor $\boldsymbol{v}^{11}$ und Hauptvektoren $\boldsymbol{v}^{12}, \dots, \boldsymbol{v}^{1r}$, so liefert die Rücktransformation den folgenden Anteil für das Fundamentalsystem des Ausgangssystems $\boldsymbol{y}' = \boldsymbol{A}\boldsymbol{y}$:

$$\begin{aligned} \boldsymbol{y}^{11}(t) &= e^{\lambda_1 t}\boldsymbol{v}^{11} \\ \boldsymbol{y}^{12}(t) &= e^{\lambda_1 t}\left[\frac{t}{1!}\boldsymbol{v}^{11} + \boldsymbol{v}^{12}\right] \\ &\vdots \\ \boldsymbol{y}^{1r}(t) &= e^{\lambda_1 t}\left[\frac{t^{r-1}}{(r-1)!}\boldsymbol{v}^{11} + \dots + \frac{t}{1!}\boldsymbol{v}^{1,r-1} + \boldsymbol{v}^{1r}\right]. \end{aligned} \tag{22.18}$$

Behandelt man schließlich alle Jordan-Kästchen auf diese Weise, so erhält man insgesamt ein Fundamentalsystem für die Ausgangsgleichung $\boldsymbol{y}' = \boldsymbol{A}\boldsymbol{y}$.

Beispiel (22.9)

$$\begin{pmatrix} y_1' \\ y_2' \\ y_3' \end{pmatrix} = \begin{pmatrix} 1 & -2 & 1 \\ 0 & -1 & -1 \\ 0 & 4 & 3 \end{pmatrix}\begin{pmatrix} y_1 \\ y_2 \\ y_3 \end{pmatrix}.$$

Für das charakteristische Polynom der Koeffizientenmatrix $\boldsymbol{A}$ ergibt sich:

$$p_{\boldsymbol{A}}(\lambda) = \det(\boldsymbol{A} - \lambda \boldsymbol{I}_3) = (1-\lambda)^3 .$$

$\lambda = 1$ ist also dreifacher Eigenwert. Für die Eigenvektoren ergibt sich

$$\left(\begin{array}{ccc|c} 0 & -2 & 1 & 0 \\ 0 & -2 & -1 & 0 \\ 0 & 4 & 2 & 0 \end{array}\right) \quad \Rightarrow \quad \boldsymbol{v}^1 = \begin{pmatrix} 16 \\ 0 \\ 0 \end{pmatrix}.$$

Der zu $\lambda = 1$ gehörige Eigenraum ist eindimensional, die geometrische Vielfachheit des Eigenwerts also $g_{\boldsymbol{A}}(\lambda) = 1$. Die zugehörigen Hauptvektoren $\boldsymbol{v}^2$ und $\boldsymbol{v}^3$ lassen sich daher über die Kettenbedingung $(\boldsymbol{A} - \lambda\boldsymbol{I})\boldsymbol{v}^k = \boldsymbol{v}^{k-1}$ durch Lösen des linearen Gleichungssystems bestimmen:

$$\left(\begin{array}{ccc|c} 0 & -2 & 1 & 16 \\ 0 & -2 & -1 & 0 \\ 0 & 4 & 2 & 0 \end{array}\right) \to \left(\begin{array}{ccc|c} 0 & 0 & 2 & 16 \\ 0 & -2 & -1 & 0 \\ 0 & 0 & 0 & 0 \end{array}\right) \quad \Rightarrow \quad \boldsymbol{v}^2 = \begin{pmatrix} 0 \\ -4 \\ 8 \end{pmatrix}$$

$$\left(\begin{array}{ccc|c} 0 & -2 & 1 & 0 \\ 0 & -2 & -1 & -4 \\ 0 & 4 & 2 & 8 \end{array}\right) \to \left(\begin{array}{ccc|c} 0 & 0 & 2 & 4 \\ 0 & -2 & -1 & -4 \\ 0 & 0 & 0 & 0 \end{array}\right) \quad \Rightarrow \quad \boldsymbol{v}^3 = \begin{pmatrix} 0 \\ 1 \\ 2 \end{pmatrix}.$$

Damit erhält man das folgende Fundamentalsystem:

$$\boldsymbol{y}^1(t) = \mathrm{e}^t \begin{pmatrix} 16 \\ 0 \\ 0 \end{pmatrix}, \quad \boldsymbol{y}^2(t) = \mathrm{e}^t \begin{pmatrix} 16t \\ -4 \\ 8 \end{pmatrix}, \quad \boldsymbol{y}^3(t) = \mathrm{e}^t \begin{pmatrix} 8t^2 \\ -4t+1 \\ 8t+2 \end{pmatrix},$$

und die allgemeine Lösung lautet:

$$\boldsymbol{y}_\mathrm{h}(t) = C_1 \boldsymbol{y}^1(t) + C_2 \boldsymbol{y}^2(t) + C_3 \boldsymbol{y}^3(t), \quad C_k \in \mathbb{R}.$$

Beispiel (22.10)

$$\begin{pmatrix} y_1' \\ y_2' \\ y_3' \end{pmatrix} = \begin{pmatrix} 1 & 0 & 1 \\ 0 & 1 & 1 \\ 0 & 0 & 1 \end{pmatrix} \begin{pmatrix} y_1 \\ y_2 \\ y_3 \end{pmatrix}.$$

Wieder ist $\lambda = 1$ dreifacher Eigenwert der Koeffizientenmatrix $\boldsymbol{A}$, allerdings mit der geometrischen Vielfachheit $g_{\boldsymbol{A}}(\lambda) = 2$.

Für die Eigenvektoren erhält man:

$$\left(\begin{array}{ccc|c} 0 & 0 & 1 & 0 \\ 0 & 0 & 1 & 0 \\ 0 & 0 & 0 & 0 \end{array}\right) \quad \Rightarrow \quad \boldsymbol{v}^1 = \begin{pmatrix} 1 \\ 0 \\ 0 \end{pmatrix}, \quad \boldsymbol{v}^2 = \begin{pmatrix} 0 \\ 1 \\ 0 \end{pmatrix}$$

Einen zugehörigen Hauptvektor kann nun nicht über ein lineares Gleichungssystem bestimmen. Vielmehr nutzt man aus, dass $(\boldsymbol{A} - \lambda \boldsymbol{I}_3)^2 = \boldsymbol{0}$ gilt. Man bestimmt daher einen von $\boldsymbol{v}^1$, $\boldsymbol{v}^2$ linear unabhängigen Vektor $\boldsymbol{v}^{22}$ als Hauptvektor. Wählt man etwa $\boldsymbol{v}^{22} := (0, 0, 1)^\mathrm{T}$, so folgt nun rückwärts mit der Kettenbedingung

$$\boldsymbol{v}^{21} := (\boldsymbol{A} - \lambda \boldsymbol{I}_3) \boldsymbol{v}^{22} = \begin{pmatrix} 1 \\ 1 \\ 0 \end{pmatrix}.$$

Wir haben damit das folgende System von Eigen- bzw. Hauptvektoren gefunden

$$\boldsymbol{v}^{11} = \begin{pmatrix} 1 \\ 0 \\ 0 \end{pmatrix}, \quad \boldsymbol{v}^{21} = \begin{pmatrix} 1 \\ 1 \\ 0 \end{pmatrix}, \quad \boldsymbol{v}^{22} = \begin{pmatrix} 0 \\ 0 \\ 1 \end{pmatrix}.$$

An diesem Beispiel kann man besonders gut erkennen, dass ein System aus Eigen- und Hauptvektoren i. Allg. keineswegs eindeutig bestimmt ist. Mit den obigen Vektoren ist

$$\boldsymbol{S} = \begin{pmatrix} 1 & 1 & 0 \\ 0 & 1 & 0 \\ 0 & 0 & 1 \end{pmatrix}, \quad \boldsymbol{J} = \left(\begin{array}{c|cc} 1 & 0 & 0 \\ \hline 0 & 1 & 1 \\ 0 & 0 & 1 \end{array}\right).$$

Man bestätigt hiermit, dass tatsächlich $\boldsymbol{S}^{-1}\boldsymbol{A}\boldsymbol{S} = \boldsymbol{J}$ gilt. Ein Fundamentalsystem der Differentialgleichung lautet somit:

$$\boldsymbol{y}^1(t) = \mathrm{e}^t \begin{pmatrix} 1 \\ 0 \\ 0 \end{pmatrix}, \quad \boldsymbol{y}^2(t) = \mathrm{e}^t \begin{pmatrix} 1 \\ 1 \\ 0 \end{pmatrix}, \quad \boldsymbol{y}^3(t) = \mathrm{e}^t \begin{pmatrix} t \\ t \\ 1 \end{pmatrix}.$$

Beispiel (22.11)
Wir betrachten zwei ungedämpfte, durch eine Feder gekoppelte Pendel mit gemeinsamer Länge ℓ und gemeinsamer Masse m, vgl. Abb. 22.1. Sind x, y die Ausschläge der Pendel aus der Ruhelage (Winkel), so gelten unter vereinfachenden Annahmen die folgenden Differentialgleichungen (g: Erdbeschleunigung, k: Federkonstante):

$$\begin{aligned} mx''(t) &= -\frac{mg}{\ell}x(t) - k(x(t) - y(t)) \\ my''(t) &= -\frac{mg}{\ell}y(t) - k(y(t) - x(t)) . \end{aligned}$$

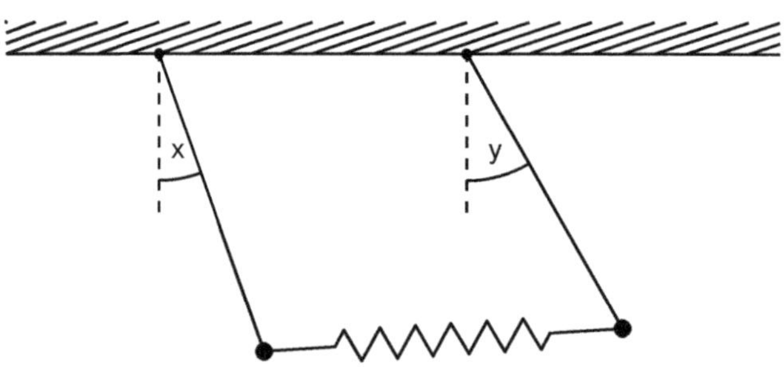

Abb. 22.1 Gekoppelte Pendel.

Mit der Standardtransformation $p(t) := x'(t)$, $q(t) := y'(t)$ erhält man das folgende homogene, lineare Differentialgleichungssystem erster Ordnung:

$$\frac{\mathrm{d}}{\mathrm{d}t}\begin{pmatrix} x \\ y \\ p \\ q \end{pmatrix} = \begin{pmatrix} 0 & 0 & 1 & 0 \\ 0 & 0 & 0 & 1 \\ -\left(\omega_0^2 + k_0\right) & k_0 & 0 & 0 \\ k_0 & -\left(\omega_0^2 + k_0\right) & 0 & 0 \end{pmatrix}\begin{pmatrix} x \\ y \\ p \\ q \end{pmatrix}.$$

Dabei ist $\omega_0 := \sqrt{g/\ell}$, $k_0 := k/m$.

Für die Eigenwerte und Eigenvektoren der obigen Koeffizientenmatrix findet man mit der Abkürzung $\omega := \sqrt{\omega_0^2 + 2k_0}$:

$$\lambda_{1,2} = \pm i\omega_0\,, \quad \lambda_{3,4} = \pm i\omega$$

$$\boldsymbol{v}^1 = \begin{pmatrix} 1 \\ 1 \\ i\omega_0 \\ i\omega_0 \end{pmatrix}, \quad \boldsymbol{v}^2 = \begin{pmatrix} 1 \\ 1 \\ -i\omega_0 \\ -i\omega_0 \end{pmatrix}, \quad \boldsymbol{v}^3 = \begin{pmatrix} 1 \\ -1 \\ i\omega \\ -i\omega \end{pmatrix}, \quad \boldsymbol{v}^4 = \begin{pmatrix} 1 \\ -1 \\ -i\omega \\ i\omega \end{pmatrix}.$$

Hieraus ergibt sich nun das folgende reelle Fundamentalsystem:

$$\boldsymbol{y}^1(t) = \mathrm{Re}\left(\mathrm{e}^{i\omega_0 t}\boldsymbol{v}^1\right) = \begin{pmatrix} \cos(\omega_0 t) \\ \cos(\omega_0 t) \\ -\omega_0 \sin(\omega_0 t) \\ -\omega_0 \sin(\omega_0 t) \end{pmatrix}$$

$$\boldsymbol{y}^2(t) = \mathrm{Im}\left(\mathrm{e}^{i\omega_0 t}\boldsymbol{v}^1\right) = \begin{pmatrix} \sin(\omega_0 t) \\ \sin(\omega_0 t) \\ \omega_0 \cos(\omega_0 t) \\ \omega_0 \cos(\omega_0 t) \end{pmatrix}$$

$$\boldsymbol{y}^3(t) = \mathrm{Re}(\mathrm{e}^{i\omega t}\boldsymbol{v}^3) = \begin{pmatrix} \cos(\omega t) \\ -\cos(\omega t) \\ -\omega \sin(\omega t) \\ \omega \sin(\omega t) \end{pmatrix}$$

$$\boldsymbol{y}^4(t) = \mathrm{Im}(\mathrm{e}^{i\omega t}\boldsymbol{v}^3) = \begin{pmatrix} \sin(\omega t) \\ -\sin(\omega t) \\ \omega \cos(\omega t) \\ -\omega \cos(\omega t) \end{pmatrix}.$$

Die ersten beiden Fundamentallösungen beschreiben parallele Schwingungszustände der Pendel, die letzten beiden Lösungen beschreiben genau entgegengesetzt schwingende Pendel. Die allgemeine Lösung für die Pendelbewegung besteht aus einer Überlagerung dieser Schwingungszustände.

Die Verwendung der Jordanschen Normalform ist mathematisch überzeugend, auch weil hier ein echter Anwendungsfall für diese Normalform vorliegt. Für Ingenieure ist diese Methode aber in der Regel nicht sonderlich attraktiv, da man die gesamte Technik zur Berechnung der Normalform parat haben muss. Systeme erster Ordnung werden in der Regel als Anfangswertaufgaben auftreten und hier bietet sich die Methode der **Laplace-Transformation** an. Wir werden diese Transformation später in Abschn. 28.2 behandeln. Für ein Beispiel greifen wir diesem Abschnitt vor und verwenden die dort eingeführten Notationen.

Beispiel (22.12): Laplace-Transformation
Wir betrachten noch einmal das System aus Beispiel 22.10: $\boldsymbol{y}' = \boldsymbol{A}\,\boldsymbol{y}$ mit

$$\boldsymbol{y} := \begin{pmatrix} y_1 \\ y_2 \\ y_3 \end{pmatrix} \quad \text{und} \quad \boldsymbol{A} := \begin{pmatrix} 1 & 0 & 1 \\ 0 & 1 & 1 \\ 0 & 0 & 1 \end{pmatrix}$$

und denken uns eine Anfangsbedingung $\boldsymbol{y}(0) = \boldsymbol{y}^0$ vorgegeben. Wenden wir die Laplace-Transformation auf das Differentialgleichungssystem an, dann erhalten wir

$$\mathcal{L}\{\boldsymbol{y}'\}(s) = \boldsymbol{A}\mathcal{L}\{\boldsymbol{y}\}(s)\,.$$

Nun verwenden wir (28.31) zur Darstellung der Laplace-Transformation der Ableitung und erhalten

$$\mathcal{L}\{\boldsymbol{y}'\}(s) = s\mathcal{L}\{\boldsymbol{y}\}(s) - \boldsymbol{y}(0^+)\,,$$

wobei $\boldsymbol{y}(0^+)$ den Grenzwert von $\boldsymbol{y}(s)$ bezeichnet, wenn s von oben gegen 0 geht (das ist nur ein technisches Detail, das uns hier nicht zu interessieren braucht). Setzen wir die beiden letzten Gleichungen zusammen, dann folgt

$$s\mathcal{L}\{\boldsymbol{y}\}(s) - \boldsymbol{y}(0^+) = \boldsymbol{A}\mathcal{L}\{\boldsymbol{y}\}(s)\,,$$

was auf

$$(s\boldsymbol{I}_3 - \boldsymbol{A})\mathcal{L}\{\boldsymbol{y}\}(s) = \boldsymbol{y}^0$$

führt. Schreiben wir wie in Abschn. 28.2 $\boldsymbol{Y}(s)$ für die Laplace-Transformation $\mathcal{L}\{\boldsymbol{y}\}(s)$, dann könnten wir formal lösen, wenn

$$\det(s\boldsymbol{I}_3 - \boldsymbol{A}) \neq 0$$

gilt, denn dann ist $\boldsymbol{Y}(s) = (s\boldsymbol{I}_3 - \boldsymbol{A})^{-1}\boldsymbol{y}^0$. Eine einfache Rechnung zeigt $\det(s\boldsymbol{I}_3 - \boldsymbol{A}) = (s-1)^3$ und

$$(s\boldsymbol{I}_3 - \boldsymbol{A})^{-1} = \frac{1}{(s-1)^3}\begin{pmatrix} (s-1)^2 & 0 & s-1 \\ 0 & (s-1)^2 & s-1 \\ 0 & 0 & (s-1)^2 \end{pmatrix}.$$

Damit können wir die Laplace-Transformation für $s \neq 1$ darstellen als

$$\boldsymbol{Y}(s) = (s\boldsymbol{I}_3 - \boldsymbol{A})^{-1}\boldsymbol{y}^0 = \begin{pmatrix} \dfrac{y_1^0}{s-1} + \dfrac{y_3^0}{(s-1)^2} \\ \dfrac{y_2^0}{s-1} + \dfrac{y_3^0}{(s-1)^2} \\ \dfrac{y_3^0}{s-1} \end{pmatrix}.$$

Jetzt brauchen wir nur noch die Laplace-Transformation umkehren. Nach Beispiel 28.22 bzw. 28.27 ist

$$\mathcal{L}^{-1}\left(\frac{1}{s-1}\right) = \mathrm{e}^t \,.$$

Mit Hilfe der Rechenregeln (28.27)–(28.29) für die Laplace-Transformation ergibt sich

$$\mathcal{L}^{-1}\left(\frac{1}{(s-1)^2}\right) = t\mathrm{e}^t \,.$$

Mehr brauchen wir nicht für die Lösung:

$$\begin{aligned} \boldsymbol{y}(t) = \mathcal{L}^{-1}\boldsymbol{Y}(s) &= \begin{pmatrix} y_1^0\mathcal{L}^{-1}\left(\frac{1}{s-1}\right) + y_3^0\mathcal{L}^{-1}\left(\frac{1}{(s-1)^2}\right) \\ y_2^0\mathcal{L}^{-1}\left(\frac{1}{s-1}\right) + y_3^0\mathcal{L}^{-1}\left(\frac{1}{(s-1)^2}\right) \\ y_3^0\mathcal{L}^{-1}\left(\frac{1}{s-1}\right) \end{pmatrix} \\ &= \begin{pmatrix} y_1^0\mathrm{e}^t + y_3^0 t\mathrm{e}^t \\ y_2^0\mathrm{e}^t + y_3^0 t\mathrm{e}^t \\ y_3^0\mathrm{e}^t \end{pmatrix} = \mathrm{e}^t \begin{pmatrix} y_1^0 + y_3^0 t \\ y_2^0 + y_3^0 t \\ y_3^0 \end{pmatrix} . \end{aligned}$$

Wollen wir ein Fundamentalsystem berechnen, dann verwenden wir nacheinander die drei linear unabhängigen Anfangswerte

$$\boldsymbol{y}_1^0 := \begin{pmatrix} 1 \\ 0 \\ 0 \end{pmatrix}, \quad \boldsymbol{y}_2^0 := \begin{pmatrix} 0 \\ 1 \\ 0 \end{pmatrix}, \quad \boldsymbol{y}_3^0 := \begin{pmatrix} 0 \\ 0 \\ 1 \end{pmatrix}$$

und erhalten damit die drei Lösungsvektoren

$$\boldsymbol{y}^1(t) = \mathrm{e}^t \begin{pmatrix} 1 \\ 0 \\ 0 \end{pmatrix}, \quad \boldsymbol{y}^2(t) = \mathrm{e}^t \begin{pmatrix} 1 \\ 1 \\ 0 \end{pmatrix}, \quad \boldsymbol{y}^3(t) = \mathrm{e}^t \begin{pmatrix} t \\ t \\ 1 \end{pmatrix},$$

und das ist genau das Fundamentalsystem, das wir mit Hilfe der Jordanschen Normalform in Beispiel 22.10 berechnet haben.

Der Vorteil der Laplace-Transformation bei der Lösung von Differentialgleichungen liegt in der einfachen Handhabung dieser Technik. In der Praxis verwendet man Tabellen von Laplace-Transformierten und entnimmt diesen dann auch die Rücktransformationen. Die Technik der Laplace-Transformation ist weder auf die Lösung von Differentialgleichungssystemen erster Ordnung noch einzelnen Differentialgleichungen erster Ordnung beschränkt. Beispiel 28.30 zeigt die Lösung einer Differentialgleichung zweiter Ordnung, aber auch Differentialgleichungen höherer Ordnung sind kein Problem, solange diese konstante Koeffizienten besitzen.

22.3 Lineare Differentialgleichungen höherer Ordnung

Wir betrachten eine lineare Differentialgleichung n-ter Ordnung:

$$L[y] := y^{(n)}(t) + a_{n-1}(t)y^{(n-1)}(t) + \ldots + a_0(t)y(t) = b(t)\,. \tag{22.19}$$

Wir sagen in diesem Zusammenhang auch, die Abbildung $L\colon C^n(\mathbb{R}) \to C(\mathbb{R})$, gegeben durch

$$L := \sum_{k=0}^{n} a_k(t)\frac{\mathrm{d}^k}{\mathrm{d}t^k}\,, \quad a_n = 1\,, \tag{22.20}$$

sei ein **linearer Differentialoperator der Ordnung n.** Die Koeffizienten a_k, $k = 0, 1, \ldots, n-1$, seien hierbei stetige Funktionen auf $\mathbb{R}$.

Vermöge der Definition $y_k(t) := y^{(k-1)}(t)$, $k = 1, \ldots, n$, lässt sich die Differentialgleichung (22.19) in ein äquivalentes Differentialgleichungssystem erster Ordnung transformieren. Man erhält:

$$\frac{\mathrm{d}}{\mathrm{d}t}\begin{pmatrix} y_1 \\ y_2 \\ \vdots \\ \vdots \\ y_n \end{pmatrix} = \begin{pmatrix} 0 & 1 & & & 0 \\ & 0 & 1 & & \\ & & \ddots & \ddots & \\ 0 & & & 0 & 1 \\ -a_0 & -a_1 & \ldots & \ldots & -a_{n-1} \end{pmatrix}\begin{pmatrix} y_1 \\ y_2 \\ \vdots \\ \vdots \\ y_n \end{pmatrix} + \begin{pmatrix} 0 \\ 0 \\ \vdots \\ 0 \\ b(t) \end{pmatrix}. \tag{22.21}$$

Die Matrix in (22.21) wird mitunter **Begleitmatrix** genannt. Damit lassen sich die Ergebnisse aus den Abschn. 22.1 und 22.2 unmittelbar auf den Fall einer skalaren, linearen Differentialgleichung n-ter Ordnung übertragen. An einigen Stellen ergeben sich allerdings Besonderheiten, die auf die spezielle Struktur der Begleitmatrix zurückzuführen sind.

Nachfolgend geben wir die wesentlichen Resultate für lineare Differentialgleichungen n-ter Ordnung an, wobei wir jedoch größtenteils auf eigenständige Beweise verzichten.

Die homogene Differentialgleichung

Definition (22.13)

Ein Funktionensystem $(y_1, \ldots, y_n)$, $y_k \in C^n(\mathbb{R})$, heißt ein **Fundamentalsystem** der Differentialgleichung $L[y] = b$, falls die folgenden Eigenschaften gelten:

a) Die y_k, $k = 1, \ldots, n$, sind Lösungen der zugehörigen homogenen Differentialgleichung, $L[y_k] = 0$.
b) Für die sogenannte **Wronski-Determinante**

$$W(t) := \det\begin{pmatrix} y_1(t) & \ldots & y_n(t) \\ y_1'(t) & \ldots & y_n'(t) \\ \vdots & & \vdots \\ y_1^{(n-1)}(t) & \ldots & y_n^{(n-1)}(t) \end{pmatrix} \tag{22.22}$$

gilt: $W(t_0) \neq 0$ für wenigstens ein $t_0 \in \mathbb{R}$.

Bemerkungen (22.14)

a) Ist $W(t_0) \neq 0$ für *ein* $t_0 \in \mathbb{R}$, so gilt auch $W(t) \neq 0$ für *alle* $t \in \mathbb{R}$, vgl. Satz 22.2.

b) Nach (22.21) und Satz 22.4 genügt die Wronski-Determinante der Differentialgleichung

$$W'(t) = -a_{n-1}(t) \cdot W(t) .$$

Hieraus ergibt sich unmittelbar die Darstellung

$$W(t) = W(t_0) \cdot \exp\left(- \int_{t_0}^{t} a_{n-1}(\tau) \, \mathrm{d}\tau \right) .$$

c) Ein Fundamentalsystem $(y_1, \dots , y_n)$ lässt sich durch Lösung der folgenden n Anfangswertaufgaben mit $k = 1, \dots , n$ gewinnen:

$$L[y_k] = 0$$
$$y_k^{(i)}(t_0) = \begin{cases} 0, & \text{für} \quad i \neq k-1 \\ 1, & \text{für} \quad i = k-1 \end{cases} , \quad i = 0, 1, \dots , n-1 . \tag{22.23}$$

Ist $(y_1, \dots , y_n)$ ein Fundamentalsystem für $L[y] = b$, so lautet die **allgemeine Lösung** der inhomogenen Differentialgleichung:

$$y(t) = y_\mathrm{p}(t) + \sum_{k=1}^{n} C_k y_k(t) , \quad C_k \in \mathbb{R} . \tag{22.24}$$

Dabei bezeichnet y_p eine partikuläre Lösung der inhomogenen Differentialgleichung.

Das Reduktionsverfahren

Zur Bestimmung eines Fundamentalsystems für $L[y] = b$ lässt sich mit dem folgenden Reduktionsverfahren die Ordnung des Differentialoperators reduzieren, sofern man eine nichttriviale Lösung der homogenen Differentialgleichung kennt. Es sei also $u \neq 0$ eine Lösung der homogenen Differentialgleichung $L[y] = 0$. Zur Bestimmung weiterer, linear unabhängiger Lösungen verwenden wir den *Produktansatz*

$$y(t) = u(t) \cdot z(t) . \tag{22.25}$$

Differentiation unter Verwendung der Produktregel ergibt für $k = 0, 1, \dots , n$:

$$y^{(k)}(t) = \sum_{j=0}^{k} \binom{k}{j} u^{(k-j)}(t) z^{(j)}(t) .$$

Dies wird in den Differentialoperator $L[y]$ eingesetzt und umsortiert:

$$\begin{aligned} L[y](t) &= \sum_{k=0}^{n} a_k(t) y^{(k)}(t) = \sum_{k=0}^{n}\sum_{j=0}^{k} a_k(t) \binom{k}{j} u^{(k-j)}(t) z^{(j)}(t) \\ &= \underbrace{\left[\sum_{k=0}^{n} a_k(t) \binom{k}{0} u^{(k)}(t)\right]}_{=0} z(t) + \sum_{k=1}^{n}\sum_{j=1}^{k} a_k(t) \binom{k}{j} z^{(j)}(t) \\ &=: \sum_{j=1}^{n} b_j(t) z^{(j)}(t) \quad \text{(durch Umsortieren!)} \,. \end{aligned}$$

Setzt man nun $w(t) := z'(t)$, so wird aus $L[y] = 0$:

$$\sum_{j=0}^{n-1} b_{j+1}(t) w^{(j)}(t) = 0 \,. \tag{22.26}$$

Dies ist eine homogene, lineare Differentialgleichung der Ordnung $n-1$. Lässt sich hiervon nun ein Fundamentalsystem $(w_1, \dots, w_{n-1})$ ermitteln, so erhält man mit

$$z_k(t) := \int_{t_0}^{t} w_k(\tau)\,\mathrm{d}\tau \,, \quad k = 1, \dots, n-1 \,,$$

ein Fundamentalsystem $(u, z_1 \cdot u, \dots, z_{n-1} \cdot u)$ von $L[y] = 0$.

Beispiel (22.15)
Die Differentialgleichung $y'' + ty' + y = 0$ besitzt die Lösung $u(t) = \mathrm{e}^{-t^2/2}$.
Mit dem Produktansatz (22.25) ergibt sich

$$y = uz \,, \quad y' = u'z + uz' \,, \quad y'' = u''z + 2u'z' + uz'' \,.$$

Dies in die Differentialgleichung eingesetzt, liefert:

$$\begin{aligned} & y'' + ty' + y = (u'' + tu' + u)z + (2u' + tu)z' + uz'' = 0 \\ \Rightarrow\quad & uw' + (2u' + tu)w = 0 \,, \quad w = z' \\ \Rightarrow\quad & (w' - tw)\mathrm{e}^{-t^2/2} = 0 \\ \Rightarrow\quad & w = \mathrm{e}^{t^2/2} \,, \quad z = \int_0^t \mathrm{e}^{\tau^2/2}\,\mathrm{d}\tau \,. \end{aligned}$$

Damit hat man das folgende Fundamentalsystem für die Differentialgleichung

$$y_1(t) = \mathrm{e}^{-t^2/2} \,, \quad y_2(t) = \mathrm{e}^{-t^2/2} \int_0^t \mathrm{e}^{\tau^2/2}\,\mathrm{d}\tau \,.$$

Die inhomogene Differentialgleichung

Zur Konstruktion einer partikulären Lösung der inhomogenen Differentialgleichung lässt sich die **Methode der Variation der Konstanten** verwenden. Dazu sei $(y_1, \dots, y_n)$ ein Fundamentalsystem. Analog zu (22.7) verwenden wir den Ansatz

$$y_{\mathrm{p}}(t) = \sum_{i=1}^{n} C_i(t) y_i(t) . \tag{22.27}$$

Für die Ableitungen der unbekannten Funktionen $C_i(t)$ fordern wir:

$$\begin{aligned}
C_1'(t)y_1(t) &+ \cdots + C_n'(t)y_n(t) &&= 0 \\
C_1'(t)y_1'(t) &+ \cdots + C_n'(t)y_n'(t) &&= 0 \\
\vdots \qquad & \qquad\quad \vdots && \;\;\vdots \\
C_1'(t)y_1^{(n-2)}(t) &+ \cdots + C_n'(t)y_n^{(n-2)}(t) &&= 0 .
\end{aligned} \tag{22.28}$$

Damit ergibt sich rekursiv für die Ableitungen von y_{p}:

$$\begin{aligned}
y_{\mathrm{p}}^{(k)}(t) &= \sum_{i=1}^{n} C_i(t) y_i^{(k)}(t) , \quad k = 0, 1, \dots, n-1 \\
y_{\mathrm{p}}^{(n)}(t) &= \sum_{i=1}^{n} C_i'(t) y_i^{(n-1)}(t) + \sum_{i=1}^{n} C_i(t) y_i^{(n)}(t) ,
\end{aligned}$$

und somit

$$\begin{aligned}
L[y_{\mathrm{p}}](t) &= \sum_{k=0}^{n} a_k(t) y_{\mathrm{p}}^{(k)}(t) \\
&= \sum_{i=1}^{n} C_i(t) \underbrace{\left(\sum_{k=0}^{n} a_k(t) y_i^{(k)}(t) \right)}_{=0} + \sum_{i=1}^{n} C_i'(t) y_i^{(n-1)}(t) \\
&= b(t) .
\end{aligned}$$

Zusammen mit (22.28) hat man somit das folgende lineare Gleichungssystem zur Bestimmung der Ableitungen $C_i' = C_i'(t)$, $i = 1, \dots, n$:

$$\begin{pmatrix} y_1^{(0)}(t) & \dots & y_n^{(0)}(t) \\ y_1^{(1)}(t) & \dots & y_n^{(1)}(t) \\ \vdots & & \vdots \\ y_1^{(n-1)}(t) & \dots & y_n^{(n-1)}(t) \end{pmatrix} \begin{pmatrix} C_1'(t) \\ C_2'(t) \\ \vdots \\ C_n'(t) \end{pmatrix} = \begin{pmatrix} 0 \\ 0 \\ \vdots \\ 0 \\ b(t) \end{pmatrix} . \tag{22.29}$$

Die Koeffizientenmatrix ist wegen der Voraussetzung 22.13b) regulär. Somit ist das Gleichungssystem (22.29) also für alle $t \in \mathbb{R}$ eindeutig lösbar.

Durch Integration dieser Lösung erhält man schließlich die gesuchten Koeffizienten $C_1(t), \dots, C_n(t)$. Man beachte, dass es hierbei genügt, eine *beliebige* Stammfunktion der C_i' zu bestimmen. Mit (22.27) hat man dann eine partikuläre Lösung y_p der inhomogenen Differentialgleichung gefunden.

Beispiel (22.16)
Gegeben sei die lineare Differentialgleichung zweiter Ordnung

$$y'' - 2y' + y = \frac{\mathrm{e}^t}{t^2}\,.$$

Ein Fundamentalsystem der zugehörigen homogenen Differentialgleichung ist gegeben durch $y_1(t) = \mathrm{e}^t$, $y_2(t) = t\mathrm{e}^t$. Wie man hierauf kommt, wird im nächsten Abschnitt erläutert werden.

Für die inhomogene Differentialgleichung liefert die Methode der Variation der Konstanten nun das lineare Gleichungssystem:

$$\begin{pmatrix} \mathrm{e}^t & t\mathrm{e}^t \\ \mathrm{e}^t & (1+t)\mathrm{e}^t \end{pmatrix} \begin{pmatrix} C_1' \\ C_2' \end{pmatrix} = \begin{pmatrix} 0 \\ \mathrm{e}^t/t^2 \end{pmatrix}.$$

Die Lösung hiervon ergibt $C_1' = -1/t$, $C_2' = 1/t^2$, und daher (eine beliebige Stammfunktion genügt!) $C_1 = -\ln|t|$ und $C_2 = -1/t$.

Eine partikuläre Lösung der inhomogenen Differentialgleichung lautet damit

$$y_\text{p}(t) = -(\ln|t| + 1)\mathrm{e}^t\,.$$

Der Fall konstanter Koeffizienten

Wir beginnen wieder mit der homogenen linearen Differentialgleichung

$$L[y](t) = \sum_{k=0}^{n} a_k y^{(k)}(t) = 0 \qquad (22.30)$$

mit $a_k \in \mathbb{R}$, $k = 0, 1, \dots, n-1$ und $a_n = 1$.

Analog zu (22.9) verwenden wir den Ansatz: $y(t) := \mathrm{e}^{\lambda t}$. Eingesetzt in die Differentialgleichung ergibt sich

$$L[y](t) = \left(\sum_{k=0}^{n} a_k \lambda^k\right) \mathrm{e}^{\lambda t} = 0\,.$$

Der obige Ansatz liefert also genau dann eine Lösung der homogenen Differentialgleichung, wenn λ eine Lösung der sogenannten **charakteristischen Gleichung** ist:

$$p(\lambda) := \sum_{k=0}^{n} a_k \lambda^k = 0\,. \qquad (22.31)$$

$p(\lambda)$ heißt auch das **charakteristische Polynom** der Differentialgleichung (22.30). Sind nun $\lambda_1, \ldots, \lambda_m$ die paarweise verschiedenen Nullstellen der charakteristischen Gleichung, so gilt der folgende Satz:

Satz (22.17)

a) Ist λ_k eine r_k–fache *reelle* Nullstelle des charakteristischen Polynoms, so hat man die folgenden Lösungen der homogenen Differentialgleichungen:

$$y_{k,1}(t) := \mathrm{e}^{\lambda_k t}, \quad y_{k,2}(t) := t \cdot \mathrm{e}^{\lambda_k t}, \quad \ldots$$
$$y_{k,r_k}(t) := t^{r_k - 1} \cdot \mathrm{e}^{\lambda_k t}.$$

b) Ist λ_k eine r_k–fache *komplexe* Nullstelle, $\lambda_k \notin \mathbb{R}$, so ist auch $\overline{\lambda}_k = \lambda_\ell$ eine weitere r_k–fache Nullstelle. Reelle Lösungen der homogenen Differentialgleichung sind dann gegeben durch:

$$y_{k,j}(t) = t^{j-1} \mathrm{e}^{\alpha_k t} \cos(\beta_k t), \quad j = 1, \ldots, r_k,$$
$$y_{\ell,j}(t) = t^{j-1} \mathrm{e}^{\alpha_k t} \sin(\beta_k t), \quad \lambda_k =: \alpha_k + i\beta_k.$$

c) Die gemäß a) und b) konstruierten Lösungen bilden ein Fundamentalsystem von $L[y] = 0$.

Beweis.

Der Beweis ergibt sich unmittelbar aus (22.17) nach Transformation der Differentialgleichung $L[y] = 0$ in ein Differentialgleichungssystem erster Ordnung gemäß (22.21). Man beachte, dass $p(\lambda)$ gerade das charakteristische Polynom der Begleitmatrix in (22.21) ist. Man erhält so die ersten Komponenten der Vektoren in (22.17) als Fundamentalsystem. Im Fall komplexer Wurzeln hat man analog zu (22.13) Paare komplexer Lösungen jeweils durch ihre Real- und Imaginärteile zu ersetzen. ∎

Man beachte, dass hierbei – im Gegensatz zum Vorgehen bei einem System erster Ordnung – lediglich die Eigenwerte und deren algebraische Vielfachheiten benötigt werden und auf die Eigen- bzw. Hauptvektoren verzichtet werden kann.

Beispiele (22.18)

a) $y'' - 2y' + y = 0$.
Das charakteristische Polynom $p(\lambda) = \lambda^2 - 2\lambda + 1$ hat die Nullstellen $\lambda_{1,2} = 1$. Ein Fundamentalsystem lautet daher $y_1(t) = \mathrm{e}^t$, $y_2(t) = t\mathrm{e}^t$, vgl. auch Beispiel 22.16.

b) $y^{(4)} + 2y'' + y = 0$.
Das charakteristische Polynom $p(\lambda) = \lambda^4 + 2\lambda^2 + 1$ hat die Nullstellen $\lambda_{1,2} = i$ und $\lambda_{3,4} = -i$. Ein Fundamentalsystem lautet daher

$$y_1(t) = \cos t, \quad y_3(t) = t \cdot \cos t$$
$$y_2(t) = \sin t, \quad y_4(t) = t \cdot \sin t.$$

Das Grundlösungsverfahren

Wir gehen nochmals auf die inhomogene lineare Differentialgleichung

$$L[y](t) = \sum_{k=0}^{n} a_k y^{(k)}(t) = b(t)$$

im Fall konstanter Koeffizienten ein. Neben der schon erörterten Methode der Variation der Konstanten zur Bestimmung einer partikulären Lösung y_p gibt es hier eine alternative Vorgehensweise, das sogenannte **Grundlösungsverfahren** oder die **Methode der Greenschen Funktion**.

Satz (22.19)
Sei w die Lösung der folgenden Anfangswertaufgabe

$$L[w] = 0\,, \quad w^{(k)}(t_0) = \begin{cases} 0\,, & k = 0, 1, \ldots, n-2 \\ 1\,, & k = n-1 \end{cases}\,.$$

Dann ist eine partikuläre Lösung y_p der inhomogenen Differentialgleichung gegeben durch

$$y_\mathrm{p}(t) := \int_{t_0}^{t} G(t,\tau) b(\tau)\,\mathrm{d}\tau\,, \quad G(t,\tau) := w(t - \tau + t_0)\,.$$

G heißt hierbei die **Greensche Funktion** der Differentialgleichung.

Beweis.
Mit obiger Darstellung von y_p folgt:

$$\begin{aligned} y_\mathrm{p}^{(1)}(t) &= \frac{\mathrm{d}}{\mathrm{d}t}\left[\int_{t_0}^{t} w(t-\tau+t_0) b(\tau)\,\mathrm{d}\tau\right] \\ &= \underbrace{w(t-t+t_0)}_{=0} b(t) + \int_{t_0}^{t} w^{(1)}(t-\tau+t_0) b(\tau)\,\mathrm{d}\tau\,. \end{aligned}$$

Analog findet man für die weiteren Ableitungen:

$$y_\mathrm{p}^{(k)}(t) = \int_{t_0}^{t} w^{(k)}(t-\tau+t_0) b(\tau)\,\mathrm{d}\tau\,, \quad k = 0, 1, \ldots, n-1\,,$$

und für $k = n$:

$$y_\mathrm{p}^{(n)}(t) = b(t) + \int_{t_0}^{t} w^{(n)}(t-\tau+t_0) b(\tau)\,\mathrm{d}\tau\,.$$

Damit folgt:

$$\begin{aligned} L[y_\mathrm{p}](t) &= \sum_{k=0}^{n} a_k y_\mathrm{p}^{(k)}(t) \\ &= \sum_{k=0}^{n} a_k \int_{t_0}^{t} w^{(k)}(t-\tau+t_0)b(\tau)\,\mathrm{d}\tau + b(t) \\ &= \int_{t_0}^{t} L[w](t-\tau+t_0)b(\tau)\,\mathrm{d}\tau + b(t) = b(t)\,. \end{aligned}$$

■

Beispiel (22.20)
Wir betrachten nochmals Beispiel 22.16

$$L[y](t) = y''(t) - 2y'(t) + y(t) = \frac{\mathrm{e}^t}{t^2}$$

Zur Anwendung des Grundlösungsverfahrens setze man $t_0 = 1$. Dann hat man die folgende Anfangswertaufgabe zu lösen:

$$L\,[w] = 0\,, \quad w(1) = 0\,, \quad w'(1) = 1\,.$$

Mit Beispiel 22.18a) findet man $w(t) = (t-1)\mathrm{e}^{t-1}$. Damit folgt für die Greensche Funktion:

$$G(t,\tau) = w(t-\tau+1) = (t-\tau)\mathrm{e}^{t-\tau}$$

und somit für eine partikuläre Lösung

$$y_\mathrm{p}(t) = \int_1^t \mathrm{e}^{t-\tau}\,(t-\tau)\frac{\mathrm{e}^\tau}{\tau^2}\,\mathrm{d}\tau = \mathrm{e}^t(-1+t-\ln|t|)\,.$$

Spezielle Inhomogenitäten

Hat die Inhomogenität b einer linearen Differentialgleichung n-ter Ordnung mit konstanten Koeffizienten eine spezielle Form, so lässt sich eine partikuläre Lösung y_p mitunter leichter durch einen geeigneten, der Inhomogenität angepassten Ansatz finden.

Geht man von einer Inhomogenität der Form

$$b(t) = \left(\sum_{j=0}^{m} \beta_j t^j\right)\mathrm{e}^{\mu t}$$

mit gegebenen Koeffizienten β_j und μ aus, so lässt sich der folgende Ansatz mit unbekannten Parametern γ_j, $j = 0, \dots, m$, verwenden:

Falls μ eine r–fache Nullstelle des charakteristischen Polynoms p ist ($r = 0, 1, \ldots$):

$$y_{\mathrm{p}}(t) = \left(\sum_{j=0}^{m} \gamma_j t^j\right) t^r \mathrm{e}^{\mu t} . \qquad (22.32)$$

Man setzt diesen Ansatz in die inhomogene Differentialgleichung ein und bestimmt die γ_j mittels Koeffizientenvergleich.

Beispiel (22.21)
Gegeben sei die lineare Differentialgleichung $y''(t) - y(t) = t\mathrm{e}^t$. Hierfür ist $\mu = 1$ eine einfache Nullstelle des charakteristischen Polynoms $p(\lambda) = \lambda^2 - 1$, also ist $r = 1$.

Nach (22.32) verwenden wir daher den Ansatz $y_{\mathrm{p}}(t) = (\gamma_0 + \gamma_1 t)t\mathrm{e}^t$.

Setzt man diesen Ansatz in die Differentialgleichung ein, so findet man:

$$y_{\mathrm{p}}''(t) - y_{\mathrm{p}}(t) = [2(\gamma_0 + \gamma_1) + 4\gamma_1 t]\,\mathrm{e}^t = t\mathrm{e}^t .$$

Koeffizientenvergleich ergibt:

$$\gamma_1 = -\gamma_0 = \frac{1}{4}, \quad \text{also:} \quad y_{\mathrm{p}}(t) = \frac{t}{4}\,(t-1)\mathrm{e}^t .$$

Das Superpositionsprinzip (22.22)
Das Superpositionsprinzip verwendet die Linearität des Differentialoperators L. Gegeben sei eine inhomogene lineare Differentialgleichung der Form

$$L\,[y] = b(t) = \alpha_1 b_1(t) + \alpha_2 b_2(t) .$$

Sind nun y_1 bzw. y_2 partikuläre Lösungen der linearen Differentialgleichungen $L[y] = b_1$ bzw. $L[y] = b_2$, so ist die entsprechende Linearkombination (Superposition) $y_{\mathrm{p}}(t) := \alpha_1 y_1(t) + \alpha_2 y_2(t)$ eine partikuläre Lösung von $L\,[y] = b$.

Komplexe Differentialgleichungen (22.23)
Ist die Inhomogenität b einer linearen Differentialgleichung mit reellen Koeffizienten Real- oder Imaginärteil einer komplexwertigen Funktion, also $b(t) = \mathrm{Re}(c(t))$, bzw. $b(t) = \mathrm{Im}(c(t))$, und ist z eine komplexe Lösung der linearen Differentialgleichung $L[z](t) = c(t)$, so ist $x := \mathrm{Re}\, z$ bzw. $y := \mathrm{Im}\, z$ eine reelle Lösung von $L[x](t) = b(t)$ bzw. $L[y](t) = b(t)$.

Beweis.
Eine komplexwertige Funktion $z(t) = x(t) + iy(t)$ differenziert man komponentenweise (also wie eine Kurve im $\mathbb{R}^2$). Damit gilt $z^{(k)}(t) = x^{(k)}(t) + iy^{(k)}(t)$. Es folgt wegen der Linearität von L somit $L[z] = L[x] + iL[y]$ und, da L reelle Koeffizienten besitzt,

$$b(t) = \mathrm{Re}(c(t)) = \mathrm{Re}(L[z]) = \mathrm{Re}(L[x] + iL[y]) = L[x](t) . \qquad \blacksquare$$

Beispiel (22.24)
Gegeben sei die inhomogene, lineare Differentialgleichung

$$y''(t) + 2y'(t) + 5y(t) = \mathrm{e}^{-t}(\cos t + \sin(2t)) .$$

Wir wenden das Superpositionsprinzip an und lösen:

a) $y'' + 2y' + 5y = \mathrm{e}^{-t}\cos t = \mathrm{Re}\{\mathrm{e}^{(-1+i)t}\}$.
$\mu = -1 + i$ löst nicht die charakteristische Gleichung $p(\lambda) = \lambda^2 + 2\lambda + 5 = 0$; daher verwenden wir den Ansatz $z_{\mathrm{p}1}(t) = C_0\mathrm{e}^{(-1+i)t}$. Diesen in die Differentialgleichung $z'' + 2z' + 5z = \mathrm{e}^{(-1+i)t}$ eingesetzt, ergibt $C_0 = 1/3$. Man hat also

$$z_{\mathrm{p}1}(t) = \frac{1}{3}\mathrm{e}^{(-1+i)t} , \quad y_{\mathrm{p}1}(t) = \mathrm{Re}\{z_{\mathrm{p}1}(t)\} = \frac{1}{3}\mathrm{e}^{-t}\cos t .$$

b) $y'' + 2y' + 5y = \mathrm{e}^{-t}\sin(2t) = \mathrm{Im}\{\mathrm{e}^{(-1+2i)t}\}$.
$\mu = -1 + 2i$ ist eine einfache Nullstelle von $p(\lambda)$; wir verwenden daher den Ansatz $z_{\mathrm{p}2} = C_0 t\mathrm{e}^{(-1+2i)t}$. Diesen in die komplexe Differentialgleichung $z'' + 2z' + 5z = \mathrm{e}^{(-1+2i)t}$ eingesetzt, ergibt: $C_0 = -i/4$, also $z_{\mathrm{p}2} = -(i/4)t\mathrm{e}^{(-1+2i)t}$. Damit lautet eine partikuläre Lösung der zweiten Differentialgleichung

$$y_{\mathrm{p}2}(t) = \mathrm{Im}\{z_{\mathrm{p}2}\} = -\frac{t}{4}\mathrm{e}^{-t}\cos(2t) .$$

Das Superpositionsprinzip liefert schließlich für die Ausgangsgleichung die partikuläre Lösung

$$y_{\mathrm{p}}(t) = \mathrm{e}^{-t}\left(\frac{1}{3}\cos t - \frac{1}{4}t\cos(2t)\right) .$$

22.4 Stabilität

Allgemeines

Wir betrachten wieder ein allgemeines Differentialgleichungssystem erster Ordnung:

$$\boldsymbol{y}'(t) = \boldsymbol{f}(t, \boldsymbol{y}(t)) \tag{22.33}$$

mit $\boldsymbol{y}(t) \in \mathbb{R}^n$, hinreichend glatter rechter Seite $\boldsymbol{f}: \mathbb{R} \times D \to \mathbb{R}^n$ und einem Gebiet D im $\mathbb{R}^n$.

$\boldsymbol{y}^*$ sei eine spezielle Lösung von (22.33). Wir fragen nach dem Verhalten „benachbarter" Lösungen (Trajektorien) $\boldsymbol{y}(t; t_0, \boldsymbol{y}_0)$.

Definition (22.25)

a) Die Lösung $\boldsymbol{y}^*$ heißt **stabil**, auch **Ljapunov**[2]**-stabil**, auf einem Intervall $I \subset \mathbb{R}$, falls $\boldsymbol{y}^*$ auf I definiert ist und es zu $t_0 \in I$ und $\varepsilon > 0$ stets ein $\delta > 0$ gibt, mit

$$\forall \boldsymbol{y}_0: \quad \|\boldsymbol{y}_0 - \boldsymbol{y}^*(t_0)\| < \delta \quad \Rightarrow \quad \forall\, t \in I: \quad \|\boldsymbol{y}(t; t_0, \boldsymbol{y}_0) - \boldsymbol{y}^*(t)\| < \varepsilon .$$

Kann man δ unabhängig von t_0 wählen, so heißt $\boldsymbol{y}^*$ **gleichmäßig stabil** auf I.

2) Alexander Michailovitsch Ljapunov (1857–1918); Charkov, St. Petersburg.

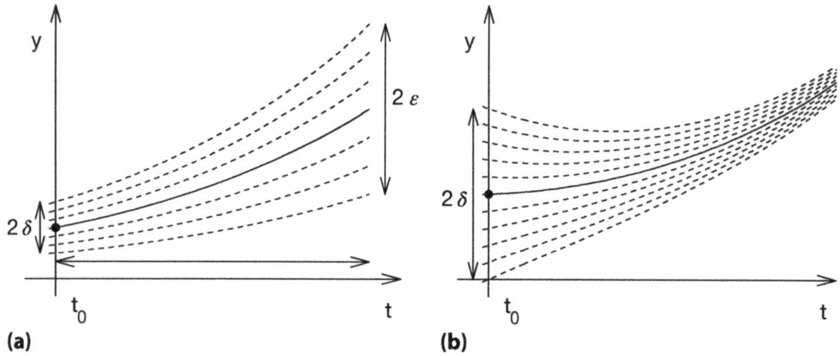

Abb. 22.2 Stabilität und asymptotische Stabilität.

b) Ist y^* auf einem Intervall $I = [a, \infty[$ erklärt, so heißt $\boldsymbol{y}^*$ dort **asymptotisch stabil**, vgl. Abb. 22.2, falls $\boldsymbol{y}^*$ auf I stabil ist und es zu jedem $t_0 \geq a$ ein $\delta(t_0) > 0$ gibt mit

$$\forall y_0: \quad \|y_0 - y^*(t_0)\| < \delta \quad \Rightarrow \quad \lim_{t\to\infty} \|y(t; t_0, y_0) - y^*(t)\| = 0 .$$

Schließlich heißt $\boldsymbol{y}^*$ **strikt stabil**, falls $\boldsymbol{y}^*$ gleichmäßig und asymptotisch stabil ist.

Bemerkungen (22.26)

a) In Definition 22.25a) wird implizit vorausgesetzt, dass $\boldsymbol{y}(\cdot; t_0, \boldsymbol{y}_0)$ für $\|\boldsymbol{y}_0 - \boldsymbol{y}^*(t_0)\| < \delta$ (zumindest) auf I erklärt ist. Zumeist wird auch bei der Definition der Stabilität ein Intervall der Form $I = [a, \infty[$ zugrunde gelegt.
Für *autonome* Differentialgleichungen (22.33) wird darüber hinaus wegen der zeitliche Verschiebungsinvarianz o. B. d. A. $a := t_0 := 0$ gesetzt.
Stabilität bedeutet dann, dass die Trajektorien mit Anfangswerten in der Nähe von $\boldsymbol{y}^*(0)$ für alle Zeiten $t \geq 0$ in einem ε-Schlauch um $\boldsymbol{y}^*$ verbleiben, während sie sich im Falle der asymptotischen Stabilität $\boldsymbol{y}^*(t)$ für $t \to \infty$ annähern.

b) Mit Hilfe der Transformation

$$\begin{aligned} \boldsymbol{z}(t) &:= \boldsymbol{y}(t) - \boldsymbol{y}^*(t) \\ \boldsymbol{z}'(t) &= \boldsymbol{f}(t, \boldsymbol{z}(t) + \boldsymbol{y}^*(t)) - \boldsymbol{f}(t, \boldsymbol{y}^*(t)) \\ &=: \boldsymbol{f}^*(t, \boldsymbol{z}(t)) \end{aligned}$$

kann man sich o. B. d. A. auf die Untersuchung der Stabilität der Nulllösung $\boldsymbol{z}^* = \boldsymbol{0}$ zurückziehen. In der Tat ist $\boldsymbol{z}^* = \boldsymbol{0}$ ein **Gleichgewichtspunkt** des Systems $\boldsymbol{f}^*$, d. h., es gilt $\boldsymbol{f}^*(t, \boldsymbol{z}^*(t)) = \boldsymbol{0}$.

Stabilität bei linearen Differentialgleichungen

Gegeben sei ein homogenes, lineares Differentialgleichungssystem

$$\boldsymbol{y}'(t) = \boldsymbol{A}(t)\boldsymbol{y}(t), \quad a \leq t < \infty \tag{22.34}$$

mit stetiger Koeffizientenmatrix $\boldsymbol{A}(t) \in \mathbb{R}^{(n,n)}$. $\boldsymbol{Y}(t)$ sei ein beliebiges Fundamentalsystem von (22.34).

Satz (22.27): Stabilitätssatz I

a) Der Gleichgewichtspunkt $\boldsymbol{y}^* = \boldsymbol{0}$ ist genau dann stabil auf dem Intervall $I = [a, \infty[$, falls das Fundamentalsystem $\boldsymbol{Y}(t)$ auf I beschränkt ist.

b) Der Gleichgewichtspunkt $\boldsymbol{y}^* = \boldsymbol{0}$ ist genau dann gleichmäßig stabil auf I, falls es eine Konstante $M > 0$ gibt mit

$$\forall\, t \geq t_0 \geq a: \quad \left\| \boldsymbol{Y}(t)\boldsymbol{Y}(t_0)^{-1} \right\| \leq M\,.$$

c) Der Gleichgewichtspunkt $\boldsymbol{y}^* = 0$ ist genau dann asymptotisch stabil, falls gilt:

$$\lim_{t\to\infty} \|\boldsymbol{Y}(t)\| = 0\,.$$

Beweis.
Nach Satz 22.2 lautet die allgemeine Lösung der Differentialgleichung (22.34) $\boldsymbol{y}(t) = \boldsymbol{Y}(t)\boldsymbol{c}$, $\boldsymbol{c} \in \mathbb{R}^n$. Entsprechend ist die Lösung einer zugehörigen Anfangswertaufgabe gegeben durch

$$\boldsymbol{y}(t; t_0, \boldsymbol{y}_0) = \boldsymbol{Y}(t)\boldsymbol{Y}(t_0)^{-1}\boldsymbol{y}_0\,.$$

zu a): Ist $\boldsymbol{y}^* = \boldsymbol{0}$ stabil, so ist jede Lösung von $\boldsymbol{y}' = \boldsymbol{A}\boldsymbol{y}$ beschränkt. Damit sind die Spaltenvektoren der Fundamentalmatrix $\boldsymbol{Y}(t)$ beschränkt und damit auch $\|\boldsymbol{Y}(t)\|$ selbst.
Umgekehrt folgt aus $\|\boldsymbol{Y}(t)\| \leq M(\forall t)$ mit einer Konstanten $M > 0$:

$$\|\boldsymbol{y}(t; t_0, \boldsymbol{y}_0)\| \leq \|\boldsymbol{Y}(t)\| \left\|\boldsymbol{Y}(t_0)^{-1}\right\| \|\boldsymbol{y}_0\| \leq M \cdot \left\|\boldsymbol{Y}(t_0)^{-1}\right\| \cdot \delta := \varepsilon\,.$$

zu b): Ist $\boldsymbol{y}^* = \boldsymbol{0}$ gleichmäßig stabil, so folgt

$$\left\|\boldsymbol{Y}(t)\boldsymbol{Y}(t_0)^{-1}\boldsymbol{y}_0\right\| \leq \varepsilon$$

für alle $t \geq t_0 \geq a$ und $\|\boldsymbol{y}_0\| \leq \delta$. Damit ergibt sich $\|\boldsymbol{Y}(t)\boldsymbol{Y}(t_0)^{-1}\| \leq \varepsilon/\delta$. Die Umkehrung erhält man wie in a).

zu c): Dies folgt unmittelbar aus obiger Darstellung der Lösungen. ■

Satz (22.28)
Es bezeichne $\lambda_{\max}(t)$ den größten Eigenwert der symmetrischen Matrix $\boldsymbol{A}(t) + \boldsymbol{A}(t)^{\mathrm{T}}$. Ist dann

$$\int_{t_0}^{\infty} \lambda_{\max}(t)\,\mathrm{d}t = -\infty\,, \qquad a \leq t_0 < \infty\,,$$

so ist $\boldsymbol{y}^* = \boldsymbol{0}$ asymptotisch stabil.

Beweis.
Für eine Lösung $\boldsymbol{y} \neq \boldsymbol{0}$ der Differentialgleichung (22.34) lässt sich mit Hilfe des Rayleighschen Prinzips, vgl. Satz 7.49, abschätzen

$$\begin{aligned}\frac{\mathrm{d}}{\mathrm{d}t}\,\|\boldsymbol{y}(t)\|^2 &= \frac{\mathrm{d}}{\mathrm{d}t}\,(\boldsymbol{y}^{\mathrm{T}}(t)\boldsymbol{y}(t))\\ &= (\boldsymbol{A}(t)\boldsymbol{y}(t))^{\mathrm{T}}\boldsymbol{y}(t) + \boldsymbol{y}(t)^{\mathrm{T}}(\boldsymbol{A}(t)\boldsymbol{y}(t))\\ &= \boldsymbol{y}(t)^{\mathrm{T}}\,(\boldsymbol{A}(t)^{\mathrm{T}} + \boldsymbol{A}(t))\boldsymbol{y}(t)\\ &\leq \lambda_{\max}(t)\,(\boldsymbol{y}(t)^{\mathrm{T}}\boldsymbol{y}(t))\\ &= \lambda_{\max}(t)\cdot\|\boldsymbol{y}(t)\|^2\,.\end{aligned}$$

Wegen $\boldsymbol{y} \neq \boldsymbol{0}$ lässt sich diese Ungleichung durch $\|\boldsymbol{y}(t)\|^2$ dividieren. Anschließende Integration ergibt

$$\|\boldsymbol{y}(t)\|^2 \leq \|\boldsymbol{y}_0\|^2 \cdot \exp\left(\int_{t_0}^{t} \lambda_{\max}(\tau)\,\mathrm{d}\tau\right)\,.$$ ■

Stabilität bei Systemen mit konstanten Koeffizienten

Satz (22.29): Stabilitätssatz II
Gegeben sei ein lineares Differentialgleichungssystem $\boldsymbol{y}'(t) = \boldsymbol{A}\,\boldsymbol{y}(t)$, mit konstanter Matrix $\boldsymbol{A} \in \mathbb{R}^{(n,n)}$. λ_j bezeichne die Eigenwerte von $\boldsymbol{A}$, $j = 1, \ldots, n$, und $g(\lambda_j)$ bzw. $a(\lambda_j)$ deren geometrische bzw. algebraische Vielfachheiten. Dann gilt:

a) Der Gleichgewichtspunkt $\boldsymbol{y}^* = \boldsymbol{0}$ ist genau dann strikt stabil, falls für alle j: $\mathrm{Re}(\lambda_j) < 0$ gilt.
b) Der Gleichgewichtspunkt $\boldsymbol{y}^* = \boldsymbol{0}$ ist genau dann gleichmäßig stabil, falls

$$\forall j:\quad \mathrm{Re}(\lambda_j) \leq 0 \;\text{ und }\; \mathrm{Re}(\lambda_j) = 0 \quad\Rightarrow\quad g(\lambda_j) = a(\lambda_j)\,.$$

c) In allen anderen Fällen ist $\boldsymbol{y}^* = \boldsymbol{0}$ instabil.

Beweis.
Man erhält die obigen Aussagen unmittelbar aus der Darstellung des Fundamentalsystems in Abschn. 22.2, insbesondere aus den Darstellungen (22.11), (22.12) und (22.18). ■

Beispiel (22.30)
a) Der Gleichgewichtspunkt $\boldsymbol{y}^* = \boldsymbol{0}$ des folgenden Differentialgleichungssystems ist instabil

$$\boldsymbol{y}' = \boldsymbol{A}\,\boldsymbol{y} = \begin{pmatrix} 4 & 8 & 4\\ -1 & -2 & 1\\ -2 & -4 & -6\end{pmatrix}\boldsymbol{y}\,.$$

Die Eigenwerte $\lambda_1 = -4$ und $\lambda_2 = 0$ der Koeffizientenmatrix erfüllen zwar $\mathrm{Re}(\lambda_j) \leq 0$, jedoch ist $\lambda_2 = 0$ doppelter Eigenwert mit der geometrischen Vielfachheit $g(\lambda_2) = 1 < a(\lambda_2) = 2$.

b) Das Differentialgleichungssystem

$$\begin{pmatrix} y_1' \\ y_2' \end{pmatrix} = \boldsymbol{A}\boldsymbol{y} + \boldsymbol{b} = \begin{pmatrix} -1 & 1 \\ -1 & -1 \end{pmatrix} \begin{pmatrix} y_1 \\ y_2 \end{pmatrix} + \begin{pmatrix} 5 \\ 1 \end{pmatrix}$$

besitzt den Gleichgewichtspunkt $\boldsymbol{y}^* = (3,\ -2)^{\mathrm{T}}$.
Die Transformation $\boldsymbol{z} := \boldsymbol{y} - \boldsymbol{y}^*$ liefert das homogene Differentialgleichungssystem $\boldsymbol{z}' = \boldsymbol{A}\boldsymbol{z}$ mit der obigen Matrix $\boldsymbol{A}$.
Die Eigenwerte von $\boldsymbol{A}$ lauten $\lambda_{1,2} = -1 \pm i$. Damit ist der Gleichgewichtspunkt $\boldsymbol{y}^*$ strikt stabil.

Ohne Beweis zitieren wir noch ein Kriterium für strikte Stabilität, welches mit dem charakteristischen Polynom der Matrix $\boldsymbol{A}$ arbeitet und ohne die konkrete Berechnung der Eigenwerte auskommt! Dieses Kriterium findet in der Regelungstheorie vielfach Anwendung.

Satz (22.31): Kriterium von Routh und Hurwitz[3)]
Gegeben sei ein reelles Polynom $p(z) = \sum_{k=0}^{n} a_k z^k, \quad a_n > 0$. Es sind äquivalent:

a) Alle Nullstellen von $p(z)$ haben negativen Realteil.
b) Es gilt $a_k > 0,\ k = 0, 1, \ldots, n$. Ferner sind alle Hauptunterdeterminanten der folgenden (n, n)-Matrix positiv:

$$\boldsymbol{H} = \begin{pmatrix} a_1 & a_0 & 0 & 0 & \cdots & 0 \\ a_3 & a_2 & a_1 & a_0 & \cdots & 0 \\ a_5 & a_4 & a_3 & a_2 & \cdots & 0 \\ \vdots & \vdots & & & & \vdots \\ a_{2n-1} & a_{2n-2} & \cdots & \cdots & \cdots & a_n \end{pmatrix}$$

Dabei sei $a_k := 0$ für alle $k > n$.

Beispiel (22.32)
Für das Polynom $p(z) = 2z^3 + 4z^2 + 5z + 6$ ergibt sich

$$\boldsymbol{H} = \begin{pmatrix} 5 & 6 & 0 \\ 2 & 4 & 5 \\ 0 & 0 & 2 \end{pmatrix}.$$

Das Routh-Hurwitz-Kriterium ist hierfür erfüllt, damit haben alle Nullstellen von $p(z)$ negativen Realteil.

3) Adolf Hurwitz (1859–1919); Königsberg, Zürich; Edward John Routh (1831–1907); Cambridge.

Eine **algorithmische Fassung des Routh-Hurwitzschen Kriteriums** ist in dem Lehrbuch von Hairer, Norsett und Wanner [26] angegeben:

Setzt man für $k \geq 0$:

$$c_{0,k} := (-1)^k a_{n-2k}\,, \quad c_{1,k} := (-1)^k a_{n-2k-1}\,, \tag{22.35}$$

wobei $a_k := 0$ für alle $k < 0$, und berechnet hiermit rekursiv für $i = 1, 2, \ldots$:

$$c_{i+1,k} := \frac{1}{c_{i,0}} \begin{vmatrix} c_{i-1,0} & c_{i-1,k+1} \\ c_{i,0} & c_{i,k+1} \end{vmatrix}\,, \quad \text{falls } c_{i,0} \neq 0\,, \tag{22.36}$$

so ist das Routh-Hurwitzsche Kriterium äquivalent zu der Bedingung

$$\forall\, i = 0, 1, \ldots, n: \quad c_{i,0} > 0\,. \tag{22.37}$$

Für das Polynom $p(z) = 2z^3 + 4z^2 + 5z + 6$ ergibt sich beispielsweise:

$$\begin{aligned}
&c_{0,0} = 2\,, \quad c_{0,1} = -5\,, \quad c_{0,2} = 0\,, \quad \ldots \\
&c_{1,0} = 4\,, \quad c_{1,1} = -6\,, \quad c_{1,2} = 0\,, \quad \ldots \\
&c_{2,0} = \frac{1}{4}\begin{vmatrix} 2 & -5 \\ 4 & -6 \end{vmatrix} = 2\,, \quad c_{2,1} = 0\,, \quad \ldots \\
&c_{3,0} = \frac{1}{2}\begin{vmatrix} 4 & -6 \\ 2 & 0 \end{vmatrix} = 6\,,
\end{aligned}$$

so dass das Routh-Hurwitz-Kriterium erfüllt ist.

Qualitatives Verhalten für ebene Systeme

Wir untersuchen das qualitative Verhalten der Trajektorien $\boldsymbol{y}(t)$ in der Nähe des Gleichgewichtspunktes $\boldsymbol{y}^* = \boldsymbol{0}$ für das homogene Differentialgleichungssystem

$$\boldsymbol{y}'(t) = \boldsymbol{A}\,\boldsymbol{y}(t)\,, \quad \boldsymbol{y}(t) \in \mathbb{R}^2\,, \quad \boldsymbol{A} \in \mathbb{R}^{(2,2)}\,.$$

Es seien λ_1, λ_2 die Eigenwerte von $\boldsymbol{A}$; $\boldsymbol{v}^1$, $\boldsymbol{v}^2$ seien zugehörige Eigenvektoren bzw. Eigen- und Hauptvektor.

Mit $\boldsymbol{S} := (\boldsymbol{v}^1, \boldsymbol{v}^2)$ und

$$\boldsymbol{J} := \boldsymbol{S}^{-1}\boldsymbol{A}\boldsymbol{S} = \begin{cases} \begin{pmatrix} \lambda_1 & 0 \\ 0 & \lambda_2 \end{pmatrix}, & \text{falls } \lambda_1 \neq \lambda_2 \\ & \text{oder } \lambda_1 = \lambda_2\,,\ g(\lambda_2) = 2 \\ \begin{pmatrix} \lambda_1 & 1 \\ 0 & \lambda_2 \end{pmatrix}, & \text{falls } \lambda_1 = \lambda_2 = \lambda \\ & \text{und } g(\lambda) = 1 \end{cases}$$

$$\boldsymbol{w}(t) := \boldsymbol{S}^{-1}\,\boldsymbol{y}(t)$$

erhält man für $\boldsymbol{w}(t)$ die transformierte Differentialgleichung

$$\boldsymbol{w}'(t) = \boldsymbol{J}\boldsymbol{w}(t)\,.$$

Klassifikation in der *w*-Phasenebene:

a) Asymptotisch stabiler Knotenpunkt 1. Art:

$$\lambda_1 = \lambda_2 < 0\,, \quad g(\lambda_1) = 2$$

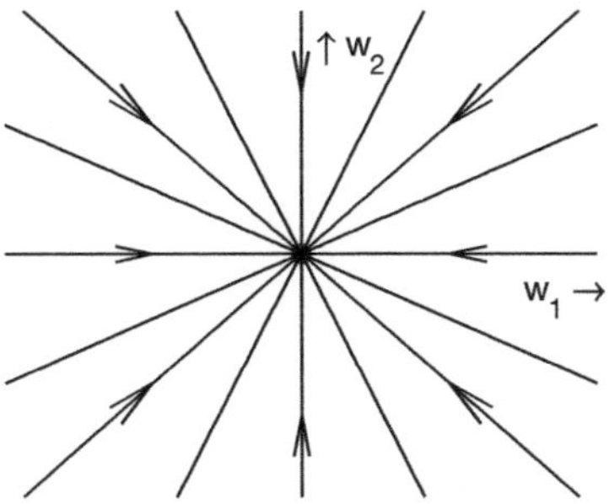

Abb. 22.3 Stabiler Knoten 1. Art.

b) Instabiler Knotenpunkt 1. Art:

$$\lambda_1 = \lambda_2 > 0\,, \quad g(\lambda_1) = 2$$

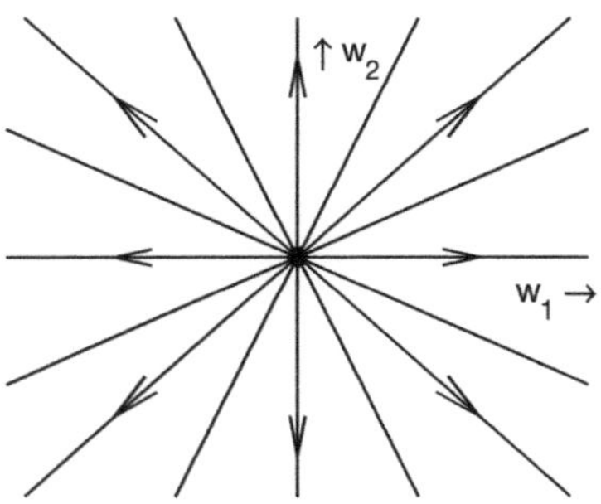

Abb. 22.4 Instabiler Knoten 1. Art.

c) Asymptotisch stabiler Knotenpunkt 2. Art:

$$\lambda_1, \lambda_2 < 0\,, \quad \lambda_1 \neq \lambda_2\,,$$
$$w_j(t) = w_{j_0} \mathrm{e}^{\lambda_j t}$$

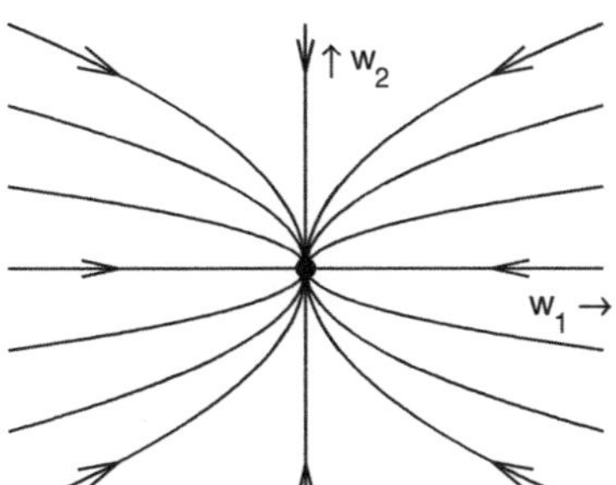

Abb. 22.5 Stabiler Knoten 2. Art.

d) Instabiler Knotenpunkt 2. Art:

$$\lambda_1, \lambda_2 > 0\,, \quad \lambda_1 \neq \lambda_2\,,$$
$$w_j(t) = w_{j_0} e^{\lambda_j t}$$

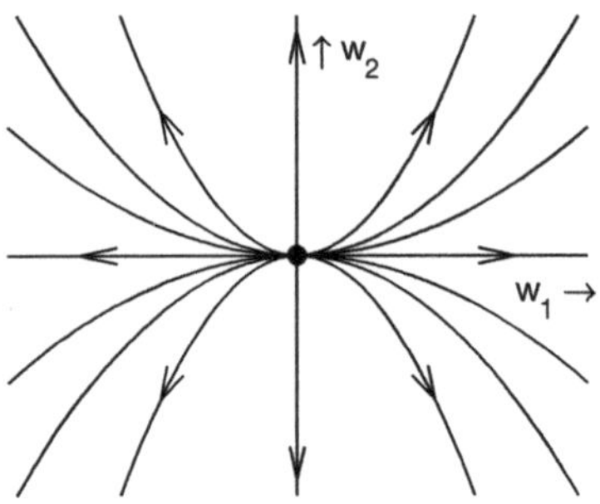

Abb. 22.6 Instabiler Knoten 2. Art.

e) Instabiler Sattelpunkt:

$$\lambda_1 < 0 < \lambda_2$$

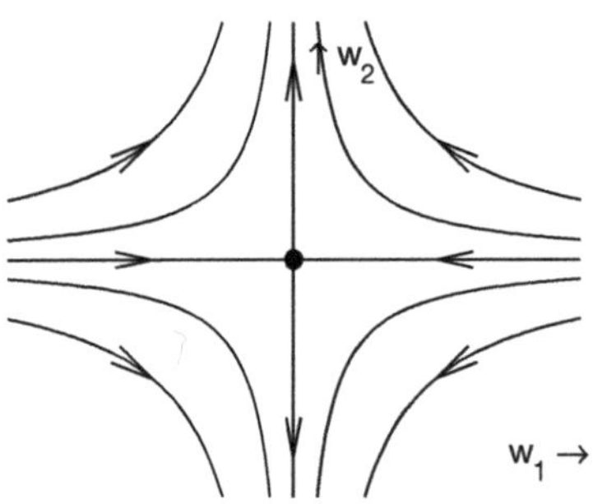

Abb. 22.7 Instabiler Sattelpunkt.

f) Parallele Geraden:

$$\lambda_1 = 0\,, \quad \lambda_2 \neq 0\,,$$

0 ist kein isolierter stationärer Punkt!

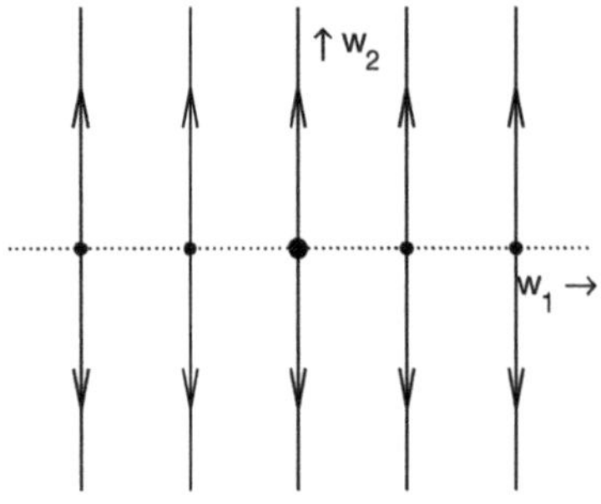

Abb. 22.8 Parallele Geraden.

g) Knotenpunkt 3. Art:

$$\lambda_1 = \lambda_2 = \lambda \in \mathbb{R}\,, \quad g(\lambda) = 1\,,$$
$$w_1(t) = (w_{10} + w_{20}t)\mathrm{e}^{\lambda t}\,,$$
$$w_2(t) = w_{20}\mathrm{e}^{\lambda t}$$

0 ist für $\lambda > 0$ *instabil,*
für $\lambda < 0$ *asymptotisch stabil*

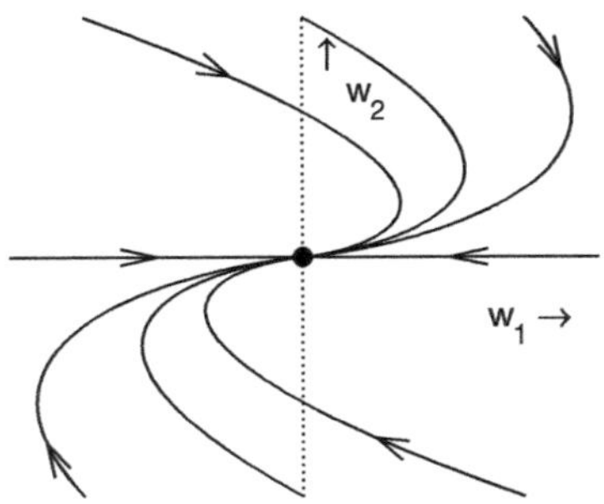

Abb. 22.9 Knotenpunkt 3. Art.

h) Asymptotisch stabiler Strudelpunkt:

$$\lambda_1 = \overline{\lambda_2} = \lambda = \alpha + i\beta\,,$$
$$\beta \neq 0\,, \quad \alpha < 0$$

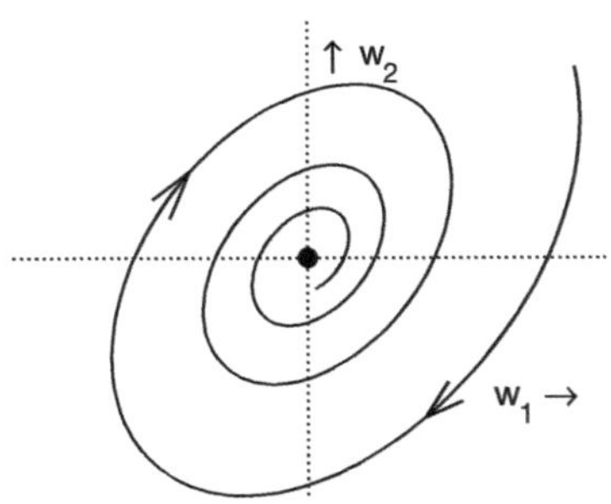

Abb. 22.10 Stabiler Strudelpunkt.

i) Instabiler Strudelpunkt:

$$\lambda_1 = \overline{\lambda_2} = \lambda = \alpha + i\beta\,,$$
$$\beta \neq 0\,, \quad \alpha > 0$$

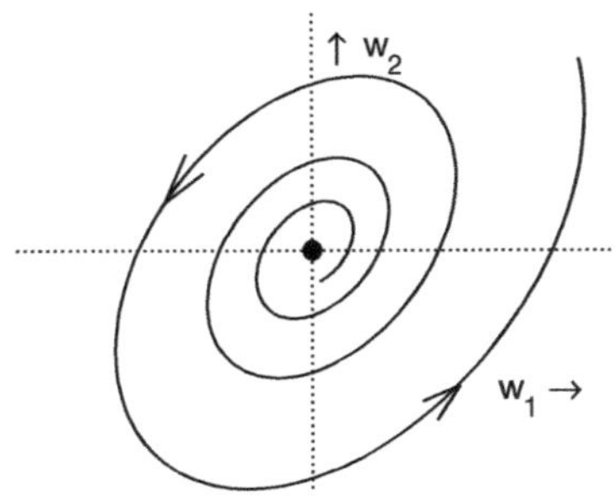

Abb. 22.11 Instabiler Strudelpunkt.

j) Stabiler Wirbelpunkt:

$$\lambda_1 = \overline{\lambda_2} = \lambda = i\beta\,,\\ \beta \neq 0$$

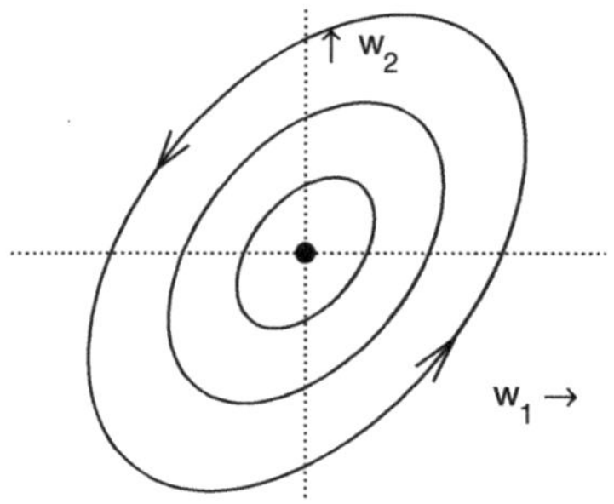

Abb. 22.12 Stabiler Wirbelpunkt.

Der nichtlineare Fall

Wir betrachten ein allgemeines autonomes Differentialgleichungssystem

$$\boldsymbol{y}'(t) = \boldsymbol{f}(\boldsymbol{y}(t))\,. \tag{22.38}$$

$\boldsymbol{y}^* = \boldsymbol{0} \in \mathbb{R}^n$ sei ein Gleichgewichtspunkt des Systems, also $\boldsymbol{f}(\boldsymbol{0}) = \boldsymbol{0}$.

Häufig gelingt es, die Stabilität der Differentialgleichung 22.7 durch **Linearisierung** der rechten Seite nachzuweisen. Ist die rechte Seite $\boldsymbol{f}$ hinreichend glatt, so findet man mittels Taylor-Entwicklung:

$$\begin{aligned} &\boldsymbol{y}'(t) = \boldsymbol{A}\,\boldsymbol{y}(t) + \boldsymbol{g}(\boldsymbol{y}(t))\,, \quad \boldsymbol{A} = \boldsymbol{J}\boldsymbol{f}(\boldsymbol{0})\,, \\ &\boldsymbol{g}(\boldsymbol{0}) = \boldsymbol{0}\,, \quad \boldsymbol{g}(\boldsymbol{y}) = O(\|\boldsymbol{y}\|^2)\,. \end{aligned} \tag{22.39}$$

Ist die **„verkürzte" Differentialgleichung** $\boldsymbol{y}' = \boldsymbol{A}\,\boldsymbol{y}$ nun strikt stabil, bzw. instabil, so überträgt sich dies auch auf das nichtlineare Differentialgleichungssystem.

Satz (22.33): Stabilitätssatz III
Unter den obigen Voraussetzungen (22.38) und (22.39) gilt:

a) Gilt für alle Eigenwerte λ_j von $\boldsymbol{A} = \boldsymbol{J}\boldsymbol{f}(\boldsymbol{0})$: $\mathrm{Re}(\lambda_j) < 0$, so ist $\boldsymbol{y}^* = \boldsymbol{0}$ ein strikt stabiler Gleichgewichtspunkt von $\boldsymbol{y}' = \boldsymbol{f}(\boldsymbol{y})$.
b) Existiert ein Eigenwert λ_j von $\boldsymbol{A}$ mit $\mathrm{Re}(\lambda_j) > 0$, so ist $\boldsymbol{y}^* = \boldsymbol{0}$ ein instabiler Gleichgewichtspunkt von $\boldsymbol{y}' = \boldsymbol{f}(\boldsymbol{y})$.

Für einen Beweis dieses Satzes sei wieder auf die Standardlehrbücher über gewöhnliche Differentialgleichungen verwiesen.

Bemerkung (22.34)
Die Stabilität bzw. Instabilität des linearisierten Systems überträgt sich nicht notwendig auf das nichtlineare System, falls für alle Eigenwerte $\mathrm{Re}(\lambda_j) \leq 0$ gilt, es jedoch zumindest einen Eigenwert λ_k mit $\mathrm{Re}(\lambda_k) = 0$ gibt.

Beispiel (22.35)
Wir untersuchen die Differentialgleichung des Pendels

$$\varphi''(t) = -\frac{g}{\ell} \sin \varphi(t) = -\omega^2 \sin(\varphi(t)) . \tag{22.40}$$

Mit der Standardtransformation $y_1 := \varphi, \; y_2 := \varphi'$ ergibt sich das folgende Differentialgleichungssystem erster Ordnung:

$$\begin{aligned} y_1'(t) &= y_2(t) \\ y_2'(t) &= -\omega^2 \sin(y_1(t)) . \end{aligned}$$

Die Gleichgewichtspunkte sind demnach $\boldsymbol{y}^k = (k\pi, 0)^{\mathrm{T}}$, $k \in \mathbb{Z}$; entsprechend für die Winkel $\varphi_k = k\pi$. Die Linearisierung des obigen Systems um diese Punkte ergibt:

$$\frac{\mathrm{d}}{\mathrm{d}t}\boldsymbol{y}(t) = \begin{pmatrix} 0 & 1 \\ -\omega^2(-1)^k & 0 \end{pmatrix} (\boldsymbol{y} - \boldsymbol{y}^k) + O(\|\boldsymbol{y} - \boldsymbol{y}^k\|^2) .$$

Die Eigenwerte der Koeffizientenmatrix sind

$$\lambda_{1,2} = \begin{cases} \pm i\omega , & \text{falls } k \text{ gerade} \\ \pm \omega , & \text{falls } k \text{ ungerade} . \end{cases}$$

Für ungerade k ist φ_k also ein instabiler Sattelpunkt. Für gerade k ist φ_k ein stabiler, jedoch kein asymptotisch stabiler Gleichgewichtspunkt. Man beachte, dass letzteres *nicht* aus dem Stabilitätssatz III folgt!

In der Abb. 22.13 ist das Phasenporträt des Pendels dargestellt.

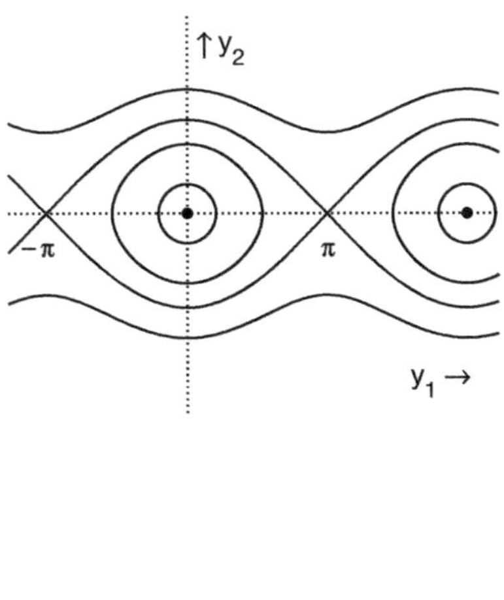

Abb. 22.13 Phasenporträt des Pendels.

Ljapunov-Funktionen

Eine andere Methode, autonome, nichtlineare Systeme auf Stabilität zu untersuchen, geht auf Ljapunov zurück. Die Grundidee ist hierbei, ein verallgemeinertes Potential zu konstruieren, das längs aller Trajektorien der Differentialgleichung monoton fällt.

Definition (22.36)
Eine C^1-Funktion $V\colon D \to \mathbb{R}$ mit $D \subset \mathbb{R}^n$ offen und $\mathbf{0} \in D$, heißt eine **Ljapunov-Funktion** für $\boldsymbol{f}$, falls mit einer Kugel $\overline{K}_R(\mathbf{0}) \subset D$, $R > 0$, gilt:

$$\text{a)} \quad V(\mathbf{0}) = 0\,, \quad V(\boldsymbol{y}) > 0 \quad \text{für} \quad \boldsymbol{y} \neq \mathbf{0}\,,$$
$$\text{b)} \quad \langle \boldsymbol{\nabla} V(\boldsymbol{y}),\ \boldsymbol{f}(\boldsymbol{y})\rangle \leq 0\,, \quad \forall \boldsymbol{y}\colon\ \|\boldsymbol{y}\| \leq R\,.$$

Gilt in b) sogar

$$\text{b}') \quad \langle \boldsymbol{\nabla} V(\boldsymbol{y}),\ \boldsymbol{f}(\boldsymbol{y})\rangle < 0\,, \quad \forall \boldsymbol{y}\colon\ 0 < \|\boldsymbol{y}\| \leq R\,,$$

so heißt V eine **strenge Ljapunov-Funktion.**

Satz (22.37): Stabilitätssatz IV
a) Ist $V = V(\boldsymbol{y})$ eine Ljapunov-Funktion von $\boldsymbol{f}$, so ist $\boldsymbol{y}^* = \mathbf{0}$ ein gleichmäßig stabiler Gleichgewichtspunkt.
b) Ist $V = V(\boldsymbol{y})$ eine strenge Ljapunov-Funktion, so ist $\boldsymbol{y}^* = \mathbf{0}$ sogar ein strikt stabiler Gleichgewichtspunkt.

Beweis.

zu a): Zu $0 < \varepsilon \leq R$ sei $M_\varepsilon := \min\{\, V(\boldsymbol{y}) : \|\boldsymbol{y}\| = \varepsilon\} > 0$.
Wegen der Stetigkeit von V existiert ein δ, $0 < \delta < \varepsilon$, mit

$$\forall \boldsymbol{y}\colon \quad \|\boldsymbol{y}\| \leq \delta \quad \Rightarrow \quad V(\boldsymbol{y}) < M_\varepsilon\,.$$

Ist $\boldsymbol{y}_0 \in K_\delta(\mathbf{0})$ Anfangswert, also $V(\boldsymbol{y}_0) < M_\varepsilon$, so folgt für die zugehörige Lösung der Anfangswertaufgabe $\boldsymbol{y}(t)$, $t \geq t_0$:

$$\frac{\mathrm{d}}{\mathrm{d}t} V(\boldsymbol{y}(t)) = \boldsymbol{\nabla} V(\boldsymbol{y}(t))^{\mathrm{T}} \boldsymbol{f}(\boldsymbol{y}(t)) \leq 0\,,$$

also ist $V(\boldsymbol{y}(t)) < M_\varepsilon$ für alle $t \geq t_0$, und somit auch $\|\boldsymbol{y}(t)\| < \varepsilon$ für $t \geq t_0$.
Damit ist $\boldsymbol{y}^* = \mathbf{0}$ gleichmäßig stabiler Gleichgewichtspunkt.

zu b): Ist V sogar strenge Ljapunov-Funktion, so fällt $V(\boldsymbol{y}(t))$ für $t \geq t_0$ streng monoton. Daher existiert $E := \lim_{t\to\infty} V(\boldsymbol{y}(t))$.
Wäre $E > 0$, so gäbe es ein α, $0 < \alpha < \varepsilon$, mit $V(\boldsymbol{y}) < E$ für alle $\|\boldsymbol{y}\| < \alpha$.
Daher verläuft die Trajektorie ganz in $\{\, \boldsymbol{y} : \alpha \leq \|\boldsymbol{y}\| \leq \varepsilon\}$.

Sei nun $M_1 := \max\{\nabla V(\boldsymbol{y})^{\mathrm{T}} \boldsymbol{f}(\boldsymbol{y}) : \alpha \le \|\boldsymbol{y}\| \le \varepsilon\}$, also nach Voraussetzung $M_1 < 0$. Dann folgt:

$$V(\boldsymbol{y}(t)) - V(\boldsymbol{y}_0) = \int\limits_{t_0}^{t} \frac{\mathrm{d}V}{\mathrm{d}t}\,\mathrm{d}t \le M_1(t - t_0)$$

und damit $\lim_{t\to\infty} V(\boldsymbol{y}(t)) = -\infty$, im Widerspruch zu den Eigenschaften von V. Damit ist $\lim_{t\to\infty} V(\boldsymbol{y}(t)) = 0$, und damit auch $\lim_{t\to\infty} \boldsymbol{y}(t) = \boldsymbol{0}$. ■

Bemerkung (22.38)
Analog lässt sich zeigen: Gilt für eine C^1-Funktion $V = V(\boldsymbol{y})$ mit den Voraussetzungen aus Definiition 22.36 die Eigenschaft 22.36a) und anstelle von b)

$$\langle \nabla V(\boldsymbol{y}), \boldsymbol{f}(\boldsymbol{y})\rangle > 0\,, \quad \forall \boldsymbol{y}\colon\ 0 < \|\boldsymbol{y}\| \le R\,,$$

so ist $\boldsymbol{y}^* = \boldsymbol{0}$ ein instabiler Gleichgewichtspunkt.

Beispiel (22.39)

$$\begin{aligned} x'(t) &= -x(t)^3 + y(t) \\ y'(t) &= -x(t) - y(t)^5 \end{aligned}$$

Der Punkt $(x^0, y^0)^{\mathrm{T}} = 0$ ist ein isolierter Gleichgewichtspunkt.

Setzt man $V(x, y) := ax^2 + by^2$, so erfüllt V für $a, b > 0$ die Eigenschaft a) von Definition 22.36. Ferner ist

$$\langle \nabla V(x, y), \boldsymbol{f}(x, y)\rangle = -2ax^4 - 2by^6 + 2(a - b)xy\,.$$

Für $a = b > 0$ ist V also eine strenge Ljapunov-Funktion, und (x^0, y^0) somit ein asymptotisch stabiler Gleichgewichtspunkt.

Beispiel (22.40)
Für das Beispiel 22.35 des Pendels setze man

$$V(y_1, y_2) := \frac{1}{2} y_2^2 + \omega^2(1 - \cos y_1)\,.$$

Man sieht dann unmittelbar, dass V tatsächlich eine Ljapunov-Funktion auf $\overline{K}_R(\boldsymbol{0})$ für $R < \pi$ ist. $\boldsymbol{0}$ ist also ein stabiler Gleichgewichtspunkt. Natürlich kann für dieses Beispiel keine strenge Ljapunov-Funktion existieren!

23
Randwertaufgaben bei gewöhnlichen Differentialgleichungen

23.1 Allgemeines

Wir betrachten wieder ein allgemeines System expliziter gewöhnlicher Differentialgleichungen erster Ordnung

$$\boldsymbol{y}'(t) = \boldsymbol{f}(t, \boldsymbol{y}(t)), \quad \boldsymbol{y}(t) \in \mathbb{R}^n, \tag{23.1}$$

und setzen voraus, dass die rechte Seite $\boldsymbol{f}$ auf einem Gebiet $D \subset \mathbb{R}^{n+1}$ hinreichend oft stetig differenzierbar ist.

Sind zur Festlegung einer Lösung $\boldsymbol{y}$ nun nicht – wie bei einer Anfangswertaufgabe – alle Koordinaten y_i, $i = 1, \dots, n$, an *einer* Stelle t_0 vorgegeben, sondern jeweils nur gewisse Koordinaten y_i an verschiedenen Stellen t_j, $j = 1, \dots, m$, so spricht man von einer **Randwertaufgabe**, genauer: von einer **Zweipunkt-Randwertaufgabe** für $m = 2$ und von einer **Mehrpunkt-Randwertaufgabe** für $m > 2$.

Grundtypen von Zweipunkt-Randwertaufgaben:

a) Sturmsche Randwertaufgaben

$$\begin{aligned} &y''(t) + a_1(t)y'(t) + a_0 y(t) = b(t) \\ &\alpha_1 y(t_a) + \beta_1 y'(t_a) = d_1 \\ &\gamma_2 y(t_b) + \delta_2 y'(t_b) = d_2 \end{aligned} \tag{23.2}$$

b) Lineare Randwertaufgaben

$$\begin{aligned} &\boldsymbol{y}'(t) = \boldsymbol{A}(t)\boldsymbol{y}(t) + \boldsymbol{b}(t) \\ &\boldsymbol{B}_a \boldsymbol{y}(t_a) + \boldsymbol{B}_b \boldsymbol{y}(t_b) = \boldsymbol{d} \\ &\text{mit} \quad \boldsymbol{A}(t),\, \boldsymbol{B}_a,\, \boldsymbol{B}_b \in \mathbb{R}^{(n,n)}, \quad \boldsymbol{b}(t),\, \boldsymbol{d} \in \mathbb{R}^n \end{aligned} \tag{23.3}$$

c) Allgemeine Zweipunkt-Randwertaufgaben

$$\begin{aligned} &\boldsymbol{y}'(t) = \boldsymbol{f}(t, \boldsymbol{y}(t)) \\ &\boldsymbol{r}(\boldsymbol{y}(t_a), \boldsymbol{y}(t_b)) = \boldsymbol{0} \\ &\text{mit} \quad \boldsymbol{y}(t) \in \mathbb{R}^n, \quad \boldsymbol{r}: \mathbb{R}^n \times \mathbb{R}^n \to \mathbb{R}^n \end{aligned} \tag{23.4}$$

Mathematik in den Ingenieur- und Naturwissenschaften 2, 5. Aufl.
Rainer Ansorge, Hans J. Oberle, Kai Rothe und Thomas Sonar.

d) Allgemeine Mehrpunkt-Randwertaufgaben

$$\begin{aligned} &\boldsymbol{y}'(t) = \boldsymbol{f}(t, \boldsymbol{y}(t)) \\ &\boldsymbol{r}(\boldsymbol{y}(t_1), \boldsymbol{y}(t_2), \dots, \boldsymbol{y}(t_m)) = \boldsymbol{0} \\ &\text{mit} \quad \boldsymbol{y}(t) \in \mathbb{R}^n, \quad \boldsymbol{r}\colon \mathbb{R}^{n \times m} \to \mathbb{R}^n, \quad t_1 < t_2 < \dots < t_m. \end{aligned} \tag{23.5}$$

Im Unterschied zu den Anfangswertaufgaben lassen sich Existenz und Eindeutigkeit der Lösung einer Randwertaufgabe – selbst bei glatten Daten – nicht garantieren. Dies belegt etwa das folgende Beispiel.

Beispiel (23.1)
Die Randwertaufgabe

$$\begin{aligned} &y''(t) = -y(t) \\ &y(0) = 0, \quad y(\pi/2) = 1 \end{aligned}$$

besitzt die *eindeutig bestimmte* Lösung $y(t) = \sin t$. Ändert man dagegen die Randbedingungen ab zu:

$$y(0) = 0, \quad y(\pi) = 1,$$

so besitzt die Randwertaufgabe *keine* Lösung! Bei den Randbedingungen

$$y(0) = 0, \quad y(\pi) = 0$$

besitzt sie dagegen *unendlich viele* Lösungen, nämlich $y(t) = C \sin t$, $C \in \mathbb{R}$ beliebig.

Für lineare Randwertaufgaben (23.3) erhält man mit Hilfe eines Fundamentalsystems das folgende Kriterium für die eindeutige Lösbarkeit.

Satz (23.2)
Gegeben sei die lineare Randwertaufgabe (23.3) mit stetigen, auf $\mathbb{R}$ definierten Funktionen $\boldsymbol{A}$ und $\boldsymbol{b}$. $\boldsymbol{Y}$ bezeichne ein zugehöriges Fundamentalsystem. Dann sind die folgenden Aussagen äquivalent:

a) Die Randwertaufgabe ist für *alle* Inhomogenitäten $\boldsymbol{b}$ und $\boldsymbol{d}$ eindeutig lösbar.
b) Die zugehörige homogene Randwertaufgabe

$$\boldsymbol{y}'(t) = \boldsymbol{A}(t)\boldsymbol{y}(t), \quad \boldsymbol{B}_a \boldsymbol{y}(t_a) + \boldsymbol{B}_b \boldsymbol{y}(t_b) = \boldsymbol{0}$$

hat nur die triviale Lösung $\boldsymbol{y} = \boldsymbol{0}$.
c) Die folgende sogenannte **Shooting-Matrix** $\boldsymbol{E}$ ist regulär

$$\boldsymbol{E} := \boldsymbol{B}_a \boldsymbol{Y}(t_a) + \boldsymbol{B}_b \boldsymbol{Y}(t_b) \in \mathbb{R}^{(n,n)}.$$

Beweis.
Die allgemeine Lösung des Differentialgleichungssystems lautet nach Satz 22.1 und Satz 22.2

$$\boldsymbol{y}(t) = \boldsymbol{y}_\mathrm{p}(t) + \boldsymbol{Y}(t)\boldsymbol{c}\,, \quad \boldsymbol{c} \in \mathbb{R}^n\,.$$

Dabei ist $\boldsymbol{y}_\mathrm{p}$ eine partikuläre Lösung.
Dies in die Randbedingungen eingesetzt ergibt:

$$\begin{aligned} & \boldsymbol{B}_a(\boldsymbol{y}_\mathrm{p}(t_a) + \boldsymbol{Y}(t_a)\boldsymbol{c}) + \boldsymbol{B}_b(\boldsymbol{y}_\mathrm{p}(t_b) + \boldsymbol{Y}(t_b)\boldsymbol{c}) = \boldsymbol{d} \\ \Longleftrightarrow \quad & \boldsymbol{E} \cdot \boldsymbol{c} = \boldsymbol{d} - \boldsymbol{B}_a\boldsymbol{y}_\mathrm{p}(t_a) - \boldsymbol{B}_b\boldsymbol{y}_\mathrm{p}(t_b)\,. \end{aligned}$$

Somit ist die eindeutige Lösbarkeit der Randwertaufgabe äquivalent zur Regularität der Matrix $\boldsymbol{E}$. Dies gilt unabhängig von den speziellen Inhomogenitäten $\boldsymbol{b}$ und $\boldsymbol{d}$. ■

Beispiel (23.3)
Schreibt man die Randwertaufgabe aus Beispiel 23.1 in Form einer linearen Randwertaufgabe (23.3), so erhält man:

$$\begin{pmatrix} y_1' \\ y_2' \end{pmatrix} = \begin{pmatrix} 0 & 1 \\ -1 & 0 \end{pmatrix} \begin{pmatrix} y_1 \\ y_2 \end{pmatrix}$$

$$\begin{pmatrix} 1 & 0 \\ 0 & 0 \end{pmatrix} \begin{pmatrix} y_1(0) \\ y_2(0) \end{pmatrix} + \begin{pmatrix} 0 & 0 \\ 1 & 0 \end{pmatrix} \begin{pmatrix} y_1(t_b) \\ y_2(t_b) \end{pmatrix} = \begin{pmatrix} 0 \\ y_b \end{pmatrix}.$$

Ferner findet man die (nicht eindeutig bestimmte) Fundamentalmatrix

$$\boldsymbol{Y}(t) = \begin{pmatrix} \cos t & \sin t \\ -\sin t & \cos t \end{pmatrix}.$$

Damit folgt:

$$\begin{aligned} \boldsymbol{E} &= \boldsymbol{B}_a\boldsymbol{Y}(t_a) + \boldsymbol{B}_b\boldsymbol{Y}(t_b) \\ &= \begin{pmatrix} 1 & 0 \\ 0 & 0 \end{pmatrix} \begin{pmatrix} 1 & 0 \\ 0 & 1 \end{pmatrix} + \begin{pmatrix} 0 & 0 \\ 1 & 0 \end{pmatrix} \begin{pmatrix} \cos t_b & \sin t_b \\ -\sin t_b & \cos t_b \end{pmatrix} \\ &= \begin{pmatrix} 1 & 0 \\ \cos t_b & \sin t_b \end{pmatrix}. \end{aligned}$$

Die Matrix $\boldsymbol{E}$ ist also für $t_b = \pi/2$ regulär, für $t_b = \pi$ jedoch singulär.

Eine Reihe anderer Aufgaben lässt sich auf die **Normalform** (23.4) einer Zweipunkt-Randwertaufgabe transformieren. Zu diesen gehören u. a. **Eigenwertaufgaben bei gewöhnlichen Differentialgleichungen** sowie **Randwertaufgaben mit freier Endzeit**.

Eigenwertaufgaben (23.4)
Zu einer vorgegebenen stetigen Funktion $q\colon [a,b] \to \mathbb{R}$ sind diejenigen Zahlen $\lambda \in \mathbb{R}$ (**Eigenwerte**) gesucht, für die die Randwertaufgabe

$$\begin{aligned} &z''(t) + (\lambda - q(t))z(t) = 0\,, \quad a \le t \le b \\ &z(a) = 0\,, \quad z(b) = 0 \end{aligned} \tag{23.6}$$

eine nicht identisch verschwindende Lösung (**Eigenfunktion**) besitzt.

Setzt man nun

$$y_1(t) := z(t)\,, \quad y_2(t) := z'(t)\,, \quad y_3(t) := \lambda\,,$$

so erhält man die folgende Randwertaufgabe in Normalform

$$\begin{aligned} &y_1'(t) = y_2(t) \\ &y_2'(t) = (q(t) - y_3(t))y_1(t) \\ &y_3'(t) = 0 \\ &y_1(a) = 0\,, \quad y_1(b) = 0\,, \quad y_2(a) = 1\,. \end{aligned} \tag{23.7}$$

Die dritte Randbedingung $y_2(a) = 1$ ist dabei eine **Normierungsbedingung**. Man beachte, dass die obige Randwertaufgabe durchaus unendlich viele Lösungen besitzen kann. Dennoch lassen sich die Lösungen numerisch bestimmen, sofern die zugehörige Shootingmatrix $\boldsymbol{E}$ regulär ist, die Lösungen also separiert sind.

Randwertaufgaben mit freier Endzeit (23.5)

$$\begin{aligned} &\boldsymbol{y}'(t) = \boldsymbol{f}(t, \boldsymbol{y}(t))\,, \quad t_a \le t \le t_b \\ &\boldsymbol{r}(\boldsymbol{y}(t_a), \boldsymbol{y}(t_b)) = \boldsymbol{0}\,. \end{aligned} \tag{23.8}$$

Hierbei sei die Endzeit t_b nicht vorgegeben (frei) und man hat $\boldsymbol{r}\colon \mathbb{R}^n \times \mathbb{R}^n \to \mathbb{R}^{n+1}$, also $n+1$ Randbedingungen! Ein Beispiel für eine solche Randwertaufgabe mit freier Endzeit haben wir bereits in Bemerkung 20.10 kennengelernt.

Setzt man nun

$$\boldsymbol{z}(\tau) := \boldsymbol{y}(t_a + \tau \cdot (t_b - t_a))\,, \quad z_{n+1}(\tau) := t_b - t_a\,, \quad 0 \le \tau \le 1\,,$$

so ist das Problem (23.8) äquivalent zu der folgenden Randwertaufgabe in Normalform

$$\begin{aligned} &\boldsymbol{z}'(\tau) = z_{n+1} \cdot \boldsymbol{f}(t_0 + z_{n+1} \cdot \tau, \boldsymbol{z}(\tau))\,, \quad 0 \le \tau \le 1\,, \\ &z_{n+1}'(\tau) = 0\,, \\ &\boldsymbol{r}(\boldsymbol{z}(0), \boldsymbol{z}(1)) = \boldsymbol{0}\,. \end{aligned} \tag{23.9}$$

Dies ist offensichtlich eine Randwertaufgabe vom Typ (23.4) über dem festen Integrationsintervall [0, 1].

23.2 Lineare Randwertaufgaben zweiter Ordnung

Wir betrachten eine lineare Randwertaufgabe zweiter Ordnung

$$\begin{aligned} L[y](t) &:= y''(t) + a_1(t)y'(t) + a_0(t)y(t) = b(t) \\ R_1[y] &:= \alpha_1 y(t_a) + \beta_1 y'(t_a) + \gamma_1 y(t_b) + \delta_1 y'(t_b) = d_1 \\ R_2[y] &:= \alpha_2 y(t_a) + \beta_2 y'(t_a) + \gamma_2 y(t_b) + \delta_2 y'(t_b) = d_2 \,, \end{aligned} \tag{23.10}$$

und nehmen an, dass die zugehörige *homogene* Randwertaufgabe

$$L[y](t) = 0 \,, \quad R_1[y] = R_2[y] = 0 \tag{23.11}$$

nur die triviale Lösung besitzt. Nach Satz 23.2 besitzt die obige inhomogene Randwertaufgabe damit eine eindeutig bestimmte Lösung y.

Reduktion auf homogene Randbedingungen

Zunächst transformieren wir die Aufgabe in eine Randwertaufgabe mit homogenen Randbedingungen, d. h. $d_1 = d_2 = 0$.

Dazu sei y_0 eine beliebige C^2-Funktion, die die Randbedingungen $R_1[y_0] = d_1$ und $R_2[y_0] = d_2$ erfüllt. Setzen wir nun $y(t) := y_0(t) + z(t)$, so folgt

$$\begin{aligned} & L[y](t) = L[y_0](t) + L[z](t) = b(t) \\ \Rightarrow \quad & L[z](t) = b(t) - L[y_0](t) =: \widetilde{b}(t) \end{aligned}$$

und $R_k[y] = R_k[y_0] + R_k[z] = d_k \iff R_k[z] = 0,\ k = 1, 2$.

Anstelle der ursprünglichen Randwertaufgabe genügt es also, die Randwertaufgabe

$$L[z](t) = \widetilde{b}(t) \,, \quad R_k[z] = 0,\ k = 1, 2 \,,$$

mit homogenen Randbedingungen zu lösen!

Konstruktion einer Greenschen Funktion

Im Folgenden nehmen wir o. B. d. A. an, dass in (23.10) bereits $d_1 = d_2 = 0$ vorliegt und versuchen nun analog zum Grundlösungsverfahren, vgl. Satz 22.19, eine Lösungsdarstellung der folgenden Form zu finden

$$y(t) = \int_{t_a}^{t_b} G(t, \tau) b(\tau) \, \mathrm{d}\tau \,. \tag{23.12}$$

Die Funktion $G(t, \tau)$, $t_a \le t,\ \tau \le t_b$ heißt eine **Greensche Funktion** der Randwertaufgabe (23.10). Diese hängt nur vom Differentialoperator $L[y]$ und den Randbedingungen $R_1[y]$, $R_2[y]$ ab, nicht aber von der Inhomogenität b.

Zur Konstruktion einer Greenschen Funktion nehmen wir an, dass $G = G(t, \tau)$ auf jedem der beiden Dreiecke D_k, $k = 1, 2$:

$$D_1 := \{(t, \tau) : t_a \le \tau \le t \le t_b\}\,, \quad D_2 := \{(t, \tau) : t_a \le t \le \tau \le t_b\}\,.$$

glatt ist, d. h. sich jeweils als eine C^2-Funktion auf den Rand von D_k fortsetzen lässt, dass jedoch längs der Diagonalen $t = \tau$ Sprünge auftreten können, vgl. Abb. 23.1.

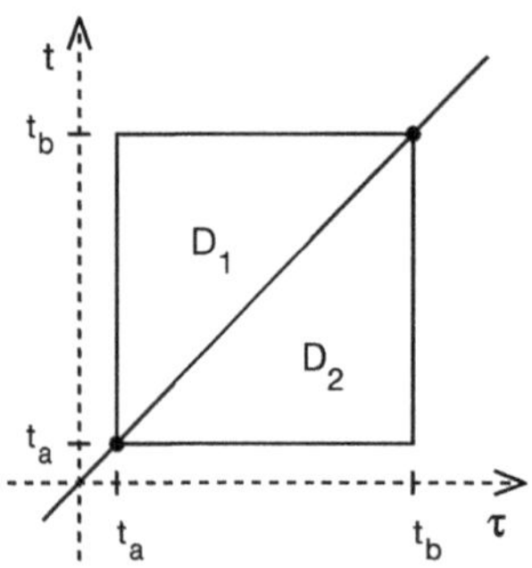

Abb. 23.1 Definitionsbereich der Greenschen Funktion.

Wir bilden nun die Ableitung von y gemäß (23.12) und erhalten

$$\begin{aligned} y'(t) &= \frac{\mathrm{d}}{\mathrm{d}t}\left\{\int_{t_a}^{t} G(t, \tau)\, b(\tau)\,\mathrm{d}\tau + \int_{t}^{t_b} G(t, \tau)\, b(\tau)\,\mathrm{d}\tau\right\} \\ &= \int_{t_a}^{t_b} G_t(t, \tau)\, b(\tau)\,\mathrm{d}\tau + [G(t, t^-) - G(t, t^+)]\, b(t)\,. \end{aligned}$$

Wir fordern nun, dass $G(t, t^-) - G(t, t^+)$ verschwindet, d. h. G ist in $t = \tau$ stetig.

Hieraus folgt dann genauso für die zweite Ableitung

$$y''(t) = \int_{t_a}^{t_b} G_{tt}(t, \tau)\, b(\tau)\,\mathrm{d}\tau + \left[G_t(t, t^-) - G_t(t, t^+)\right] b(t)$$

und damit, eingesetzt in die Differentialgleichung

$$L[y](t) = \int_{t_a}^{t_b} L[G(\cdot, \tau)](t)\, b(\tau)\,\mathrm{d}\tau + \left[G_t(t, t^-) - G_t(t, t^+)\right] b(t)\,. \tag{23.13}$$

Für die Randbedingungen erhält man schließlich:

$$R_k[y] = \int_{t_a}^{t_b} R_k[G(\cdot, \tau)]\, b(\tau)\,\mathrm{d}t\,, \quad k = 1, 2\,. \tag{23.14}$$

Damit haben wir den folgenden Satz bewiesen:

Satz (23.6)
Erfüllt eine Funktion $G\colon [t_a, t_b]^2 \to \mathbb{R}$ die folgenden Eigenschaften:

a) $G = G(t, \tau)$ ist stetig auf $[t_a, t_b]^2$ und lässt sich auf D_1 und auf D_2 jeweils als C^2-Funktion fortsetzen,
b) $G(\cdot, \tau)$ erfüllt bei festem τ die homogene Differentialgleichung $L[G(\cdot, \tau)] = 0$, jeweils für $t \in [t_a, \tau]$ und $t \in [\tau, t_b]$ sowie die Randbedingungen $R_k[G(\cdot, \tau)] = 0,\ k = 1, 2$,
c) $G_t(t, t^-) - G_t(t, t^+) = 1$,

so ist G eine Greensche Funktion und die Lösung der Randwertaufgabe lautet

$$y(t) = \int_{t_a}^{t_b} G(t, \tau)\, b(\tau)\, \mathrm{d}\tau\,.$$

Zur *Konstruktion einer Greenschen Funktion* kann man nun folgendermaßen vorgehen:

Schritt 1:
Man bestimme ein Fundamentalsystem (y_1, y_2) der homogenen Differentialgleichung $L[y] = 0$ und verwende hiermit den Ansatz:

$$G(t, \tau) := \begin{cases} \displaystyle\sum_{i=1}^{2} (a_i(\tau) + b_i(\tau))\, y_i(t): & \tau \le t \\ \displaystyle\sum_{i=1}^{2} (a_i(\tau) - b_i(\tau))\, y_i(t): & \tau \ge t \end{cases} \tag{23.15}$$

Schritt 2:
Die geforderte Stetigkeit und die Sprungbedingung 23.6c) ergeben das folgende lineare Gleichungssystem zur Bestimmung der b_k:

$$\sum_{i=1}^{2} b_i(t)\, y_i(t) = 0\,, \quad \sum_{i=1}^{2} b_i(t)\, y_i'(t) = \frac{1}{2}\,. \tag{23.16}$$

Die Koeffizientenmatrix dieses linearen Gleichungssystems ist gerade die zugehörige Fundamentalmatrix, sie ist also insbesondere regulär.

Schritt 3:
Man setze (23.15) in die Randbedingungen ein. Dies ergibt wieder ein lineares Gleichungssystem zur Bestimmung der a_k, welches ebenfalls eindeutig lösbar ist.

Beispiel (23.7)

$$y''(t) + y(t) = b(t)$$
$$y(0) - y(\pi) = 0$$
$$y'(0) - y'(\pi) = 0\,.$$

Ein Fundamentalsystem ist gegeben durch $y_1(t) = \cos t$ und $y_2(t) = \sin t$. Damit hat man den Ansatz:

$$G(t,\tau) = \begin{cases} [a_1(\tau) + b_1(\tau)]\ \cos t + [a_2(\tau) + b_2(\tau)]\ \sin t: & \tau \le t \\ [a_1(\tau) - b_1(\tau)]\ \cos t + [a_2(\tau) - b_2(\tau)]\ \sin t: & \tau \ge t\,. \end{cases}$$

Die Stetigkeits- und die Sprungbedingung liefern das lineare Gleichungssystem

$$b_1(t)\cos t + b_2(t)\sin t = 0$$
$$-b_1(t)\sin t + b_2(t)\cos t = \frac{1}{2}$$

mit der Lösung: $b_1(t) = -\frac{1}{2}\sin t,\ b_2(t) = \frac{1}{2}\cos t$.
Schließlich erhält man durch Auswerten der Randbedingungen:

$$G(0,\tau) - G(\pi,\tau) = [a_1(\tau) - b_1(\tau)] + [a_1(\tau) + b_1(\tau)] = 0$$
$$G_t(0,\tau) - G_t(\pi,\tau) = [a_2(\tau) - b_2(\tau)] + [a_2(\tau) + b_2(\tau)] = 0$$

und damit $a_1(\tau) = a_2(\tau) = 0$.
Die Greensche Funktion lautet also

$$G(t,\tau) = \begin{cases} \frac{1}{2}\sin(t-\tau)\,, & \tau \le t \\ -\frac{1}{2}\sin(t-\tau)\,, & \tau \ge t \end{cases}$$

und die Lösung der Randwertaufgabe ist gegeben durch

$$y(t) = \frac{1}{2}\int_0^t \sin(t-\tau)\,b(\tau)\,\mathrm{d}\tau - \frac{1}{2}\int_t^\pi \sin(t-\tau)\,b(\tau)\,\mathrm{d}\tau\,.$$

Bemerkungen (23.8)
Es sei abschließend angemerkt, dass sich die Methode der Greenschen Funktion ohne Mühe auf den Fall linearer Randwertaufgaben höherer Ordnung übertragen lässt. Hierzu sei jedoch auf die Standardlehrbücher über gewöhnliche Differentialgleichungen verwiesen.

23.3 Grundbegriffe der Variationsrechnung

Randwertaufgaben treten in den technisch-ingenieurwissenschaftlichen Anwendungen recht häufig auf, da sie sich z. B. in natürlicher Weise bei der Lösung sogenannter **Aufgaben der optimalen Steuerung** ergeben. Hierbei ist es die Aufgabe, gewisse in einem Differentialgleichungssystem auftretende, frei wählbare Funktionen (Steuerfunktionen) so zu bestimmen, dass der durch das System beschriebene technisch-physikalische Prozess im gewissen Sinn optimal abläuft. Beispiel für diese Anwendungen sind die Steuerungen von Raumfahrzeugen und Flugzeugen, Prozesssteuerungen in der Chemietechnik, die Steuerung der Bewegung eines Roboters und vieles mehr.

Die zur Behandlung solcher zumeist sehr komplexer Probleme benötigte Theorie optimaler Steuerungen hat ihre Wurzeln in der klassischen **Variationsrechnung**, wie sie im 18. Jahrhundert von den Brüdern Johann und Jakob Bernoulli, von Euler, Lagrange und anderen entwickelt worden ist. Der erste Anstoß zu dieser Entwicklung ging wohl auf Johann Bernoulli zurück, der 1696 sein berühmtes Problem der Brachistochrone, der Bestimmung einer Kurve kürzester Fallzeit (brachistos= kürzeste, chronos= Zeit) veröffentlichte.

Beispiel (23.9): Das Problem der Brachistochrone
In einer vertikalen Ebene seien Punkte A, B gegeben; A liege höher als B, jedoch nicht senkrecht über B. Ein Massenpunkt, der anfänglich in A ruht, bewege sich unter dem Einfluss der Schwerkraft längs einer Rinne von A nach B, auf der er reibungslos geführt wird, vgl. Abb. 23.2. Welche Gestalt muss dieser Rinne gegeben werden, damit der Weg von A nach B in kürzester Zeit durchlaufen wird?

Aus dem *Energiesatz* folgt

$$\frac{1}{2}mv^2 = mg(y_a - y) \quad \Rightarrow \quad v = \sqrt{2g} \cdot \sqrt{y_a - y}\,.$$

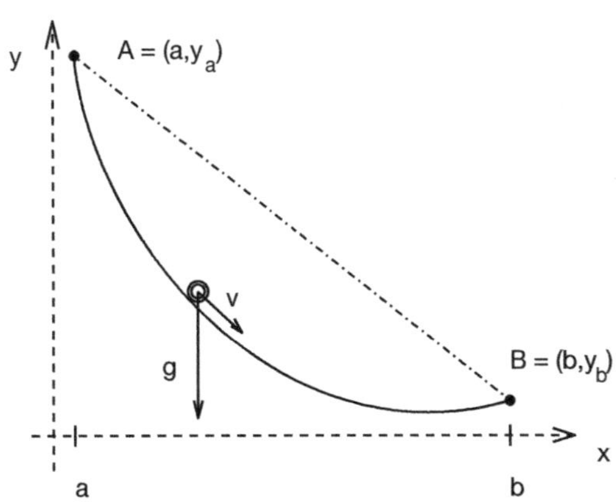

Abb. 23.2 Problem der Brachistochrone.

Andererseits ist der Geschwindigkeitsbetrag v die Ableitung der Bogenlänge nach der Zeit

$$v = \frac{\mathrm{d}s}{\mathrm{d}t} = \sqrt{1 + y'(x)^2}\ \frac{\mathrm{d}x}{\mathrm{d}t} .$$

Setzt man voraus, dass das x-Intervall $[a, b]$ streng monoton durchlaufen wird, dass also $\mathrm{d}x/\,\mathrm{d}t > 0$ gilt, so ergibt sich:

$$\frac{\mathrm{d}t}{\mathrm{d}x} = \frac{\sqrt{1 + y'(x)^2}}{v} = \frac{1}{\sqrt{2g}} \cdot \frac{\sqrt{1 + y'(x)^2}}{\sqrt{y_a - y(x)}} .$$

Durch Integration erhält man hieraus für die Durchlaufungszeit t_b:

$$I[y] := t_b = \int_0^{t_b} \mathrm{d}t = \frac{1}{\sqrt{2g}} \cdot \int_a^b \frac{\sqrt{1 + y'(x)^2}}{\sqrt{y_a - y(x)}}\,\mathrm{d}x . \qquad (23.17)$$

Die mathematische Aufgabe besteht also darin, eine stetige und auf $]a, b]$ differenzierbare Funktion $y = y(x)$, $a \le x \le b$, zu bestimmen, die die Randbedingungen $y(a) = y_a$, $y(b) = y_b$ erfüllt, und die das Funktional $I[y]$ unter diesen Nebenbedingungen minimiert.

Das geschilderte Beispiel zeigt die allgemeinen Charakteristika einer

Aufgabe der Variationsrechnung (23.10)
Gesucht ist eine Funktion $y_0 \in C^1[a, b]$, die ein vorgegebenes Zielfunktional

$$I(y) := \int_a^b f(t, y(t), y'(t))\,\mathrm{d}t \qquad (23.18)$$

minimiert unter den Nebenbedingungen $y(a) = y_a$ und $y(b) = y_b$.

Wir verfolgen den historischen Lösungsweg nach Lagrange (1755). Hierzu nehmen wir an, dass y_0 eine Lösung der Variationsaufgabe 23.10 ist, und dass alle auftretenden Funktionen hinreichend oft differenzierbar sind. Die Grundidee besteht darin, die Lösung y_0 in eine eindimensionale Schar von Vergleichsfunktionen $y = y(t, \varepsilon)$ einzubetten.

Lagrange verwendete hierzu den Ansatz

$$y(t, \varepsilon) := y_0(t) + \varepsilon h(t) . \qquad (23.19)$$

Hierbei sei $h \in C^1[a, b]$ eine beliebige Funktion, die die Randbedingungen

$$h(a) = h(b) = 0 \qquad (23.20)$$

erfüllt und $\varepsilon \in \mathbb{R}$.

Damit ist $y(\cdot, \varepsilon)$ für jedes ε eine zulässige Vergleichsfunktion für die Variationsaufgabe. Da y_0 das Funktional $I[y]$ nach Annahme minimiert, muss also die Funktion

$$J(\varepsilon) := I(y(\cdot, \varepsilon)) = \int_a^b f\left(t, y_0(t) + \varepsilon h(t), y_0'(t) + \varepsilon h'(t)\right) \mathrm{d}t$$

in $\varepsilon = 0$ ein (globales) Minimum besitzen.

$J = J(\varepsilon)$ ist aber eine differenzierbare (skalare) Funktion der reellen Variablen ε. Daher muss die erste Ableitung von J, die sogenannten **ersten Variation** für $\varepsilon = 0$ verschwinden, vgl. Satz 10.5:

$$\delta I(y_0, h) := \frac{\mathrm{d}}{\mathrm{d}\varepsilon} I[y_0 + \varepsilon h]\big|_{\varepsilon=0} = 0\,. \tag{23.21}$$

Bemerkung (23.11)
Die erste Variation δI entspricht gerade der Richtungsableitung oder Gâteaux-Ableitung des Funktionals $I[y]$ an der Stelle y_0 in Richtung h, vgl. auch Definition 17.33.

Zur Berechnung von δI führen wir die Differentiation in (23.21) aus. Mittels partieller Integration finden wir:

$$\begin{aligned} \delta I &= \int_a^b \left(f_y\left(t, y_0, y_0'\right) \cdot h(t) + f_{y'}\left(t, y_0, y_0'\right) \cdot h'(t)\right) \mathrm{d}t \\ &= f_{y'}\left(t, y_0, y_0'\right) \cdot h(t)\Big|_a^b + \int_a^b \left(f_y - \frac{\mathrm{d}}{\mathrm{d}t} f_{y'}\right) \cdot h(t)\,\mathrm{d}t\,. \end{aligned} \tag{23.22}$$

Da h wegen der vorgegebenen Randbedingungen an y_0 in a und b verschwindet, vgl. (23.20), folgt somit

$$\int_a^b \left(f_y - \frac{\mathrm{d}}{\mathrm{d}t} f_{y'}\right) \cdot h(t)\,\mathrm{d}t = 0\,.$$

Dies gilt für *alle* C^1-Funktionen h mit $h(a) = h(b) = 0$. Das ist aber offensichtlich nur dann möglich, wenn der erste Faktor $(f_y - \frac{\mathrm{d}}{\mathrm{d}t} f_{y'})$ selbst auf dem gesamten Intervall $[a, b]$ verschwindet. Diese Schlussfolgerung wird auch als **Fundamentallemma der Variationsrechnung** bezeichnet.

Insgesamt haben wir damit den folgenden Satz bewiesen:

Satz (23.12): Euler-Lagrange-Gleichung
Jede Lösung der Variationsaufgabe 23.10 ist zugleich eine Lösung des folgenden Randwertproblems

$$\begin{aligned} &f_y\left(t, y_0, y_0'\right) - \frac{\mathrm{d}}{\mathrm{d}t} f_{y'}\left(t, y_0, y_0'\right) = 0 \\ &y_0(a) = y_a\,, \quad y_0(b) = y_b\,. \end{aligned}$$

Bemerkungen (23.13)

a) Die Differentialgleichung in Satz 23.12 heißt **Euler-Lagrange-Gleichung**. Sie ist eine implizite Differentialgleichung zweiter Ordnung, die sich unter der **Regularitätsannahme**

$$f_{y'y'}\left(t, y_0, y_0'\right) \neq 0\,, \quad \forall\, t \in [a,b]\,,$$

nach y_0'' auflösen lässt. Man erhält dann

$$y_0''(t) = \frac{f_y\left(t, y_0, y_0'\right) - f_{ty'}\left(t, y_0, y_0'\right) - f_{yy'}\left(t, y_0, y_0'\right) y_0'}{f_{y'y'}\left(t, y_0, y_0'\right)}\,.$$

Die Lösungen der Euler-Lagrange Gleichungen heißen auch die **Extremalen** der Variationsaufgabe.

b) Wir hatten zur Herleitung von Satz 23.12 vorausgesetzt, dass y_0 eine C^2-Funktion ist. Dies kann man unter der obigen Regularitätsbedingung aus a) tatsächlich beweisen.

c) Lässt man in der Problemstellung 23.10 die geforderten Randbedingungen fallen, so sind auch Variationen h zulässig, die in $t = a$ bzw. in $t = b$ nicht verschwinden. Aus (23.22) folgen dann die sogenannten **natürlichen Randbedingungen**

$$f_{y'}\left(a, y_0(a), y_0'(a)\right) = f_{y'}\left(b, y_0(b), y_0'(b)\right) = 0\,. \tag{23.23}$$

d) Im Fall einer autonomen Variationsaufgabe, also $f = f(y, y')$, lässt sich unmittelbar ein erstes Integral der Euler-Lagrange Gleichung angeben, nämlich

$$H(y, y') := f(y, y') - y' f_{y'}(y, y') = C = \text{const.} \tag{23.24}$$

Die Funktion $H = H(y, y')$ heißt die **Hamilton**[1]**-Funktion** der Variationsaufgabe.

Beweis.

$$\begin{aligned}\frac{\mathrm{d}}{\mathrm{d}t}\left(f(y, y') - y' f_{y'}(y, y')\right) &= \left(f_y y' + f_{y'} y''\right) - \left(y'' f_{y'} + y' \frac{\mathrm{d}}{\mathrm{d}t} f_{y'}\right) \\ &= y' \left(f_y - \frac{\mathrm{d}}{\mathrm{d}t} f_{y'}\right) = 0\,.\end{aligned}$$

Für jede Lösung y der Euler-Lagrange-Gleichung ist die Abbildung $t \mapsto H(y(t), y'(t))$ also konstant. ■

Beispiel (23.14): Die Brachistochrone

Sehen wir uns das Bernoullische Problem der Brachistochrone an: Gesucht ist eine C^1-Funktion y (auf $]a, b]$), die das Funktional

$$I(y) = \int\limits_a^b \left(\frac{1 + y'(x)^2}{y_a - y(x)}\right)^{0.5} \mathrm{d}x$$

minimiert, unter den Nebenbedingungen

$$y(a) = y_a\,, \quad y(b) = y_b\,.$$

1) William Rowan Hamilton (1805–1865); Dublin.

Zur Lösung der Euler-Lagrange-Gleichung wenden wir Bemerkung 23.13d) an und stellen die Hamilton-Funktion auf. Es ergibt sich

$$H = \frac{1}{\sqrt{(1 + y'^2) \cdot (y_a - y)}} = C_1 = \text{const.}$$

Hieraus folgt, nach y' aufgelöst:

$$y'(x) = \sqrt{\frac{2C - (y_a - y(x))}{y_a - y(x)}}\,, \quad 2C := \frac{1}{C_1^2} > 0\,.$$

Trennung der Variablen liefert sodann

$$\int_{y_a}^{y} \sqrt{\frac{y_a - \eta}{2C - (y_a - \eta)}}\, d\eta = x - a\,.$$

Substituiert man in diesem Integral $y_a - \eta = 2C \cdot \sin^2(\Theta/2)$, so erhält man für y die folgende Lösungsdarstellung:

$$\begin{aligned} x - a &= C(\Theta - \sin\Theta) \\ y - y_a &= -C(1 - \cos\Theta)\,. \end{aligned} \tag{23.25}$$

Dies ist die Parameterdarstellung eine **Zykloidenschar**. Der Scharparameter C ist durch die Endbedingung $y(b) = y_b$ festgelegt.

Es sei ausdrücklich angemerkt, dass unser „Lösungsweg" durchaus problematisch ist, da der Integrand des Funktionals im Anfangspunkt $x = a$, $y = y_a$ singulär ist. Die Voraussetzung für die Herleitung der Euler-Lagrange-Gleichung ist für dieses klassische Beispiel also gerade *nicht* erfüllt. Es lässt sich jedoch durch Zusatzüberlegungen zeigen, dass die Zykloide tatsächlich das Problem der Brachistochrone löst.

Beispiel (23.15): Rotationssymmetrische Minimalfläche

Vorgegeben seien zwei Punkte $A = (a, y_a)$ und $B = (b, y_b)$ mit $a < b$ und y_a, $y_b > 0$. Gesucht ist eine diese beiden Punkte verbindende Kurve $y = y(t)$, so dass der durch Rotation des Funktionsgraphen um die t-Achse entstehende Rotationskörper eine minimale Mantelfläche besitzt, vgl. Abb. 23.3.

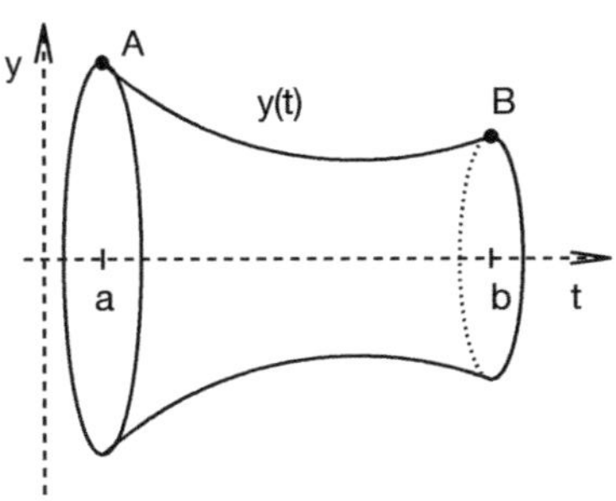

Abb. 23.3 Rotationssymmetrische Minimalfläche.

Auch dieses Beispiel war bedeutsam für die Entwicklung der Variationsrechnung. Es wurde ausführlich in den Vorlesungen von Weierstraß[2] behandelt.

Der belgische Physiker Plateau[3] hat zu diesem Problem Versuche mit Seifenhäuten durchgeführt (**Plateausches Experiment**), die später von Hermann Amandus Schwarz, einem Schüler von Weierstraß, verfeinert wurden.

Mathematisch lautet die Aufgabe: Man bestimme eine Funktion $y \in C^1[a, b]$, die das Funktional

$$I(y) = \int_a^b y(t)\sqrt{1 + y'(t)^2}\,\mathrm{d}t$$

unter den Nebenbedingungen $y(a) = y_a$, $y(b) = y_b$ minimiert.

Da das Problem autonom ist, verwenden wir zur Lösung wieder Bemerkung 23.13. Für die Hamilton-Funktion erhalten wir

$$H = f - y' f_{y'} = \frac{y}{\sqrt{1 + y'^2}} = C_1 > 0 \,.$$

Die sich hiermit ergebende Differentialgleichung lässt sich mittels Trennung der Variablen lösen. Man erhält:

$$y_0(t) = C_1 \cdot \cosh\left(\frac{t}{C_1} + C_2\right) \,.$$

Die Lösung der Variationsaufgabe ist also eine *Kettenlinie*; vgl. auch das Beispiel 20.21. Die Parameter C_1 und C_2 werden durch die vorgegebenen Randbedingungen festgelegt.

Die betrachteten Typen von Variationsaufgaben lassen sich in vielfacher Hinsicht verallgemeinern. Ohne Mühen lassen sich etwa mit obiger Beweistechnik auch Variationsaufgaben für vektorwertige Funktionen $\boldsymbol{y}(t)$ behandeln. Aber auch verschiedene Formen von Nebenbedingungen lassen sich mit Methoden analog der Lagrange-Multiplikatorenregel berücksichtigen. Werden beispielsweise nun Differentialgleichungen (Bewegungsgleichungen eines physikalisch-technischen Systems) als Nebenbedingungen betrachtet, so führt dies auf *Aufgaben der optimalen Steuerung*. Diese lassen sich folgendermaßen formulieren.

Aufgaben der optimalen Steuerung (23.16)
Zu minimieren ist ein Funktional

$$I(\boldsymbol{x}, \boldsymbol{u}) = g(\boldsymbol{x}(t_a), \boldsymbol{x}(t_b)) + \int_{t_a}^{t_b} f_0(t, \boldsymbol{x}(t), \boldsymbol{u}(t))\,\mathrm{d}t$$

über allen stückweise stetigen Steuerfunktionen $\boldsymbol{u} \in C_p^0([t_a, t_b], \mathbb{R}^m)$ und allen stetigen und stückweise stetig differenzierbaren Zustandsfunktionen $\boldsymbol{x} \in$

2) Karl Weierstraß (1815–1897); Münster, Braunschweig, Berlin.

3) Joseph Antoine Ferdinand Plateau (1801–1883); Brüssel, Gent.

$C_p^{0,1}([t_a, t_b], \mathbb{R}^n)$ unter den Nebenbedingungen

$$\begin{aligned} \boldsymbol{x}'(t) &= \boldsymbol{f}(t, \boldsymbol{x}(t), \boldsymbol{u}(t)), \quad \boldsymbol{u}(t) \in U \subset \mathbb{R}^m \\ \boldsymbol{r}(\boldsymbol{x}(t_a), \boldsymbol{x}(t_b)) &= \boldsymbol{0} \in \mathbb{R}^k . \end{aligned}$$

Hierbei ist $U \subset \mathbb{R}^m$ ein abgeschlossener und konvexer *Steuerbereich*. Die Funktion $\boldsymbol{r}$ beschreibt die Randbedingungen. Alle in der obigen Problemstellung auftretenden Funktionen werden als hinreichend oft stetig differenzierbar vorausgesetzt.

Ohne auf die teilweise komplizierten Beweise eingehen zu können, fassen wir im Folgenden die notwendigen Bedingungen, die eine Lösung $(\boldsymbol{x}^*, \boldsymbol{u}^*)$ der Aufgabe 23.16 erfüllen muss, zusammen. Dabei sind zusätzlich – wie auch bei den endlichdimensionalen Optimierungsaufgaben, vgl. Satz 18.22 – gewisse Regularitätsbedingungen der Problemstellung vorauszusetzen. Auch hierauf können wir nicht näher eingehen.

Notwendige Bedingungen (23.17)
Unter gewissen Regularitätsbedingungen existieren Lagrange Multiplikatoren $\boldsymbol{\nu} \in \mathbb{R}^k$ und $\boldsymbol{\lambda} \in C_p^{0,1}([t_a, t_b], \mathbb{R}^n)$ so dass mit der **Hamilton-Funktion** $H := f_0 + \boldsymbol{\lambda}^{\mathrm{T}} \boldsymbol{f}$ gilt:

a) **Kanonische Differentialgleichungen:**

$$\begin{aligned} \boldsymbol{x}'(t) &= H_{\boldsymbol{\lambda}}(t, \boldsymbol{x}, \boldsymbol{u}, \boldsymbol{\lambda}) = \boldsymbol{f}(t, \boldsymbol{x}, \boldsymbol{u}), \\ \boldsymbol{\lambda}'(t) &= -H_{\boldsymbol{x}}(t, \boldsymbol{x}, \boldsymbol{u}, \boldsymbol{\lambda}) \end{aligned}$$

b) **Minimumprinzip:**

$$\boldsymbol{u}^*(t) = \operatorname{argmin}\{H(t, \boldsymbol{x}, \boldsymbol{u}, \boldsymbol{\lambda}) : \boldsymbol{u} \in U\}$$

c) **Natürliche Randbedingungen:**

$$\boldsymbol{\lambda}(t_a) = -\frac{\partial}{\partial \boldsymbol{x}(t_a)}(g + \boldsymbol{\nu}^{\mathrm{T}} \boldsymbol{r}), \quad \boldsymbol{\lambda}(t_b) = \frac{\partial}{\partial \boldsymbol{x}(t_b)}(g + \boldsymbol{\nu}^{\mathrm{T}} \boldsymbol{r}).$$

Beispiel (23.18): Chemische Reaktion in einem Rohrreaktor[4]
Wir betrachten einen Rohrreaktor, in dem eine chemische Reaktion

$$A \longrightarrow B \longrightarrow C$$

stattfindet. Dabei steht A für eine Ausgangssubstanz, B für die herzustellende Substanz und C für ein Abfallprodukt. Mit $x_1(t)$ bzw. $x_2(t)$ werden die Konzentrationen der Reaktanden A bzw. B bezeichnet.

Ist L nun die Länge des Reaktors und v die Durchlaufgeschwindigkeit des Massenflusses, so lassen sich die Bilanzgleichungen für x_1 und x_2 folgendermaßen beschreiben.

$$\begin{aligned} x_1' &= -k_1 x_1, & x_1(0) &= x_{10} \\ x_2' &= k_1 x_1 - k_2 x_2, & x_2(0) &= x_{20}. \end{aligned}$$

4) Nach L.T. Fan, *The Continuous Maximum Principle*, John Wiley & Sons, New York, 1966.

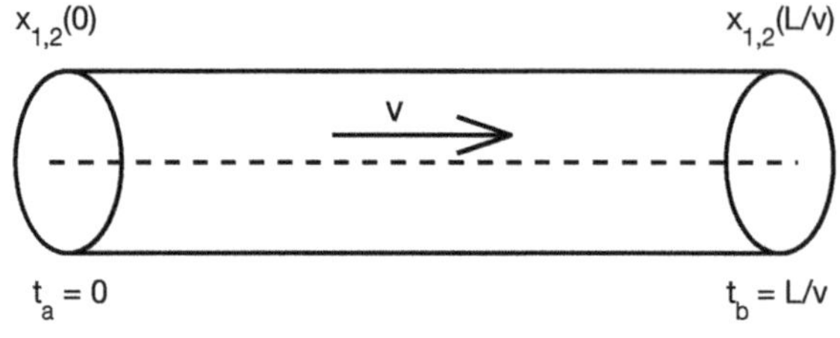

Abb. 23.4 Rohrreaktor.

Dabei ist t die auf die Geschwindigkeit des Massenstromes bezogene Längenkoordinate, $t = \ell/v$, des Reaktors, vgl. Abb. 23.4.

Die Reaktionsgeschwindigkeiten k_1 und k_2 hängen von der ortsabhängigen, steuerbaren Temperatur $\Theta(t)$ ab,

$$k_j = k_{j0} \exp[-E_j/(R\Theta)] , \quad j = 1, 2 ,$$

mit Konstanten k_{10}, k_{20}, E_1, E_2 und R.

Die Optimierungsaufgabe besteht nun darin, die Temperatur $\Theta(t)$, $0 \leq t \leq t_b := L/v$, so zu steuern, dass das Produkt B beim Austritt aus dem Rohrreaktor, d. h. $x_2(t_b)$, maximiert wird.

Das Zielfunktional für das Minimierungsproblem lautet demnach

$$I(x_1, x_2, \Theta) := -x_2(t_b) .$$

Wir notieren die notwendigen Bedingungen gemäß 23.17:

Hamilton-Funktion:

$$H = -\lambda_1 k_1 x_1 + \lambda_2 (k_1 x_1 - k_2 x_2)$$

Adjungierte Differentialgleichungen:

$$\begin{aligned} \lambda_1' &= (\lambda_1 - \lambda_2) k_1 \\ \lambda_2' &= \lambda_2 k_2 \end{aligned}$$

Natürliche Randbedingungen:

$$\lambda_1(t_b) = 0 , \quad \lambda_2(t_b) = -1$$

Optimale Steuerung: $\quad H_\Theta = 0 \quad \Rightarrow$

$$\Theta = \Theta(x_1, x_2, \lambda_1, \lambda_2) = \frac{E_1 - E_2}{R} \left[\ln \left(\frac{k_{10} E_1 x_1 (\lambda_2 - \lambda_1)}{k_{20} E_2 x_2 \lambda_2} \right) \right]^{-1} \tag{23.26}$$

Diese Bedingungen zusammengefasst ergeben das folgende **Randwertproblem** für die Zustandsgrößen x_1, x_2 und die adjungierten Variablen λ_1, λ_2:

$$\begin{aligned} x_1' &= -k_1 x_1, & x_1(0) &= x_{10} , \\ x_2' &= k_1 x_1 - k_2 x_2, & x_2(0) &= x_{20} , \\ \lambda_1' &= k_1(\lambda_1 - \lambda_2), & \lambda_1(t_b) &= 0 , \\ \lambda_2' &= k_2 \lambda_2, & \lambda_2(t_b) &= -1 . \end{aligned} \tag{23.27}$$

Hierbei sind $k_j = k_j(\Theta)$, $j = 1, 2$, und $\Theta = \Theta(x_1, x_2, \lambda_1, \lambda_2)$ gemäß der obigen Beziehungen (23.26) auszuwerten.

Daten:

$$x_{10} = 0.53\,, \quad k_{10} = 0.892 \times 10^9\,, \quad E_1 = 1.8 \times 10^4\,, \quad R = 2\,,$$
$$x_{20} = 0.43\,, \quad k_{20} = 0.768 \times 10^{16}\,, \quad E_2 = 3.0 \times 10^4\,, \quad t_b = 480\,.$$

Die numerische Lösung dieses Problems, beispielsweise mit dem Randwertproblemlöser *bvp4c* aus MATLAB, liefert die in Abb. 23.5 dargestellten Lösungen.

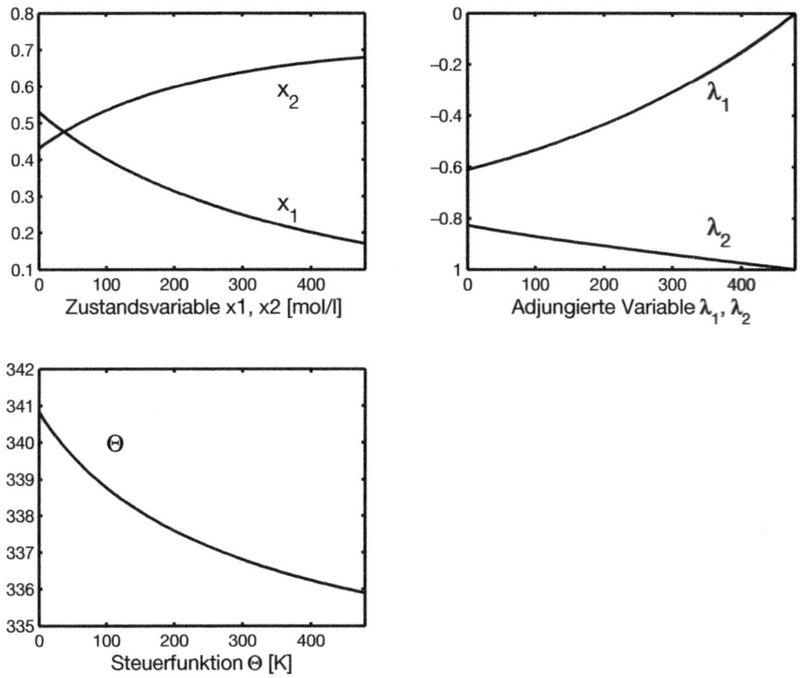

Abb. 23.5 Optimale Lösung des Rohrreaktor-Problems.

23.4 Eigenwertaufgaben

Wir betrachten eine homogene lineare Randwertaufgabe n-ter Ordnung

$$L[y, \lambda](t) = y^{(n)}(t) + a_{n-1}(t, \lambda) y^{(n-1)}(t) + \ldots + a_0(t, \lambda) y(t) = 0$$
$$R_k[y] = \sum_{\ell=0}^{n-1} \left[\alpha_{k,\ell}(\lambda) y^{(\ell)}(a) + \beta_{k,\ell}(\lambda) y^{(\ell)}(b) \right] = 0\,, \quad k = 1, 2, \ldots, n\,. \tag{23.28}$$

Die Koeffizienten der Differentialgleichung und die der Randbedingungen mögen dabei Funktionen eines Parameters $\lambda \in \mathbb{R}$, bzw. $\lambda \in \mathbb{C}$ sein. Wir fragen nach *nichttrivialen Lösungen* dieser Randwertaufgabe.

Dazu sei $(y_1, \dots, y_n)$ ein Fundamentalsystem der zugehörigen homogenen Differentialgleichung $L[y,\lambda] = 0$. Die $y_k = y_k(t,\lambda)$ werden dabei natürlich i. Allg. ebenfalls vom Parameter λ abhängen.

Eine Linearkombination $y(t,\lambda) = \sum_{k=j}^{n} c_j y_j(t,\lambda)$ löst nun genau dann die Randwertaufgabe (23.28), falls

$$\forall\, k = 1, \dots, n\colon \quad R_k[y] = \sum_{j=1}^{n} c_j R_k[y_j] = 0 \tag{23.29}$$

gilt. Dies ist ein homogenes lineares Gleichungssystem für die Koeffizienten $c_1, \dots, c_n$ mit der Koeffizientenmatrix

$$\boldsymbol{E}(\lambda) := \begin{pmatrix} R_1[y_1] & \dots & R_1[y_n] \\ \vdots & & \vdots \\ R_n[y_n] & \dots & R_n[y_n] \end{pmatrix}. \tag{23.30}$$

Das Randwertproblem hat also genau dann nichttriviale Lösungen $y \neq 0$, falls gilt

$$D(\lambda) := \det(\boldsymbol{E}(\lambda)) = 0\,. \tag{23.31}$$

Definition (23.19)
Die Nullstellen $\lambda \in \mathbb{R}/\mathbb{C}$ der Funktion D heißen die **Eigenwerte** der Randwertaufgabe (23.28). Die zugehörigen nichttrivialen Lösungen y von (23.28) heißen die zugehörigen **Eigenfunktionen**. Diese sind höchstens bis auf skalare Vielfache eindeutig bestimmt,

Die Relation (23.31) ist i. Allg. ein nichtlineares Nullstellenproblem mit unendlich vielen Lösungen.

Bemerkung (23.20)
Zur numerischen Berechnung von Eigenwerten und Eigenfunktionen lässt sich das Eigenwertproblem in eine i. Allg. nichtlineare Randwertaufgabe in Standardform transformieren.

Dazu definiert man $y_{n+1}(t) := \lambda$ und findet dann aus (23.28):

$$\begin{aligned} & y^{(n)}(t) = -a_{n-1}(t, y_{n+1})y^{(n-1)}(t) - \dots - a_0(t, y_{n+1})y(t) \\ & y'_{n+1}(t) = 0 \\ & R_k[y, y_{n+1}] = 0\,, \quad k = 1, 2, \dots, n \\ & y'(a) = 1 \qquad (\textit{Normierung})\,. \end{aligned} \tag{23.32}$$

Wendet man hierauf ein numerisches Verfahren zur Lösung von Randwertaufgaben an, so wird man in Abhängigkeit von der vorzugebenden Anfangsnäherung natürlich nur jeweils *eine* spezielle Lösung von (23.32) erhalten.

Beispiel (23.21)

a) $y'' + \lambda^2 y = 0\,, \quad y(0) = y(1) = 0\,.$
Für $\lambda \neq 0$ lautet die allgemeine Lösung der obigen Differentialgleichung $y(t) = C_1 \cos(\lambda t) + C_2 \sin(\lambda t)$. Eingesetzt in die Randbedingungen ergibt sich:

$$\begin{aligned} y(0) = 0 \quad &\Rightarrow \quad C_1 = 0 \\ y(1) = 0 \quad &\Rightarrow \quad C_2 \cdot \sin(\lambda) = 0\,. \end{aligned}$$

Für die Eigenwerte erhalten wir also $\lambda_k = k\pi,\ k \in \mathbb{Z} \setminus \{0\}$, mit den zugehörigen Eigenfunktionen $y_k(t) = \sin(\lambda_k t)$.

b) $y'' + \lambda^2 y = 0\,, \quad y(0) = 0, \quad y(1) - y'(1) = 0.$
Wie oben ergibt sich

$$\begin{aligned} y(0) = 0 \quad &\Rightarrow \quad C_1 = 0 \\ y(1) = y'(1) \quad &\Rightarrow \quad C_2 \cdot (\sin\lambda - \lambda\cos\lambda) = 0\,. \end{aligned}$$

Die Eigenwerte λ_k sind also die Lösungen der nichtlinearen Gleichung $\lambda = \tan\lambda$, vgl. Abb. 23.6.
Die zugehörigen Eigenfunktionen lauten

$$y_k(t) = \begin{cases} \sin(\lambda_k t)\,, & \text{für } \lambda_k \neq 0 \\ t\,, & \text{für } \lambda_k = 0\,. \end{cases}$$

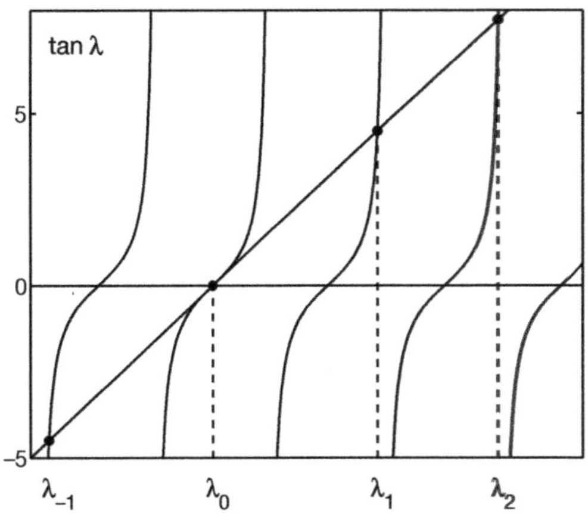

Abb. 23.6 Eigenwerte zu Beispiel 23.21b).

Beispiel (23.22)
Die Biegelinie oder neutrale Faser eines Balkens genügt bei kleiner Auslenkung $y(t)$ der Differentialgleichung

$$y''(t) = \frac{M(t, y)}{E \cdot I}\,.$$

Dabei bezeichnet $M(t, y)$ das Biegemoment, E den Elastizitätsmodul und I das axiale Flächenträgheitsmoment.

Wir betrachten drei unterschiedliche Fälle in Bezug auf die Belastung und die Unterstützung des Balkens.

a) **Kragbalken:** Der Balken sei in $t_0 = 0$ eingespannt und in $t_b = \ell$ frei. Eine Kraft P greife senkrecht zum Balken in $t_b = \ell$ an, vgl. Abb. 23.7.
Das Biegemoment lautet dann $M = P(\ell - t)$.

Abb. 23.7 Kragbalken.

Für die neutrale Faser ergibt sich die folgende *Anfangswertaufgabe*:

$$y''(t) = \frac{P}{EI}(\ell - t), \quad y(0) = y'(0) = 0 .$$

b) **Gestützter Balken:** Der Balken werde in $t_0 = 0$ und in $t_b = \ell$ gestützt. Eine Kraft P greife in der Mitte des Balkens, also in $t = \ell/2$ an, vgl. Abb. 23.8.
Das Biegemoment lautet dann $M = -\frac{P}{2}(\ell/2 - |t|)$.

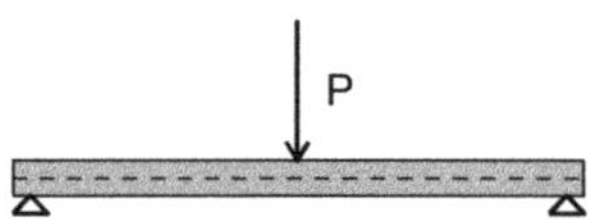

Abb. 23.8 Gestützter Balken.

Für die neutrale Faser ergibt sich die folgende *Randwertaufgabe*:

$$y''(t) = \frac{P}{2EI}(|t| - \ell/2), \quad y(-\ell/2) = y(\ell/2) = 0 .$$

c) **Balkenknickung:** Der Balken werde in $t_0 = 0$ gestützt. In $t_b = \ell$ greife eine Kraft P in Richtung der Balkenachse an, vgl. Abb. 23.9.

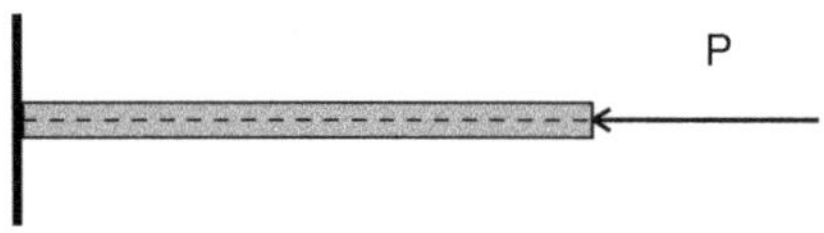

Abb. 23.9 Balkenknickung.

Für die neutrale Faser ergibt sich die folgende *Eigenwertaufgabe*:

$$y''(t) + \frac{P}{EI}y(t) = 0, \quad y(0) = y(\ell) = 0 .$$

Die Eigenwerte lassen sich hierfür wie in Beispiel 23.21 angeben. Für den kleinsten positiven Eigenwert erhält man $\lambda_1 = \pi/\ell$. Die zugehörige Kraft

$$P = P_1 = EI\frac{\pi^2}{\ell^2}$$

wird auch als **Eulersche Knicklast** bezeichnet.

24
Numerische Verfahren für Anfangswertaufgaben

Im Folgenden werden wir in knapper Form auf die grundlegenden Begriffe und Verfahren für die Numerik von Anfangswertaufgaben bei gewöhnlichen Differentialgleichungen eingehen. Dies kann naturgemäß im Rahmen der grundlegenden Ingenieur-Mathematik nur eine kurze Einführung in das Gebiet darstellen, und jedem Anwender solcher Verfahren sei angeraten, sich mit der vielfältigen Spezialliteratur über numerische Verfahren bei gewöhnlichen Differentialgleichungen vertraut zu machen.

Am Ende des Abschnitts wird auch kurz auf die Numerik von Randwertaufgaben eingegangen werden. Dabei werden wir uns auf die Darstellung der sogenannten Schießverfahren (shooting methods) beschränken, also auf solche Verfahren, die ganz wesentlich Anfangswertmethoden verwenden, um iterativ Randwertaufgaben zu lösen.

24.1 Allgemeines

Wir betrachten eine skalare Anfangswertaufgabe

$$y'(t) = f(t, y(t)), \quad y(a) = y_a . \tag{24.1}$$

Aufgabe ist es, zu vorgegebenem $b \neq a$ eine Approximation für die Lösung y der obigen Anfangswertaufgabe zu berechnen. O. B. d. A. gelte in Folgenden $b > a$ und es werde vorausgesetzt, dass die rechte Seite f auf $I \times \mathbb{R}$ mit $[a, b] \subset I$ hinreichend oft stetig differenzierbar ist. Ferner betrachten wir im Folgenden o. B. d. A. den Fall einer skalaren Differentialgleichung ($n = 1$). Bei Differentialgleichungssystemen werden die numerischen Verfahren i. Allg. komponentenweise angewendet.

Numerische Integratoren arbeiten mit einer **Diskretisierung**, d. h., anstelle der kontinuierlichen Lösung $y(t)$, $a \leq t \leq b$ betrachtet man eine Zerlegung des Integrationsintervalls

$$a = t_0 < t_1 < \ldots < t_m = b \tag{24.2}$$

und Näherungen $Y_j \approx y(t_j)$, $j = 0, 1, \ldots, m$, vgl. Abb. 24.1.

Die t_j heißen **Integrationsknoten**, $I_h = \{t_0, \ldots, t_m\}$ heißt das **Integrationsgitter**, die $h_j := t_{j+1} - t_j$, $j = 0, \ldots, m-1$ heißen **Schrittweiten**, $\delta_h := h_{\max} := \max h_j$ heißt die **Feinheit** des Gitters I_h.

Mathematik in den Ingenieur- und Naturwissenschaften 2, 5. Aufl.
Rainer Ansorge, Hans J. Oberle, Kai Rothe und Thomas Sonar.

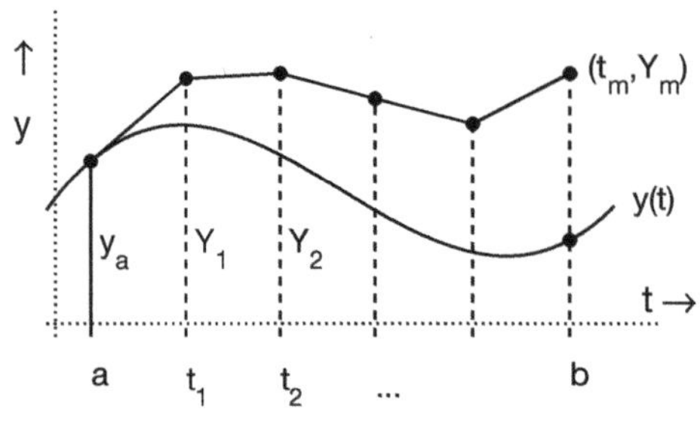

Abb. 24.1 Diskrete Lösung einer Differentialgleichung.

Schließlich lassen sich die Näherungen auch als Funktionswerte einer sogenannten **Gitterfunktion** $Y_h\colon I_h \to \mathbb{R}$ interpretieren. Unter einem **Diskretisierungsverfahren** versteht man dann eine Vorschrift, die jeden Gitter I_h eine Gitterfunktion Y_h zuordnet.

Für die numerischen Verfahren zur Integration gewöhnlicher Differentialgleichungen ist die folgende Klassifizierung üblich:

Einschrittverfahren

Hierbei wird jeweils die zuletzt berechnete Näherung (t_j, Y_j) verwendet, um hieraus eine nächste Näherung (t_{j+1}, Y_{j+1}) zu berechnen. Einschrittverfahren haben die allgemeine Form

$$Y_{j+1} = Y_j + h_j \Phi(t_j, Y_j, h_j)\,, \tag{24.3}$$

dabei heißt $\Phi(t, y, h)$ die **Verfahrensfunktion.** Sie wird i. Allg. mit Hilfe mehrerer Auswertungen der rechten Seite f berechnet.

Mehrschrittverfahren

Es werden *mehrere* bereits berechnete Näherungen (t_i, Y_i), $i < j + s$, verwendet, um eine weitere Näherung Y_{j+s} zu berechnen. Meist schränkt man sich dabei auf lineare Ansätze in den f_i-Daten (Quadraturformeln) und den Y_i-Daten (Differentiationsformeln) ein. Man erhält somit den folgenden allgemeinen Ansatz für ein **lineares Mehrschrittverfahren**:

$$\sum_{i=0}^{s} \alpha_i Y_{j+i} = h \sum_{i=0}^{s} \beta_i f_{j+i}\,. \tag{24.4}$$

Dabei seien:

$$\begin{aligned} &\alpha_i, \beta_i \in \mathbb{R}\,, && i = 0, \dots, s\,, \quad \alpha_s \neq 0 \\ &t_i := a + ih\,, && h = (b-a)/m \\ &f_i := f(t_i, Y_i)\,, && i = 0, 1, \dots\,. \end{aligned}$$

Ist $\beta_s = 0$, so lässt sich (24.4) direkt nach Y_{j+s} auflösen; man spricht von einem **expliziten Verfahren.** Ist dagegen $\beta_s \neq 0$, so ist (24.4) eine implizite Gleichung zur numerischen Berechnung von Y_{j+s}. (22.3) ist dann also ein **implizites Verfahren.**

Extrapolationsverfahren

Mit Hilfe eines i. Allg. sehr einfachen Ein- oder Mehrschrittverfahrens werden Näherungen für $y(b)$ mit *verschiedenen Schrittweiten* und damit auch verschiedenen Genauigkeiten berechnet. Diese Näherungen werden durch Extrapolation, vgl. Abschn. 15.2, verbessert.

Im Folgenden geben wir jeweils eine kurze Einführung in die Verfahrensklassen der Einschritt- und der Mehrschrittverfahren. Dabei gehen wir im Einzelnen den folgenden Fragen nach:

a) Wie lässt sich der Fehler eines einzelnen Integrationsschrittes abschätzen (lokaler Fehler)?
b) Gelangt man hiermit zu einer Abschätzung des globalen Fehlers (in $t = b$) und damit zu einem Beweis der Konvergenz der Näherungswerte gegen die gesuchte exakte Lösung bei verschwindenden Schrittweiten (Verfahrenskonvergenz)?
c) Wie wählt man die Integrationsschrittweiten?

24.2 Einschrittverfahren

Wie in (24.3) dargelegt, sind Einschrittverfahren allgemein gegeben durch eine Rekursion der Form

$$Y_{j+1} = Y_j + h_j \Phi(t_j, Y_j, h_j) , \tag{24.5}$$

mit einer **Verfahrensfunktion** oder **Fortschreiterichtung** $\Phi = \Phi(t, y, h)$.

Das einfachste Einschrittverfahren ist das früher schon erwähnte **Eulersche Polygonzug-Verfahren**, vgl. (21.3),

$$Y_{j+1} = Y_j + h_j f(t_j, Y_j) . \tag{24.6}$$

Man erhält dieses Verfahren, wenn man in der Differentialgleichung $y'(t_j) = f(t_j, Y_j)$ die Ableitung durch den Differenzenquotienten $(Y_{j+1} - Y_j)/h_j$ ersetzt, vgl. Abb. 24.2.

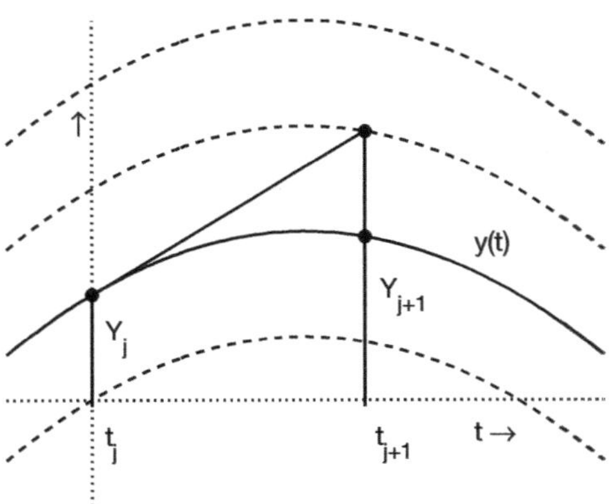

Abb. 24.2 Polygonzug-Verfahren von Euler.

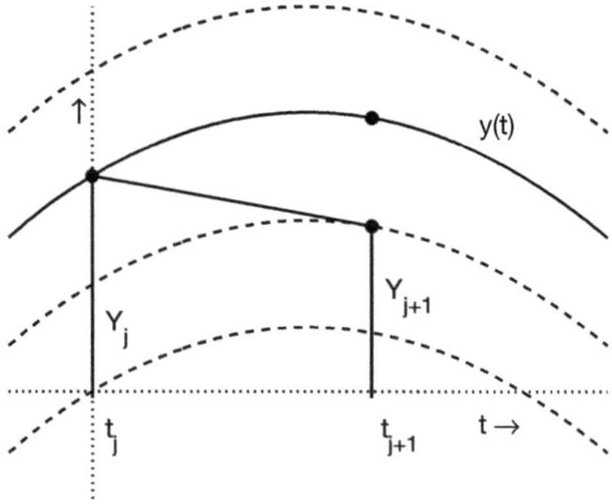

Abb. 24.3 Implizites Euler-Verfahren.

Ersetzt man stattdessen die Ableitung durch den Rückwärts-Differenzenquotienten $(Y_j - Y_{j-1})/h_{j-1}$, so ergibt sich nach Indexverschiebung das **implizite Euler-Verfahren**, vgl. Abb. 24.3,

$$Y_{j+1} = Y_j + h_j f(t_{j+1}, Y_{j+1}) . \tag{24.7}$$

Man beachte, dass man auch dieses Verfahren formal als Einschrittverfahren (24.5) schreiben kann, allerdings ist Y_{j+1} und damit auch $\Phi(t_j, Y_j; h_j)$ implizit durch die Beziehung (24.7) festgelegt. Diese ist im Übrigen eine Fixpunktgleichung, die für hinreichend kleine Integrationsschrittweiten kontrahiert.

Aus der geometrischen Bedeutung der beiden Euler-Verfahrens (die Fortschreiterichtung Φ ist gleich der Tangentenrichtung im linken bzw. rechten Punkt) lassen sich sofort „Verbesserungen" des Euler-Verfahrens finden.

Das Verfahren von Heun

Man wählt als Fortschreiterichtung den Mittelwert zweier Steigungen, vgl. Abb. 24.4:

$$\begin{aligned} k_1 &:= f(t_j, Y_j) , \\ k_2 &:= f(t_j + h_j, Y_j + h_j k_1) , \\ Y_{j+1} &:= Y_j + h_j \left(\frac{1}{2} k_1 + \frac{1}{2} k_2 \right) . \end{aligned} \tag{24.8}$$

Das modifizierte Euler-Verfahren (Collatz)

Alternativ kann man als Fortschreiterichtung auch eine mittlere Steigung wählen, vgl. Abb. 24.5. Das zugehörige Einschrittverfahren lautet dann

$$\begin{aligned} k_1 &:= f(t_j, Y_j) , \\ k_2 &:= f\left(t_j + \frac{h_j}{2} , Y_j + h_j \frac{k_1}{2} \right) , \\ Y_{j+1} &:= Y_j + h_j k_2 . \end{aligned} \tag{24.9}$$

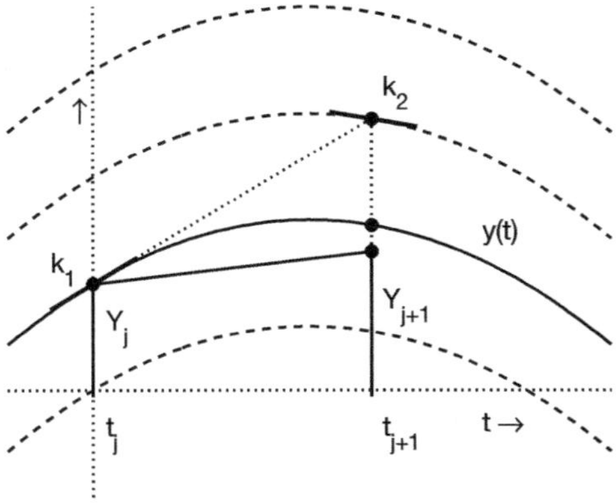

Abb. 24.4 Verfahren von Heun[1].

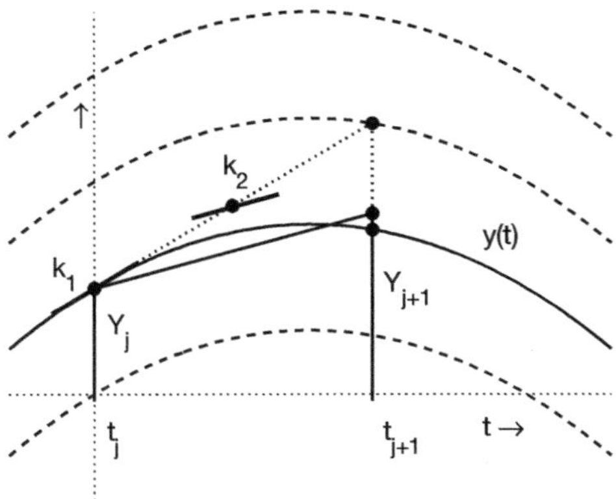

Abb. 24.5 Das modifizierte Euler-Verfahren (Collatz[2]).

Beispiel (24.1)
Wir bestimmen numerisch die Lösung der Anfangswertaufgabe

$$y' = t^2 + y^2 , \quad y(0) = 1$$

im Punkt $t_b = 0.95$ mit jeweils konstanter Schrittweite, vgl. auch (20.23) und Beispiel 21.18.

In der folgenden Tabelle sind jeweils die *relativen Fehler* der Näherungslösungen in t_b angegeben. Als Referenzwert wird dabei verwendet $y(t_b) \approx 0.504\,718\,672\,479\,46 \times 10^2$.

Man erkennt, dass die modifizierten Verfahren (Heun-Verfahren und modifiziertes Euler-Verfahren) eine deutlich höhere Genauigkeit bei vergleichbarem Aufwand liefern. Der Grund hierfür ist, dass diese beiden Verfahren eine höhere Fehlerordnung aufweisen als das Euler-Verfahren. Im Folgenden wollen wir dies genauer erläutern.

1) Karl Heun (1859–1925); München, Berlin, Karlsruhe.
2) Lothar Collatz (1910–1990); Karlsruhe, Darmstadt, Hannover, Hamburg.

m	Schrittweite	Euler-Verf.	Heun-Verf.	Modif. Euler-V.
19	0.500e−01	0.830e+00	0.468e+00	0.516e+00
95	0.100e−01	0.591e+00	0.820e−01	0.107e+00
190	0.500e−02	0.446e+00	0.258e−01	0.358e−01
950	0.100e−02	0.156e+00	0.120e−02	0.178e−02
1 900	0.500e−03	0.862e−01	0.305e−03	0.456e−03
9 500	0.100e−03	0.189e−01	0.124e−04	0.186e−04
19 000	0.500e−04	0.956e−02	0.309e−05	0.465e−05
95 000	0.100e−04	0.193e−02	0.124e−06	0.186e−06
190 000	0.500e−05	0.967e−03	0.310e−07	0.466e−07

Konsistenz und Konvergenz

Die Güte eines Einschrittverfahrens wird durch den sogenannten *lokalen Diskretisierungsfehler* gemessen. Dieser gibt an, wie sich für einen einzelnen Integrationsschritt die Fortschreiterichtung $\Phi(t_j, Y_j; h_j)$ von der theoretisch exakten Fortschreiterichtung unterscheidet.

Definition (24.2)
Zu einer aktuellen Näherung (t_j, Y_j) bezeichne z, genauer $z(t; t_j, Y_j)$, die Lösung der *lokalen* Anfangswertaufgabe

$$z'(t) = f(t, z(t)), \quad z(t_j) = Y_j .$$

a) Zu einer hinreichend kleinen Schrittweite $h > 0$ heißt

$$\Delta(t_j, Y_j; h) := \frac{z(t_j + h) - Y_j}{h} \tag{24.10}$$

das **exakte Inkrement** oder die **exakte Fortschreiterichtung.**

b) Die Differenz zwischen exakter und numerischer Fortschreiterichtung

$$\tau(t_j, Y_j; h) := \Delta(t_j, Y_j; h) - \Phi(t_j, Y_j; h) \tag{24.11}$$

heißt der **lokale Diskretisierungsfehler** des Einschrittverfahrens, vgl. Abb. 24.6.

c) Ein Einschrittverfahren heißt **konsistent**, falls für alle hinreichend oft stetig differenzierbaren rechten Seiten f und Näherungen (t_j, Y_j) in einem festen Quader Q eine Abschätzung der folgenden Form gilt:

$$|\tau(t_j, Y_j; h)| \leq \sigma(h), \quad \text{mit} \quad \sigma(h) \to 0 \ (h \to 0) . \tag{24.12}$$

Die Konsistenzbedingung fordert also die *gleichmäßige* Konvergenz des lokalen Diskretisierungsfehlers für alle Schrittweitenfolgen $h \to 0$.

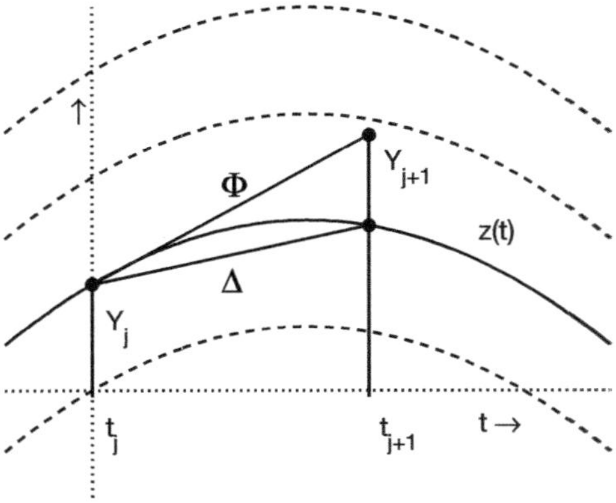

Abb. 24.6 Der lokale Diskretisierungsfehler.

d) Schließlich sagen wir, dass ein Einschrittverfahren die **Konsistenzordnung** $p \in \mathbb{N}$ besitzt, falls gilt:

$$|\tau(t_j, Y_j, h)| \le \sigma(h)\,, \quad \text{mit} \quad \sigma(h) = O(h^p)\,. \tag{24.13}$$

Das heißt, es gibt zwei nur von f und Q abhängige Konstante $C,\ h_0 > 0$, so dass gilt: $\forall\, h \in\,]0, h_0]\colon |\tau(t_j, Y_j; h)| \le Ch^p$.

Bemerkung (24.3)

a) Für den lokalen Diskretisierungsfehler erhält man durch Umformung der obigen Darstellung

$$\tau(t_j, Y_j, h_j) = \frac{1}{h}\left(z(t_{j+1}) - Y_{j+1}\right)\,,$$

d. h., τ ist der (absolute) *Integrationsfehler pro Schrittweite.*

b) Eine andere Interpretation des lokalen Diskretisierungsfehlers ist die Folgende: τ ist das Residuum, welches man erhält, wenn man in der Relation

$$\frac{Y_{j+1} - Y_j}{h} = \Phi(t_j, Y_j, h)$$

Y_{j+1} durch die exakte (lokale) Lösung $z(t_{j+1})$ ersetzt.

Zur *Bestimmung der Ordnung* eines vorgegebenen Einschrittverfahrens vergleicht man die Taylor-Entwicklungen von $\Phi(t, Y; h)$ bezüglich h (Entwicklungspunkt: $h = 0$) mit der entsprechenden Entwicklung von $\Delta(t, Y; h)$.

Für $\Delta(t, Y; h)$ finden wir mittels Taylor-Entwicklung von $z(t+h)$ um $h = 0$

$$\Delta(t, Y; h) = \frac{z(t+h; t, Y) - Y}{h} = z'(t) + \frac{h}{2!}z''(t) + \frac{h^2}{3!}z'''(t) + \dots$$

Hierin verwenden wir nun die vorgegebene Differentialgleichung $z' = f(t, z)$, die wir so oft wie benötigt mittels Kettenregel weiter differenzieren, also

$$z''(t) = f_t(t, z) + f_y(t, z) \cdot f(t, z)\,, \quad z(t) = Y\,,$$

$$z'''(t) = f_{tt} + 2f_{ty}f + f_{yy}f^2 + f_y f_t + f_y^2 f$$

und so fort. Damit finden wir:

$$\Delta = f + \frac{h}{2}(f_t + f_y f) + \frac{h^2}{6}\left(f_{tt} + 2f_{ty}f + f_{yy}f^2 + f_t f_y + f_y^2 f\right) + O(h^3)\,. \tag{24.14}$$

Hierbei sind f und die partiellen Ableitungen von f jeweils im aktuellen Integrationspunkt (t, Y) auszuwerten.

Beispiele (24.4)

a) Für das Euler-Verfahren hat man $\Phi = f(t, Y) = f$, also:

$$\tau = \Delta - \Phi = \frac{h}{2}(f_t + f_y f) + O(h^2)\,.$$

Das Euler-Verfahren ist also konsistent und hat die Ordnung $p = 1$.

b) Für das Heun-Verfahren erhält man durch Taylor-Entwicklung

$$\begin{aligned}\Phi &= \frac{1}{2}f(t, Y) + \frac{1}{2}f(t + h, Y + hf(t, Y)) \\ &= f + h\left\{\frac{1}{2}(f_t + f_y f)\right\} + \frac{h^2}{2}\left\{\frac{1}{2}\left(f_{tt} + 2f_{ty}f + f_{yy}f^2\right)\right\} + O(h^3)\,.\end{aligned}$$

Der Vergleich mit (24.14) zeigt:

$$\tau = \frac{h^2}{12}\left\{2\left(f_y f_t + f_y^2 f\right) - \left(f_{tt} + 2f_{ty}f + f_{yy}f^2\right)\right\} + O(h^3)\,.$$

Das Heun-Verfahren ist also konsistent und besitzt die Ordnung $p = 2$.

Bei Einschrittverfahren überträgt sich die (lokale) Konsistenz und die Ordnungseigenschaft auch auf die (globale) Konvergenz des Verfahrens. Genauer gilt der folgende Konvergenzsatz:

Satz (24.5): Konvergenzsatz

Die Lösung der Anfangswertaufgabe (24.1) existiere in $a \le t \le b$. Ein Einschrittverfahren (24.5) sei konsistent und von der Ordnung p, also $\|\tau(t, Y; h)\| \le Ch^p$. Ferner sei die Verfahrensfunktion Φ auf einem Quader Q Lipschitz-stetig bezüglich der Variablen Y: $\|\Phi(t, \widetilde{Y}; h) - \Phi(t, Y; h)\| \le L_\Phi \|\widetilde{Y} - Y\|$.

Dann gilt für die auf einem Gitter I_h berechneten Näherungen $Y_m = Y(b; I_h)$ im Endpunkt b:

$$|Y(t_b; I_h) - y(t_b)| \le \frac{C}{L_\Phi}\left(e^{L_\Phi(t_b - t_0)} - 1\right) \cdot h_{max}^p\,.$$

Hierbei bezeichnet h_{max} die maximale Schrittweite (Feinheit) des Gitters I_h.

Bemerkungen (24.6)

a) Der Satz zeigt, dass die (lokale) Konsistenzordnung mit der globalen Konvergenzordnung übereinstimmt. Jedes konsistente Einschrittverfahren ist auch konvergent.

Für ein Einschrittverfahren der Konsistenzordnung p konvergiert der globale Fehler für eine Gitterfolge I_h wie h_{max}^p gegen null.

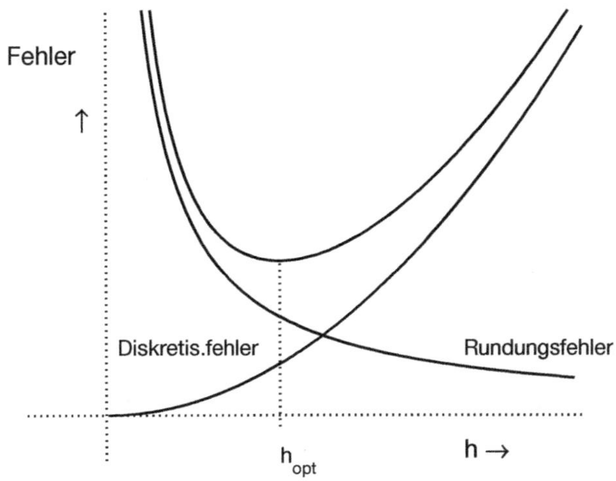

Abb. 24.7 Rundungs- und Diskretisierungsfehler.

b) Berücksichtigt man die bei der Berechnung der Y_j auftretenden Rundungsfehler, so erhält man in der Fehlerabschätzung von Satz 24.5 zusätzlich einen additiven Term der Form $C_1/h_{\min}$. Hierdurch ist der Gesamtfehler nun von null weg beschränkt. Es gibt also eine Grenzgenauigkeit, die durch Verkleinerung der Schrittweiten nicht unterschritten werden kann. In Abb. 24.7 sind schematisch Diskretisierungsfehler und Rundungsfehler bei Verwendung äquidistanter Schrittweiten h aufgetragen. Der Gesamtfehler ergibt sich als Summe dieser beiden Fehlereinflüsse.

Runge-Kutta-Verfahren

Die meistgebrauchte Form von Einschrittverfahren stellen die sogenannten **Runge-Kutta-Verfahren** dar, die auf Runge[3] (1895), Heun (1900) und Kutta[4] (1901) zurückgehen und direkte Verallgemeinerungen des Heunschen Verfahrens und des modifizierten Euler-Verfahrens darstellen. Die allgemeine Form eines (expliziten) Runge-Kutta-Verfahrens lautet:

$$
\begin{aligned}
Y_{j+1} &= Y_j + h_j \sum_{i=1}^{s} b_i k_i(t_j, Y_j, h_j) \\
k_1(t, Y, h) &= f(t, Y) \\
k_i(t, Y, h) &= f\left(t + c_i h,\ Y + h \sum_{\ell=1}^{i-1} a_{i\ell} k_\ell (t, Y, h) \right), \quad i = 2, \dots, s\,.
\end{aligned}
\tag{24.15}
$$

Dabei heißt s die **Stufenzahl** des Runge-Kutta-Verfahrens, die c_i heißen **Knoten**, die b_i **Gewichte** und die (a_{ij}) werden zu einer **Verfahrensmatrix** zusammengefasst. Alle Koeffizienten b_i, c_i und $a_{i\ell}$, welche ja das konkrete Verfahren

3) Carl Runge (1856–1927); Berlin, Hannover, Göttingen.

4) Martin Wilhelm Kutta (1867–1927); Stuttgart.

festlegen, werden üblicherweise in einem Tableau, dem sogenannten **Butcher-Schema** angeordnet:

$$\begin{array}{c|ccccc} 0 & & & & & \\ c_2 & a_{21} & & & & \\ c_3 & a_{31} & a_{32} & & & \\ \vdots & \vdots & \vdots & \ddots & & \\ c_s & a_{s1} & a_{s2} & \dots & a_{s,s-1} & \\ \hline & b_1 & b_2 & \dots & b_{s-1} & b_s \end{array}$$

Beispiele von Runge-Kutta-Verfahren haben wir schon kennengelernt. So lauten die Butcher Schemata für das **Heun-Verfahren** und für das **modifizierte Euler-Verfahren**:

$$\begin{array}{c|cc} 0 & & \\ 1 & 1 & \\ \hline & \frac{1}{2} & \frac{1}{2} \end{array} \qquad \begin{array}{c|cc} 0 & & \\ \frac{1}{2} & \frac{1}{2} & \\ \hline & 0 & 1 \end{array} \tag{24.16}$$

Für die sogenannte **Kutta-Regel** und ein weiteres auf Heun zurückgehendes dreistufiges Verfahren, beide mit der Konsistenzordnung $p = 3$, sind die Schemata wie folgt gegeben:

$$\begin{array}{c|ccc} 0 & & & \\ \frac{1}{2} & \frac{1}{2} & & \\ 1 & -1 & 2 & \\ \hline & \frac{1}{6} & \frac{2}{3} & \frac{1}{6} \end{array} \qquad \begin{array}{c|ccc} 0 & & & \\ \frac{1}{3} & \frac{1}{3} & & \\ \frac{2}{3} & 0 & \frac{2}{3} & \\ \hline & \frac{1}{4} & 0 & \frac{3}{4} \end{array} \tag{24.17}$$

Schließlich seien noch zwei Beispiele vierter Ordnung angegeben. Dies ist zum einen das **klassische Runge-Kutta Verfahren RK4** und zum andern die sogenannte **3/8-Regel.**

$$\begin{array}{c|cccc} 0 & & & & \\ \frac{1}{2} & \frac{1}{2} & & & \\ \frac{1}{2} & 0 & \frac{1}{2} & & \\ 1 & 0 & 0 & 1 & \\ \hline & \frac{1}{6} & \frac{1}{3} & \frac{1}{3} & \frac{1}{6} \end{array} \qquad \begin{array}{c|cccc} 0 & & & & \\ \frac{1}{3} & \frac{1}{3} & & & \\ \frac{2}{3} & -\frac{1}{3} & 1 & & \\ 1 & 1 & -1 & 1 & \\ \hline & \frac{1}{8} & \frac{3}{8} & \frac{3}{8} & \frac{1}{8} \end{array} \tag{24.18}$$

Schrittweitensteuerung

Für die praktische Anwendung der numerischen Integrationsverfahren ist es wesentlich, die Integrationsschrittweite automatisch zu steuern. Solche Algorithmen zur Schrittweitensteuerung arbeiten mit einer *Schätzung des lokalen Diskretisierungsfehlers*, d.h., zu jedem Integrationsschritt $(t_j, Y_j) \to (t_j + h, Y_j + h\Phi(t_j, Y_j; h))$ mit einer aktuellen Schrittweite $h > 0$ wird zugleich ein Schätzwert τ_{est} („est" von estimation) ermittelt:

$$\tau_{\text{est}}(t_j, Y_j; h) \approx \tau(t_j, Y_j; h) = (1/h)\,[z(t_{j+1}; t_j, Y_j) - Y_j - h\Phi(t_j, Y_j; h)]\,.$$

Häufig wird dazu neben dem eigentlichen Integrationsverfahren $Y_{j+1} = Y_j + h\Phi(t_j, Y_j, h)$ der Ordnung p ein weiteres Verfahren $\widehat{Y}_{j+1} = Y_j + h\widehat{\Phi}(t_j, Y_j, h)$ der Ordnung $(p+1)$ mitgeführt. Mit den beiden Näherungen Y_{j+1} und $\widehat{Y}_{j+1}$ lässt sich dann der lokale Diskretisierungsfehler schätzen. Es gilt:

$$\tau = \frac{z(t_j + h) - Y_{j+1}}{h} = C \cdot h^p + O(h^{p+1})\,, \qquad \frac{z(t_j + h) - \widehat{Y}_{j+1}}{h} = O(h^{p+1})\,.$$

Durch Subtraktion dieser beiden Relationen erhält man eine numerisch auswertbare Schätzung

$$\tau(t_j, Y_j, h) \approx C \cdot h^p \approx \frac{|\widehat{Y}_{j+1} - Y_{j+1}|}{h} =: \tau_{\text{est}}\,. \tag{24.19}$$

Man geht nun folgendermaßen vor: Mit einer Schrittweite h_{alt} wird ein Integrationsschritt

$$(t_j, Y_j) \longrightarrow (t_j + h_{\text{alt}}, Y_{j+1}, \widehat{Y}_{j+1})$$

durchgeführt. Damit kann man die Schätzung τ_{est} gemäß (24.19) auswerten.

Es wird nun gefordert, dass in jedem Integrationsschritt eine vorgegebene Genauigkeitsschranke, tol (von tolerance), eingehalten wird. Ist also $\tau_{\text{est}} \le \text{tol}$ erfüllt, so wird der Integrationsschritt mit h_{alt} akzeptiert, und eine neue Integrationsschrittweite h_{neu} wird so gewählt, dass gilt

$$Ch_{\text{neu}}^p = \text{tol}\,.$$

Eliminiert man hieraus mittels (24.19) und $h = h_{\text{alt}}$ den Parameter C, so führt dies auf die folgende Beziehung für die neue Schrittweite:

$$h_{\text{neu}} = h_{\text{alt}} \cdot \left(\frac{\text{tol}}{\tau_{\text{est}}}\right)^{1/p}\,. \tag{24.20}$$

Ist dagegen $\tau_{\text{est}} > \text{tol}$, so wird der letzte Integrationsschritt verworfen und stattdessen nochmals mit h_{neu} von t_j aus integriert.

Mit kleineren Modifikationen ergibt sich so der folgende Algorithmus.

Algorithmus (24.7): Schrittweitensteuerung

Start: Toleranzschranke: $\mathrm{tol} > 0$, Parameter: $q, \nu \in \,]0, 1[, \mu > 1$,
$j := 0$, $Y_0 := y_0$, Startschrittweite: h_0 mit $0 < h_0 \leq (b - a)$,
Minimale Schrittweite: $h_{\min} > 0$;

Iteration: $Y_{j+1} := Y_j + h_j \Phi(t_j, Y_j; h_j)$, $\widehat{Y}_{j+1} := Y_j + h_j \widehat{\Phi}(t_j, Y_j; h_j)$,

$\tau_{\mathrm{est}}(t_j, Y_{j+1}, \widehat{Y}_{j+1}; h_j)$ gemäß (24.19),

$h := q \cdot (\mathrm{tol}/|\tau_{\mathrm{est}}|)^{(1/p)} \cdot h_j$, $h := \max[\min(h, \mu h_j), \nu h_j]$,

Falls: $h < h_{\min}$: Abbruch des Verfahrens!

Falls: $|\tau_{\mathrm{est}}| > \mathrm{tol}$: (Integrationsschritt wird verworfen)

$h_j := h$, gehe zu Iteration;

Sonst: (Integrationsschritt wird akzeptiert)

$t_{j+1} := t_j + h_j$, $h_{j+1} := \min(h, t_b - t_{j+1})$, $j := j + 1$;

Falls: $t_j = b$: Integrationsende!

Sonst: Gehe zu Iteration.

Natürlich gibt es in den professionellen Realisierungen der Schrittweitensteuerung verschiedene Varianten und Verfeinungen des obigen Grundalgorithmus. So werden häufig Skalierungen verwendet und es wird anstelle einer universellen Toleranzanforderung tol (hier absoluter Fehler pro Schrittweite) mit relativen und absoluten Genauigkeitsforderungen gearbeitet, die auch komponentenweise unterschiedlich vorgegeben werden können.

Eingebettete Runge-Kutta Verfahren

Nach einer Idee von Fehlberg lässt sich für die Verfahrensfunktionen Φ und $\widehat{\Phi}$ ein Paar „eingebetteter" Runge-Kutta-Verfahren wählen. Diese auch **Runge-Kutta-Fehlberg-Verfahren** (RKF-Verfahren) genannten haben die Form

$$\begin{aligned} Y_{j+1} &= Y_j + h_j \sum_{i=1}^{s} b_i k_i \\ \widehat{Y}_{j+1} &= Y_j + h_j \sum_{i=1}^{\hat{s}} \widehat{b}_i k_i \\ k_i &= f\left(t_j + c_i h_j,\ Y_j + h_j \sum_{\ell=1}^{i-1} a_{i\ell} k_\ell \right) \end{aligned} \tag{24.21}$$

Butcher-Tableau:

$$
\begin{array}{r|ccccc}
0 & & & & & \\
c_2 & a_{21} & & & & \\
c_3 & a_{31} & a_{32} & & & \\
\vdots & \vdots & \vdots & \ddots & & \\
c_s & a_{s1} & a_{s2} & \dots & a_{s,s-1} & \\
\hline
\text{Ordnung } p & b_1 & b_2 & \dots & b_{s-1} & b_s \\
\text{Ordnung } p+1 & \widehat{b}_1 & \widehat{b}_2 & \dots & \widehat{b}_{s-1} & \widehat{b}_s
\end{array}
$$

Das Verfahren $\Phi(t, Y; h) = \sum b_i k_i$ habe hierbei die Konsistenzordnung p, das zweite Verfahren $\widehat{\Phi}(t, Y; h) = \sum \widehat{b}_i k_i$ hat dann häufig die Konsistenzordnung $\widehat{p} = p - 1$ oder $\widehat{p} = p + 1$. Man bezeichnet solche Verfahren auch kurz mit RK p ($\widehat{p}$). Das Verfahren Φ ist das eigentliche Integrationsverfahren, das Verfahren $\widehat{\Phi}$ dient zur Schätzung des lokalen Diskretisierungsfehlers.

Beispiele (24.8)

a) RK 2(3) nach Fehlberg (1969) und RK 3(2) nach Bogacki, Shampine (1989), vergl. [26]

$$
\begin{array}{c|ccc}
0 & & & \\
1 & 1 & & \\
\frac{1}{2} & \frac{1}{4} & \frac{1}{4} & \\
\hline
p=2 & \frac{1}{2} & \frac{1}{2} & \\
\widehat{p}=3 & \frac{1}{6} & \frac{1}{6} & \frac{2}{3}
\end{array}
\qquad
\begin{array}{c|cccc}
0 & & & & \\
\frac{1}{2} & \frac{1}{2} & & & \\
\frac{3}{4} & 0 & \frac{3}{4} & & \\
1 & \frac{2}{9} & \frac{1}{3} & \frac{4}{9} & \\
\hline
p=2 & \frac{2}{9} & \frac{1}{3} & \frac{4}{9} & \\
\widehat{p}=3 & \frac{7}{24} & \frac{1}{4} & \frac{1}{3} & \frac{1}{8}
\end{array}
$$

b) RK 4(5)-Verfahren nach England (1969), vergl. [26]

$$
\begin{array}{c|cccccc}
0 & & & & & & \\
\frac{1}{2} & \frac{1}{2} & & & & & \\
\frac{1}{2} & \frac{1}{4} & \frac{1}{4} & & & & \\
1 & 0 & -1 & 2 & & & \\
\frac{2}{3} & \frac{7}{27} & \frac{10}{27} & 0 & \frac{1}{27} & & \\
\frac{1}{5} & \frac{28}{625} & -\frac{1}{5} & \frac{546}{625} & \frac{54}{625} & -\frac{378}{625} & \\
\hline
p=4 & \frac{1}{6} & 0 & \frac{2}{3} & \frac{1}{6} & 0 & \\
\widehat{p}=5 & \frac{14}{336} & 0 & 0 & \frac{35}{336} & \frac{162}{336} & \frac{125}{336}
\end{array}
$$

c) RK 5(4)-Verfahren nach Dormand, Price (1980), vergl. Hairer/Wanner [26]

$$
\begin{array}{c|ccccccc}
0 & & & & & & & \\
\frac{1}{5} & \frac{1}{5} & & & & & & \\
\frac{3}{10} & \frac{3}{40} & \frac{9}{40} & & & & & \\
\frac{4}{5} & \frac{44}{45} & -\frac{56}{15} & \frac{32}{9} & & & & \\
\frac{8}{9} & \frac{19372}{6561} & -\frac{25360}{2187} & \frac{64448}{6561} & -\frac{212}{729} & & & \\
1 & \frac{9017}{3168} & -\frac{355}{33} & \frac{46732}{5247} & \frac{49}{176} & -\frac{5103}{18656} & & \\
1 & \frac{35}{384} & 0 & \frac{500}{1113} & \frac{125}{192} & -\frac{2187}{6784} & \frac{11}{84} & \\
\hline
p=4 & \frac{35}{384} & 0 & \frac{500}{1113} & \frac{125}{192} & -\frac{2187}{6784} & \frac{11}{84} & \\
\hat{p}=5 & \frac{5179}{57600} & 0 & \frac{7571}{16695} & \frac{393}{640} & -\frac{92097}{339200} & \frac{187}{2100} & \frac{1}{40}
\end{array}
$$

Die obigen Runge-Kutta-Fehlberg Verfahren RK 3(2) von Bogacki, Shampine und RK 5(4) von Dormand, Price sind in den MATLAB Programmen *ode23* und *ode45* realisiert worden.

24.3 Mehrschrittverfahren

Wir betrachten lineare Mehrschrittverfahren der Form

$$\sum_{i=0}^{s} \alpha_i Y_{j+i} = h \cdot \sum_{i=0}^{s} \beta_i f_{j+i} \tag{24.22}$$

mit (äquidistante Schrittweite):

$$\alpha_i, \beta_i \in \mathbb{R}, \quad i = 0, 1, \dots, s, \quad \alpha_s \neq 0, \quad h = (b-a)/m,$$
$$t_i := a + ih, \quad f_i := f(t_i, Y_i), \quad i = 0, 1, \dots .$$

Im Unterschied zu den Einschrittverfahren ist vor dem Start eines Mehrschrittverfahrens der Schrittzahl s eine Anlaufrechnung durchzuführen um $Y_j = y(t_j) + \varepsilon_j$, $j = 0, 1, \dots, s-1$, zu berechnen. Hierbei bezeichnen $\varepsilon_0, \dots, \varepsilon_{m-1}$ die Fehler der Anlaufrechnung. In der Regel wird die Anlaufrechnung mit einem Einschrittverfahren (mit kleiner Schrittweite) oder mit einem Mehrschrittverfahren kleinerer Schrittzahl durchgeführt.

Definition (24.9)

a) Der **lokale Diskretisierungsfehler** eines Mehrschrittverfahrens wird definiert durch

$$\tau(t_j, Y_j, h) := \frac{1}{h}\left[\sum_{i=0}^{s} \alpha_i z(t_j + ih) - h\sum_{i=0}^{s} \beta_i z'(t_j + ih)\right] \qquad (24.23)$$

Hierbei bezeichnet $z(t)$ wiederum die Lösung der lokalen Anfangswertaufgabe

$$z'(t) = f(t, z(t)), \quad z(t_j) = Y_j .$$

b) Ein Mehrschrittverfahren heißt **konsistent**, falls $\lim_{h\to 0} \tau(t_j, Y_j, h) = 0$ gilt, und es heißt von der **Konsistenzordnung** p, falls gilt:

$$\tau(t_j, Y_j, h) = O(h^p) .$$

Beispiel (24.10)

Für die **Mittelpunktsregel** $Y_{j+2} = Y_j + 2hf_{j+1}$ erhält man:

$$\tau = \frac{1}{h}\left[z(t + 2h) - z(t) - 2h\, z'(t + h)\right]$$

und hiermit mittels Taylor-Entwicklung von $z(t + 2h)$ und $z'(t + h)$ um $h = 0$:

$$\tau = \frac{1}{3}h^2 z'''(t) + O(h^3) .$$

Damit ist die Mittelpunktsregel konsistent und besitzt die Ordnung $p = 2$.

Bemerkung (24.11)

Ein Einschrittverfahren ist genau dann konsistent, falls die folgenden beiden Beziehungen gelten:

$$\sum_{i=0}^{s} \alpha_i = 0, \quad \sum_{i=0}^{s} i \cdot \alpha_i - \sum_{i=0}^{s} \beta_i = 0 .$$

Man zeigt dies mittels Taylor-Entwicklung des lokalen Diskretisierungsfehlers $\tau(t_j, Y_j, h)$ um $h = 0$.

Viele spezielle Mehrschrittverfahren ergeben sich durch formale Integration der Differentialgleichung $y' = f(t, y)$ über dem Knotenbereich $[t_{j-k}, t_{j+\ell}]$, $k, \ell \geq 0$:

$$y(t_{j+\ell}) - y(t_{j-k}) = \int_{t_{j-k}}^{t_{j+\ell}} f(t, y(t))\,\mathrm{d}t . \qquad (24.24)$$

Hierin ersetzt man nun den Integranden durch das Interpolationspolynom $P_s \in \Pi_s$ zu den Stützstellen $(t_i, f(t_i, Y_i)) =: (t_i, f_i)$, $i = j, j-1, \ldots, j-s$.

Wir verwenden die Lagrange-Darstellung des Interpolationspolynoms, vgl. Abschn. 12.1, und erhalten nach Variablensubstitution:

$$Y_{j+\ell} = Y_{j-k} + h \sum_{i=0}^{s} b_{i,s} f_{j-i}\,, \qquad f_{j-i} := f(t_{j-i}, Y_{j-i})$$

$$b_{i,s} = \int_{-k}^{\ell} \prod_{\substack{p=0\\p\neq i}}^{s} \left(\frac{\tau + p}{-i + p}\right) \mathrm{d}\tau\,, \qquad i = 0, 1, \dots, s\,. \tag{24.25}$$

Im Folgenden geben wir einige spezielle Verfahren an:

I. Verfahren nach Adams-Bashforth (1883)
($\ell = 1,\ k = 0$)

$$Y_{j+1} = Y_j + h \sum_{i=0}^{s} b_{i,s} f_{j-i} \quad \text{(explizites Verfahren)}$$

$$b_{i,s} = \int_{0}^{1} \prod_{\substack{p=0\\p\neq i}}^{s} \left(\frac{p + \tau}{p - i}\right) \mathrm{d}\tau =: \beta_{i,s}/\gamma_s \tag{24.26}$$

s	γ_s	$\beta_{i,s}$			
0	1	1			
1	2	3	−1		
2	12	23	−16	5	
3	24	55	−59	37	−9

II. Verfahren nach Adams-Moulton (1926)
($\ell = 0,\ k = 1$)

$$Y_j = Y_{j-1} + h \sum_{i=0}^{s} b^*_{i,s} f_{j-i} \quad \text{(implizites Verfahren)}$$

$$b^*_{i,s} = \int_{-1}^{0} \prod_{\substack{p=0\\p\neq i}}^{s} \left(\frac{p + \tau}{p - i}\right) \mathrm{d}\tau =: \beta^*_{i,s}/\gamma_s \tag{24.27}$$

s	γ_s	$\beta^*_{i,s}$			
0	1	1			
1	2	1	1		
2	12	5	8	−1	
3	24	9	19	5	1

III. Verfahren nach Nyström (1925)
$(\ell = 1,\ k = 1)$

$$Y_{j+1} = Y_{j-1} + h \sum_{i=0}^{s} a_{i,s} f_{j-i} \quad \text{(explizites Verfahren)}$$

$$a_{i,s} = \int_{-1}^{1} \prod_{\substack{p=0 \\ p\neq i}}^{s} \left(\frac{p+\tau}{p-i}\right) \mathrm{d}\tau =: \alpha_{i,s}/\delta_s \tag{24.28}$$

s	δ_s	$\alpha_{i,s}$			
0	1	2			
1	1	2	0		
2	3	7	−2	1	
3	3	8	−5	4	−1

IV. Verfahren nach Milne-Simpson
$(\ell = 0,\ k = 2)$

$$Y_j = Y_{j-2} + h \sum_{i=0}^{s} a^*_{i,s} f_{j-i} \quad \text{(implizites Verfahren)}$$

$$a^*_{i,s} = \int_{-2}^{0} \prod_{\substack{p=0 \\ p\neq i}}^{s} \left(\frac{p+\tau}{p-i}\right) \mathrm{d}\tau =: \alpha^*_{i,s}/\delta_s \tag{24.29}$$

s	δ_s	$\alpha^*_{i,s}$				
0	1	2				
1	1	0	2			
2	3	1	4	1		
3	3	1	4	1	0	
4	90	29	124	24	4	−1

Einige bekannte Verfahren finden wir in den Tabellen wieder. So liefert der Adams-Bashforth Ansatz für $s = 0$ gerade das explizite Euler-Verfahren, Adams-Moulton liefert für $s = 0$ das (zugehörige) implizite Euler-Verfahren. Die Nyström-Verfahren für $s = 0$ und $s = 1$ ergeben ebenso wie das Milne-Simpson-Verfahren für $s = 1$ die sogenannte *Mittelpunktsregel* $Y_{j+1} = Y_{j-1} + 2hf_j$. Das Adams-Moulton-Verfahren für $s = 1$ entspricht bei Quadraturen gerade der *Trapezregel*, das Milne-Simpson-Verfahren für $s = 2$ und $s = 3$ entspricht bei Quadraturen der *Simpson-Regel* oder *Keplerschen Fassregel*.

Häufig werden aus Stabilitätsgründen explizite und implizite Mehrschrittverfahren gekoppelt. Dabei wird das implizite Verfahren zumeist mittele einer *Fixpunkt-Iteration* gelöst, also etwa für die Adams-Moulton-Verfahren:

$$Y_j^{k+1} = Y_{j-1} + h\left\{ b_{0,s}^* f\left(t_j, Y_j^k\right) + \sum_{i=1}^{s} b_{i,s}^* f_{j-i} \right\}, \quad k = 0, 1, \ldots \tag{24.30}$$

Für hinreichend kleine Schrittweiten ist die rechte Seite von (24.30) bez. Y_j^k kontrahierend, die Fixpunktiteration also konvergent. Dennoch werden häufig nur wenige Iterationen von (24.30) durchgeführt. Der Startwert wird dabei mit dem zugehörigen expliziten Verfahren berechnet.

Eine andere Möglichkeit, Mehrschrittverfahren zu gewinnen, besteht darin, anstelle der Approximation des Integrals in (24.24) eine Approximation der Ableitung $y'(t_{j+1})$ durch numerische Differentiation aus y_{j+1} und den bisher berechneten y_k-Werten zu verwenden. Man spricht daher von **backward differentiation formulas**, kurz **BDF-Verfahren.**

Sei also $p_s \in \Pi_s$ das Interpolationspolynom zu den Stützstellen (t_{j+1-k}, Y_{j+1-k}), $k = 0, 1, \ldots, s$. Nach der Lagrange-Darstellung erhält man (äquidistanter Fall!)

$$p_s(t) = \sum_{k=0}^{s} Y_{j+1-k} \ell_k \left(\frac{t_{j+1} - t}{h} \right), \quad \ell_k(\tau) = \prod_{m \neq k}^{s} \left(\frac{\tau - m}{k - m} \right).$$

Man approximiert nun die Ableitung $y'(t_{j+1})$ durch

$$p_s'(t_{j+1}) = -\sum_{k=0}^{s} \frac{1}{h} Y_{j+1-k} \ell_k'(0)$$

und erhält damit die folgende Form der BDF-Verfahren:

$$\sum_{k=0}^{s} c_{k,s} Y_{j+1-k} = hf(t_{j+1}, Y_{j+1}), \quad c_{k,s} = -\ell_k'(0). \tag{24.31}$$

Die Koeffizienten $c_{k,s}$, $k = 0, \ldots, s$ der BDF-Verfahren bis zur Schrittzahl $s = 6$ sind in der folgenden Tabelle angegeben

s	$c_{k,s}$						
1	1	-1					
2	$\frac{3}{2}$	-2	$\frac{1}{2}$				
3	$\frac{11}{6}$	-3	$\frac{3}{2}$	$-\frac{1}{3}$			
4	$\frac{25}{12}$	-4	3	$-\frac{4}{3}$	$\frac{1}{4}$		
5	$\frac{137}{60}$	-5	5	$-\frac{10}{3}$	$\frac{5}{4}$	$-\frac{1}{5}$	
6	$\frac{49}{20}$	-6	$\frac{15}{2}$	$-\frac{20}{3}$	$\frac{15}{4}$	$-\frac{6}{5}$	$\frac{1}{6}$

Für Schrittzahlen $s > 6$ werden die Verfahren jedoch instabil.

Die BDF-Verfahren sind bereits 1952 von C.F. Curtiss und J.O. Hirschfelder untersucht worden und haben später als Grundlage eines Integrationsprogramms von C.W. Gear (1971) zur Lösung sogenannter steifer Differentialgleichungen große Popularität erhalten.

Theorie der Mehrschrittverfahren

Definiert man zum Mehrschrittverfahren (24.22) die zugehörigen **charakteristischen Polynome** durch

$$\rho(z) := \sum_{i=0}^{s} \alpha_i z^i\,, \quad \sigma(z) := \sum_{i=0}^{s} \beta_i z^i\,, \tag{24.32}$$

so lässt sich die Konsistenzbedingung 24.11 auch folgendermaßen formulieren:

$$\rho(1) = 0\,, \quad \rho'(1) = \sigma(1)\,. \tag{24.33}$$

Auch die Ordnungseigenschaft eines Mehrschrittverfahrens lässt sich direkt anhand der charakteristischen Polynome überprüfen. Es lässt sich zeigen, dass das Mehrschrittverfahren genau dann (wenigstens) die Konsistenzordnung $p \geq 2$ besitzt, wenn neben (24.33) gilt

$$\sum_{i=0}^{s} \alpha_i i^\ell = \ell \sum_{i=0}^{s} \beta_i i^{\ell-1} \quad \text{für alle } \ell = 2, \ldots, p\,. \tag{24.34}$$

Die obige Bedingung besagt, dass der lokale Diskretisierungsfehler τ für alle Polynome $z \in \Pi_p$ verschwindet.

Nun sind die Ordnungseigenschaften eines Mehrschrittverfahrens nicht alleine für die numerische Güte des Verfahrens verantwortlich. Der Grund liegt darin, dass instabile Mehrschrittverfahren die Fehler in der Anlaufrechnung, aber auch die Rundungsfehler, erheblich verstärken und dabei zu unbrauchbaren Ergebnissen führen können. Diese Situation ist also für Mehrschrittverfahren prinzipiell anders, als wir dies von den Einschrittverfahren kennen.

Dazu betrachten wir zunächst den Lösungsraum linearer, homogener Differenzengleichungen.

Satz (24.12)
Gegeben sei eine lineare, homogene Differenzengleichung mit Koeffizienten $\alpha_i \in \mathbb{R}/\mathbb{C}$

$$\sum_{i=0}^{s} \alpha_i w_{j+i} = 0\,, \quad j = 0, 1, \ldots\,, \quad a_s \neq 0\,.$$

a) Ist z_1 eine Nullstelle des charakteristischen Polynoms $\rho(z) := \sum_{i=0}^{s} \alpha_i z^i$, so ist durch $w_j := z_1^j$ eine Lösung der Differenzengleichung gegeben.
b) Ist z_1 eine doppelte Nullstelle von ρ, so ist neben $w_j := z_1^j$ auch $\widetilde{w}_j := j z_1^j$ eine Lösung der Differenzengleichung.
c) Sind $z_1, \ldots, z_s$ die paarweise verschiedenen (einfachen) Nullstellen von ρ, so lautet die allgemeine Lösung der Differenzengleichung $w_j = \sum_{k=1}^{s} c_k z_k^j$.

Beweis.

zu a): $\sum_{i=0}^{s} \alpha_i w_{j+i} = \sum_{i=0}^{s} \alpha_i z_1^{j+i} = z_1^j \rho(z_1) = 0.$

zu b): $\sum_{i=0}^{s} \alpha_i \, \widetilde{w}_{j+i} = \sum_{i=0}^{s} \alpha_i (j+i) z_1^{j+i} = z_1^j \, [j\rho(z_1) + z_1 \rho'(z_1)] = 0.$

zu c): Der Lösungsraum ist ein s-dimensionaler linearer Raum, die z_k^j sind linear unabhängig. ∎

Beispiel (24.13)
Durch

$$Y_{j+2} + \frac{1}{5} Y_{j+1} - \frac{6}{5} Y_j = h \left(\frac{21}{10} f_{j+1} + \frac{1}{10} f_j \right)$$

ist ein explizites Zweischrittverfahren gegeben. Die zugehörigen charakteristischen Polynome lauten

$$\rho(z) = z^2 + \frac{1}{5} z - \frac{6}{5}, \quad \sigma(z) = \frac{21}{10} z + \frac{1}{10} .$$

Mit (24.33), (24.34) folgt, dass das Verfahren die Konsistenzordnung $p = 2$ besitzt.

Wir wenden das Verfahren auf die Anfangswertaufgabe $y' = 0,\ y(0) = 1$ an und erhalten die lineare Differenzengleichung

$$Y_{j+2} + \frac{1}{5} Y_{j+1} - \frac{6}{5} Y_j = 0, \quad Y_0 = 1, \quad Y_1 = 1 + \varepsilon h .$$

Die Lösung lässt sich mittels Satz 24.12 sofort angeben. Man erhält

$$Y_j = 1 + \frac{5h\varepsilon}{11} \left(1 - \left(-\frac{6}{5} \right)^j \right), \quad j = 0, 1, \ldots$$

Durch die *parasitäre* Nullstelle $z_2 = -6/5$ des charakteristischen Polynoms wird also die eigentliche Lösung des Differenzenverfahrens (d. h. $\varepsilon = 0$, $Y_j = 1$) selbst bei sehr kleinen Werten von $h\varepsilon$ für entsprechend große Werte von j verfälscht. Der Fehler überwuchert die Lösung und verhält sich zudem oszillatorisch. Insbesondere beobachtet man, dass die Näherungslösung $Y(t; h)$ an einer festen Stelle $t > 0$ für $h \to 0$ *nicht* gegen die exakte Lösung der Anfangswertaufgabe $y(t) = 1$ *konvergiert*, vgl. Abb. 24.8.

Definition (24.14)
Ein Mehrschrittverfahren heißt **stabil**, wenn alle Nullstellen z_j des charakteristischen Polynoms $\rho(z)$ in Einheitskreis $|z_j| \leq 1$ liegen, und Nullstellen auf dem Rand, $|z_j| = 1$, einfach sind. Man sagt dann, die **Wurzelbedingung** sei erfüllt.

Liegen alle Nullstellen mit Ausnahme von z_1 im Innern des Einheitskreises, so heißt das Verfahren **stark stabil**, andernfalls **schwach stabil**.

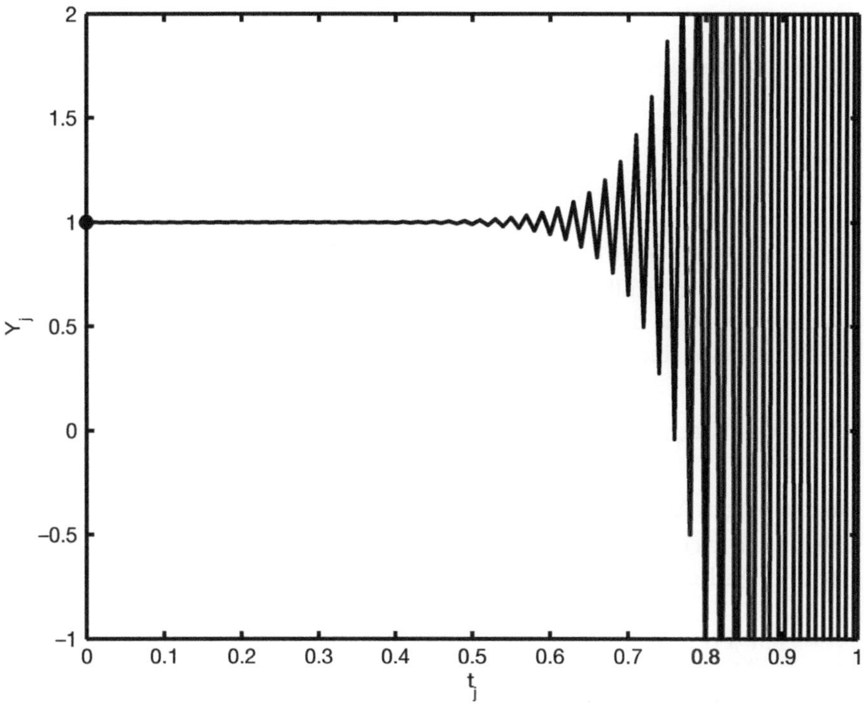

Abb. 24.8 Instabiles Verhalten eines Mehrschrittverfahrens.

Bemerkung (24.15)
Für die Adams-Bashforth und Adams-Moulton Verfahren gilt $\rho(z) = z^s - z^{s-1}$. Damit hat man die Nullstellen $z_1 = 1$ (einfach) und $z_2 = 0$ ($(s-1)$-fach). Diese Verfahren sind also stark stabil.

Für die Verfahren von Nyström und Milne-Simpson gilt dagegen $\rho(z) = z^s - z^{s-2}$, sie sind also nur schwach stabil.

Definition (24.16)
Ein Mehrschrittverfahren (24.22) heißt **konvergent**, falls für die mit äquidistanten Schrittweiten $h_m := (b-a)/m$ und Startnäherungen $Y(t_j^{(m)}; h_m)$, $j = 0, \dots, s-1$, mit der Approximationsgüte $\lim_{m\to\infty} |Y(t_j; h_m) - y(t_j)| = 0$ berechneten Näherungen $Y(t_j; h_m)$ stets gilt

$$\lim_{m\to\infty} |Y(b; h_m) - y(b)| = 0 .$$

Gilt für alle hinreichend glatten rechten Seiten f und Startnäherungen mit der Approximationsgüte $|Y(t_j; h_m) - y(t_j)| = O(h_m^p)$, dass auch im Endpunkt

$$|Y(b; h_m) - y(b)| = O\left(h_m^p\right)$$

gilt, so heißt das Mehrschrittverfahren **konvergent von der Ordnung p**.

Satz (24.17)
Jedes konvergente lineare Mehrschrittverfahren (24.22) ist konsistent und stabil.

Beweis.
a) Wir betrachten die Anfangswertaufgabe $y' = 0,\ y(0) = 0,\ b = 1$, und berechnen die Näherungen zur Schrittweitenfolge $h_m = 1/m$ und zu den Startwerten $Y(t_j; h_m) = h_m w_j,\ j = 0, \dots, s-1$, mit beliebig (fest) vorgegebenen $w_0, \dots, w_{s-1}$. Die Anfangsdaten erfüllen dann die in Bemerkung 24.15 geforderte Approximationseigenschaft, so dass das Mehrschrittverfahren im Punkt $t = 1$ konvergiert. Die Näherungen sind gegeben durch:

$$\sum_{k=0}^{s} \alpha_k Y(t_{j+k}; h_m) = 0,\ j = 0,\ 1, \dots, m-s\,.$$

Mit den obigen Anfangsdaten folgt $Y(t_j; h_m) = h_m w_j$, wobei w_j die Lösung der Differenzengleichung $\sum_{k=0}^{s} \alpha_k w_{j+k} = 0$ zu den (beliebig) vorgegebenen Anfangsdaten ist. Die Konvergenz impliziert damit

$$\lim_{m\to\infty} Y(t_m; h_m) = \lim_{m\to\infty} \frac{w_m}{m} = 0\,,$$

woraus sich mit Satz 24.12 gerade die Stabilität des Mehrschrittverfahrens ergibt.

b) Analog betrachten wir die Anfangswertaufgabe $y' = 0,\ y(0) = 1,\ b = 1$. Die vorausgesetzte Konvergenz des Mehrschrittverfahrens impliziert dann, dass die Lösung der Differenzengleichung

$$\sum_{i=0}^{s} \alpha_i Y_{j+i} = 0\,,\quad j = 0,\ 1, \dots \qquad \text{mit} \quad Y_0 := \dots := Y_{s-1} := 1$$

gegen 1 konvergieren muss. Damit folgt aber $\sum_{i=0}^{s} \alpha_i = \rho(1) = 0$.

Schließlich betrachten wir die Anfangswertaufgabe $y' = 1,\ y(0) = 0,\ b = 1$. Das Mehrschrittverfahren ergibt hierfür die Differenzengleichung

$$\sum_{i=0}^{s} \alpha_i Y(t_{j+i}; h_m) = h_m \sum_{i=0}^{s} \beta_i\,,\qquad j = 0,\ 1, \dots, m-s\,.$$

Hierin verwenden wir den Ansatz $Y(t_j; h_m) := j h_m K$. Für $j = 0, \dots, s-1$ sind dies zulässige Startwerte. Wir erhalten

$$\sum_{i=0}^{s} \alpha_i (j+i) h_m K = h_m \sum_{i=0}^{s} \beta_i\,.$$

Wegen $\sum_{i=0}^{s} \alpha_i = 0$ ist diese Relation für K eindeutig lösbar mit

$$K = \left(\sum_{i=0}^{s} \beta_i\right) / \left(\sum_{i=0}^{s} i\alpha_i\right)\,.$$

Man beachte, dass hierbei der Nenner aufgrund der bereits gezeigten Stabilität nicht verschwindet. Mit diesem Wert für K haben wir also die Lösung der Differenzengleichung (mit den entsprechenden Anfangswerten) gefunden. Damit wird $Y(t_m; h_m) = mh_m K = K$ und die vorausgesetzte Konvergenz des Verfahrens liefert $K = 1$, also $\rho'(1) = \sigma(1)$. Damit ist auch die Konsistenz des Mehrschrittverfahrens gezeigt. ■

Die soeben gezeigten notwendigen Bedingungen für die Konvergenz eines linearen Mehrschrittverfahrens, nämlich Konsistenz und Stabilität, sind tatsächlich auch hinreichend für die Konvergenz. Dieses wichtige Resultat geht auf den schwedischen Mathematiker Germund Dahlquist[5] zurück. Einen Beweis dieses Satzes findet man in den Lehrbüchern zur Numerik gewöhnlicher Differentialgleichungen.

Satz (24.18): Dahlquist, 1956/58

a) Ein lineares Mehrschrittverfahren ist genau dann konvergent, wenn es konsistent und stabil ist.
b) Hat das Mehrschrittverfahren darüber hinaus die Konsistenzordnung p und verwendet man Startnäherungen der gleichen Approximationsgüte, so hat das Verfahren auch die Konvergenzordnung p; vgl. die Definition 24.16.
c) Ein stabiles, lineares Mehrschrittverfahren der Schrittzahl s hat eine maximale Konsistenzordnung

$$p \leq \begin{cases} s+2 & \text{falls } s \text{ gerade} \\ s+1 & \text{falls } s \text{ ungerade}\,. \end{cases}$$

Für stabile explizite Mehrschrittverfahren gilt sogar $p \leq s$.
d) Für die Konsistenzordnung eines stark stabilen Mehrschrittverfahrens der Schrittzahl s gilt die Schranke $p \leq s + 1$.

24.4 Anfangswertmethoden für Randwertaufgaben

Das einfache Schießverfahren (shooting method)

Die Grundidee der sogenannten Schießverfahren ist die iterative Verwendung von numerischen Integrationsverfahren für Anfangswertaufgaben. Die bei einer Randwertaufgabe (23.2)–(23.5) fehlenden Anfangsdaten werden dabei zunächst geschätzt und sodann iterativ verbessert, so dass für den Grenzwert die Randbedingungen erfüllt werden.

5) Germund Dahlquist (1925–2005); Stockholm.

Wir beschreiben das Verfahren der Einfachheit halber zunächst für eine Randwertaufgabe zweiter Ordnung der Form

$$\begin{aligned} y''(t) &= f(t, y(t), y'(t)), \quad y(t) \in \mathbb{R}^1 \\ y(a) &= y_a, \quad y(b) = y_b. \end{aligned} \tag{24.35}$$

Die zugehörige Anfangswertaufgabe lautet dann mit einem Schätzwert z:

$$\begin{aligned} y''(t) &= f(t, y(t), y'(t)) \\ y(a) &= y_a, \quad y'(a) = z. \end{aligned} \tag{24.36}$$

Wir bezeichnen die Lösung dieser Anfangswertaufgabe mit $y(t; z)$ und nehmen an, dass diese Lösungen (zumindest für alle interessierenden z-Werte) auf dem gesamten Intervall $a \leq t \leq b$ existieren. Aufgabe ist es somit, eine Nullstelle der Funktion

$$F(z) := y(b; z) - y_b \tag{24.37}$$

zu bestimmen, vgl. Abb. 24.9.

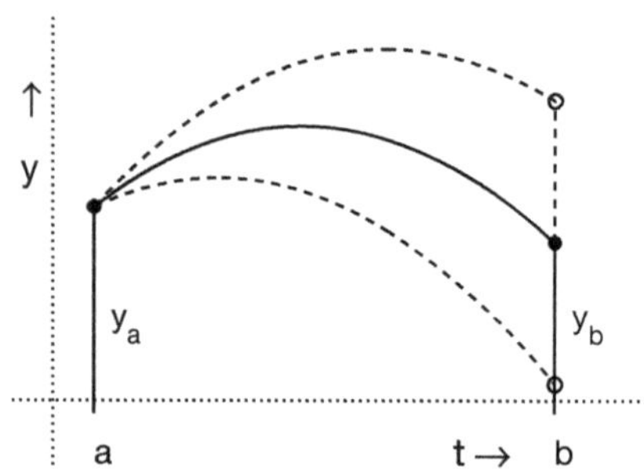

Abb. 24.9 Einfaches Schießverfahren.

Beispiel (24.19)
Für die Randwertaufgabe

$$y''(t) = \frac{3}{2} y(t)^2, \quad y(0) = 4, \quad y(1) = 1$$

ergibt sich der in Abb. 24.10 dargestellte Graph für die Funktion $F(z)$ gemäß (24.37).

Die Funktion $F(z)$ hat demnach zwei Nullstellen $z_1^* = -8$ und $z_2^* = -35.8585\ldots$.

Zur numerischen Berechnung einer Nullstelle z^* von $F = F(z)$ lassen sich im Prinzip alle Nullstellenverfahren verwenden, vgl. die Abschn. 8.1, 10.5 und 18.4.

Für das Verfahren der **Bisektion** geht man dabei von zwei Punkten $z_1 < z_2$ mit $F(z_1) \cdot F(z_2) < 0$ aus. Die Iteration lautet, vgl. auch Beispiel 8.3:

$$\begin{aligned} & z_3 := z_1 + 0.5 \cdot (z_2 - z_1); \\ & \text{Falls } F(z_1) \cdot F(z_3) < 0: \quad z_1 := z_3, \\ & \text{anderenfalls:} \qquad\qquad\quad z_2 := z_1. \end{aligned} \tag{24.38}$$

Das Verfahren wird abgebrochen, falls $|z_2 - z_1|$ hinreichend klein ist.

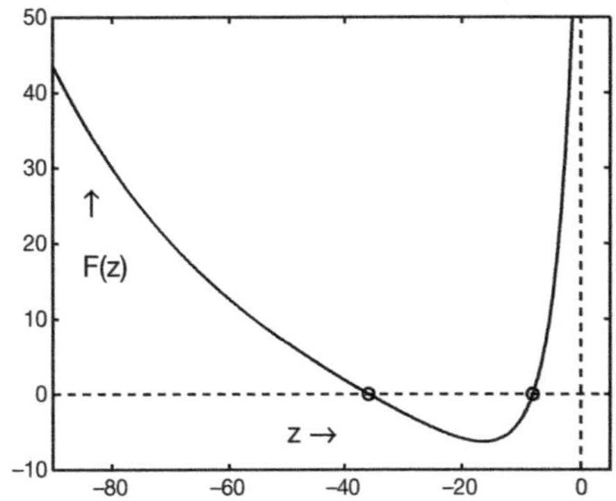

Abb. 24.10 $F(z)$ für das **Beispiel** 24.19.

Das Bisektionsverfahren hat den Vorteil, nur Funktionsauswertungen und keine Ableitungen zu benötigen. Allerdings ist das Verfahren nur linear konvergent, also relativ langsam.

Eine weitere Möglichkeit besteht in der Anwendung des **Newton-Verfahrens**, vgl. Beispiel 8.4 und Satz 10.18

$$z_{k+1} = z_k - \frac{F(z_k)}{F'(z_k)}, \quad k = 1, 2, \ldots \tag{24.39}$$

Diese hat den Vorteil der schnellen (quadratischen) Konvergenz. Allerdings muss in jedem Iterationsschritt die Ableitung $F'(z)$ berechnet werden. Hierfür gibt es im Prinzip zwei Zugänge.

Eine naheliegende, allerdings nicht sehr genaue Methode besteht darin, $F'(x)$ durch **numerische Differentiation** zu approximieren. Man setzt also beispielsweise

$$\begin{aligned} F'(z) &\approx \frac{F(z + \Delta z) - F(z)}{\Delta z}, \\ |\Delta z| &\approx |z| \cdot \sqrt{\text{eps}} \qquad \text{(Faustregel)}. \end{aligned} \tag{24.40}$$

Hierbei bezeichnet eps die relative Maschinengenauigkeit; vgl. auch (10.5). Mit dieser (groben) Faustregel kann man erwarten, die Ableitung auf etwa halbe Mantissenlänge genau zu berechnen, also mit relativer Genauigkeit $\approx \sqrt{\text{eps}}$.

Eine weitere Möglichkeit zur Berechnung von $F'(x)$ besteht in der numerischen Integration der **Variationsgleichung**; vgl. (21.14).

Nach (24.37) ist $F'(z) = \frac{\partial}{\partial z} y(b; z)$. Setzt man also $w(t) := \frac{\partial}{\partial z} y(t; z)$, so lässt sich die gesuchte Ableitung $w(b)$ als Lösung der folgenden Anfangswertaufgabe erhalten:

$$\begin{aligned} w''(t) &= f_y(t, y(t), y(t)')w(t) + f_{y'}(t, y(t), y'(t))w'(t), \\ w(a) &= 0, \quad w'(a) = 1. \end{aligned} \tag{24.41}$$

Die Anfangswertaufgaben (24.36) und (24.41) lassen sich simultan, d. h. als *ein* Differentialgleichungssystem, im Intervall $[a, b]$ durch numerische Integration lösen. Man hat dann simultan bestimmt:

$$F(z) = y(b; z) - y_b, \quad F'(z) = w(b).$$

Wir übertragen das obige Verfahren nun auf den Fall **allgemeiner Zweipunkt-Randwertaufgaben** in der Standardform:

$$\begin{aligned} y'(t) &= f(t, y(t)), \quad y(t) \in \mathbb{R}^n, \\ r(y(a), y(b)) &= \mathbf{0} \in \mathbb{R}^n. \end{aligned} \tag{24.42}$$

Die zugehörige Anfangswertaufgabe analog zu (24.36) lautet:

$$\begin{aligned} y'(t) &= f(t, y(t)), \quad a \leq t \leq b, \\ y(a) &= z \in \mathbb{R}^n, \end{aligned} \tag{24.43}$$

wobei der Vektor $z \in \mathbb{R}^n$ die geschätzten Anfangsdaten bezeichnet.

Die Lösung von (24.43) werde wiederum mit $y(t; z)$ bezeichnet. Sie sei im gesamten Intervall $a \leq t \leq b$ definiert.

Damit ist die Randwertaufgabe in ein äquivalentes Nullstellenproblem für die Funktion

$$F(z) := r(z, y(b; z)) \tag{24.44}$$

übergeführt worden. $F\colon \mathbb{R}^n \supset D \to \mathbb{R}^n$ ist dann auch hinreichend oft stetig differenzierbar, sofern dies auch die Funktionen $r(u, v)$ und $f(t, y)$ sind.

Zur numerischen Berechnung einer Nullstelle z^* von F lässt sich nun das gedämpfte Newton-Verfahren, vgl. Abschn. 18.4, verwenden:

$$\begin{aligned} JF(z^k)\Delta z^k &= -F(z^k) \\ z^{k+1} &= z^k + \lambda_k \Delta z^k, \quad 0 < \lambda_k \leq 1. \end{aligned} \tag{24.45}$$

Für die Jacobi-Matrix $JF(z)$ ergibt sich aus (24.44):

$$\begin{aligned} JF(z) &= B_a + B_b \cdot Y(b), \\ B_a &:= \frac{\partial}{\partial u} r(u, v)\Big|_{(z, y(b;z))}, \quad B_b := \frac{\partial}{\partial v} r(u, v)\Big|_{(z, y(b;z))} \\ Y(b) &:= \frac{\partial}{\partial z} y(b; z). \end{aligned} \tag{24.46}$$

Bemerkung (24.20)
Die Matrizen B_a und B_b beschreiben die Ableitungen der Randbedingungen. Sie lassen sich i. Allg. ohne Schwierigkeiten analytisch berechnen. Im Fall linearer Randbedingungen, vgl. Abschn. 23.1, stimmen sie mit den in (23.3) vorgegebenen Matrizen überein. Ferner bildet die Matrix $Y(t) := \frac{\partial}{\partial z} y(t; z)$ im Fall einer linearen Randwertaufgabe ein Fundamentalsystem der Differentialgleichung, vgl. (22.5), und die Jacobi-Matrix $JF(z)$ stimmt mit der in Satz 23.2 angegebenen Shooting-Matrix E überein. Insbesondere gelten die in Satz 23.2 genannten Kriterien für die Regularität der Jacobi-Matrix.

Zur Berechnung der Matrix $Y(b)$ bieten sich wiederum die beiden, oben schon betrachteten Wege an. Zum Einen lässt sich $Y(b)$ durch **numerische Differen-**

tiation etwa mit Vorwärtsdifferenzen analog zu (24.40) approximieren:

$$\begin{aligned} &Y(b) = (y_{ij}) \quad \text{mit} \\ &y_{ij} \approx \frac{y_i(b; z_1, \dots, z_j + \Delta z_j, \dots, z_n) - y_i(b; z_1, \dots, z_n)}{\Delta z_j} \\ &|\Delta z_j| \approx |z_j| \cdot \sqrt{\text{eps}}\,. \end{aligned} \tag{24.47}$$

Zum Anderen lässt sich $Y(b)$ auch analog zu (24.41) durch numerische Integration der **Variationsgleichung** berechnen, vgl. (21.13). Hierzu hat man die folgende Matrix-Anfangswertaufgabe zu lösen:

$$\begin{aligned} &Y'(t) = f_y(t, y(t; z))Y(t)\,, \quad a \le t \le b \\ &Y(a) = I_n\,. \end{aligned} \tag{24.48}$$

Da die rechte Seite von (24.48) von der Trajektorie $y(t; z)$ abhängt, ist wiederum die simultane Integration des Matrix-Differentialgleichungssystems (24.48) mit dem Ausgangssystem (24.42) zu empfehlen.

Wählt man das Verfahren der numerischen Differentiation zur Approximation der Jacobi-Matrix, so erhält man den folgenden (groben) Algorithmus für das einfache Schießverfahren:

Algorithmus (24.21): Einfaches Schießverfahren

a) Wähle einen Startvektor $z^0 \in \mathbb{R}^n$; $k := 0$, $\lambda := 1$.

b) Löse die Anfangswertaufgabe (24.43) zur Berechnung von $y(b; z^{(k)})$ und setze

$$\begin{aligned} F(z^k) &:= r(z^k, y(b; z^k))\,; \\ T^{(k)} &:= \|F(z^k)\|^2\,. \end{aligned}$$

Falls $k = 0$: gehe nach (d).

c) Falls $T^{(k)} > T^{(k-1)}$:

$$\begin{aligned} &\ell := 1\,, \quad \lambda := \lambda/2\,; \\ &z^k := z^{k-1} + \lambda \cdot \Delta z^{k-1}\,; \\ &\text{gehe nach (b).} \end{aligned}$$

Falls $\ell = 0$: $\lambda := \min(1,\ 2\lambda)$.

Falls $T^{(k)}$ hinreichend klein: *Abbruch der Iteration!*

d) *Newton-Korrektur:*

Für $j = 1, 2, \dots, n$:

$$\Delta z_j := \sqrt{\text{eps}} \cdot \max\left(1,\ |z_j^k|\right)\,;$$

Berechnung von $y\left(b;\ z_1^k, \dots, z_j^k + \Delta z_j, \dots, z_n^k\right)$ nach (24.43).

end j;

Auswertung der Jacobi-Matrix $\boldsymbol{JF}(\boldsymbol{z}^k)$ nach (24.47) und (24.46);
Lösung des linearen Gleichungssystems $\boldsymbol{JF}(\boldsymbol{z}^k)\boldsymbol{\Delta z}^k = -\boldsymbol{F}(\boldsymbol{z}^k)$.
Falls $\|\Delta \boldsymbol{z}^k\|$ hinreichend klein: *Abbruch der Iteration!*;
Setze $\quad k := k+1; \quad \ell := 0; \quad \boldsymbol{z}^k := \boldsymbol{z}^{k-1} + \lambda \boldsymbol{\Delta z}^k$.
Gehe nach (b).

Das einfache Schießverfahren besitzt zwei wesentliche Nachteile, die seine Anwendbarkeit bei komplizierteren Randwertaufgaben häufig stark einschränken. Beide Schwierigkeiten hängen damit zusammen, dass zur Auswertung von $\boldsymbol{F}(\boldsymbol{z})$ und $\boldsymbol{JF}(\boldsymbol{z})$ Anfangswertaufgaben über den gesamten Zeitbereich $a \le t \le b$ gelöst werden müssen.

Nun wissen wir, dass die Lösungen nichtlinearer Differentialgleichungen *Singularitäten* besitzen können, vgl. beispielsweise 20.15, deren Lage von den geschätzten Anfangswerten abhängen. Damit existiert die Lösung $\boldsymbol{y}(t; \boldsymbol{z})$ der Anfangswertaufgabe (24.43) i. Allg. nur in einer von den Anfangswerten $\boldsymbol{z}$ abhängigen Umgebung $]t_{\min}, t_{\max}[$ der Anfangszeit $t = a$. Liegt die „Singularität" $t_{\max}$ nun im inneren Intervall $]a, b[$, so ist die Auswertung von $\boldsymbol{F}(\boldsymbol{z}) = \boldsymbol{r}(\boldsymbol{z}, \boldsymbol{y}(b; \boldsymbol{z}))$ nicht möglich und das Verfahren bricht ab.

Beispiel (24.22)
Wir betrachten das folgende, auf B.A. Troesch (1960) zurückgehende Beispiel einer Randwertaufgabe, vgl. Abb. 24.11

$$y''(t) = \lambda \sinh(\lambda\, y(t))$$
$$y(0) = 0\,, \quad y(1) = 1\,.$$

Für den Parameter $\lambda = 5$ besitzt die zugehörige Anfangswertaufgabe

$$y'' = \lambda \sinh(\lambda y)\,, \quad y(0) = 0\,, \quad y'(0) = z$$

nur für $|z| \le 0.05$ eine Lösung, die im ganzen Intervall $[0, 1]$ existiert; vgl. auch das Lehrbuch von Stoer, Bulirsch [65].

Für die tatsächliche Lösung der Randwertaufgabe erhält man:

$$z^* = 0.045\,750\,4\ldots\,.$$

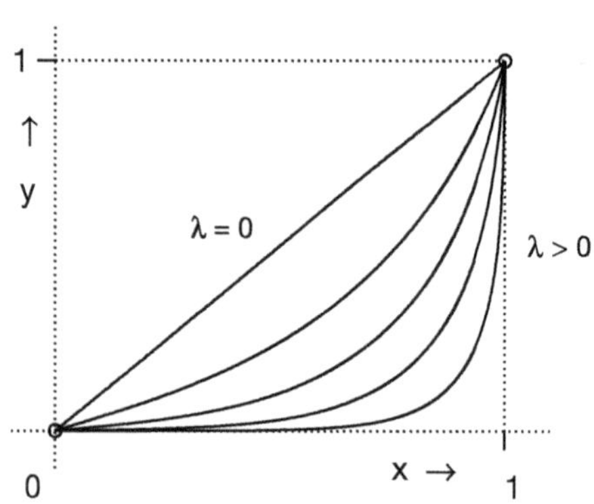

Abb. 24.11 Lösungen zum Beispiel von Troesch.

Der zweite Nachteil des einfachen Schießverfahrens hängt mit der häufig empfindlichen Abhängigkeit der Lösung $\boldsymbol{y}(t;\boldsymbol{z})$ von den Anfangsdaten $\boldsymbol{z}$ zusammen. Die entsprechende Fehlerabschätzung lautet nach Satz 21.10:

$$\|\boldsymbol{y}(b;\boldsymbol{z}) - \boldsymbol{y}(b,\boldsymbol{y})\| \le e^{L\,|b-a|} \cdot \|\boldsymbol{z} - \boldsymbol{y}\| \,. \tag{24.49}$$

Hierbei bezeichnet L eine Lipschitz-Konstante von $\boldsymbol{f} = \boldsymbol{f}(t, \boldsymbol{y})$ bezüglich der Variablen $\boldsymbol{y}$. Vernachlässigt man die Abhängigkeit der Lipschitz-Konstanten von dem jeweils betrachteten $(t, \boldsymbol{y})$-Bereich, so hängt die Empfindlichkeit der Anfangswertaufgabe also im Wesentlichen von der Integrationslänge $(b-a)$ ab. Je kleiner die Integrationslänge, desto geringer ist der Fehlereinfluss.

Beispiel (24.23)
Wir betrachten die lineare Randwertaufgabe

$$y'' = 12y + y' \,, \quad y(0) = y(10) = 1 \,.$$

Die Lösung der zugehörigen Anfangswertaufgabe lässt sich hier analytisch angeben:

$$y(t; z_1, z_2) = \frac{4z_1 - z_2}{7} \cdot e^{-3t} + \frac{3z_1 + z_2}{7} \cdot e^{4t} \,.$$

Setzt man diese in die Randbedingungen ein, so erhält man die (eindeutig bestimmten) Anfangsdaten

$$z_1^* = y(0) = 1 \,, \quad z_2^* = y'(0) = -3 + 2.9\ldots \cdot 10^{-17} \,.$$

Bei numerischer Berechnung von (z_1^*, z_2^*) kann man bestenfalls Approximationen der Form

$$\widetilde{z}_1 = 1 \,, \quad \widetilde{z}_2 = -3 + \varepsilon \,, \quad |\varepsilon| \le \text{eps}$$

erwarten. Nun hängen die zugehörigen Lösungen $y(t; \widetilde{z}_1, \widetilde{z}_2)$ der Anfangswertaufgabe jedoch sehr empfindlich von dem gefundenen ε ab.

So ergibt sich beispielsweise:

$$y(10; 1, -3) = e^{-30} \approx 9.36\,\text{E}-14 \,,$$
$$y(10; 1, -3 + 10^{-10}) \approx \frac{1}{7} e^{30} \approx 1.53\,\text{E}+12 \,.$$

Der gesuchte Anfangswert z_2^* lässt sich also numerisch gar nicht so genau berechnen, dass der Lösungsverlauf der zugehörigen Anfangswertaufgabe auch nur in etwa qualitativ richtig ist.

Schätzt man die in (24.49) auftretenden Größen ab, so findet man für dieses Beispiel:

$$L \approx 12 \,, \quad b - a = 10 \,, \quad e^{L(b-a)} \approx 10^{52} \,,$$
$$\|\boldsymbol{z} - \widetilde{\boldsymbol{z}}\| \approx \text{eps} \approx 10^{-14} \quad \text{(bei Rechnung mit MATLAB)} \,.$$

Die Mehrzielmethode (multiple shooting method)

Die Mehrzielmethode ist eine Modifikation des einfachen Schießverfahrens, welche die numerische Integration über „große“ Bereiche vermeidet und damit (in gewissem Umfang) eine Abhilfe für die genannten Probleme des einfachen Schießverfahrens bietet. Das Verfahren geht auf Keller[6], Osborne[7] und Bulirsch[8] zurück.

Die Grundidee des Verfahrens besteht darin, mit einer Intervallunterteilung zu arbeiten und Anfangswertaufgaben jeweils nur über Teilintervallen zu lösen. Die Anfangswerte (für alle Teilintervalle) sind dann so zu bestimmen, dass im Grenzwert nicht nur die Randbedingungen erfüllt werden, sondern auch die aus den Teiltrajektorien zusammengesetzte Lösung glatt ist.

Wir betrachten wieder eine Zweipunkt-Randwertaufgabe der Form (24.42). Ferner wird eine (feste) *Intervallunterteilung* vorgegeben:

$$a = t_1 < t_2 < \ldots < t_m = b \,. \tag{24.50}$$

Die t_j heißen in diesem Zusammenhang auch **Mehrzielknoten.**

In jedem Teilintervall lösen wir nun Anfangswertaufgaben

$$\begin{aligned} \boldsymbol{y}'(t) &= \boldsymbol{f}(t, \boldsymbol{y}(t)) \,, \quad t_j \le t \le t_{j+1} \\ \boldsymbol{y}(t_j) &= \boldsymbol{z}_j \end{aligned} \tag{24.51}$$

mit jeweils geschätzten Anfangswerten $\boldsymbol{z}_j \approx \boldsymbol{y}(t_j)$, $j = 1, \ldots, m-1$. Die Lösungen seinen wieder mit $\boldsymbol{y}(t; t_j, \boldsymbol{z}_j)$ bezeichnet.

Die zusammengesetzte Trajektorie

$$\boldsymbol{y}(t; \boldsymbol{z}_1, \ldots, \boldsymbol{z}_{m-1}) := \begin{cases} \boldsymbol{y}(t; t_1, \boldsymbol{z}_1): & t_1 \le t < t_2 \\ \boldsymbol{y}(t; t_2, \boldsymbol{z}_2): & t_2 \le t < t_3 \\ \quad\vdots & \quad\vdots \\ \boldsymbol{y}(t; t_{m-1}, \boldsymbol{z}_{m-1}): & t_{m-1} \le t \le t_m \end{cases} \tag{24.52}$$

löst nun genau dann die Randwertaufgabe, falls die folgenden Bedingungen erfüllt sind:

$$\begin{aligned} \boldsymbol{F}_j(\boldsymbol{z}_j, \boldsymbol{z}_{j+1}) &:= \boldsymbol{y}(t_{j+1}; t_j, \boldsymbol{z}_j) - \boldsymbol{z}_{j+1} = \boldsymbol{0} \,, \quad j = 1, 2, \ldots, m-2 \\ \boldsymbol{F}_{m-1}(\boldsymbol{z}_1, \boldsymbol{z}_{m-1}) &:= \boldsymbol{r}(\boldsymbol{z}_1, \boldsymbol{y}(t_m; t_{m-1}, \boldsymbol{z}_{m-1})) = \boldsymbol{0} \,. \end{aligned} \tag{24.53}$$

vergl. dazu die Abb. 24.12.

Damit ist die Randwertaufgabe wiederum in ein äquivalentes Nullstellenproblem für die zusammengesetzte Funktion

$$\boldsymbol{F}(\boldsymbol{z}_1, \ldots, \boldsymbol{z}_{m-1}) = (\boldsymbol{F}_1, \ldots, \boldsymbol{F}_{m-1})^{\mathrm{T}} : \mathbb{R}^{(m-1)\times n} \supset D \to \mathbb{R}^{(m-1)\times n}$$

zurückgeführt worden.

---

6) H.B. Keller: Numerical Methods for Two-Point Boundary-Value Problems. Blaisdell, London 1968.

7) M.R. Osborne: On shooting methods for boundary value problems. J. Math. Anal. Appl. **27** (1969), 417–433.

8) R. Bulirsch: Die Mehrzielmethode zur numerischen Lösung von nichtlinearen Randwertproblemen und Aufgaben der optimalen Steuerung. Report der Carl-Cranz-Gesellschaft, 1971.

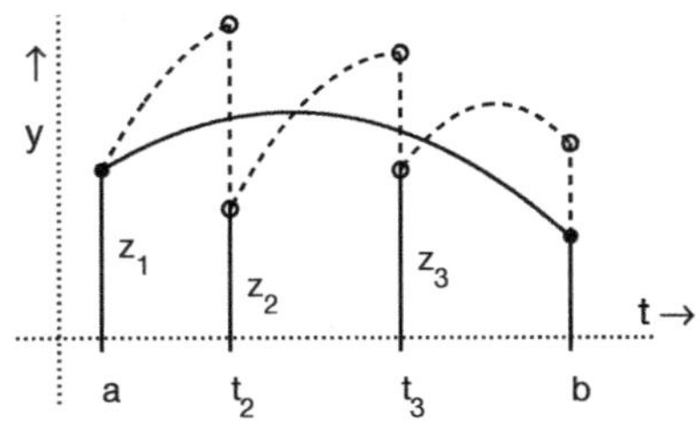

Abb. 24.12 Die Mehrzielmethode.

Die Nullstellenbestimmung für die Funktion $\boldsymbol{F}$ kann wieder mit dem gedämpften Newton-Verfahren erfolgen. Für die hierzu benötigte Jacobi-Matrix, auch **Mehrzielmatrix** genannt, $\boldsymbol{J}\boldsymbol{F}(\boldsymbol{z}), \boldsymbol{z} = (\boldsymbol{z}_1, \ldots, \boldsymbol{z}_{m-1})^{\mathrm{T}}$, besitzt (24.53) die folgende Blockstruktur:

$$\boldsymbol{J}\boldsymbol{F}(\boldsymbol{z}) = \begin{pmatrix} \boldsymbol{Y}_1 & -\boldsymbol{I}_n & & & \mathbf{0} \\ & \boldsymbol{Y}_2 & -\boldsymbol{I}_n & & \\ & & \ddots & \ddots & \\ \mathbf{0} & & & \boldsymbol{Y}_{m-2} & -\boldsymbol{I}_n \\ \boldsymbol{B}_a & \mathbf{0} & \cdots & \mathbf{0} & \boldsymbol{B}_b \boldsymbol{Y}_{m-1} \end{pmatrix} \tag{24.54}$$

wobei

$$\begin{aligned} \boldsymbol{Y}_j &:= \frac{\partial}{\partial \boldsymbol{z}_j} \boldsymbol{y}(t_{j+1}; t_j, \boldsymbol{z}_j) \\ \boldsymbol{B}_a &:= \frac{\partial}{\partial \boldsymbol{z}_1} \boldsymbol{r}(\boldsymbol{z}_1, \boldsymbol{z}_m)\bigg|_{\boldsymbol{z}_m = \boldsymbol{y}(t_m; t_{m-1}, \boldsymbol{z}_{m-1})} \\ \boldsymbol{B}_b &:= \frac{\partial}{\partial \boldsymbol{z}_m} \boldsymbol{r}(\boldsymbol{z}_1, \boldsymbol{z}_m)\bigg|_{\boldsymbol{z}_m = \boldsymbol{y}(t_m; t_{m-1}, \boldsymbol{z}_{m-1})} . \end{aligned} \tag{24.55}$$

Die Berechnung der „Übergangsmatrizen“ $\boldsymbol{Y}_j$, $j = 1, \ldots, m-1$, kann dabei wie beim einfachen Schießverfahren mittels numerischer Differentiation erfolgen. Der folgende Satz belegt die Regularität dieser Matrizen.

Satz (24.24)
Ist $\boldsymbol{f}$ eine C^1-Funktion und ist $\boldsymbol{z}_j \in \mathbb{R}^n$ so gewählt, dass (24.51) eine Lösung $\boldsymbol{y}(t; t_j, \boldsymbol{z}_j)$ besitzt, die im gesamten Intervall $t_j \le t \le t_{j+1}$ existiert, so ist $\boldsymbol{Y}_j \in \mathbb{R}^{(n,n)}$ regulär.

Beweis.
$\boldsymbol{y}(t; t_j, z_j)$ ist zugleich Lösung der Anfangswertaufgabe

$$\boldsymbol{y}' = \boldsymbol{f}(t, \boldsymbol{y}), \quad \boldsymbol{y}(t_{j+1}) = \boldsymbol{y}(t_{j+1}; t_j, \boldsymbol{z}_j),$$

also: $\boldsymbol{z}_j = \boldsymbol{y}(t_j; t_{j+1}, \boldsymbol{y}(t_{j+1}; t_j, \boldsymbol{z}_j))$. Differentiation dieser Identität nach $\boldsymbol{z}_j$ liefert:

$$\boldsymbol{I}_n = \left[\frac{\partial}{\partial \boldsymbol{z}_{j+1}} \boldsymbol{y}(t_j; t_{j+1}, \boldsymbol{z}_{j+1}) \right] \cdot \boldsymbol{Y}_j .$$

Hieraus folgt die Regularität von $\boldsymbol{Y}_j$. ∎

Für die Anwendung des Newton-Verfahrens wird die Regularität der Jacobi-Matrix benötigt. Hierzu lässt sich der folgende Zusammenhang aufzeigen:

Satz (24.25)
Die Randwertaufgabe (24.42) habe eine Lösung $\boldsymbol{y}^*$. Ferner sei $\boldsymbol{z}_j^* := \boldsymbol{y}^*(t_j)$ und $\boldsymbol{z}^* = (\boldsymbol{z}_1^*, \dots, \boldsymbol{z}_{m-1}^*)^{\mathrm{T}}$. Die Abbildung $\boldsymbol{g}(\boldsymbol{z}_1) := \boldsymbol{r}(\boldsymbol{z}_1, \boldsymbol{y}(t_m; t_1, \boldsymbol{z}_1))$ ist dann in einer Umgebung von $\boldsymbol{z}_1^*$ wohldefiniert. Sie sei regulär, d. h., sie besitze eine reguläre Jacobi-Matrix:

$$\boldsymbol{E}^* := \boldsymbol{J}\boldsymbol{g}\left(\boldsymbol{z}_1^*\right) \in \mathbb{R}^{(n,n)} .$$

Dann folgt: Die Mehrzielmatrix $\boldsymbol{JF}(\boldsymbol{z}^*)$ ist regulär.

Beweis.
Wir betrachten das Gleichungssystem $\boldsymbol{JF}(\boldsymbol{z})\Delta\boldsymbol{z} = -\boldsymbol{F}(\boldsymbol{z})$ und schreiben die Variablen in der Reihenfolge:

$$(\Delta\boldsymbol{z}_2, \Delta\boldsymbol{z}_3, \dots, \Delta\boldsymbol{z}_{m-1}, \Delta\boldsymbol{z}_1) .$$

Man erhält damit die folgende Blockstruktur des Gleichungssystems

$$\begin{pmatrix} -\boldsymbol{I} & & & \boldsymbol{0} & \boldsymbol{Y}_1 \\ \boldsymbol{Y}_2 & -\boldsymbol{I} & & & \\ & \boldsymbol{Y}_3 & -\boldsymbol{I} & & \\ & & \ddots & \ddots & \\ & & \boldsymbol{Y}_{m-2} & -\boldsymbol{b} & \boldsymbol{0} \\ \boldsymbol{0} & & & (\boldsymbol{B}_b \boldsymbol{Y}_{m-1}) & \boldsymbol{B}_a \end{pmatrix} \begin{pmatrix} \Delta\boldsymbol{z}_2 \\ \Delta\boldsymbol{z}_3 \\ \vdots \\ \Delta\boldsymbol{z}_{m-1} \\ \Delta\boldsymbol{z}_1 \end{pmatrix} = - \begin{pmatrix} \boldsymbol{F}_1 \\ \boldsymbol{F}_2 \\ \vdots \\ \vdots \\ \boldsymbol{F}_{m-1} \end{pmatrix} .$$

Hierauf wenden wir nun Block-Gauß-Elimination an. Die Pivotelemente sind dabei gerade die Einheitsmatrizen. Es folgt:

$$\begin{pmatrix} (-\boldsymbol{I}) & & \boldsymbol{0} & & \boldsymbol{Y}_1 \\ & (-\boldsymbol{I}) & & & [\boldsymbol{Y}_2 \boldsymbol{Y}_1] \\ & & \ddots & & \vdots \\ & & & (-\boldsymbol{I}) & [\boldsymbol{Y}_{m-2} \dots, \boldsymbol{Y}_1] \\ \boldsymbol{0} & & & & \{\boldsymbol{B}_a + \boldsymbol{B}_b \boldsymbol{Y}_{m-1} \dots, \boldsymbol{Y}_1\} \end{pmatrix} \begin{pmatrix} \Delta\boldsymbol{z}_2 \\ \Delta\boldsymbol{z}_3 \\ \vdots \\ \Delta\boldsymbol{z}_{m-1} \\ \Delta\boldsymbol{z}_1 \end{pmatrix} = - \begin{pmatrix} \widetilde{\boldsymbol{F}_1} \\ \widetilde{\boldsymbol{F}_2} \\ \vdots \\ \vdots \\ \widetilde{\boldsymbol{F}}_{m-1} \end{pmatrix}$$

mit

$$\begin{aligned} \widetilde{\boldsymbol{F}}_1 &:= \boldsymbol{F}_1 \\ \widetilde{\boldsymbol{F}}_2 &:= \boldsymbol{F}_2 + \boldsymbol{Y}_2 \boldsymbol{F}_1 \\ \widetilde{\boldsymbol{F}}_3 &:= \boldsymbol{F}_3 + \boldsymbol{Y}_3 \boldsymbol{F}_2 + \boldsymbol{Y}_3 \boldsymbol{Y}_2 \boldsymbol{F}_1 \\ &\vdots \\ \widetilde{\boldsymbol{F}}_{m-1} &:= \boldsymbol{F}_{m-1} + \boldsymbol{Y}_{m-1} \boldsymbol{F}_{m-2} + \dots + \boldsymbol{Y}_{m-1} \dots \boldsymbol{Y}_2 \boldsymbol{F}_1 . \end{aligned}$$

Da das Gaußsche Eliminationverfahren den (absoluten) Wert der Determinante erhält, vgl. Folgerung 4.51, folgt hiermit:

$$\det(\boldsymbol{JF}(\boldsymbol{z})) = \pm\det(\boldsymbol{B}_a + \boldsymbol{B}_b \boldsymbol{Y}_{m-1} \cdot \boldsymbol{Y}_{m-2} \cdot \ldots \cdot \boldsymbol{Y}_1) = \pm\det \boldsymbol{E}\,.$$

Setzt man hierin $\boldsymbol{z}_j = \boldsymbol{z}_j^*$ ein, so folgt schließlich:

$$\begin{aligned} \boldsymbol{E} &= \frac{\partial \boldsymbol{r}}{\partial \boldsymbol{z}_1} + \frac{\partial \boldsymbol{r}}{\partial \boldsymbol{z}_m} \cdot \left(\frac{\partial \boldsymbol{y}^*(t_m)}{\partial \boldsymbol{z}_{m-1}}\right) \cdot \left(\frac{\partial \boldsymbol{y}^*(t_{m-1})}{\partial \boldsymbol{z}_{m-2}}\right) \cdot \ldots \cdot \left(\frac{\partial \boldsymbol{y}^*(t_2)}{\partial \boldsymbol{z}_1}\right) \\ &= \frac{\partial}{\partial \boldsymbol{z}_1}[\boldsymbol{r}(\boldsymbol{z}_1, \boldsymbol{y}(t_m; t_1, \boldsymbol{z}_1))]\Big|_{\boldsymbol{z}_1 = \boldsymbol{z}_1^*} \\ &= \boldsymbol{E}^* \text{ regulär!} \end{aligned}$$

■

Der Beweis zu Satz 24.25 liefert zugleich eine schnelle und sparsame Methode zur Berechnung der Newton-Korrekturen $\Delta \boldsymbol{z}_j$:

(a) Löse $\boldsymbol{E} \cdot \Delta \boldsymbol{z}_1 = \widetilde{\boldsymbol{F}}_{m-1}$

(b) Berechne rekursiv: (24.56)

$$\Delta \boldsymbol{z}_{j+1} = \boldsymbol{Y}_j \Delta \boldsymbol{z}_j + \boldsymbol{F}_j\,, \quad j = 1, \ldots, m-2\,.$$

Der obige Algorithmus, manchmal auch **Condensing Algorithmus** genannt, ist jedoch nur dann numerisch brauchbar, falls das lineare Gleichungssystem (24.56)(a) nicht zu schlecht konditioniert ist. Andernfalls ist der Algorithmus instabil. Es empfiehlt sich in diesem Fall, stattdessen die direkte Auflösung des „großen" linearen Gleichungssystems $\boldsymbol{JF}(\boldsymbol{z}) = -\boldsymbol{F}(\boldsymbol{z})$ etwa mittels Orthogonalzerlegung der Koeffizientenmatrix, vgl. Abschn. 6.2, vorzunehmen.

Aus dem Beweis zu Satz 24.25 lässt sich auch umgekehrt folgern: Ist die Mehrzielmatrix $\boldsymbol{JF}(\boldsymbol{z})$ im Lösungspunkt $\boldsymbol{z}^*$ regulär, so ist auch die Shooting-Matrix $\boldsymbol{E}^* = \boldsymbol{Jg}(\boldsymbol{z}_1^*)$ regulär.

Nach dem Umkehrsatz 18.12 existieren in diesem Fall Umgebungen $U_y \subset \mathbb{R}^n$ von $\boldsymbol{z}_1^*$ und $U_0 \subset \mathbb{R}^n$ von $\boldsymbol{0}$, so dass $\boldsymbol{g}|_{U_y} : U_y \to U_0$ sogar bijektiv ist. Hieraus folgt, dass die Randwertaufgabe eine „isolierte" Lösung besitzt und sogar bei Störung der Randdaten immer noch (lokal) eindeutig lösbar ist.

Dies ist die wesentliche Aussage des folgenden Einbettungssatzes, der somit unmittelbar aus dem Beweis des Satzes 24.25 folgt.

Satz (24.26): Einbettungssatz

Die Randwertaufgabe (24.42) habe eine Lösung $\boldsymbol{y}^*$. Zu einer gegebenen Intervallunterteilung (24.50) und $\boldsymbol{z}_j^* := \boldsymbol{y}^*(t_j)$, $j = 1, \ldots, m-1$, sei die Mehrzielmatrix $\boldsymbol{JF}(\boldsymbol{z}^*)$ regulär.

Dann existieren Umgebungen $U_y \subset \mathbb{R}^n$ von $\boldsymbol{y}^*(a)$ und U_0 von $\boldsymbol{0} \in \mathbb{R}^n$, so dass für jeden Vektor $\boldsymbol{\epsilon} \in U_0$ das „gestörte" Randwertproblem:

$$\boldsymbol{y}'(t) = \boldsymbol{f}(t, \boldsymbol{y}(t))\,; \qquad \boldsymbol{r}(\boldsymbol{y}(a), \boldsymbol{y}(b)) = \boldsymbol{\epsilon}$$

genau eine Lösung $\boldsymbol{y}^*(t; \boldsymbol{\epsilon})$ mit $\boldsymbol{y}^*(a, \boldsymbol{\epsilon}) \in U_y$ besitzt.

Insbesondere ist die Lösung der ursprünglichen Randwertaufgabe lokal eindeutig.

Beispiel (24.27)
Wir betrachten nochmals die lineare Randwertaufgabe 24.23:

$$y''(t) = 12\, y(t) + y'(t)\,, \quad y(0) = y(10) = 1\,.$$

Akzeptiert man eine lokale Fehlerverstärkung von $e^{L(t_{j+1}-t_j)} \approx 10^5$, so genügt es offenbar, die Intervallänge auf $|t_{j+1} - t_j| = 1$ zu reduzieren.

In der Tat liefert die Mehrzielmethode für dieses Beispiel mit $m = 11$ äquidistanten Mehrzielknoten, die in der folgenden Tabelle angegebenen Approximationen für $y(t_j)$ und $y'(t_j)$, $j = 1, \ldots, 11$, die auf etwa fünf Dezimalstellen mit der exakten Lösung übereinstimmen.

t_j	$y(t_j)$	$y'(t_j)$
0	0.100 000 00 e +01	−0.300 000 00 e +01
1	0.497 870 68 e −01	−0.149 361 21 e +00
2	0.247 875 22 e −02	−0.743 625 65 e −02
3	0.123 409 80 e −03	−0.370 229 41 e −03
4	0.614 425 01 e −05	−0.184 324 86 e −04
5	0.307 963 45 e −06	−0.909 462 45 e −06
6	0.127 764 50 e −06	0.404 448 08 e −06
7	0.614 490 72 e −05	0.245 743 29 e −04
8	0.335 461 62 e −03	0.134 184 60 e −02
9	0.183 155 03 e −01	0.732 620 24 e −01
10	0.999 992 67 e +00	0.399 997 07 e +01

Es sei abschließend bemerkt, dass für gewisse Probleme der optimalen Steuerung Randwertaufgaben auftreten, die nur eine stückweise stetige rechte Seite besitzen und bei denen gewisse Randbedingungen gerade diese (a priori unbekannten) Unstetigkeitsstellen, die sogenannten **Schaltpunkte** festlegen.

Auch solche **Randwertaufgaben mit Schaltbedingungen** lassen sich mit einer Variante der Mehrzielmethode (Routine BNDSCO) für Mehrpunkt-Randwertaufgaben effizient numerisch lösen.

25
Partielle Differentialgleichungen

Zahlreiche Aufgaben in Naturwissenschaften und Technik führen auf partielle Differentialgleichungen. Wir haben in Kap. 20 schon mit *gewöhnlichen* Differentialgleichungen Bekanntschaft gemacht; dort suchten wir Funktionen $t \mapsto y(t)$ *einer* Veränderlichen t, die einer Gleichung genügt, in der (gewöhnliche) Ableitungen auftauchen. Zusätzlich haben wir noch Anfangs- und/oder Randwerte vorgegeben.

Nun suchen wir Funktionen $(x_1, x_2, \ldots, x_n) =: \boldsymbol{x} \mapsto u(\boldsymbol{x})$, die einer Gleichung genügen, in denen *partielle* Ableitungen von u auftreten. Auch hier werden wir wieder Anfangs- und Randwerte in Betracht ziehen. Da das Feld der partiellen Differentialgleichungen unüberschaubar groß erscheint, lohnt es sich, eine formale Definition an den Anfang zu stellen.

Definition (25.1)
Ein Ausdruck der Form

$$F\left(\boldsymbol{x}, u(\boldsymbol{x}), \frac{\partial u}{\partial x_1}, \ldots, \frac{\partial u}{\partial x_n}, \ldots, \frac{\partial^p u}{\partial x_1^p}, \ldots, \frac{\partial u^p}{\partial x_n^p}\right) = 0 \tag{25.1}$$

heißt **partielle Differentialgleichung p-ter Ordnung** für die gesuchte Funktion $u\colon \mathbb{R}^n \supset G \to \mathbb{R}$. Dabei ist F irgendeine gegebene Funktion und p ist die größte auftretende Summe von $p_1, \ldots, p_n$, so dass

$$u_{x_1^{p_1} \ldots x_n^{p_n}} := \frac{\partial^p u}{\partial x_1^{p_1} \ldots \partial x_n^{p_n}}$$

mit $p = p_1 + \ldots + p_n$ gilt.

Bereits bei den gewöhnlichen Differentialgleichungen traten Systeme für vektorwertige Funktionen $t \mapsto \boldsymbol{y}(t) \in \mathbb{R}^m$ auf. Auch bei den partiellen Differentialgleichungen spielen Systeme eine wichtige Rolle. Die Definition 25.1 geht dabei über in

Definition (25.2)
Ein Ausdruck der Form

$$\boldsymbol{F}\left(\boldsymbol{x}, \boldsymbol{u}(\boldsymbol{x}), \frac{\partial \boldsymbol{u}}{\partial x_1}, \ldots, \frac{\partial \boldsymbol{u}}{\partial x_n}, \ldots, \frac{\partial^p \boldsymbol{u}}{\partial x_1^p}, \ldots, \frac{\partial \boldsymbol{u}^p}{\partial x_n^p}\right) = \boldsymbol{0}$$

Mathematik in den Ingenieur- und Naturwissenschaften **2**, 5. Aufl.
Rainer Ansorge, Hans J. Oberle, Kai Rothe und Thomas Sonar.

heißt **System partieller Differentialgleichungen p-ter Ordnung** für die gesuchte Funktion $\boldsymbol{u}: \mathbb{R}^n \supset G \to \mathbb{R}^m$. Dabei ist $\boldsymbol{F}$ irgendeine gegebene vektorwertige Funktion mit Werten im $\mathbb{R}^m$ und p ist so wie in Definition 25.1.

Es ist üblich und hilfreich, partielle Differentialgleichungen in verschiedene Klassen zu unterteilen.

Definition (25.3)

a) Eine partielle Differentialgleichung (25.1) heißt **linear**, falls die Funktion F affin-linear in allen abhängigen Veränderlichen $u, u_{x_1}, \dots, u_{x_n^p}$ ist. Die auftretenden Koeffizienten dürfen dabei nur von $\boldsymbol{x} = (x_1, \dots, x_n)^{\mathrm{T}}$ abhängen.
b) Eine partielle Differentialgleichung (25.1) heißt **halblinear**, falls F affin-linear ist in den Ableitungen höchster Ordnung und deren Koeffizienten zudem nur von $\boldsymbol{x}$ abhängen. Die Ableitungen höchster Ordnung können von der Form $u_{x_1^p}, \dots, u_{x_n^p}$ sein, aber auch von der Form $u_{x_1^{p_1} x_2^{p_2} \cdots x_n^{p_n}}$ mit maximalem $p = p_1 + \dots p_n$.
c) Eine partielle Differentialgleichung (25.1) heißt **quasilinear**, falls F affin-linear in den Ableitungen höchster Ordnung ist, deren Koeffizienten aber auch von u und den Ableitungen $u_{x_1}, \dots, u_{x_n^{p-1}}$ abhängen dürfen.
d) In allen anderen Fällen heißt die partielle Differentialgleichung **nichtlinear**.

Die Klassifikation von Systemen verläuft analog.

Beispiele (25.4): $m = 1, n = 2, u = u(x, y)$

a) Eine **lineare partielle Differentialgleichung erster Ordnung** in zwei Variablen x, y lautet

$$a_1(x, y)u_x + a_2(x, y)u_y + b(x, y)u = h(x, y) .$$

Eine **quasilineare partielle Differentialgleichung** in zwei Variablen x, y ist

$$a_1(x, y, u)u_x + a_2(x, y, u)u_y = h(x, y, u) .$$

b) Eine **lineare partielle Differentialgleichung zweiter Ordnung** in zwei Variablen x_1, x_2 lautet

$$\sum_{i,j=1}^{2} a_{ij}(x_1, x_2)u_{x_i x_j} + \sum_{i=1}^{2} b_i(x_1, x_2)u_{x_i} + c(x_1, x_2)u(x_1, x_2) = h(x_1, x_2) .$$

Eine **quasilineare partielle Differentialgleichung zweiter Ordnung** wäre

$$\sum_{i,j=1}^{2} a_{ij}(x_1, x_2, u, x_{x_1}, u_{x_2})u_{x_i x_j} = h(x_1, x_2, u, u_{x_1}, u_{x_2}) .$$

25.1 Das Auftreten partieller Differentialgleichungen

Historisch traten partielle Differentialgleichungen im 18. Jahrhundert zuerst auf, und zwar lineare Gleichungen zweiter Ordnung.

Herleitung der Laplace-Gleichung

Betrachten wir die Konzentration $u = u(\boldsymbol{x}) = u(x_1, x_2, x_3)$ einer Chemikalie in Wasser und nehmen wir an, dass sich diese Konzentration nicht zeitlich ändert. Man spricht dann vom Äquilibrium. Betrachten wir die Flüssigkeit in einem beliebigen Standardbereich $G \subset \mathbb{R}^3$ mit glattem Rand ∂G und äußerer Einheitsnormale $\boldsymbol{n}(\boldsymbol{x})$. Da sich die Chemikalie im Äquilibrium befindet, gibt es keinen Fluss durch den Rand von G, d. h., wenn $\boldsymbol{f}(u)$ die Flussdichte bezeichnet, dann gilt

$$\int_{\partial G} \boldsymbol{f}(u(\boldsymbol{x}))\,\mathrm{d}\boldsymbol{o} = \int_{\partial G} \langle \boldsymbol{f}(u(\boldsymbol{x})), \boldsymbol{n}(\boldsymbol{x})\rangle \,\mathrm{d}o = 0\,.$$

Nach dem Integralsatz von Gauß (vgl. Satz 19.64) gilt dann auch

$$\int_{G} \operatorname{div} \boldsymbol{f}(u(\boldsymbol{x}))\,\mathrm{d}\boldsymbol{x} = 0\,.$$

Diese Gleichung gilt *für alle* Standardbereiche G, also muss der Integrand verschwinden:

$$\operatorname{div} \boldsymbol{f}(u(\boldsymbol{x})) = 0\,.$$

Die Flussdichte $\boldsymbol{f}$ zeigt von hoher zu niedriger Konzentration, ist also proportional zum negativen Gradienten ∇u, z. B. $\boldsymbol{f}(u) = -a\nabla u$ mit einer positiven Konstanten a. Setzen wir dies nun in unsere letzte Gleichung ein, so folgt

$$\operatorname{div}(-a\nabla u) = -a \operatorname{div} \nabla u = -a\Delta u = 0\,,$$

da die Divergenz des Gradienten gerade den Laplace-Operator ergibt, vgl. Bemerkung 17.18b). Nach Division durch $-a$ erhalten wir die **Laplace-Gleichung**

$$\Delta u = \sum_{i=1}^{3} u_{x_i x_i} = 0\,. \qquad (25.2)$$

Wir haben chemische Konzentrationen betrachtet und in diesem Fall heißt (25.2) das Ficksche[1] Diffusionsgesetz. Die Laplace-Gleichung taucht aber überall dort auf, wo es um die Beschreibung von Gleichgewichtszuständen geht. Ist u die Temperatur, dann heißt (25.2) das Fouriersche[2] Gesetz der Wärmeleitung. Ist u das elektrostatische Potential, dann nennt man (25.2) das Ohmsche[3] Gesetz der

1) Adolf Eugen Fick (1829–1901); Zürich, Würzburg.
2) Jean Baptiste Joseph Fourier (1768–1830); Paris.
3) Georg Simon Ohm (1789–1854); Erlangen, Bamberg, Köln, Berlin, Nürnberg.

elektrischen Leitung. Natürlich ist die Laplace-Gleichung nicht auf den räumlich dreidimensionalen Fall beschränkt sondern gilt allgemein für n Dimensionen.

Die etwas allgemeinere Gleichung

$$-\Delta u = f \tag{25.3}$$

mit einer Funktion $f = f(\boldsymbol{x})$ heißt **Poisson-Gleichung**[4]. Die Laplace- und Poisson-Gleichung sind typische Beispiele für reine **Randwertprobleme**, d. h., man löst diese Gleichungen unter der Vorgabe einer Randbedingung

$$u(\boldsymbol{x})|_{\partial G} = g(\boldsymbol{x}) , \quad \boldsymbol{x} \in \partial G .$$

Herleitung der Wärmeleitungsgleichung

Die Wärmeleitungs- oder Diffusionsgleichung beschreibt die *zeitliche* Veränderung einer Größe $u = u(\boldsymbol{x}, t)$ wie z. B. Wärme oder chemische Konzentration. Der zeitlichen Änderung von u in einem Standardbereich G entspricht der Fluss $\boldsymbol{f}$ dieser Größe über den Rand, d. h.

$$\frac{\mathrm{d}}{\mathrm{d}t} \int_G u \,\mathrm{d}\boldsymbol{x} = - \int_{\partial G} \boldsymbol{f}(u) \,\mathrm{d}o ,$$

denn wenn der Fluss positiv ist, dann bedeutet das einen Verlust in G. Wiederum gilt diese Gleichung für alle Standardbereiche G, also folgt mit Hilfe des Gaußschen Integralsatzes

$$\frac{\mathrm{d}}{\mathrm{d}t} u = - \operatorname{div} \boldsymbol{f}(u) .$$

Nehmen wir wieder an, der Fluss erfüllt die Gleichung $\boldsymbol{f}(u) = -a\nabla u$ mit einer positiven Konstante a, dann ergibt sich

$$u_t = a \operatorname{div}(\nabla u) = a\Delta u .$$

Für $a = 1$ ergibt sich die klassische **Wärmeleitungsgleichung**

$$u_t = \Delta u . \tag{25.4}$$

Typischerweise löst man die Wärmeleitungsgleichung in einem **Anfangs-Randwert-Problem**, d. h. unter Vorgabe von

$$\begin{aligned} u(\boldsymbol{x}, 0) &= u_0(\boldsymbol{x}) \\ u(\boldsymbol{x}, t)|_{\partial G} &= g(\boldsymbol{x}, t) , \quad \boldsymbol{x} \in \partial G . \end{aligned}$$

Herleitung der Wellengleichung

Zu Beginn des 18. Jahrhundert interessierte man sich für die Bewegung einer angeschlagenen Saite eines Musikinstruments. Es ist aber ganz egal, ob eine eindimensionale Saite schwingt ($n = 1$), eine Membran ($n = 2$) oder ein elastischer

4) Siméon-Denis Poisson (1781–1840); Paris.

Körper ($n = 3$), und für die Mathematik können wir eine beliebige Dimension n annehmen. Ist G wieder ein Standardbereich und beschreibt $u = u(\boldsymbol{x}, t)$ die Auslenkung des schwingenden Mediums, dann ist die Beschleunigung des Mediums in G gegeben durch

$$\frac{\mathrm{d}^2}{\mathrm{d}t^2} \int_G u \, \mathrm{d}\boldsymbol{x} = \int_G u_{tt} \, \mathrm{d}\boldsymbol{x} \, .$$

Setzen wir die Massendichte zu 1 und bezeichnen mit $\boldsymbol{f}$ die Kraft, die über ∂G auf G wirkt, dann ist

$$-\int_{\partial G} \boldsymbol{f}(u) \, \mathrm{d}o$$

die Gesamtkraft. Aus dem Newtonschen Gesetz „Kraft = Masse × Beschleunigung" folgt dann

$$\int_G u_{tt} \, \mathrm{d}\boldsymbol{x} = -\int_{\partial G} \boldsymbol{f}(u) \, \mathrm{d}o \, .$$

Wiederum gilt diese Gleichung für alle G und mit dem Gaußschen Integralsatz folgt

$$u_{tt} = -\operatorname{div} \boldsymbol{f}(u) \, .$$

Im Fall elastischer Körper ist der Fluss $\boldsymbol{f}$ eine Funktion des Gradienten der Auslenkung u. Ist dann auch noch die Auslenkung hinreichend klein, dann verwendet man die Linearisierung $\boldsymbol{f}(u) \approx -a\nabla u$ mit einer positiven Konstanten a. Damit folgt die Gleichung

$$u_{tt} - a\Delta u = 0$$

und für $a = 1$ folgt die klassische **Wellengleichung**

$$u_{tt} - \Delta u = 0 \, . \tag{25.5}$$

Oft betrachtet man die Wellengleichung mit $a := c^2$,

$$u_{tt} - c^2 \Delta u = 0 \, , \tag{25.6}$$

wobei c die sogenannte **Wellengeschwindigkeit** ist.

Die physikalische Interpretation der Gleichung legt es nahe, zwei Anfangswerte vorzugeben, und zwar die Anfangsauslenkung und die Anfangsgeschwindigkeit, also

$$u(\boldsymbol{x}, 0) = u_0(\boldsymbol{x}) \, ,$$
$$u_t(\boldsymbol{x}, 0) = v_0(\boldsymbol{x}) \, .$$

Herleitung der quasilinearen Transportgleichung

Auf unseren Autobahnen rollen die Autos näherungsweise so, wie sich Wasser in einem Fluss bewegt. Betrachten wir eine volle (eindimensionale) Autobahn zwischen zwei Messpunkten x_1 und x_2 und bezeichnen wir mit $u = u(x, t)$ die Autodichte (Autos je Einheitslänge) und mit $f = f(x, t)$ den Fluss (Autos je Zeiteinheit). Die Gesamtzahl von Autos im Intervall $I := [x_1, x_2]$ ist dann gegeben durch

$$\int_{x_1}^{x_2} u \, \mathrm{d}x$$

und die zeitliche Änderung der Gesamtzahl der Autos in I ist dann

$$\frac{\mathrm{d}}{\mathrm{d}t} \int_{x_1}^{x_2} u \, \mathrm{d}x = \int_{x_1}^{x_2} \frac{\partial u}{\partial t} \, \mathrm{d}x \, .$$

Da innerhalb von I keine Autos verschwinden oder hinzukommen (I soll also keine Ab- bzw. Auffahrten enthalten), muss diese zeitliche Änderung der Differenz $f(x_1, t) - f(x_2, t)$ entsprechen, was wir als

$$-\int_{x_1}^{x_2} \frac{\partial f}{\partial x} \, \mathrm{d}x$$

schreiben können. Insgesamt erhalten wir also

$$\int_{x_1}^{x_2} \frac{\partial u}{\partial t} \, \mathrm{d}x = -\int_{x_1}^{x_2} \frac{\partial f}{\partial x} \, \mathrm{d}x \, ,$$

oder

$$\int_{x_1}^{x_2} \left(\frac{\partial u}{\partial t} + \frac{\partial f}{\partial x} \right) \mathrm{d}x = 0 \, .$$

Diese Gleichung gilt für alle Intervalle I, daher muss

$$\frac{\partial u}{\partial t} + \frac{\partial f}{\partial x} = 0$$

gelten. Der Fluss f hängt sicher von der Dichte u ab (was jeder Autofahrer sofort bestätigen wird) und wir betrachten die Funktion $f(u)$ als gegeben. Damit erhalten wir die quasilineare Transportgleichung

$$\frac{\partial u}{\partial t} + \frac{\partial f(u)}{\partial x} = u_t + f(u)_x = 0 \, , \tag{25.7}$$

zu der man Anfangswerte $u(x, 0) = u_0(x)$, $x \in I$, vorgibt. Gleichungen dieser Form nennt man **Erhaltungsgleichungen**, weil sie sich aus Erhaltungsprinzipien (hier: Erhaltung der Anzahl der Autos) herleiten lassen. Ist der Fluss linear, d. h. gilt $f(u) = au$ mit einer Konstanten $a \neq 0$, dann erhält man die **lineare Transportgleichung**

$$u_t + au_x = 0 \,. \tag{25.8}$$

25.2 Partielle Differentialgleichungen erster Ordnung

Das Auftreten von Gleichungen erster Ordnung

Wir haben als partielle Differentialgleichungen erster Ordnung bereits die quasilineare und die lineare Transportgleichung kennengelernt. Neben solchen Transportprozessen spielen Gleichungen erster Ordnung eine ausgezeichnete Rolle in der Beschreibung von Flächenscharen. Betrachten wir eine Fläche im $\mathbb{R}^3$ in der Darstellung

$$z = z(x, y) \,,$$

dann wird durch die Gleichung

$$f(x, y) := x^2 + y^2 + (z - z_0)^2 - r^2 = 0$$

eine Kugeloberfläche mit Radius r beschrieben. Der Mittelpunkt der Kugel liegt bei $(0, 0, z_0)$. Bilden wir den Gradienten von f, dann erhalten wir

$$\frac{1}{2}\nabla f(x, y) = (x + z_x(z - z_0), y + z_y(z - z_0))^{\mathrm{T}} = \mathbf{0} \,.$$

Löst man die erste dieser beiden Gleichungen nach z_0 auf und setzt dies in die zweite ein, dann ergibt sich die partielle Differentialgleichung erster Ordnung

$$yz_x - xz_y = 0 \,, \tag{25.9}$$

deren Lösung offenbar die Schar der Kugeloberflächen ist. Allerdings liegen die Dinge nicht ganz so offensichtlich, denn die Differentialgleichung hat mehr Lösungen als nur die Kugeloberflächen. Die Gleichung

$$h(x, y) = x^2 + y^2 - (z - z_0)^2 \tan\alpha = 0$$

beschreibt eine Schar (Scharparameter α) von Kreiskegeln um die z-Achse mit der Kegelspitze in $(0, 0, z_0)$. Berechnen wir wieder den Gradienten, dann folgt

$$\frac{1}{2}\nabla h(x, y) = (x - z_x(z - z_0)\tan\alpha, y - z_y(z - z_0)\tan\alpha)^{\mathrm{T}} \,,$$

und wenn wir nun mit Hilfe der Gleichung $h(x, y) = 0$ die beiden Größen α und z_0 eliminieren, so bleibt

$$yz_x - xz_y = 0$$

und das ist wieder die Differentialgleichung (25.9) der Kugeloberflächen. Gemeinsam ist den Kugel- und Kegeloberflächen, dass sie durch Rotation von Kurven um die z-Achse entstanden sind. Alle solche Oberflächen können in der Form $z = f(x^2 + y^2)$ mit einer (fast) beliebigen Funktion f geschrieben werden. Schreiben wir $\xi := x^2 + y^2$, dann liefern die partiellen Ableitungen

$$z_x = f'(\xi)\xi_x = 2xf'(\xi)\,, \quad z_y = f'(\xi)\xi_y = 2yf'(\xi)\,,$$

woraus man $f'(\xi)$ eliminieren kann, um schließlich (25.9) zu erhalten.

Motivation

Betrachten wir zur Motivation des Folgenden die lineare Transportgleichung (25.8) mit $a > 0$. Wir denken uns eine Kurve $s \mapsto (x(s), t(s))^{\mathrm{T}}$ in der x, t-Ebene und betrachten u auf dieser Kurve, d. h. $u = u(x(s), t(s))$. Ableitung nach dem Kurvenparameter liefert

$$\frac{\mathrm{d}}{\mathrm{d}s} u(x(s), t(s)) = u_x \frac{\mathrm{d}x}{\mathrm{d}s} + u_t \frac{\mathrm{d}t}{\mathrm{d}s}\,.$$

Wenn nun $\mathrm{d}t = \mathrm{d}s$ ($s = t$) wäre und $\mathrm{d}x/\mathrm{d}t = a$, dann erhielten wir unsere Differentialgleichung zurück:

$$\frac{\mathrm{d}}{\mathrm{d}t} u(x(t), t) = u_x \frac{\mathrm{d}x}{\mathrm{d}t} + u_t = 0\,,$$

und damit ist die Lösung u längs der durch $\mathrm{d}x/\mathrm{d}t = a$ definierten Kurven konstant! Im Fall der Transportgleichung sind solche Kurven offenbar Geraden mit der Steigung $\mathrm{d}x/\mathrm{d}t = a$ in der x, y-Ebene. Integration liefert

$$x(t) = a \cdot t + x_0$$

und der Wert der Lösung auf dieser Kurve ist offenbar $u(x(t), t) = u_0(x_0)$.

Die Charakteristikenmethode

Wir betrachten allgemeine partielle Differentialgleichungen erster Ordnung

$$F(\nabla u, u, \boldsymbol{x}) = 0\,, \quad \boldsymbol{x} \in G \subset \mathbb{R}^n\,. \tag{25.10}$$

Wir werden sehen, dass man sämtliche solche Gleichungen auf Systeme gewöhnlicher Differentialgleichungen zurückführen kann. Unsere Strategie, die man das **Charakteristikenverfahren** nennt, kann nun wie folgt beschrieben werden. Wir werden eine Randbedingung

$$u(\boldsymbol{x})|_\Gamma = g(\boldsymbol{x})\,, \quad \boldsymbol{x} \in \Gamma := \partial G \tag{25.11}$$

vorgeben, wobei wir auch den Fall einer Anfangsbedingung mit einschließen, wenn z. B. in einem entsprechenden physikalischen Problem $x_n =: t$ die Zeit bezeichnet. Wir versuchen nun zu einem beliebigen Punkt $\boldsymbol{x} \in G$ eine durch diesen Punkt gehende Kurve zu finden, die ganz in G liegt und $\boldsymbol{x}$ mit Γ verbindet. Dann werden wir versuchen, ausgehend von der gegebenen Bedingung auf Γ, die Lösung u an der Stelle $\boldsymbol{x}$ zu berechnen.

Diese zu findende Kurve wollen wir in Parameterdarstellung

$$\boldsymbol{x}(s) = (x_1(s), \dots, x_n(s))^{\mathrm{T}}$$

betrachten, wobei s aus einem Intervall der reellen Zahlen kommt. Weiterhin nehmen wir an, dass unsere Lösung u aus C^2 stammt, also zweimal stetig differenzierbar ist. Betrachten wir eine Lösung u auf der Kurve $\boldsymbol{x}$, also

$$z(s) := u(\boldsymbol{x}(s)), \tag{25.12}$$

dann definieren wir

$$\boldsymbol{p}(s) := \nabla u(\boldsymbol{x}(s)), \tag{25.13}$$

also $\boldsymbol{p}(s) = (p_1(s), \dots, p_n(s))^{\mathrm{T}} = (u_{x_1}(\boldsymbol{x}(s)), \dots, u_{x_n}(\boldsymbol{x}(s)))^{\mathrm{T}}$. Während z uns den Wert von u auf der Kurve gibt, ist $\boldsymbol{p}$ der Wert des Gradienten von u auf dieser Kurve. Wir wollen nun $\boldsymbol{x}$ so bestimmen, dass wir jederzeit z und $\boldsymbol{p}$ berechnen können.

Dazu differenzieren wir (25.13) nach s und erhalten mit der Kettenregel

$$p_i'(s) = \sum_{j=1}^{n} u_{x_i x_j}(\boldsymbol{x}(s)) \cdot x_j'(s). \tag{25.14}$$

Nun haben wir es schon mit zweiten Ableitungen unserer Lösung u zu tun, was nach einer Verkomplizierung, aber nicht nach einer Vereinfachung aussieht. Diese zweiten Ableitungen werden wir aber los, wenn wir die Differentialgleichung (25.10) in der Form $F(\boldsymbol{p}, z, \boldsymbol{x}) = 0$ selbst nach x_i differenzieren:

$$\sum_{j=1}^{n} \frac{\partial F}{\partial p_j}(\boldsymbol{p}, z, \boldsymbol{x}) u_{x_j x_i}(\boldsymbol{x}(s)) + \frac{\partial F}{\partial z}(\boldsymbol{p}, z, \boldsymbol{x}) p_i(s) + \frac{\partial F}{\partial x_i}(\boldsymbol{p}, z, \boldsymbol{x}) = 0, \tag{25.15}$$

aber wir brauchen noch einen kleinen Trick. Wir verlangen

$$x_j'(s) = \frac{\partial F}{\partial p_j}(\boldsymbol{p}(s), z(s), \boldsymbol{x}(s)), \quad j = 1, \dots, n. \tag{25.16}$$

Setzen wir nun (25.16) und (25.15) in (25.14) ein, dann folgt

$$\begin{aligned} p_i'(s) &= \sum_{j=1}^{n} u_{x_i x_j}(\boldsymbol{x}(s)) \frac{\partial F}{\partial p_j}(\boldsymbol{p}(s), z(s), \boldsymbol{x}(s)) \\ &= -\frac{\partial F}{\partial z}(\boldsymbol{p}(s), z(s), \boldsymbol{x}(s)) p_i(s) - \frac{\partial F}{\partial x_i}(\boldsymbol{p}(s), z(s), \boldsymbol{x}(s)) \end{aligned} \tag{25.17}$$

und die zweiten Ableitungen sind verschwunden. Nun differenzieren wir noch (25.12) und erhalten

$$z'(s) = \sum_{j=1}^{n} \frac{\partial u}{\partial x_j}(\boldsymbol{x}(s)) x_j'(s) = \sum_{j=1}^{n} p_j(s) \frac{\partial F}{\partial p_j}(\boldsymbol{p}(s), z(s), \boldsymbol{x}(s)), \tag{25.18}$$

wobei wir (25.13) und (25.16) verwendet haben. Gleichung (25.18) können wir platzsparend auch als Skalarprodukt schreiben:

$$z'(s) = \langle \nabla_{\boldsymbol{p}} F(\boldsymbol{p}(s), z(s), \boldsymbol{x}(s)), \boldsymbol{p}(s) \rangle,$$

wobei $\nabla_{\boldsymbol{p}}$ den Gradienten bezüglich des Vektors $\boldsymbol{p}$ bezeichnet.

Definition (25.5)
Die $2n + 1$ gewöhnlichen Differentialgleichungen erster Ordnung

$$\begin{aligned} \boldsymbol{p}'(s) &= -\nabla_{\boldsymbol{x}} F(\boldsymbol{p}(s), z(s), \boldsymbol{x}(s)) - \frac{\partial}{\partial z} F(\boldsymbol{p}(s), z(s), \boldsymbol{x}(s))\boldsymbol{p}(s) \\ z'(s) &= \langle \nabla_{\boldsymbol{p}} F(\boldsymbol{p}(s), z(s), \boldsymbol{x}(s)), \boldsymbol{p}(s) \rangle \\ \boldsymbol{x}'(s) &= \nabla_{\boldsymbol{p}} F(\boldsymbol{p}(s), z(s), \boldsymbol{x}(s)) \end{aligned} \tag{25.19}$$

heißen **charakteristische Gleichungen** der allgemeinen partiellen Differentialgleichung erster Ordnung (25.10). Lösungen $(\boldsymbol{p}(s), z(s), \boldsymbol{x}(s))$ dieses Systems heißen **Charakteristiken**. Die Kurven $\boldsymbol{x}(s)$ heißen **charakteristische Grundkurven.**

Wir haben damit den folgenden wichtigen Satz bewiesen.

Satz (25.6)
Sei $u \in C^2(G)$ Lösung der Differentialgleichung (25.10) und $\boldsymbol{x}(s)$ Lösung der charakteristischen Gleichungen (25.19) und $\boldsymbol{p}(s) = \nabla u(\boldsymbol{x}(s))$, $z(s) = u(\boldsymbol{x}(s))$. Dann löst $\boldsymbol{p}(s)$ die erste Gleichung in (25.19) und $z(s)$ die zweite Gleichung in (25.19) für alle s, für die $\boldsymbol{x}(s)$ in G bleibt.

Beispiel (25.7)
Wir betrachten eine lineare Gleichung

$$a_1(\boldsymbol{x})u_{x_1} + \ldots + a_n(\boldsymbol{x})u_{x_n} + b(\boldsymbol{x})u = 0\,,$$

die wir auch in der Form

$$F(\boldsymbol{p}, z, \boldsymbol{x}) = \langle \boldsymbol{a}(\boldsymbol{x}), \boldsymbol{p} \rangle + b(\boldsymbol{x})z = 0$$

mit $\boldsymbol{a} = (a_1, \ldots, a_n)^{\mathrm{T}}$ schreiben können. Wir sehen sofort, dass

$$\nabla_{\boldsymbol{p}} F = \boldsymbol{a}(\boldsymbol{x})$$

gilt, so dass sich die dritte charakteristische Gleichung in (25.19) zu

$$\boldsymbol{x}'(s) = \boldsymbol{a}(\boldsymbol{x}(s))$$

ergibt, wobei wieder $\boldsymbol{x}(s) = (x_1(s), \ldots, x_n(s))^{\mathrm{T}}$ geschrieben wurde. Die zweite charakteristische Gleichung ergibt

$$z'(s) = \langle \boldsymbol{a}(\boldsymbol{x}(s)), \boldsymbol{p}(s) \rangle\,,$$

und wegen $\boldsymbol{p}(s) = \nabla u(\boldsymbol{x}(s))$ und einem Vergleich mit der Differentialgleichung folgt

$$z'(s) = -b(\boldsymbol{x}(s))z(s)\,.$$

Die erste Gleichung des charakteristischen Systems wird in diesem Fall gar nicht benötigt, denn das charakteristische System

$$\boldsymbol{x}'(s) = \boldsymbol{a}(\boldsymbol{x}(s)) \tag{25.20}$$

$$z'(s) = -b(\boldsymbol{x}(s))z(s) \tag{25.21}$$

ist bei Vorgabe geeigneter Anfangswerte bereits lösbar. Sehen wir uns konkret die lineare Transportgleichung

$$u_t + au_x = 0$$

mit konstantem $a \neq 0$ und der Anfangsbedingung

$$u(x, 0) = u_0(x) \,, \quad x \in \mathbb{R}$$

an. Hier ist offenbar $\boldsymbol{x} = (x_1, x_2) := (t, x)$ und $\boldsymbol{a} = (1, a)$. Die charakteristischen Grundkurven berechnen sich aus

$$\boldsymbol{x}'(s) = \begin{pmatrix} t'(s) \\ x'(s) \end{pmatrix} = \begin{pmatrix} 1 \\ a \end{pmatrix} ,$$

und aus der ersten Gleichung (25.20) folgt

$$t(s) = s + k \,, \quad k \in \mathbb{R} \,,$$

und da unsere Randbedingungskurve Γ (die nun eine Anfangswertkurve ist!) die Achse $t = 0$ ist, muss $t(0) = 0$ gelten, d. h. $k = 0$. Unsere charakteristischen Grundkurven können also mit t parametrisiert werden, und aus der zweiten Gleichung folgt dann

$$x(t) = at + k \,, \quad k \in \mathbb{R} \,.$$

Die charakteristischen Grundkurven sind also Geraden in der $(\boldsymbol{x}, \boldsymbol{t})$-Ebene, die bei $x(0) = k =: x_0$ starten, vgl. Abb. 25.1.

Abb. 25.1 Ausschnitt aus den charakteristischen Grundkurven für $a < 0$ (links) und $a > 0$.

Die Steigung der charakteristischen Grundkurven in der (x, t)-Ebene ist

$$\frac{\mathrm{d}t}{\mathrm{d}x} = \frac{1}{a} \,.$$

Wie verhält sich nun die Lösung? Aus (25.21) folgt

$$z'(s) = 0 \,,$$

denn der Koeffizient b ist in der linearen Transportgleichung nicht vorhanden. Damit ist aber die Lösung u konstant auf den charakteristischen Grundkurven, d. h.

$$u(x, t) = \text{const.} \,, \quad x = at + x_0 \,,$$

also

$$u(at + x_0, t) = \text{const.}$$

Zur Zeit $t = 0$ gilt also $u(x, 0) = u(x_0, 0) = u_0(x_0)$. Die Lösung $u(x, t)$ entlang einer jeden charakteristischen Grundkurve ist also zu jeder Zeit der Wert der Anfangswertfunktion u_0 an der Stelle $x_0 = x - at$. Damit haben wir die Lösung des Anfangswertproblems gefunden:

$$u(x, t) = u_0(x - at) . \tag{25.22}$$

Die lineare Transportgleichung verschiebt also jede vorgegebene Anfangswertfunktion entlang der charakteristischen Grundkurven. Die Transportgeschwindigkeit ist $\mathrm{d}x/\,\mathrm{d}t = a$.

Hier begegnen wir nun einer Eigentümlichkeit partieller Differentialgleichungen, die uns später zu dem Begriff der „schwachen" Lösung führen wird. Obwohl wir zur Herleitung unserer Theorie $u \in C^2$ angenommen haben und die lineare Differentialgleichung bereits $u \in C^1$ in Zeit und Raum erfordert, können wir offenbar eine beliebige (also auch unstetige) Funktion u_0 vorgeben. Die Transportgleichung wird diese Funktion lediglich verschieben.

Beispiel (25.8)
Wir wissen aus dem vorhergehenden Beispiel, dass das Anfangswertproblem

$$\begin{aligned} u_t + \langle \boldsymbol{a}, \nabla u\rangle &= u_t + a_1 u_{x_1} + \ldots + a_n u_{x_n} = 0 \\ u(\boldsymbol{x}, 0) &= u_0(\boldsymbol{x}) \end{aligned}$$

mit konstanten Koeffizienten $a_i, i = 1, \ldots, n$ die Lösung

$$u(\boldsymbol{x}, t) = u_0(\boldsymbol{x} - t\boldsymbol{a})$$

besitzt. Inspiriert von der Charakteristikentheorie wollen wir nun die Lösung der inhomogenen linearen Transportgleichung

$$\begin{aligned} u_t + \langle \boldsymbol{a}, \nabla u\rangle &= f(\boldsymbol{x}, t) \\ u(\boldsymbol{x}, 0) &= u_0(\boldsymbol{x}) \end{aligned}$$

bestimmen. Dazu setzen wir

$$z(s) := u(\boldsymbol{x} + s\boldsymbol{a}, t + s)$$

und bilden die Ableitung nach s:

$$z'(s) = \langle \nabla u(\boldsymbol{x} + s, t + s), \boldsymbol{a}\rangle + u_t(\boldsymbol{x} + s\boldsymbol{a}, t + s) .$$

Wir stellen fest, dass offenbar

$$z'(s) = f(\boldsymbol{x} + s\boldsymbol{a}, t + s)$$

gilt. Wegen $z(0) = u(\boldsymbol{x}, t)$ und $z(-t) = u(\boldsymbol{x} - t\boldsymbol{a}, 0) = u_0(\boldsymbol{x} - t\boldsymbol{a})$ folgt

$$u(\boldsymbol{x}, t) - u_0(\boldsymbol{x} - t\boldsymbol{a}) = z(0) - z(-t) = \int_{-t}^{0} z'(s)\,\mathrm{d}s = \int_{-t}^{0} f(\boldsymbol{x} + s\boldsymbol{a}, t + s)\,\mathrm{d}s .$$

Führen wir nun die Variablentransformation $\sigma := s + t$ ein, so folgt

$$u(\boldsymbol{x}, t) - u_0(\boldsymbol{x} - t\boldsymbol{a}) = \int_0^t f(\boldsymbol{x} + (\sigma - t)\boldsymbol{a}, \sigma)\,\mathrm{d}\sigma$$

und wir haben damit die Lösung des Anfangswertproblems für die inhomogene Transportgleichung gefunden:

$$u(\boldsymbol{x}, t) = u_0(\boldsymbol{x} - t\boldsymbol{a}) + \int_0^t f(\boldsymbol{x} + (\sigma - t)\boldsymbol{a}, \sigma)\,\mathrm{d}\sigma\,. \tag{25.23}$$

Diese Lösung wird uns später bei der Behandlung der Wellengleichung noch tiefe Einsichten vermitteln.

Beispiel (25.9)
Die Gleichung von Burgers[5] ist die quasilineare Gleichung

$$u_t + \left(\frac{1}{2}u^2\right)_x = 0\,,$$

die als Erhaltungsgleichung in der Form

$$u_t + f(u)_x = 0$$

mit dem Fluss $f(u) = u^2/2$ geschrieben werden kann, vgl. (25.5). Führt man die Ableitung der Flussfunktion aus, dann erkennt man erst den quasilinearen Charakter, denn es gilt

$$u_t + a(u) \cdot u_x = u_t + u \cdot u_x = 0\,.$$

Schreiben wir diese Gleichung als $F(\boldsymbol{p}, z, \boldsymbol{x}) = 1 \cdot p_1 + a(z)p_2 = \langle \boldsymbol{a}(z), \boldsymbol{p}\rangle$ mit $\boldsymbol{x} = (x_1, x_2)^{\mathrm{T}} = (t, x)^{\mathrm{T}}$, $\boldsymbol{p} = (p_1, p_2)^{\mathrm{T}}$, $p_1 = u_t$, $p_2 = u_x$ und $\boldsymbol{a}(z) = (1, a(z))^{\mathrm{T}}$, dann folgt sofort

$$\nabla_{\boldsymbol{p}} F(\boldsymbol{p}, z, \boldsymbol{x}) = \boldsymbol{a}(z)$$

und damit wird aus der dritten charakteristischen Gleichung (25.19) $\boldsymbol{x}'(s) = \boldsymbol{a}(z(s))$, d. h.

$$\boldsymbol{x}'(s) = \begin{pmatrix} t'(s) \\ x'(s) \end{pmatrix} = \begin{pmatrix} 1 \\ a(z(s)) \end{pmatrix}.$$

Die erste Gleichung zeigt wie in Beispiel (25.11), dass wir mit t parametrisieren können. Aus der zweiten Gleichung folgt

$$x(t) = a(z(t))t + k\,, \quad k \in \mathbb{R}\,. \tag{25.24}$$

5) Johannes Martinus Burgers (1895–1981); Delft, Maryland.

Wegen $a(u) = u$ folgt $x(t) = z(t)t + k$ und nun steckt die Lösung selbst in der Gleichung der charakteristischen Grundkurve. Die zweite charakteristische Gleichung in (25.19) liefert

$$z'(t) = \langle \boldsymbol{a}(z(t)), \boldsymbol{p}(t) \rangle = 1 \cdot p_1(t) + a(z(t))p_2(t) = z_t(t) + z(t)z_x(t) \, .$$

Das ist aber genau unsere Differentialgleichung und daher ist $z'(t) = 0$, d. h., die Lösung ist konstant auf den charakteristischen Grundkurven! Damit beschreibt aber Gleichung (25.24) Geraden. Da Anfangswerte angenommen werden sollen, ist die konstante Lösung auf jeder charakteristischen Grundkurve durch den Wert der Anfangswertfunktion $u_0(x_0) = z(0)$ bestimmt. Wieder haben wir die erste Gleichung in (25.19) nicht benötigt. Sie spielt tatsächlich erst bei den nichtlinearen Gleichungen eine Rolle.

Betrachten wir nun die spezifischen Anfangswerte

$$u_0(x) = \begin{cases} 1\,; & x \le 0 \\ 1 - x\,; & 0 < x < 1 \\ 0\,; & x \ge 1 \end{cases} ,$$

Die Steigung der charakteristischen Grundkurven in der (x, t)-Ebene ist

$$\frac{\mathrm{d}t}{\mathrm{d}x} = \frac{1}{a(z(0))} = \frac{1}{z(0)} \, .$$

Für $x \le 0$ ist $u_0(x) = z(0) = 1$, also $\mathrm{d}t/\mathrm{d}x = 1$. Für $x \ge 1$ ist $u_0(x) = z(0) = 0$, so dass $\mathrm{d}x/\mathrm{d}t = 0$ ist und die charakteristischen Grundkurven dort Parallelen zur t-Achse sind. Im Intervall $]0, 1[$ variiert die Steigung der charakteristischen Grundkurven linear zwischen 1 und „∞". Damit ergibt sich das Bild wie in Abb. 25.2.

Die Lösung ist $u(x, t) = 1$ für $x \le 0$ und $u(x, t) = 0$ für $x \ge 1$. Im Intervall $]0, 1[$ finden wir alle Werte zwischen 0 und 1. Die verschiedenen charakteristischen Grundkurven treffen sich aber zum Zeitpunkt $t = 1$ an der Stelle $x = 1$ und überschneiden sich dann. Damit kann ab $t = 1$ keine stetige Lösung mehr existieren!

Dieses Verhalten ist typisch für nichtlineare Transportgleichungen und wir werden bei der Diskussion sogenannter „schwacher" Lösungen darauf zurückkommen.

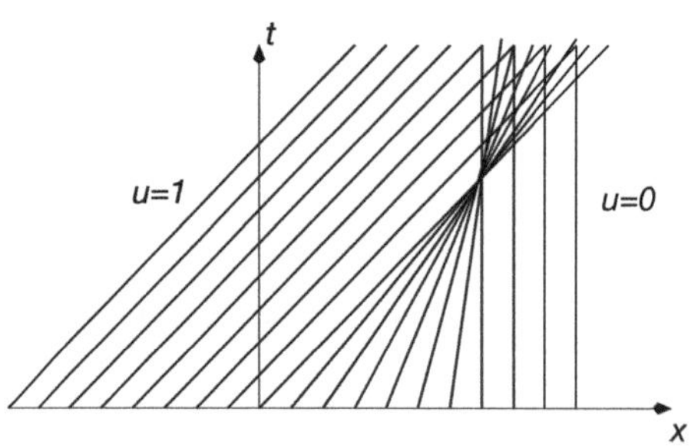

Abb. 25.2 Die charakteristischen Grundkurven im Fall der speziellen Anfangswertaufgabe für Burgers's Gleichung.

Beispiel (25.10)
Als Beispiel für eine nichtlineare Gleichung betrachten wir im Gebiet $G = \{\boldsymbol{x} = (x, y) : x > 0\}$ mit Rand $\Gamma = \partial G = \{\boldsymbol{x} = (x, y) : x = 0\}$ die Gleichung

$$u_x u_y - u = 0$$

mit der Randbedingung

$$u(x, y) = y^2 , \quad (x, y) \in \Gamma .$$

Schreiben wir die Gleichung in der Form $F(\boldsymbol{p}, z, \boldsymbol{x}) = p_1 p_2 - z$, dann folgen die charakteristischen Gleichungen (25.19) zu

$$\begin{aligned} p_1'(s) &= p_1(s) \\ p_2'(s) &= p_2(s) \\ z'(s) &= 2p_1(s)p_2(s) \\ x'(s) &= p_2(s) \\ y'(s) &= p_1(s) . \end{aligned}$$

Integriert man die ersten beiden Gleichungen, dann erhält man

$$p_1(s) = p_1(0)\mathrm{e}^s , \quad p_2(s) = p_2(0)\mathrm{e}^s . \tag{25.25}$$

Damit folgt aus den letzten beiden Gleichungen

$$x(s) = p_2(0)\mathrm{e}^s + k_1 , \quad y(s) = p_1(0)\mathrm{e}^s + k_2 .$$

Nun soll $x(0) = 0$ sein, also $k_1 = p_2(0)$, und $y(0)$ soll irgendeinen Wert $y_0 \in \mathbb{R}$ haben. Damit folgt die Integrationskonstante k_2 zu $k_2 = y_0 - p_1(0)$. Damit ergeben sich die Gleichungen

$$x(s) = p_2(0)(\mathrm{e}^s - 1) , \quad y(s) = y_0 + p_1(0)(\mathrm{e}^s - 1) . \tag{25.26}$$

Die dritte Gleichung $z'(s) = 2p_1(s)p_2(s) = 2p_1(0)p_2(0)\mathrm{e}^{2s}$ ergibt nach Integration $z(s) = p_1(0)p_2(0)\mathrm{e}^{2s} + k_3$. Für $s = 0$ soll $z(0) = z_0$ für irgendein $z_0 \in \mathbb{R}$ gelten, also $k_3 = z_0 - p_1(0)p_2(0)$ und damit

$$z(s) = z_0 + p_1(0)p_2(0)(\mathrm{e}^{2s} - 1) . \tag{25.27}$$

Wir haben also in diesem nichtlinearen Fall *alle* charakteristischen Gleichungen (25.19) benötigt. Es bleiben nun noch die Anfangsbedingungen $p_1(0)$ und $p_2(0)$ zu bestimmen. Weil $u(x, y) = y^2$ auf Γ gelten soll, ist $p_2(0) = u_y(0, y_0) = 2y_0$. Nun verwenden wir unsere Differentialgleichung $p_1(s)p_2(s) - z(s) = 0$ an der Stelle $s = 0$ und erhalten $p_1(0)p_2(0) = z(0) = z_0 = y_0^2$ und daraus $p_1(0) = y_0/2$. Damit lauten unsere Gleichungen (25.25)–(25.27) nun

$$\begin{aligned} x(s) &= 2y_0(\mathrm{e}^s - 1) , \quad y(s) = \frac{y_0}{2}(\mathrm{e}^s + 1) \\ z(s) &= y_0^2 \mathrm{e}^{2s} \\ p_1(s) &= \frac{y_0}{2}\mathrm{e}^s , \quad p_2(s) = 2y_0\mathrm{e}^s . \end{aligned}$$

Wählen wir nun einen beliebigen Punkt $(x, y) \in G$ und s und y_0 so, dass

$$(x, y) = (x(s), y(s)) = \left(2y_0(e^s - 1), \frac{y_0}{2}(e^s + 1)\right)$$

gilt, dann können wir auflösen nach

$$y_0 = \frac{4y - x}{4}, \quad e^s = \frac{x + 4y}{4y - x}$$

und erhalten schließlich als Lösung unseres Anfangswertproblems

$$u(x, y) = u(x(s), y(s)) = z(s) = y_0^2 e^{2s} = \frac{(x + 4y)^2}{16}.$$

Nichtcharakteristische Randbedingungen

Wir haben bisher nicht diskutiert, ob jede Wahl der Kurve Γ zur Vorgabe der Rand-(Anfangs-)bedingung geeignet ist, aber da wir die Lösungen über die Charakteristiken ermittelt haben, erscheint es natürlich, dass Γ selbst keine Charakteristik sein darf. Man spricht auch von nichtcharakteristischen Randbedingungen, was uns auf die folgenden Betrachtungen führt.

Wir nehmen an, dass $\boldsymbol{x}_0 \in \Gamma$ zumindest lokal in der Ebene $x_n = 0$ liegt. Eine solche Plättung des Randes kann immer lokal durch Abbildungen erreicht werden. Um die partielle Differentialgleichung (25.10) wenigstens in einer Umgebung von $\boldsymbol{x}_0$ lösen zu können, benötigen wir Anfangsbedingungen

$$\boldsymbol{p}(0) = \boldsymbol{p}_0, \quad z(0) = z_0, \quad \boldsymbol{x}(0) = x_0,$$

die wir so wählen müssen, dass die Differentialgleichung lösbar ist. Die Kurve $s \mapsto \boldsymbol{x}(s)$ soll durch den Punkt $\boldsymbol{x}_0$ verlaufen, daher muss

$$z_0 = g(\boldsymbol{x}_0) \tag{25.28}$$

gelten. Wegen $u(x_1, \dots, x_{n-1}, 0) = g(x_1, \dots, x_{n-1})$ folgt

$$p_{i,0} := u_{x_i}(\boldsymbol{x}_0) = g_{x_i}(\boldsymbol{x}_0), \quad i = 1, \dots, n-1$$

und natürlich soll die partielle Differentialgleichung selbst erfüllt sein: $F(\boldsymbol{p}_0, z_0, \boldsymbol{x}_0) = 0$. Damit erhalten wir die n Bedingungen

$$p_{i,0} = g_{x_i}, \quad i = 1, \dots, n-1, \tag{25.29}$$

$$F(\boldsymbol{p}_0, z_0, \boldsymbol{x}_0) = 0 \tag{25.30}$$

für den gesuchten Vektor $\boldsymbol{p}_0 = (p_{1,0}, \dots, p_{n,0})^{\mathrm{T}}$. Man nennt (25.28) mit (25.29), (25.30) die **Kompatibilitätsbedingungen** und eine Randbedingung $(\boldsymbol{p}_0, z_0, \boldsymbol{x}_0) \in \mathbb{R}^{2n+1}$, die die Kompatibilitätsbedingungen erfüllt, heißt **zulässig.**

Es reicht nicht, nur den Punkt $\boldsymbol{x}_0$ zu betrachten. Schließlich wollen wir die Differentialgleichung für alle Randpunkte lösen, die in einer Umgebung von $\boldsymbol{x}_0$ liegen. Wir betrachten daher einen Punkt $\boldsymbol{y} = (y_1, \dots, y_{n-1}, 0) \in \Gamma$, der in einer

Umgebung von $\boldsymbol{x}_0$ liegt. Wir wollen das charakteristische System (25.19)

$$\begin{aligned}
\boldsymbol{p}'(s) &= -\nabla_{\boldsymbol{x}} F(\boldsymbol{p}(s), z(s), \boldsymbol{x}(s)) - \frac{\partial}{\partial z} F(\boldsymbol{p}(s), z(s), \boldsymbol{x}(s))\boldsymbol{p}(s) \\
z'(s) &= \langle \nabla_{\boldsymbol{p}} F(\boldsymbol{p}(s), z(s), \boldsymbol{x}(s)), \boldsymbol{p}(s)\rangle \\
\boldsymbol{x}'(s) &= \nabla_{\boldsymbol{p}} F(\boldsymbol{p}(s), z(s), \boldsymbol{x}(s))
\end{aligned}$$

mit den neuen Randbedingungen

$$\boldsymbol{p}(0) = \boldsymbol{q}(0)\,, \quad z_0 = g(\boldsymbol{y})\,, \quad \boldsymbol{x}(0) = \boldsymbol{y}$$

lösen. Dazu müssen wir $\boldsymbol{q}$ so bestimmen, dass

$$\boldsymbol{q}(\boldsymbol{x}_0) = \boldsymbol{p}_0 \tag{25.31}$$

gilt und dass $(\boldsymbol{q}(\boldsymbol{y}), g(\boldsymbol{y}), \boldsymbol{y})$ zulässig ist, d. h., es muss

$$q_i(\boldsymbol{y}) = g_{x_i}(\boldsymbol{y})\,, \quad i = 1, \ldots, n-1\,, \tag{25.32}$$

$$F(\boldsymbol{q}(\boldsymbol{y}), g(\boldsymbol{y}), \boldsymbol{y}) = 0 \tag{25.33}$$

gelten.

Lemma (25.11)
Gilt

$$\frac{\partial}{\partial p_n}(\boldsymbol{p}_0, z_0, \boldsymbol{x}_0) \neq 0\,, \tag{25.34}$$

dann existiert eine eindeutig bestimmte Lösung $\boldsymbol{q}$ von (25.31)–(25.33) für alle $\boldsymbol{y} \in \Gamma$ in hinreichender Nähe zu $\boldsymbol{x}_0$. Erfüllt eine zulässige Randbedingung $(\boldsymbol{p}_0, z_0, \boldsymbol{x}_0)$ die Gleichung (25.34), dann heißt sie **nichtcharakteristisch**. Liegt der Rand Γ in einer Umgebung von $\boldsymbol{x}_0$ nicht in der Ebene $x_n = 0$, dann lautet die Bedingung (25.34)

$$\langle \nabla_{\boldsymbol{p}} F(\boldsymbol{p}_0, z_0, \boldsymbol{x}_0), \boldsymbol{n}(\boldsymbol{x}_0)\rangle \neq 0\,,$$

wobei $\boldsymbol{n}$ die äußere Einheitsnormale an Γ bezeichnet.

Beweis.
Wir definieren eine Funktion $\boldsymbol{H}\colon \mathbb{R}^n \times \mathbb{R}^n \to \mathbb{R}^n$ durch

$$\begin{aligned}
H_i(\boldsymbol{p}, \boldsymbol{y}) &= H_i(p_1, \ldots, p_n, y_1, \ldots, y_n) := p_i - g_{x_i}(\boldsymbol{y})\,, \quad i = 1, \ldots, n-1 \\
H_n(\boldsymbol{p}, \boldsymbol{y}) &= H_n(p_1, \ldots, p_n, y_1, \ldots, y_n) := F(\boldsymbol{p}, g(\boldsymbol{y}), \boldsymbol{y})\,.
\end{aligned}$$

Wegen (25.28)–(25.30) gilt

$$\boldsymbol{H}(\boldsymbol{p}_0, \boldsymbol{x}_0) = \boldsymbol{0}\,.$$

Man rechnet leicht nach, dass

$$\frac{\partial \boldsymbol{H}}{\partial \boldsymbol{p}}(\boldsymbol{p}_0, \boldsymbol{x}_0) = \begin{pmatrix} 1 & & 0 & 0 \\ & \ddots & & \vdots \\ 0 & & 1 & 0 \\ F_{p_1}(\boldsymbol{p}_0, z_0, \boldsymbol{x}_0) & \ldots & & F_{p_n}(\boldsymbol{p}_0, z_0, \boldsymbol{x}_0) \end{pmatrix}.$$

Nach Voraussetzung (25.34) gilt nun

$$\det \frac{\partial H}{\partial p} = F_{p_n}(\boldsymbol{p}_0, z_0, \boldsymbol{x}_0) \neq 0 \,,$$

und damit sind alle Voraussetzungen für den Satz über implizite Funktionen 18.8 erfüllt. Damit kann die Gleichung $\boldsymbol{H}(\boldsymbol{p}, \boldsymbol{y}) = 0$ eindeutig nach $\boldsymbol{p} = \boldsymbol{q}(\boldsymbol{y})$ aufgelöst werden, wobei $\boldsymbol{y}$ in einer Umgebung von $\boldsymbol{x}_0$ liegen muss. ■

Die nichtcharakteristischen Randbedingungen sind nun der Schlüssel zu einer Existenzaussage für partielle Differentialgleichungen erster Ordnung.

Lokale Existenz von Lösungen

Wir betrachten wieder einen in einer Umgebung geplätteten Rand Γ mit

$$\boldsymbol{y} = (y_1, \dots, y_{n-1}, 0)^{\mathrm{T}} \in \Gamma \,.$$

Ausgehend von diesem Randpunkt $\boldsymbol{y}$ wollen wir aus den Gleichungen für die Charakteristiken die Größen $\boldsymbol{x}(s) := \boldsymbol{x}(y_1, \dots, y_{n-1}, s)$, $\boldsymbol{p}(s) := \boldsymbol{p}(y_1, \dots, y_{n-1}, s)$, $z(s) := z(y_1, \dots, y_{n-1}, s)$ für weitere Parameterwerte von s berechnen. Zunächst beantworten wir die Frage, ob wir zu einem Punkt $\boldsymbol{X} \in U$ auch den zugehörigen Parameterwert s und den zugehörigen Randpunkt $\boldsymbol{y}$ berechnen können.

Lemma (25.12)
Unter der Bedingung (25.34) (nichtcharakteristische Randbedingung) existiert ein offenes Intervall $I \subset \mathbb{R}$ mit $0 \in I$, eine Umgebung $V(\boldsymbol{x}_0) \in \Gamma \subset \mathbb{R}^{n-1}$ und eine Umgebung $U(\boldsymbol{x}_0) \in \mathbb{R}^n$, so dass es für jedes $\boldsymbol{X} \in U$ eindeutig bestimmte $s \in I$ und $\boldsymbol{y} \in V$ gibt, so dass

$$\boldsymbol{X} = \boldsymbol{x}(\boldsymbol{y}, s)$$

gilt. Die Abbildungen $\boldsymbol{X} \mapsto s(\boldsymbol{X})$ und $\boldsymbol{X} \mapsto \boldsymbol{y}(\boldsymbol{X})$ sind C^2-Abbildungen.

Beweis.
Nach Konstruktion gilt $\boldsymbol{x}(\boldsymbol{x}_0, 0) = \boldsymbol{x}_0$. Der Satz 18.8 über implizite Funktionen liefert uns sofort den Beweis des Lemmas, wenn nur für die Jacobi-Matrix

$$\det \boldsymbol{J}\boldsymbol{x}(\boldsymbol{x}_0, 0) \neq \boldsymbol{0}$$

gilt. Das ist aber leicht zu sehen, denn $\boldsymbol{x}(\boldsymbol{y}, 0) = (\boldsymbol{y}, 0)$, $\boldsymbol{y} \in \Gamma$, und somit gilt für alle $i = 1, \dots, n-1$

$$\frac{\partial x_j}{\partial y_i} = \begin{cases} \delta_{ij}\,; & j = 1, \dots, n-1 \\ 0\,; & j = n \end{cases}$$

und aus der dritten charakteristischen Gleichung (25.19) folgt

$$\frac{\partial x_j}{\partial s}(\boldsymbol{x}_0, 0) = F_{p_j}(\boldsymbol{p}_0, z_0, \boldsymbol{x}_0) \,.$$

Damit ist

$$\boldsymbol{J}\boldsymbol{x}(\boldsymbol{x}_0, 0) = \left(\frac{\partial \boldsymbol{x}}{\partial \boldsymbol{y}}(\boldsymbol{x}_0, 0), \frac{\partial \boldsymbol{x}}{\partial s}(\boldsymbol{x}_0, 0) \right) = \begin{pmatrix} 1 & & 0 & F_{p_1}(\boldsymbol{p}_0, z_0, \boldsymbol{x}_0) \\ & \ddots & & \vdots \\ 0 & & 1 & \vdots \\ 0 & \dots & 0 & F_{p_n}(\boldsymbol{p}_0, z_0, \boldsymbol{x}_0) \end{pmatrix}$$

und wegen (25.34) gilt offenbar $\det \boldsymbol{J}\boldsymbol{x}(\boldsymbol{x}_0, 0) \neq 0$. ■

Damit können wir nun den zentralen Existenzsatz beweisen. Da wir nach $\boldsymbol{y}$ und s lokal auflösen können, schreiben wir für die gesuchten Größen

$$u(\boldsymbol{x}) = z(\boldsymbol{y}(\boldsymbol{x}), s(\boldsymbol{x})), \quad \boldsymbol{p}(\boldsymbol{x}) = \boldsymbol{p}(\boldsymbol{y}(\boldsymbol{x}), s(\boldsymbol{x})). \tag{25.35}$$

Satz (25.13): Existenzsatz
Die in (25.35) definierte Funktion u ist aus C^2 und löst die partielle Differentialgleichung

$$F(\nabla u, u, \boldsymbol{x}) = 0, \quad \boldsymbol{x} \in U$$

mit der Randbedingung

$$u(\boldsymbol{x}) = g(\boldsymbol{x}), \quad \boldsymbol{x} \in \Gamma \cap U.$$

Beweis.
In den Beweis fließen nun alle Resultate ein, die wir bisher gewonnen haben. Der Beweis ist technisch aufwendig, aber wenig erhellend, weshalb wir auf ihn verzichten. Interessierte Leser seien auf die einschlägige Literatur zu partiellen Differentialgleichungen verwiesen. ■

25.3 Verallgemeinerte Lösungen

Wir lernten bei der Diskussion partieller Differentialgleichungen erster Ordnung, dass die Methode der Charakteristiken auch unstetige Lösungen zuließ, obwohl die Theorie nach stetig differenzierbaren Lösungen verlangte. So hat das Anfangswertproblem

$$u_t + a u_x = 0$$
$$u(x, 0) = u_0(x) = \begin{cases} 1; & x \leq 0 \\ 0; & x > 0 \end{cases}$$

nach (25.22) für alle Zeiten $t > 0$ die Lösung

$$u(x, t) = \begin{cases} 1; & x \leq at \\ 0; & x > at \end{cases},$$

obwohl die Differentialgleichung doch eigentlich nach stetiger Differenzierbarkeit in Raum und Zeit verlangt. Im Fall der quasilinearen Transportgleichung in

Beispiel 25.9 brach die Lösung sogar nach endlicher Zeit vollends zusammen. Die Theorie der partiellen Differentialgleichungen ist voll von solchen Absonderlichkeiten. Wir werden noch sehen, dass die Wellengleichung

$$u_{tt} - u_{xx} = 0 \tag{25.36}$$

durch eine Drehung des x, t-Koordinatensystem um 45° in ein ξ, η-Koordinatensystem auf die Form

$$u_{\xi\eta} = 0 \tag{25.37}$$

gebracht werden kann. Im Fall (25.36) verlangt die Gleichung nach C^2-Lösungen in t und x, die eigentlich vollständig äquivalente Gleichung (25.37) verlangt nach C^1 in ξ und nach C^1 von u_ξ in η. Das ist alles sehr unbefriedigend. Dazu kommen massive Probleme bei Fragen der Existenz von Lösungen. Es wäre doch fatal, wenn die in Beispiel 25.9 diskutierte nichtlineare Transportgleichung nur für endliche Zeiten eine Lösung hätte.

Die Lösung dieser Probleme wurde im zwanzigsten Jahrhundert mit den Theorien der „starken“[6] und „schwachen“ Lösungen bewerkstelligt. Diese Theorien liegen heute jedem Computerprogramm zur Lösung von strömungsdynamischen oder linearen und nichtlinearen elastomechanischen Problemen zugrunde, die von Ingenieuren auf der ganzen Welt genutzt werden.

Schwache Lösungen für nichtlineare Erhaltungsgleichungen

Wenn man eine Differentialgleichung wie

$$u_t + au_x = 0$$

mit Anfangsbedingung $u(x, 0) = u_0(x)$ lösen will, ohne Differenzierbarkeitseigenschaften zu fordern, muss man die Zeit- und die Raumableitung in der Differentialgleichung irgendwie fortschaffen. Eine Methode, die vielleicht auf der Hand liegt, ist die partielle Integration. Für ein Intervall $I = [a, b]$ und eine Funktion $f : I \to \mathbb{R}$ gilt

$$\int_I f'(x)\varphi(x)\,\mathrm{d}t = f(x)\varphi(x)\big|_a^b - \int_I f(x)\varphi'(x)\,\mathrm{d}x$$

für eine stetig differenzierbare Funktion φ. Während auf der linken Seite die Ableitung von f auftaucht, haben wir diese auf der rechten Seite auf die Funktion φ „abgeschoben“. Dies ist nun schon die ganze Idee.

Wir brauchen Funktionen φ, die einiges aushalten können. Wir wählen daher C^∞-Funktionen. Was uns bei der Regel der partiellen Integration noch stören könnte, wäre der Randterm. Um solche Randterme gezielt zu vermeiden (oder gezielt *nicht* zu vermeiden), sollen unsere Funktionen noch einen kompakten Träger besitzen.

6) Das Konzept der starken Lösung verfolgen wir hier nicht. Siehe dazu D. Gilbarg, N.S. Trudinger: Elliptic Partial Differential Equations of Second Order. Springer 1983.

Definition (25.14)

a) Eine Funktion $\varphi\colon \mathbb{R}^n \to \mathbb{R}$ besitzt einen **kompakten Träger**, wenn die Menge

$$\operatorname{supp}\varphi := \overline{\{\boldsymbol{x} \in \mathbb{R}^n : \varphi(\boldsymbol{x}) \neq 0\}}$$

eine kompakte Menge im $\mathbb{R}^n$ ist. Dabei bedeutet $\overline{\{\cdots\}}$ den Abschluss der Menge und $\operatorname{supp}\varphi$ heißt der **Träger** (support) von φ.

b) Der Raum aller C^∞-Funktionen mit kompaktem Träger heißt Raum der **Testfunktionen** und wird mit

$$C_0^\infty \quad \text{oder} \quad C_c^\infty \quad \text{oder} \quad \mathcal{D}$$

bezeichnet. Liegt der kompakte Träger in einem Gebiet G, dann schreiben wir auch $\mathcal{D}(G)$, etc.

Beispiel (25.15)

Es scheint a priori gar nicht klar, ob es überhaupt Funktionen in $\mathcal{D}$ gibt, denn unsere Anforderungen sind schon recht hart. Man sieht jedoch leicht ein, dass z. B.

$$h(\boldsymbol{x}) := \begin{cases} 0\,; & |\boldsymbol{x}| \geq 1 \\ \mathrm{e}^{-\frac{1}{1-\langle \boldsymbol{x},\boldsymbol{x}\rangle}}\,; & |\boldsymbol{x}| < 1 \end{cases}$$

eine Testfunktion ist, deren Träger der Einheitskreis im $\mathbb{R}^n$ ist. Die Funktion

$$\rho(\boldsymbol{x}) := \frac{1}{\int_{|\boldsymbol{x}|<1} h(\boldsymbol{x})\,\mathrm{d}\boldsymbol{x}} h(\boldsymbol{x})$$

ist ebenfalls eine Testfunktion, hat aber jetzt die nützliche Eigenschaft

$$\int\limits_{\mathbb{R}^n} \rho(\boldsymbol{x})\,\mathrm{d}\boldsymbol{x} = \int\limits_{|\boldsymbol{x}|<1} \rho(\boldsymbol{x})\,\mathrm{d}\boldsymbol{x} = 1\,.$$

Sehr elegant ist die Familie von Testfunktionen

$$\rho_\alpha(\boldsymbol{x}) := \frac{1}{\alpha^n}\rho\left(\frac{\boldsymbol{x}}{\alpha}\right), \alpha > 0\,.$$

Offenbar gilt (substituiere $\boldsymbol{x} = \alpha\boldsymbol{y} \Rightarrow \mathrm{d}\boldsymbol{x} = \alpha^n\,\mathrm{d}\boldsymbol{y}$)

$$\int\limits_{\mathbb{R}^n} \rho_\alpha(\boldsymbol{x})\,\mathrm{d}\boldsymbol{x} = \int\limits_{|\boldsymbol{x}|<\alpha} \rho_\alpha(\boldsymbol{x})\,\mathrm{d}\boldsymbol{x} = 1$$

und $\rho_\alpha(\boldsymbol{x}) = 0$ für $|\boldsymbol{x}| \geq \alpha$. Wir können also den Träger durch Änderung von α verändern, während das Integral immer 1 bleibt.

Wir sind nun in der Lage, schwache Lösungen einzuführen. Als Beispiel dient uns die Erhaltungsgleichung

$$u_t + f(u)_x = 0 \tag{25.38}$$

$$u(x,0) = u_0(x) \tag{25.39}$$

in einer Raumdimension. Wir wählen Testfunktionen $\varphi \in \mathcal{D}$ mit einem Träger, der jeweils einen Teil der Achse $t = 0$ umfasst wie in Abb. 25.3.

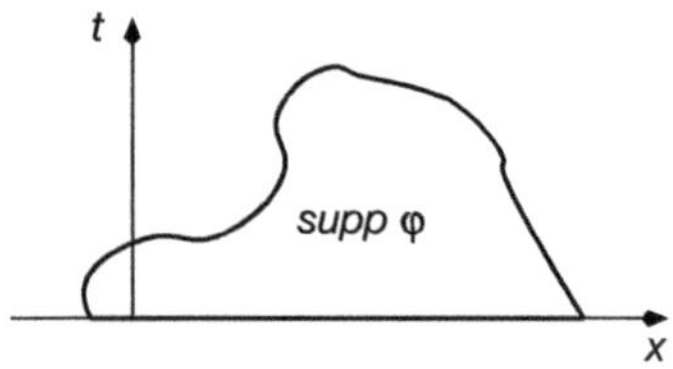

Abb. 25.3 Träger von $\varphi \in \mathcal{D}$.

Multiplikation von (25.38) mit φ und Integration liefert

$$\int_{\mathbb{R}} \int_{t \geq 0} (u_t(x,t)\varphi(x,t) + f(u)_x \varphi(x,t)) \,\mathrm{d}t \,\mathrm{d}x = 0 \,.$$

Wenden wir auf beide Summanden partielle Integration an, dann folgt

$$\begin{aligned} &\int_{\mathbb{R}} \int_{t \geq 0} u_t(x,t)\varphi(x,t) \,\mathrm{d}t \,\mathrm{d}x \\ &\quad = \int_{\mathbb{R}} u(x,t)\varphi(x,t)\big|_{t=0}^{\infty} \,\mathrm{d}x - \int_{\mathbb{R}} \int_{t \geq 0} u(x,t)\varphi_t(x,t) \,\mathrm{d}t \,\mathrm{d}x \\ &\int_{\mathbb{R}} \int_{t \geq 0} f(u)_x \varphi(x,t) \,\mathrm{d}t \,\mathrm{d}x \\ &\quad = \int_{t \geq 0} f(u)\varphi(x,t)\big|_{x=-\infty}^{\infty} \,\mathrm{d}t - \int_{\mathbb{R}} \int_{t \geq 0} f(u)\varphi_x(x,t) \,\mathrm{d}x \,. \end{aligned}$$

Aufgrund des kompakten Trägers von φ folgern wir

$$\int_{\mathbb{R}} u(x,t)\varphi(x,t)\big|_{t=0}^{\infty} \,\mathrm{d}x = \int_{\mathbb{R}} u(x,0)\varphi(x,0) \,\mathrm{d}x$$

und

$$\int_{t \geq 0} f(u)\varphi(x,t)\big|_{x=-\infty}^{\infty} \,\mathrm{d}t = 0 \,,$$

und damit verbleibt nur noch

$$\int_{\mathbb{R}} \int_{t \geq 0} (u(x,t)\varphi_t(x,t) + f(u)\varphi(x,t)) \,\mathrm{d}t \,\mathrm{d}x - \int_{\mathbb{R}} u(x,0)\varphi_x(x,0) \,\mathrm{d}x = 0 \,. \tag{25.40}$$

Definition (25.16)
Eine integrierbare und beschränkte Funktion u heißt **schwache Lösung** des Anfangswertproblems (25.38), (25.39), wenn (25.40) für alle Testfunktionen $\varphi \in \mathcal{D}$ mit Träger wie in Abb. 25.3 gilt.

Lemma (25.17)
Ist eine schwache Lösung u des Anfangswertproblems (25.38), (25.39) stetig differenzierbar, dann ist u eine Lösung im klassischen Sinn.

Beweis.
Man startet mit der Definition einer schwachen Lösung und wendet partielle Integration an, um die Ableitungen wieder auf u zu übertragen. Da

$$\int_{\mathbb{R}} \int_{t \geq 0} (u_t + f(u)_x)\varphi \,\mathrm{d}t \,\mathrm{d}x = 0$$

für alle Testfunktionen gelten muss, folgt $u_t + f(u)_x = 0$. ■

Wir haben nun mit dem Begriff der schwachen Lösung einen Lösungsbegriff gefunden, der auch unstetige Funktionen als Lösungen zulässt. Wie kann uns diese Definition aber nun im Fall der quasilinearen Gleichung von Burgers ($f(u) = u^2/2$) aus Beispiel 25.9 helfen, bei der die klassische Lösung beim Überschneiden der Charakteristiken zusammenbricht? Dazu betrachten wir eine Kurve γ, längs der eine schwache Lösung u eine Sprungunstetigkeit besitzt. Die Grenzwerte von u links und rechts von γ seien u_{L} und u_{R}. Um einen beliebigen Punkt P von γ legen wir einen Kreis K, der durch γ in die beiden Teile K_{L} und K_{R} zerlegt wird, so wie es in Abb. 25.4 gezeigt ist. Die Funktion u soll innerhalb von K_{L} und K_{R} eine stetig differenzierbare, also klassische Lösung von (25.38) sein. Die Richtung des Einheitsnormalenvektors $\boldsymbol{n} = (n_t, n_x)^{\mathrm{T}}$ an γ denken wir uns festgelegt als äußere Einheitsnormale bez. K_{L}.

Nun wählen wir Testfunktionen mit Träger in K, also $\varphi \in \mathcal{D}(K)$. Für jede solche Testfunktion gilt

$$\iint_K u\varphi_t + f(u)\varphi_x \,\mathrm{d}t \,\mathrm{d}x = \sum_{i \in \{L,R\}} \iint_{K_i} u\varphi_t + f(u)\varphi_x \,\mathrm{d}t \,\mathrm{d}x = 0\,.$$

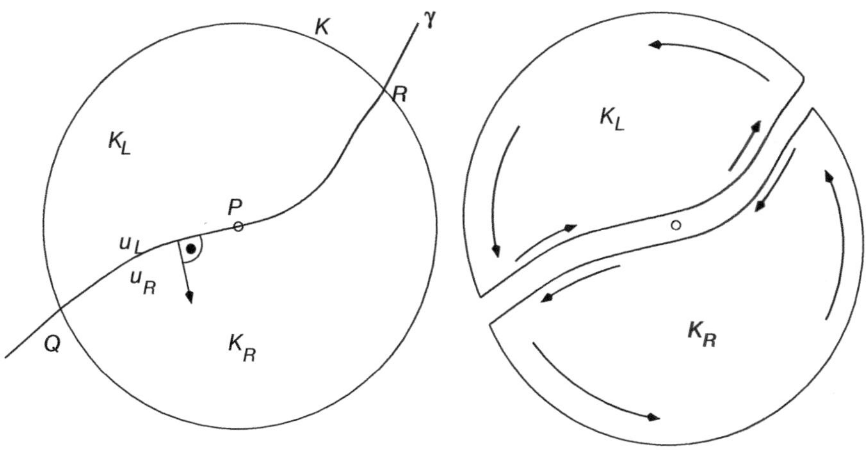

Abb. 25.4 Kreis um Unstetigkeitskurve γ.

Wir schreiben nun

$$\iint\limits_{K_i} u\varphi_t + f(u)\varphi_x \,\mathrm{d}t\,\mathrm{d}x = \iint\limits_{K_i} (u\varphi)_t + (f(u)\varphi)_x \,\mathrm{d}t\,\mathrm{d}x = \iint\limits_{K_i} \nabla_{(t,x)} \begin{pmatrix} u\varphi \\ f(u)\varphi \end{pmatrix} \mathrm{d}t\,\mathrm{d}x\,,$$

denn

$$\begin{aligned}(u\varphi)_t + (f(u)\varphi)_x \,\mathrm{d}t\,\mathrm{d}x &= u_t\varphi + u\varphi_t + f(u)_x\varphi + f\varphi_x \\ &= \underbrace{(u_t + f(u)_x)}_{=0}\varphi + (u\varphi_t + f(u)\varphi_x)\,.\end{aligned}$$

Durch diese Umformung lässt sich nun der Gaußsche Integralsatz in zwei Dimensionen (19.10) anwenden:

$$\begin{aligned}\iint\limits_{K_i} \nabla_{(t,x)} \begin{pmatrix} u\varphi \\ f(u)\varphi \end{pmatrix} \mathrm{d}t\,\mathrm{d}x &= \oint\limits_{\partial K_i} \left\langle \begin{pmatrix} u\varphi \\ f(u)\varphi \end{pmatrix}, \boldsymbol{n} \right\rangle \mathrm{d}s \\ &= \oint\limits_{\partial K_i} (un_t + f(u)n_x)\varphi\,\mathrm{d}s\,.\end{aligned}$$

Insgesamt haben wir damit also

$$0 = \sum_{i\in\{L,R\}} \iint\limits_{K_i} u\varphi_t + f(u)\varphi_x \,\mathrm{d}t\,\mathrm{d}x = \sum_{i\in\{L,R\}} \oint\limits_{\partial K_i} (un_t + f(u)n_x)\,\mathrm{d}t\,\mathrm{d}x$$

erhalten. Da φ kompakten Träger in K besitzt, ist $\varphi = 0$ auf ∂K. Nur entlang γ ist $\varphi \neq 0$ und unter Berücksichtigung des Umlaufsinnes (vgl. Abb. 25.4) erhält man

$$\oint\limits_{\partial K_\mathrm{L}} (un_t + f(u)n_x)\varphi\,\mathrm{d}s = \int_Q^R (u_\mathrm{L}n_t + f(u_\mathrm{L})n_x)\varphi\,\mathrm{d}s$$

$$\oint\limits_{\partial K_\mathrm{R}} (un_t + f(u)n_x)\varphi\,\mathrm{d}s = -\int_Q^R (u_\mathrm{R}n_t + f(u_\mathrm{R})n_x)\varphi\,\mathrm{d}s\,,$$

d. h.

$$0 = \int\limits_{\gamma} ((u_\mathrm{L} - u_\mathrm{R})n_t + (f(u_\mathrm{L}) - f(u_\mathrm{R}))n_x)\varphi\,\mathrm{d}s\,.$$

Aus Abb. 25.5 entnehmen wir $n_t = -\mathrm{d}x$, $n_x = \mathrm{d}t$, also

$$0 = \int\limits_{\gamma} \left(-(u_\mathrm{L} - u_\mathrm{R})\,\mathrm{d}x + (f(u_\mathrm{L}) - f(u_\mathrm{R}))\,\mathrm{d}t\right)\,.$$

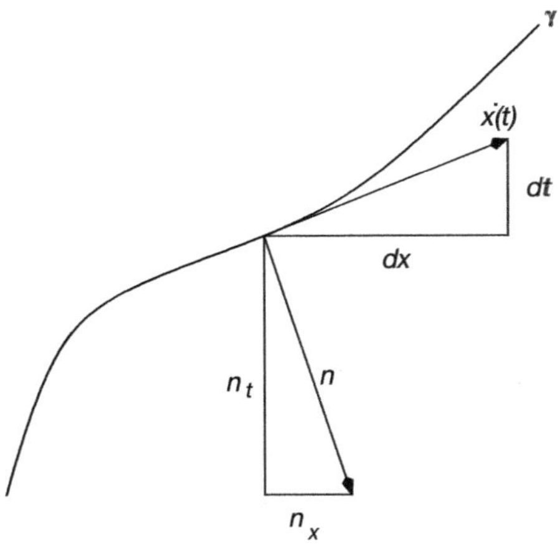

Abb. 25.5 Zusammenhang zwischen Normale und Tangente.

Da diese Gleichung für alle $\varphi \in \mathcal{D}(K)$ gelten muss, folgt

$$(u_{\mathrm{L}} - u_{\mathrm{R}})\,\mathrm{d}x = (f(u_{\mathrm{L}}) - f(u_{\mathrm{R}}))\,\mathrm{d}t\,,$$

bzw.

$$\frac{\mathrm{d}x}{\mathrm{d}t} = \frac{f(u_{\mathrm{L}}) - f(u_{\mathrm{R}})}{u_{\mathrm{L}} - u_{\mathrm{R}}}\,.$$

Damit haben wir einen wichtigen Satz bewiesen, der nach Rankine[7] und Hugoniot[8] benannt ist:

Satz (25.18): Rankine-Hugoniot-Bedingung
In schwachen Lösungen sind Sprungunstetigkeiten längs Kurven γ zulässig, die der **Rankine-Hugionot-Bedingung**

$$s[u] = [f(u)]\,, \tag{25.41}$$

gehorchen. Dabei ist

$$s := \frac{\mathrm{d}x}{\mathrm{d}t}$$

die **Stoßgeschwindigkeit** oder Geschwindigkeit der Unstetigkeit γ und

$$[u] := (u_{\mathrm{L}} - u_{\mathrm{R}})\,, \quad [f(u)] := f(u_{\mathrm{L}}) - f(u_{\mathrm{R}})\,.$$

Nun sind wir in der Lage, eine *globale* schwache Lösung für Beispiel 25.9 anzugeben.

7) William John Macquorn Rankine (1820–1872); Edinburgh, Glasgow.
8) Pierre-Henri Hugoniot (1851–1887); Allenjoie, Paris, Lorient.

Beispiel (25.19)
Wir betrachten

$$u_t + f(u)_x = 0\,, \quad f(u) := \frac{1}{2}u^2$$

$$u_0(x) = \begin{cases} 1\,; & x \le 0 \\ 1 - x\,; & 0 < x < 1 \\ 0\,; & x \ge 1 \end{cases}$$

Bis zur Zeit $t = 1$ existiert noch eine klassische Lösung, vgl. Abb. 25.2. Die Rankine Hugoniot-Bedingung (25.41) ermöglicht es uns nun, eine Unstetigkeit einzuführen, die die Geschwindigkeit

$$s = \frac{\mathrm{d}x}{\mathrm{d}t} = \frac{[f(u)]}{[u]} = \frac{f(u_\mathrm{L}) - f(u_\mathrm{R})}{u_\mathrm{L} - u_\mathrm{R}} = \frac{\frac{1}{2}u_\mathrm{L}^2 - \frac{1}{2}u_\mathrm{R}^2}{u_\mathrm{L} - u_\mathrm{R}} = \frac{1}{2}(u_\mathrm{L} + u_\mathrm{R}) = \frac{1}{2}$$

besitzt. Links und rechts der Unstetigkeit verlängern wir die Charakteristiken über $t = 1$ hinaus, so dass Sie in die Unstetigkeit hineinlaufen wie im linken Teil von Abb. 25.6 dargestellt.

Beispiel (25.20)
Bei schwachen Lösungen tritt aber noch eine Besonderheit auf: In dem Anfangswertproblem

$$u_t + \frac{1}{2}(u_x)^2 = 0$$

$$u_0(x) = \begin{cases} -1\,; & x < 0 \\ 1\,; & x > 0 \end{cases}$$

lassen die charakteristischen Grundkurven einen keilförmigen Zwickel wie im rechten Teil von Abb. 25.6 unbestimmt. Die Rankine-Hugoniot-Bedingung erlaubt mit $u_\mathrm{L} = -1$ und $u_\mathrm{R} = 1$ eine Unstetigkeit mit Steigung

$$s = \frac{\mathrm{d}x}{\mathrm{d}t} = \frac{[f(u)]}{[u]} = \frac{f(u_\mathrm{L}) - f(u_\mathrm{R})}{u_\mathrm{L} - u_\mathrm{R}} = \frac{\frac{1}{2}u_\mathrm{L}^2 - \frac{1}{2}u_\mathrm{R}^2}{u_\mathrm{L} - u_\mathrm{R}} = \frac{1}{2}(u_\mathrm{L} + u_\mathrm{R}) = 0\,.$$

Die schwache Lösung spiegelt sich also in den charakteristischen Grundkurven wie in Abb. 25.7 (links) wider. Allerdings ist auch eine stetige Lösung denkbar, deren charakteristische Grundkurven im rechten Teil von Abb. 25.7 gezeigt sind.

Schwache Lösungen müssen nicht eindeutig bestimmt sein.

Man benötigt daher ein übergeordnetes Prinzip, mit welchem man schwache Lösungen auswählen kann. Dieses Prinzip nennt man **Entropiebedingungen**. Wir können hier nicht auf die Details dieser wichtigen Bedingungen eingehen, aber in unserem Fall verwerfen wir die unstetige Lösung im linken Teil der Abb. 25.7 als falsche Lösung.

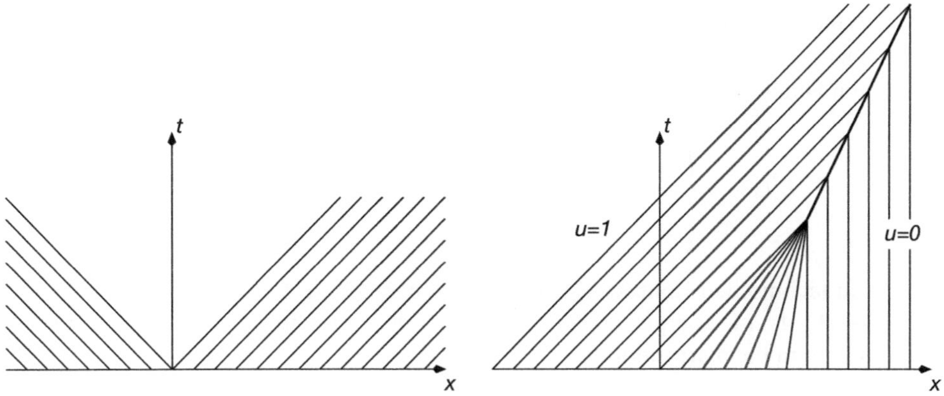

Abb. 25.6 Schwache Lösung mit Sprungunstetigkeit (links). Unbestimmter Zwickel (rechts).

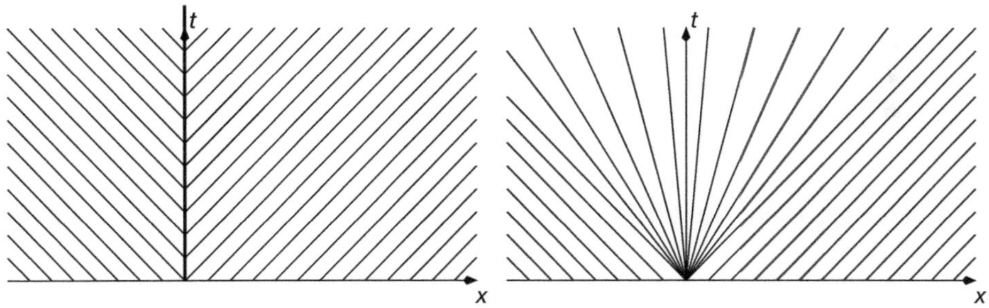

Abb. 25.7 Zwei mögliche schwache Lösungen.

Charakteristiken transportieren Informationen über die Lösung von der Zeit $t = 0$ aus in die Zukunft. Das heißt aber, dass jede charakteristische Grundkurve bei $t = 0$ entspringen muss. Im linken Teil der Abb. 25.7 gibt es jedoch charakteristische Grundkurven, die zur Zeit $t > 0$ an der Unstetigkeit entstehen und von dort aus weiter in die „Zukunft" laufen, was dem Prinzip der Kausalität widerspricht.

Schwache Lösungen für Gleichungen mit glatteren Lösungen

Auch bei partiellen Differentialgleichungen, die keine unstetigen Lösungen aufweisen, ergibt der Begriff der schwachen Lösung Sinn. Existenzaussagen sind in der Regel für schwache Lösungen einfacher zu finden, aber auch in der Numerik spielt dieser Begriff eine ausgezeichnete Rolle. In Kap. 26 werden wir Gleichungen wie die Laplace-Gleichung

$$\Delta u = u_{xx} + u_{yy} = 0$$

in einem Gebiet $\Omega \subset \mathbb{R}^2$ mit zugeordneten Randwerten mit Hilfe der Finite-Elemente-Methode (FEM) diskretisieren. Dazu bedient man sich des Begriffes der schwachen Ableitung, den wir nun herleiten wollen.

Definition (25.21)
Der Raum $L^2(\Omega)$ ist der Raum aller auf dem Gebiet $\Omega \subset \mathbb{R}^n$ quadratintegrierbaren Funktionen, d. h.

$$L^2(\Omega) := \left\{ u\colon \Omega \to \mathbb{R} : \int_\Omega |u(\boldsymbol{x})|^2 \,\mathrm{d}\boldsymbol{x} < \infty \right\} .$$

Im technischen Kontext ist dieser Raum bedeutend, da das Integral sich häufig direkt als eine Energie interpretieren lässt. Der L^2 ist ein vollständiger normierter Raum mit Skalarprodukt

$$\langle u, v\rangle_{L^2(\Omega)} := \int_\Omega u(\boldsymbol{x})v(\boldsymbol{x}) \,\mathrm{d}\boldsymbol{x} ,$$

das nach Satz 3.8 eine Norm

$$\|u\|_{L^2(\Omega)} := \sqrt{\langle u, u\rangle_{L^2(\Omega)}} = \int_\Omega |u(\boldsymbol{x})|^2 \,\mathrm{d}\boldsymbol{x}$$

induziert. Damit ist $L^2(\Omega)$ ein Hilbert-Raum, vgl. die Definition nach Definition 8.8.

Definition (25.22)
Wir nennen ein n-Tupel

$$\boldsymbol{\alpha} := (\alpha_1, \alpha_2, \dots, \alpha_n) \in \mathbb{N}_0^n$$

einen **Multiindex** und definieren

$$|\boldsymbol{\alpha}| := \alpha_1 + \alpha_2 + \dots + \alpha_n .$$

Weiterhin schreiben wir mit $\boldsymbol{x} \in \mathbb{R}^n$

$$\boldsymbol{x}^{\boldsymbol{\alpha}} := x_1^{\alpha_1} x_2^{\alpha_2} \cdots x_n^{\alpha_n}$$

und führen die **$\boldsymbol{\alpha}$-te Ableitung** einer Funktion $u\colon \Omega \to \mathbb{R}$ ein als

$$\partial^{\boldsymbol{\alpha}} u(\boldsymbol{x}) := \frac{\partial^{\alpha_1}\partial^{\alpha_2} \dots \partial^{\alpha_n} u}{\partial x_1^{\alpha_1} \partial x_2^{\alpha_2} \dots \partial x_n^{\alpha_n}} .$$

Für $n = 2$, $u = u(x, y)$ und $\boldsymbol{\alpha} = (1, 2)$ ist also

$$\partial^{\boldsymbol{\alpha}} u = \partial^{(1,2)} u = \frac{\partial}{\partial x}\frac{\partial^2}{\partial y^2} u = u_{yyx}$$

und für $\boldsymbol{\alpha} = (0, 2)$ ist

$$\partial^{\boldsymbol{\alpha}} u = \partial^{(0,2)} u = \frac{\partial^2}{\partial y^2} u = u_{yy} .$$

Definition (25.23)
Die Funktion $v \in L^2(\Omega)$ heißt **α-te schwache Ableitung** von $u \in L^2(\Omega)$, falls die Gleichung

$$\langle v, \varphi \rangle_{L^2(\Omega)} = (-1)^{|\alpha|} \langle u, \partial^\alpha \varphi \rangle_{L^2(\Omega)}$$

für alle Testfunktionen $\varphi \in C_0^\infty(\Omega)$ gilt. Wir schreiben dann $v = \partial^\alpha u$.

Beispiel (25.24)
Die Funktion $u(x) := |x|$ ist auf dem Intervall $\Omega =]-1, 1[$ eine L^2 Funktion, denn $\int_{-1}^{1} |x|^2 \, dx = \frac{1}{3} x^3 |_{-1}^{1} = \frac{2}{3} < \infty$. Die schwache Ableitung von u ist gegeben durch

$$v(x) = \begin{cases} -1\,; & x < 0 \\ 1\,; & x > 0 \end{cases},$$

denn es gilt:

$$\begin{aligned}
-\langle u, \varphi_x \rangle_{L^2(]-1,1[)} &= -\int_{-1}^{1} u(x) \varphi_x(x) \, dx \\
&= -\left[\int_{-1}^{0} u(x) \varphi_x(x) \, dx + \int_{0}^{1} u(x) \varphi_x(x) \, dx \right] \\
&= -\left[\int_{-1}^{0} (-x) \varphi_x(x) \, dx + \int_{0}^{1} x \varphi_x(x) \, dx \right] \\
&= \int_{-1}^{0} x \varphi_x(x) \, dx - \int_{0}^{1} x \varphi_x(x) \, dx \\
&\overset{\text{part. Int.}}{=} \underbrace{x\varphi(x)|_{-1}^{0}}_{=0} - \int_{-1}^{0} 1 \cdot \varphi(x) \, dx - \left[\underbrace{x\varphi(x)|_{0}^{1}}_{=0} - \int_{0}^{1} 1 \cdot \varphi(x) \, dx \right] \\
&= \int_{-1}^{0} (-1) \cdot \varphi(x) \, dx + \int_{0}^{1} 1 \cdot \varphi(x) \, dx \\
&= \int_{-1}^{1} v(x) \varphi(x) \, dx = \langle v, \varphi \rangle_{L^2(]-1,1[)} \,.
\end{aligned}$$

Der Punkt 0 spielt bei der schwachen Ableitung offenbar gar keine Rolle, da bei der Definition Integrale verwendet werden. Die klassische Ableitung der Betragsfunktion existiert wegen des Verhaltens bei $x = 0$ *nicht*; die Betragsfunktion ist aber sehr wohl schwach ableitbar.

Auf dem L^2 lässt sich nun eine Hierarchie wichtiger Funktionenräume aufbauen, die man **Sobolew-Räume**[9] nennt.

Definition (25.25)
Für ein $m \in \mathbb{N}_0$ sei der **Sobolew-Raum** $H^m(\Omega)$ die Menge aller Funktionen $u \in L^2(\Omega)$, die schwache Ableitungen $\partial^{\boldsymbol{\alpha}} u$ für alle $|\boldsymbol{\alpha}| \leq m$ besitzen. Der Raum $H^m(\Omega)$ besitzt das Skalarprodukt

$$\langle u, v\rangle_{H^m(\Omega)} := \sum_{|\boldsymbol{\alpha}| \leq m} \langle \partial^{\boldsymbol{\alpha}} u, \partial^{\boldsymbol{\alpha}} v\rangle_{L^2(\Omega)}$$

und die dadurch induzierte Norm

$$\|u\|_{H^m(\Omega)} = \sqrt{\langle u, u\rangle_{H^m(\Omega)}} = \sqrt{\sum_{|\boldsymbol{\alpha}| \leq m} \|\partial^{\boldsymbol{\alpha}} u\|_{L^2(\Omega)}}\,.$$

Nach der Definition ist klar, dass $L^2(\Omega) = H^0(\Omega)$ gilt. Häufig arbeitet man auch mit Funktionen mit kompaktem Träger, dann werden die Sobolew-Räume $H_0^m(\Omega)$ verwendet.

Beispiel (25.26)
Gehen wir nun zurück zur zweidimensionalen Laplace-Gleichung $\Delta u = u_{xx} + u_{yy} = 0$. Mit Hilfe der ersten Greenschen Formel in Satz 19.66 folgt für $\varphi \in H^1(\Omega)$

$$\int_\Omega \varphi \Delta u \, \mathrm{d}\boldsymbol{x} = -\int_\Omega \langle \nabla\varphi, \nabla u\rangle \, \mathrm{d}\boldsymbol{x} + \oint_{\partial\Omega} \varphi \frac{\partial u}{\partial \boldsymbol{n}} \, \mathrm{d}o\,,$$

wobei wir die Ableitungen nun als schwache Ableitungen interpretieren. Durch die Greensche Formel ist es gelungen, eine Ableitungsordnung (im schwachen Sinn) auf die Testfunktion aus $H^1(\Omega)$ zu übertragen. Statt nun eine klassische Lösung $u \in C^2(\Omega)$ zu suchen, fragen wir nach einer schwachen Lösung $u \in H^1(\Omega)$, so dass

$$a(u, \varphi) := -\int_\Omega \langle \nabla\varphi, \nabla u\rangle \, \mathrm{d}\boldsymbol{x} + \oint_{\partial\Omega} \varphi \frac{\partial u}{\partial \boldsymbol{n}} \, \mathrm{d}o = 0$$

für alle $\varphi \in H^1(\Omega)$ gilt. Diese Abschwächung erlaubt es uns in Kap. 26, die Lösung der Laplace-Gleichung mit Hilfe von stückweise linearen Polynomen zu approximieren. Da die Betragsfunktion eine schwache Ableitung besitzt, existiert die schwache Ableitung auch für solche stückweise definierten Polynome, die nur stetig zusammenhängen.

9) Sergei Lwowitsch Sobolew (1908–1989); St. Petersburg, Moskau.

25.4 Lineare partielle Differentialgleichungen zweiter Ordnung

Die drei Gleichungen

$$\begin{aligned} \Delta u &= 0 \\ u_t - \Delta u &= 0 \\ u_{tt} - \Delta u &= 0 \end{aligned}$$

haben wir bereits in Abschn. 25.1 als Laplace-, Wärmeleitungs- (Diffusions-) und Wellengleichung kennengelernt. Es handelt sich bei ihnen um spezielle Vertreter von linearen partiellen Differentialgleichungen zweiter Ordnung in zwei Variablen

$$\sum_{i,j=1}^{2} a_{ij} u_{x_i x_j} + \sum_{i=1}^{2} b_i u_{x_i} + cu = h\,, \tag{25.42}$$

wobei die Koeffizienten a_{ij}, b_i und h von x_1, x_2 abhängen dürfen. Der Schlüssel zu diesem wichtigen Typ von Differentialgleichungen liegt in einer weiteren Klassifizierung begründet, bei der man (25.42) auf eine bestimmte Normalform bringt.

Lineare partielle Differentialgleichungen zweiter Ordnung mit konstanten Koeffizienten

Wir beginnen mit linearen Gleichungen in zwei Dimensionen, in denen die Koeffizienten a_{ij}, b_i, c reelle Konstanten sind und h eine Funktion von $\boldsymbol{x}$ sein darf:

$$a_{11} u_{x_1 x_2} + 2a_{12} u_{x_1 x_2} + a_{22} u_{x_2 x_2} + b_1 u_{x_1} + b_2 u_{x_2} + cu = h\,. \tag{25.43}$$

Der Term

$$a_{11} u_{x_1 x_2} + 2a_{12} u_{x_1 x_2} + a_{22} u_{x_2 x_2}$$

heißt **Hauptteil** der Differentialgleichung.

Genügende Differenzierbarkeit vorausgesetzt, gilt nach dem Satz von Schwarz $u_{x_1 x_2} = u_{x_2 x_1}$, weshalb wir den Koeffizienten a_{12} gleich mit dem Faktor 2 ausgestattet haben. Da die Koeffizienten konstant sein sollen, gilt

$$a_{ij} u_{x_i x_j} = \left(\frac{\partial}{\partial x_i} a_{ij} \frac{\partial}{\partial x_j} \right) u$$

für $i, j = 1, 2$ und damit können wir (25.43) in der Form

$$\left(\frac{\partial}{\partial x_1}, \frac{\partial}{\partial x_2} \right) \underbrace{\begin{pmatrix} a_{11} & a_{12} \\ a_{12} & a_{22} \end{pmatrix}}_{=:\boldsymbol{A}} \begin{pmatrix} \dfrac{\partial}{\partial x_1} \\ \dfrac{\partial}{\partial x_2} \end{pmatrix} u + (b_1, b_2) \begin{pmatrix} \dfrac{\partial}{\partial x_1} \\ \dfrac{\partial}{\partial x_2} \end{pmatrix} u + cu = h \tag{25.44}$$

schreiben, was uns stark an eine quadratische Form erinnert, die wir in Band 1, Definition 7.31 kennengelernt haben:

$$q(\boldsymbol{x}) = \boldsymbol{x}^{\mathrm{T}}\boldsymbol{A}\boldsymbol{x} + \boldsymbol{b}^{\mathrm{T}}\boldsymbol{x} + c\,.$$

Benutzen wir den Gradienten ∇, dann können wir nämlich (25.44) in die Form

$$(\nabla^{\mathrm{T}}\boldsymbol{A}\nabla)u + (\boldsymbol{b}^{\mathrm{T}}\nabla)u + cu = (\nabla^{\mathrm{T}}\boldsymbol{A}\nabla + \boldsymbol{b}^{\mathrm{T}}\nabla + c)u = h \tag{25.45}$$

bringen. Es ist also ein quadratisches Polynom in ∇ entstanden. In Band 1 haben wir gesehen, dass Quadriken gerade die Kegelschnitte beschreiben und dass man den Charakter des jeweiligen Kegelschnittes erkennt, wenn man eine Hauptachsentransformation durchführt. Wir machen uns dies nun zunutze, um die linearen Differentialgleichungen mit konstanten Koeffizienten zu klassifizieren.

Die Matrix $\boldsymbol{A}$ ist symmetrisch, d. h., nach Satz 7.27 aus Band 1 sind ihre Eigenwerte λ_1, λ_2 reell und die beiden zugehörigen Eigenvektoren sind orthogonal. Wir finden also eine orthogonale Matrix

$$\boldsymbol{S} = \begin{pmatrix} s_{11} & s_{12} \\ s_{21} & s_{22} \end{pmatrix},$$

deren Spalten die Eigenvektoren zu λ_1 und λ_2 sind, mit den Eigenschaften

$$\det \boldsymbol{S} = 1$$
$$\boldsymbol{S}^{\mathrm{T}}\boldsymbol{A}\boldsymbol{S} = \operatorname{diag}(\lambda_1, \lambda_2) =: \boldsymbol{\Lambda}\,.$$

Führen wir die neue unabhängige Veränderliche

$$\boldsymbol{y} := \boldsymbol{S}^{\mathrm{T}}\boldsymbol{x}$$

ein, dann gilt wegen $\boldsymbol{S}^{\mathrm{T}} = \boldsymbol{S}^{-1}$ auch

$$\boldsymbol{x} = \boldsymbol{S}\boldsymbol{y} = \begin{pmatrix} s_{11}y_1 + s_{12}y_2 \\ s_{21}y_1 + s_{22}y_2 \end{pmatrix}.$$

Für die transformierte Funktion

$$\widetilde{u}(\boldsymbol{y}) := u(\boldsymbol{S}\boldsymbol{y}) = u(s_{11}y_1 + s_{12}y_2, s_{21}y_1 + s_{22}y_2)$$

gilt dann offenbar die Ableitungsregel

$$\widetilde{\nabla}\widetilde{u} = \boldsymbol{S}^{\mathrm{T}}\nabla u\,,$$

wobei wir mit $\widetilde{\nabla}$ den Gradienten bezüglich $\boldsymbol{y}$ bezeichnen. Setzen wir dies in unsere Differentialgleichung (25.45) ein und drücken wir die Funktion h durch $\widetilde{h}(\boldsymbol{y}) := h(\boldsymbol{S}\boldsymbol{y})$ aus, dann erhalten wir die Gleichung

$$(\widetilde{\nabla}^{\mathrm{T}}\boldsymbol{S}^{\mathrm{T}}\boldsymbol{A}\boldsymbol{S}\widetilde{\nabla})\widetilde{u} + (\boldsymbol{b}^{\mathrm{T}}\boldsymbol{S}\widetilde{\nabla})\widetilde{u} + c\widetilde{u} = \widetilde{h}\,.$$

Setzen wir jetzt noch $\boldsymbol{\Lambda} = \boldsymbol{S}^{\mathrm{T}}\boldsymbol{A}\boldsymbol{S}$ ein und definieren $\boldsymbol{p} := \boldsymbol{S}^{\mathrm{T}}\boldsymbol{b}$, dann lautet unsere Differentialgleichung schließlich

$$\lambda_1\widetilde{u}_{y_1y_1} + \lambda_2\widetilde{u}_{y_2y_2} + p_1\widetilde{u}_{y_1} + p_2\widetilde{u}_{y_2} + c\widetilde{u} = \widetilde{h}\,. \tag{25.46}$$

Definition (25.27)
Eine lineare partielle Differentialgleichung (25.43) mit konstanten Koeffizienten heißt

- **elliptisch**, falls $\lambda_1 \cdot \lambda_2 > 0$,
- **parabolisch**, falls $\lambda_1 \cdot \lambda_2 = 0$, und
- **hyperbolisch**, falls $\lambda_1 \cdot \lambda_2 < 0$.

Die Bezeichnungen in dieser Klassifikation orientieren sich an dem Typ von Quadrik, den eine quadratische Form beschreibt (vgl. Band 1). Im Zusammenhang mit partiellen Differentialgleichungen bedeutet das jedoch *nicht*, dass auch eine solche Differentialgleichung zu einer Quadrik führt! Die Art der Bezeichnung ist hier nur streng *formal* zu sehen, denn unsere partielle Differentialgleichung *erinnerte* uns an ein quadratisches Polynom, sie *ist* jedoch *kein* solches Polynom.

Lemma (25.28)
Eine lineare partielle Differentialgleichung (25.43) mit konstanten Koeffizienten ist

- **elliptisch**, falls $a_{12}^2 - a_{11}a_{22} < 0$,
- **parabolisch**, falls $a_{12}^2 - a_{11}a_{22} = 0$, und
- **hyperbolisch**, falls $a_{12}^2 - a_{11}a_{22} > 0$.

Beweis.
Berechnet man das charakteristische Polynom

$$\det \boldsymbol{A} = \begin{vmatrix} a_{11} - \lambda & a_{12} \\ a_{12} & a_{22} - \lambda \end{vmatrix} = 0\,,$$

so folgt

$$\lambda_{1,2} = \frac{a_{11} + a_{22}}{2} \pm \sqrt{a_{12}^2 - a_{11}a_{22} + \left(\frac{a_{11} + a_{22}}{2}\right)^2}\,.$$

Ist $a_{12}^2 - a_{11}a_{22} < 0$, dann gilt entweder $\lambda_1, \lambda_2 > 0$ oder $\lambda_1, \lambda_2 < 0$ und die Matrix $\boldsymbol{A}$ (bzw. $-\boldsymbol{A}$) ist positiv definit. Für $a_{12}^2 - a_{11}a_{22} = 0$ gilt $\lambda_1 \neq 0, \lambda_2 = 0$, also $\lambda_1 \cdot \lambda_2 = 0$ und im Fall $a_{12}^2 - a_{11}a_{22} > 0$ sind $\lambda_1, \lambda_2 \neq 0$ aber von verschiedenen Vorzeichen und die Matrix ist indefinit. Positiv definite Matrizen charakterisieren im Fall von Quadriken Ellipsen, der Fall $\lambda_1 \cdot \lambda_2 = 0$ gehört zu Parabeln, während indefinite zu Hyperbeln gehören. ∎

Die Normalform

Im Fall von Quadriken haben wir in Band 1 gewisse Normalformen gewonnen, an denen man die Art der Quadrik sofort ablesen konnte. Wir wollen auf einem formal analogen Wege Normalformen für elliptische, parabolische und hyperbolische lineare Differentialgleichungen mit konstanten Koeffizienten (25.43) herleiten.

Bisher haben wir eine Rotation ausgeführt, so dass unsere ursprüngliche Differentialgleichung (25.43) in die Gleichung (25.46) überführt wurde. In einem zweiten Schritt führen wir eine Streckung aus. Da uns bei den Normalformen nur der Hauptteil interessiert, schreiben wir für (25.46) nun

$$\lambda_1 \widetilde{u}_{y_1 y_1} + \lambda_2 \widetilde{u}_{y_2 y_2} + \ldots = \widetilde{h} \,. \tag{25.47}$$

Im elliptischen Fall sind entweder beide Eigenwerte positiv oder beide negativ. Unsere Streckung sei definiert durch

$$\widehat{x}_1 := \frac{y_1}{\sqrt{|\lambda_1|}} \,,$$
$$\widehat{x}_2 := \frac{y_2}{\sqrt{|\lambda_2|}} \,.$$

Damit geht der Hauptteil (25.47) über in

$$\lambda_1 \frac{\widetilde{u}_{\widehat{x}_1 \widehat{x}_1}}{|\lambda_1|} + \lambda_2 \frac{\widetilde{u}_{\widehat{x}_2 \widehat{x}_2}}{|\lambda_2|} + \ldots = \widetilde{h} \,. \tag{25.48}$$

Kehren wir zu unseren anfänglichen Bezeichnungen zurück, dann ergibt sich:

Lemma (25.29)
Die Normalform einer elliptischen Gleichung ist gegeben durch

$$u_{x_1 x_1} + u_{x_2 x_2} + \ldots = \Delta u + \ldots = h \,.$$

Die Normalform einer hyperbolischen Gleichung ist

$$u_{x_1 x_1} - u_{x_2 x_2} + \ldots = h$$

und die Normalform einer parabolischen Gleichung ist

$$u_t = a u_{xx} + \ldots + h \,.$$

Beweis.
Sind beide Eigenwerte positiv, dann ergibt sich die elliptische Normalform sofort aus (25.48), sind beide negativ, dann multipliziere man die gesamte Gleichung mit (-1). Im hyperbolischen Fall sind die Eigenwerte von verschiedenem Vorzeichen. Nimmt man o. B. d. A. $\lambda_1 > 0$ an, dann ergibt sich die angegebene Normalform. Im parabolischen Fall verschwindet ein Eigenwert. Dieser sei o. B. d. A. λ_2. Nehmen wir ferner an, dass $p_2 \neq 0$ ist, dann lässt sich (25.46) nach u_{y_2} auflösen. Nennen wir nun $a := \lambda_1 / p_2$, $t := y_2$ und $x := y_1$, dann folgt die angegebene Normalform. ∎

Alle Betrachtungen lassen sich sofort auf lineare partielle Differentialgleichungen mit konstanten Koeffizienten in mehreren Dimensionen übertragen:

$$\sum_{i,j=1}^{n} a_{ij} u_{x_i x_j} + \sum_{i=1}^{n} b_i u_{x_i} + cu = h \,, \tag{25.49}$$

die beteiligten Matrizen sind dann nicht 2×2-, sondern $n \times n$-Matrizen. Die Matrix $\boldsymbol{A}$ ist wieder symmetrisch, daher sind die Eigenwerte $\lambda_1, \dots, \lambda_n$ sämtlich reell und die zugehörigen Eigenvektoren sind orthogonal, d. h. bilden eine Orthogonalbasis des $\mathbb{R}^n$. Ist $\boldsymbol{S}$ wieder die Transformationsmatrix, deren Spalten die Eigenvektoren von A sind, dann gilt

$$\boldsymbol{S}^{\mathrm{T}}\boldsymbol{A}\boldsymbol{S} =: \boldsymbol{\lambda} = \operatorname{diag}(\lambda_1, \dots, \lambda_n) .$$

Definition (25.30)
Die partielle Differentialgleichung (25.49) heißt

- **elliptisch**, falls sämtliche Eigenwerte $\lambda_1, \dots, \lambda_n$ entweder positiv oder negativ sind,
- **parabolisch**, falls genau ein Eigenwert verschwindet und alle anderen dasselbe Vorzeichen haben,
- **hyperbolisch**, wenn kein Eigenwert verschwindet, aber genau ein Eigenwert ein von den anderen $(n-1)$ Eigenwerten verschiedenes Vorzeichen besitzt, oder
- **ultrahyperbolisch**, wenn kein Eigenwert verschwindet, aber mindestens zwei positiv und mindestens 2 negativ sind.

Ultrahyperbolische Differentialgleichungen sind in Physik und Technik sehr selten anzutreffen, weshalb wir sie nicht weiter diskutieren. Die Normalformen zu den verbleibenden drei Typen ergeben sich entsprechend zu Lemma 25.29.

Beispiele (25.31)
- Die Laplace-Gleichung $\Delta u = 0$ bzw. die Poisson-Gleichung $\Delta u = f$ ist vom elliptischen Typ.
- Die Wellengleichung $u_{tt} - \Delta u = 0$ ist hyperbolisch.
- Die Wärmeleitungsgleichung $u_t = \Delta u$ ist parabolisch.

Alle diese Gleichungen liegen bereits in Normalform vor.

- Die Gleichung $5u_{xx} - 10u_{xy} + 5u_{yy} + u_y = 0$ ist parabolisch, denn nach Lemma 25.28 ist $a_{12}^2 - a_{11}a_{22} = (-5)^2 - 5 \cdot 5 = 0$.

Bemerkung (25.32)
Die Klassifikation bleibt unverändert, wenn die a_{ij} konstant sind, aber die b_i und c von $\boldsymbol{x}$ abhängen.

Lineare partielle Differentialgleichungen zweiter Ordnung

Wir wenden uns nun der allgemeinen linearen Differentialgleichung

$$a_{11}u_{x_1x_2} + 2a_{12}u_{x_1x_2} + a_{22}u_{x_2x_2} + b_1u_{x_1} + b_2u_{x_2} + cu = f . \tag{25.50}$$

zu, wobei die Koeffizienten a_{ij}, b_i, c und f Funktionen von $\boldsymbol{x}$ sind. Der Term

$$a_{11}u_{x_1x_2} + 2a_{12}u_{x_1x_2} + a_{22}u_{x_2x_2}$$

heißt wiederum **Hauptteil** der Differentialgleichung. Wir schreiben (25.50) in der Form

$$a_{11}(\boldsymbol{x})u_{x_1x_2} + 2a_{12}(\boldsymbol{x})u_{x_1x_2} + a_{22}(\boldsymbol{x})u_{x_2x_2} = h(\boldsymbol{x}, u, \nabla u) . \tag{25.51}$$

Im Fall konstanter Koeffizienten führte eine lineare Transformation von $\boldsymbol{x}$ auf $\boldsymbol{y}$ zum Ziel. Hier benötigen wir nun allgemeinere Transformationen. Außerdem wird der Typ der Differentialgleichung nun von der Stelle x abhängen, d. h. Differentialgleichungen, die in einem Gebiet ihren Typ wechseln, sind durchaus möglich. Wir übernehmen zu Beginn das Lemma 25.28 als Definition:

Definition (25.33)
Eine lineare partielle Differentialgleichung (25.51) heißt

- **elliptisch** am Punkt $\boldsymbol{x}$, falls $a_{12}^2(\boldsymbol{x}) - a_{11}(\boldsymbol{x})a_{22}(\boldsymbol{x}) < 0$,
- **parabolisch** am Punkt $\boldsymbol{x}$, falls $a_{12}^2(\boldsymbol{x}) - a_{11}(\boldsymbol{x})a_{22}(\boldsymbol{x}) = 0$, und
- **hyperbolisch** am Punkt $\boldsymbol{x}$, falls $a_{12}^2(\boldsymbol{x}) - a_{11}(\boldsymbol{x})a_{22}(\boldsymbol{x}) > 0$.

Um die Normalformen zu ermitteln, erlauben wir allgemeine, differenzierbare, nicht notwendig lineare Transformationen

$$\begin{pmatrix} x_1 \\ x_2 \end{pmatrix} = \boldsymbol{x} \mapsto \boldsymbol{\Phi}(\boldsymbol{x}) := \begin{pmatrix} \xi(x_1, x_2) \\ \eta(x_1, x_2) \end{pmatrix},$$

deren Funktionaldeterminante nicht verschwindet, d. h.

$$\det \boldsymbol{J\Phi}(\boldsymbol{x}) = \frac{\partial(\xi, \eta)}{\partial(x_1, x_2)} = \xi_{x_1}\eta_{x_2} - \xi_{x_2}\eta_{x_1} \neq 0\,.$$

Solche Transformationen sind C^1-Diffeomorphismen zwischen einem (x_1, x_2)-Gebiet und einem korrespondierenden (ξ, η)-Gebiet.

Bilden wir die Ableitungen von $u(x_1, x_2) =: \widetilde{u}(\xi(x_1, x_2), \eta(x_1, x_2))$, dann ergeben sich mit Hilfe der Kettenregel die Beziehungen

$$\begin{aligned}
u_{x_1} &= \widetilde{u}_\xi \xi_{x_1} + \widetilde{u}_\eta \eta_{x_1}\,, \\
u_{x_2} &= \widetilde{u}_\xi \xi_{x_2} + \widetilde{u}_\eta \eta_{x_2}\,, \\
u_{x_1x_1} &= \widetilde{u}_{\xi\xi}\xi_{x_1}^2 + 2\widetilde{u}_{\xi\eta}\xi_{x_1}\eta_{x_1} + \widetilde{u}_{\eta\eta}\eta_{x_1}^2 + (\widetilde{u}_\xi \xi_{x_1x_1} + \widetilde{u}_\eta \eta_{x_1x_1})\,, \\
u_{x_1x_2} &= \widetilde{u}_{\xi\xi}\xi_{x_1}\xi_{x_2} + \widetilde{u}_{\xi\eta}(\xi_{x_1}\eta_{x_2} + \xi_{x_2}\eta_{x_1}) + \widetilde{u}_{\eta\eta}\eta_{x_1}\eta_{x_2} \\
&\quad + (\widetilde{u}_\xi \xi_{x_1x_2} + \widetilde{u}_\eta \eta_{x_1x_2})\,, \\
u_{x_2x_2} &= \widetilde{u}_{\xi\xi}\xi_{x_2}^2 + 2\widetilde{u}_{\xi\eta}\xi_{x_2}\eta_{x_2} + \widetilde{u}_{\eta\eta}\eta_{x_2}^2 + (\widetilde{u}_\xi \xi_{x_2x_2} + \widetilde{u}_\eta \eta_{x_2x_2})\,.
\end{aligned}$$

Setzt man dies in die Differentialgleichung (25.51) ein und ordnet die Terme, so entsteht eine Differentialgleichung von äquivalentem Aussehen:

$$A_{11}\widetilde{u}_{\xi\xi} + 2A_{12}\widetilde{u}_{\xi\eta} + A_{22}\widetilde{u}_{\eta\eta} = \widetilde{h}(\xi, \eta, \widetilde{u}, \widetilde{u}_\xi, \widetilde{u}_\eta) \tag{25.52}$$

mit den Koeffizienten

$$\begin{aligned}
A_{11} &:= a_{11}\xi_{x_1}^2 + 2a_{12}\xi_{x_1}\xi_{x_2} + a_{22}\xi_{x_2}^2 \\
A_{12} &:= a_{11}\xi_{x_1}\eta_{x_1} + a_{12}(\xi_{x_1}\eta_{x_2} + \xi_{x_2}\eta_{x_1}) + a_{22}\xi_{x_2}\eta_{x_2} \\
A_{22} &:= a_{11}\eta_{x_1}^2 + 2a_{12}\eta_{x_1}\eta_{x_2} + a_{22}\eta_{x_2}^2\,.
\end{aligned} \tag{25.53}$$

Lemma (25.34)
Mit den obigen Koeffizienten A, B, C gilt

$$(A_{11}A_{22} - A_{12}^2) = (a_{11}a_{22} - a_{12}^2) \cdot \left(\frac{\partial(\xi, \eta)}{\partial(x_1, x_2)} \right)^2 .$$

Beweis.
Nachrechnen. (Vorsicht: Sehr mühsam!) ■

Lemma 25.34 zeigt, dass unsere Transformation Φ den Typ der Differentialgleichung nicht ändert. Zentrale Idee ist nun, den Koeffizienten A_{ij} gewisse Bedingungen aufzuerlegen, so dass übersichtliche Rechenausdrücke entstehen.

Satz (25.35)
Im hyperbolischen Fall existieren zwei verschiedene Normalformen:

$$u_{x_1x_1} - u_{x_2x_2} = h(\boldsymbol{x}, u, \nabla u)$$

oder

$$u_{x_1x_2} = h(\boldsymbol{x}, u, \nabla u) .$$

Im elliptischen Fall lautet die Normalform

$$u_{x_1x_1} + u_{x_2x_2} = h(\boldsymbol{x}, u, \nabla u)$$

und im parabolischen Fall

$$u_{x_1x_1} = h(\boldsymbol{x}, u, \nabla u) .$$

Beweis.
Wählen wir in Lemma 25.34

$$A_{11} = -A_{22} , \quad A_{12} = 0 ,$$

dann folgt

$$-A_{11}^2 = (a_{11}a_{22} - a_{12}^2) \cdot \left(\frac{\partial(\xi, \eta)}{\partial(x_1, x_2)} \right)^2 .$$

Auf der linken Seite steht eine negative Größe; da das Quadrat der Funktionaldeterminante positiv ist, lässt sich diese Bedingung nur im hyperbolischen Fall (vgl. Lemma 25.28) erfüllen. Aus (25.52) folgt dann die erste hyperbolische Normalform, wenn wir zu unseren anfänglichen Bezeichnungen zurückkehren und durch A_{11} dividieren.

Die Wahl von

$$A_{11} = A_{22} = 0$$

führt nach Lemma (25.47) auf

$$-A_{12}^2 = \left(a_{11}a_{22} - a_{12}^2\right) \cdot \left(\frac{\partial(\xi,\eta)}{\partial(x_1,x_2)}\right)^2$$

und wieder ist diese Bedingung nur im hyperbolischen Fall zu erfüllen. Aus (25.52) folgt dann die zweite hyperbolische Normalform, wenn wir zu unseren anfänglichen Bezeichnungen zurückkehren und durch $2A_{11}$ dividieren.

Wählt man

$$A_{11} = A_{22}\,, \quad A_{12} = 0\,,$$

so ergibt sich analog zum hyperbolischen Fall die elliptische Normalform und die Wahl von

$$A_{12} = A_{22} = 0$$

ergibt analog den parabolischen Fall. ∎

Unsere Typeinteilung ist nur *lokal*, d. h., muss für jeden Punkt $\boldsymbol{x}$ überprüft werden. Nun nehmen wir an, dass unsere Differentialgleichung in einem Gebiet $G \subset \mathbb{R}^2$ von einerlei Typ sei. Die Transformation $\boldsymbol{\Phi}$ haben wir bis jetzt wenig beachtet, aber gibt es überhaupt solche Transformationen, die unsere Differentialgleichung in jedem Punkt von G in die Normalform überführt?

Betrachten wir zu Beginn den hyperbolischen Fall mit Normalform $\widetilde{u}_{\xi\eta} = \widetilde{h}$, d. h. $A_{11} = A_{22} = 0$. Dann folgt aus (25.53), dass die Funktionen ξ und η Lösungen der Differentialgleichungen

$$a_{11}\xi_{x_1}^2 + 2a_{12}\xi_{x_1}\xi_{x_2} + a_{22}\xi_{x_2}^2 = 0\,, \tag{25.54}$$

$$a_{11}\eta_{x_1}^2 + 2a_{12}\eta_{x_1}\eta_{x_2} + a_{22}\eta_{x_2}^2 = 0\,. \tag{25.55}$$

sein müssen. Beides sind partielle Differentialgleichungen erster Ordnung, deren Lösungen wir bereits in Abschn. 25.2 diskutiert haben. Betrachten wir die erste Gleichung. Die mittlere der charakteristischen Gleichungen (25.19) lautet

$$z'(s) = \langle \nabla_{\boldsymbol{p}} F(\boldsymbol{p}(s), z(s), \boldsymbol{x}(s)), \boldsymbol{p}(s)\rangle$$

und mit

$$z = \xi\,, \quad \boldsymbol{p} = (\xi_{x_1}, \xi_{x_2})^{\mathrm{T}}\,, \quad F = a_{11}\xi_{x_1}^2 + 2a_{12}\xi_{x_1}\xi_{x_2} + a_{22}\xi_{x_2}^2$$

folgt

$$\frac{\mathrm{d}\xi}{\mathrm{d}s} = \left\langle \begin{pmatrix} 2a_{11}\xi_{x_1} + 2a_{12}\xi_{x_2} \\ 2a_{12}\xi_{x_1} + 2a_{22}\xi_{x_2} \end{pmatrix}, \begin{pmatrix} \xi_{x_1} \\ \xi_{x_2} \end{pmatrix} \right\rangle = 2\underbrace{\left(a_{11}\xi_{x_1}^2 + 2a_{12}\xi_{x_1}\xi_{x_2} + a_{22}\xi_{x_2}^2\right)}_{=0}\,,$$

also

$$\frac{\mathrm{d}\xi}{\mathrm{d}s} = 0\,.$$

Damit sind die Kurven $\xi(x_1, x_2) = \text{const.}$ die charakteristischen Grundkurven der Differentialgleichung (25.54). Ganz analog erhält man, dass $\eta(x_1, x_2) = \text{const.}$ die charakteristischen Grundkurven der Differentialgleichung (25.55) sind.

Entlang der Charakteristiken gilt

$$\frac{\mathrm{d}}{\mathrm{d}s}\xi(x_1(s), x_2(s)) = \xi_{x_1}\frac{\mathrm{d}x_1}{\mathrm{d}s} + \xi_{x_2}\frac{\mathrm{d}x_2}{\mathrm{d}s} = 0\,,$$

also

$$\frac{\mathrm{d}x_2}{\mathrm{d}x_1} = -\frac{\xi_{x_1}}{\xi_{x_2}}\,.$$

Nun können wir (25.54) durch $\xi_{x_2}^2$ dividieren und ξ_{x_1} und ξ_{x_2} durch die gerade gewonnene Beziehung eliminieren. So folgt

$$a_{11}\left(\frac{\mathrm{d}x_2}{\mathrm{d}x_1}\right)^2 - 2a_{12}\frac{\mathrm{d}x_2}{\mathrm{d}x_1} + a_{22} = 0\,. \tag{25.56}$$

Diese quadratische Gleichung ist eine *gewöhnliche* Differentialgleichung. Löst man nach $\mathrm{d}x_2/\,\mathrm{d}x_1$, dann ergibt sich

$$\frac{\mathrm{d}x_2}{\mathrm{d}x_1} = \frac{a_{12}(\boldsymbol{x}) \pm \sqrt{a_{12}(\boldsymbol{x})^2 - a_{11}(\boldsymbol{x})a_{22}(\boldsymbol{x})}}{a_{11}(\boldsymbol{x})}$$

und weil wir die Hyperbolizität der Ausgangsgleichung vorausgesetzt haben, existieren tatsächlich zwei verschiedene Lösungen. Die zweite Differentialgleichung (25.55) führt zu genau derselben Gleichung. Nach Integration ergeben sich also zwei Lösungen mit je einer Integrationskonstanten, die wir in der Form

$$\Phi(x_1, x_2) = \text{const.}\,, \qquad \Psi(x_1, x_2) = \text{const.}$$

darstellen können. Die Integrationskonstanten erscheinen dabei auf der rechten Seite. Damit haben wir die beiden gesuchten Lösungen der charakteristischen Differentialgleichung (25.54)

$$\xi = \Phi(x_1, x_2)\,, \qquad \eta = \Psi(x_1, x_2)$$

gefunden, da die Gleichungen (25.54) und (25.56) vollständig äquivalent sind. Anstelle von Φ und Ψ hätten wir auch irgendwelche stetig differenzierbaren Funktionen Θ_1 von Φ und Θ_2 von Ψ betrachten können, ohne unsere Betrachtungen zu stören.

Auch im elliptischen und parabolischen Fall geht man analog vor, wobei man mit den entsprechenden Gleichungen anstelle von (25.54), (25.55) starten muss. Wir fassen zusammen:

Definition und Lemma (25.36)
Die gewöhnliche Differentialgleichung

$$a_{11}\left(\frac{\mathrm{d}x_2}{\mathrm{d}x_1}\right)^2 - 2a_{12}\frac{\mathrm{d}x_2}{\mathrm{d}x_1} + a_{22} = 0$$

bzw.

$$\frac{\mathrm{d}x_2}{\mathrm{d}x_1} = \frac{a_{12}(\boldsymbol{x}) \pm \sqrt{a_{12}(\boldsymbol{x})^2 - a_{11}(\boldsymbol{x})a_{22}(\boldsymbol{x})}}{a_{11}(\boldsymbol{x})} \tag{25.57}$$

heißt **charakteristische gewöhnliche Differentialgleichung** zu (25.50). Stellt man die allgemeinen Lösungen in der Form

$$\Phi(x_1, x_2) = \text{const.}\,, \qquad \Psi(x_1, x_2) = \text{const.}$$

dar, dann sind die Lösungen der charakteristischen Gleichung (25.54) gegeben durch

$$\xi(\boldsymbol{x}) = \Theta_1(\Phi(\boldsymbol{x}))\,, \qquad \eta(\boldsymbol{x}) = \Theta_2(\Psi(\boldsymbol{x}))\,,$$

wobei die Θ_j beliebige C^1-Funktionen sind.

Satz (25.37)
Im hyperbolischen Fall gibt es zwei verschiedene reelle Scharen

$$\Phi(\boldsymbol{x}) = \text{const.}\,, \qquad \Psi(\boldsymbol{x}) = \text{const.}$$

von Charakteristiken. Setzt man $\xi(\boldsymbol{x}) := \Phi(\boldsymbol{x})$ und $\eta(\boldsymbol{x}) := \Psi(\boldsymbol{x})$, dann ergibt sich die Normalform

$$\widetilde{u}_{\xi\eta} = g(\xi, \eta, \widetilde{u}, \widetilde{u}_\xi, \widetilde{u}_\eta)\,.$$

Setzt man hingegen $\xi(\boldsymbol{x}) := x_1 + x_2$, $\eta(\boldsymbol{x}) := x_1 - x_2$, dann erhält man die Normalform

$$\widetilde{u}_{\xi\xi} - \widetilde{u}_{\eta\eta} = G(\xi, \eta, \widetilde{u}, \widetilde{u}_\xi, \widetilde{u}_\eta)\,.$$

Im parabolischen Fall gibt es genau eine reelle Schar

$$\Phi(\boldsymbol{x}) = \text{const.}$$

von Charakteristiken. Setzt man $\xi(\boldsymbol{x}) := \Phi(\boldsymbol{x})$ und $\eta(\boldsymbol{x}) := H(\boldsymbol{x})$ mit irgendeiner C^1-Funktion H, die die Regularitätsbedingung $\frac{\partial(\xi,\eta)}{\partial(x_1,x_2)} \neq 0$ erfüllt, dann ergibt sich die Normalform

$$\widetilde{u}_{\eta\eta} = g(\xi, \eta, \widetilde{u}, \widetilde{u}_\xi, \widetilde{u}_\eta)\,.$$

Im elliptischen Fall gibt es keine reellen Charakteristiken, sondern komplex konjugierte der Form

$$C_j = \Phi(\boldsymbol{x}) \pm i\Psi(\boldsymbol{x}) = \text{const.}_j\,, \quad j = 1,2\,.$$

Setzt man $\xi(\boldsymbol{x}) := \Phi(\boldsymbol{x})$, $\eta(\boldsymbol{x}) := \Psi(\boldsymbol{x})$, dann folgt die Normalform

$$\widetilde{u}_{\xi\xi} + \widetilde{u}_{\eta\eta} = g(\xi, \eta, \widetilde{u}, \widetilde{u}_\xi, \widetilde{u}_\eta)\,.$$

Beweis.
Man sieht leicht, dass es im parabolischen Fall $a_{12}(\boldsymbol{x})^2 - a_{11}(\boldsymbol{x})a_{22}(\boldsymbol{x}) = 0$ nur eine Charakteristikenschar geben kann. Schwieriger ist der elliptische Fall $a_{12}(\boldsymbol{x})^2 - a_{11}(\boldsymbol{x})a_{22}(\boldsymbol{x}) < 0$. Anstelle der Gleichungen (25.54) und (25.55) erhalten wir nun wegen der Bedingung der Elliptizität $A_{11} = A_{22}$ und $A_{12} = 0$ (vgl. (25.53)) die beiden Gleichungen

$$a_{11}\left(\xi_{x_1}^2 - \eta_{x_1}^2\right) + 2a_{12}(\xi_{x_1}\xi_{x_2} - \eta_{x_1}\eta_{x_2}) + a_{22}\left(\xi_{x_2}^2 - \eta_{x_2}^2\right) = 0\,,$$
$$a_{11}\xi_{x_1}\eta_{x_1} + a_{12}(\xi_{x_1}\eta_{x_2} + \xi_{x_2}\eta_{x_1}) + a_{22}\xi_{x_2}\eta_{x_2} = 0\,,$$

und diese beiden Gleichungen sind nun gekoppelt. Man kann aber die charakteristische Gleichung (25.57) auch für diesen Fall verwenden und sieht, dass es es nur komplex konjugierte Charakteristiken geben kann. Die Normalformen sind aus (25.52) und (25.53) jeweils auszurechnen. ■

Beispiele (25.38)

a) Die Wellengleichung

$$u_{tt} - u_{xx} = 0$$

liefert $a_{11} = 1$, $a_{12} = 0$ und $a_{22} = -1$. Die charakteristische gewöhnliche Differentialgleichung (25.57) lautet dann

$$\frac{\mathrm{d}x}{\mathrm{d}t} = \pm\sqrt{-1\cdot(-1)} = \pm 1\,.$$

Die charakteristischen Grundkurven sind damit gegeben durch $x = \pm t +$ const. bzw.

$$x \pm t = \text{const.}\,,$$

d. h. zwei Scharen von Geraden, eine mit Steigung +1, die andere mit −1. Entsprechend besitzt die Wellengleichung (25.6) die charakteristischen Grundkurven

$$x \pm ct = \text{const.}$$

b) Die Gleichung

$$u_{xx} + 4xu_{xy} + 5x^2 u_{yy} = 0\,, \qquad x > 0\,,$$

besitzt die charakteristische Gleichung $(y')^2 - 4xy' + 5x^2 = 0$ mit den komplex konjugierten Wurzeln $y' = (2 \pm i)x$. Damit folgt $y = x^2 \pm ix^2/2 + \text{const.}$ bzw. $(y - x^2) \pm ix^2/2 = \text{const.}$ Damit lauten die komplexen Charakteristiken $C_j = (y - x^2) \pm i\frac{x^2}{2}$, $j = 1, 2$. Mit der Transformation $\xi := y - x^2$, $\eta := x^2/2$ folgt die Normalform

$$\widetilde{u}_{\xi\xi} + \widetilde{u}_{\eta\eta} + \frac{1}{2\eta}(\widetilde{u}_\eta - 2\widetilde{u}_\xi) = 0\,.$$

25.5 Die Laplace-Gleichung

Wir haben die Laplace-Gleichung bisher nur in der Modellierung von Äquilibriumsproblemen kennengelernt, d. h. solchen Problemen, bei denen die Zeit keine Rolle spielt. Das folgende klassische Beispiel zeigt, dass Anfangswertaufgaben für die Laplace-Gleichung in der Tat *nicht sachgemäß gestellt* sind.

Beispiel (25.39): Hadamard[10)]
Wir betrachten die Anfangswertaufgabe

$$\begin{aligned} \Delta u = u_{xx} + u_{yy} &= 0 \\ u(x,0) &= u_0(x) \\ u_y(x,0) &= v_0(x)\,. \end{aligned}$$

Im Fall $u_0 = v_0 = 0$ ist die Lösung offenbar $u = 0$. Nun betrachten wir die Anfangsdaten

$$u_0^{(n)}(x) = 0\,, \quad v_0^{(n)}(x) = \frac{\sin(nx)}{n}\,, \qquad n = 1, 2, 3, \ldots\,,$$

die zu einer Folge von Lösungen

$$u^{(n)}(x, y) = \frac{1}{n^2}\sin(nx)\cdot\sinh(ny)\,,$$

führen, wovon man sich durch Einsetzen überzeugen kann. Es gilt $v_0^{(n)}(x) \to 0$, $(n \to \infty)$, und damit können wir $v_0^{(n)}$ für große n als *kleine Störung* von $v_0(x) = 0$ ansehen. Wir haben damit die Anfangswertaufgabe mit $u_0 = v_0 = 0$ nur leicht verändert. Offenbar gilt tatsächlich

$$u^{(n)}(x,0) = u_0(x) = 0 \quad \text{und} \quad \lim_{y\to\infty} u_y^{(n)}(x,0) = v_0(x) = 0\,,$$

aber für $y > 0$ erhalten wir

$$\lim_{n\to\infty} \frac{\sinh(ny)}{n^2} = \infty$$

und damit folgt $u^{(n)} \nrightarrow 0$ für $n \to \infty$. Also führen kleine Störungen in den Anfangsdaten zu katastrophalen Fehlern in den Lösungen!

10) Jacques Hadamard (1865–1963); Paris.

Folgerung (25.40)
Elliptische Differentialgleichungen führen zu sachgemäß gestellten Problemen nur dann, wenn Randwertaufgaben betrachtet werden.

Wir betrachten jetzt Randwertaufgaben für die Laplace-Gleichung in einem Gebiet $D \subset \mathbb{R}^n$ mit $n = 2$ und $n = 3$. Wir nehmen an, dass der Rand ∂D mindestens stückweise glatt ist.

Definition (25.41)
Wird eine stetige Funktion $u\colon \overline{D} \to \mathbb{R}$ als Lösung der Randwertaufgabe

$$\begin{aligned} \Delta u(\boldsymbol{x}) &= 0\,, & \boldsymbol{x} &\in D \\ u(\boldsymbol{x}) &= u_0(\boldsymbol{x})\,, & \boldsymbol{x} &\in \partial D\,, \end{aligned}$$

gesucht, so spricht man von einem **Dirichletschen Randwertproblem**.

Wird dagegen die Lösung für das Problem

$$\begin{aligned} \Delta u(\boldsymbol{x}) &= 0\,, & \boldsymbol{x} &\in D \\ \frac{\partial u}{\partial \boldsymbol{n}}(\boldsymbol{x}) &= v_0(\boldsymbol{x})\,, & \boldsymbol{x} &\in \partial D\,, \end{aligned}$$

mit auf dem Rand vorgegebener Normalableitung gesucht, dann spricht man von einem **Neumannschen Randwertproblem**.

Wird eine Linearkombination von u und der Normalableitung vorgeschrieben, handelt es sich um ein **Randwertproblem dritter Art**.

Ist D ein beschränktes Gebiet, so spricht man von einem **inneren Randwertproblem**.

Ist D das Komplement eines beschränkten Gebietes, dann handelt es sich um ein **äußeres Randwertproblem**. In diesem Fall sind weitere Regularitäts- und Randbedingungen an die Lösung für $\|\boldsymbol{x}\| \to \infty$ zu stellen.

Die ebene Dirichletsche Randwertaufgabe auf einem Rechteck

Wir betrachten das Rechteckgebiet $D :=]0, a[\times]0, b[$ und das Dirichlet-Problem

$$\begin{aligned} \Delta u(x, y) &= 0\,, \quad \boldsymbol{x} \in D \\ u(x, 0) &= u(x, b) = 0\,, \quad 0 \le x \le a \\ u(0, y) &= f(y)\,, \quad u(a, y) = 0\,, \quad 0 \le y \le b\,. \end{aligned}$$

Man verwendet vorteilhaft einen **Separationsansatz**

$$u(x, y) = X(x) \cdot Y(y)\,. \tag{25.58}$$

Aus diesem Ansatz folgt $u_{xx} = X''Y$ und $u_{yy} = XY''$, so dass die Laplace-Gleichung übergeht in

$$X''Y + XY'' = 0\,.$$

Nehmen wir an, dass im Inneren von D gilt: $X, Y \neq 0$, dann muss offenbar

$$\frac{X''(x)}{X(x)} + \frac{Y''(y)}{Y(y)} = 0 \tag{25.59}$$

gelten. Diese Gleichung besagt $\frac{Y''(y)}{Y(y)} = -\frac{X''(x)}{X(x)}$, wobei die linke Seite nur von y und die rechte nur von x abhängt. Die Gleichheit dieser beiden Ausdrücke kann daher nur dann gewährleistet werden, wenn

$$\frac{Y''(y)}{Y(y)} = \text{const.} \tag{25.60}$$

ist. Die Lösungen dieser einfachen gewöhnlichen Differentialgleichung unter den Bedingungen $Y(0) = Y(b) = 0$ sind

$$Y(y) = Y_k(y) = C_k \sin(\alpha_k y)\,, \quad \alpha_k := \frac{k\pi}{b}, k \in \mathbb{N}\,.$$

Wegen $Y_k''(y) = -\alpha_k^2 C_k \sin(\alpha_k y)$ folgt $\frac{Y_k''(y)}{Y_k(y)} = -\alpha_k^2$ und damit ist die Konstante in (25.60) gerade $-\alpha_k^2$.

Es bleibt noch der zweite Teil von (25.59) zu untersuchen, d. h. die Gleichung

$$\frac{X_k''(x)}{X_k(x)} = \alpha_k^2$$

mit der Bedingung $X_k(a) = 0$. Lösungen sind

$$X(x) = X_k(x) = \widetilde{C}_k \sinh(\alpha_k(x-a))\,.$$

Lösungen u_k des Randwertproblems sind also alle

$$u_k(x,y) = X_k(x)Y_k(y) = \sinh(\alpha_k(x-a))\sin(\alpha_k y)\,, \quad k = 1,2,3,\ldots\,.$$

Da die Laplace-Gleichung linear ist, ergeben sich alle Lösungen nach dem Superpositionsprinzip zu

$$u(x,y) = \sum_{k=1}^{\infty} b_k \sinh(\alpha_k(x-a))\sin(\alpha_k y)\,. \tag{25.61}$$

Wir haben noch die Randbedingung $u(0,y) = f(y)$, $y \in\,]0,b[$ zu erfüllen, die unter Verwendung von (25.61) auf

$$f(y) = u(0,y) = \sum_{k=1}^{\infty} \beta_k \sin(\alpha_k y) \quad \text{mit} \quad \beta_k = -b_k \sinh(\alpha_k a)$$

führt. Dies ist aber eine einfache Fourier-Reihe für die ungerade und $2b$-periodisch fortgesetzte Randfunktion f. Nach Band 1 (16.5) sind die β_k die Fourier-Koeffizienten, für die gilt

$$\beta_k = \frac{2}{b}\int_0^b f(y)\sin(\alpha_k y)\,\mathrm{d}y\,.$$

Beispiel (25.42)
Sei $f(y) := y(y-b), a = 1, b = 2$. Damit wird $\alpha_k = \frac{k\pi}{2}$ und

$$\beta_k = \begin{cases} -\frac{4}{\alpha_k^3}\,; & k \text{ ungerade} \\ 0\,; & k \text{ gerade} \end{cases} .$$

Als Lösungsdarstellung ergibt sich damit

$$u(x, y) = \sum_{k=1}^{\infty} \frac{-\beta_k}{\sinh(\alpha_k)} \sinh(\alpha_k(x-a)) \sin(\alpha_k y) .$$

Wertet man die ersten zehn nicht verschwindenden Terme in MATLAB aus, ergibt sich das in Abb. 25.8 gezeigte Bild der Lösung.

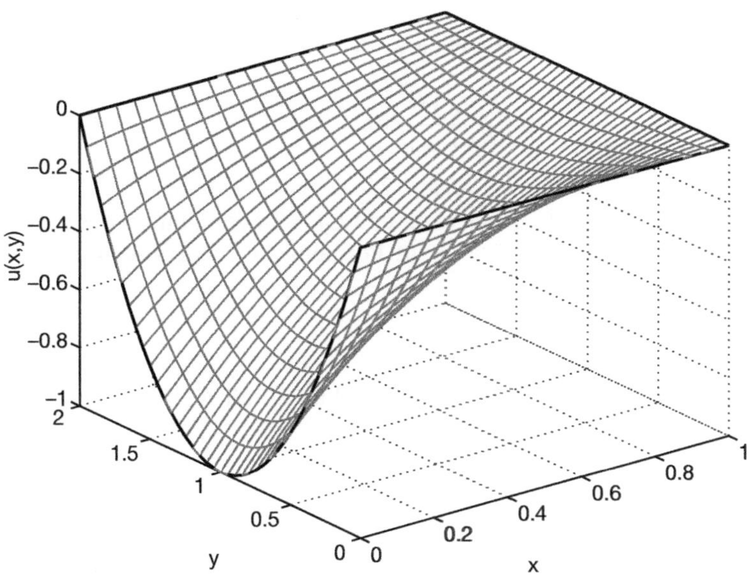

Abb. 25.8 Lösung der Randwertaufgabe bei zehn nicht verschwindenden Termen der Reihe.

Die ebene Dirichletsche Randwertaufgabe auf einer Kreisscheibe

Wir betrachten nun die Randwertaufgabe

$$\Delta u(x, y) = 0\,, \qquad x^2 + y^2 < R \tag{25.62}$$

$$u(x, y) = u_0(x, y)\,, \qquad x^2 + y^2 = R\,. \tag{25.63}$$

Zur Behandlung dieses Problems bieten sich Polarkoordinaten $0 < r \leq R, \varphi \in \mathbb{R}$ an.

Satz (25.43)
Für die Lösung des obigen Randwertproblems ergeben sich folgende Darstellungen:

a) **Reihendarstellung in Polarkoordinaten**

$$u(r,\varphi) = \frac{\alpha_0}{2} + \sum_{k=1}^{\infty} (\alpha_k \cos(k\varphi) + \beta_k \sin(k\varphi)) \left(\frac{r}{R}\right)^k . \tag{25.64}$$

Dabei sind α_k, β_k die Fourier-Koeffizienten der Randfunktion $u_0(\varphi)$.

b) **Integraldarstellung in Polarkoordinaten**

$$u(r,\varphi) = \frac{R^2 - r^2}{2\pi} \int_0^{2\pi} \frac{u_0(R,\alpha)}{R^2 + r^2 - 2rR\cos(\varphi - \alpha)}\, \mathrm{d}\alpha . \tag{25.65}$$

c) **Integraldarstellung in kartesischen Koordinaten** ($\|\boldsymbol{x}\| < R$)

$$u(\boldsymbol{x}) = \frac{R^2 - \|\boldsymbol{x}\|^2}{R\omega_2} \oint_{\|\boldsymbol{y}\|=R} \frac{u(\boldsymbol{y})}{\|\boldsymbol{y} - \boldsymbol{x}\|^2}\, \mathrm{d}o . \tag{25.66}$$

dabei ist $\mathrm{d}o := R\,\mathrm{d}\alpha$ das Bogenelement und $\omega_2 = 2\pi$ der Umfang des Einheitskreises. Die Relation (25.66) wird **Poissonsche Integralformel** genannt.

Beweis.
Sei u eine harmonische Funktion auf einem Gebiet D mit $\overline{K}_R(0) \subset D$. Auf D gilt in Polarkoordinaten (vgl. (17.18))

$$r^2 \Delta u = r^2 u_{rr} + r u_r + u_{\varphi\varphi} = 0 . \tag{25.67}$$

Die Abbildung $\varphi \mapsto u(r,\varphi)$ ist für alle $r \in [0,R]$ eine glatte, 2π-periodische Funktion. Daher konvergiert die Fourier-Entwicklung absolut und gleichmäßig und es gelten die Beziehungen

$$u(r,\varphi) = \frac{a_0}{2} + \sum_{k=1}^{\infty} [a_k \cos(k\varphi) + b_k \sin(k\varphi)] , \tag{25.68}$$

$$\begin{aligned} a_k = a_k(r) &= \frac{1}{\pi} \int_0^{2\pi} u(r,\alpha) \cos(k\alpha)\, \mathrm{d}\alpha , \\ b_k = b_k(r) &= \frac{1}{\pi} \int_0^{2\pi} u(r,\alpha) \sin(k\alpha)\, \mathrm{d}\alpha . \end{aligned} \tag{25.69}$$

Wegen der gleichmäßigen Konvergenz der Fourier-Reihe darf unter der Summe differenziert werden. Setzt man also die Reihe (25.68) in die Gleichung (25.67) ein, so ergibt sich

$$\frac{r^2a_0'' + ra_0'}{2} + \sum_{k=1}^{\infty} \left\{ \left(r^2a_k'' + ra_k' - k^2a_k\right)\cos(k\varphi) \right.$$
$$\left. + \left(r^2b_k'' + rb_k' - k^2b_k\right)\sin(k\varphi) \right\} = 0 .$$

Um diese Gleichung zu erfüllen, müssen alle Koeffizienten verschwinden, d. h.

$$r^2a_k'' + ra_k' - k^2a_k = 0 , \quad k \geq 0 ,$$
$$r^2b_k'' + rb_k' - k^2b_k = 0 , \quad k > 0 .$$

Dies sind zwei lineare, homogene Differentialgleichungen zweiter Ordnung. Für die allgemeine Lösung im Fall $k = 0$ erhält man

$$a_0(r) = A_0 + C_0 \ln r ,$$

und für $k > 0$ mit dem Ansatz $a_k, b_k = r^\mu$

$$a_k(r) = A_k r^k + C_k r^{-k} , \quad b_k(r) = B_k r^k + D_k r^{-k} .$$

Die Lösung $u(r, \varphi)$ soll auch in $r = 0$ glatt sein, daher dürfen keine singulären Terme wie $\ln r$ und r^{-k} auftauchen. Also muss $C_k = D_k = 0$ gelten und es bleibt

$$a_k(r) = A_k r^k , \quad b_k(r) = B_k r^k , \quad 0 \leq r \leq R .$$

Bezeichnen wir mit $\alpha_k := a_K(R)$ und $\beta_k(R)$ die Fourier-Koeffizienten der Randfunktion u_0, dann kann man auch

$$a_k(r) = \left(\frac{r}{R}\right)^k \alpha_k , \quad b_k(r) = \left(\frac{r}{R}\right)^k \beta_k \tag{25.70}$$

schreiben. Setzt man (25.70) in die Reihe (25.68) ein, so ergibt sich die Lösungsdarstellung (25.64)

$$u(r, \varphi) = \frac{\alpha_0}{2} + \sum_{k=1}^{\infty} (\alpha_k \cos(k\varphi) + \beta_k \sin(k\varphi)) \left(\frac{r}{R}\right)^k .$$

Man erhält daraus (25.65), in dem man die Fourier-Koeffizienten der Randfunktion gemäß (25.69)

$$\alpha_k = \frac{1}{\pi} \int_0^{2\pi} u(R, \alpha) \cos(k\alpha)\, \mathrm{d}\alpha , \quad \beta_k = \frac{1}{\pi} \int_0^{2\pi} u(R, \alpha) \sin(k\alpha)\, \mathrm{d}\alpha$$

einsetzt. Mit Hilfe eines Additionstheorems erhält man

$$u(r, \varphi) = \frac{1}{\pi} \int_0^{2\pi} u_0(R, \alpha) \left\{ \frac{1}{2} + \sum_{k=1}^{\infty} \cos[k(\varphi - \alpha)] \left(\frac{r}{R}\right)^k \right\} \mathrm{d}\alpha . \tag{25.71}$$

Nun wird der Term in den Klammern umgeformt:

$$\begin{aligned}\left\{\cdots\right\} &= \mathrm{Re}\left\{\frac{1}{2}+\sum_{k=1}^{\infty} e^{ik(\varphi-\alpha)}\left(\frac{r}{R}\right)^k\right\} = \mathrm{Re}\left\{\sum_{k=0}^{\infty}\left(\frac{re^{i(\varphi-\alpha)}}{R}\right)^k-\frac{1}{2}\right\}\\ &= \mathrm{Re}\left\{\frac{1}{1-\left(\frac{re^{i(\varphi-\alpha)}}{R}\right)}-\frac{1}{2}\right\}\\ &= \mathrm{Re}\left\{\frac{R}{R-r\cos(\varphi-\alpha)-ir\sin(\varphi-\alpha)}-\frac{1}{2}\right\}\\ &= \frac{R^2-rR\cos(\varphi-\alpha)}{R^2+r^2-2rR\cos(\varphi-\alpha)}-\frac{1}{2} = \frac{\frac{1}{2}(R^2-r^2)}{R^2+r^2-2rR\cos(\varphi-\alpha)}\end{aligned}$$

und damit lautet (25.71) nun

$$u(r,\varphi) = \frac{1}{\pi}\int_0^{2\pi} u_0(R,\alpha)\frac{\frac{1}{2}(R^2-r^2)}{R^2+r^2-2rR\cos(\varphi-\alpha)}\,\mathrm{d}\alpha$$

und das ist (25.65). Man erhält (25.66) daraus direkt unter Zuhilfenahme des Cosinussatzes

$$\|\boldsymbol{y}-\boldsymbol{x}\| = \|\boldsymbol{y}\|^2+\|\boldsymbol{x}\|^2-2\|\boldsymbol{x}\|\|\boldsymbol{y}\|\cos(\varphi-\alpha)\,.$$

■

Beispiel (25.44)
Gesucht ist die Lösung des Randwertproblems

$$\begin{aligned}\Delta u(x,y) &= 0\,, & x^2+y^2 &< 4\,,\\ u(x,y) &= u_0(\varphi) = \sin^3\varphi\,, & x^2+y^2 &= 4\,.\end{aligned}$$

Hier ist offenbar $R = 2$ und aus der trigonometrischen Beziehung $\sin(3\varphi) = 3\sin\varphi - 4\sin^3\varphi$ ergibt sich die Fourier-Entwicklung der Randfunktion zu

$$u_0(\varphi) = \sin^3\varphi = \frac{3}{4}\sin\varphi - \frac{1}{4}\sin(3\varphi)\,.$$

Nun folgt aus (25.64) die Lösung, vgl. Abb. 25.9:

$$\begin{aligned}u(x,y) &= \frac{3}{4}\sin\varphi\left(\frac{r}{2}\right)^1 - \frac{1}{4}\sin(3\varphi)\left(\frac{r}{2}\right)^3\\ &= \frac{3}{8}r\sin\varphi - \frac{1}{32}r^3[3\sin\varphi - 4\sin^3\varphi]\\ &= \left[\frac{3}{8}-\frac{3}{32}r^2\right]r\sin\varphi + \frac{1}{8}r^3\sin^3\varphi\\ &= \frac{3}{8}\left[1-\frac{1}{4}(x^2+y^2)\right]y + \frac{1}{8}y^3 = \frac{3}{8}y - \frac{3}{32}x^2y + \frac{1}{32}y^3\,.\end{aligned}$$

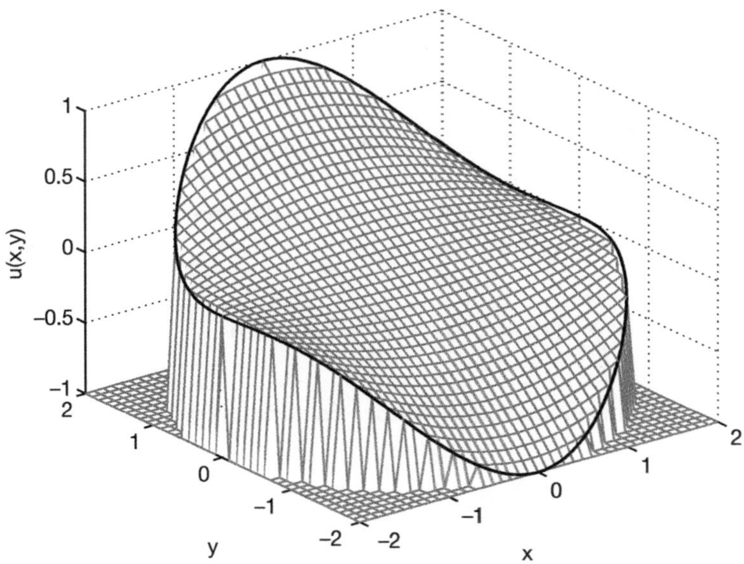

Abb. 25.9 Lösung der Randwertaufgabe aus Beispiel 25.44.

Der Lösungsweg nach Fourier

Wir betrachten wieder die Randwertaufgabe

$$\begin{aligned} \Delta u(x,y) &= 0\,, & x^2+y^2 &< R \\ u(x,y) &= u_0(x,y)\,, & x^2+y^2 &= R \end{aligned}$$

auf einer Kreisscheibe in Polarkoordinaten r und φ. Der Separationsansatz

$$u(r,\varphi) = X(r)\Phi(\varphi)$$

wird in die Differentialgleichung eingesetzt, was auf $r^2X''\Phi + rX'\Phi + X\Phi'' = 0$ führt, was wir aber auch als

$$\left(r^2\frac{X''(r)}{X(r)} + r\frac{X'(r)}{X(r)}\right) + \frac{\Phi''(\varphi)}{\Phi(\varphi)} = 0$$

schreiben können. Wie beim Separationsansatz oben folgt auch hier zunächst, dass $\Phi''/\Phi = \lambda = \text{const.}$ sein muss. Da aber Φ eine 2π-periodische Funktion sein muss, ergeben sich die Lösungen zu

$$\Phi = \Phi_k(\varphi) = a_k\cos(k\varphi) + b_k\sin(k\varphi)\,, \quad k \in \mathbb{N}_0\,.$$

Damit bleibt nur noch die Lösung der gewöhnlichen Differentialgleichung $r^2X''/X + rX'/X = k^2$, denn $\Phi''/\Phi = -k^2\Phi/\Phi = -k^2$. Diese Differentialgleichung kann auch umgeschrieben werden in die Form

$$r^2X''(r) + rX'(r) - k^2X(r) = 0$$

und deren Lösungen ergeben sich zu

$$X_0(r) = c_0 + d_0 \ln r\,, \quad X_k(r) = c_k r^k + d_k r^{-k}, k > 0\,.$$

Da wir das Randwertproblem auf $D = K_R(\mathbf{0})$ lösen wollen, müssen alle in $\mathbf{0}$ singulären Terme verschwinden, d. h. $d_k = 0$ für alle $k \geq 0$.

Die Lösung der Randwertaufgabe ergibt sich nun aus dem Superpositionsprinzip, d. h. $u(r, \varphi) = \sum_{k=0}^{\infty} \Phi_k(\varphi) X_k(r)$, also

$$u(r, \varphi) = \frac{a_0 c_0}{2} + \sum_{k=1}^{\infty} r^k (a_k c_k \cos(k\varphi) + b_k c_k \sin(k\varphi))\,.$$

Ein Vergleich dieser Darstellung mit der Fourier-Entwicklung der Randfunktion

$$u_0(\varphi) = u(R, \varphi) = \frac{a_0}{2} + \sum_{k=1}^{\infty} \alpha_k \cos(k\varphi) + \beta_k \sin(k\varphi)$$

liefert $\alpha_k = a_k c_k R^k$ und $\beta_k = b_k c_k R^k$ und damit die schon bekannte Lösungsdarstellung (25.64).

Das Außenraumproblem

Wir betrachten die Aufgabe

$$\begin{aligned} \Delta u(x, y) &= 0\,, & x^2 + y^2 &> R^2\,,\\ u(x, y) &= u_0(\varphi)\,, & x^2 + y^2 &= R^2\,,\\ u(x, y) &\text{ beschränkt für } & x^2 + y^2 &\to \infty\,, \end{aligned}$$

wobei wir nun die Lösung im Außenraumgebiet um eine Kreisscheibe vom Radius R suchen. Man geht hier ganz analog zum Lösungsweg von Fourier vor. Durch die Voraussetzung der Beschränktheit von u für $r = x^2 + y^2 \to \infty$ können in diesem Fall im Lösungsanteil X nur die Anteile c_0 und $d_k r^{-k}$ auftreten. Damit erhalten wir

$$u(r, \varphi) = \frac{\alpha_0}{2} + \sum_{k=1}^{\infty} (\alpha_k \cos(k\varphi) + \beta_k \sin(k\varphi)) \left(\frac{R}{r}\right)^k\,, \tag{25.72}$$

wobei α_k, β_k wiederum die Fourier-Koeffizienten der Randfunktion $u_0(\varphi)$ sind.

Beispiel (25.45)
Gesucht ist die Lösung des Außenraumproblems

$$\begin{aligned} \Delta u(x, y) &= 0\,, & x^2 + y^2 &> 4\,,\\ u(x, y) &= u_0(\varphi) = \sin^3 \varphi\,, & x^2 + y^2 &= 4\,,\\ u(x, y) &\text{ beschränkt für } & x^2 + y^2 &\to \infty\,. \end{aligned}$$

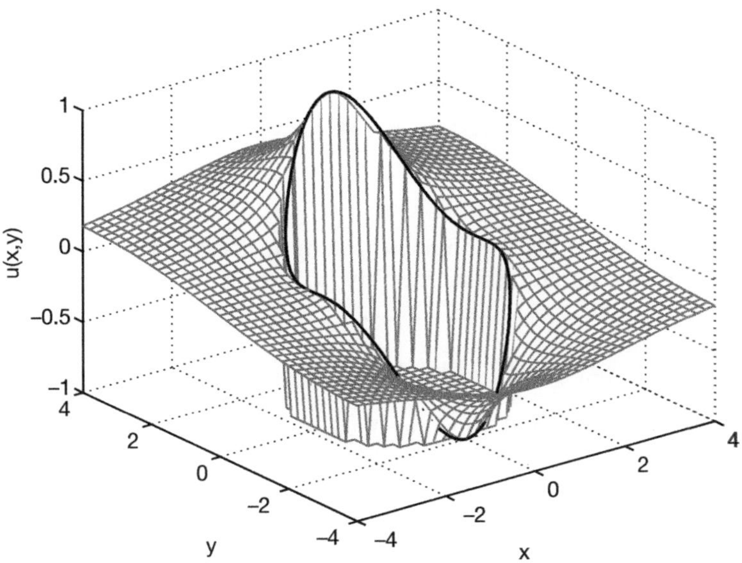

Abb. 25.10 Lösung des Außenproblems aus Beispiel 25.45.

Hier ist $\alpha_k = 0$ für alle k und $\beta_1 = 3/4, \beta_3 = -1/4$, sowie $\beta_k = 0$ für alle $k \neq 1, 3$. Damit erhalten wir aus (25.72) die Lösungsdarstellung, vgl. Abb. 25.10,

$$\begin{aligned} u(x, y) &= \frac{3}{4}\sin(\varphi)\left(\frac{2}{r}\right)^1 - \frac{1}{4}\sin(3\varphi)\left(\frac{2}{r}\right)^3 \\ &= \frac{3}{2}\frac{r\sin\varphi}{r^2} - 2\frac{3\sin\varphi - 4\sin^3\varphi}{r^3} \\ &= \frac{3}{2}\frac{y}{x^2+y^2} - 6\frac{y}{(x^2+y^2)^2} + 8\frac{y^3}{(x^2+y^2)^3}\,. \end{aligned}$$

Zur Theorie harmonischer Funktionen

Die Poissonsche Integralformel (25.66) ist auch im $\mathbb{R}^3$ gültig, d. h., es gilt auch für alle $\boldsymbol{x} \in \mathbb{R}^3$

$$u(\boldsymbol{x}) = \frac{R^2 - \|\boldsymbol{x}\|^2}{R\omega_3} \oint\limits_{\|\boldsymbol{y}\|=R} \frac{u(\boldsymbol{y})}{\|\boldsymbol{y}-\boldsymbol{x}\|^2}\,\mathrm{d}o\,,$$

wobei $\mathrm{d}o$ nun das Oberflächenelement der Kugel (vgl. Beispiel 19.61) bezeichnet und $\omega_3 = 4\pi$ die Oberfläche der Einheitskugel.

Satz (25.46): Mittelwerteigenschaft

Ist u eine auf $D \subset \mathbb{R}^n$, $n = 2, 3$, harmonische Funktion und ist $\overline{K}_R(\boldsymbol{x}_0) \subset D$, so gilt die Mittelwerteigenschaft

$$u(\boldsymbol{x}_0) = \frac{1}{R^{n-1}\omega_n} \oint\limits_{\|\boldsymbol{y}-\boldsymbol{x}_0\|=R} u(\boldsymbol{y})\,\mathrm{d}o\,.$$

Beweis.
Für $\boldsymbol{x}_0 = \mathbf{0}$ folgt die Aussage direkt aus der Poissonschen Formel. Ist $\boldsymbol{x}_0 \neq \mathbf{0}$, so zeigt man die Mittelwerteigenschaft, indem man $\boldsymbol{x}_0$ in den Ursprung verschiebt, d. h. durch Anwendung der Mittelwerteigenschaft für $\boldsymbol{x} = 0$ auf $v(\boldsymbol{x}) := u(\boldsymbol{x} + \boldsymbol{x}_0)$. ■

Satz (25.47): Stabilität
Sind u bzw. $\widetilde{u}$ die eindeutig bestimmten Lösungen der Randwertaufgabe (25.62), (25.63) zu den Randfunktionen u_0 bzw. $\widetilde{u}_0$, so gilt die Fehlerabschätzung

$$|\widetilde{u}(\boldsymbol{x}) - u(\boldsymbol{x})| \leq \|\widetilde{u}_0 - u_0\|_\infty \quad \text{für} \quad \|\boldsymbol{x}\|_2 \leq R\,.$$

Insbesondere hängt damit die Lösung der Randwertaufgabe (25.62), (25.63) stetig von den Randdaten u_0 ab und die Randwertaufgabe ist damit sachgemäß gestellt.

Beweis.
Mit Hilfe der Poissonschen Integralformel kann wie folgt abgeschätzt werden:

$$\begin{aligned}|\widetilde{u}(\boldsymbol{x}) - u(\boldsymbol{x})| &\leq \frac{R^2 - \|\boldsymbol{x}\|^2}{R\omega_n} \oint\limits_{\|\boldsymbol{y}\|=R} \frac{|\widetilde{u}_0(\boldsymbol{y}) - u_0(\boldsymbol{y})|}{\|\boldsymbol{y} - \boldsymbol{x}\|^n}\,\mathrm{d}o \\ &\leq \left(\frac{R^2 - \|\boldsymbol{x}\|^2}{R\omega_n} \oint\limits_{\|\boldsymbol{y}\|=R} \frac{\mathrm{d}o}{\|\boldsymbol{y} - \boldsymbol{x}\|^n} \right) \|\widetilde{u}_0 - u_0\|_\infty\,.\end{aligned}$$

Die Randwertaufgabe $\Delta u = 0$ auf $\|\boldsymbol{x}\| < R$ und $u(\boldsymbol{x}) = 1$ auf $\|\boldsymbol{x}\| = R$ besitzt die Lösung $u = 1$. Die Poissonsche Integralformel ergibt für diesen Fall

$$1 = \frac{R^2 - \|\boldsymbol{x}\|^2}{R\omega_n} \oint\limits_{\|\boldsymbol{y}\|=R} \frac{\mathrm{d}o}{\|\boldsymbol{y} - \boldsymbol{x}\|^n}\,,$$

und wird dies in die obige Abschätzung eingesetzt, so folgt die Behauptung des Satzes. ■

Satz (25.48): Glattheit
Jede harmonische Funktion (d. h. Lösung der Laplace-Gleichung) auf einem Gebiet $D \subset \mathbb{R}^n$, $n = 2, 3$, ist dort eine C^∞-Funktion.

Beweis.
Für $\boldsymbol{x}_0 \in D$ und $R > 0$ mit $\overline{K}_R(\boldsymbol{x}_0) \subset D$ gilt die Poissonsche Integralformel

$$u(\boldsymbol{x}) = \frac{R^2 - \|\boldsymbol{x} - \boldsymbol{x}_0\|^2}{R\omega_n} \oint\limits_{\|\boldsymbol{y}-\boldsymbol{x}_0\|=R} \frac{u(\boldsymbol{y})}{\|\boldsymbol{y} - \boldsymbol{x}\|^n}\,\mathrm{d}o\,.$$

Die rechte Seite ist aber im Bereich $\|\boldsymbol{x} - \boldsymbol{x}_0\| < R$ beliebig oft nach den $x_1, \ldots, x_n$ differenzierbar. ■

Satz (25.49): Maximum-Minimum-Prinzip
Ist u auf einem beschränkten Gebiet $D \subset \mathbb{C}$ harmonisch und auf $\overline{D}$ stetig, so liegen die Maxima und Minima von u (auch) auf $\overline{D}$ auf dem Rand ∂D.

Beweis.
$\overline{D}$ ist kompakt, also nimmt die stetige Funktion u dort ein Maximum an. Ist u konstant, so wird das Maximum (auch) auf dem Rand ∂D eingenommen. Sei nun u nicht konstant und sei $\boldsymbol{q} \in \overline{D}$ mit

$$u(\boldsymbol{q}) = \max\{u(\boldsymbol{x}) : \boldsymbol{x} \in \overline{D}\} =: M .$$

Wir führen den Beweis indirekt und nehmen an, dass $\boldsymbol{q}$ nicht auf dem Rand ∂D liegt, also $\boldsymbol{q} \in D$. Da u nicht konstant ist, gibt es einen zweiten Punkt $\boldsymbol{p} \in D$ mit $u(\boldsymbol{p}) < M$. Wir verbinden $\boldsymbol{p}$ und $\boldsymbol{q}$ nun durch eine C^1-Kurve

$$\boldsymbol{c}\colon [0,1] \to D\,, \quad \boldsymbol{c}(0) = \boldsymbol{p}\,, \quad \boldsymbol{c}(1) = \boldsymbol{q}\,.$$

Längs $\boldsymbol{c}$ ist dann $u(\boldsymbol{c}(0)) < M$, $u(\boldsymbol{c}(1)) = M$ und $u(\boldsymbol{c}(t)) \leq M$, für alle $0 < t < 1$. Sei $t_0 \in \,]0,1]$ der kleinste t-Wert mit $u(\boldsymbol{c}(t_0)) = M$ und sei weiter $\boldsymbol{q}_0 := \boldsymbol{c}(t_0)$.

Ist $r > 0$ hinreichend klein, so dass $\overline{K}_r(\boldsymbol{q}_0) \subset D$ und $\boldsymbol{p} \notin K_r(\boldsymbol{q}_0)$, so gibt es einen Punkt $\boldsymbol{p}_0 \in D$ mit $\|\boldsymbol{p}_0 - \boldsymbol{q}_0\| = r$ und $u(\boldsymbol{p}_0) < M$, vgl. Abb. 25.11.

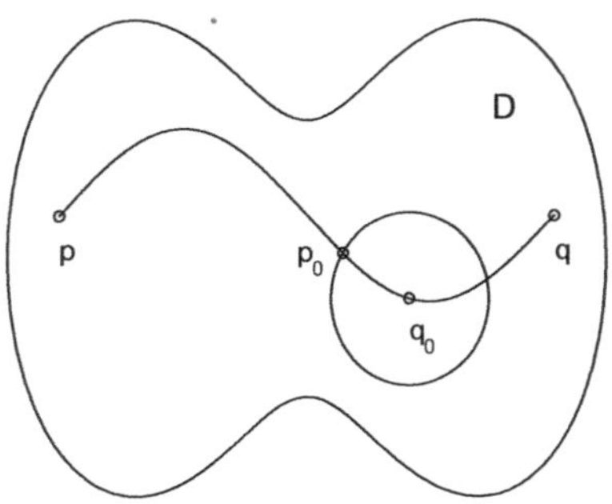

Abb. 25.11 Zum Beweis von Satz 25.49

Aus der Mittelwerteigenschaft (vgl. Satz 25.46) folgt nun

$$u(\boldsymbol{q}_0) = \frac{1}{R^{n-1}\omega_n} \oint\limits_{\|\boldsymbol{y}-\boldsymbol{q}_0\|=r} u(\boldsymbol{y})\,\mathrm{d}o\,.$$

Wegen $u(\boldsymbol{y}) \leq M$ und $u(\boldsymbol{p}_0) < M$ ergibt sich aber

$$M = u(\boldsymbol{q}_0) < \frac{1}{R^{n-1}\omega_n} \oint\limits_{\|\boldsymbol{y}-\boldsymbol{q}_0\|=r} M\,\mathrm{d}o = M\,,$$

also ein Widerspruch zu unserer Annahme. ■

Bemerkung (25.50)
Ist u auf einem beschränkten Gebiet $D \subset \mathbb{C}$ harmonisch, auf $\overline{D}$ stetig und nicht konstant, so werden Maximum und Minimum von u *nicht* im Inneren angenommen.

Folgerung (25.51)
Die Dirichletsche Randwertaufgabe

$$\begin{aligned} \Delta u(\boldsymbol{x}) &= f(\boldsymbol{x}) \,, \quad \boldsymbol{x} \in D \,, \\ u(\boldsymbol{x}) &= u_0(\boldsymbol{x}) \,, \quad \boldsymbol{x} \in \partial D \,, \end{aligned}$$

für die Poisson-Gleichung besitzt höchstens eine auf $\overline{D}$ stetige Lösung.

Beweis.
Sind u_1 und u_2 Lösungen der obigen Randwertaufgabe, so ist $v(\boldsymbol{x}) := u_2(\boldsymbol{x}) - u_1(\boldsymbol{x})$ eine harmonische Funktion mit $v(\boldsymbol{x}) = 0$ für $\boldsymbol{x} \in \partial D$. Nach dem Maximum-Minimum-Prinzip muss daher v auf $\overline{D}$ identisch verschwinden, also muss $u_1 = u_2$ gelten. ■

25.6 Die Wellengleichung

Wir beginnen unserer Diskussionen in einer Raumdimension. Gesucht werden Lösungen $u(x, t)$ der eindimensionalen Wellengleichung

$$u_{tt} - c^2 u_{xx} = 0 \,, \quad x \in \mathbb{R}, t \geq 0 \,, \tag{25.73}$$

wobei die Wellengeschwindigkeit $c > 0$ gegeben ist. Mit der Transformation $\xi := x - ct$, $\eta := x + ct$ gilt

$$\begin{aligned} u_t &= -cu_\xi + cu_\eta \\ u_x &= u_\xi + u_\eta \\ u_{tt} &= c^2 u_{\xi\xi} - 2c^2 u_{\xi\eta} + c^2 u_{\eta\eta} \\ u_{xx} &= u_{\xi\xi} + 2u_{\xi\eta} + u_{\eta\eta} \,. \end{aligned}$$

Unter dieser Transformation geht die Wellengleichung über in

$$u_{tt} - c^2 u_{xx} = -4c^2 u_{\xi\eta} = 0 \,,$$

also

$$u_{\xi\eta} = 0 \,.$$

Zweimalige Integration liefert als Lösung $u(\xi, \eta) = \Phi(\xi) + \Psi(\eta)$ mit (irgendwelchen) C^2-Funktionen Φ, Ψ: $\mathbb{R} \to \mathbb{R}$. Rücktransformation liefert die **allgemeine Lösung der 1-D Wellengleichung**

$$u(x, t) = \Phi(x - ct) + \Psi(x + ct) \,. \tag{25.74}$$

Der Ausdruck $\Phi(x - ct)$ beschreibt eine nach rechts laufende Welle, genauer: der Graph der Anfangsfunktion $\Phi(x)$ (für $t = 0$) wird mit der Geschwindigkeit c nach rechts verschoben. Längs der Charakteristiken $x - ct = \text{const.}$ ist dieser Lösungsteil konstant. Analog beschreibt $\Psi(x + ct)$ eine nach links laufende Welle. Die allgemeine Lösung ist eine Überlagerung (Superposition) dieser beiden Wellen.

Die eindimensionale Anfangswertaufgabe

Wir schreiben den Anfangszustand $u(x,0)$ und die Anfangsgeschwindigkeit $u_t(x,0)$ auf einem Intervall $[a,b]$ vor, d. h., wir suchen eine Lösung der Anfangswertaufgabe

$$\begin{aligned} u_{tt} - c^2 u_{xx} &= 0\,, & x &\in [a,b], t \in \mathbb{R}\,, \\ u(x,0) &= u_0(x)\,, & x &\in [a,b]\,, \\ u_t(x,0) &= v_0(x)\,, & x &\in [a,b]\,. \end{aligned} \tag{25.75}$$

Setzen wir nun die allgemeine Lösung (25.74) der Wellengleichung in die Anfangsbedingungen ein, dann lassen sich die Funktionen Φ und Ψ durch u_0 und v_0 ausdrücken. Man erhält so die nach d'Alembert[11] benannte Lösungsdarstellung.

Satz (25.52): Lösungsdarstellung nach d'Alembert

$$u(x,t) = \frac{1}{2}\{u_0(x-ct) + u_0(x+ct)\} + \frac{1}{2c}\int_{x-ct}^{x+ct} v_0(\xi)\,\mathrm{d}\xi\,.$$

Die d'Alembertsche Lösungsdarstellung aus Satz 25.52 lässt sich nur für $x \pm ct \in [a,b]$ auswerten. Die Lösung der Anfangswertaufgabe ist im **Bestimmtheitsbereich**

$$B := \{(x,t) : x \pm ct \in [a,b]\} \tag{25.76}$$

durch die Anfangsdaten eindeutig bestimmt. Man kann zwar die Lösung über B hinaus fortsetzen, aber dies nicht mehr eindeutig, vgl. Abb. 25.12.

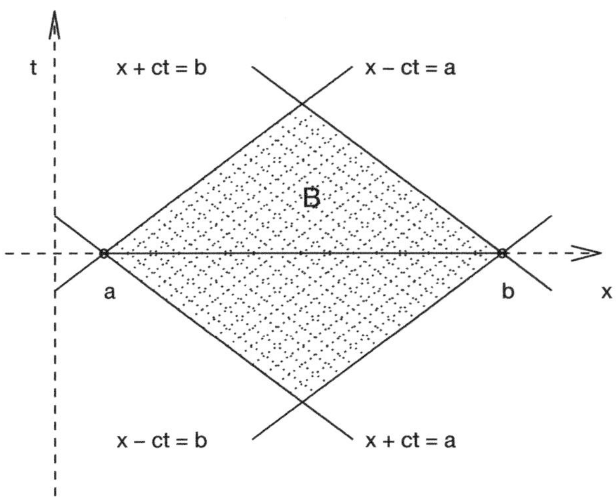

Abb. 25.12 Bestimmtheitsbereich.

11) Jean-Baptiste le Rond, genannt d'Alembert (1717–1783); Paris.

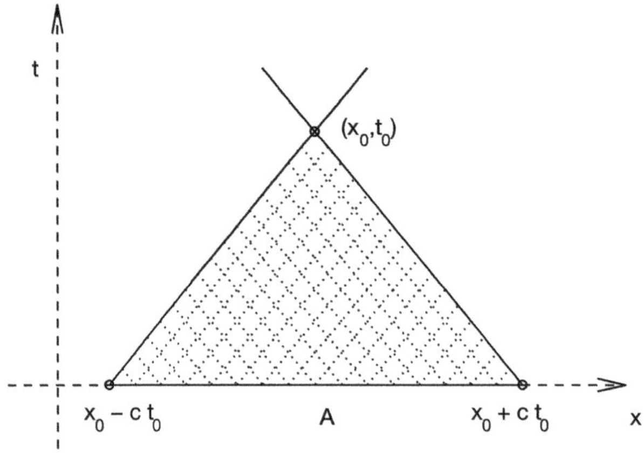

Abb. 25.13 Abhängigkeitsbereich.

Umgekehrt hängt die Lösung der Wellengleichung in einem bestimmten Punkt (x_0, t_0) nur von den Anfangsdaten $u_0(x)$, $v_0(x)$ in dem Intervall

$$A(x_0, t_0) := [x_0 - ct, x_0 + ct] \tag{25.77}$$

ab. A heißt der **Abhängigkeitsbereich** der Lösung in (x_0, t_0), vgl. Abb. 25.13.

Störungen in den Anfangsdaten pflanzen sich längs der Charakteristiken $x \pm ct = \text{const.}$ fort.

Beispiel (25.53)

$$u_{tt} - c^2 u_{xx} = 0\,,$$

$$u(x,0) = u_0(x) = \begin{cases} 1\,; & -1 \le x \le 1 \\ 0\,; & \text{sonst} \end{cases}\,,$$

$$u_t(x,0) = 0\,.$$

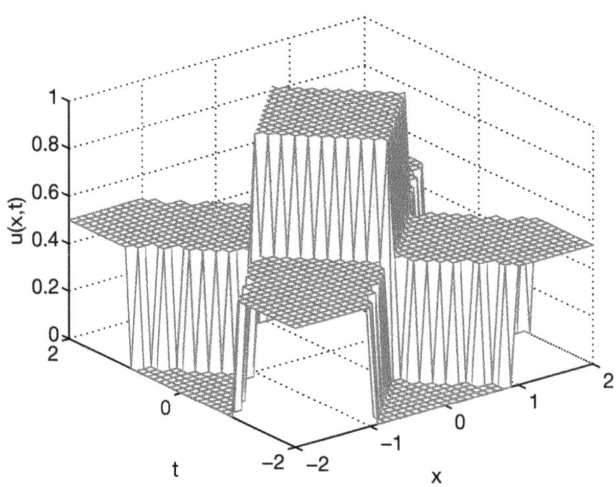

Abb. 25.14 Lösung der Anfangswertaufgabe aus Beispiel 25.53.

Aus der d'Alembertschen Lösungsdarstellung erhalten wir als Lösung

$$u(x,t) = \frac{1}{2}\{u_0(x-ct) + u_0(x+ct)\} .$$

Die Störungen wirken sich also nicht nur lokal auf das Lösungsverhalten aus, sondern sie strahlen längs der Charakteristiken aus. Allerdings bleiben die Störungen beschränkt, vgl. Abb. 25.14.

Die Stabilität der eindimensionalen Anfangswertaufgabe

Wir wollen untersuchen, wie sich die Lösung der Anfangswertaufgabe (25.74) ändert, wenn man die Anfangsdaten u_0 und v_0 stört. Auch hier liefert die d'Alembertsche Lösungsdarstellung aus Satz 25.52 die Antwort.

Ist u die Lösung von (25.75) und $\widetilde{u}$ die Lösung zu gestörten Anfangsfunktionen $\widetilde{u}_0$ und $\widetilde{v}_0$, so gilt nach d'Alembert

$$\begin{aligned}\widetilde{u}(x,t) - u(x,t) &= \frac{1}{2}\{\widetilde{u}_0(x-ct) - u_0(x-ct)\} + \frac{1}{2}\{\widetilde{u}_0(x+ct) - u_0(x+ct)\} \\ &\quad + \frac{1}{2c}\int\limits_{x-ct}^{x+ct} (\widetilde{v}_0(\xi) - v_0(\xi))\,\mathrm{d}\xi .\end{aligned}$$

Mit Hilfe der Maximumsnorm folgt daraus

$$|\widetilde{u}(x,t) - u(x,t)| \le \|\widetilde{u}_0 - u_0\|_\infty + \frac{b-a}{2c}\|\widetilde{v}_0 - v_0\|_\infty . \tag{25.78}$$

Konvergieren $\widetilde{u}_0$ gegen u_0 und $\widetilde{v}_0$ gegen v_0 im Sinne der Norm $\|\cdot\|_\infty$, so folgt aus obiger Abschätzung, dass auch die Lösung $\widetilde{u}$ der gestörten Anfangswertaufgabe gegen u konvergiert, und zwar bezüglich der Norm $\|\cdot\|_\infty$ auf B. Mit anderen Worten: Die Lösung der Anfangswertaufgabe hängt stetig von den Anfangsfunktionen ab.

Damit haben wir gezeigt:

Satz (25.54)
Die Anfangswertaufgabe (25.75) ist sachgemäß gestellt, denn eine Lösung existiert, sie ist eindeutig und hängt stetig von den Anfangsfunktionen ab.

Die charakteristische Anfangswertaufgabe in einer Dimension

Wir wollen nun Anfangswerte längs einer Charakteristik $x - ct = d = \text{const.}$ vorschreiben. Dazu seien die Anfangsfunktionen für die Wellengleichung gegeben durch

$$\begin{aligned}u\left(x, \frac{x-d}{c}\right) &= u_0(x) , \\ u_t\left(x, \frac{x-d}{c}\right) &= v_0(x) .\end{aligned}$$

Die Lösungsdarstellung (25.74) liefert dann

$$\begin{aligned} \Phi(d) + \Psi(2x - d) &= u_0(x) \,, \\ -c\Phi'(d) + c\Psi'(2x - d) &= v_0(x) \,. \end{aligned}$$

Lösen wir nach den Ψ-Termen auf, dann erhalten wir

$$\begin{aligned} \Psi(2x - d) &= u_0(x) - \Phi(d) \,, \\ \Psi'(2x - d) &= \frac{1}{c} v_0(x) + \Phi'(d) \,. \end{aligned}$$

Leiten wir die erste Gleichung nach x ab, so folgt $\Psi'(2x - d) = u_0'(x)/2$ und setzen wir dies in die zweite Gleichung ein, dann sehen wir aus $u_0'(x)/2 = v_0(x)/c + \Phi'(d)$, dass die Anfangsfunktionen u_0 und v_0 nicht mehr unabhängig voneinander gewählt werden können. Die obigen Gleichungen haben in der Regel keine Lösung mehr für Φ und Ψ. Selbst wenn es bei gezielter Wahl von u_0 und v_0 eine Lösung gibt, dann ist diese nicht mehr eindeutig.

Folgerung (25.55)
Die charakteristische Anfangswertaufgabe ist nicht sachgemäß gestellt.

Die Cauchysche Anfangswertaufgabe in einer Dimension

Fragt man nach Lösungen der Wellengleichung, wenn man Anfangsdaten u und die Normalableitung $\partial u/\partial n$ längs einer nichtcharakteristischen Kurve $\boldsymbol{c}(s) = (x(s), t(s))^{\mathrm{T}}$ vorschreibt, dann kann man wiederum lokale Existenz, Eindeutigkeit und Stabilität der Lösung dieser sogenannten Cauchyschen Anfangswertaufgabe zeigen. Die Cauchysche Anfangswertaufgabe ist also sachgemäß gestellt.

Die Anfangs-Randwertaufgabe in einer Dimension

Wir untersuchen das Schwingungsverhalten einer Saite, die an beiden Enden eingespannt ist, vgl. Abb. 25.15.

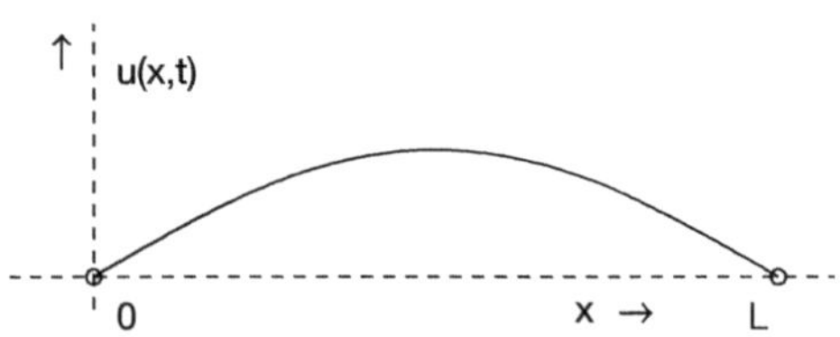

Abb. 25.15 Die eingespannte Saite.

Das Problem wird beschrieben durch die folgende Anfangs-Randwertaufgabe:

$$\begin{aligned} u_{tt}(x,t) &= c^2 u_{xx}(x,t) \,, & & c > 0 \,, \\ u(x,0) &= u_0(x) \,, \quad u_t(x,0) = v_0(x) \,, & & 0 \le x \le L \,, \\ u(0,t) &= u(L,t) = 0 \,, & & t \ge 0 \,. \end{aligned} \tag{25.79}$$

Dabei sind u_0 und v_0 beliebige Anfangsfunktionen, $u_0 \in C^2$, $v_0 \in C^1$, die zudem die **Kompatibilitätsbedingung** $u_0(0) = u_0(L) = 0$ erfüllen müssen. Wir beschreiben zwei Lösungswege.

Der Lösungsweg nach d'Alembert

(i) Wir beginnen aus Gründen der Einfachheit mit der Anfangs-Randwertaufgabe (25.79) für $v_0(x) = 0$. Die Lösungsdarstellung ergibt sich dann nach d'Alembert zu

$$u(x,t) = \frac{1}{2}\{u_0(x-ct) + u_0(x+ct)\}\,, \tag{25.80}$$

die allerdings nur im Bestimmtheitsbereich B gilt, vgl. (25.76). Wir fragen nun, wie wir die Anfangsfunktion u_0 fortsetzen müssen, damit diese Lösungsdarstellung im ganzen Bereich $[0, L] \times \mathbb{R}_+$ gilt.

Dazu setzen wir (25.80) in die Randbedingungen ein:

$$\begin{aligned}
u(0,t) &= \frac{1}{2}\{u_0(-ct) + u_0(ct)\} = 0 \quad \Rightarrow \quad u_0 \text{ ungerade!} \\
u(L,t) &= \frac{1}{2}\{u_0(L-ct) + u_0(L+ct)\} = \frac{1}{2}\{-u_0(-L+ct) + u_0(L+ct)\} \\
&= \frac{1}{2}\{-u_0(-L+ct) + u_0(2L + (-L+ct))\} = 0 \\
&\Rightarrow \quad u_0 \text{ muss } 2L\text{-periodisch sein!}
\end{aligned}$$

Folgerung (25.56)
Durch (25.80) ist die eindeutig bestimmte Lösung der Anfangs-Randwertaufgabe (25.79) mit $v_0 = 0$ gegeben, wenn die Anfangsfunktion u_0 auf $\mathbb{R}$ ungerade und $2L$-periodisch fortgesetzt wird.

(ii) Genau wie eben gehen wir für den Fall $u_0(x) = 0$ bei beliebigem v_0 vor. Nach d'Alembert gilt die Lösungsdarstellung

$$u(x,t) = \frac{1}{2c}\int_{x-ct}^{x+ct} v_0(\xi)\,\mathrm{d}\xi = \frac{1}{2c}\{V_0(x+ct) - V_0(x-ct)\}\,, \tag{25.81}$$

wobei V_0 eine beliebige Stammfunktion von v_0 ist. Fragen wir wieder, wie V_0 fortzusetzen ist, damit durch (25.81) eine Lösung der Anfangs-Randwertaufgabe gegeben ist, so zeigt eine ganz analoge Rechnung, dass V_0 gerade und $2L$-periodisch fortzusetzen ist. Für die Ableitung v_0 heißt das, dass v_0 ungerade und $2L$-periodisch fortgesetzt sein muss.

(iii) Der allgemeine Fall einer Anfangs-Randwertaufgabe mit $u_0 \neq 0$ und $v_0 \neq 0$ lässt sich aus den beiden obigen speziellen Lösungen (i) und (ii) durch Superposition zusammensetzen. Damit haben wir folgenden Satz erhalten:

Satz (25.57)
Die eindeutig bestimmte Lösung der Anfangs-Randwertaufgabe (25.79) ist gegeben durch die d'Alembertsche Formel

$$u(x,t) = \frac{1}{2}\{u_0(x-ct) + u_0(x+ct)\} + \frac{1}{2c}\int_{x-ct}^{x+ct} v_0(\xi)\,\mathrm{d}\xi\,,$$

wobei u_0 und v_0 ungerade und $2L$-periodisch auf $\mathbb{R}$ fortgesetzt werden.

Beispiel (25.58)
Die Lösung der Anfangs-Randwertaufgabe

$$\begin{aligned} u_{tt}(x,t) &= u_{xx}(x,t)\,, \\ u(x,0) = 4x(1-x)\,, \quad u_t(x,0) &= 0\,, \quad 0 \le x \le 1\,, \\ u(0,t) = u(L,t) &= 0\,, \quad t \ge 0 \end{aligned}$$

lässt sich mit Hilfe der d'Alembertschen Formel darstellen. Abbildung 25.16 zeigt die Lösung für $0 \le t \le 6$, wobei die entsprechenden Fortsetzungen für u_0 und v_0 verwendet wurden.

Nun können wir die Lösung der Anfangs-Randwertaufgabe auch mit Hilfe von Fourier-Reihen darstellen, wenn wir für die $2L$-periodisch fortgesetzten Funktionen u_0 und v_0 die zugehörigen Fourier-Reihen einsetzen. Aufgrund unserer Glattheitsvoraussetzungen ist die absolute und lokal gleichmäßige Konvergenz der Reihen gesichert. Es gilt

$$\begin{aligned} u_0(x) &= \sum_{k=1}^{\infty} a_k \sin(k\omega x)\,, \quad a_k = \frac{2}{L}\int_0^L u_0(\xi)\sin(k\omega\xi)\,\mathrm{d}\xi \\ v_0(x) &= \sum_{k=1}^{\infty} b_k \sin(k\omega x)\,, \quad b_k = \frac{2}{L}\int_0^L v_0(\xi)\sin(k\omega\xi)\,\mathrm{d}\xi \end{aligned} \tag{25.82}$$

mit $\omega := \pi/L$. Setzen wir (25.82) in die d'Alembertsche Formel aus Satz 25.52 ein, so folgt

$$u(x,t) = \sum_{k=1}^{\infty} a_k \sin(k\omega x)\cos(k\omega ct) + \sum_{k=1}^{\infty} \frac{b_k}{k\omega c}\sin(k\omega x)\sin(k\omega ct)\,. \tag{25.83}$$

Die Darstellung (25.83) stellt die Lösung u dar als **Überlagerung von Grundschwingungen ($k = 1$) und Oberschwingungen ($k > 1$).**

Der Lösungsweg nach Fourier

(i) Wir suchen partikuläre Lösungen der Wellengleichung durch einen Separationsansatz $u(x,t) = X(x)T(t)$. Setzen wir den Ansatz in die partielle Differentialgleichung ein, dann folgt

$$X(x)T''(t) - c^2X''(x)T(t) = 0\,,$$

und damit für $u(x,t) \neq 0$

$$\frac{X''(x)}{X(x)} = \frac{T''(t)}{c^2T(t)} = \lambda = \text{const.}$$

(ii) Die Anpassung an die Randbedingungen liefert eine **Eigenwertaufgabe**

$$\begin{aligned} X'' - \lambda X &= 0\,, \\ X(0) = X(L) &= 0\,, \end{aligned}$$

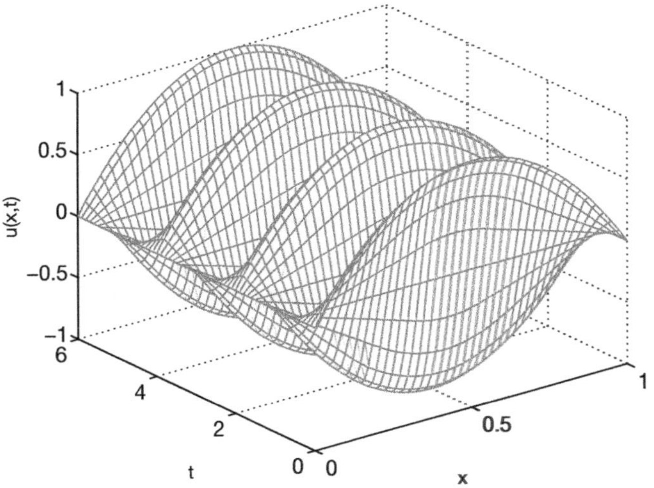

Abb. 25.16 Die Lösung der eingespannten Saite aus Beispiel 25.58.

deren Lösungen gegeben sind durch $X_k(x) = C_k \sin(\omega_k x)$, $\lambda_k = -\omega_k^2$ mit

$$\omega_k := \frac{k\pi}{L}, \quad k \in \mathbb{N}. \tag{25.84}$$

Für den Zeitanteil $T(t)$ ergibt sich die allgemeine Lösung $T_k(t) = A_k \cos(c\omega_k t) + B_k \sin(c\omega_k t)$ und hieraus durch Superposition der Reihenansatz (Konstanten zusammengefasst)

$$u(x,t) = \sum_{k=1}^{\infty} \{A_k \cos(c\omega_k t) + B_k \sin(c\omega_k t)\} \sin(\omega_k x), \tag{25.85}$$

wobei wir stillschweigend die absolute und lokal gleichmäßige Konvergenz angenommen haben.

(iii) Passen wir nun (25.85) an die Anfangsbedingungen an, was auf

$$u_0(x) = \sum_{k=1}^{\infty} A_k \sin(\omega_k x), \quad v_0(x) = \sum_{k=1}^{\infty} c\omega_k B_k \sin(\omega_k x)$$

führt, so liefert die Theorie der Fourier-Reihen die Koeffizienten

$$A_k = \frac{2}{L} \int_0^L u_0(\xi) \sin(\omega_k \xi)\, d\xi, \quad B_k = \frac{2}{c\omega_k L} \int_0^L v_0(\xi) \sin(\omega_k \xi)\, d\xi. \tag{25.86}$$

Die gefundene Lösungsdarstellung (25.85), (25.86) stimmt natürlich mit der früheren Lösungsdarstellung (25.83) überein. Man beachte aber, dass wir beim Fourierschen Weg die Konvergenz der Reihe (25.85) im Nachhinein überprüfen müssen, während diese beim d'Alembertschen Weg aufgrund der vorausgesetzten Glattheit von u_0, v_0 gesichert ist.

Die dreidimensionale Wellengleichung

Wir suchen Lösungen $u(\boldsymbol{x}, t)$ der Anfangswertaufgabe

$$\begin{aligned} u_{tt} - c^2 \Delta u &= 0\,, \qquad && \boldsymbol{x} \in \mathbb{R}^3\,, \quad t \geq 0\,, \\ u(\boldsymbol{x}, 0) &= u_0(\boldsymbol{x})\,, && \boldsymbol{x} \in \mathbb{R}^3\,, \\ u_t(\boldsymbol{x}, 0) &= v_0(\boldsymbol{x})\,, && \boldsymbol{x} \in \mathbb{R}^3\,. \end{aligned} \tag{25.87}$$

Dabei wollen wir vorerst annehmen, dass (25.87) tatsächlich eine Lösung besitzt und werden eine explizite Darstellung dieser Lösung gewinnen. Durch Umkehrung unserer Schlussweise werden wir dann die Existenz und die Eindeutigkeit dieser Lösung zeigen.

Definition (25.59)
Zu $\boldsymbol{x}_0 \in \mathbb{R}^3$, $t \geq 0$, $r > 0$ heißt

$$M_r[u](\boldsymbol{x}_0) := \frac{1}{4\pi} \oint\limits_{\|\boldsymbol{n}\|=1} u(\boldsymbol{x}_0 + r\boldsymbol{n}, t)\, \mathrm{d}\omega$$

das **sphärische Mittel** von u zum Mittelpunkt $\boldsymbol{x}_0$ und Radius $r > 0$. Dabei ist das Integral in Definition 25.59 das Oberflächenintegral 1. Art über die Einheitssphäre im $\mathbb{R}^3$ mit zugehörigem Oberflächenelement $\mathrm{d}\omega$, in Kugelkoordinaten also $\mathrm{d}\omega = \cos\psi\, \mathrm{d}(\phi, \psi)$, vgl. Beispiel 19.61. Alternativ kann man das sphärische Mittel auch als Mittel über die Sphäre mit Radius r darstellen:

$$M_r[u](\boldsymbol{x}_0) = \frac{1}{4\pi r^2} \oint\limits_{\|\boldsymbol{x}-\boldsymbol{x}_0\|=1} u(\boldsymbol{x}, t)\, \mathrm{d}o$$

mit $\mathrm{d}o = r^2 \cos\psi\, \mathrm{d}(\phi, \psi)$.

Satz (25.60)
Ist u eine Lösung der 3-D Wellengleichung, so erfüllt $w(r, t) := rM_r[u](\boldsymbol{x}_0)$ bei festem $\boldsymbol{x}_0$ die 1-D Wellengleichung.

Beweis.
Integrieren wir die Wellengleichung über die Vollkugel $\overline{K}_r(\boldsymbol{x}_0)$ (bei festem t), dann folgt

$$\int\limits_{\|\boldsymbol{x}-\boldsymbol{x}_0\|\leq r} u_{tt}(\boldsymbol{x}, t)\, \mathrm{d}\boldsymbol{x} = c^2 \int\limits_{\|\boldsymbol{x}-\boldsymbol{x}_0\|\leq r} \Delta u(\boldsymbol{x}, t)\, \mathrm{d}\boldsymbol{x}\,.$$

Auf die rechte Seite wenden wir die erste Greensche Formel (vgl. Satz 19.66) mit $f = 1$ und $g = u$ an und erhalten

$$\int\limits_G (f\Delta g + \langle \boldsymbol{\nabla} f, \boldsymbol{\nabla} g\rangle)\, \mathrm{d}\boldsymbol{x} = \oint\limits_{\partial G} f \frac{\partial g}{\partial \boldsymbol{n}}\, \mathrm{d}o$$

$$\Rightarrow \quad \int\limits_{\|\boldsymbol{x}-\boldsymbol{x}_0\|\leq r} u_{tt}(\boldsymbol{x}, t)\, \mathrm{d}\boldsymbol{x} = c^2 \oint\limits_{\|\boldsymbol{x}-\boldsymbol{x}_0\|=r} \frac{\partial u}{\partial \boldsymbol{n}}\, \mathrm{d}o\,.$$

Beide Integrale werden nun auf die Einheitskugel bezogen:

$$\int\limits_{\|\boldsymbol{x}-\boldsymbol{x}_0\|\le r} u_{tt}(\boldsymbol{x},t)\,\mathrm{d}\boldsymbol{x} = \int\limits_0^r \oint\limits_{\|\boldsymbol{x}-\boldsymbol{x}_0\|=\rho} u_{tt}(\boldsymbol{x},t)\,\mathrm{d}o\,\mathrm{d}\rho$$

$$= \int\limits_0^r \oint\limits_{\|\boldsymbol{n}\|=1} u_{tt}(\boldsymbol{x}_0+\rho\boldsymbol{n},t)\,\mathrm{d}\omega\,\mathrm{d}\rho\,,$$

$$\oint\limits_{\|\boldsymbol{x}-\boldsymbol{x}_0\|\le r} \frac{\partial u}{\partial \boldsymbol{n}}\,\mathrm{d}o = r^2 \oint\limits_{\|\boldsymbol{n}\|=1} \frac{\partial}{\partial\rho}\,u(\boldsymbol{x}_0+\rho\boldsymbol{n},t)\big|_{\rho=r}\,\mathrm{d}\omega\,,$$

also

$$\frac{\partial^2}{\partial t^2}\int\limits_0^r \oint\limits_{\|\boldsymbol{n}\|=1} u(\boldsymbol{x}_0+\rho\boldsymbol{n},t)\,\mathrm{d}\omega\,\mathrm{d}\rho = c^2r^2 \oint\limits_{\|\boldsymbol{n}\|=1} \frac{\partial}{\partial r}u(\boldsymbol{x}_0+r\boldsymbol{n},t)\,\mathrm{d}\omega\,.$$

Drücken wir unser Ergebnis mit Hilfe des sphärischen Mittels aus, so ergibt sich

$$\frac{\partial^2}{\partial t^2}\int\limits_0^r \rho^2 M_\rho[u](\boldsymbol{x}_0)\,\mathrm{d}\rho = c^2r^2\frac{\partial}{\partial r}M_r[u](\boldsymbol{x}_0)\,. \tag{25.88}$$

Jetzt liefert Differentiation nach r die Gleichung

$$\frac{\partial^2}{\partial t^2}\left(r^2M_r[u](\boldsymbol{x}_0)\right) = c^2r\left(2\frac{\partial}{\partial r}M_r[u](\boldsymbol{x}_0) + r\frac{\partial^2}{\partial r^2}M_r[u](\boldsymbol{x}_0)\right)$$

und damit

$$\frac{\partial^2}{\partial t^2}(rM_r[u](\boldsymbol{x}_0)) = c^2\frac{\partial^2}{\partial r^2}(rM_r[u](\boldsymbol{x}_0))\,.$$ ■

Wir können nun eine Aussage beweisen, die auf Liouville zurückgeht.

Satz (25.61)
Die Anfangswertaufgabe (25.87) besitzt eine eindeutig bestimmte Lösung, die durch die **Lösungsformel nach Liouville** gegeben ist:

$$u(\boldsymbol{x}_0,t) = \frac{\partial}{\partial t}(tM_{ct}[u_0](\boldsymbol{x}_0)) + tM_{ct}[v_0](\boldsymbol{x}_0)\,.$$

Beweis.
Nach (25.74) und Satz 25.54 existieren C^2-Funktionen Φ und Ψ, so dass

$$rM_r[u](\boldsymbol{x}_0) = \phi(r-ct) + \Psi(r+ct)\,.$$

Für $r \searrow 0$ ergibt sich daraus $0 = \Phi(-ct) + \Psi(ct)$, so dass $\Phi(x) = -\Psi(-x)$ und damit

$$rM_r[u](\boldsymbol{x}_0) = -\Psi(-r+ct) + \Psi(r+ct)\,. \tag{25.89}$$

Dividiert man diese Gleichung durch r und lässt dann $r \searrow 0$ gehen, so folgt mit der Regel von de l'Hospital

$$u(\boldsymbol{x}_0, t) = 2\Psi'(ct)\,. \tag{25.90}$$

Differenziert man (25.89) nach r und nach t, so erhält man

$$\frac{\partial}{\partial r}(rM_r[u]) + \frac{1}{c}\frac{\partial}{\partial t}(rM_r[u]) = 2\Psi'(r+ct)\,.$$

Grenzwertbildung $t \to 0$ ergibt zusammen mit (25.90)

$$\lim_{t\to 0}\left[\frac{\partial}{\partial r}(rM_r[u]) + \frac{1}{c}\frac{\partial}{\partial t}(rM_r[u])\right] = 2\Psi'(r) = u\left(\boldsymbol{x}_0, \frac{r}{c}\right)$$

und es folgt

$$\begin{aligned} u&\left(\boldsymbol{x}_0, \frac{r}{c}\right) \\ &= \lim_{t\to 0}\left[M_r[u] + r\frac{\partial}{\partial r}M_r[u] + \frac{r}{c}\frac{\partial}{\partial t}M_r[u]\right] \\ &= \left[\oint\limits_{\|\boldsymbol{n}\|=1} u(\boldsymbol{x}_0 + r\boldsymbol{n}, 0)\,\mathrm{d}\omega + r\oint\limits_{\|\boldsymbol{n}\|=1}\frac{\partial}{\partial r}u(\boldsymbol{x}_0 + r\boldsymbol{n}, 0)\,\mathrm{d}\omega\right. \\ &\quad \left. + \frac{r}{c}\oint\limits_{\|\boldsymbol{n}\|=1} u_t(\boldsymbol{x}_0 + r\boldsymbol{n}, 0)\,\mathrm{d}\omega\right] \\ &= \frac{1}{4\pi}\oint\limits_{\|\boldsymbol{n}\|=1}\left[u_0(\boldsymbol{x}_0 + r\boldsymbol{n}) + r\langle\nabla u_0(\boldsymbol{x}_0 + r\boldsymbol{n}), \boldsymbol{n}\rangle + \frac{r}{c}v_0(\boldsymbol{x}_0 + r\boldsymbol{n})\right]\mathrm{d}\omega\,. \end{aligned}$$

Daraus ergibt sich schließlich

$$\begin{aligned} u&(\boldsymbol{x}_0, t) \\ &= \frac{1}{4\pi}\oint\limits_{\|\boldsymbol{n}\|=1}\left[u_0(\boldsymbol{x}_0 + ct\boldsymbol{n}) + \langle\nabla u_0(\boldsymbol{x}_0 + ct\boldsymbol{n}), ct\boldsymbol{n}\rangle + tv_0(\boldsymbol{x}_0 + ct\boldsymbol{n})\right]\mathrm{d}\omega \\ &= \frac{1}{4\pi}\oint\limits_{\|\boldsymbol{n}\|=1}\left[\frac{\partial}{\partial t}\{tu_0(\boldsymbol{x}_0 + ct\boldsymbol{n})\} + tv_0(\boldsymbol{x}_0 + ct\boldsymbol{n})\right]\mathrm{d}\omega \\ &= \frac{\partial}{\partial t}[tM_{ct}[u_0](\boldsymbol{x}_0)] + tM_{ct}[v_0](\boldsymbol{x}_0)\,. \end{aligned}$$

■

Bemerkung (25.62)

a) Für den eigentlichen Beweis muss die obige Schlussweise umgekehrt werden. Man hat zu zeigen, dass durch die Liouvillesche Formel tatsächlich eine Lösung der Wellengleichung gegeben ist. Die Eindeutigkeit folgt aus der obigen Schlussrichtung.
b) Nach der Liouvilleschen Formel hängt die Lösung der dreidimensionalen Wellengleichung nur von den sphärischen Mitteln der Anfangsfunktion zu mit der Zeit wachsenden Radien $r = ct$ ab.

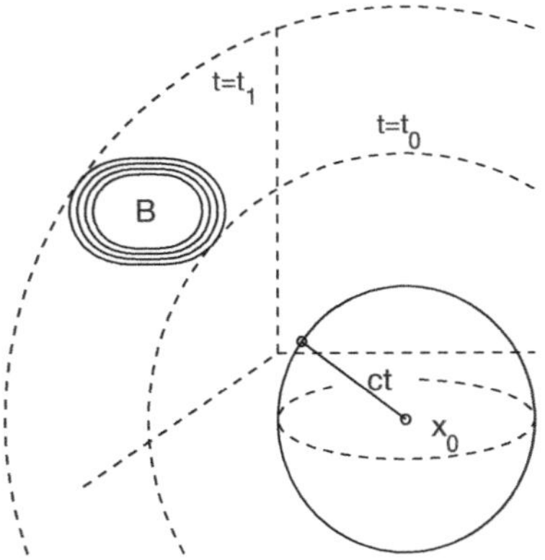

Abb. 25.17 Die Ausbreitung einer Störung.

c) Eine von einem beschränkten Bereich $B \subset \mathbb{R}^3$ ausgehende Störung in der Form, dass u_0 und v_0 nur in B von null verschieden sind, erreicht einen vorgegebenen Punkt $\boldsymbol{x}_0 \notin B$ also erst zu einer Zeit $t_0 > 0$ und verschwindet in $\boldsymbol{x}_0$ zu einer festen Zeit $t_1 > t_0$ wieder. Dies ist das **Huygenssche**[12] **Prinzip**.
d) Nach einem Satz von Hadamard gilt das Huygenssche Prinzip nur in Räumen mit ungerader Dimension. Insbesondere ist die Aussage für ebene Schallausbreitung falsch, wie wir im Folgenden noch zeigen werden, vgl. Abb. 25.17 und 25.18.

Die zweidimensionale Wellengleichung

Wir betrachten die Anfangswertaufgabe

$$\begin{aligned} u_{tt} - c^2 \Delta u = u\,, \qquad & \boldsymbol{x} \in \mathbb{R}^2\,, \quad t \geq 0\,, \\ u(\boldsymbol{x}, 0) = u_0(\boldsymbol{x})\,, \quad & \boldsymbol{x} \in \mathbb{R}^2\,, \\ u_t(\boldsymbol{x}, 0) = v_0(\boldsymbol{x})\,, \quad & \boldsymbol{x} \in \mathbb{R}^2\,. \end{aligned} \tag{25.91}$$

Man kann die Lösung dieser Anfangswertaufgabe aus der Liouvilleschen Formel für den $\mathbb{R}^3$ ableiten, wenn man annimmt, dass die Anfangsfunktionen und die Lösung unabhängig von x_3 sind. Dies ist die sogenannte **Abstiegsmethode nach Hadamard**.

Wir haben die sphärischen Mittel zu berechnen,

$$M_r[g](\boldsymbol{x}_0) = \frac{1}{4\pi} \oint\limits_{\|\boldsymbol{n}\|=1} g(\boldsymbol{x}_0 + r\boldsymbol{n}, t)\,\mathrm{d}\omega\,,$$

wobei g von der dritten Komponente $((x_3)_0 + rn_3)$ unabhängig sein soll. Dazu parametrisieren wir die Einheitssphäre als Graph der Funktion $n_3 = \pm\sqrt{1 - n_1^2 - n_2^2}$ jeweils für die obere bzw. die untere Kugelkappe. Wir setzen

$$n_1 := \xi_1\,, \quad n_2 := \xi_2\,, \quad n_3 := \pm\sqrt{1 - \xi_1^2 - \xi_2^2}\,, \quad \text{mit} \quad \|\boldsymbol{\xi}\| \leq 1\,.$$

12) Christiaan Huygens (1629–1695); Den Haag, Paris, London.

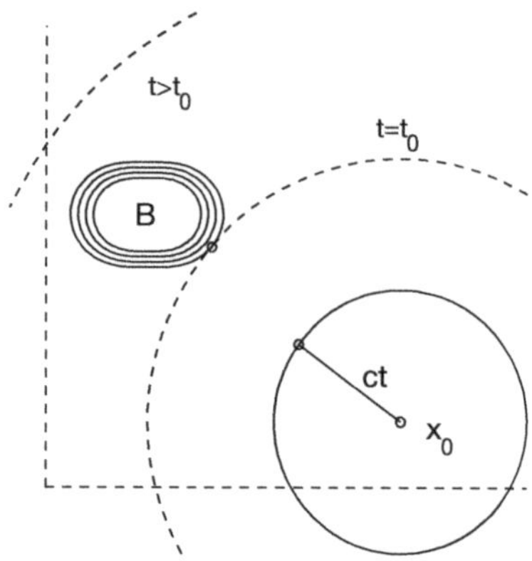

Abb. 25.18 Die Ausbreitung einer Störung in $\mathbb{R}^2$.

Für das Oberflächenelement ergibt sich dann nach Beispiel 19.58

$$d\omega = \frac{1}{\sqrt{1-\xi_1^2-\xi_2^2}}\, d(\xi_1, \xi_2)$$

und wir erhalten für die sphärischen Mittel nun zweidimensionale Integrale

$$M_r[g](\boldsymbol{x}_0) = \frac{1}{2\pi} \int\limits_{\|\xi\|\le 1} \frac{g(\boldsymbol{x}_0 + r\boldsymbol{\xi}, t)}{\sqrt{1-\xi_1^2-\xi_2^2}}\, d\boldsymbol{\xi}\,. \tag{25.92}$$

Hierbei sind nun $\boldsymbol{x}_0$ und ξ Vektoren im $\mathbb{R}^2$. Die Lösungsformel 25.61 nach Liouville bleibt unverändert stehen.

Was ist nun die Konsequenz dieser Überlegungen?

Im Unterschied zum dreidimensionalen Fall hat man die Anfangsfunktionen u_0 und v_0 über Kreisscheiben mit wachsenden Radien $r = ct$ zu mitteln. Eine von einem beschränkten Bereich $B \subset \mathbb{R}^2$ ausgehende Störung trifft nach wie vor zu einer bestimmten Zeit $t_0 > 0$ in $\boldsymbol{x}_0 \notin B$ ein. Von diesem Zeitpunkt an macht sich die Störung jedoch für alle $t \ge t_0$ in $\boldsymbol{x}_0$ bemerkbar, vgl. Abb. 25.18. Die Störung klingt unendlich lange nach und das Huygenssche Prinzip gilt damit nicht!

Wellenformen

Unter Wellenformen versteht man spezielle Lösungen der Wellengleichung

$$u_{tt} - c^2 \Delta u = 0\,, \quad \boldsymbol{x} \in \mathbb{R}^3\,, \quad t \ge 0\,,$$

die sich in ihrem zeitlichen Verlauf wie harmonische Schwingungen verhalten. Wir benutzen die komplexe Darstellung und den Ansatz

$$u(\boldsymbol{x}, t) = A e^{i\omega t} g(\boldsymbol{x}) \tag{25.93}$$

und erhalten die partielle Differentialgleichung

$$\omega^2 g(\boldsymbol{x}) + c^2 \Delta g(\boldsymbol{x}) = 0\,. \tag{25.94}$$

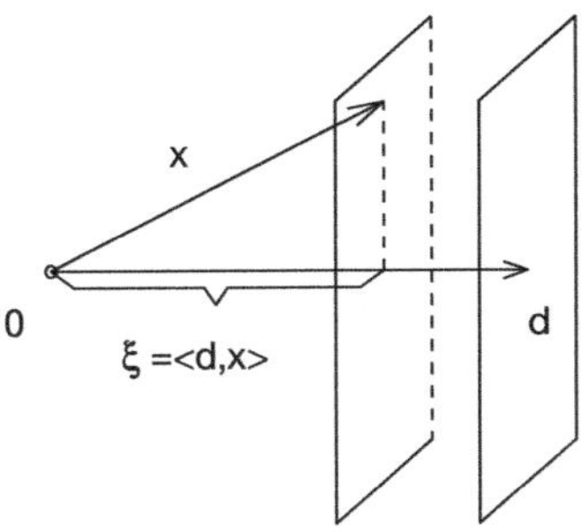

Abb. 25.19 Ebene Welle.

Ebene Wellen

Unter ebenen Wellen versteht man Wellen der Form (25.93) mit einer festen Ausbreitungsrichtung $\boldsymbol{d} \in \mathbb{R}^3$ mit $\|\boldsymbol{d}\| = 1$, die auf Ebenen senkrecht zu $\boldsymbol{d}$ konstant sind, vgl. Abb. 25.19.

Damit hängt u bez. des Ortes nur von $\xi := \langle \boldsymbol{d}, \boldsymbol{x} \rangle$ ab, $g(\boldsymbol{x}) = h(\xi)$, und wir erhalten aus (25.94) die gewöhnliche Differentialgleichung

$$c^2 h''(\xi) + \omega^2 h(\xi) = 0 \tag{25.95}$$

mit der allgemeinen Lösung

$$h(\xi) = \alpha e^{-i(\omega/c)\xi} + \beta e^{i(\omega/c)\xi} .$$

Berücksichtigen wir nur den ersten Summanden (den zweiten erhält man, wenn man $\boldsymbol{d}$ durch $-\boldsymbol{d}$ ersetzt), so erhalten wir nach Rücktransformation die **ungedämpfte ebene harmonische Welle**

$$u(\boldsymbol{x}, t) = A e^{i\omega(t - \langle \boldsymbol{d}, \boldsymbol{x} \rangle / c)} . \tag{25.96}$$

Kugelwellen

Das sind Wellen, die auf Kugeln um ein Zentrum konstant sind. Ohne Einschränkung können wir annehmen, dass das Zentrum der Ursprung ist. Bezüglich der allgemeinen Darstellung (25.93) gilt damit $g(\boldsymbol{x}) = h(r)$ mit $r := \|\boldsymbol{x}\|_2$.

Für ursprungssymmetrische Funktionen lässt sich der Laplace-Operator nach Beispiel 17.14 darstellen als $\Delta u = u''(r) + (2/r)u'(r)$ und daher ergibt sich aus (25.94) die gewöhnliche Differentialgleichung

$$h''(r) + \frac{2}{r} h'(r) + \left(\frac{\omega}{c}\right)^2 h(r) = 0 \tag{25.97}$$

für die Funktion h. Die allgemeine Lösung dieser Differentialgleichung erhalten wir aus dem Ansatz $h(r) = r^k e^{\lambda r}$ in der Form

$$h(r) = \frac{\alpha}{r} e^{-i(\omega/c)r} + \frac{\beta}{r} e^{i(\omega/c)r} .$$

Berücksichtigen wir wieder nur den ersten Summanden, der einer auslaufenden Welle entspricht, dann erhalten wir mit (25.93) die spezielle Lösung

$$u(\boldsymbol{x}, t) = \frac{A}{\|\boldsymbol{x}\|} e^{i\omega(t - \|\boldsymbol{x}\|/c)} . \tag{25.98}$$

Zylinderwellen

Wellen, die auf Zylinderflächen konstant sind, nennt man Zylinderwellen. Wir nehmen ohne Einschränkung der Allgemeinheit an, dass die Symmetrieachse des Zylinders die $x_3 = z$-Achse ist. Ganz analog zu den bereits diskutierten Fällen erhält man hier $g(\boldsymbol{x}) = h(r)$ mit $r := \sqrt{x^2 + y^2} = \sqrt{x_1^2 + x_2^2}$. Mit Hilfe von Zylinderkoordinaten erhält man aus (25.94) die gewöhnliche Differentialgleichung

$$h''(r) + \frac{1}{r}h'r + \left(\frac{\omega}{c}\right)^2 h(r) = 0 \tag{25.99}$$

für die Funktion h. Obwohl die Ähnlichkeit dieser Gleichung mit (25.97) schlagend ist, haben wir hier eine Differentialgleichung vor uns, die nicht mehr elementar integrierbar ist. Die Transformation $y(x) = h(r)$ mit $x = (\omega/c)r$ führt auf die **Besselsche Differentialgleichung**

$$y''(x) + \frac{1}{x}y'(x) + y(x) = 0\,. \tag{25.100}$$

Eine in $x = 0$ reguläre Lösung ist die Bessel-Funktion nullter Ordnung J_0, vgl. (13.13). Damit wird

$$h(r) = J_0\left(\frac{\omega}{c}r\right) = \frac{1}{\pi}\int_0^{\pi} \cos\left(\frac{\omega}{c}r\sin\xi\right) \mathrm{d}\xi$$

und für die Zylinderwelle erhält man, vgl. Abb. 25.20,

$$u(\boldsymbol{x}, t) = A\mathrm{e}^{i\omega t} J_0\left(\frac{\omega}{c}\sqrt{x_1^2 - x_2^2}\right)\,. \tag{25.101}$$

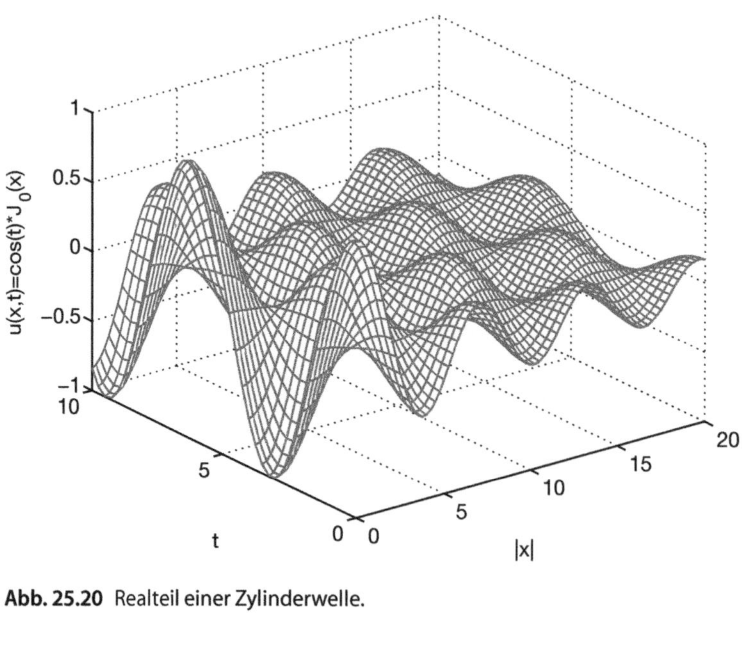

Abb. 25.20 Realteil einer Zylinderwelle.

25.7 Die eindimensionale Wärmeleitungsgleichung

Als Beispiel einer parabolischen partiellen Differentialgleichung zweiter Ordnung betrachten wir die eindimensionale Wärmeleitungs- oder Diffusionsgleichung

$$u_t = cu_{xx}\,, \quad c > 0\,, \tag{25.102}$$

für eine Funktion $u = u(x, t)$. Welche Aufgabenstellungen für (25.102) sachgemäß sind, wird durch das folgende Maximum-Minimum-Prinzip geklärt.

Satz (25.63): Maximum-Minimum-Prinzip
Ist $G \subset \mathbb{R}^2$ ein Gebiet wie in Abb. 25.21 $\partial G = \partial G_1 \cup \partial G_2$, und ist $u = u(x, t)$ eine auf $\overline{G}$ stetige Funktion, die auf $G \cup \partial G_2$ die Wärmeleitungsgleichung erfüllt, so liegen die Maxima und Minima von u auf ∂G_1.

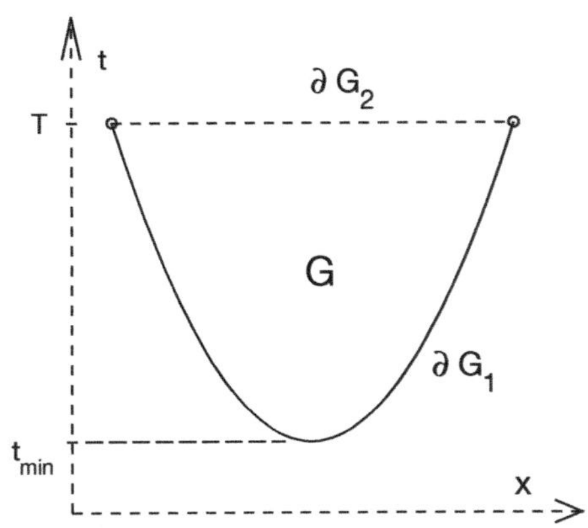

Abb. 25.21 Skizze zum Maximum-Minimum-Prinzip.

Beweis.
Wir führen den Beweis indirekt. Sei $M := \max\{u(x, t) : (x, t) \in \partial G_1\}$. Wir machen die Annahme: Es gibt einen Punkt $(x_0, t_0) \in G \cup \partial G_2$ mit $u(x_0, t_0) \geq M + \varepsilon$, $\varepsilon > 0$. Die Hilfsfunktion $v(x, t) := u(x, t) + k(t_0 - t)$, $k > 0$, erfüllt dann die folgenden Eigenschaften:

1) $(x, t) \in \partial G_1 \Rightarrow v(x, t) \leq M + k(T - t_{\min})$,
2) $v(x_0, t_0) = u(x_0, t_0) \geq M + \varepsilon$.

Für hinreichend kleines $k > 0$ nimmt daher auch $v(x, t)$ sein Maximum in $G \cup \partial G_2$ an und nicht in ∂G_1:

$$\exists (x_1, t_1) \in G \cup \partial G_2 : \quad v(x_1, t_1) = \max\{v(x, t) : (x, t) \in \overline{G}\}\,.$$

Da (x_1, t_1) aber auch ein lokales Maximum von v ist und nicht in ∂G_1 liegt, gelten die notwendigen Bedingungen

$$v_x(x_1, t_1) = 0\,, \quad v_{xx}(x_1, t_1) \leq 0\,, \quad v_t(x_1, t_1) \geq 0\,.$$

Damit folgt

$$\begin{aligned} 0 &\le v_t(x_1, t_1) - c v_{xx}(x_1, t_1) \\ &= (u_t - c u_{xx}) \,|_{((x,t)=(x_1,t_1))} -k = -k < 0 \,, \end{aligned}$$

und damit ist ein Widerspruch aufgetreten. ■

Folgerung (25.64)
Schreibt man Anfangswerte für u auf ∂G_1 vor, d. h., betrachtet man die Anfangswertaufgabe

$$\begin{aligned} u_t &= c u_{xx} \,, & (x,t) &\in G \cup \partial G_2 \,, \\ u(x,t) &= u_0(x,t) \,, & (x,t) &\in \partial G_1 \end{aligned} \tag{25.103}$$

mit einer längs ∂G_1 stetigen Anfangsfunktion u_0, so folgt aus dem Maximum-Minimum-Prinzip

- Es gibt höchstens eine Lösung (Eindeutigkeit).
- Die Lösung – sofern sie existiert – hängt stetig von der Anfangsfunktion u_0 ab: $|\widetilde{u}(x,t) - u(x,t)| \le \|\widetilde{u}_0 - u_0\|_\infty$ (Stabilität).

Kann man zusätzlich noch die Existenz einer Lösung zeigen, so ist die obige Anfangswertaufgabe sachgemäß gestellt.

Zumeist „entartet" das Gebiet G zu einem Streifen $G =]a, b[\times]0, T[$. Anstelle der Anfangswertaufgabe (25.103) erhält man dann eine Anfangs-Randwertaufgabe

$$\begin{aligned} u_t &= c u_{xx} \,, & & (x,t) \in]a, b[\times]0, T] \,, \\ u(x,t) &= u_0(x) \,, & & a \le x \le b \,, \\ u(a,t) &= f(t) \,, \quad u(b,t) = g(t) \,, & & 0 \le t \le T \,. \end{aligned} \tag{25.104}$$

Hierbei sind u_0, f und g stetige Funktionen, die die **Verträglichkeitsbedingungen** $u_0(a) = f(0)$ und $u_0(b) = g(0)$ erfüllen. Als Grenzfall gilt das Maximum-Minimum-Prinzip 25.63 und die Folgerung 25.64 analog.

Als physikalische Interpretation kann man sich die Temperaturverteilung in einem dünnen, nach außen isolierten Stab bei vorgegebener Anfangs-Temperaturverteilung und Wärmezufuhr bzw. -abfuhr an den Stabenden vorstellen.

Die Lösung der homogenen Anfangs-Randwertaufgabe nach Fourier

Wir betrachten die Aufgabe

$$\begin{aligned} u_t &= c u_{xx} \,, & & 0 < x < \pi \,, \; 0 < t \le T \,, \\ u(x,t) &= u_0(x) \,, & & 0 \le x \le \pi \,, \\ u(0,t) &= u(\pi,t) = 0 \,, & & 0 \le t \le T \,, \end{aligned} \tag{25.105}$$

und verwenden wieder einen Produktansatz der Form $u(x,t) = X(x)T(t)$, wobei u nicht identisch verschwinden soll. Aus der Wärmeleitungsgleichung folgt damit

$$X(x)T'(t) = cX''(x)T(t)$$
$$\Rightarrow \quad \frac{T'(t)}{cT(t)} = \frac{X''(x)}{X(x)} = \lambda = \text{const.}$$

Wir erhalten also zwei gewöhnliche Differentialgleichungen: $X''(x) - \lambda X(x) = 0$ und $T'(t) - \lambda cT(t) = 0$.

Die Anpassung an die homogenen Randbedingungen ergibt zunächst die **Eigenwertaufgabe**

$$X'' - \lambda X = 0\,,$$
$$X(0) = X(\pi) = 0\,.$$

Als Lösungen ergeben sich

$$X_k(x) = a_k \sin(kx)\,, \quad k \in \mathbb{N}\,, \quad \lambda = \lambda_k = -k^2\,.$$

Zusammen mit der ersten Differentialgleichung $T' = -ck^2 T$ ergeben sich die Lösungen zu

$$u_k(x,t) = a_k \mathrm{e}^{-ck^2 t} \sin(kx)\,.$$

Durch Superposition dieser Lösungen ergibt sich die Reihendarstellung

$$u(x,t) = \sum_{k=1}^{\infty} a_k \mathrm{e}^{-ck^2 t} \sin(kx)\,. \tag{25.106}$$

Wir setzen vorerst die gleichmäßige Konvergenz der Reihe voraus. Dann liefert jede Funktion dieser Form eine Lösung der Wärmeleitungsgleichung, die die homogenen Randbedingungen erfüllt.

Es bleibt die Abgleichung der Anfangsbedingung:

$$u(x,0) = u_0(x) = \sum_{k=1}^{\infty} a_k \sin(kx)\,. \tag{25.107}$$

Damit sind die a_k die Fourier-Koeffizienten der ungeraden und 2π-periodisch fortgesetzten Anfangsfunktion u_0, d. h.

$$a_k = \frac{2}{k} \int_0^{\pi} u_0(x) \sin(kx)\,\mathrm{d}x\,. \tag{25.108}$$

Wegen der Verträglichkeitsbedingung $u_0(0) = u_0(\pi) = 0$ ist diese Fortsetzung stetig. Ist u_0 sogar eine C^1-Funktion, dann ist die Fourier-Entwicklung (25.107) in $[0,\pi]$ sogar absolut und gleichmäßig konvergent. Damit konvergiert aber auch die Reihe (25.106) absolut und lokal gleichmäßig auf $[0,\pi] \times [0,\infty[$.

Damit haben wir nun auch die **Existenz** einer Lösung der Anfangs-Randwertaufgabe (25.105) gezeigt. Zusammen mit der Satz 25.64 ergibt sich damit, dass die Anfangs-Randwertaufgabe sachgemäß gestellt ist.

Beispiel (25.65)
Wir bestimmen die Lösung der Anfangs-Randwertaufgabe (25.105) für $c = 1$ und

$$u_0(x) := \begin{cases} 1\,; & \frac{\pi}{10} \le x \le \frac{\pi}{5} \\ 0\,; & \text{sonst.} \end{cases}$$

Dazu berechnen wir

$$a_k = \frac{2}{\pi} \int\limits_{\pi/10}^{\pi/5} \sin(kx)\,\mathrm{d}x = \frac{2}{k\pi}\left(\cos\frac{k\pi}{10} - \cos\frac{k\pi}{5}\right).$$

Die Lösung ist somit gegeben durch

$$u(x,t) = \sum_{k=1}^{\infty} \frac{2}{k\pi}\left(\cos\frac{k\pi}{10} - \cos\frac{k\pi}{5}\right) \mathrm{e}^{-k^2 t} \sin(k\pi).$$

Durch den Faktor $\mathrm{e}^{-k^2 t}$ konvergiert die Reihe für $t > 0$ relativ schnell. Für $t = 0$ ist die Konvergenz hingegen sehr langsam, da die Anfangsfunktion unstetig ist.

Beliebige Ortsintervalle ergeben sich, wenn man die Transformation $\xi := \pi\frac{x-a}{b-a}$ verwendet. Dann ergibt sich die Lösung der Anfangs-Randwertaufgabe

$$\begin{aligned} u_t &= c u_{xx}\,, & a < x < b\,,\ 0 < t \le T\,, \\ u(x,0) &= u_0(x)\,, & a \le x \le b\,, \\ u(a,t) &= u(b,t) = 0\,, & 0 \le t \le T \end{aligned} \tag{25.109}$$

zu

$$u(x,t) = \sum_{k=1}^{\infty} a_k \mathrm{e}^{-c\omega^2 k^2 t} \sin(k\omega(x-a)) \tag{25.110}$$

mit

$$a_k = \frac{2}{b-a} \int\limits_a^b u_0(x) \sin(k\omega(x-a))\,\mathrm{d}x\,, \qquad \omega = \frac{\pi}{b-a}.$$

Die Integraldarstellung

Setzt man die Fourier-Koeffizienten a_k in die Lösungsformel für u ein und vertauscht Integration und Summation, so erhält man

$$u(x,t) = \int\limits_a^b G(x,\xi,t) u_0(\xi)\,\mathrm{d}\xi \tag{25.111}$$

mit der **Greenschen Funktion**

$$G(x,\xi,t) = \frac{2}{b-a} \sum_{k=1}^{\infty} \mathrm{e}^{-c\omega^2 k^2 t} \sin(k\omega(x-a)) \sin(k\omega(\xi-a))\,\mathrm{d}\xi\,.$$

Inhomogene Anfangs-Randwertaufgaben

Wir betrachten die Anfangs-Randwertaufgabe

$$\begin{aligned} u_t &= cu_{xx} + h(x,t)\,, && a < x < b\,,\quad 0 < t \le T\,,\\ u(x,0) &= u_0(x)\,, && a \le x \le b\,,\\ u(a,t) &= f(t)\,,\quad u(b,t) = g(t)\,, && 0 \le t \le T\,. \end{aligned} \tag{25.112}$$

In einem ersten Schritt führen wir diese Anfangs-Randwertaufgabe auf eine Aufgabe mit homogenen Randbedingungen zurück. Dazu setzen wir

$$v(x,t) := u(x,t) - \left(f(t) + \frac{x-a}{b-a}(g(t) - f(t))\right) \tag{25.113}$$

und erhalten so die Anfangs-Randwertaufgabe

$$\begin{aligned} v_t &= cv_{xx} + \widetilde{h}(x,t)\,, && a < x < b\,,\quad 0 < t \le T\,,\\ v(x,0) &= v_0(x)\,, && a \le x \le b\,,\\ v(a,t) &= v(b,t) = 0\,, && 0 \le t \le T\,. \end{aligned} \tag{25.114}$$

Hierbei ergibt sich die Anfangsfunktion v_0 aus (25.114) für $t=0$ und es ist $v_0(a) = v_0(b) = 0$.

Im zweiten Schritt bestimmen wir die Lösung v^* der homogenen Anfangs-Randwertaufgabe (25.114), in der wir $\widetilde{h} = 0$ zu setzen haben. Hier lässt sich die Lösungsdarstellung (25.110) verwenden.

Im dritten Schritt bestimmen wir eine Lösung v^{**} der inhomogenen Anfangs-Randwertaufgabe (25.114) bei verschwindender Anfangsfunktion, d. h. wir lösen

$$\begin{aligned} v_t^{**} &= cv_{xx}^{**} + \widetilde{h}(x,t)\,, && a < x < b\,,\quad 0 < t \le T\,,\\ v^{**}(x,0) &= 0\,, && a \le x \le b\,,\\ v^{**}(a,t) &= v^{**}(b,t) = 0\,, && 0 \le t \le T\,. \end{aligned}$$

Dazu verwenden wir den Ansatz

$$v^{**}(x,t) = \sum_{k=1}^{\infty} v_k(t)\sin(k\omega(x-a))\,,\quad v_k(0) = 0\,. \tag{25.115}$$

Setzt man diesen Ansatz in die inhomogene partielle Differentialgleichung ein und verwendet die Sinus-Fourier-Entwicklung von $\widetilde{h}$, so liefert ein Koeffizientenvergleich ein System separierter gewöhnlicher Differentialgleichungen für die v_k.

Der vierte und letzte Schritt liefert die Lösung durch Überlagerung: $v := v^* + v^{**}$. Hieraus erhält man u mittels (25.113).

Beispiel (25.66)
Gesucht ist die Lösung der Aufgabe

$$\begin{aligned} u_t &= u_{xx} + 1 \,, \quad 0 < x < \pi \,, \quad 0 < t \,, \\ u(x,0) &= u_0(x) = x + \sin x \,, \\ u(0,t) &= t \,, \quad u(\pi,t) = \pi \,, \quad 0 \le t \,. \end{aligned}$$

Zur Berechnung der Lösung gehen wir die vier oben beschriebenen Schritte durch. Für Schritt 1 setze

$$v(x,t) = u(x,t) - \left(t + \frac{x}{\pi}(\pi - t)\right) = u(x,t) - t - x + \frac{xt}{\pi} \,.$$

Damit erhalten wir für v die Anfangs-Randwertaufgabe

$$\begin{aligned} v_t &= v_{xx} + \frac{x}{\pi} \,, \quad 0 < x < \pi \,, \quad 0 < t \,, \\ v(x,0) &= v_0(x) = \sin x \,, \\ v(0,t) &= v(\pi,t) = 0 \,, \quad 0 \le t \,. \end{aligned}$$

Im Schritt 2 bestimmen wir die Lösung der homogenen Anfangs-Randwertaufgabe. Mit (25.106) und (25.107) ergibt sich

$$v^*(x,t) = \mathrm{e}^{-t} \sin x \,.$$

Schritt 3 verlangt nach der Lösung der inhomogenen Anfangs-Randwertaufgabe mit verschwindender Anfangsfunktion. Der Ansatz (25.115) lautet hier

$$v^{**}(x,t) = \sum_{k=1}^{\infty} v_k(t) \sin(kx) \,, \quad v_k(0) = 0 \,.$$

Setzen wir diesen Ansatz in die Differentialgleichung ein, so folgt

$$v_t^{**} - v_{xx}^{**} = \sum_{k=1}^{\infty} \left(v_k'(t) + k^2 v_k(t)\right) \sin(kx) = \frac{x}{\pi} \,.$$

Ein Vergleich mit der Sinus-Fourier-Entwicklung von x/π,

$$\frac{x}{\pi} = -\frac{2}{\pi} \sum_{k=1}^{\infty} \frac{(-1)^k}{k} \sin(kx) \,,$$

ergibt die folgenden Anfangswertaufgaben für die v_k:

$$v_k'(t) + k^2 v_k(t) + (-1)^l \frac{2}{k\pi} = 0 \,, \quad v_k(0) = 0 \,.$$

Variation der Konstanten liefert die Lösungen

$$v_k(t) = (-1)^k \frac{2}{k^3 \pi} (\mathrm{e}^{-k^2 t} - 1) \,.$$

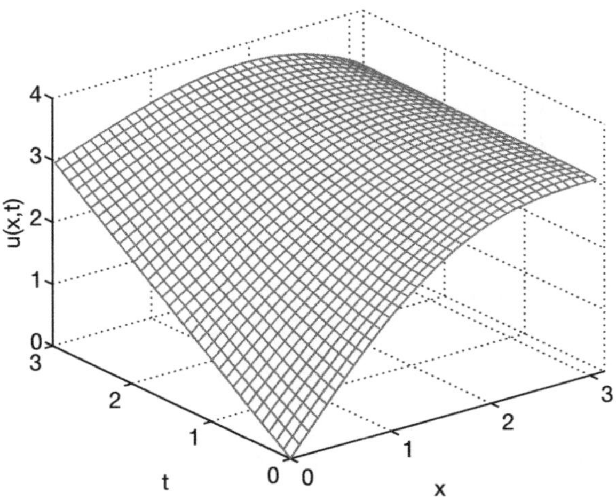

Abb. 25.22 Lösung der Anfangs-Randwertaufgabe aus Beispiel 25.66.

In Schritt 4 fassen wir schließlich alles zusammen, berechnen

$$
\begin{aligned}
v = v^* + v^{**} &= \mathrm{e}^{-t}\sin x + \sum_{k=1}^{\infty} v_k(t)\sin(kx) \\
&= \mathrm{e}^{-t}\sin x + \sum_{k=1}^{\infty}(-1)^k \frac{2}{k^3\pi}(\mathrm{e}^{-k^2 t} - 1)\sin(kx)
\end{aligned}
$$

und erhalten so die Lösung

$$
\begin{aligned}
u(x,t) &= v(x,t) + t + x - \frac{xt}{\pi} \\
&= \mathrm{e}^{-t}\sin x + \sum_{k=1}^{\infty}(-1)^k \frac{2}{k^3\pi}(\mathrm{e}^{-k^2 t} - 1)\sin(kx) + t + x - \frac{xt}{\pi}\,.
\end{aligned}
$$

25.8 Systeme erster Ordnung

Wie im Fall gewöhnlicher Differentialgleichungen (vgl. (22.21)) kann man auch lineare partielle Differentialgleichungen in äquivalente Systeme erster Ordnung überführen.

Satz (25.67)

i) Das zur Laplace-Gleichung $u_{xx} + u_{yy} = 0$ äquivalente System erster Ordnung ist

$$
\frac{\partial}{\partial x}\begin{pmatrix} v \\ w \end{pmatrix} + \begin{pmatrix} 0 & 1 \\ -1 & 0 \end{pmatrix} \frac{\partial}{\partial y}\begin{pmatrix} v \\ w \end{pmatrix} =: \frac{\partial \boldsymbol{z}}{\partial x} + \boldsymbol{B}_1 \frac{\partial \boldsymbol{z}}{\partial y} = \boldsymbol{0}
$$

mit $\boldsymbol{z} := (v, w)^{\mathrm{T}}$.

ii) Für die Wellengleichung $u_{tt} - u_{xx} = 0$ ergibt sich das äquivalente System

$$\frac{\partial}{\partial t}\begin{pmatrix} v \\ w \end{pmatrix} + \begin{pmatrix} 0 & -1 \\ -1 & 0 \end{pmatrix} \frac{\partial}{\partial x}\begin{pmatrix} v \\ w \end{pmatrix} =: \frac{\partial z}{\partial t} + \boldsymbol{B}_2 \frac{\partial z}{\partial x} = \boldsymbol{0} \, .$$

iii) Im Fall der Wärmeleitungsgleichung $u_t - u_{xx} = 0$ ergibt sich als äquivalentes System

$$\frac{\partial}{\partial x}\begin{pmatrix} v \\ w \end{pmatrix} + \begin{pmatrix} 0 & -1 \\ 0 & 0 \end{pmatrix} \frac{\partial}{\partial t}\begin{pmatrix} v \\ w \end{pmatrix} =: \frac{\partial z}{\partial x} + \boldsymbol{B}_3 \frac{\partial z}{\partial t} = \begin{pmatrix} 0 \\ v \end{pmatrix} .$$

Beweis.
Im Fall der Laplace-Gleichung $u_{xx} + u_{yy} = 0$ erhalten wir mit $v := u_x$, $w := u_y$ die Gleichung $v_x + w_y = 0$. Die zweite Gleichung wird durch den Satz von Schwarz 17.11 geliefert, denn die Gleichheit der zweiten gemischten Ableitungen führt auf $v_y - w_x = 0$. Wir erhalten zur Laplace-Gleichung also das System

$$\begin{aligned} v_x + w_y &= 0 \\ w_x - v_y &= 0 \, . \end{aligned}$$

Diese Gleichungen heißen **Cauchy-Riemannsche Differentialgleichungen** und sind von grundlegender Bedeutung in der Funktionentheorie, vgl. Kapitel 27. In der Darstellung mit Matrix $\boldsymbol{B}_1$ scheint die Ableitung nach x ausgezeichnet zu sein, man überzeugt sich jedoch leicht davon, dass auch

$$\frac{\partial}{\partial y}\begin{pmatrix} w \\ v \end{pmatrix} + \begin{pmatrix} 0 & 1 \\ -1 & 0 \end{pmatrix} \frac{\partial}{\partial x}\begin{pmatrix} w \\ v \end{pmatrix} = \boldsymbol{0}$$

gilt und damit die Matrix $\boldsymbol{B}_1$ unverändert bleibt.

Ebenso ergeben sich die Systeme für Wellen- und Wärmeleitungsgleichung, wenn man $v := u_t$ und $w := u_x$ setzt.

Wir stellen nun leicht fest, dass sich die Systemmatrizen $\boldsymbol{B}_i$, $i = 1, 2, 3$, wesentlich unterscheiden. Für die elliptische Laplace-Gleichung ergeben sich die Eigenwerte von $\boldsymbol{B}_1$ zu

$$\lambda_{1,2} = \pm i \, ,$$

für die hyperbolische Wellengleichung erhalten wir als Eigenwerte von $\boldsymbol{B}_2$

$$\lambda_{1,2} = \pm 1$$

und die reelle Diagonalisierbarkeit:

$$\boldsymbol{B}_2 = \begin{pmatrix} 1 & 1 \\ -1 & 1 \end{pmatrix}^{-1} \begin{pmatrix} -1 & 0 \\ 0 & 1 \end{pmatrix} \begin{pmatrix} 1 & 1 \\ -1 & 1 \end{pmatrix} .$$

Im Fall der Wärmeleitungsgleichung sind die Eigenwerte von $\boldsymbol{B}_3$

$$\lambda_1 = \lambda_2 = 0 \, .$$

In diesem Fall ist $\boldsymbol{B}_3$ nicht diagonalisierbar. ■

Wir nutzen diese Beobachtung für die Klassifikation von Systemen erster Ordnung.

Definition (25.68)
Das System erster Ordnung

$$\boldsymbol{u}_x + \boldsymbol{B}\boldsymbol{u}_y + \boldsymbol{C}\boldsymbol{u} = \boldsymbol{f}$$

mit Matrizen $\boldsymbol{B}, \boldsymbol{C} \in \mathbb{R}^{(n,n)}$ für die gesuchte Funktion $\boldsymbol{u} = (u_1, \dots, u_n)^{\mathrm{T}}$ und rechter Seite $\boldsymbol{f} = (f_1, f_2)^{\mathrm{T}}$ heißt

i) **elliptisch**, falls alle Eigenwerte von $\boldsymbol{B}$ **nicht** reell sind,
ii) **hyperbolisch**, falls $\boldsymbol{B}$ reell diagonalisierbar ist, und
iii) **parabolisch**, falls die Eigenwerte von $\boldsymbol{B}$ **reell** sind, aber $\boldsymbol{B}$ nicht reell diagonalisierbar ist.

Beispiel (25.69)
Die **Maxwellschen Gleichungen** im Vakuum in drei Raumdimensionen sind gegeben durch die vier Gleichungen

$$\frac{\varepsilon}{c}\frac{\partial \boldsymbol{E}}{\partial t} = \operatorname{rot} \boldsymbol{H}\,, \tag{25.116}$$

$$-\frac{\mu}{c}\frac{\partial \boldsymbol{H}}{\partial t} = \operatorname{rot} \boldsymbol{E}\,, \tag{25.117}$$

$$\operatorname{div} \boldsymbol{E} = 0\,, \tag{25.118}$$

$$\operatorname{div} \boldsymbol{H} = 0\,, \tag{25.119}$$

vgl. (19.19), (19.20). Differenziert man (25.116) partiell nach t und vertauscht räumliche und zeitliche Ableitung, dann folgt

$$\frac{\varepsilon}{c}\frac{\partial^2 \boldsymbol{E}}{\partial t^2} = \operatorname{rot}\left(\frac{\partial \boldsymbol{H}}{\partial t}\right).$$

Mit (25.117) erhält man

$$\frac{\partial^2 \boldsymbol{E}}{\partial t^2} = -\frac{c^2}{\varepsilon\mu} \operatorname{rot}\operatorname{rot} \boldsymbol{E} = -\frac{c^2}{\varepsilon\mu}(\boldsymbol{\nabla}(\operatorname{div} \boldsymbol{E}) - \Delta \boldsymbol{E})\,,$$

was wegen (25.118) und (25.119) zu der **dreidimensionalen Wellengleichung**

$$\frac{\partial^2 \boldsymbol{E}}{\partial t^2} = \frac{c^2}{\varepsilon\mu}\Delta \boldsymbol{E}$$

führt. Ganz analog erhält man

$$\frac{\partial^2 \boldsymbol{H}}{\partial t^2} = \frac{c^2}{\varepsilon\mu}\Delta \boldsymbol{H}$$

Wie in Satz 25.67 kann man auch hier diese Wellengleichungen in lineare Systeme erster Ordnung verwandeln.

In den Ingenieuranwendungen tauchen häufig quasilineare hyperbolische Systeme auf, wie etwa die **Euler-Gleichungen** der Gasdynamik in Erhaltungsform

$$\boldsymbol{u}_t + \boldsymbol{f}(\boldsymbol{u})_x = \boldsymbol{0}$$

mit

$$\boldsymbol{u} = \begin{pmatrix} \rho \\ q \\ E \end{pmatrix}, \quad \boldsymbol{f}(\boldsymbol{u}) = \begin{pmatrix} q \\ \frac{1}{\rho} q^2 + p \\ \frac{E+p}{\rho} q \end{pmatrix}.$$

Hierbei ist ρ die Dichte des Fluids, $q := \rho v$ der Impuls, v die Geschwindigkeit, p der Druck und E die totale Energie. Die Größe γ ist stoffabhängig; für trockene Luft ist $\gamma = 1.4$ zu setzen. Der Druck erfüllt dabei die Beziehung

$$p = (\gamma - 1)\left(E - \frac{q^2}{2\rho}\right).$$

Führt man die Ableitung nach x aus, dann folgt für $\boldsymbol{B}(\boldsymbol{u}) := \boldsymbol{J}\boldsymbol{f}(\boldsymbol{u})$ die quasilineare Form

$$\boldsymbol{u}_t + \boldsymbol{B}(\boldsymbol{u})\boldsymbol{u}_x = \boldsymbol{0}$$

mit

$$\boldsymbol{B}(\boldsymbol{u}) = \begin{pmatrix} 0 & 1 & 0 \\ -\frac{3-\gamma}{2}\frac{q^2}{\rho^2} & (3-\gamma)\frac{q}{\rho} & \gamma - 1 \\ (\gamma-1)\frac{q^3}{\rho^3} - \gamma\frac{Eq}{\rho^2} & \gamma\frac{E}{\rho} - \frac{3(\gamma-1)}{2}\frac{q^2}{\rho^2} & \gamma\frac{q}{\rho} \end{pmatrix}.$$

Die **Navier**[13]**-Stokes-Gleichungen**, die kompressible reibungsbehaftete Strömungen beschreiben, sind nicht hyperbolisch. Allerdings ist der Einfluss des hyperbolischen Charakters der reibungsfreien Gleichungen so groß, dass man auch in diesem Fall die Eigenschaften der Euler-Gleichungen studieren muss.

Wegen der Bedeutung quasilinearer hyperbolischer Gleichungen wollen wir uns diesen Typ etwas näher ansehen.

Quasilineare Systeme erster Ordnung

Definition (25.70)
Quasilineare Systeme der Form

$$\boldsymbol{A}(\boldsymbol{u}, \boldsymbol{x}, t)\boldsymbol{u}_t + \sum_{i=1}^{m} \boldsymbol{B}_i(\boldsymbol{u}, \boldsymbol{x}, t)\boldsymbol{u}_{x_i} + \boldsymbol{h}(\boldsymbol{u}, \boldsymbol{x}, t) = \boldsymbol{0}$$

mit $\boldsymbol{A}(\boldsymbol{u}, \boldsymbol{x}, t), \boldsymbol{B}_i(\boldsymbol{u}, \boldsymbol{x}, t) \in \mathbb{R}^{(n,n)}$, $\boldsymbol{h}(\boldsymbol{u}, \boldsymbol{x}, t) \in \mathbb{R}^n$, $\boldsymbol{u} = (u_1, \dots, u_n)^{\mathrm{T}}$ und $\boldsymbol{x} = (x_1, \dots, x_m)^{\mathrm{T}}$, heißen **strikt hyperbolisch** (in t-Richtung) im Punkt $\boldsymbol{P} := (\boldsymbol{u}, \boldsymbol{x}, t)^{\mathrm{T}}$,

13) Claude Louise Marie Henri Navier (1785–1836); Dijon, Paris.

wenn die Nullstellen $\lambda_1, \dots, \lambda_n$ der **charakteristischen Gleichung**

$$Q(\boldsymbol{P}; \boldsymbol{n}, \lambda) := \det\left(\sum_{i=1}^{m} n_i \boldsymbol{B}_i(\boldsymbol{P}) - \lambda \boldsymbol{A}(\boldsymbol{P})\right)$$

für jede Wahl des Einheitsvektors $\boldsymbol{n} = (n_1, \dots, n_n)$ sämtlich reell und paarweise verschieden sind.

Die Systeme heißen **hyperbolisch** (in t-Richtung), falls die $\lambda_1, \dots, \lambda_n$ für jede Wahl des Einheitsvektors $\boldsymbol{n}$ zwar reell, aber nicht alle verschieden sind, und und wenn die **rechten Eigenvektoren** $\boldsymbol{r}_1, \dots, \boldsymbol{r}_n$, definiert durch

$$\sum_{i=1}^{m} (n_i \boldsymbol{B}_i(\boldsymbol{P}) - \lambda_j \boldsymbol{A}(\boldsymbol{P}))\boldsymbol{r}_j = \boldsymbol{0} ,$$

den $\mathbb{R}^n$ aufspannen.

Beispiel (25.71)
Um zu zeigen, dass wir mit der Definition 25.70 nicht etwa etwas von Definition 25.68 verschiedenes definiert haben, betrachten wir die **Tricomi-Gleichung**[14)]

$$u_{xx} + x u_{yy} = 0 .$$

Mit $U_1 := u_x$, $U_2 := u_y$ erhalten wir das (lineare) System

$$\boldsymbol{A}(x, y)\boldsymbol{U}_x + \boldsymbol{B}(x, y)\boldsymbol{U}_y = 0$$

mit den Matrizen

$$\boldsymbol{A}(x, y) = \begin{pmatrix} 1 & 0 \\ 0 & 1 \end{pmatrix} , \quad \boldsymbol{B}(x, y) = \begin{pmatrix} 0 & x \\ -1 & 0 \end{pmatrix} .$$

Die charakteristische Gleichung degeneriert zu

$$Q(x, y; n, \lambda) = \det(n\boldsymbol{B}(x, y) - \lambda \boldsymbol{A}(x, y)) = \det\begin{pmatrix} -\lambda & nx \\ -n & -\lambda \end{pmatrix} = \lambda^2 + n^2 x$$

mit $n = 1$. Die Nullstellen von Q sind offenbar $\lambda_{1,2} = \pm\sqrt{-x}$. Ist $x < 0$, dann sind beide Nullstellen reell. Man rechnet leicht nach, dass die beiden zugehörigen rechten Eigenvektoren verschieden sind und den $\mathbb{R}^2$ aufspannen; die Tricomi-Gleichung ist daher hyperbolisch in x-Richtung. Für positives x sind die Nullstellen komplex und daher ist dort die Gleichung elliptisch. Im Punkt $x = 0$ gibt es die doppelte Nullstelle $\lambda_1 = \lambda_2 = 0$ und nur den einen rechten Eigenvektor

$$\boldsymbol{r}_1 = \begin{pmatrix} 0 \\ \sigma \end{pmatrix} , \quad \sigma \in \mathbb{R} .$$

Damit ist die Tricomi-Gleichung im Punkt $x = 0$ parabolisch.

14) Francesco Giacomo Tricomi (1897–1978); Neapel, Florenz, Pasadena, Turin.

Aus Definition 25.70 folgt insbesondere, dass Systeme

$$\boldsymbol{u}_t + \boldsymbol{B}(\boldsymbol{u})\boldsymbol{u}_x = \boldsymbol{0} \tag{25.120}$$

dann hyperbolisch sind, wenn alle Eigenwerte $\lambda_1, \dots, \lambda_n$ als Lösung der charakteristischen Gleichung

$$\det(\boldsymbol{B} - \lambda \boldsymbol{I}_n) = 0$$

reell sind, und die rechten Eigenvektoren, definiert durch

$$(\boldsymbol{B} - \lambda_j \boldsymbol{I}_n)\boldsymbol{r}_j = \boldsymbol{0}\,,$$

eine Basis des $\mathbb{R}^n$ bilden. Für die oben angegebenen Euler-Gleichungen der Gasdynamik ($n = 3$) findet man nach etwas mühsamer Rechnung die drei Eigenwerte

$$\lambda_1 = \frac{q}{\rho}\,, \quad \lambda_{2,3} = \frac{q}{\rho} \pm \sqrt{\gamma \frac{p}{\rho}}\,.$$

Die eindimensionalen Euler-Gleichungen bilden damit ein strikt hyperbolisches System. Nun ist $q/\rho = v$ und $\sqrt{\gamma p/\rho} =: c$ die lokale Schallgeschwindigkeit, so dass die Eigenwerte sich zu

$$\lambda_1 = v\,, \quad \lambda_2 = v + c\,, \quad \lambda_3 = v - c$$

ergeben.

Wie schon bei den skalaren Erhaltungsgleichungen besitzen hyperbolische Systeme von Erhaltungsgleichungen (und damit Systeme der Form (25.120)) Charakteristiken, die man nun einzelnen Wellenfeldern zuordnet, die durch die Eigenwerte λ_i bezeichnet werden.

Definition (25.72)
Das zu dem Eigenwert λ_i gehörige Richtungsfeld $(\lambda_i, 1)$ ist in der (x, t)-Ebene an allen Punkten $(x(\sigma), t(\sigma))$ durch die Gleichungen

$$\frac{\mathrm{d}x}{\mathrm{d}\sigma} = \lambda_i(\boldsymbol{u})\,,$$
$$\frac{\mathrm{d}t}{\mathrm{d}\sigma} = 1$$

der charakteristischen Grundkurven definiert. Dieses Richtungsfeld heißt **das zu λ_i gehörige Wellenfeld.**

Ein zu λ_i gehöriges Wellenfeld heißt **linear degeneriert**, wenn für alle $\boldsymbol{u} \in \mathbb{R}^n$

$$\langle \nabla \lambda_i(\boldsymbol{u}), \boldsymbol{r}_i(\boldsymbol{u}) \rangle = 0$$

gilt. Ein zu λ_i gehöriges Wellenfeld heißt **echt nichtlinear**, wenn für alle $\boldsymbol{u} \in \mathbb{R}^n$

$$\langle \nabla \lambda_i(\boldsymbol{u}), \boldsymbol{r}_i(\boldsymbol{u}) \rangle \neq 0$$

gilt.

In echt nichtlinearen Wellenfeldern treten beim Schnitt von charakteristischen Grundkurven Unstetigkeiten auf. Wie bei den skalaren Erhaltungsgleichungen haben wir auch hier die Rankine-Hugoniot-Bedingung zu beachten.

Definition (25.73)
Eine Unstetigkeit in einem linear degenerierten Wellenfeld, das zu dem Eigenwert λ_i gehört, ist nur dann zulässig, wenn die **Rankine-Hugoniot-Bedingung**

$$s_i[\boldsymbol{u}] = [\boldsymbol{f}(\boldsymbol{u})]$$

erfüllt ist, vgl. (25.41). Dabei ist s_i die Geschwindigkeit der Unstetigkeit.

Wie schon bei den skalaren Erhaltungsgleichungen existieren wegen der möglichen Unstetigkeiten nur Lösungen im schwachen Sinne. Bei den Euler-Gleichungen der Gasdynamik sind diese Unstetigkeiten gerade die Verdichtungsstöße, die z. B. beim Überschallflug eines Flugzeuges auftreten.

25.9 Spezielle Funktionen

Spezielle Funktionen (der mathematischen Physik) entstehen zumeist aus **Separationsansätzen** für partielle Differentialgleichungen bei Vorliegen von gewissen Symmetrieeigenschaften. Diese Separationsansätze führen auf gewöhnliche Differentialgleichungen (meist zweiter Ordnung), deren Lösungen von besonderer Bedeutung sind und die daher zumeist eigene Namen erhalten haben. Zudem genügen diese spezielle Funktionen einer **Dreitermrekursion.**

Die gesuchten Lösungen der partiellen Differentialgleichungen werden häufig als Reihenentwicklung dieser speziellen Funktionen dargestellt. Diese Reihen lassen sich numerisch mit dem **Clenshaw-Algorithmus**[15)] auswerten.

Wir geben in diesem Abschnitt einen kurzen Überblick über einige wichtige spezielle Funktionen.

Der Clenshaw-Algorithmus

Eine Folge $(p_k)_{k\in\mathbb{N}_0}$ von Funktionen $p_k \in C[a,b]$ genüge einer Dreitermrekursion

$$\begin{aligned} &p_k(x) = a_k(x)p_{k-1}(x) + b_k(x)p_{k-2}(x)\,, \quad k = 2,3,\dots\,, \\ &p_0(x) \text{ vorgegeben}\,, \\ &p_1(x) = a_1(x)p_0(x)\,. \end{aligned} \tag{25.121}$$

Dann lässt sich $f_N(x) := \sum_{k=0}^{N} c_k p_k(x)$ mit dem folgenden Algorithmus von Clenshaw berechnen:

$$\begin{aligned} &z_N := c_N\,, \quad z_{N-1} := c_{N-1} + a_N(x)z_N\,, \\ &\text{for } k = N-2, N-3, \dots, 0 \\ &\quad z_k := c_k + a_{k+1}(x)z_{k+1} + b_{k+2}(x)z_{k+2}\,, \\ &\text{end } k\,, \\ &f_N(x) := p_0(x)z_0\,. \end{aligned} \tag{25.122}$$

15) Charles William Clenshaw (1926–2004); Lancaster.

Beispiele (25.74)

a) Setzt man $p_0 := 1$, $a_k := x$ und $b_k := 0$, so ergibt sich $p_k(x) = x^k$ und der Clenshaw-Algorithmus liefert gerade das Horner-Schema zur Auswertung von Polynomen.

b) Mit $p_0 := 1$, $a_1 := \cos x$, $a_k := 2\cos x, k \geq 2$ und $b_k := -1$ erhält man aufgrund der Additionstheoreme $c_k(x) = \cos(kx)$. Gleichermaßen liefern die Vorgaben $p_0 := 0$, $a_1 := \sin x$, $a_k := 2\sin x, k \geq 2$ und $b_k := -1$ das Ergebnis $c_k(x) := \sin(kx)$. Damit liefert der Clenshaw-Algorithmus ein Verfahren zur effizienten Berechnung trigonometrischer Summen, die man z. B. bei der Fourier-Transformation benötigt.

Eine besonders wichtige Rolle in zahlreichen Bereichen der Mathematik spielen die Tschebyscheff[16)]-Polynome.

Tschebyscheff-Polynome (25.75)
Die Tschebyscheff-Polynome (erster Art) sind definiert durch

$$T_k(x) := \cos(k \arccos x)\,, \quad x \in [-1, 1]\,. \tag{25.123}$$

Grundlegende Eigenschaften (25.76)

- Dreitermrekursion

$$\begin{aligned} T_0(x) &= 1\,, \\ T_1(x) &= x\,, \\ T_{k+1}(x) &= 2xT_k(x) - T_{k-1}(x)\,, \quad k \geq 1\,. \end{aligned} \tag{25.124}$$

- Normierung

$$T_k(x) = 2^{k-1}x^k + \dots\,. \tag{25.125}$$

- Orthogonalität

$$\int_{-1}^{1} \frac{T_k(x)T_\ell(x)}{\sqrt{1-x^2}}\,\mathrm{d}x = \begin{cases} 0\,, & k \neq \ell\,, \\ \frac{\pi}{2}\,, & k = \ell \neq 0\,, \\ \pi\,, & k = \ell = 0\,. \end{cases} \tag{25.126}$$

- Differentialgleichung

$$(1-x^2)T_k'' - xT_k' + k^2 T_k = 0\,, \quad k \geq 0\,. \tag{25.127}$$

16) Pafnuti Lwowitsch Tschebyscheff (1821–1894); Moskau, St. Petersburg.

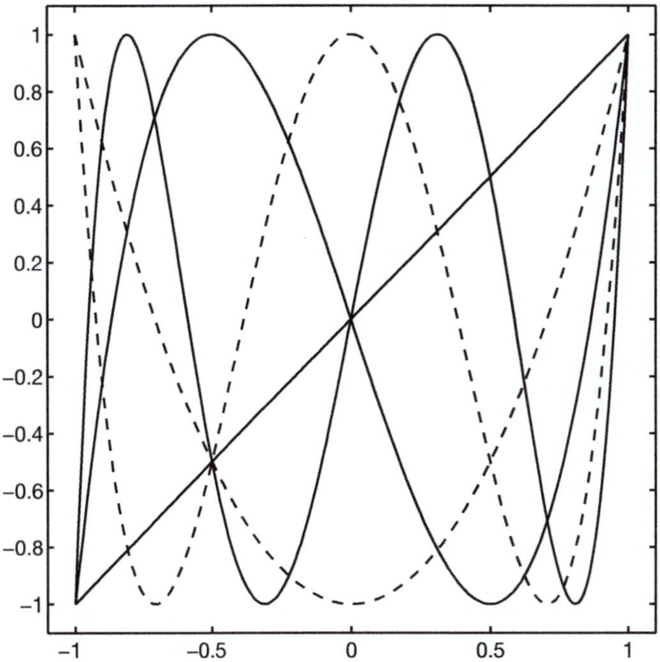

Abb. 25.23 Die Tschebyscheff-Polynome $T_k(x)$, $k = 1, \dots, 5$.

Die Gammafunktion (25.77)
Leonhard Euler führte die folgende Darstellung der Gammafunktion ein:

$$\Gamma(z) := \int_0^\infty t^{z-1} \mathrm{e}^{-t} \, \mathrm{d}t \,, \quad \operatorname{Re} z > 0 \,. \tag{25.128}$$

Dieses uneigentliche Integral konvergiert für $z \in \mathbb{C}$ mit $\operatorname{Re} z > 0$ und ergibt dort eine analytische (holomorphe) Funktion. In Band 1, Kap. 13 hatten wir die absolute Konvergenz für reelle $z > 0$ gezeigt, vgl. Beispiel 13.33.

Für Werte $z \neq 0, -1, -2, \dots$ lässt sich (25.128) nun in eindeutiger Weise analytisch fortsetzen. Für $n \in \mathbb{N}_0$ gilt nämlich

$$\Gamma(z) = \frac{\Gamma(z+n+1)}{z(z+1)\dots(z+n)} \,, \tag{25.129}$$

denn durch partielle Integration folgt aus (25.128) für $\operatorname{Re} z > 0$

$$\Gamma(z) = \int_0^\infty t^{z-1} \mathrm{e}^{-t} \, \mathrm{d}t = \frac{1}{z} t^z \, \mathrm{e}^{-t} \Big|_0^\infty + \frac{1}{z} \int_0^\infty t^z \mathrm{e}^{-t} \, \mathrm{d}t = \frac{1}{z} \Gamma(z+1) \,,$$

woraus sich (25.129) mittels vollständiger Induktion ergibt.

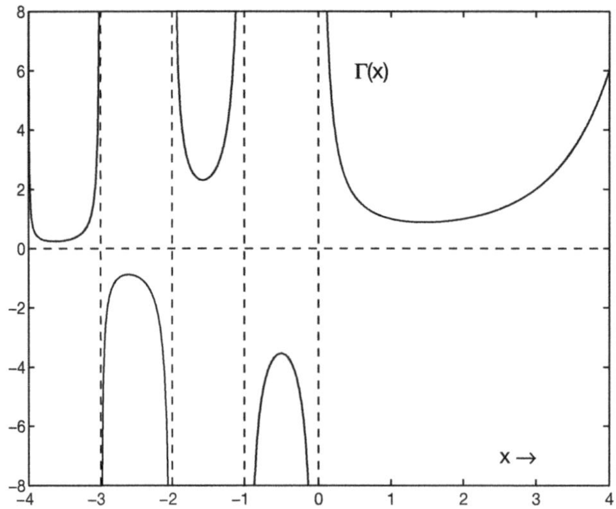

Abb. 25.24 Die Gammafunktion $\Gamma(x)$.

Die rechte Seite von (25.129) lässt sich für $\operatorname{Re} z > -(n+1)$ auswerten und bildet dort für $z \neq 0, -1, \dots, -n$ eine analytische Funktion. Für $z \to -n$ folgt aus (25.129)

$$\lim_{z \to -n} \Gamma(z)(z+n) = \frac{(-1)^n \Gamma(1)}{n!} = \frac{(-1)^n}{n!} . \tag{25.130}$$

Demnach ist Γ eine meromorphe Funktion $\Gamma\colon \mathbb{C} \supset D \to \mathbb{C}$ mit Definitionsbereich $D := \mathbb{C} \backslash (-\mathbb{N}_0)$, die in $0, -1, -2, \dots$ jeweils einfache Pole besitzt.

Für $n = 0$ ergibt (25.129) die **Funktionalgleichung**

$$\Gamma(z+1) = z\Gamma(z) , \quad \Gamma(1) = 1 = 0! , \tag{25.131}$$

so dass sich für $z = n$ ergibt: $\Gamma(n+1) = n!$. Die Gammafunktion ist demnach eine analytische Fortsetzung der Fakultät.

Speziell für $z = 0.5$ ergibt die Substitution $t = u^2$ in (25.128)

$$\Gamma\left(\frac{1}{2}\right) = \int_0^\infty \frac{1}{\sqrt{t}} \mathrm{e}^{-t} \, \mathrm{d}t = 2 \int_0^\infty \mathrm{e}^{-u^2} \, \mathrm{d}u = \sqrt{\pi} , \tag{25.132}$$

vgl. Beispiel 19.31. Bereits Euler kannte die **Gaußsche Produktdarstellung**

$$\Gamma(z) = \lim_{n \to \infty} \frac{n^{z-1} n!}{z(z+1) \dots (z+n-1)} . \tag{25.133}$$

Da man die Funktion $1/\Gamma$ auf ganz $\mathbb{C}$ analytisch fortsetzen kann, ist daher die Berechnung von $\Gamma(x)$ mit Hilfe der glatten Funktion $1/\Gamma$ zu empfehlen, vgl. Abb. 25.25. Bei Abramowitz und Stegun [70] findet man die führenden Koeffizienten der Taylor-Entwicklung von $1/\Gamma$ um $z_0 = 0$. Für reelle x ist es jedoch günstiger, mit der Tschebyscheff-Entwicklung

$$\frac{1}{\Gamma(x+1)} = \frac{c_0}{2} + \sum_{k=1}^\infty c_k T_k(2x-1) , \quad 0 \le x \le 1 , \tag{25.134}$$

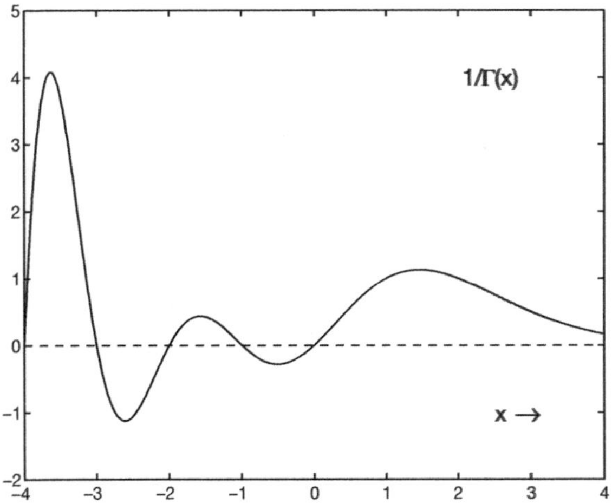

Abb. 25.25 Die inverse Gammafunktion $1/\Gamma(x)$.

zu arbeiten. Die führenden Koeffizienten kann man aus Tabellen entnehmen[17]:

$$\begin{aligned} c_0 &= 2.127\,546\,015\,6\,, & c_4 &= 0.000\,416\,609\,1\,, & c_8 &= -0.000\,000\,033\,4\,,\\ c_1 &= -0.004\,985\,587\,3\,, & c_5 &= -0.000\,080\,481\,4\,, & c_9 &= 0.000\,000\,001\,1\,,\\ c_2 &= -0.064\,192\,543\,6\,, & c_6 &= 0.000\,002\,960\,0\,, & c_{10} &= 0.000\,000\,000\,1\\ c_3 &= 0.005\,065\,798\,6\,, & c_7 &= 0.000\,000\,268\,9\,, \end{aligned}$$

Zylinderfunktionen

Wir erinnern an die speziellen Lösungen der dreidimensionalen Wellengleichung $u_{tt} - c^2 \Delta u = 0$, insbesondere an die Zylinderwellen. Der spezielle Ansatz hierfür war $u(\boldsymbol{x}, t) = A\mathrm{e}^{i\omega t} g(\boldsymbol{x})$ und führte auf die Differentialgleichung

$$\omega^2 g(\boldsymbol{x}) + c^2 \Delta g(\boldsymbol{x}) = 0\,. \tag{25.135}$$

Wir wollen nun annehmen, dass die Lösung von x_3 unabhängig ist und verwenden Zylinderkoordinaten $x_1 = r\cos\varphi$, $x_2 = r\sin\varphi$, x_3 und erhalten aus (25.135) (vgl. (17.18)) mit $g = g(r, \varphi)$

$$g_{rr} + \frac{1}{r^2} g_{\varphi\varphi} + \frac{1}{r} g_r + \frac{\omega^2}{c^2} g = 0\,. \tag{25.136}$$

Wir verwenden wieder einen Produktansatz $g(r, \varphi) = p(r)q(\varphi)$. Einsetzen in (25.136) und Trennung der Variablen ergibt

$$r^2 \frac{p''}{p} + r\frac{p'}{p} + r^2 \frac{\omega^2}{c^2} = -\frac{q''}{q} = \lambda^2\,.$$

Die Differentialgleichung für q liefert die 2π-periodische Lösung

$$q(\varphi) = \mathrm{e}^{i\lambda\varphi}\,, \quad \lambda \in \mathbb{Z}\,.$$

17) Z. B. Clenshaw: Mathematical Tables, Vol. 5, London, 1962.

Die Differentialgleichung für p ergibt

$$p'' + \frac{1}{r}p' + \left(\frac{\omega^2}{c^2} - \frac{\lambda^2}{r^2}\right) p = 0$$

und mit der Transformation $x = (\omega/c)r$ ergibt sich schließlich die **Besselsche Differentialgleichung**

$$x^2 p''(x) + xp'(x) + (x^2 - \lambda^2)p(x) = 0 \,. \tag{25.137}$$

Sie ist definiert für alle $\lambda, x \in \mathbb{C}$.

Zur Lösung der Besselschen Differentialgleichung verwenden wir einen Potenzreihenansatz

$$p(x) = x^\lambda \sum_{k=0}^{\infty} a_k x^k = \sum_{k=0}^{\infty} a_k x^{\lambda+k} \,,$$

also

$$p'(x) = \sum_{k=0}^{\infty} a_k (\lambda + k) x^{\lambda+k-1} \,,$$

$$p''(x) = \sum_{k=0}^{\infty} a_k (\lambda + k)(\lambda + k - 1) x^{\lambda+k-2} \,.$$

Setzt man diese Ausdrücke in die Besselsche Differentialgleichung ein, so ergibt sich

$$\sum_{k=0}^{\infty} a_k \{(\lambda + k)(\lambda + k - 1) + (\lambda + k) - \lambda^2\} x^{\lambda+k} + \sum_{k=0}^{\infty} a_k x^{\lambda+k+2} = 0$$

und nach Umformung

$$(2\lambda + 1)a_1 x^{\lambda+1} + \sum_{k=0}^{\infty} [a_{k+2}(2\lambda + k + 2)(k + 2) + a_k] x^{\lambda+k+2} = 0 \,.$$

In dieser Potenzreihe müssen alle Koeffizienten verschwinden. Startet man mit der Normierung $a_0 \neq 0$ und $a_1 = 0$, dann sind alle $a_{2k+1} = 0$. Vollständige Induktion liefert dann

$$a_{2k} := (-1)^k \frac{a_0}{2^{2k} k! (\lambda + 1) \ldots (\lambda + k)} \,.$$

Als konkrete Normierung verwenden wir $a_0 := \frac{1}{2^\lambda \Gamma(\lambda+1)}$. Damit ergibt sich die

Bessel-Funktion erster Art der Ordnung λ zu

$$p(x) = J_\lambda(x) := \sum_{k=0}^{\infty} \frac{(-1)^k}{\Gamma(k + 1)\Gamma(\lambda + k + 1)} \left(\frac{x}{2}\right)^{\lambda+2k} \,. \tag{25.138}$$

Die Bessel-Funktion J_λ ist für alle $\lambda, x \in \mathbb{C}$ definiert, vgl. Abb. 25.26. Man beachte, dass $1/\Gamma$ auf $\mathbb{C}$ holomorph ist.

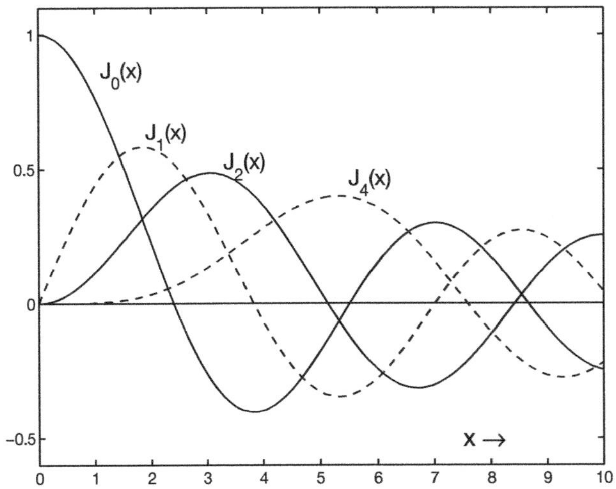

Abb. 25.26 Die ersten fünf Bessel-Funktionen J_λ, $\lambda = 0, 1, \ldots, 4$.

Bemerkung (25.78)
Schränken wir uns auf $\lambda \in \mathbb{Z}$ ein, so erhalten wir mit dem Superpositionsprinzip die folgende Lösung der dreidimensionalen Wellengleichung:

$$u(\boldsymbol{x}, t) = \sum_{k=-\infty}^{\infty} A_k e^{i(\omega t + k\varphi)} J_k\left(\frac{\omega}{c} r\right) . \tag{25.139}$$

Dabei sind (r, φ, x_3) die Zylinderkoordinaten von $\boldsymbol{x} \in \mathbb{R}^3$. Der Term $k = 0$ liefert die bereits früher gefundene Lösung (25.101).

Bemerkung (25.79)
Die Summanden für k und $-k$ in (25.139) lassen sich zusammenfassen, denn es gilt

$$J_n(x) = (-1)^n J_{-n}(x) , \quad n \in \mathbb{Z} . \tag{25.140}$$

Das sieht man wie folgt:

$$\begin{aligned} J_{-n}(x) &= \sum_{k=0}^{\infty} \frac{(-1)^k}{\Gamma(k+1)\Gamma(-n+k+1)} \left(\frac{x}{2}\right)^{-n+2k} \\ &\overset{\frac{1}{\Gamma}=0 \text{ auf } -\mathbb{N}_0}{=} \sum_{k=n}^{\infty} \frac{(-1)^k}{\Gamma(k+1)\Gamma(-n+k+1)} \left(\frac{x}{2}\right)^{-n+2k} \\ &\overset{k=:n+\ell}{=} \sum_{\ell=0}^{\infty} \frac{(-1)^{n+\ell}}{\Gamma(n+\ell+1)\Gamma(\ell+1)} \left(\frac{x}{2}\right)^{n+2\ell} = (-1)^n J_n(x) . \end{aligned}$$

Für $\lambda \notin \mathbb{Z}$ spannen J_λ und $J_{-\lambda}$ den Lösungsraum der Besselschen Differentialgleichung (25.137) auf; für $\lambda \in \mathbb{Z}$ jedoch nicht.

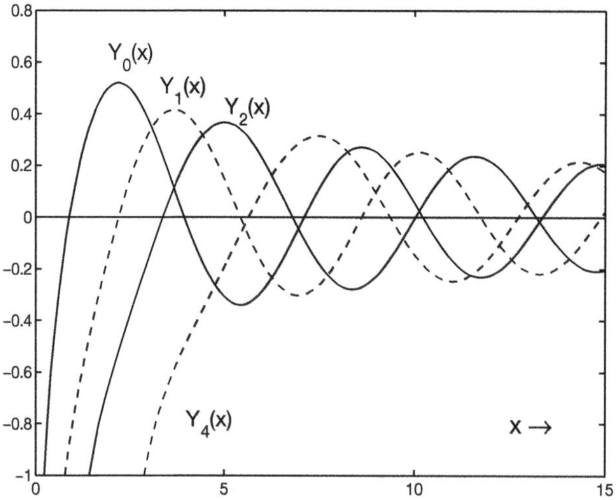

Abb. 25.27 Die ersten fünf Bessel-Funktionen Y_n, $n = 0, 1, \ldots, 4$.

Es gibt noch eine zweite Lösung der Besselschen Differentialgleichung, nämlich

$$N_n(x) := \lim_{\lambda \to n} \frac{J_\lambda(x) \cos(\lambda\pi) - J_{-\lambda}(x)}{\sin(\lambda\pi)} . \tag{25.141}$$

Die Funktionen N_n, $n \in \mathbb{Z}$, heißen **Neumannsche Funktionen** oder auch **Bessel-Funktionen zweiter Art**. Sie werden häufig auch mit Y_n bezeichnet, vgl. Abb. 25.27. Die Definition (25.141) lässt sich erweitern zu N_λ, $\lambda \in \mathbb{C}$.

In den Anwendungen treten noch weitere abgeleitete Zylinderfunktionen auf.

Hankel-Funktionen (Zylinderfunktionen dritter Art)

$$H_\lambda^{(1)}(x) := J_\lambda(x) + iN_\lambda(x) ,$$
$$H_\lambda^{(2)}(x) := J_\lambda(x) - iN_\lambda(x) .$$

Modifizierte Bessel-Funktionen

$$I_\lambda(x) := i^{-\lambda} J_\lambda(ix) ,$$
$$K_\lambda(x) := \frac{\pi}{2} \frac{I_{-\lambda}(x) - I_\lambda(x)}{\sin(\lambda\pi)} .$$

Für $\lambda = n \in \mathbb{Z}$ ist die letzte Gleichung im Sinne eines Grenzwerts $\lambda \to n$ analog zu (25.141) auszuwerten.

Die modifizierten Bessel-Funktionen bilden dann linear unabhängige Lösungen der **modifizierten Besselschen Differentialgleichung**

$$x^2 p''(x) + xp'(x) + (x^2 + \lambda^2)p(x) = 0\,. \tag{25.142}$$

Grundlegende Eigenschaften der Bessel-Funktionen

- Dreitermrekursion

$$J_{\lambda+1}(x) = \frac{2\lambda}{x} J_\lambda(x) - J_{\lambda-1}(x)\,. \tag{25.143}$$

- Normierung

$$J_0(x) + 2\sum_{k=1}^{\infty} J_{2k}(x) = 1\,. \tag{25.144}$$

- Erzeugende Funktion

$$F(x,t) = \exp\left(\frac{x}{2}\left(t - \frac{1}{t}\right)\right) = \sum_{k=-\infty}^{\infty} J_k(x)t^k\,. \tag{25.145}$$

- Ableitung

$$J'_\lambda(x) = \frac{1}{2}(J_{\lambda-1}(x) - J_{\lambda+1}(x))\,. \tag{25.146}$$

- Integraldarstellung

$$J_k(x) = \frac{1}{\pi}\int_0^\pi \cos(x\sin t - kt)\,\mathrm{d}t = \begin{cases} \frac{2}{\pi}\int_0^{\frac{\pi}{2}} \cos(x\sin t)\cos(kt)\,\mathrm{d}t\,; & k \text{ gerade} \\ \frac{2}{\pi}\int_0^{\frac{\pi}{2}} \sin(x\sin t)\sin(kt)\,\mathrm{d}t\,; & k \text{ ungerade}\,. \end{cases} \tag{25.147}$$

Kugelfunktionen

Schreibt man die dreidimensionale Laplace-Gleichung $\Delta u(\boldsymbol{x}) = 0$, $\boldsymbol{x} \in \mathbb{R}^3$, in Kugelkoordinaten (vgl. (17.20)):

$$u_{rr} + \frac{2}{r}u_r + \frac{1}{r^2\cos^2\theta}u_{\varphi\varphi} + \frac{1}{r^2}u_{\theta\theta} - \frac{\tan\theta}{r^2}u_\theta = 0 \tag{25.148}$$

und verwendet zur Lösung einen dreidimensionalen Produktansatz

$$u(r,\varphi,\theta) = f(r)p(\varphi)q(\theta)\,,$$

so erhält man nach Umformung

$$r^2\left(\frac{f''}{f} + \frac{2}{r}\frac{f'}{f}\right) + \left(\frac{1}{\cos^2\theta}\frac{p''}{p}\right) + \left(\frac{q''}{q} - \tan\theta\frac{q'}{q}\right) = 0\,. \tag{25.149}$$

Alle drei Summanden müssen konstant sein, insbesondere der erste:

$$r^2\left(\frac{f''}{f}+\frac{2}{r}\frac{f'}{f}\right)=:\alpha\,.$$

Das liefert die Differentialgleichung

$$f''(r)+\frac{2}{r}f'(r)-\frac{\alpha}{r^2}f(r)=0$$

deren Lösungen gegeben sind durch

$$f_{1,2}(r)=r^k\,,\quad k=\pm\sqrt{\alpha+\frac{1}{4}}-\frac{1}{2}\,,\quad \alpha\neq-\frac{1}{4}\,,$$
$$f_1(r)=r^{-\frac{1}{2}}\,,\quad f_2(r)=r^{-\frac{1}{2}}\ln r\,,\quad \alpha=-\frac{1}{4}\,.$$

Von (25.149) bleibt dann noch

$$\left(\frac{p''}{p}\right)+\left(\cos^2\theta\frac{q''}{q}-\sin\theta\cos\theta\frac{q'}{q}+\alpha\cos^2\theta\right)=0$$

und wieder müssen beide Summanden konstant sein. Aus der ersten Gleichung $p''=-\omega 2p$ erhält man die 2π-periodischen Lösungen

$$p_{1,2}(\varphi)=\mathrm{e}^{\pm i\omega\varphi}\,.$$

Schließlich bleibt

$$\cos^2\theta q''-\sin\theta\cos\theta q'+(\alpha\cos^2\theta-\omega^2)q=0\,. \tag{25.150}$$

Diese Differentialgleichung wird nun in zwei Schritten transformiert. Die erste Transformation ist

$$x=\sin\theta\,,\quad \eta(x):=q(\theta)$$

und führt auf

$$(1-x^2)\eta''-2x\eta'+\left(\alpha-\frac{\omega^2}{1-x^2}\right)\eta=0\,.$$

Im zweiten Schritt setzen wir

$$u_\omega(x):=(1-x^2)^{-\frac{\omega}{2}}\eta(x)\,,$$

woraus

$$(1-x^2)u''_\omega-2(\omega+1)xu'_\omega+(\alpha-\omega(\omega+1))u_\omega=0 \tag{25.151}$$

folgt. Differenziert man (25.151) nun nochmals nach x, so erhält man

$$(1-x^2)\left(u'_\omega\right)''-2(\omega+2)x\left(u'_\omega\right)'+(\alpha-(\omega+1)(\omega+2))u'_\omega=0\,,$$

d. h. u'_ω löst die Differentialgleichung (25.151), wobei dort ω durch $\omega+1$ zu ersetzen ist. Somit gilt $u'_\omega=u_{\omega+1}$, bzw. allgemeiner

$$u_{\omega+m}(x)=u^{(m)}_\omega(x)\,,\quad m=0,1,2,\ldots\,.$$

Wegen $\omega \in \mathbb{N}_0$ genügt es daher, die Differentialgleichung (25.151) für $\omega = 0$, $u(x) := u_0(x)$, zu lösen.

Dies ist die **Legendresche[18] Differentialgleichung**

$$(1 - x^2)u''(x) - 2xu'(x) + \alpha u(x) = 0 \,. \tag{25.152}$$

Zur Lösung der Legendreschen Differentialgleichung verwenden wir wieder einen Potenzreihenansatz $u(x) = \sum_{k=0}^{\infty} a_k x^k$ und finden nach Einsetzen in (25.152)

$$\begin{aligned} 2a_2 + \alpha a_0 &= 0 \,, \\ 6a_3 + (\alpha - 2)a_1 &= 0 \,; \\ (k+2)(k+1)a_{k+2} + (\alpha - k(k+1))a_k &= 0 \,, \quad k = 2, 3, 4, \dots \,. \end{aligned}$$

Man erkennt an dieser Rekursion sofort: Ist $a_0 = 0$, dann sind auch alle a_k mit geradem k null, d. h., u ist eine ungerade Funktion. Genauso sieht man, dass für $a_1 = 1$ alle a_k mit ungeradem k verschwinden und u dann eine gerade Funktion ist.

Wir betrachten nun den Spezialfall

$$\alpha = n(n+1) \,, \qquad n \in \mathbb{N}_0 \,. \tag{25.153}$$

Aus der obigen Rekursion folgt dann $a_{n+2} = a_{n+4} = \dots = 0$. Ferner wählen wir a_0 und a_1 so, dass auch die anderen Koeffizienten $a_{n+1} = a_{n+3} = \dots$ verschwinden, genauer

$$\begin{aligned} n \text{ gerade:} &\quad a_0 \neq 0, a_1 = 0 \,, \\ n \text{ ungerade:} &\quad a_0 = 0, a_1 \neq 0 \,. \end{aligned}$$

Damit wird u nun ein Polynom n-ten Grades, das sogenannte **Legendre-Polynom** $P_n(x)$. Die Normierung (d. h. die Wahl von a_0 und a_1) ist so gewählt, dass $a_n > 0$ und $\int_{-1}^{1} P_n^2(x)\,\mathrm{d}x = \frac{2}{2n+1}$.

Die ersten sechs **Legendre-Polynome** sind gegeben durch, vgl. Abb. 25.28,

$$\begin{aligned} P_0 &= 1 \,, & P_1 &= x \,, \\ P_2 &= \frac{3}{2}x^2 - \frac{1}{2} \,, & P_3 &= \frac{5}{2}x^3 - \frac{3}{2}x \,, \\ P_4 &= \frac{35}{8}x^4 - \frac{15}{4}x^2 + \frac{3}{8} \,, & P_5 &= \frac{63}{8}x^5 - \frac{35}{4}x^3 + \frac{15}{8}x \,. \end{aligned}$$

Die Funktionen

$$P_{n,m}(x) := (1 - x^2)^{\frac{m}{2}} P_n^{(m)}(x) \,, \qquad n \in \mathbb{N}_0, m = 0, 1, \dots, n$$

heißen **zugeordnete Kugelfunktionen**.

18) Adrien-Marie Legendre (1752–1833); Paris.

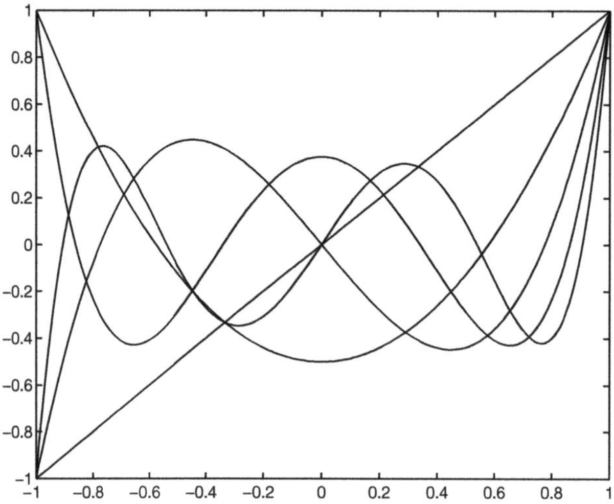

Abb. 25.28 Fünf Legendre-Funktionen P_n, $n = 1, \ldots, 5$.

Grundlegende Eigenschaften der Legendre-Polynome

- P_n ist ein Polynom n-ten Grades. P_n ist gerade, falls n gerade ist und anderenfalls ungerade.
- Orthogonalitätsrelation

$$\int_{-1}^{1} P_n(x)P_m(x)\,\mathrm{d}x = \begin{cases} 0\,; & n \neq m \\ \frac{2}{2n+1}\,; & n = m \end{cases} . \tag{25.154}$$

- Dreitermrekursion (Bonnetsche[19] Rekursion)

$$P_{n+1}(x) = \frac{2n+1}{n+1} x P_n(x) - \frac{n}{n+1} P_{n-1}(x) . \tag{25.155}$$

- Formel von Rodrigues

$$P_n(x) = \frac{1}{2^n n!} \frac{\mathrm{d}^n}{\mathrm{d}x^n} [(x^2-1)^n] . \tag{25.156}$$

- Explizite Darstellung

$$\begin{aligned} P_n(x) &= \sum_{k=0}^{k_{\max}} (-1)^k \frac{(2(n-k))!}{2^n k!(n-k)!(n-2k)!} x^{n-2k} , \\ k_{\max} &:= \begin{cases} \frac{n}{2}\,; & n \text{ gerade} \\ \frac{n-1}{2}\,; & n \text{ ungerade} . \end{cases} \end{aligned} \tag{25.157}$$

19) Pierre Ossian Bonnet (1819–1892); Paris.

25.10 Eigenwertaufgaben

Wir wollen uns nur kurz mit Eigenwertaufgaben bei partiellen Differentialgleichungen beschäftigen. Bereits bei der Diskussion über Wellenformen im Abschn. 25.6 waren uns Eigenwertaufgaben begegnet. Dort hatten wir die dreidimensionale Wellengleichung

$$u_{tt} - c^2 \Delta u = 0\,, \quad \boldsymbol{x} \in \mathbb{R}^3\,, \quad t \geq 0$$

untersucht und einen Ansatz der Form $u(\boldsymbol{x}, t) = A\mathrm{e}^{i\omega t} g(\boldsymbol{x})$ verwendet. Als Resultat erhielten wir die homogene partielle Differentialgleichung

$$-\Delta g(\boldsymbol{x}) = \lambda g(\boldsymbol{x})\,, \quad \lambda = \frac{\omega^2}{c^2}\,, \tag{25.158}$$

die zusammen mit homogenen Randbedingungen

$$U_1[g] = g = 0\,, \ (\boldsymbol{x} \in \Gamma_1)\,, \qquad U_2[g] = \frac{\partial g}{\partial \boldsymbol{n}} = 0\,, \ (\boldsymbol{x} \in \Gamma_2) \tag{25.159}$$

zu lösen ist. Dabei ist $\partial D = \Gamma_1 \cup \Gamma_2$.

Gesucht ist also eine nichtkonstante Lösung g der Randwertaufgabe (25.158), (25.159) (eventuell mit Werten in $\mathbb{C}$), sowie die Parameter $\lambda \in \mathbb{R}$ bzw. $\lambda \in \mathbb{C}$, für die eine solche Lösung existiert.

Definition (25.80)
Die obige Aufgabe heißt eine **Eigenwertaufgabe**, die resultierenden λ heißen **Eigenwerte**, die zugehörigen $g \neq 0$ **Eigenfunktionen**.

Beispiel (25.81): Eingespannte Membran
Gesucht ist die Auslenkung einer eingespannten Membran über einem Gebiet $D \subset \mathbb{R}^2$ aus der Ruhelage. $\overline{D}$ sei kompakt und habe stückweise glatten Rand. Die Auslenkung $u(\boldsymbol{x}, t)$ genügt dann der Eigenwertaufgabe

$$u_{tt} - c^2 \Delta u = 0\,, \quad u|_{\partial D} = 0\,, \quad \boldsymbol{x} \in \mathbb{R}^2\,,$$

wobei $c = \sqrt{S/M}$; S ist die Spannkraft pro Länge des Randes in Normalenrichtung und M die Masse der Membran pro Flächeneinheit.

Allgemeine Problemstellung

Es bezeichne L einen **linearen Differentialoperator** der Ordnung p, der auf der Menge $D := C^{p-1}(\overline{G}) \cap C^p(G)$ von **zulässigen Funktionen** (mit Funktionswerten in $\mathbb{C}$) definiert ist. Dabei sei $G \subset \mathbb{R}^n$ ein Gebiet mit stückweise glattem Rand. Die **homogenen Randbedingungen** seien mit $U_{\nu,\mu}[v] = 0$, $\mu = 1, \dots, m$, $\nu = 1, \dots, n_\mu$, bezeichnet, die auf den glatten Teilstücken Γ_μ des Randes ∂G vorgegeben sind. Die Menge der **Vergleichsfunktionen** ist definiert durch

$$C_0^p(\overline{G}) := \{v \in D : U_{\nu,\mu}[v] = 0, \forall \nu, \mu\}\,.$$

Schließlich sei durch

$$\langle u, v\rangle := \int_G \overline{u(\boldsymbol{x})} v(\boldsymbol{x})\,\mathrm{d}\boldsymbol{x}\,, \quad u, v \in D$$

das Standardskalarprodukt auf den zulässigen Funktionen definiert.

Definition (25.82)

a) Gilt für ein $\lambda \in \mathbb{C}$ und $v \in C_0^p(\overline{G})\backslash\{0\}$

$$L[v] = \lambda v\,,$$

so heißt λ **Eigenwert** und v **Eigenfunktion** von L bezüglich der vorgegebenen Randbedingungen.

b) Ein linearer Differentialorperator L^* der Ordnung p auf D heißt **adjungiert** zu L bez. der Randbedingungen $U_{\nu,\mu} = 0$, falls gilt

$$\langle L[u], v\rangle = \langle u, L^*[v]\rangle\,, \quad \forall u, v \in C_0^p(\overline{G})\,.$$

c) Der Differentialoperator L heißt **selbstadjungiert** bez. der Randbedingungen $U_{\nu,\mu} = 0$, falls

$$\langle L[u], v\rangle = \langle u, L[v]\rangle\,, \quad \forall u, v \in C_0^p(\overline{G})\,.$$

Beispiel (25.83)

Der Differentialoperator $L := \frac{\mathrm{d}^2}{\mathrm{d}x^2}$ ist selbstadjungiert auf $C^2[a, b]$ bez. der Randbedingungen $u(a) = u'(b) = 0$, denn zweimalige partielle Integration ergibt

$$\int_a^b u''v\,\mathrm{d}x = u'v\big|_a^b - uv'\big|_a^b + \int_a^b uv''\,\mathrm{d}x\,.$$

Die beiden ausintegrierten Terme verschwinden offenbar wegen der Randbedingungen.

Satz (25.84)

Die Eigenwerte eines selbstadjungierten Differentialoperators bezüglich vorgegebener Randbedingungen sind *reell*. Die zu verschiedenen Eigenwerten gehörenden Eigenfunktionen sind *orthogonal* zueinander.

Beweis.

Es gilt

$$\begin{aligned}\overline{\lambda}\|v\|^2 &= \langle\lambda v, v\rangle = \langle L[v], v\rangle = \langle v, L[v]\rangle \\ &= \langle v, \lambda v\rangle = \lambda\|v\|^2 \quad \Rightarrow \quad \lambda = \overline{\lambda}\,.\end{aligned}$$

Weiterhin ist

$$\begin{aligned}(\lambda - \mu)\langle v, w\rangle &= \langle\lambda v, w\rangle - \langle v, \mu w\rangle \\ &= \langle L[v], w\rangle - \langle v, L[w]\rangle = 0 \quad \Rightarrow \quad \langle v, w\rangle = 0\,.\end{aligned}$$

■

Beispiel (25.85)

Bei vorgegebenen Randbedingungen vom Typ (25.159) ist der negative Laplace-Operator $L = -\Delta$ selbstadjungiert. Zum Beweis verwendet man die zweite Greensche Formel (vgl. Satz 19.66)

$$\int_G \overline{u}\Delta v\,\mathrm{d}\boldsymbol{x} = \int_G v\Delta\overline{u}\,\mathrm{d}\boldsymbol{x} + \oint_{\partial G}\left(\overline{u}\frac{\partial v}{\partial \boldsymbol{n}} - v\frac{\partial\overline{u}}{\partial \boldsymbol{n}}\right)\mathrm{d}o\,.$$

Aufgrund der Randbedingungen (25.159) verschwindet das Oberflächenintegral und es folgt die Behauptung.

Bemerkung (25.86)
Die Theorie lässt sich auf sogenannte **formal selbstadjungierte Operatoren** erweitern. Hierunter versteht man lineare Differentialoperatoren L, für die $vL[u] - uL[v]$ als Divergenzausdruck $\sum_i \frac{\partial}{\partial x_i} m_i(u, v)$ darstellbar ist. Beispielsweise sind durch

$$L[u] = \sum_{i,j=1}^{n} \frac{\partial}{\partial x_i} \left(a_{ij}(\boldsymbol{x}) \frac{\partial u}{\partial x_j} \right)$$

formal selbstadjungierte Differentialoperatoren gegeben.

Beispiel (25.87)
Wir betrachten noch einmal das Beispiel der eingespannten Membran, wobei wir einen Kreis als Grundgebiet annehmen,

$$\begin{aligned} -\Delta u &= \lambda u \,, \quad (x, y) \in K_R(\mathbf{0}) \,, \\ u(x, y) &= 0 \,, \quad x^2 + y^2 = R^2 \,. \end{aligned}$$

Nimmt man an, dass die Membrangestalt symmetrisch zum Ursprung liegt, dass also $u = u(r)$ lediglich vom Abstand r zum Ursprung abhängt, so ergibt sich in Polarkoordinaten die gewöhnliche Differentialgleichung

$$u_{rr} + \frac{1}{r} u_r + \lambda u = 0 \,.$$

Die Substitution $x := \sqrt{\lambda} r$ führt schließlich auf die **Besselsche Differentialgleichung** der Ordnung Null für $v(x) := u(r)$, vgl. Kapitel 25.9,

$$x v''(x) + v'(x) + x v(x) = 0 \,.$$

Als in $x = 0$ reguläre Lösung erhält man die Bessel-Funktion nullter Ordnung $v(x) = C_1 J_0(x)$, bzw. $u(r) = C_1 J_0(\sqrt{\lambda} r)$. Aus der Randbedingung $u(R) = 0$ erhält man schließlich

$$u_k(x, y) = J_0 \left(\frac{x_k}{R} \sqrt{x^2 + y^2} \right) , \quad k \in \mathbb{N} \,, \tag{25.160}$$

wobei $x_1 < x_2 < \ldots$ alle positiven Nullstellen von J_0 durchlaufen. In der nachfolgenden Tabelle sind die ersten positiven Nullstellen der Bessel-Funktion J_0 angegeben, die mit Hilfe des Newton-Verfahrens ermittelt wurden.

k	x_k
1	2.404 825 557 695 773 e +00
2	5.520 078 110 286 311 e +00
3	8.653 727 912 911 013 e +00
4	1.179 153 443 901 428 e +01
5	1.493 091 770 848 778 e +01
6	1.807 106 396 791 092 e +01

Abbildung 25.29 zeigt die ersten drei Eigenfunktionen $u_k(x, y)$.

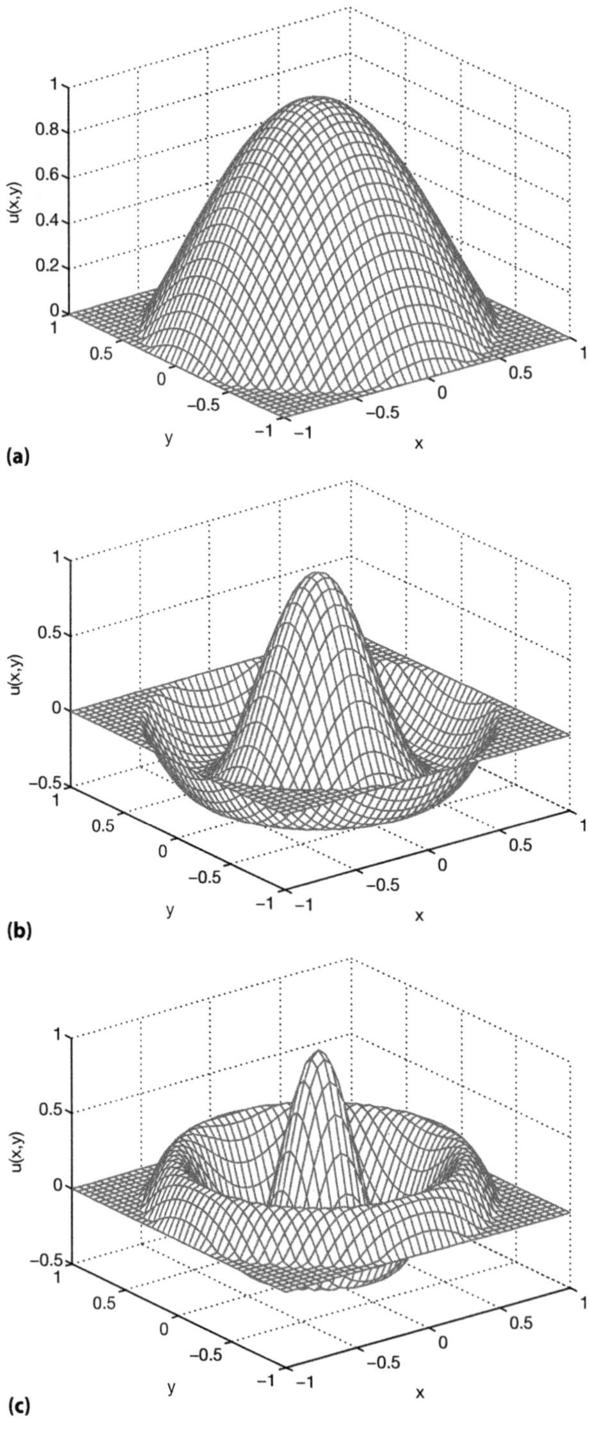

Abb. 25.29 Die drei ersten Eigenfunktionen $u_k(x, y)$.

26
Numerik partieller Differentialgleichungen

26.1 Einführende Bemerkungen

Eine der wichtigsten Aufgaben der modernen Numerik ist die Konstruktion robuster und genauer Algorithmen zur numerischen Lösung partieller Differentialgleichungen. In strömungsmechanischen Anwendungen in der Automobilindustrie, im Flugzeugbau, bei Turbinen oder im Bauwesen, in Anwendungen der Festigkeitslehre im Bauwesen, bei simulierten Auffahrunfällen von Kraftfahrzeugen oder in der Elektrodynamik und in der Bild- und Signalverarbeitung sind partielle Differentialgleichungen zentral in der Modellierung technischer Systeme.

In der Regel handelt es sich dabei um nichtlineare Differentialgleichungen, deren Existenztheorie noch gar nicht gesichert ist, oder um Anwendungen in sehr komplexen Geometrien, die eine analytische Lösung nicht ohne Weiteres gestatten. So ist bei den dreidimensionalen Euler- und Navier-Stokes-Gleichungen für kompressible Strömungen noch gar nicht klar, unter welchen Umständen die Existenz von Lösungen theoretisch abgesichert ist. Gerade hier spielt die Numerik partieller Differentialgleichungen eine zentrale Rolle, denn der Ingenieur kann in seiner Entwicklungsarbeit nicht darauf warten, bis der Mathematiker irgendwann die Existenz einer Lösung bewiesen hat. Aus diesem Grund sind kommerzielle Programmsysteme gerade für strömungsmechanische Anwendungen und in der Festkörpermechanik weit verbreitet. Jeder Ingenieur, der mit solchen Werkzeugen umgeht, sollte wenigstens die mathematischen Grundlagen dieser Werkzeuge kennen.

Prinzipiell unterscheidet man vier Klassen von numerischen Methoden, die wir kurz beleuchten wollen. In der Methode **der Finiten Differenzen (FDM)** ersetzt man die Ableitungen in einer partiellen Differentialgleichung durch einen Differenzenausdruck, also z. B. im Fall $u = u(x,t)$ für Stellen $(x,t) \in [x_j, x_j + \Delta x] \times [t_n, t_n + \Delta t]$:

$$u_x \approx \frac{u(x_j + \Delta x, t_n) - u(x_j, t_n)}{\Delta x},$$

und

$$u_t \approx \frac{u(x_j, t_n + \Delta t) - u(x_j, t_n)}{\Delta t}.$$

Mathematik in den Ingenieur- und Naturwissenschaften 2, 5. Aufl.
Rainer Ansorge, Hans J. Oberle, Kai Rothe und Thomas Sonar.

Dazu benötigt man ein kartesisches Gitter in Raum und Zeit. Bezeichnen wir eine vorgelegte Differentialgleichung allgemein mit

$$L[u] = 0\,,$$

wobei L ein (partieller) Differentialoperator ist, dann ersetzt man in der Methode der finiten Differenzen den Operator L durch einen Differenzenoperator L_h, wobei das h andeuten soll, dass man auf einem Gitter mit Maschenweite h (Δx bzw. Δt) arbeitet.

Definition (26.1)
In der Methode der finiten Differenzen ersetzt man den Differentialoperator L einer partiellen Differentialgleichung

$$L[u] = 0$$

durch einen Differenzenoperator L_h:

$$L_h[u] = 0\,,$$

und löst nach diskreten Werten der unbekannten Funktion u an Gitterpunkten auf.

In der Methode der **Finiten Elemente** (**FEM**) ersetzt man die unbekannte Lösung u durch eine einfachere, meist polynomiale Funktion, z. B.

$$u_h(x, y) = \sum_{j=1}^{n} u_j \varphi_j(x, y)\,,$$

wobei φ_j eine polynomiale Basis mit der Eigenschaft $\varphi_j(x_i, y_i) = \delta_{ij}$ (Kronecker-Delta) bezeichnet.

Definition (26.2)
In der **FEM** ersetzt man die unbekannte Lösung u einer partiellen Differentialgleichung

$$L[u] = 0$$

durch eine stückweise definierte polynomiale Lösung u_h:

$$L[u_h] = 0$$

und bestimmt die Koeffizienten des Polynoms. Das Gitter muss nicht notwendig kartesisch sein; in zwei Raumdimensionen sind Triangulierungen wegen ihrer größeren geometrischen Flexibilität beliebt.

Eine dritte Klasse bildet die Methode der **Finiten Volumen** (**FVM**), die je nach Standpunkt des Betrachters zwischen der FDM und der FEM angesiedelt sind. FVM sind hervorragend für Gleichungen in Divergenzform

$$\operatorname{div} \boldsymbol{F}(u) = 0\,,$$

wie etwa

$$u_t + \operatorname{div} \boldsymbol{f}(u) = 0$$

oder aber auch

$$\Delta u = \operatorname{div} \operatorname{grad} u = f$$

geeignet. Als Gitter kommen Triangulierungen, kartesische oder allgemeinere polygonale Gitter in Frage. Kernstück der Methode ist die Anwendung des Gaußschen Integralsatzes für alle Zellen σ des Gitters:

$$\int_\sigma \operatorname{div} \boldsymbol{F}(u)\, \mathrm{d}\boldsymbol{x} = \oint_{\partial\sigma} \langle \boldsymbol{F}(u), \boldsymbol{n} \rangle\, \mathrm{d}o$$

und die Diskretisierung des Randintegrals.

Definition (26.3)
In der **FVM** für partielle Differentialgleichungen in Divergenzform wird der Gaußsche Integralsatz verwendet und anschließend das so entstandene Randintegral diskretisiert.

Schließlich gibt es noch die Klasse der **Spektralmethoden (SM)**. Hier werden globale Ansatzfunktionen – meist Polynome – auf einem Gitter verwendet. Je nach Art der SM gibt es FEM-artige Versionen oder spektrale Differenzenverfahren, die man auch oft Pseudospektralverfahren nennt. Relativ neue Entwicklungen sind Spektral-Element-Verfahren, bei denen Ansätze hoher Ordnung lokal auf jeder Gitterzelle zur Anwendung kommen.

26.2 Finite-Differenzen-Methoden

Wir können keine vollständige Beschreibung aller numerischen Methoden für die unterschiedlichen Typen von partiellen Differentialgleichungen liefern und werden uns daher auf zwei Beispiele beschränken: Die zweidimensionale Poisson-Gleichung und die eindimensionalen Erhaltungsgleichungen.

Diskretisierungen der Poisson-Gleichung

Wir betrachten die Poisson-Gleichung

$$L[u] := -\Delta u = -(u_{xx} + u_{yy}) = f(x, y)$$

auf einem rechteckigen Gebiet $\Omega =]a, b[\times]c, d[$, wobei auf dem Rand Werte vorgegeben sein mögen. Der Einfachheit halber betrachten wir ein Gitter mit festen Maschenweiten $h_x = \Delta x$ und $h_y = \Delta y$, also

$$\begin{aligned}\Omega_h := \{(x, y) \mid x = a + kh_x\,,\quad y = c + \ell h_y\,,\\ k = 1, \ldots, K-1\,,\quad \ell = 1, \ldots, L-1\}\,,\end{aligned}$$

$h_x = (b-a)/K$, $h_y = (d-c)/L$, Die Randpunkte werden zusammengefasst in

$$\begin{aligned}\partial\Omega_h = \{(x, y) \mid (x = a + kh_x \text{ für } y = c \text{ oder } y = d)\\ \text{oder } \quad (y = \ell h_y \text{ für } x = a \text{ oder } x = b)\,,\\ k = 0, \ldots, K\,,\quad \ell = 0, \ldots, L\}\,.\end{aligned}$$

An einem Punkt $(x, y) = (a + kh_x, c + \ell h_y)$ verwenden wir die Differenzenapproximationen

$$u_{xx} \approx \frac{u_{k+1,\ell} - 2u_{k,\ell} + u_{k-1,\ell}}{h_x^2}\,,$$
$$u_{yy} \approx \frac{u_{k,\ell+1} - 2u_{k,\ell} + u_{k,\ell-1}}{h_y^2}\,,$$

wobei wir $u_{k,\ell} := u(kh_x, \ell h_y)$ geschrieben haben. Die Taylorreihenentwicklungen um den Punkt $(kh_x, \ell h_y)$:

$$u_{k+1,\ell} = u_{k,\ell} + h_x \frac{\partial u}{\partial x} + \frac{h_x^2}{2}\frac{\partial^2 u}{\partial x^2} + O\left(h_x^3\right) \tag{26.1}$$

$$u_{k-1,\ell} = u_{k,\ell} - h_x \frac{\partial u}{\partial x} + \frac{h_x^2}{2}\frac{\partial^2 u}{\partial x^2} + O\left(h_x^3\right) \tag{26.2}$$

zeigen, dass

$$\frac{u_{k+1,\ell} - 2u_{k,\ell} + u_{k-1,\ell}}{h_x^2} = \frac{\partial^2 u}{\partial x^2} + O\left(h_x^2\right)\,,$$

und, ganz analog,

$$\frac{u_{k,\ell+1} - 2u_{k,\ell} + u_{k,\ell-1}}{h_y^2} = \frac{\partial^2 u}{\partial y^2} + O\left(h_y^2\right)$$

gelten. Wir wissen damit, dass für $h_x = h_y =: h$ unser diskreter Laplace-Operator wegen

$$\begin{aligned} L_h[u] &= \frac{u_{k+1,\ell} - 2u_{k,\ell} + u_{k-1,\ell}}{h^2} + \frac{u_{k,\ell+1} - 2u_{k,\ell} + u_{k,\ell-1}}{h^2} \\ &= \frac{u_{k+1,\ell} + u_{k,\ell+1} - 4u_{k,\ell} + u_{k-1,\ell} + u_{k,\ell-1}}{h^2} = L[u] + O(h^2) \end{aligned}$$

eine **Approximation zweiter Ordnung** ist. Man spricht auch von der **Konsistenzordnung** 2.

Die Abb. 26.1 zeigt das Gitter und den **Differenzenstern** am Punkt $(x, y) = (kh_x, \ell h_y)$ für den Fall $h := h_x = h_y$. Aus offensichtlichen Gründen schreibt man den Differenzenstern dann auch in der symbolischen Form

$$L_h = \frac{1}{h^2}\begin{bmatrix} & 1 & \\ 1 & -4 & 1 \\ & 1 & \end{bmatrix}.$$

Die Einträge im Differenzenstern heißen die **Koeffizienten** des Sterns.

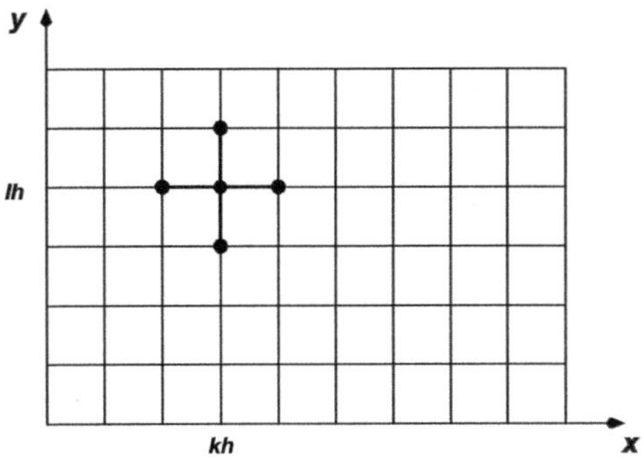

Abb. 26.1 Das Gitter und der Differenzenstern für den Laplace-Operator.

Der hier verwendete 5-Punkte-Stern ist natürlich nicht die einzige Möglichkeit der Diskretisierung des Laplace-Operators. Häufig wird auch der 9-Punkte-Stern

$$L_h' = \frac{1}{6h^2}\begin{bmatrix} 1 & 4 & 1 \\ 4 & -20 & 4 \\ 1 & 4 & 1 \end{bmatrix}$$

verwendet. Taylor-Entwicklungen zeigen, dass der 9-Punkte-Stern die Konsistenzordnung 4 aufweist, d. h., es gilt

$$L_h[u] = L[u] + O(h^4) .$$

Ersetzen wir nun den Laplace-Operator in der Poisson-Gleichung durch (26.1), (26.2), dann folgt das diskrete System auf Ω_h:

$$-\frac{u_{k+1,\ell} - 2u_{k,\ell} + u_{k-1,\ell}}{h_x^2} - \frac{u_{k,\ell+1} - 2u_{k,\ell} + u_{k,\ell-1}}{h_y^2} = f(x_k, y_\ell) ,$$
$$k = 1, \dots, K-1 , \quad \ell = 1, \dots, L-1 .$$

Die Werte

$$\begin{aligned} u_{0,\ell} , &\quad \ell = 0, \dots, L , \\ u_{Kh_x,\ell} , &\quad \ell = 0, \dots, L , \\ u_{k,0} , &\quad k = 0, \dots, K , \\ u_{k,Lh_y} , &\quad k = 0, \dots, K \end{aligned}$$

sind dabei durch die Randwerte vorgegeben. Damit entsteht ein lineares Gleichungssystem mit $(K-1)\cdot(L-1)$ Gleichungen für die unbekannten Werte $u_{k,\ell}, k = 1, \dots, K-1, \ell = 1, \dots, L-1$ in Ω_h:

$$\boldsymbol{Au} = \boldsymbol{f} . \tag{26.3}$$

Dabei enthält der Vektor $\boldsymbol{u}$ alle Unbekannten in Ω_h und $\boldsymbol{f}$ ist der Vektor der $f_{k,\ell}$. Man kann zeigen, dass die Matrix $\boldsymbol{A}$ gutartig ist und sich (26.3) mühelos mit einem Standardverfahren nach $\boldsymbol{u}$ auflösen lässt. Grundlegend dazu ist

Satz (26.4): Differenzensternlemma
Sei $k \geq 1$ und sind α_i und $u_i, 0 \leq i \leq l$, Zahlen, so dass $\alpha_i < 0,\ i = 1, 2, \ldots, k$, und $\sum_{i=0}^{k} \alpha_i \geq 0,\ \sum_{i=0}^{k} \alpha_i u_i \leq 0$, sowie $u_0 \geq 0$ oder $\sum_{i=0}^{k} \alpha_i = 0$. Dann gilt

$$u_0 \geq \max_{1 \leq i \leq k} u_i \quad \Rightarrow \quad u_0 = u_1 = u_2 = \ldots = u_k\,.$$

Beweis.
Nach Voraussetzung ist

$$\sum_{i=1}^{k} \alpha_i (u_i - u_0) = \sum_{i=0}^{k} \alpha_i (u_i - u_0) = \sum_{i=0}^{k} \alpha_i u_i - u_0 \sum_{i=0}^{k} \alpha_i \leq 0\,.$$

Weil alle $\alpha_i < 0$ für $i = 1, 2, \ldots, k$ und $u_i - u_0 \leq 0$, sind alle Summanden auf der linken Seite nicht negativ, also müssen alle Summanden verschwinden. Wegen $\alpha_i \neq 0$ folgt die behauptete Gleichung. ∎

Mit Hilfe des Differenzensternlemmas beweist man das diskrete Maximumprinzip.

Satz (26.5): Diskretes Maximumprinzip
Sei $\boldsymbol{u}$ Lösung eines linearen Systems (wie etwa (26.3)), dass aus der Diskretisierung der Gleichung

$$L[u] = f\,, \quad \text{in } \Omega \text{ mit } f \leq 0$$

mit einem finiten Differenzenverfahren hervorgegangen ist. Der Differenzenstern erfülle dabei die Bedingungen: (a) Alle Koeffizienten – mit Ausnahme desjenigen für den zentralen Punkt (k, ℓ) – sind nicht positiv, (b) der Koeffizient in einer Richtung (z. B. der für $u_{k-1,\ell}$) sei negativ, (c) die Summe aller Koeffizienten ist nicht negativ. Dann gilt

$$\max_{\boldsymbol{x} \in \Omega_h} u(\boldsymbol{x}_{k,\ell}) \leq \max_{\boldsymbol{x}_{k,\ell} \in \partial\Omega_h} u(\boldsymbol{x}_{k,\ell})\,,$$

d. h., das diskrete Maximum wird auf dem Rand angenommen. Wird das Maximum in Ω_h angenommen und sind die Koeffizienten in alle Richtungen negativ, dann ist die diskrete Lösung konstant.

Beweis.
Nimm an, das Maximum werde in Ω_h am Punkt (k, ℓ) angenommen. Dann identifizieren wir im Differenzensternlemma 26.4 u_0 mit dem Wert $u_{k,\ell}$ am zentralen Punkt des Differenzensterns und die weiteren vier Werte mit u_1, u_2, u_3, u_4. Die Größen α_i sind dann die Koeffizienten vor den u_i. Dann müssen nach dem Differenzensternlemma alle Werte im Differenzenstern gleich groß gewesen sein. Nun wandern wir auf der horizontalen Linie weiter, bis wir den zugehörigen Randpunkt erreichen. Dieser muss dann denselben maximalen Wert aufweisen. Dasselbe folgt, wenn wir auf der vertikalen Gitterlinie bis zum Rand wandern. Da

wir im Gitter auch beliebige Wege entlang der Gitterlinien zum Rand nehmen können, folgt, dass die diskrete Lösung konstant ist.

Mit dem diskreten Maximumprinzip folgt dann die eindeutige Lösbarkeit von (26.3), denn das homogene System $\boldsymbol{A}\boldsymbol{u} = \boldsymbol{0}$ hat nur die triviale Lösung und $\boldsymbol{A}$ ist damit regulär. ■

Wir haben schon über die Konsistenzordnung gesprochen, die wir nun genauer fassen wollen. Dabei schreiben wir h für die „typische" Maschenweite, z. B. $h := \max\{h_x, h_y\}$.

Definition (26.6)
Der Differenzenoperator L_h heißt **konsistent** mit dem Differentialoperator L, wenn für jede Funktion $u \in C^2(\overline{\Omega}))$

$$L[u] - L_h[u] = o(1)$$

für $h \to 0$ auf Ω_h gilt. Er besitzt die **Konsistenzordnung** m, falls für jede Funktion $u \in C^{m+2}(\overline{\Omega}))$

$$L[u] - L_h[u] = O(h^m)$$

für $h \to 0$ auf Ω_h gilt.

Konsistenz ist eine Aussage über den **lokalen Fehler** $r := L[u] - L_h[u]$. Der **globale Fehler** ist die Differenz

$$e_{k,\ell} := u(x_{k,\ell}, y_{k,\ell}) - u_{k,\ell}\,, \quad (x_{k,\ell}, y_{k,\ell}) \in \Omega_h\,,$$

zwischen der wahren Lösung und der diskreten Lösung. Wegen der Linearität des Differenzenoperators folgt

$$\begin{aligned} L_h[e] &= L_h[u](\boldsymbol{x}_{k,\ell}) - L_h[u]_{k,\ell} = L_h[u](\boldsymbol{x}_{k,\ell}) - f_{k,\ell} \\ &= L_h[u](\boldsymbol{x}_{k,\ell}) - L[u](\boldsymbol{x}_{k,\ell}) = -r\,. \end{aligned}$$

Der globale Fehler e ist also Lösung des diskreten Randwertproblems

$$L_h[e] = -r \quad \text{in } \Omega_h\,, \tag{26.4}$$

$$e = 0 \quad \text{auf } \partial\Omega_h\,. \tag{26.5}$$

Konvergenz bedeutet nun, dass für $h \to 0$ der globale Fehler e verschwindet. Vor dem Konvergenzsatz benötigen wir noch ein Lemma.

Lemma (26.7)
Das Gebiet Ω sei ganz in der Kreisscheibe $K_R(0,0) := \{(x,y) \mid x^2 + y^2 < R^2\}$ enthalten und v sei Lösung des diskreten Randwertproblems

$$\begin{aligned} L_h[v] &= 1 \quad \text{in } \Omega_h\,, \\ v &= 0 \quad \text{auf } \partial\Omega_h\,. \end{aligned}$$

Dann gilt

$$0 \le v(\boldsymbol{x}_{k,\ell}) \le \frac{1}{4}\left(R^2 - x_{k,\ell}^2 - y_{k,\ell}^2\right).$$

Beweis.
Es sei $w(x, y) := (R^2 - x^2 - y^2)/4$ und $W_{k,\ell} := w(x_{k,\ell}, y_{k,\ell})$. Die Funktion w ist ein Polynom vom Grad zwei in x und y, so dass höhere als zweite Ableitungen verschwinden. Damit gilt aber

$$L_h[W]_{k,\ell} = L[w](\boldsymbol{x}_{k,\ell}) = 1 \,.$$

Weiterhin ist $W \geq 0$ auf $\partial\Omega$, so dass $v \leq w$ folgt. Aus dem Maximumprinzip (hier: Minimumprinzip) folgt $v \geq 0$. ■

Satz (26.8): Konvergenzsatz
Ist die Lösung der Poisson-Gleichung eine C^2-Funktion und sind u_{xx} und u_{yy} gleichmäßig stetig in Ω, dann konvergiert die FDM mit 5-Punkte-Stern gegen diese Lösung:

$$\max_{(k,\ell)} |u_{k,\ell} - u(\boldsymbol{x}_{k,\ell})| \to 0\,, \quad h \to 0\,.$$

Beweis.
Taylor-Entwicklung zeigt

$$L_h[u](\boldsymbol{x}_{k,\ell}) = -u_{xx}(\xi_{k,\ell}, y_{k,\ell}) - u_{yy}(x_{k,\ell}, \eta_{k,\ell})$$

mit zwei Zahlen $\xi_{k,\ell}, \eta_{k,\ell}$. Wegen der gleichmäßigen Stetigkeit der zweiten Ableitungen geht der lokale Fehler r gegen null. Aus (26.4), (26.5) und Lemma 26.7 ergibt sich dann

$$\max |e| \leq \frac{R^2}{4} \max |r| \,,$$

woraus die Konvergenzaussage folgt. ■

Diskretisierung einer Erhaltungsgleichung

Wir wollen nun die FDM für eine (lineare oder nichtlineare) Erhaltungsgleichung

$$\begin{aligned} u_t + f(u)_x &= 0\,, \\ u_0(x) &= u(x, 0) \end{aligned}$$

mit Anfangswerten untersuchen. Wir benötigen offenbar ein Raum-Zeit-Gitter mit Maschenweiten Δx bzw. Δt. Ein Punkt im Gitter ist dann gegeben durch $(x_j, t^n) = (j\Delta x, n\Delta t)$ mit $j \in \mathbb{Z}$, $n \in \mathbb{N}_0$. Wir schreiben u_j^n für die numerische Lösung am Punkt (x_j, t^n).

Von den zahlreichen Diskretisierungsmöglichkeiten an diesem Punkt wollen wir

$$f(u)_x = \frac{f_{j+1}^n - f_j^n}{\Delta x} + O(\Delta x) \qquad \text{(Vorwärtsdifferenz)}\,,$$

$$f(u)_x = \frac{f_j^n - f_{j-1}^n}{\Delta x} + O(\Delta x) \qquad \text{(Rückwärtsdifferenz)}\,,$$

$$f(u)_x = \frac{f_{j+1}^n - f_{j-1}^n}{2\Delta x} + O(\Delta x^2) \quad \text{(zentrale Differenz)}$$

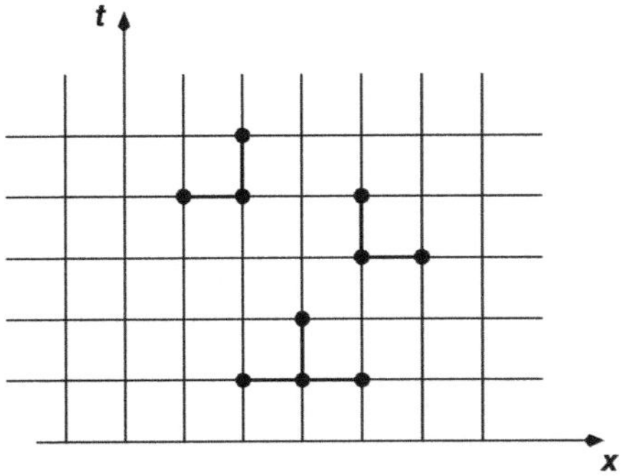

Abb. 26.2 Raum-Zeit-Gitter und die Differenzensterne für Vorwärts-, Rückwärts- und zentrale Differenz.

betrachten, vgl. Abb. 26.2. Als Zeitdiskretisierung verwenden wir in diesen Fällen die Vorwärtsdifferenz

$$u_t = \frac{u_j^{n+1} - u_j^n}{\Delta t} + O(\Delta t) .$$

Ersetzen wir in der Erhaltungsgleichung die Ableitungen durch die Differenzenoperatoren, dann erhalten wir die drei Verfahren

$$u_j^{n+1} = u_j^n - \frac{\Delta t}{\Delta x}\left(f_{j+1}^n - f_j^n\right) , \tag{26.6}$$

$$u_j^{n+1} = u_j^n - \frac{\Delta t}{\Delta x}\left(f_j^n - f_{j-1}^n\right) , \tag{26.7}$$

$$u_j^{n+1} = u_j^n - \frac{\Delta t}{2\Delta x}\left(f_{j+1}^n - f_{j-1}^n\right) . \tag{26.8}$$

Alle drei Methoden sind **explizite** Diskretisierungen, da man explizit nach dem Wert auf der neuen Zeitschicht $n + 1$ auflösen kann. **Implizite** Diskretisierungen erhält man, wenn man in der Diskretisierung der Zeitableitung auch andere Werte auf der Schicht $n + 1$ verwenden würde.

Erhaltungsgleichungen sind hyperbolische partielle Differentialgleichungen in dem Sinne, dass sie eine Schar charakteristischer Grundkurven definieren. Es sind dies die durch die Gleichung

$$\frac{\mathrm{d}t}{\mathrm{d}x} = \frac{1}{f'(u(x(0), 0))}$$
$$x(0) = x_0$$

definierten Geraden, vgl. Beispiel 25.9. Ist $f(u) = au$, dann ist $f'(u) = a$ und die charakteristischen Grundkurven sind Geraden mit der Steigung $1/a$. Auch die Differenzensterne definieren charakteristische Grundkurven durch ihre Enveloppen, die man **numerische charakteristische Grundkurven** nennt.

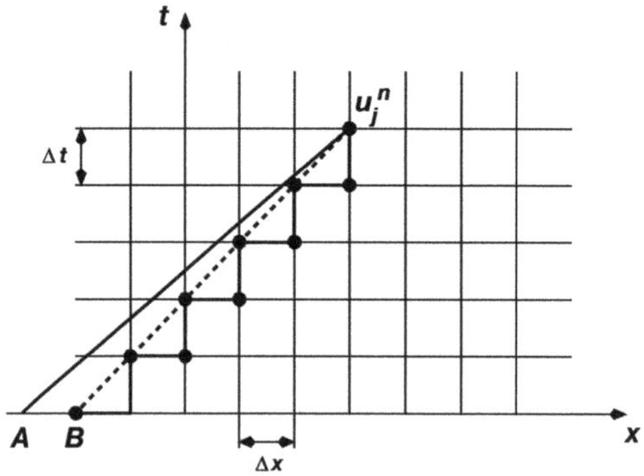

Abb. 26.3 Charakteristische Grundkurve und Differenzensterne der Rückwärtsdifferenzenmethode (26.7).

Abbildung 26.3 zeigt eine charakteristische Grundkurve für $a > 0$ und die Differenzensterne der Rückwärtsdifferenz bis zum Punkt (x_j, t^n) im Fall

$$\frac{\Delta t}{\Delta x} > \frac{1}{a} .$$

Die numerische charakteristische Grundkurve ist als gestrichelte Linie dargestellt. Ändern wir nun die Anfangswerte am Punkt A, dann ändert sich die Lösung der Erhaltungsgleichungen am Punkt (x_j, t^n), aber das Differenzenverfahren wird diese Änderung gar nicht bemerken! In diesem Fall *kann* das Differenzenverfahren also gar nicht gegen die Lösung der Differentialgleichung konvergieren! Diese tiefe Einsicht wurde von Richard Courant[1], Kurt Otto Friedrichs[2] und Hans Lewy[3] bereits im Jahr 1928 gewonnen.

Satz (26.9): Courant-Friedrichs-Lewy-Bedingung
Ein explizites Differenzenverfahren für eine Erhaltungsgleichung kann nur dann konvergieren, wenn die **Courant-Friedrichs-Lewy-Bedingung** (CFL)

$$\frac{\Delta t}{\Delta x} < \frac{1}{\max_{x_j} f'\left(u\left(x_j, t^n\right)\right)}$$

bei der Berechnung der Werte auf der neuen Zeitschicht t^{n+1} eingehalten wird.

Man darf also nur die Maschenweite Δx des Gitters im Raum a priori festlegen. Die zulässige Zeitschrittweite Δt wird durch die CFL-Bedingung geregelt.

Insbesondere kann die Rückwärtsdifferenzenmethode (26.7) für $f(u) = au$ nicht im Fall $a < 0$ verwendet werden, die Vorwärtsdifferenzenmethode (26.6) ist im Fall $a > 0$ unbrauchbar. Um die Methode (26.8) mit der zentralen Differenz beurteilen zu können, ist es unerlässlich, die **Stabilität** der Methoden zu untersuchen.

1) Richard Courant (1888–1972); Lublinitz, Göttingen, New York.
2) Kurt Otto Friedrichs (1901–1982); Kiel, Göttingen, Braunschweig, New York.
3) Hans Lewy (1904–1988); Breslau, Göttingen, Berkeley.

Wir ziehen uns dafür auf den Fall konstanter Koeffizienten zurück[4], also auf den Fall $L[u] := u_t + au_x = 0, \quad a \in \mathbb{R}\backslash\{0\}$. Passend zu den Diskretisierungen (26.6)–(26.8) führen wir nun einen diskreten Operator $L^{\Delta t}_{\Delta x}$ durch die Definition $L^{\Delta t}_{\Delta x}[u] := \frac{u_j^{n+1}-u_j^n}{\Delta t} + a\frac{u_{j+1}^n-u_j^n}{\Delta x} = 0$ für (26.6) und entsprechend für die beiden anderen Diskretisierungen ein.

Definition (26.10)
Der Differenzenoperator $L^{\Delta t}_{\Delta x}$ heißt **konsistent** mit dem Differentialoperator L, wenn für jede in Raum und Zeit stetig differenzierbare Funktion u gilt:

$$L[u] - L^{\Delta t}_{\Delta x}[u] = o(1)$$

für $\Delta x, \Delta t \to 0$. Er besitzt die **Konsistenzordnung** (m, n), wenn für entsprechend glattere Funktionen

$$L[u] - L^{\Delta t}_{\Delta x}[u] = O(\Delta t^n, \Delta x^m)$$

für $\Delta x, \Delta t \to 0$ gilt.

Unter **Konvergenz** des Differenzenverfahrens wollen wir verstehen, dass, wenn die diskretisierte Anfangswertfunktion u_j^0 gegen $u(x, 0)$ konvergiert, auch die diskrete Lösung u_j^n gegen die Lösung $u(x, t)$ der Differentialgleichung konvergiert. Natürlich ist diese Definition erst dann komplett, wenn wir angegeben haben, in welchem Sinne die Konvergenz stattfinden wird. Ohne auf die Details einzugehen wollen wir hier nur bemerken, dass Räume wie eine diskrete Version des L^2 hier geeignet sind.

Definition (26.11)
Ein finites Differenzenverfahren $L^{\Delta t}_{\Delta x}[u] = 0$ heißt **stabil**, wenn es für jede positive Zeit T mit $0 \leq n\Delta t \leq T$ eine Konstante C_T gibt, so dass

$$\|u^n\|_h \leq C_T \|u^0\|_h$$

gilt. Dabei ist $\|u^n\|_h := \sqrt{h \sum_{j\in\mathbb{Z}} |u_j^n|}$ die diskrete L^2-Norm auf dem Gitter. Weil Δx und Δt durch die CFL-Bedingung aneinander gebunden sind, schreibt man nur noch $h := \min(\Delta x, \Delta t)$.

Die Zusammenhänge zwischen Konsistenz, Stabilität und Konvergenz vermittelt der berühmte Äquivalenzsatz von Lax-Richtmyer[5], der schon fast zur „Folklore" der Numerischen Mathematik zählt.

Satz (26.12): Äquivalenzsatz von Lax-Richtmyer
Ein Differenzenverfahren für ein Anfangswertproblem konvergiert dann und nur dann, wenn es konsistent und stabil ist.

---

4) Auch für den nichtlinearen Fall existiert eine Stabilitäts- bzw. Konvergenztheorie, sie ist jedoch etwas verwickelter als im linearen Fall mit konstanten Koeffizienten.

5) Peter D. Lax (*1926); Budapest, New York. Robert Davis Richtmyer (1910–2003); Ithaca, New York, Boulder (Colorado).

Wir haben in diesem Satz weder die Art des Differenzenverfahrens, noch die Art der partiellen Differentialgleichung spezifiziert. Das liegt daran, dass der Satz von Lax-Richtmyer für außerordentliche verschiedene Verfahren und Gleichungen gilt, wenn man nur die Begriffe „Konsistenz“, „Stabilität“ und „Konvergenz“ entsprechend definiert, vgl. [31].

Im linearen Fall mit konstanten Koeffizienten untersucht man Stabilität mit einer Methode, die auf Johann von Neumann[6] zurückgeht. Dabei ersetzt man den diskreten Wert u_j^n durch eine komplexe Welle

$$u_j^n = \xi^n \mathrm{e}^{i\beta j\Delta x}$$

und beobachtet, ob diese Welle durch das Differenzenverfahren angefacht oder gedämpft wird. Für das Verfahren der zentralen Differenz (26.8) ergibt sich so im Fall $f(u) = au$

$$\begin{aligned}\xi^{n+1}\mathrm{e}^{i\beta j\Delta x} &= \xi^n \mathrm{e}^{i\beta j\Delta x} - \frac{a\Delta t}{2\Delta x}\left(\xi^n \mathrm{e}^{i\beta(j+1)\Delta x} - \xi^n \mathrm{e}^{i\beta(j-1)\Delta x}\right) \\ &= \xi^n \mathrm{e}^{i\beta j\Delta x} - \frac{a\Delta t}{2\Delta x}\left(\xi^n \mathrm{e}^{i\beta j\Delta x}\mathrm{e}^{i\beta\Delta x} - \xi^n \mathrm{e}^{i\beta j\Delta x}\mathrm{e}^{-i\beta\Delta x}\right) .\end{aligned}$$

Division durch ξ^n und $\mathrm{e}^{i\beta j\Delta x}$ liefert

$$\xi = 1 - \frac{a\Delta t}{2\Delta x}(\mathrm{e}^{i\beta\Delta x} - \mathrm{e}^{-i\beta\Delta x}) .$$

Nun ist $\mathrm{e}^{\pm i\beta\Delta x} = \cos\beta\Delta x \pm i\sin\beta\Delta x$ und damit folgt

$$\xi = 1 - \frac{a\Delta t}{\Delta x} i\sin\beta\Delta x ,$$

wobei man häufig $\Theta := \beta\Delta x$ schreibt.

Wir müssen nun den Betrag von ξ vorsichtig abschätzen. Der Betrag von i ist sicher immer 1. Der Term $\sin\Theta$ ist vom Betrag her immer kleiner, höchstens gleich 1, aber der Fall $\sin\Theta = -1$ kann durchaus auftreten. Für $a > 0$ bedeutet das

$$|\xi| > 1 .$$

Ebenso kann der Fall $\sin\Theta = +1$ eintreten, was für $a < 0$ ebenfalls $|\xi| > 1$ zur Folge hätte, und zwar unabhängig von der Wahl von Δt und Δx. In jedem Zeitschritt wird die Welle $\mathrm{e}^{i\beta j\Delta x}$ mit ξ multipliziert. Die Größe ξ nennt man den **Verstärkungsfaktor**. Ist $|\xi| < 1$, dann wird die Welle im Lauf der Zeit gedämpft und das Verfahren ist stabil. Gilt dagegen $|\xi| > 1$, dann wird die Welle angefacht und das Verfahren ist instabil. Im Fall des Verfahrens (26.8) haben wir gesehen, dass es **unbedingt instabil** ist, d. h. unabhängig von der Wahl der Gitterweiten.

Für manche partielle Differentialgleichungen muss man exponentielles Wachstum der Lösung erlauben, daher wird die von Neumann-Stabilität wie folgt erweitert.

6) János (Johann, John) von Neumann (1903–1957); Budapest, Göttingen, Princeton.

Satz (26.13): von Neumannsche Stabilität
Ersetzt man in einem finiten Differenzenverfahren für eine lineare Transportgleichung mit periodisch angenommenen Anfangswerten die Größen u_j^n durch eine komplexe Welle

$$\xi^n e^{ij\Delta x} \,,$$

dann ist das Verfahren **stabil**, wenn für den **Verstärkungsfaktor** ξ die Ungleichung

$$|\xi| = |\xi(\Theta, \Delta t, \Delta x)| < 1 + O(\Delta t)$$

gilt. Ist ξ unabhängig von den Gitterweiten, dann muss

$$|\xi(\Theta)| < 1$$

gelten.

Liegt eine nichtlineare Erhaltungsgleichung

$$u_t = -f(u)_x$$

vor, dann ist zur Konvergenz eines Differenzenverfahrens notwendig die sogenannte **Erhaltungsform**

$$u_j^n = -\frac{\Delta t}{2\Delta x}\left(h_{j+\frac{1}{2}} - h_{j-\frac{1}{2}}\right) ,$$

wobei $h_{j+\frac{1}{2}} = h(u_j^n, u_{j+1}^n)$ die **numerische Flussfunktion** bezeichnet. Eine einfache, aber häufig verwendete numerische Flussfunktion ist der Fluss von **Lax-Friedrichs**:

$$h^{\text{LF}}_{j+\frac{1}{2}} := \frac{1}{2}\left(f_j^n + f_{j+1}^n\right) - \frac{\Delta x}{2\Delta t}\left(u_{j+1}^n - u_j^n\right) .$$

Ein Verfahren in Erhaltungsform ist **konsistent**, wenn für die numerische Flussfunktion $h_{j+\frac{1}{2}}$ gilt:

$$h(s, s) = f(s) .$$

Bezeichnet man nun ein solches Verfahren als **stabil** (TV-stabil), wenn die **totale Variation**

$$\text{TV}(u^n) := \sum_{j \in \mathbb{Z}} |u_{j+1}^n - u_j^n|$$

im Laufe der Zeitschritte nicht wächst, dann gilt wieder der Satz von **Lax-Richtmyer**: Ein Verfahren in Erhaltungsform konvergiert (in der Norm des Raumes L^1 der Funktionen, deren Beträge integrierbar sind) genau dann, wenn es im obigen Sinne stabil und konsistent ist.

26.3 Finite-Elemente-Methoden

Zur Illustration der FEM wollen wir die Poissongleichung

$$L[u] = -\Delta u = -(u_{xx} + u_{yy}) = f(x, y)$$

in einem Gebiet $\Omega \subset \mathbb{R}^2$ mit Rand $\Gamma = \partial\Omega$ diskretisieren. Abbildung 26.4 zeigt ein quadratisches Gebiet mit einer Triangulierung $\mathcal{T}_h$. Es dürfen keine Kanten auf Kanten enden, sondern immer nur in den Knoten. Man spricht dann von einer **konformen Triangulierung**.

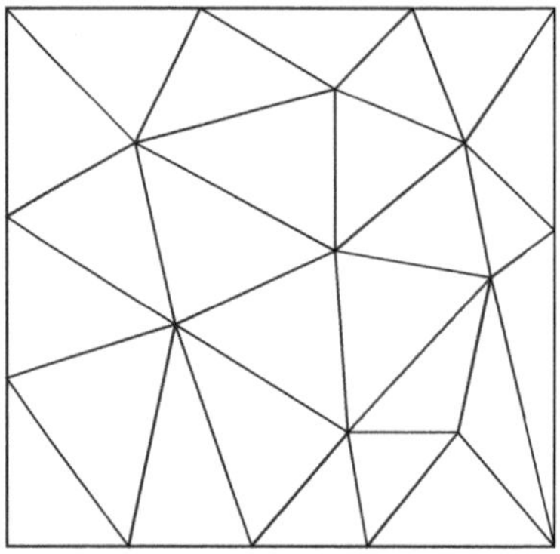

Abb. 26.4 Triangulierung eines quadratischen Gebietes.

Die FEM arbeitet natürlich auch auf kartesischen Gittern. Zur weiteren Vereinfachung wollen wir Nullrandbedingungen annehmen:

$$u|_\Gamma = 0\,.$$

Eine FEM beginnt stets mit einer schwachen Formulierung der zu lösenden partiellen Differentialgleichung. Dazu multiplizieren wir die Poisson-Gleichung mit $\varphi \in H_0^1(\Omega)$ und integrieren über Ω, vgl. Beispiel 25.26. Wir erhalten nach Anwendung der Greenschen Formel die Gleichung

$$a(u, \varphi) := \int_\Omega \langle \nabla u, \nabla \varphi \rangle \,\mathrm{d}\boldsymbol{x} - \underbrace{\oint_\Gamma \varphi \frac{\partial u}{\partial \boldsymbol{n}} \,\mathrm{d}o}_{=0} = \int_\Omega f(\boldsymbol{x})\varphi(\boldsymbol{x}) \,\mathrm{d}\boldsymbol{x}$$

und u ist eine schwache Lösung aus $H_0^1(\Omega)$, wenn diese Gleichung für alle Testfunktionen $\varphi \in H_0^1(\Omega)$ gilt. Anstelle des Sobolew-Raumes H_0^1 wählen wir nun einen möglichst einfachen endlichdimensionalen Raum, dessen Funktionen die Sobolew-Funktionen approximieren. Da H^1-Funktionen einmal schwach ableitbar sind, kommen stückweise lineare Funktionen auf den Dreiecken der Triangulierung in Frage. Nummerieren wir die inneren Punkte des Gebiets mit $i = 1, 2, 3, \ldots, N$, dann bilden die stückweise linearen Funktionen mit

$$\varphi_j(\boldsymbol{x}_i) = \delta_{ij}\,, \quad i, j = 1, 2, 3, \ldots, N$$

eine Basis des Raumes V_h der **Testfunktionen**, vgl. Abb. 26.5.

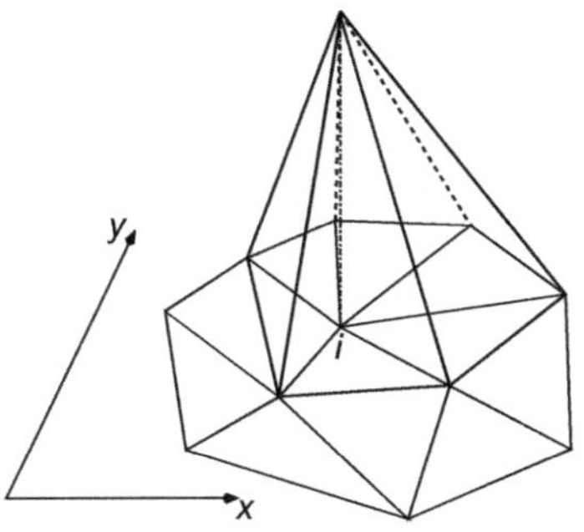

Abb. 26.5 Testfunktion φ_i am Knoten i.

Stellen wir die gesuchte Funktion u nun mit Hilfe von **Ansatzfunktionen** ψ_i in der Form

$$u^h(\boldsymbol{x}) = \sum_{i=1}^{N} u_i \cdot \psi_i(\boldsymbol{x})$$

dar, so ergeben sich die N Gleichungen

$$\begin{aligned} a\left(u^h, \varphi_i\right) &= \int_\Omega \langle \nabla u^h, \nabla\varphi_j \rangle \, \mathrm{d}\boldsymbol{x} \\ &= \int_\Omega \left\langle \nabla \sum_{i=1}^{N} u_i \cdot \psi_i(\boldsymbol{x}), \nabla\varphi_j \right\rangle \mathrm{d}\boldsymbol{x} \\ &= \sum_{i=1}^{N} u_i \int_\Omega \langle \nabla\psi_i, \nabla\varphi_j \rangle \, \mathrm{d}\boldsymbol{x} = \int_\Omega f\varphi_j \, \mathrm{d}\boldsymbol{x}\,, \quad j = 1, 2, \dots, N\,. \end{aligned}$$

Man hat nun die Freiheit, die Ansatzfunktionen unabhängig von den Testfunktionen zu wählen. Solche Verfahren nennt man **Petrow**[7]**-Galerkin**[8]**-Verfahren**. Sie kommen häufig bei hyperbolischen Gleichungen zum Einsatz. In unserem Fall der Poisson-Gleichung suchen wir eine H_0^1-Lösung, also können wir

$$\psi_i = \varphi_i\,, \quad i = 1, 2, \dots, N$$

wählen. Diese Verfahren nennt man einfach **Galerkin-** oder **Bubnow-Galerkin-Verfahren**. Damit haben wir die Randwertaufgabe für die Poisson-Gleichung verwandelt in ein diskretes System

$$\sum_{i=1}^{n} u_i \int_\Omega \langle \nabla\varphi_i, \nabla\varphi_j \rangle \, \mathrm{d}\boldsymbol{x} = \int_\Omega f\varphi_j \, \mathrm{d}\boldsymbol{x}\,, \quad j = 1, 2, \dots, N\,.$$

Die Testfunktionen haben einen kleinen Träger, da φ_i nur auf den Dreiecken um den Knoten i von null verschieden sind. Die Integrale werden dreiecksweise be-

7) Georgi Iwanowitsch Petrow (1912–1987).

8) Boris Grigorjewitsch Galerkin (Galjorkin) (1871–1945); Polozk, Minsk, Charkow, St. Petersburg, Leningrad.

rechnet und die Gradienten der Testfunktionen sind konstante Vektoren. Es ergibt sich also ein lineares Gleichungssystem $\boldsymbol{A}\boldsymbol{u} = \boldsymbol{F}$,

$$\begin{pmatrix} a_{11} & a_{12} & \dots & a_{1N} \\ a_{21} & a_{22} & \dots & a_{2N} \\ \vdots & \vdots & \ddots & \vdots \\ a_{N1} & a_{N2} & \dots & a_{NN} \end{pmatrix} \begin{pmatrix} u_1 \\ u_2 \\ \vdots \\ u_N \end{pmatrix} = \begin{pmatrix} F_1 \\ F_2 \\ \vdots \\ F_N \end{pmatrix},$$

wobei die F_i die Integrale der rechten Seite bezeichnen, die mit Hilfe einer Quadraturmethode approximiert werden müssen. Die Matrix $\boldsymbol{A}$ heißt **Steifigkeitsmatrix**. Sie besteht aus den Integralen

$$a_{ij} = \int_{\Omega} \langle \nabla\varphi_i, \nabla\varphi_j \rangle \,\mathrm{d}\boldsymbol{x}\,.$$

Für die FEM existiert im Fall linearer elliptischer Gleichungen eine umfangreiche Konvergenztheorie, auf die wir hier nicht eingehen[9].

26.4 Finite-Volumen-Methoden

Finite-Volumen-Methoden können als Methode betrachtet werden, Finite-Differenzen-Verfahren auf unstrukturierte Gitter zu übertragen.

Diskretisierung einer Erhaltungsgleichung

Integriert man die Erhaltungsgleichung

$$u_t + \operatorname{div} \boldsymbol{f}(u) = u_t + f_1(u)_x + f_2(u)_y = 0$$

in zwei Raumdimensionen über eine Zelle σ eines Gitters, dann folgt nach Anwendung des Integralsatzes von Gauß

$$\frac{\mathrm{d}}{\mathrm{d}t} \int_{\sigma} u(\boldsymbol{x}, t)\,\mathrm{d}\boldsymbol{x} = - \oint_{|\partial\sigma|} \langle \boldsymbol{f}(u), \boldsymbol{n} \rangle \,\mathrm{d}o\,.$$

Schreibt man $\overline{u}_\sigma := \frac{1}{|\sigma|} \int_\sigma u(\boldsymbol{x}, t)\,\mathrm{d}\boldsymbol{x}$ für das Zellmittel von u auf der Zelle σ, dann folgt

$$\frac{\mathrm{d}}{\mathrm{d}t}\overline{u}_\sigma = -\frac{1}{\sigma} \oint_{\partial\sigma} \langle \boldsymbol{f}(u), \boldsymbol{n} \rangle \,\mathrm{d}o\,,$$

wobei $|\sigma|$ die Fläche (das Volumen) von σ bezeichnet. Nun wird das Randintegral auf der rechten Seite numerisch approximiert, wobei Zellmittel auf σ und umgebenden Zellen Verwendung finden.

9) D. Braess: Finite Elements. Theory, fast solvers, and applications in solid mechanics. 3rd edn., Cambridge University Press. J.J.I.M. van Kan, A. Segal: Numerik partieller Differentialgleichungen für Ingenieure. B.G. Teubner Verlag.

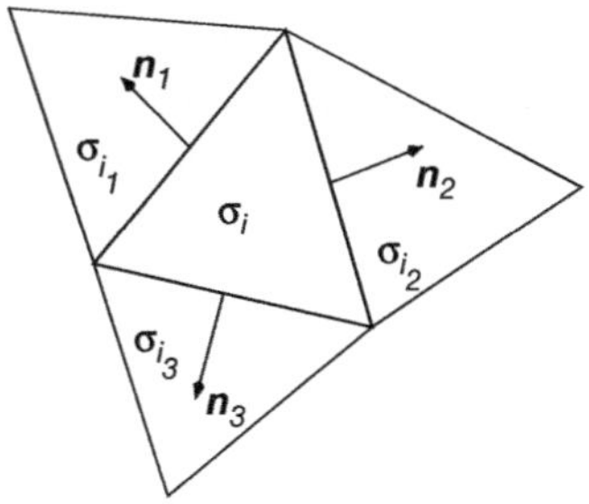

Abb. 26.6 Lokale Geometrie für eine FVM auf einer Triangulierung.

Beschränken wir uns darauf, dass die Zellen die Dreiecke einer Triangulierung sind und verwenden wir eine einpunktige Quadraturformel auf den drei Kanten, dann folgt

$$\frac{\mathrm{d}}{\mathrm{d}t}\overline{u}_{\sigma_i} = -\frac{1}{|\sigma_i|}\sum_{j=1}^{3} |\partial\sigma_i \cap \sigma_{i_j}| h(\overline{u}_{\sigma_i}, \overline{u}_{\sigma_{i_j}}; \boldsymbol{n}_j)$$

mit den Bezeichnungen aus Abb. 26.6.

Dabei bezeichnet $|\partial\sigma_i \cap \sigma_{i_j}|$ die Länge der Kante, die den beiden Dreiecken σ_i und σ_{i_j} gemeinsam ist. Wie bei den FDM ist die Funktion h eine **numerische Flussfunktion**, nur dass jetzt die Normalenrichtung an der entsprechenden Kante in Betracht gezogen werden muss. Wir verlangen wieder **Konsistenz** im Sinne von

$$h(u, u; \boldsymbol{n}) = \langle \boldsymbol{f}(u), \boldsymbol{n}\rangle .$$

Ein (unter einer schon fast unüberschaubaren Menge von möglichen Funktionen) Kandidat ist wieder das **Lax-Friedrichs-Verfahren**, das wir nun in der Form

$$h^{\mathrm{LF}}(\overline{u}_{\sigma_i}, \overline{u}_{\sigma_{i_j}}; \boldsymbol{n}_j) := \frac{1}{2}(f_1(\overline{u}_{\sigma_i})(n_i)_x + f_2(\overline{u}_{\sigma_{i_j}})(n_i)_y) - \frac{1}{\lambda}(\overline{u}_{\sigma_i} - \overline{u}_{\sigma_{i_j}})$$

schreiben. Dabei sind $(n_i)_x$ und $(n_i)_y$ die beiden Komponenten der Einheitsnormale $\boldsymbol{n}_i$. Die Größe λ muss so etwas wie den Gitterquotienten $\Delta t/\Delta x$ im eindimensionalen Fall bei den Finiten Differenzen repräsentieren. Als sinnvolle Größe zur Repräsentation von Δx hat sich der kleinste Inkreisdurchmesser aller Dreiecke der Triangulierung erwiesen. Daraus ergibt sich mit der CFL-Bedingung ein Zeitschritt Δt, vgl. Satz 26.9. Die in Satz 26.9 auftretende Größe f' ist noch zu ersetzen durch das Maximum des Betrages von

$$\langle \boldsymbol{f}'\left(u_{\sigma_i}(t^n)\right), \boldsymbol{n}\rangle .$$

Ist R der kleinste auftretende Inkreisdurchmesser in der Triangulierung, dann wird der Zeitschritt nach der CFL-Bedingung also durch

$$\Delta t < \frac{R}{\max_i |\langle \boldsymbol{f}'\left(u_{\sigma_i}(t^n)\right), \boldsymbol{n}\rangle|}$$

begrenzt.

Die beschriebene FVM ist nur eine ganz rudimentäre Basismethode. Oft werden FVM auch auf sogenannten dualen Gittern verwendet und man erreicht höhere Approximationsordnungen, indem man lokal Polynome höheren Grades rekonstruiert[10].

Diskretisierung der Poisson-Gleichung

Im Fall der Poisson-Gleichung liefert die Integration

$$\int_{\sigma} \Delta u \, \mathrm{d}\boldsymbol{x} = \oint_{\partial\sigma} \langle \nabla u, \boldsymbol{n} \rangle \, \mathrm{d}o = \oint_{\partial\sigma} \frac{\partial u}{\partial \boldsymbol{n}} \, \mathrm{d}o = \int_{\sigma} f \, \mathrm{d}\boldsymbol{x} \,.$$

Ist σ wieder ein Dreieck einer Triangulierung und ersetzt man u durch den Ansatz $u_h = \sum_i u_i \varphi_i(\boldsymbol{x})$, wobei u_i der Wert am Knoten i ist und φ_i die lineare Funktion, für die $\varphi_i(\boldsymbol{x}_j) = \delta_{ij}$ an den Knoten j gilt, dann hat man die Integrale

$$\sum_i u_i \oint_{\partial\sigma} \frac{\partial \varphi_i}{\partial \boldsymbol{n}} \, \mathrm{d}o = \int_{\sigma} f(\boldsymbol{x}) \, \mathrm{d}x$$

für alle Gitterzellen σ zu diskretisieren. Wie bei der FEM erhält man unter Berücksichtigung von Randbedingungen ein Gleichungssystem für die unbekannten Werte u_i an den Knoten des Gitters. Hackbusch hat gezeigt, dass in diesem Fall die Steifigkeitsmatrix der FVM identisch ist mit derjenigen der FEM[11].

10) K.W. Morton, Th. Sonar: Finite Volume methods for hyperbolic conservation laws. in: Acta Numerica, Vol. 16, 155–238, 2007.

11) W. Hackbusch: On First and Second Order Box Schemes. Computing 41, 277–296, 1989.

27
Funktionen einer komplexen Variablen

27.1 Grundlagen

Das mathematische Gebiet *Funktionen einer komplexen Variablen*, das in diesem Kapitel behandelt wird, ist Teil der *Komplexen Analysis*, auch *Funktionentheorie*, oder auch *Theorie der analytischen Funktionen* genannt.

Es behandelt die Analysis, also die Differentiation und Integration, komplexer Funktionen einer komplexen Variablen $f : \mathbb{C} \supset G \to \mathbb{C}$, wobei G ein Gebiet in der komplexen Ebene ist.

Zur Erinnerung: Ein *Gebiet* ist eine offene und zusammenhängende Menge. Eine Menge $G \subset \mathbb{C}$ heißt *offen*, wenn mit jedem Punkt $z_0 \in G$ auch eine ganze Kreisscheibe $K_\varepsilon(z_0) := \{z : |z - z_0| < \varepsilon\}$ zur Menge G gehört.

Sie heißt *zusammenhängend*, wenn es zu je zwei Punkten $z_0, z_1 \in G$ stets eine diese Punkte verbindende C^1-Kurve $c\colon [0, 1] \to G$ in G gibt.

Historische Anmerkungen

Die Funktionentheorie wurde in der ersten Hälfte des 19. Jahrhundert entwickelt. Sie hat drei Väter, die ganz unterschiedliche Zugänge zu der Theorie analytischer Funktionen entwickelt haben.

Augustin Cauchy hat im Wesentlichen die komplexe Differenzierbarkeit und die Integraldarstellung analytischer Funktionen entwickelt.

Bernhard Riemann[1)] hat die geometrischen Eigenschaften konformer Abbildungen untersucht.

Der dritte Gründungsvater, **Karl Weierstraß**, hat die Potenzreihendarstellung komplexer Funktionen in den Mittelpunkt gestellt.

In den folgenden Abschnitten des Kapitels werden sich diese verschiedenen Zugänge wiederfinden.

Wiederholung, vgl. Abschn. 2.3

$(\mathbb{R}, +, *, \leq)$ ist ein *vollständiger, angeordneter Körper*.

$\mathbb{R}^2 = \{(x, y)^T : x, y \in \mathbb{R}\}$ ist ein reeller Vektorraum mit den Operationen

$$\begin{aligned} (x_1, y_1)^T + (x_2, y_2)^T &:= (x_1 + x_2, y_1 + y_2)^T \\ \lambda(x, y)^T &:= (\lambda x, \lambda y)^T , \quad \lambda \in \mathbb{R} . \end{aligned} \tag{27.1}$$

1) Bernhard Riemann (1826–1866); Göttingen.

Mathematik in den Ingenieur- und Naturwissenschaften 2, 5. Aufl.
Rainer Ansorge, Hans J. Oberle, Kai Rothe und Thomas Sonar.

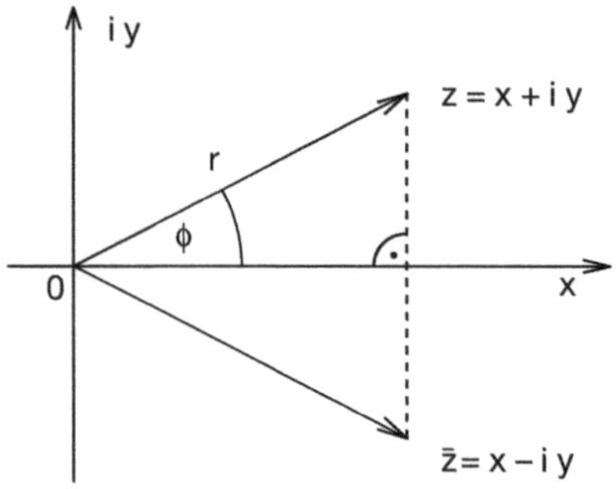

Abb. 27.1 Polarkoordinaten und konjugiert komplexe Zahl.

Auf $\mathbb{R}^2$ lässt sich auch eine *Multiplikation* definieren:

$$(x_1, y_1)^\mathrm{T} * (x_2, y_2)^\mathrm{T} := (x_1 x_2 - y_1 y_2,\ x_1 y_2 + x_2 y_1)^\mathrm{T} . \tag{27.2}$$

Hierdurch wird $\mathbb{C} := (\mathbb{R}^2, +, *)$ zu einem *kommutativen Körper* mit *Nullelement* $0 := (0,0)^\mathrm{T}$ und *Einselement* $1 := (1,0)^\mathrm{T}$.

Die *inversen Elemente* zu $z = (x, y)^\mathrm{T}$ lauten:

$$\begin{aligned} -z &:= (-x, -y)^\mathrm{T} , \\ 1/z &:= \left(\frac{x}{x^2+y^2}, -\frac{y}{x^2+y^2} \right)^\mathrm{T} . \end{aligned} \tag{27.3}$$

Die reellen Zahlen lassen sich als Teilmenge von $\mathbb{C}$ interpretieren vermöge $x := (x, 0)^\mathrm{T}$. $\mathbb{C}$ ist eine *Körpererweiterung* von $\mathbb{R}$.

Setzt man $i := (0,1)^\mathrm{T}$, so lässt sich jede komplexe Zahl eindeutig schreiben in der Form

$$z = (x, y)^\mathrm{T} = (x, 0)^\mathrm{T} + (0,1)^\mathrm{T} * (y, 0)^\mathrm{T} = x + iy$$

Die komplexe Zahl i heißt **imaginäre Einheit**. Es gilt $i^2 = -1$. Es wird definiert, vgl. Abb. 27.1:

Real- und Imaginärteil: $\mathrm{Re}(z) := x$, $\mathrm{Im}(z) := y$
Konjugiert komplexe Zahl: $\overline{z} := x - iy = \mathrm{Re}(z) - i\,\mathrm{Im}(z)$
Betrag, Modul: $|z| := \sqrt{x^2 + y^2}$.
Polarkoordinaten: Zu jeder komplexen Zahl $z \neq 0$ existieren eindeutig bestimmte Zahlen $r > 0$ und $\phi \in\,]-\pi, \pi]$ mit

$$z = r(\cos\phi + i \sin\phi) =: r\mathrm{e}^{i\phi} . \tag{27.4}$$

Es ist $r = |z|$ der **Modul** und $\phi =: \arg(z)$ das **Argument** der komplexen Zahl z. Es gilt:

$$\begin{aligned} &z_1 * z_2 = r_1 r_2 \mathrm{e}^{i(\phi_1 + \phi_2)} , \quad z^n = r^n \mathrm{e}^{in\phi} \\ &\arg(z_1 * z_2) = \arg(z_1) + \arg(z_2) \mod (2\pi) . \end{aligned}$$

Lineare Abbildungen

Eine Abbildung $L\colon \mathbb{C} \to \mathbb{C}$ heißt $\mathbb{R}$–**linear**, wenn gilt:

$$\begin{aligned} &\text{(i)} \quad L(z_1 + z_2) = L(z_1) + L(z_2)\,, \quad \forall\, z_1, z_2 \in \mathbb{C}\,, \\ &\text{(ii)} \quad L(\lambda z) = \lambda L(z)\,, \quad \forall\, \lambda \in \mathbb{R}\,, \ z \in \mathbb{C}\,. \end{aligned} \tag{27.5}$$

Nach linearer Algebra, vgl. Abschn. 5.1, besitzt jede $\mathbb{R}$–lineare Abbildung L eine Matrixdarstellung

$$L(z) = \boldsymbol{A}\begin{pmatrix} x \\ y \end{pmatrix}, \quad \boldsymbol{A} = \begin{pmatrix} a & b \\ c & d \end{pmatrix}.$$

Beispiele (27.1)

$$\boldsymbol{A} = \begin{pmatrix} \lambda & 0 \\ 0 & \lambda \end{pmatrix} \qquad \text{(Streckungen)}\,,$$

$$\boldsymbol{A} = \begin{pmatrix} \cos\phi & -\sin\phi \\ \sin\phi & \cos\phi \end{pmatrix} \qquad \text{(Drehungen)}\,.$$

Definition (27.2)
Eine $\mathbb{R}$-lineare Abbildung $L\colon \mathbb{C} \to \mathbb{C}$ heißt **$\mathbb{C}$-linear**, wenn (27.5) sogar für alle $\lambda \in \mathbb{C}$ gilt.

Hierzu genügt es nachzuweisen, dass $L(i) = iL(1)$ gilt. Nun sieht man mit der Matrixdarstellung

$$\begin{aligned} L(i) = iL(1) \quad &\Longleftrightarrow \quad \begin{pmatrix} a & b \\ c & d \end{pmatrix}\begin{pmatrix} 0 \\ 1 \end{pmatrix} = i\begin{pmatrix} a & b \\ c & d \end{pmatrix}\begin{pmatrix} 1 \\ 0 \end{pmatrix} \\ &\Longleftrightarrow \quad \begin{pmatrix} b \\ d \end{pmatrix} = i\begin{pmatrix} a \\ c \end{pmatrix} = \begin{pmatrix} -c \\ a \end{pmatrix} \end{aligned}$$

Damit ist L genau dann eine $\mathbb{C}$-lineare Abbildung, wenn sie durch eine Matrix folgender Gestalt beschrieben wird

$$\boldsymbol{A} = \begin{pmatrix} a & -c \\ c & a \end{pmatrix}. \tag{27.6}$$

Drehungen und Streckungen sind vom Typ (27.6), sie stellen also $\mathbb{C}$–lineare Abbildungen dar, während Spiegelungen an Ursprungsgeraden wegen ihrer negativen Determinante nicht $\mathbb{C}$-linear sind.

In diesem Zusammenhang ist es naheliegend zu fragen, wann eine C^1-Funktion $f\colon \mathbb{C} \to \mathbb{C}$ in erster Näherung durch eine $\mathbb{C}$-lineare Funktion approximiert wird. Dies bedeutet gerade, dass die Jacobi-Matrix $\boldsymbol{J}f(x, y)$ eine $\mathbb{C}$-lineare Abbildung beschreibt, dass also nach (27.6) mit $f = u + iv$ gilt:

$$\frac{\partial u}{\partial x} = \frac{\partial v}{\partial y} \quad \text{und} \quad \frac{\partial u}{\partial y} = -\frac{\partial v}{\partial x}\,. \tag{27.7}$$

Dies sind die sogenannten **Cauchy-Riemannschen Differentialgleichungen**, die Real- und Imaginärteil der komplexen Funktion f verbinden.

Konvergenz

Nach Definition 8.5 gilt für eine Folge komplexer Zahlen $(z_n) = (x_n + iy_n)_{n\in\mathbb{N}}$:

$$\begin{aligned}\lim_{n\to\infty} z_n = z \quad &:\Longleftrightarrow \quad \lim_{n\to\infty} |z_n - z| = 0\\ &\Longleftrightarrow \quad \lim_{n\to\infty} x_n = x \quad \text{und} \quad \lim_{n\to\infty} y_n = y\,.\end{aligned}$$

Satz (27.3): Bolzano-Weierstraß (vgl. Satz 8.25)
Jede beschränkte Folge (z_n) besitzt eine konvergente Teilfolge.

Folgerung (27.4)
Der Körper der komplexen Zahlen ist *vollständig*, d. h., jede Cauchy-Folge in $\mathbb{C}$ ist konvergent.

Beweis.
Der Beweis erfolgt wie im reellen Fall, vgl. Satz 8.27. ∎

Konvergenzkriterien für Reihen

Majorantenkriterium, Quotientenkriterium und Wurzelkriterium gelten analog auch für komplexe Reihen

$$|a_k| \le b_k \;\wedge\; \sum_{k=0}^{\infty} b_k \text{ konvergent} \quad\Rightarrow\quad \sum_{k=0}^{\infty} a_k \text{ absolut konvergent}$$

$$\left|\frac{a_{k+1}}{a_k}\right| \le q < 1 \quad\Rightarrow\quad \sum_{k=0}^{\infty} a_k \text{ absolut konvergent}$$

$$\sqrt[k]{|a_k|} \le q < 1 \quad\Rightarrow\quad \sum_{k=0}^{\infty} a_k \text{ absolut konvergent}$$

Analog gelten auch der Umordnungssatz 8.45 und der Reihenproduktsatz 8.47 für komplexe Reihen.

Potenzreihen

Jede Potenzreihe $f(z) = \sum_{k=0}^{\infty} a_k (z - z_0)^k$ mit $a_k,\ z_0 \in \mathbb{C}$ besitzt einen *Konvergenzradius* $r \in [0, \infty]$, so dass $f(z)$ für $|z - z_0| < r$ absolut konvergiert und für $|z - z_0| > r$ divergiert. *Gleichmäßige Konvergenz* liegt auf jeder (abgeschlossenen) Kreisscheibe $\overline{K}_\rho(z_0) := \{z : |z - z_0| \le \rho\}$ mit $0 < \rho < r$ vor.

Prominente Beispiele (mit $r = \infty$) sind

- Exponentialfunktion: $\exp(z) := \sum_{k=0}^{\infty} \frac{1}{k!} z^k$
- sin/cos: $\sin(z) := \sum_{k=0}^{\infty} \frac{(-1)^k}{(2k+1)!} z^{2k+1}, \quad \cos(z) := \sum_{k=0}^{\infty} \frac{(-1)^k}{(2k)!} z^{2k}.$

Die folgenden Umformungen sind aufgrund der lokal gleichmäßigen Konvergenz der verwendeten Potenzreihen gerechtfertigt

$$\begin{aligned}
\exp(iy) &= \sum_{k=0}^{\infty} \frac{1}{k!} (iy)^k = \sum_{k=0}^{\infty} \frac{1}{k!} i^k y^k \\
&= \sum_{k=0}^{\infty} \frac{1}{(2k)!} i^{2k} y^{2k} + \sum_{k=0}^{\infty} \frac{1}{(2k+1)!} i^{2k+1} y^{2k+1} \\
&= \sum_{k=0}^{\infty} \frac{(-1)^k}{(2k)!} y^{2k} + i \sum_{k=0}^{\infty} \frac{(-1)^k}{(2k+1)!} y^{2k+1} \\
&= \cos(y) + i \sin(y)
\end{aligned}$$

$$\exp(z) = \exp(x + iy) = \exp(x)\,(\cos(y) + i \sin(y))$$

$$\sin(z) = \sin(x + iy) = \sin(x)\cos(iy) + \cos(x)\sin(iy)$$

$$\cos(iy) = \sum_{k=0}^{\infty} \frac{(-1)^k}{(2k)!} (iy)^{2k} = \sum_{k=0}^{\infty} \frac{1}{(2k)!} y^{2k} = \cosh y$$

$$\sin(iy) = \sum_{k=0}^{\infty} \frac{(-1)^k}{(2k+1)!} (iy)^{2k+1} = i \sum_{k=0}^{\infty} \frac{y^{2k+1}}{(2k+1)!} = i \sinh(y)$$

$$\sin(z) = \sin(x)\cosh(y) + i \cos(x)\sinh(y)$$

27.2 Komplexe Funktionen

Unter einer **komplexen Funktion** $w = f(z)$ verstehen wir eine Abbildung $f\colon D \to \mathbb{C}$, $D \subset \mathbb{C}$. D ist der **Definitionsbereich** von f, $W := f(D)$ der **Bildbereich** oder **Wertebereich** von f. Wir nehmen an, dass D ein Gebiet in $\mathbb{C}$ ist.

Generelle Bezeichnungen

$$\begin{aligned}
&z = x + iy\,, \\
&w = f(z) = u + iv\,, \\
&u = u(x, y)\,, \quad v = v(x, y)
\end{aligned} \tag{27.8}$$

Zur geometrischen Veranschaulichung komplexer Funktionen ist es hilfreich, sich die Bilder von Koordinatennetzen anzusehen, vgl. Abb. 27.2.

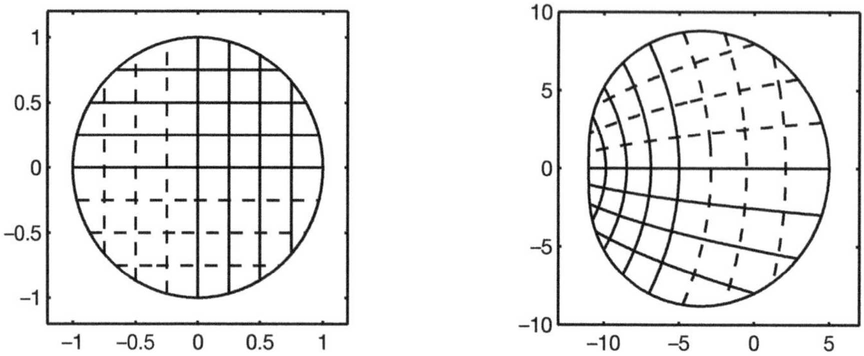

Abb. 27.2 Bilder von Koordinatennetzen.

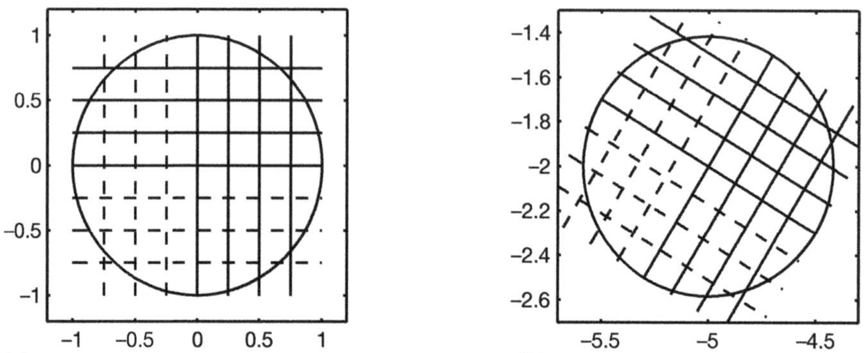

Abb. 27.3 Affin-lineare komplexe Funktion.

Affin-lineare Funktionen

Wir betrachten eine affin-lineare Funktion $w = f(z) = az + b$ mit $a, b \in \mathbb{C}$.
Eine Aufspaltung ergibt $f(z) = [|a|(e^{i\phi_a} z)] + b$

$f_1(z) = e^{i\phi_a} z$ beschreibt die Drehung um den Winkel ϕ_a,
$f_2(z) = |a|\, z$ beschreibt eine Streckung um den Faktor $|a|$,
$f_3(z) = z + b$ beschreibt die Verschiebung um den Vektor b.

Jede affin-lineare komplexe Funktion lässt sich also geometrisch als *Drehstreckung* mit anschließender *Verschiebung* interpretieren, vgl. Abb. 27.3.

Quadratische komplexe Funktionen

Wir betrachten eine Funktion der Form $w = f(z) = az^2 + bz + c$. Aufspaltung ergibt:

$$f(z) = a\left(z + \frac{b}{2a}\right)^2 - \frac{b^2}{4a} + c$$

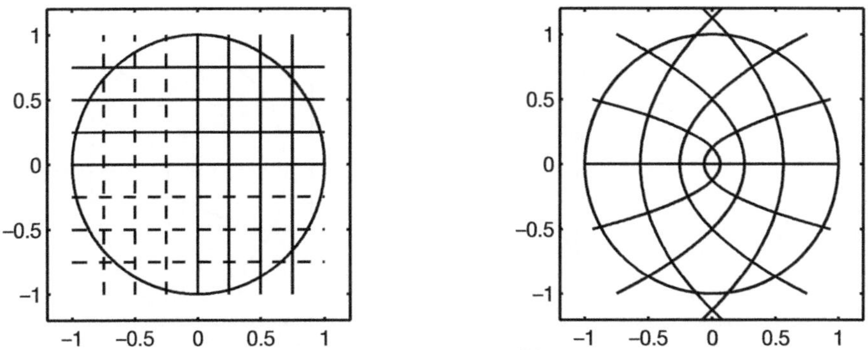

(a) (b)

Abb. 27.4 Quadratische komplexe Funktion $w = z^2$.

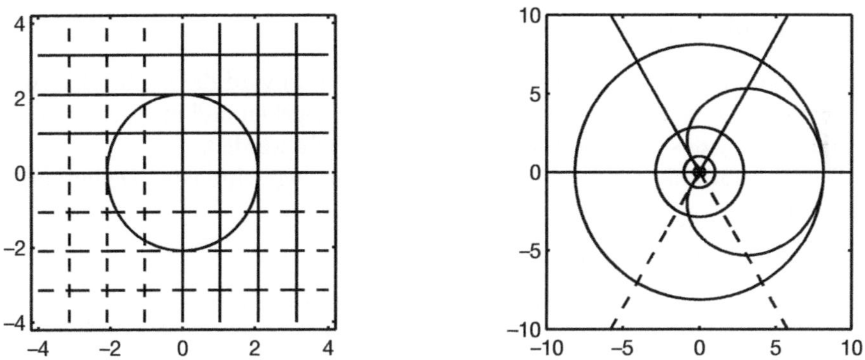

(a) (b)

Abb. 27.5 Exponentialfunktion $w = \exp(z)$.

Es genügt daher, sich das Quadrat $f(z) = z^2$ zu veranschaulichen, vgl. Abb. 27.4.

$$w = z^2 = (x + iy)^2 = (x^2 - y^2) + i(2xy)$$

$$\Rightarrow \quad u = x^2 - y^2\,, \quad v = 2xy\,.$$

(i) $y = y_0 = 0 \quad \Rightarrow \quad u = x^2\,, \quad v = 0$ (Halbgerade)

$y = y_0 \neq 0 \quad \Rightarrow \quad v^2 = 4y_0^2\left(y_0^2 + u\right)$ (Parabelschar)

(ii) $x = x_0 = 0 \quad \Rightarrow \quad u = -y^2\,, \quad v = 0$ (Halbgerade)

$x = x_0 \neq 0 \quad \Rightarrow \quad v^2 = 4x_0^2\left(x_0^2 - u\right)$ (Parabelschar)

Die Exponentialfunktion

$$\begin{aligned} &w = e^z = e^x(\cos y + i\sin y) \\ \Rightarrow \quad &u = e^x \cos y\,, \quad v = e^x \sin y\,. \end{aligned} \tag{27.9}$$

(i) $y = y_0 = \text{const.} \quad \Rightarrow \quad u = e^x \cos y_0\,, \quad v = e^x \sin y_0\,,$
(Halbgeraden ohne Ursprung)

(ii) $x = x_0 = \text{const.} \quad \Rightarrow \quad u = e^{x_0} \cos y\,, \quad v = e^{x_0} \sin y\,,$
(Kreise um 0, unendlich oft durchlaufen)

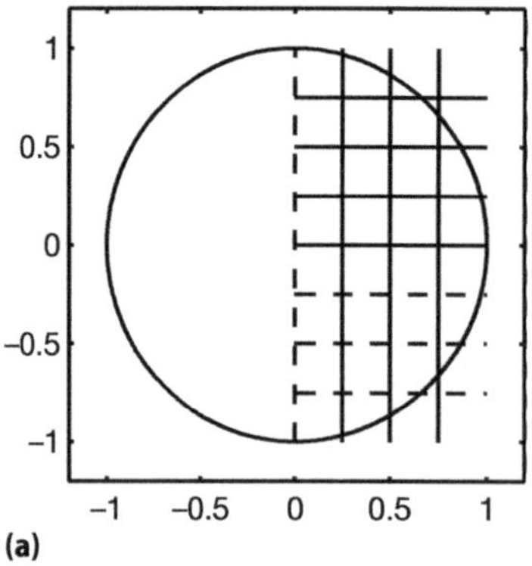

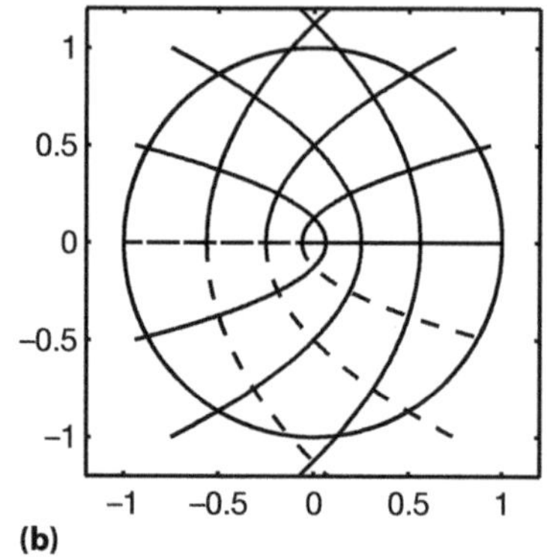

Abb. 27.6 Quadratische komplexe Funktion $w = z^2$.

Die Quadratwurzel

Zur Umkehrung einer komplexen Funktion $w = f(z)$ wird die *Injektivität* von f benötigt. Diese ist jedoch i. Allg. a priori nicht gegeben und muss erst durch Verkleinerung des Definitionsbereichs von f erreicht werden.

Die Quadratfunktion $w = f(z) := z^2$ ist auf dem eingeschränkten Definitionsbereich

$$D_f := \{z \in \mathbb{C} : \mathrm{Re}(z) > 0\}$$

injektiv und bildet bijektiv auf den folgenden Wertebereich ab

$$W_f := \mathbb{C} \setminus \{u \in \mathbb{R} : u \leq 0\} ,$$

vgl. die Abb. 27.4.

Die Umkehrfunktion von $w = z^2$ lässt sich also folgendermaßen definieren

Definition (27.5)

$$z = r\mathrm{e}^{i\phi} , \quad -\pi < \phi < \pi , \quad r > 0 \quad \Rightarrow \quad w := \sqrt{z} := \sqrt{r}\mathrm{e}^{i\phi/2}$$

$w = \sqrt{z}$ heißt der **Hauptwert der Wurzel**. Hierdurch ist eine komplexe Funktion definiert

$$\sqrt{z} \colon \mathbb{C} \setminus \{x \in \mathbb{R} : x \leq 0\} \to \{w : \mathrm{Re}(w) > 0\} .$$

Man beachte den Unterschied zur mengenwertigen Definition der Umkehrrelation

$$z^{1/2} := \{w \in \mathbb{C} : w^2 = z\} , \quad z \in \mathbb{C} .$$

Der Logarithmus

Zur Invertierung der Exponentialfunktion setzen wir

$$\mathrm{e}^w = z = |z|\,\mathrm{e}^{i\phi} \quad \Leftrightarrow \quad \mathrm{e}^u = |z| \;\wedge\; v = \phi + 2\pi k , \quad k \in \mathbb{Z}$$

Die Menge der Lösungen von $\mathrm{e}^w = z$ ist demnach gegeben durch

$$\mathrm{Log}(z) := \{\ln|z| + i(\arg z + 2\pi k) : k \in \mathbb{Z}\} . \tag{27.10}$$

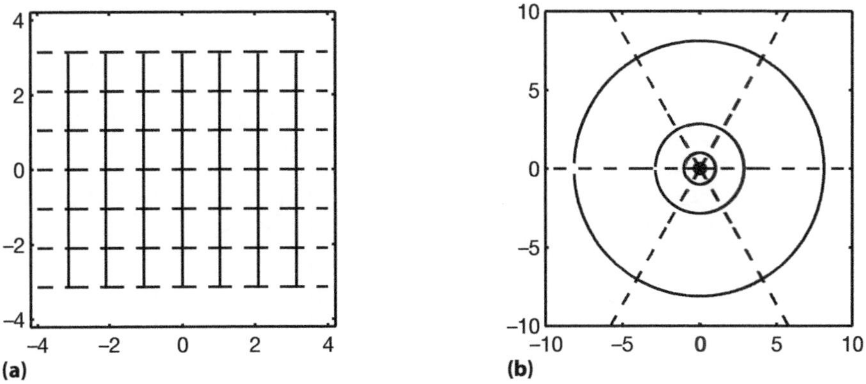

Abb. 27.7 Exponentialfunktion $w = e^z$.

Log(z) heißt der **komplexe Logarithmus** und ist für alle $z \neq 0$ definiert. Man beachte wiederum, dass Log(z) eine Menge bezeichnet.

Zur Gewinnung der Umkehrfunktion schränken wir den Definitionsbereich von e^z ein auf den Streifen

$$S := \{z \in \mathbb{C} : -\pi < \operatorname{Im} z < \pi\} .$$

Die Exponentialfunktion ist auf diesem Streifen injektiv mit dem Wertebereich $W = \mathbb{C} \setminus \{x \in \mathbb{R} : x \leq 0\}$, vgl. Abb. 27.7.

Die Umkehrabbildung von exp auf diesem Streifen S lautet

$$\begin{aligned} &\ln\colon \mathbb{C} \setminus \{x \in \mathbb{R} : x \leq 0\} \to \{w \in \mathbb{C} : -\pi < \operatorname{Im} w < \pi\} \\ &\ln(z) := \ln|z| + i \arg(z) , \quad -\pi < \arg(z) < \pi . \end{aligned} \tag{27.11}$$

ln(z) heißt der **Hauptwert des komplexen Logarithmus**.

Die Joukowski[2)]-Funktion

Eine Funktion der Form

$$w = f(z) := \frac{1}{2}\left(z + \frac{1}{z}\right) \tag{27.12}$$

nennt man Joukowski-Funktion. Wegen $f(1/z) = f(z)$ genügt es, den Bereich $|z| \geq 1$ zu untersuchen. Wir betrachten dazu die Bilder des Polarkoordinatennetzes $|z| = r_0 \geq 1$ und $z = re^{i\phi_0}$, $r \geq 1$.

(i) $z = r_0 e^{i\phi}\,, \quad r_0 \geq 1\,, \quad 0 \leq \phi < 2\pi\,,$

$$\Rightarrow \quad w = \frac{1}{2}\left(r_0 e^{i\phi} + \frac{1}{r_0} e^{-i\phi}\right)$$

$$\Rightarrow \quad u = \frac{1}{2}\left(r_0 + \frac{1}{r_0}\right)\cos\phi\,, \quad v = \frac{1}{2}\left(r_0 - \frac{1}{r_0}\right)\sin\phi\,.$$

Für $r_0 = 1$ ergibt sich die doppelt durchlaufene Strecke $[-1, 1]$. Für $r_0 > 1$ erhält man die Parameterdarstellung einer *Ellipse* mit Halbachsen $a = (r_0 + 1/r_0)/2$

2) Nikolai Jegorowitsch Joukowski (1847–1921); Moskau.

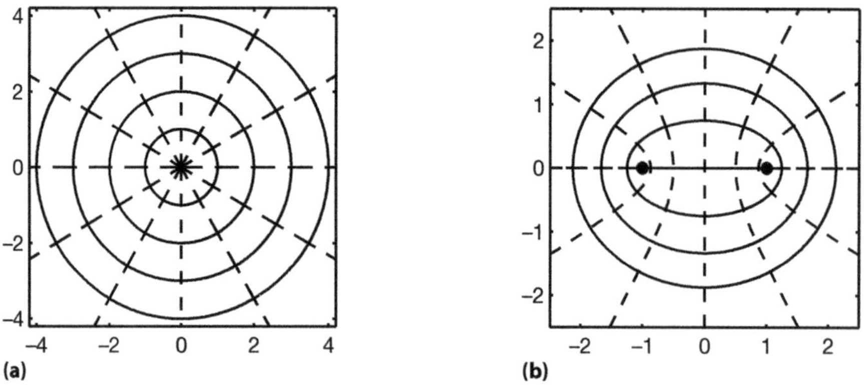

Abb. 27.8 Joukowski-Funktion $w = 0.5(z + 1/z)$.

und $b = (r_0 - 1/r_0)/2$.

(ii) $z = re^{i\phi_0}\,, \quad r \geq 1\,, \quad \phi_0 \in [0, 2\pi[\,,$

$$\Rightarrow \quad u = \frac{1}{2}\left(r + \frac{1}{r}\right)\cos\phi_0\,, \quad v = \frac{1}{2}\left(r - \frac{1}{r}\right)\sin\phi_0$$

$\phi_0 = 0$: Halbgerade $[1, \infty[$, doppelt durchlaufen
$\phi_0 = \pi/2$: einmal durchlaufene v-Achse
$\phi_0 = \pi$: Halbgerade $]-\infty, -1]$ doppelt durchlaufen
$\phi_0 = 3\pi/2$: einmal durchlaufene v-Achse .

Für $\phi_0 \neq 0,\ \pi/2,\ \pi,\ 3\pi/2$ ergibt sich durch Elimination von r die Darstellung

$$\frac{u^2}{\cos^2\phi_0} - \frac{v^2}{\sin^2\phi_0} = 1\,.$$

Dies ist die Parameterdarstellung einer *Hyperbel* mit Halbachsen $a = |\cos\phi_0|$ und $b = |\sin\phi_0|$ und Brennpunkten $c = \pm 1$, vgl. Abb. 27.8.

Die Umkehrung der Joukowski-Funktion

Die Joukowski-Funktion $w = f(z) = \frac{1}{2}(z + \frac{1}{z})$ ist auf dem Bereich

$$D := \{z \in \mathbb{C} : |z| > 1\}$$

injektiv und hat dort den Wertebereich

$$W := \{w \in \mathbb{C} : w \notin [-1, 1]\}\,.$$

Für die Umkehrfunktion ergibt sich damit

$$w = f^{-1}(z) = z + \sqrt{z^2 - 1}\,. \tag{27.13}$$

Die Joukowski-Funktion lässt sich dazu verwenden, um aerodynamisch günstige Tragflügelprofile, sogenannte **Joukowski-Profile** zu konstruieren und deren aerodynamische Umströmungen zu berechnen. Hierzu bildet man Kreise mittels (27.12) ab, deren Mittelpunkte nicht auf der imaginären Achse liegen, die durch $z_1 = 1$ gehen und $z_2 = -1$ im Innern enthalten, siehe Abb. 27.9.

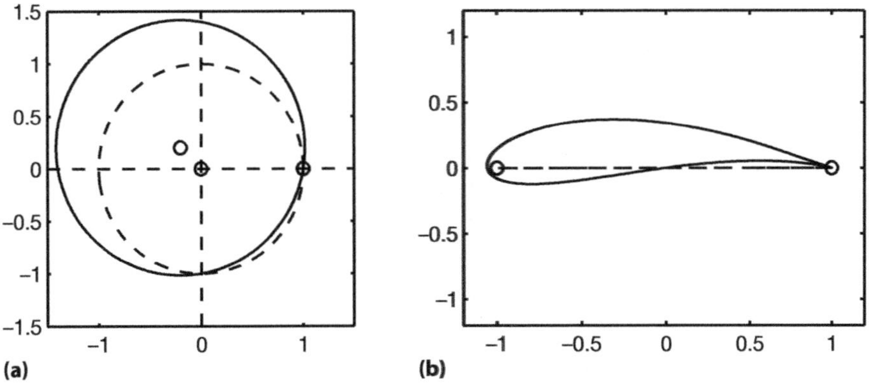

Abb. 27.9 Joukowski-Profile.

27.3 Möbius-Transformationen

Die stereographische Projektion

Bei der Untersuchung rationaler Funktionen auf $\mathbb{C}$ erweist es sich als zweckmäßig, die Lücken des Definitionsbereiches (= Nullstellen des Nenners) dadurch zu schließen, dass man der Funktion dort den Wert ∞ zuordnet (sofern nicht zugleich der Zähler verschwindet). Man definiert

Definition (27.6)

$$\infty: \quad \text{unendlich ferner Punkt}$$

$$\mathbb{C}^* := \mathbb{C} \cup \{\infty\}$$

Rechenregeln (27.7)

$$a + \infty := \infty\,, \quad a \cdot \infty := \infty (a \neq 0)\,, \quad a/\infty := 0$$

Warnung: $0 \cdot \infty$ und $\infty \pm \infty$ lassen sich **nicht** sinnvoll definieren.

$\mathbb{C}^*$ ist ein topologischer Raum, eine Umgebungsbasis von ∞ ist durch die Komplemente von ε-Kugeln gegeben.

Es gilt dann für eine Folge $z_n \in \mathbb{C}$, $z_n \neq 0$:

$$z_n \to \infty \;\; (n \to \infty) \quad \Longleftrightarrow \quad 1/z_n \to 0\,.$$

$\mathbb{C}^*$ ist folgenkompakt, d. h., jede Folge in $\mathbb{C}^*$ besitzt einen Häufungspunkt.

Man nennt $\mathbb{C}^*$ daher auch die **Einpunkt-Kompaktifizierung** von $\mathbb{C}$.

Die stereographische Projektion P ist eine Abbildung der **Riemannschen Zahlenkugel** $S^2 := \{X \in \mathbb{R}^3 : \|X\| = 1\}$ **auf die** erweiterte komplexe Ebene $\mathbb{C}^*$, vgl. Abb. 27.10. Sie ordnet einem vom **Nordpol** $N = (0,0,1)^{\mathrm{T}}$ verschiedenen Punkt $X \in S^2$ den Durchstoßpunkt der Geraden durch X und N durch die $z = (x, y)$-Ebene zu. Ferner setzt man $P(N) := \infty$.

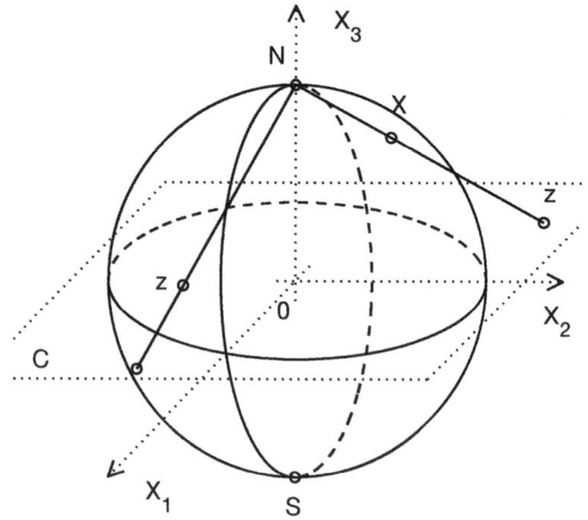

Abb. 27.10 Stereographische Projektion.

Analytische Darstellung (27.8)

$$z = P(X) = \frac{X_1 + iX_2}{1 - X_3}$$

$$X = P^{-1}(z) = \left(\frac{z + \overline{z}}{1 + z\overline{z}}, \quad \frac{z - \overline{z}}{i(1 + z\overline{z})}, \quad \frac{z\overline{z} - 1}{1 + z\overline{z}} \right)^{\mathrm{T}}$$

Die stereographische Projektion $P\colon S^2 \to \mathbb{C}^*$ ist *bijektiv*. Die obere Kugelhälfte wird auf $|z| > 1$ abgebildet, die untere auf $|z| < 1$. Der Äquator bleibt fest.

Satz (27.9): Kreistreue

a) Das sphärische Bild (= Urbild unter der stereographischen Projektion) einer Geraden in $\mathbb{C}^*$ (einschließlich des Punktes ∞) ist ein Kreis auf S^2, der durch N geht. Und umgekehrt!
b) Das sphärische Bild eines Kreises in $\mathbb{C}$ ist ein Kreis auf S^2, der nicht durch N geht. Und umgekehrt!

Beweis.
Durch direktes Nachrechnen mittels Darstellung 27.8. ■

Kreise und Geraden in $\mathbb{C}^*$ werden als **verallgemeinerte Kreise** in $\mathbb{C}^*$ bezeichnet. Nach obigem Satz gehen also verallgemeinerte Kreise in $\mathbb{C}^*$ unter der (inversen) stereographischen Projektion in Kreise der Riemannschen Zahlenkugel über.

Möbius-Transformationen

Rationale Abbildungen der Form

$$w = T(z) = \frac{az + b}{cz + d}, \quad ad \neq bc\,. \tag{27.14}$$

heißen Möbius-Transformationen.[3)]

3) August Ferdinand Möbius (1790–1868); Leipzig.

Bemerkungen (27.10)

a) Zähler und Nenner haben verschiedene Nullstellen.

b) T wird als Abbildung $T\colon \mathbb{C}^* \to \mathbb{C}^*$ interpretiert. Dabei ist $T(-d/c) := \infty$, $T(\infty) := a/c$.

c) $T\colon \mathbb{C}^* \to \mathbb{C}^*$ ist bijektiv mit der Umkehrung:

$$T^{-1}(w) = \frac{dw - b}{-cw + a}\,.$$

Merke: $$\begin{pmatrix} a & b \\ c & d \end{pmatrix}^{-1} = \frac{1}{ad - bc}\begin{pmatrix} d & -b \\ -c & a \end{pmatrix}.$$

d) Die Hintereinanderausführung von Möbius-Transformationen ist wieder eine Möbius-Transformation:

$$w = \frac{az + b}{cz + d}\,, \quad ad \neq cb\,, \quad u = \frac{\alpha w + \beta}{\gamma w + \delta}\,, \quad \alpha\delta \neq \gamma\beta$$

$$\Rightarrow \quad u = \frac{Az + B}{Cz + D}\,, \quad \text{mit} \quad \begin{pmatrix} A & B \\ C & D \end{pmatrix} = \begin{pmatrix} \alpha & \beta \\ \gamma & \delta \end{pmatrix}\begin{pmatrix} a & b \\ c & d \end{pmatrix}.$$

Satz (27.11): Kreistreue
Möbius-Transformationen sind kreistreu, d. h., verallgemeinerte Kreise in $\mathbb{C}^*$ gehen durch eine Möbius-Transformation wieder in verallgemeinerte Kreise über.

Beweis.
Für $c = 0$ ist die Aussage klar, da T dann eine lineare Abbildung ist. Für $c \neq 0$ zerlegen wir die Abbildung wie folgt

$$T(z) = \frac{az + b}{cz + d} = \frac{a}{c} - \frac{ad - bc}{c}\frac{1}{cz + d}\,.$$

Da lineare Abbildungen aber kreistreu sind, genügt es zu zeigen, dass die Inversion $f(z) := 1/z$ kreistreu ist. Hierzu unterziehen wir f der stereographischen Projektion, die ja nach Satz 27.9 kreistreu ist. Das heißt, wir untersuchen, welche Abbildung $F(X)$ der Riemannschen Zahlenkugel in sich der Abbildung f entspricht. Nach der analytischen Darstellung 27.8 gilt

$$X = P^{-1}(z) = \left(\frac{z + \overline{z}}{1 + z\overline{z}}\,, \frac{z - \overline{z}}{i(1 + z\overline{z})}\,, \frac{z\overline{z} - 1}{1 + z\overline{z}}\right)^{\mathrm{T}}.$$

Für das Bild von $1/z$ folgt genauso

$$\begin{aligned} X' = F(X) &= P^{-1}(1/z) \\ &= \left(\frac{1/z + 1/\overline{z}}{1 + (1/z)(1/\overline{z})}\,, \frac{1/z - 1/\overline{z}}{i(1 + (1/z)(1/\overline{z}))}\,, \frac{(1/z)(1/\overline{z}) - 1}{1 + (1/z)(1/\overline{z})}\right)^{\mathrm{T}} \\ &= \left(\frac{z + \overline{z}}{1 + z\overline{z}}\,, -\frac{z - \overline{z}}{i(1 + z\overline{z})}\,, -\frac{z\overline{z} - 1}{1 + z\overline{z}}\right)^{\mathrm{T}} \\ &= (X_1, -X_2, -X_3)^{\mathrm{T}}\,. \end{aligned}$$

$F(X)$ beschreibt also die Drehung der Sphäre um 180° um die X_1-Achse. Diese Abbildung ist aber offensichtlich kreistreu und damit ist es auch die Inversion, da ja $f = P \circ F \circ P^{-1}$:

$$\begin{array}{ccc} z & \overset{P^{-1}}{\longrightarrow} & X \\ f \downarrow & & \downarrow F \\ 1/z & \underset{P}{\longleftarrow} & X' \end{array}$$

■

Bemerkungen (27.12)
Es sei wieder $w = T(z) = \frac{az+b}{cz+d}$, $ad \neq bc$.

a) Verallgemeinerte Kreise durch den Punkt $-(d/c)$ werden durch die Möbius-Transformation in Geraden der w-Ebene abgebildet.
b) Alle Geraden der z-Ebene werden in verallgemeinerte Kreise der w-Ebene durch den Punkt (a/c) abgebildet.
c) Kreise, die nicht durch den Punkt $-(d/c)$ gehen werden in Kreise abgebildet, die nicht durch den Punkt (a/c) gehen.

Satz (27.13): Doppelverhältnis
Gegeben seien zweimal drei paarweise verschiedene Punkte z_1, z_2, z_3 und w_1, w_2, w_3 in $\mathbb{C}^*$.

Dann gibt es genau eine Möbius-Transformation (27.14) $w = T(z)$ mit $\forall\, j = 1, 2, 3$: $w_j = T(z_j)$ (Interpolation!).

Diese ist gegeben durch die **Dreipunkteformel**

$$\frac{w - w_1}{w - w_2} : \frac{w_3 - w_1}{w_3 - w_2} = \frac{z - z_1}{z - z_2} : \frac{z_3 - z_1}{z_3 - z_2} \, .$$

Definition (27.14)
Der Ausdruck

$$D(z_0, z_1, z_2, z_3) := \frac{z_0 - z_1}{z_0 - z_2} : \frac{z_3 - z_1}{z_3 - z_2} \, .$$

heißt das **Doppelverhältnis** der Punkte z_k, $k = 0, \dots, 3$.

Beispiel (27.15)
Gesucht ist eine Möbius-Transformation $W = T(z)$ mit der folgenden Abbildungseigenschaft

z_k	1	i	0
w_k	i	$-i$	0

Nach der Dreipunkteformel ergibt sich

$$\frac{w - i}{w + i} : \frac{0 - i}{0 + i} = \frac{z - 1}{z - i} : \frac{0 - 1}{0 - i} \, .$$

Die Auflösung dieser Beziehung nach w **liefert** dann

$$w = T(z) = \frac{(1+i)z}{(1+i)z - 2i} \,.$$

Man überprüft unmittelbar, dass die Interpolationsbedingungen erfüllt sind.

Definition (27.16)
Liegen die Punkte z und z' wie in der folgenden Abb. 27.11, so sagt man, sie liegen **symmetrisch** zum Kreis C: $|z - z_0| = R$.

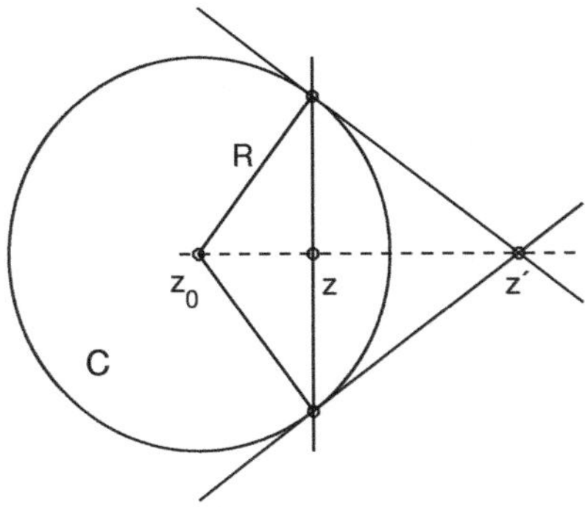

Abb. 27.11 Symmetrie zum Kreis.

Bemerkungen (27.17)

a) Die Abbildung $z \to z'$ heißt auch **Inversion am Kreis** oder **Spiegelung am Kreis.**
b) Es ist immer ein Punkt z mit $|z - z_0| \le R$ zu einem Punkt z' mit $|z' - z_0| \ge R$ symmetrisch. Gilt $|z - z_0| = R$, so ist z zu sich selbst symmetrisch. Der Punkt $z = z_0$ ist zu $z' = \infty$ symmetrisch.
c) Analytische Darstellung der Inversion am Kreis:

$$(z - z_0)\left(\overline{z' - z_0}\right) = R^2 \,.$$

d) In Ergänzung sagt man, zwei Punkte z und z' liegen **symmetrisch zu einer Geraden**, wenn sie durch Spiegelung an dieser Geraden ineinander übergehen.

Satz (27.18)
Möbius-Transformationen erhalten die Symmetrie zu verallgemeinerten Kreisen. Genauer: Ist C ein verallgemeinerter Kreis in $\mathbb{C}^*$ und liegen z und z' symmetrisch zu C, so liegen die Bilder von z und z' unter einer Möbius-Transformation symmetrisch zum Bild von C, das ja nach Satz 27.11 ebenfalls ein verallgemeinerter Kreis ist.

Beispiel (27.19)
Gesucht sei eine Möbius-Transformation $w = T(z)$, die den Kreis $|z| = 2$ in den Kreis $|w+1| = 1$ abbildet und für die gilt $T(-2) = 0$ und $T(0) = i$.

$z_2 := 0$ und $z_3 := \infty$ liegen symmetrisch zu $|z| = 2$. Daher müssen auch die Bilder $w_2 = i$ und $w_3 := T(\infty)$ symmetrisch zum Kreis $|w+1| = 1$ liegen. Nach Bemerkung 27.17 gilt also $(w_2 + 1)\overline{(w_3 + 1)} = 1$ und damit $w_3 = 0.5(-1+i)$.

Mit der Dreipunkteformel folgt nun

$$\left(\frac{w-0}{w-i}\right) : \left(\frac{w_3-0}{w_3-i}\right) = \left(\frac{z+2}{z-0}\right) : \left(\frac{z_3+2}{z_3-0}\right)\Bigg|_{z_3\to\infty} .$$

Auflösung nach w ergibt $w = T(z) = -\frac{z+2}{(1+i)z+2i}$.

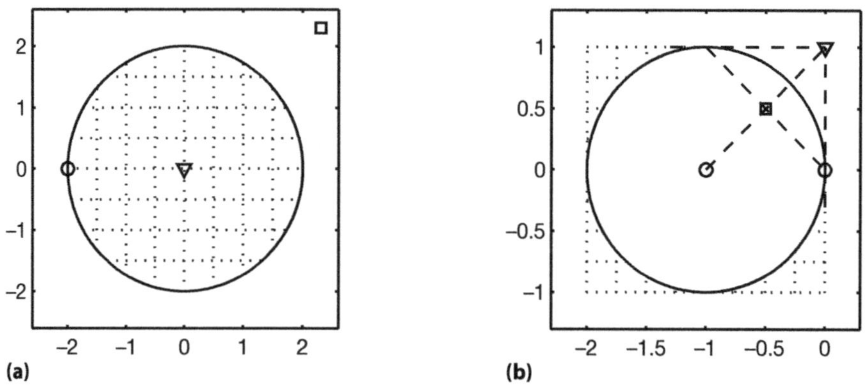

Abb. 27.12 Möbius-Transformation.

Beispiel (27.20)
Gesucht sei eine Möbius-Transformation, die $\operatorname{Im} z \geq 0$ in $|w| \leq 1$ abbildet und einen vorgegebenen Punkt z_1 mit $\operatorname{Im} z_1 > 0$ in $w_1 = 0$ transformiert.

Aus Symmetriegründen muss $z_2 := \overline{z}_1$ in $w_2 = \infty$ abgebildet werden. Damit folgt

$$w = c\frac{z - z_1}{z - \overline{z}_1}, \quad |c| = 1 .$$

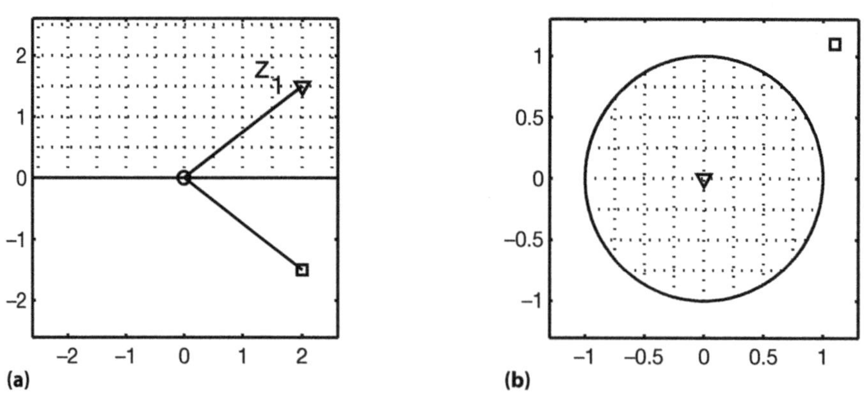

Abb. 27.13 Möbius-Transformation.

Beispiel (27.21)
Für $b > a > 0$ betrachten wir die folgende Möbius-Transformation

$$w = T(z) = \frac{z+p}{-z+p}, \quad p := \sqrt{ab} \in]a, b[.$$

Wir werten einige Punkte aus

$$z_{1,2} = \pm p \quad \to \quad w_{1,2} = \infty,\ 0,$$

$$z_{3,4} = a,\ b \quad \to \quad w_{3,4} = \pm\frac{\sqrt{a}+\sqrt{b}}{\sqrt{b}-\sqrt{a}} =: \pm\rho, \quad \rho > 1,$$

$$z_{5,6} = -a,\ -b \quad \to \quad w_{5,6} = \pm\frac{\sqrt{b}-\sqrt{a}}{\sqrt{a}+\sqrt{b}} = \pm\frac{1}{\rho},$$

$$z_{7,8} = 0,\ \infty \quad \to \quad w_{7,8} = 1,\ -1 .$$

Damit wird die x-Achse auf die u-Achse abgebildet und symmetrisch zur x-Achse liegende Punkte werden auf Punkte symmetrisch zu u-Achse abgebildet. Insbesondere werden Kreise symmetrisch zur x-Achse auf Kreise symmetrisch zur u-Achse abgebildet.

Die obige Möbius-Transformation lässt sich dazu verwenden, das elektrostatische Feld im Äußeren von zwei stromdurchflossenen parallelen Leitern in das Feld eines Zylinderkondensators zu transformieren.

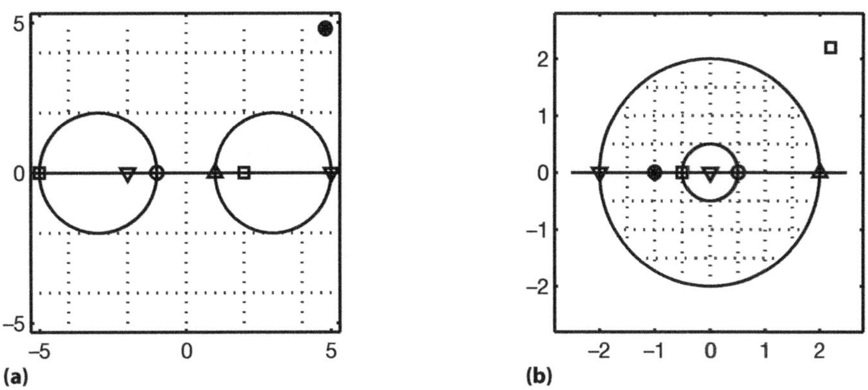

Abb. 27.14 Möbius-Transformation.

27.4 Komplexe Differentiation

Definition (27.22)
Sei $f: D \to \mathbb{C}$ eine komplexe Funktion, $D \subset \mathbb{C}$. Dann heißt f in einem inneren Punkt $z_0 \in D^0$ **komplex differenzierbar** mit Ableitung $f'(z_0)$, falls gilt

$$f'(z_0) = \lim_{z \to z_0} \frac{f(z) - f(z_0)}{z - z_0} . \tag{27.15}$$

Ist die Funktion f in jedem Punkt eines Gebietes $D \subset \mathbb{C}$ komplex differenzierbar, so heißt f **holomorph** oder **analytisch** auf D.

Bemerkungen (27.23)

a) Die Grenzwertbildung in (27.15) erfolgt im Komplexen, d. h. die Annäherung von z an z_0 kann in beliebiger Richtung, d. h. entlang einer beliebigen Folge $(z_n)_{n\in\mathbb{N}} \in D^{\mathbb{N}}$ mit $z_n \to z_0$, erfolgen.

b) Die Division in (27.15) ist natürlich die Division komplexer Zahlen.

c) Dass diese an sich banalen Bemerkungen doch restriktive Auswirkungen auf die Menge der holomorphen Funktionen haben, zeigt beispielsweise die folgende Aussage:
Ist f *reellwertig* und *holomorph* auf einem Gebiet D, so folgt $f'(z) = 0$ für alle $z \in D$. Reellwertige holomorphe Funktionen auf einem Gebiet sind also, wie wir gleich sehen werden, notwendigerweise konstant.

Beweis.
Wählt man z. B. $z_n := z_0 + 1/n$, so folgt aus der Definition, dass $f'(z_0)$ reell sein muss. Wählt man aber $z_n := z_0 + i/n$, so folgt, dass $f'(z_0)$ rein imaginär ist. Da Beides zugleich gelten muss, ist also $f'(z_0) = 0$. ∎

Umformung von (27.15):

$$
\begin{aligned}
(27.15) \;\Leftrightarrow\;& \lim_{z\to z_0} \frac{f(z) - f(z_0) - f'(z_0)(z - z_0)}{z - z_0} = 0 \\
\Leftrightarrow\;& f(z) = f(z_0) + f'(z_0)(z - z_0) + o(|z - z_0|) \\
\Leftrightarrow\;& f(z) = f(z_0) + \gamma(z - z_0) + \varepsilon(z)\,|z - z_0|\,; \quad \varepsilon(z) \to 0 \\
\Leftrightarrow\;& u(z) = u(z_0) + \mathrm{Re}(\gamma)(x - x_0) - \mathrm{Im}(\gamma)(y - y_0) + \mathrm{Re}(\varepsilon(z))\,|z - z_0| \\
& v(z) = v(z_0) + \mathrm{Im}(\gamma)(x - x_0) + \mathrm{Re}(\gamma)(y - y_0) + \mathrm{Im}(\varepsilon(z))\,|z - z_0| \\
\Leftrightarrow\;& \begin{pmatrix} u(z) \\ v(z) \end{pmatrix} = \begin{pmatrix} u(z_0) \\ v(z_0) \end{pmatrix} + \begin{pmatrix} \mathrm{Re}\,\gamma & -\mathrm{Im}\,\gamma \\ \mathrm{Im}\,\gamma & \mathrm{Re}\,\gamma \end{pmatrix} \begin{pmatrix} x - x_0 \\ y - y_0 \end{pmatrix} \\
& \qquad + |z - z_0| \begin{pmatrix} \mathrm{Re}(\varepsilon(z)) \\ \mathrm{Im}(\varepsilon(z)) \end{pmatrix}
\end{aligned}
$$
∎

Damit haben wir den folgenden Zusammenhang bewiesen:

Satz (27.24)
f ist genau dann komplex differenzierbar in $z_0 \in D$, wenn f als Funktion $\mathbb{R}^2 \to \mathbb{R}^2$ in z_0 total differenzierbar ist und für die Jacobi-Matrix

$$
Jf(z_0) = \begin{pmatrix} u_x(z_0) & u_y(z_0) \\ v_x(z_0) & v_y(z_0) \end{pmatrix}
$$

die folgenden **Cauchy-Riemannschen Differentialgleichungen** gelten

$$
u_x(z_0) = v_y(z_0)\,, \quad u_y(z_0) = -v_x(z_0)\,.
$$

In diesem Fall gilt

$$
f'(z_0) = u_x(z_0) + i v_x(z_0)\,.
$$

Folgerung (27.25)
Ist f holomorph auf einem Gebiet D, so gilt

$$(\forall z \in D\colon \quad f'(z) = 0) \quad \Rightarrow \quad f(z) = \text{const.}$$

Beweis.
f ist nach Satz 27.24 reell differenzierbar und die Jacobi-Matrix verschwindet auf D. ■

Satz (27.26)
a) Ist f eine C^2-Funktion und holomorph auf D, so erfüllen Real- und Imaginärteil die Potentialgleichung $\Delta u = \Delta v = 0$.
b) Umgekehrt: Erfüllt eine reellwertige C^2-Funktion u die Potentialgleichung auf einem einfach zusammenhängenden Gebiet D, so existiert eine differenzierbare Funktion v, so dass $f := u + iv$ auf D holomorph ist.

Beweis.

zu a): Mit den Cauchy-Riemannschen Differentialgleichungen folgt

$$\Delta u = \frac{\partial}{\partial x} u_x + \frac{\partial}{\partial y} u_y = \frac{\partial}{\partial x} v_y - \frac{\partial}{\partial y} v_x = 0$$

$$\Delta v = \frac{\partial}{\partial x} v_x + \frac{\partial}{\partial y} v_y = -\frac{\partial}{\partial x} u_y + \frac{\partial}{\partial y} u_x = 0\,.$$

zu b): Sei u eine C^2-Funktion mit $\Delta u = 0$. Gesucht ist nun eine differenzierbare Funktion v, so dass die Cauchy-Riemannschen Differentialgleichungen $v_x = -u_y$ und $v_y = u_x$ erfüllt sind. Damit ist eine Stammfunktion v für das Vektorfeld $V(x, y) := (-u_y, u_x)^{\mathrm{T}}$ gesucht. Die Integrabilitätsbedingung $V_{2x} - V_{1y} = \Delta u = 0$ ist nach Voraussetzung erfüllt. Da D einfach zusammenhängt, ist die Existenz eines Potentials v gesichert; vgl. Satz 19.49. ■

Differentiationsregeln (27.27)
a) $(f \pm g)'(z) = f'(z) \pm g'(z)$

$$(fg)'(z) = f'(z)g(z) + f(z)g'(z)$$

$$(f/g)'(z) = (f'(z)g(z) - f(z)g'(z))/g(z)^2$$

b) Ist f komplex differenzierbar in z_0 und g komplex differenzierbar in $w_0 := f(z_0)$, so gilt die **Kettenregel:**

$$(g \circ f)'(z_0) = g'(f(z_0))f'(z_0)\,.$$

c) Ist f holomorph mit $f'(z_0) \neq 0$, so ist f lokal bei z_0 bijektiv und die Umkehrabbildung ist ebenfalls holomorph. Für die Ableitung in $w_0 := f(z_0)$ gilt:

$$(f^{-1})'(w_0) = \frac{1}{f'(z_0)}\,.$$

d) Ist f holomorph auf dem Gebiet D und ist $c\colon [\alpha, \beta] \to G$ eine C^1-Kurve, so gilt die **Kettenregel**:

$$\frac{\mathrm{d}}{\mathrm{d}t}(f(c(t))) = f'(c(t))c'(t)\,.$$

Beweis.
zu a), b), c): Die Beweise erfolgen analog zum reellen Fall. vgl. Satz 9.23.
zu d): Anwendung der reellen Kettenregel ergibt

$$\begin{aligned}\frac{\mathrm{d}}{\mathrm{d}t}(f(c(t))) &= \frac{\mathrm{d}}{\mathrm{d}t}[u(c(t)) + iv(c(t))]\\ &= \left(u_x c_1' + u_y c_2'\right) + i\left(v_x c_1' + v_y c_2'\right)\end{aligned}$$

Auf der anderen Seite berechnet man

$$\begin{aligned}f'(c(t))c'(t) &= (u_x + iv_x)\left(c_1' + ic_2'\right)\\ &= \left(u_x c_1' - v_x c_2'\right) + i\left(v_x c_1' + u_x c_2'\right)\end{aligned}$$

Die Gleichheit gilt nun aufgrund der Cauchy-Riemannschen Differentialgleichungen. ■

Beispiele (27.28)

a) Jede konstante Funktion $f(z) := c$ ist holomorph mit $f'(z) = 0$. Die Funktion $f(z) := z$ ist holomorph auf $\mathbb{C}$ mit $f'(z) = 1$.
Hieraus folgt, dass auch alle *Polynome* $p(z)$, $z \in \mathbb{C}$, holomorph auf $\mathbb{C}$ sind. Genauer gilt

$$p'(z_0) = \left(\sum_{k=0}^{n} a_k z^k\right)'_{z=z_0} = \sum_{k=1}^{n} a_k k z_0^{k-1}\,.$$

Weiter sind damit auch *rationale Funktionen* (Quotienten von Polynomen in z) an allen Stellen komplex differenzierbar, an denen der Nenner nicht verschwindet.

b) Für die Exponentialfunktion $f(z) = \mathrm{e}^z = \mathrm{e}^x(\cos y + i \sin y)$ folgt

$$u_x = v_y = \mathrm{e}^x \cos y\,, \quad u_y = -v_x = -\mathrm{e}^x \sin y$$

Damit ist die Exponentialfunktion holomorph auf $\mathbb{C}$ mit $f'(z) = u_x + iv_x = \mathrm{e}^z$.

c) Die trigonometrischen Funktionen $\sin z$ und $\cos z$ sind ebenfalls auf ganz $\mathbb{C}$ holomorph, da gilt

$$\sin z = \frac{1}{2i}(\mathrm{e}^{iz} - \mathrm{e}^{-iz})\,, \quad \cos z = \frac{1}{2}(\mathrm{e}^{iz} + \mathrm{e}^{-iz})\,.$$

Für die Ableitungen ergibt sich wie im Reellen:

$$\sin' z = \cos z\,, \quad \cos' z = -\sin z\,.$$

d) Der *k-te Zweig des Logarithmus* ($k \in \mathbb{Z}$) wird definiert durch

$$\ln_k : D \to W_k \subset \mathbb{C}\,, \quad \ln_k(z) := \ln|z| + i(\arg z + 2k\pi)\,.$$

Dabei ist $D := \mathbb{C} \setminus \{x|\ x \leq 0\}$ und $W_k := \{w|\ (2k-1)\pi < \operatorname{Im} z < (2k+1)\pi\}$. Der k-te Zweig des Logarithmus ist holomorph auf D (als Umkehrfunktion von exp) und es gilt $\ln_k'(z) = 1/z$.

Satz (27.29): Potenzreihen
Durch Potenzreihen erklärte Funktionen

$$f(z) = \sum_{k=0}^{\infty} a_k (z - z_0)^k$$

sind auf ihren Konvergenzkreis $K_r(z_0)$, r: Konvergenzradius, holomorph. Ihre Ableitungen lassen sich durch gliedweise Differentiation berechnen:

$$f'(z) = \sum_{k=1}^{\infty} a_k k (z - z_0)^{k-1}\,.$$

Beweis.
Sei o. B. d. A. $z_0 = 0$. Nach Satz 11.5 konvergieren beide Potenzreihen $f(z)$ und $f'(z)$ im Konvergenzkreis $K_r(0)$ und dies auf jeder kleineren, kompakten Kreisscheibe $\overline{K}_\rho(0)$ sogar gleichmäßig und absolut.

Sei nun $z \in K_r(0)$ und $|z| < \rho < r$. Für $|h| < \rho' := \rho - |z|$ ist dann auch $z + h \in \overline{K}_\rho(0)$.

Wir zeigen direkt, dass $|(f(z+h) - f(z))/h - f'(z)|$ für $h \to 0$ gegen null konvergiert. Einsetzen der Reihen in diesen Ausdruck und Anwendung der Dreiecksungleichung und der binomischen Formel ergibt

$$\left|\frac{f(z+h) - f(z)}{h} - f'(z)\right| = \left|\sum_{k=1}^{\infty} a_k \left(\frac{(z+h)^k - z^k}{h} - kz^{k-1}\right)\right|$$
$$\leq \sum_{k=1}^{\infty} |a_k| \left|(z+h)^{k-1} + z(z+h)^{k-2} + \ldots + z^{k-1} - kz^{k-1}\right|$$

Jeder Summand dieser Reihe lässt sich weiter nach oben abschätzen durch $|a_k|\, 2k\rho^{k-1}$.

Da die Reihe $\sum_{k\geq 1} a_k k z^{k-1}$ in $\overline{K}_\rho(0)$ aber absolut konvergiert, also $\sum_{k\geq 1} |a_k| \cdot k\rho^{k-1} < \infty$ gilt, gibt es zu vorgegebenem $\varepsilon > 0$ einen Index $n_0 = n_0(\varepsilon) \in \mathbb{N}$, so dass für alle $h \in K_{\rho'}(0)$

$$\sum_{k=n_0+1}^{\infty} |a_k| \left|(z+h)^{k-1} + z(z+h)^{k-2} + \ldots + z^{k-1} - kz^{k-1}\right| < \varepsilon/2\,.$$

Die verbleibende endliche Summe

$$\Phi(h) := \sum_{k=1}^{n_0} |a_k| \left|(z+h)^{k-1} + z(z+h)^{k-2} + \ldots + z^{k-1} - kz^{k-1}\right|$$

ist nun aber eine stetige Funktion in h, die für $h = 0$ verschwindet. Es gibt daher ein positives $\rho'' = \rho''(\varepsilon) \leq \rho'$, so dass $\Phi(h) < \varepsilon/2$ für alle $h \in K_{\rho''}(0)$.

Insgesamt ist damit gezeigt:

$$\forall \varepsilon > 0 \quad \exists \rho'' > 0 \quad \forall h \in K_{\rho''}(0): \quad \left|\frac{f(z+h) - f(z)}{h} - f'(z)\right| < \varepsilon \qquad \blacksquare$$

Bemerkungen (27.30)

a) Die Beispiele 27.28a)–c) hätte man natürlich ebenso mit dem obigen Satz herleiten können.

b) Durch Potenzreihen definierte Funktionen

$$f(z) = \sum_{k=0}^{\infty} a_k (z - z_0)^k, \quad |z - z_0| < r,$$

sind auf dem Konvergenzkreis $K_r(z_0)$ *beliebig oft* komplex differenzierbar und die Differentiationen dürfen unter der Summe vorgenommen werden.

c) In diesem Fall gilt

$$a_k = \frac{1}{k!} f^{(k)}(z_0), \quad k \in \mathbb{N}_0,$$

d. h., die Potenzreihe stimmt mit der komplexen Taylor-Reihe der Funktion f überein.

27.5 Konforme Abbildungen

Satz (27.31): über konforme Abbildungen

a) Ist $f: D \to \mathbb{C}$ eine holomorphe Funktion auf einem Gebiet $D \subset \mathbb{C}$ mit $f'(z) \neq 0$, $\forall z \in D$, so gelten die folgenden *lokalen* Eigenschaften bei $z_0 \in D$:

   a) Der Winkel zwischen zwei sich in z_0 schneidenden Kurven bleibt bei der Transformation $w = f(z)$ erhalten. Ebenso der Umlaufsinn.

   b) $|f'(z_0)|$ ist die für alle von z_0 ausgehenden Richtungen gemeinsame Längenverzerrung. Insbesondere bleiben Längenverhältnisse im Kleinen erhalten.

   Abbildungen mit diesen beiden Eigenschaften heißen **konforme Abbildungen**.

b) Ist $w = f(z)$ eine konforme Abbildung und als Transformation $\mathbb{R}^2 \to \mathbb{R}^2$ stetig differenzierbar, so ist f auch komplex differenzierbar und es gilt $f'(z) \neq 0$.

Beweis (nur zu a)).
Sind $\boldsymbol{c}$ und $\widetilde{\boldsymbol{c}}$ zwei C^1-Kurven in D mit $\boldsymbol{c}(0) = \widetilde{\boldsymbol{c}}(0) = z_0$, so gilt für den Winkel zwischen den Tangenten an $\boldsymbol{c}$ und $\widetilde{\boldsymbol{c}}$

$$\gamma = \sphericalangle(\boldsymbol{c}'(0), \widetilde{\boldsymbol{c}}'(0)) = \arg(\boldsymbol{c}'(0)) - \arg(\widetilde{\boldsymbol{c}}'(0)) .$$

Für die Bildkurven $f \circ \boldsymbol{c}$ und $f \circ \widetilde{\boldsymbol{c}}$ folgt dann

$$\begin{aligned}\widetilde{\gamma} &= \sphericalangle\left(f'(z_0)\boldsymbol{c}'(0), f'(z_0)\widetilde{\boldsymbol{c}}'(0)\right)\\ &= \arg\left(f'(z_0)\boldsymbol{c}'(0)\right) - \arg\left(f'(z_0)\widetilde{\boldsymbol{c}}'(0)\right)\\ &= \arg\left(f'(z_0)\right) + \arg(\dot{\boldsymbol{c}}(0)) - \arg\left(f'(z_0)\right) - \arg(\widetilde{\boldsymbol{c}}'(0))\\ &= \gamma ,\end{aligned}$$

$$\left\|\frac{\mathrm{d}}{\mathrm{d}t}(f \circ \boldsymbol{c})(0)\right\| = |f'(z_0)\boldsymbol{c}'(0)| = |f'(z_0)|\,\|\boldsymbol{c}'(0)\| \qquad \blacksquare$$

Definition (27.32)
Es sei $w = f(z)$ eine bijektive und konforme Transformation $f\colon D \to W$ zweier Gebiete D und W in $\mathbb{C}$.

Zu einer vorgegebenen C^2-Funktion $\Phi\colon D \to \mathbb{R}$ setzen wir $\Psi := \Phi \circ f^{-1}$. Ψ heißt die **konforme Transformation** von Φ mittels f.

Anwendung (27.33)
Gesucht sei eine Potentialfunktion Φ (Lösung von $\Delta\Phi = 0$) auf einem *physikalischen Bereich D*. Kennt man nun eine konforme Transformation f des physikalischen Bereichs auf einen *Modellbereich W* und eine Potentialfunktion Ψ auf W, so ist durch $\Phi := \Psi \circ f$ eine gesuchte Potentialfunktion gegeben.

$$\begin{array}{ccc} D & \overset{f}{\underset{f^{-1}}{\rightleftarrows}} & W \\ \Phi\downarrow & & \downarrow\Psi \\ \mathbb{R} & & \mathbb{R} \end{array}$$

$\Phi(z)$ ist die gesuchte Potentialfunktion, D der physikalische Bereich, W der Modellbereich und $\Psi(w)$: die bekannte Potentialfunktion.

Definition (27.34)
Zu einer C^1-Funktion $\Phi\colon D \to \mathbb{R}$ heißt

$$\operatorname{grad}\Phi(z) := \frac{\partial\Phi}{\partial x} + i\frac{\partial\Phi}{\partial y}$$

der **komplexe Gradient** von Φ.

Satz (27.35)
Unter den obigen Voraussetzungen an Φ, Ψ und f und unter entsprechenden Differenzierbarkeitsvoraussetzungen gelten:

a) $\operatorname{grad} \Phi(z) = \operatorname{grad} \Psi(f(z)) \cdot \overline{f'(z)}$
b) $\Delta\Phi(z) = \Delta\Psi(f(z)) \cdot |f'(z)|^2$

Beweis.

zu a): Aus $\Phi(x, y) = \Psi(u(x, y), v(x, y))$ folgt

$$\begin{aligned}
&\Phi_x = \Psi_u u_x + \Psi_v v_x\,, \qquad \Phi_y = \Psi_u u_y + \Psi_v v_y\,,\\
\Rightarrow\quad &\operatorname{grad}\Phi = (\Psi_u u_x + \Psi_v v_x) + i(\Psi_u u_y + \Psi_v v_y)\\
&\quad = \Psi_u(u_x + iu_y) + \Psi_v(v_x + iv_y)\\
&\quad = \Psi_u(u_x - iv_x) + i\Psi_v(u_x - iv_x)\\
&\quad = \operatorname{grad}\Psi(w)\cdot\overline{f'(z)}\,.
\end{aligned}$$

zu b): Nochmalige Differentiation liefert

$$\begin{aligned}
&\Phi_{xx} = \Psi_{uu}u_x^2 + 2\Psi_{uv}u_x v_x + \Psi_{vv}v_x^2 + \Psi_u u_{xx} + \Psi_v v_{xx}\\
&\Phi_{yy} = \Psi_{uu}u_y^2 + 2\Psi_{uv}u_y v_y + \Psi_{vv}v_y^2 + \Psi_u u_{yy} + \Psi_v v_{yy}\\
\Rightarrow\quad &\Delta\Phi = \Psi_{uu}\,[u_x^2 + u_y^2] + 2\Psi uv[u_x v_x + u_y v_y] + \Psi_{vv}\,[v_x^2 + v_y^2]\\
&\quad + \Psi_u\Delta u + \Psi_v\Delta v\,.
\end{aligned}$$

Aufgrund der Cauchy-Riemannschen Differentialgleichungen gilt nun $u_x^2 + u_y^2 = v_x^2 + v_y^2 = |f'(z)|^2$, $u_x v_x + u_y v_y = 0$, sowie $\Delta u = \Delta v = 0$. Damit folgt aus der obigen Gleichung $\Delta\Phi = \Delta\Psi\,|f'(z)|^2$. ■

Anwendung I: Randwertaufgaben für die zweidimensionale Laplace-Gleichung

Zu lösen sei das Dirichlet-Randwertproblem

$$\Delta u = 0\,,\quad z \in D\,,\qquad u(z) = u_0(z)\,,\quad z \in \partial D\,, \tag{27.16}$$

für ein beschränktes, einfach zusammenhängendes Gebiet $D \subset \mathbb{C}$.

Wir nehmen an, dass sich $\overline{D}$ (einschließlich Rand) bijektiv und stetig auf $\overline{K}_1(0)$ abbilden lässt, vermöge einer Transformation $f\colon \overline{D} \to \overline{K}_1(0)$, die auf D selbst konform ist. Mit $\Psi := u \circ f^{-1}$ geht das *physikalische Problem* dann über in das folgende *Modellproblem*

$$\Delta\Psi(w) = 0\,,\quad |w| < 1\,,\qquad \Psi(w) = \Psi_0(w)\,,\quad |w| = 1\,. \tag{27.17}$$

Mit der Fourierschen Methode lässt sich nun die Lösung des Modellproblems explizit angeben, vgl. Satz 25.43.

In komplexer Schreibweise lautet sie unter Verwendung von Polarkoordinaten:

$$\Psi(re^{i\phi}) = \sum_{k=-\infty}^{\infty} \gamma_k r^{|k|} e^{ik\phi}\,, \tag{27.18}$$

wobei die γ_k gerade die komplexen Fourier-Koeffizienten der transformierten Randfunktion $\Psi_0(e^{i\phi}) := u_0(f^{-1}(e^{i\phi}))$ bezeichnen.

Die Rücktransformation ergibt

$$u(z) = \Psi(f(z)) = \sum_{k=-\infty}^{\infty} \gamma_k\, |f(z)|^{|k|} e^{ik\arg(f(z))}\,. \tag{27.19}$$

Anwendung II: Ebene Potentialströmungen

Wir betrachten eine stationäre, wirbel- und quellenfreie, ebene Umströmung eines Zylinders, der die z-Achse als Symmetrieachse und den Querschnitt $K \subset \mathbb{C}$ besitze. Bezeichnet $\boldsymbol{u}\colon \mathbb{R}^2 \setminus K \to \mathbb{R}^2$ das Geschwindigkeitsfeld der Strömung, so gilt

$$\begin{aligned}
&\text{(a)} \quad \operatorname{rot} \boldsymbol{u}(x,y) = \frac{\partial u_2}{\partial x} - \frac{\partial u_1}{\partial y} = 0\,,\\
&\text{(b)} \quad \operatorname{div} \boldsymbol{u}(x,y) = \frac{\partial u_1}{\partial x} + \frac{\partial u_2}{\partial y} = 0\,.
\end{aligned} \tag{27.20}$$

Wir können annehmen, dass $D := \mathbb{R}^2 \setminus K$ ein einfach zusammenhängendes Gebiet im $\mathbb{R}^2$ ist. Dann folgt aus (27.20) die Existenz zweier Potentiale, nämlich

$$\begin{aligned}
&\text{(a)} \quad U\colon D \to \mathbb{R}\,, \quad \nabla U = -\boldsymbol{u}(x,y) \quad (\textbf{Geschwindigkeitspotential})\,,\\
&\text{(b)} \quad V\colon D \to \mathbb{R}\,, \quad \nabla V = (u_2, -u_1)^{\mathrm{T}} \quad (\textbf{Stromfunktion})\,.
\end{aligned} \tag{27.21}$$

Die **Stromlinien** sind die Lösungen des Differentialgleichungssystems $x' = u_1$, $y' = u_2$. Damit sind die Stromlinien gegeben durch

$$V(x,y) = \text{const.} \tag{27.22}$$

Begründung:

$\frac{\mathrm{d}}{\mathrm{d}t} V(x(t), y(t)) = V_x x' + V_y y' = u_2 u_1 - u_1 u_2 = 0.$ ■

Die Stromlinien sind also die Höhenlinien der Stromfunktion V.

Definition (27.36)
Die komplexe Funktion $\Phi := U + iV$ heißt das **komplexe Strömungspotential.**

Φ ist eine auf D holomorphe Funktion, da die Cauchy-Riemannschen Differentialgleichungen erfüllt sind

$$U_x - V_y = -u_1 - (-u_1) = 0\,, \quad U_y + V_x = -u_2 + u_2 = 0\,.$$

Man kann das Geschwindigkeitsfeld $\boldsymbol{u}$ der Strömung auch folgendermaßen aus dem komplexen Strömungspotential zurück erhalten:

$$\boldsymbol{u} = u_1 + iu_2 = -\overline{\Phi'(z)}\,, \tag{27.23}$$

Begründung:
$\Phi'(z) = U_x + iV_x = -u_1 + iu_2$. ■

Idee zur Berechnung von Φ

Durch konforme Transformation werde $D = \mathbb{C} \setminus K$ in ein einfacheres Gebiet transformiert, für das man das komplexe Strömungspotential kennt.

Beispiel (27.37): Umströmung eines Kreiszylinders
Wir untersuchen die ebene Umströmung eine Kreiszylinders mit der Querschnittsfläche $\overline{K}_R(0)$, $R > 0$. Das Geschwindigkeitsfeld im Unendlichen sei $\boldsymbol{u}(\infty) = u_0 > 0$. Als konforme Transformation wählen wir die Joukowski-Funktion, vgl. (27.12),

$$w = \xi + i\eta = f(z) = \frac{1}{2}\left(\frac{z}{R} + \frac{R}{z}\right)$$

Hierdurch wird $|z| = R$ auf die (doppelt durchlaufene) Strecke $[-1, 1]$ abgebildet und das Gebiet $D = \mathbb{C} \setminus \overline{K}_R(0)$ wird konform auf $\widetilde{D} = \mathbb{C} \setminus [-1, 1]$ transformiert, vgl. Abb. 27.15. Die Strömung wird im Modellbereich also durch das Hindernis nicht beeinflusst!

Wegen (27.21) lautet das komplexe Strömungspotential im Bildraum $\widetilde{\Phi}(w) = -v_0 w$, $w \in \mathbb{C}$, wobei $v_0 > 0$ die (konstante) Strömungsgeschwindigkeit im Unendlichen ist. Die Rücktransformation ergibt das Strömungspotential des Ausgangsproblems

$$\Phi(z) = \widetilde{\Phi}(f(z)) = -\frac{v_0}{2}\left(\frac{z}{R} + \frac{R}{z}\right)$$

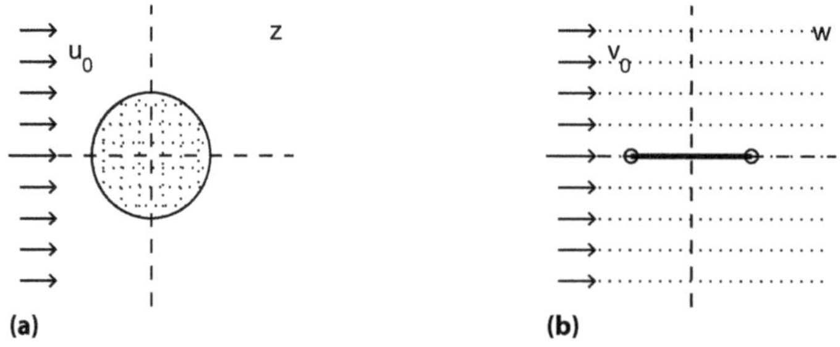

Abb. 27.15 Umströmung eines Kreiszylinders, konforme Transformation.

und somit nach (27.23)

$$u(z) = -\overline{\Phi'(z)} = \frac{v_0}{2}\left(\frac{1}{R} - \frac{R}{\bar{z}^2}\right) .$$

Zu Skalierung: Für $z \to \infty$ ergibt sich $u(\infty) = v_0/(2R) = u_0$ und somit $v_0 = 2Ru_0$. Insgesamt erhalten wir also, vgl. Abb. 27.16,

a) Komplexes Strömungspotential: $\Phi(z) = -u_0\left(z + \frac{R^2}{z}\right)$

b) Geschwindigkeitspotential: $U(z) = -u_0\left(x + \frac{R^2 x}{x^2 + y^2}\right)$

c) Stromfunktion: $V(z) = -u_0\left(y - \frac{R^2 y}{x^2 + y^2}\right)$

d) Geschwindigkeitsfeld: $u(z) = u_0\left(1 - \frac{R^2}{\bar{z}^2}\right)$

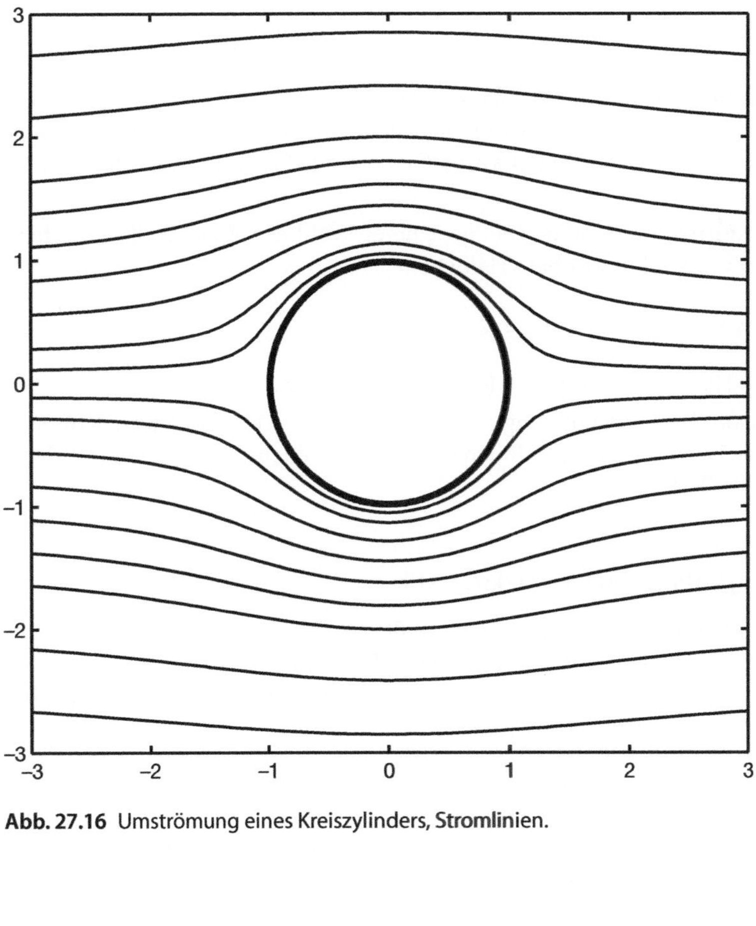

Abb. 27.16 Umströmung eines Kreiszylinders, Stromlinien.

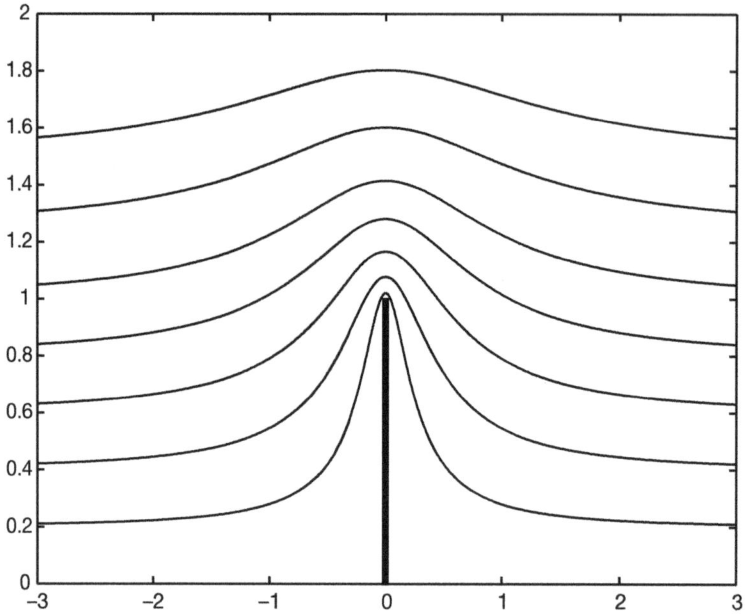

Abb. 27.17 Überströmung einer Mauer.

Beispiel (27.38): Überströmung einer Mauer
Zur Berechnung der Stromlinien für die nichtturbulente Überströmung einer Mauer lässt sich die folgende konforme Gebietstransformation verwenden $w = f(z) = \sqrt{z^2 + 1}$.

Die Transformation f bildet (bei geeigneter Wahl der Wurzel) die zwischen $z = 0$ und $z = i$ geschlitzte obere Halbebene

$$D = \{z \in \mathbb{C} : \mathrm{Im}(z) > 0\,, \quad z \notin [0, 1]\, i\}$$

in die obere Halbebene $\mathrm{Im}(w) > 0$ (ohne Hindernis) ab.

Mit Hilfe der Umkehrabbildung $z = f^{-1}(w) = i\sqrt{1 - w^2}$ lassen sich dann unmittelbar die Urbilder der Stromlinien des Modellproblems $\mathrm{Im}(w) = \text{const.}$ zeichnen, vgl. Abb. 27.17.

Anwendung III: Probleme der Elektrostatik

Zu berechnen sei die elektrische Feldstärke $\boldsymbol{E}(x, y)$ in einem ladungsfreien Gebiet $D \subset \mathbb{R}^2 = \mathbb{C}$, wobei das Potential $U(x, y)$ mit $\boldsymbol{E} = -\nabla U$ am Rand des Gebietes D vorgegeben ist. Da $\boldsymbol{E}$ auf D divergenzfrei ist, folgt insbesondere $\Delta U = 0$, d. h., U ist Lösung eines Dirichlet-Problems

$$\Delta U = 0\,, \quad z = (x, y) \in D\,, \qquad U(z) = U_0(z)\,, \quad z \in \partial D\,. \tag{27.24}$$

Nach Früherem ist U damit Realteil einer auf D holomorphen Funktion $\Phi(z) = U(z) + iV(z)$, dem sogenannten *komplexen Potential.*

Wieder heißt V die *Stromfunktion*, $U(x, y) = \text{const.}$ beschreibt die *Äquipotentiallinien*, $V(x, y) = \text{const.}$ die *Feldlinien*.

Ebenfalls kann man das elektrische Feld wieder direkt aus dem komplexen Potential gewinnen vermöge

$$\boldsymbol{E} = -(U_x + iU_y) = -(U_x - iV_x) = -\overline{\Phi'(z)}\,. \tag{27.25}$$

Die Grundidee lässt sich übertragen: Man transformiere das Gebiet D vermöge einer konformen Abbildung (bijektiv) in ein einfacheres Gebiet $\widetilde{D}$ und löse das Modellproblem

$$\Delta\widetilde{U}(w) = 0\,, \quad w \in \widetilde{D}\,, \qquad \widetilde{U}(w) = \widetilde{U}_0(w)\,, \quad w \in \partial\widetilde{D}\,.$$

Dabei ist $\widetilde{U}_0 := U_0 \circ f^{-1}$ die transformierte Randfunktion.

Anschließend transformiere man die Lösung zurück: $U := \widetilde{U} \circ f$.

Beispiel (27.39)
Wir bestimmen die Feldlinien in Außenraum von zwei stromdurchflossenen Leitern mit Querschnitten K_1 und K_2, vgl. Abb. 27.18.

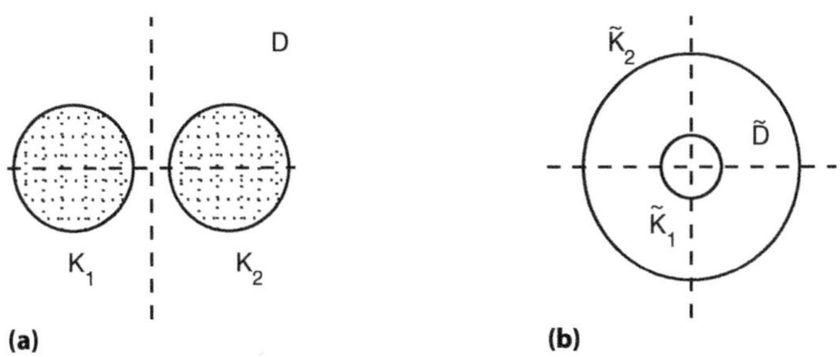

Abb. 27.18 Konforme Transformation.

Sind a, b mit $0 < a < b$ bzw. $-a$ und $-b$ die Schnittpunkte der Querschnittskreise mit der x-Achse, so wird durch

$$w = f(z) = \frac{p+z}{p-z}\,, \qquad p := \sqrt{ab}\,,$$

eine Möbius-Transformation beschrieben, die D konform auf den Kreisring $\widetilde{D} := \{w : 1/\rho < |w| < \rho\}, \rho := (\sqrt{a} + \sqrt{b})/(\sqrt{b} - \sqrt{a})$, abbildet, vgl. Beispiel 27.21.

Nehmen wir an, dass die Randfunktionen im physikalischen Problem konstant sind

$$U(z) = -U_0\,, \quad z \in K_1\,, \qquad U(z) = U_0\,, \quad z \in K_2\,,$$

so erhalten wir das folgende Modellproblem

$$\begin{aligned} &\Delta\widetilde{U} = 0\,, \quad w \in \widetilde{D}\,,\\ &\widetilde{U}(w) = -U_0\,, \quad w \in \widetilde{K}_1\,, \qquad \widetilde{U}(w) = U_0\,, \quad w \in \widetilde{K}_2\,. \end{aligned}$$

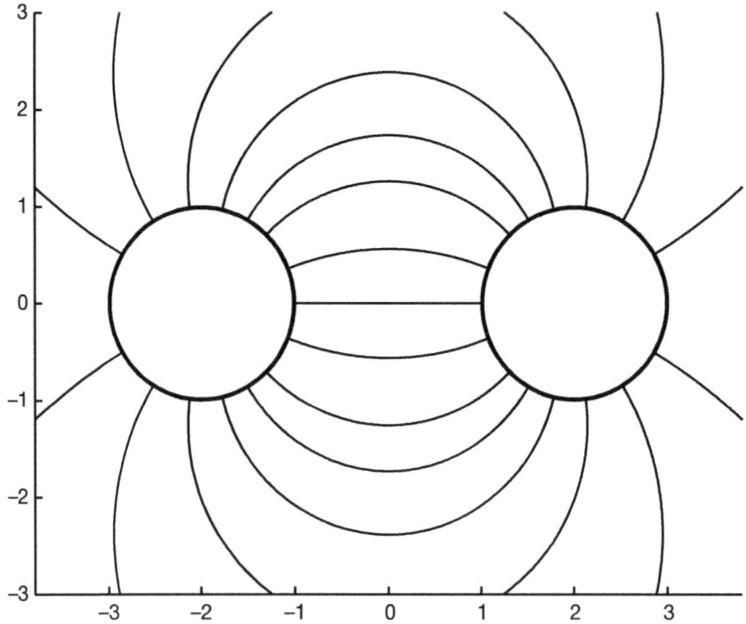

Abb. 27.19 Feldlinien zwischen zwei Stromleitungen.

Aufgrund der Ursprungssymmetrie des Modellproblems kann man annehmen, dass $\widetilde{U} = \widetilde{U}(r)$ nur vom Abstand r zum Ursprung abhängt. Damit erhalten wir eine gewöhnliche Randwertaufgabe

$$\widetilde{U}''(r) + \frac{1}{r}\widetilde{U}'(r) = 0\,,$$
$$\widetilde{U}(1/\rho) = -U_0\,, \quad \widetilde{U}(\rho) = U_0\,.$$

Die Lösung lautet $\widetilde{U}(r) = \frac{U_0}{\ln \rho} \ln r$, $1/\rho \le r \le \rho$.

Die Rücktransformation ergibt schließlich

$$U(z) = \frac{U_0}{\ln \rho} \ln |f(z)|\,, \quad f(z) = \frac{p+z}{p-z}\,,$$
$$p = \sqrt{ab}\,, \quad \rho = \frac{\sqrt{a} + \sqrt{b}}{\sqrt{b} - \sqrt{a}}\,.$$

Zur Darstellung die Feldlinien genügt es, die Feldlinien des Modellproblems $w = re^{i\phi}$, $1/\rho \le r \le \rho$, vermöge $z = f^{-1}(w)$ zurückzutransformieren, vgl. Abb. 27.19.

27.6 Komplexe Integration

Bisher haben wir u. a. die folgenden Integrale kennengelernt:

Das Riemann-Integral einer reellen Veränderlichen

$$\int_a^b f(t)\,\mathrm{d}t = \lim_{\|Z\|\to 0} \sum_{i=0}^{n-1} f(\tau_i)(t_{i+1} - t_i) \tag{27.26}$$

Für vektorwertige Funktionen wird das obige Integral komponentenweise berechnet, somit haben wir die Definition:

Eine Funktion $f : [a, b] \to \mathbb{C}$ ist **(Riemann-)integrierbar**, falls $\operatorname{Re} f$ und $\operatorname{Im} f$ integrierbar sind und es gilt

$$\int_a^b f(t)\,\mathrm{d}t := \int_a^b \operatorname{Re}(f(t))\,\mathrm{d}t + i\int_a^b \operatorname{Im}(f(t))\,\mathrm{d}t\,. \tag{27.27}$$

Bemerkungen (27.40)
Für das Riemann-Integral einer reellen Variablen gelten die folgenden Eigenschaften

a) $\displaystyle\int_a^b \alpha f(t)\,\mathrm{d}t = \alpha\int_a^b f(t)\,\mathrm{d}t\,, \quad \alpha \in \mathbb{C}\,,$

b) $\displaystyle\int_a^b f_1(t) + f_2(t)\,\mathrm{d}t = \int_a^b f_1(t)\,\mathrm{d}t + \int_a^b f_2(t)\,\mathrm{d}t\,,$

c) $\displaystyle\int_a^b f(t)\,\mathrm{d}t = \int_a^c f(t)\,\mathrm{d}t + \int_c^b f(t)\,\mathrm{d}t\,,$

d) $\displaystyle\int_a^b f(t)\,\mathrm{d}t = -\int_b^a f(t)\,\mathrm{d}t\,,$

e) $\displaystyle\left|\int_a^b f(t)\,\mathrm{d}t\right| \le \int_a^b |f(t)|\,\mathrm{d}t\,.$

Beweis (zu e)).
Man stelle das Integral in Polarkoordinaten dar: $\int_a^b f(t)\,\mathrm{d}t = R\mathrm{e}^{i\phi}$. Damit gilt

$$\left|\int_a^b f(t)\,\mathrm{d}t\right| = R = \mathrm{e}^{-i\phi}\int_a^b f(t)\,\mathrm{d}t = \int_a^b \mathrm{e}^{-i\phi} f(t)\,\mathrm{d}t = \int_a^b \mathrm{Re}(\mathrm{e}^{-i\phi} f(t))\,\mathrm{d}t$$
$$\leq \int_a^b |\mathrm{e}^{-i\phi} f(t)|\,\mathrm{d}t = \int_a^b |f(t)|\,\mathrm{d}t\,. \qquad \blacksquare$$

Kurvenintegrale

Ist $\boldsymbol{c}\colon [a,b] \to D \subset \mathbb{R}^n$ ein stetiger, stückweiser C^1-Weg und sind $f: D \to \mathbb{R}$ bzw. $\boldsymbol{F}\colon D \to \mathbb{R}^n$ stetig, so definiert man

$$\int_{\boldsymbol{c}} f(\boldsymbol{x})\,\mathrm{d}s := \int_a^b f(\boldsymbol{c}(t))\,\|\boldsymbol{c}'(t)\|_2\,\mathrm{d}t\,,$$
$$\int_{\boldsymbol{c}} \boldsymbol{F}(\boldsymbol{x})\,\mathrm{d}\boldsymbol{x} := \int_a^b \langle \boldsymbol{F}(\boldsymbol{c}(t)), \boldsymbol{c}'(t)\rangle\,\mathrm{d}t\,.$$

In Analogie hierzu werden nun komplexe Kurvenintegrale wie folgt definiert

Definition (27.41)
Ist $D \subset \mathbb{C}$ ein Gebiet, $f: D \to \mathbb{C}$ stetig und $\boldsymbol{c}\colon [a,b] \to D$ ein stetiger, stückweiser C^1-Weg, so heißt

$$\int_{\boldsymbol{c}} f(z)\,\mathrm{d}z := \int_a^b f(\boldsymbol{c}(t))\boldsymbol{c}'(t)\,\mathrm{d}t \tag{27.28}$$

das **komplexe Kurvenintegral** von f längs der Kurve $\boldsymbol{c}$.

Man beachte, dass in der rechten Seite von (27.28) die komplexe Multiplikation steht, so dass (27.28) gemäß (27.27) auszuwerten ist.

Bei geschlossenen Wegen schreibt man auch wie früher $\oint_{\boldsymbol{c}} f(z)\,\mathrm{d}z$.

Beispiele (27.42)

a) $$\oint_{\boldsymbol{c}} z\,\mathrm{d}z\,, \quad \boldsymbol{c}(t) = r\mathrm{e}^{it}\,, \quad 0 \leq t \leq 2\pi\,.$$

$$\oint_{\boldsymbol{c}} z\,\mathrm{d}z = \int_0^{2\pi} r\mathrm{e}^{it}\,(ri\mathrm{e}^{it})\,\mathrm{d}t = ir^2\int_0^{2\pi} \mathrm{e}^{2it}\,\mathrm{d}t = \frac{r^2}{2}\mathrm{e}^{2it}\Big|_0^{2\pi} = 0\,.$$

b) $$\oint_c \bar{z}\,dz\,, \quad c(t) = re^{it}\,, \quad 0 \le t \le 2\pi\,.$$

$$\oint_c \bar{z}\,dz = \int_0^{2\pi} re^{-it}\,(rie^{it})\,dt = ir^2 \int_0^{2\pi} dt = 2\pi i r^2\,.$$

c) $$\oint_c (1/z)\,dz\,, \quad c(t) = re^{it}\,, \quad 0 \le t \le 2\pi\,.$$

$$\oint_c (1/z)\,dz = \oint_c (\bar{z}/|z|^2)\,dz = (1/r^2)\oint_c \bar{z}\,dz = 2\pi i\,.$$

d) $$\oint_c (z - z_0)^n\,dz\,, \quad c(t) = z_0 + re^{it}\,, \quad 0 \le t \le 2\pi\,.$$

$$\oint_c (z - z_0)^n\,dz = \int_0^{2\pi} (re^{it})^n (rie^{it})\,dt = ir^{n+1} \int_0^{2\pi} e^{i(n+1)t}\,dt\,.$$

Damit gilt

$$\oint_{|z-z_0|=r} (z - z_0)^n\,dz = \begin{cases} 2\pi i, & \text{für } n = -1\,, \\ 0, & \text{für } n \in \mathbb{Z} \setminus \{-1\}\,. \end{cases} \tag{27.29}$$

e) $$\oint_c z\,dz\,, \quad c(t) = e^{(1+i)t}\,, \quad 0 \le t \le 2\pi\,.$$

$$\oint_c z\,dz = (1+i) \int_0^{2\pi} e^{2(1+i)t}\,dt = \frac{1}{2} e^{2(i+1)t}\Big|_0^{2\pi} = \frac{1}{2}\,[e^{4\pi} - 1]\,.$$

Elementare Eigenschaften (27.43)

a) Das komplexe Kurvenintegral $\int_c f(z)\,dz$ ist **parametrisierungsinvariant,** d. h., für eine bijektive C^1-Transformation $h\colon [\alpha, \beta] \to [a, b]$ mit $h'(\tau) > 0$ gilt

$$\begin{aligned} \int_{c \circ h} f(z)\,dz &= \int_\alpha^\beta f(c(h(\tau)))\frac{d}{d\tau}(c \circ h)(\tau)\,d\tau \\ &= \int_\alpha^\beta f(c(h(\tau)))c'(h(\tau))h'(\tau)\,d\tau \\ &= \int_a^b f(c(t))c'(t)\,dt = \int_c f(z)\,dz\,. \end{aligned}$$

b) **Änderung der Durchlaufrichtung:**

$$\int_{-c} f(z)\,\mathrm{d}z = -\int_{c} f(z)\,\mathrm{d}z$$

dabei ist $(-c)(t) := c(b + t(a-b)), \quad 0 \le t \le 1$.

c) **Darstellung als Riemann-Summe:**

$$\int_{c} f(z)\,\mathrm{d}z = \lim_{\|Z\|\to 0} \sum_{j=0}^{n-1} f(c(\tau_j))\,(c(t_{j+1}) - c(t_j))\,.$$

d) **Linearität:**

$$\int_{c} (f(z) + g(z))\,\mathrm{d}z = \int_{c} f(z)\,\mathrm{d}z + \int_{c} g(z)\,\mathrm{d}z$$

$$\int_{c} \alpha f(z)\,\mathrm{d}z = \alpha \int_{c} f(z)\,\mathrm{d}z\,; \quad \alpha \in \mathbb{C}\,.$$

e) **Additivität bez. des Integrationsweges:**

$$\int_{c_1+c_2} f(z)\,\mathrm{d}z = \int_{c_1} f(z)\,\mathrm{d}z + \int_{c_2} f(z)\,\mathrm{d}z\,,$$

wobei $c_j\colon [0,1] \to \mathbb{C}$, $c_2(0) = c_1(1)$, $(c_1 + c_2)(t) := c_1(2t)$, $0 \le t \le 0.5$, und $(c_1 + c_2)(t) := c_2(2t-1)$, $0.5 \le t \le 1$.

f) **Abschätzung komplexer Kurvenintegrale:**

$$\left|\int_{c} f(z)\,\mathrm{d}z\right| \le \left(\sup_{z\in c[a,b]} |f(z)|\right) \int_a^b |c'(t)|\,\mathrm{d}t\,.$$

Beweis (zu f)).

$$\left|\int_{c} f(z)\,\mathrm{d}z\right| = \left|\int_a^b f(c(t))c'(t)\,\mathrm{d}t\right| \le \int_a^b |f(c(t))|\,|c'(t)|\,\mathrm{d}t$$

$$\le \left(\sup_{z\in c[a,b]} |f(z)|\right) \int_a^b |c'(t)|\,\mathrm{d}t.$$

■

Satz (27.44)
Ist $f(z) = \sum_{k=0}^{\infty} f_k(z)$ eine Reihe stetiger Funktionen $f_k\colon D \to \mathbb{C}$, die auf einem Gebiet $D \subset \mathbb{C}$ *gleichmäßig* konvergiert, und ist $c\colon [a,b] \to D$ ein stetiger, stückweiser C^1-Weg, so gilt

$$\int_{c} f(z)\,\mathrm{d}z = \sum_{k=0}^{\infty} \int_{c} f_k(z)\,\mathrm{d}z\,.$$

Beweis.
Als gleichmäßiger Grenzwert stetiger Funktionen ist f stetig, vgl. Satz 11.3, und somit auch integrierbar. Es folgt

$$\int_{c} f(z)\,\mathrm{d}z - \sum_{k=0}^{n} \int_{c} f_k(z)\,\mathrm{d}z = \int_{c} R_n(z)\,\mathrm{d}z\,,$$

wobei aufgrund der gleichmäßigen Konvergenz gilt

$$\forall\, \varepsilon > 0\colon\ \ \exists\, N(\varepsilon)\colon\ \ \forall\, n \geq N,\ z \in D\colon\ \ |R_n(z)| < \varepsilon\,.$$

Mit den elementaren Eigenschaften 27.43f) folgt für $n \geq N(\varepsilon)$:

$$\left|\int_{c} R_n(z)\,\mathrm{d}z\right| \leq \varepsilon L(\boldsymbol{c})\,,$$

wobei $L(\boldsymbol{c}) = \int_a^b |\boldsymbol{c}'(t)|\,\mathrm{d}t$ die Länge des Weges $\boldsymbol{c}$ bezeichnet.
Somit folgt $\lim_{n\to\infty} \int_{c} R_n(z)\,\mathrm{d}z = 0$. ■

Beispiel (27.45)
Sei $|z_0| > r > 0$ und $\boldsymbol{c}(t) := re^{it}$, $0 \leq t \leq 2\pi$. Dann folgt

$$\begin{aligned}
\oint_{|z|=r} \frac{\mathrm{d}z}{z - z_0} &= -\frac{1}{z_0} \oint_{|z|=r} \frac{\mathrm{d}z}{1 - (z/z_0)} \\
&= -\frac{1}{z_0} \oint_{|z|=r} \sum_{k=0}^{\infty} \frac{1}{z_0^k} z^k\,\mathrm{d}z \\
&= -\sum_{k=0}^{\infty} \frac{1}{z_0^{k+1}} \oint_{|z|=r} z^k\,\mathrm{d}z = 0\,.
\end{aligned}$$

Hierbei wurde die geometrische Reihe verwendet und Satz 27.44, sowie (27.29) angewendet.

Definition (27.46)
Eine Reihe der Form

$$f(z) = \sum_{k=-\infty}^{\infty} a_k(z - z_0)^k := \sum_{k=0}^{\infty} a_k(z - z_0)^k + \sum_{k=1}^{\infty} a_{-k}(z - z_0)^{-k}$$

heißt **Laurent-Reihe**[4)] zum Entwicklungspunkt $z_0 \in \mathbb{C}$.

4) Pierre Alphonse Laurent (1813–1854); Le Havre.

Bemerkung (27.47)
Eine Laurent-Reihe ist lokal gleichmäßig und absolut konvergent in einem *Kreisring*

$$K_{r_1,r_2}(z_0) := \{z \in \mathbb{C} : 0 \le r_1 < |z - z_0| < r_2 \le \infty\} . \qquad (27.30)$$

Die *Konvergenzradien* r_1 und r_2 ergeben sich nach Satz 11.5 aus den Konvergenzradien der beteiligten Potenzreihen zu

$$r_2 = \left[\limsup_{k\to\infty} \sqrt[k]{|a_k|}\right]^{-1} , \quad r_1 = \limsup_{k\to\infty} \sqrt[k]{|a_{-k}|} . \qquad (27.31)$$

Satz (27.48)
Ist die Funktion f auf einem Kreisring $K_{r_1,r_2}(z_0)$ durch eine Laurent-Reihe gegeben,

$$f(z) = \sum_{k=-\infty}^{\infty} a_k (z - z_0)^k , \quad r_1 < |z - z_0| < r_2 ,$$

so gilt für $r_1 < r < r_2$ und $\mathbf{c}(t)$: $z_0 + re^{it}, 0 \le t \le 2\pi$

$$\oint_{|z-z_0|=r} f(z)\,\mathrm{d}z = 2\pi i a_{-1} .$$

Beweis.
Wir verwenden (27.29). Wegen der gleichmäßigen Konvergenz lassen sich Integration und Summation vertauschen. Somit gilt

$$\oint_{|z-z_0|=r} f(z)\,\mathrm{d}z = \sum_{k=-\infty}^{\infty} a_k \oint_{|z-z_0|=r} (z - z_0)^k\,\mathrm{d}z = 2\pi i a_{-1} . \qquad \blacksquare$$

27.7 Der Cauchysche Integralsatz

Der folgende, auf Augustin Cauchy zurückgehende Integralsatz ist fundamental für die Theorie komplexer Funktionen. Er wird auch als der **Hauptsatz der Funktionentheorie** bezeichnet.

Satz (27.49): Cauchyscher Integralsatz
Ist $D \subset \mathbb{C}$ ein *einfach zusammenhängendes* Gebiet, $f : D \to \mathbb{C}$ eine *holomorphe* Funktion und $\mathbf{c}: [a, b] \to D$ ein *geschlossener*, stetiger, stückweiser C^1-Weg, so gilt:

$$\oint_{\mathbf{c}} f(z)\,\mathrm{d}z = 0 .$$

Beweis.
Wir führen den Beweis durch Zurückführung auf reelle Integrale. Mit $\boldsymbol{c}(t) = (x(t), y(t))^{\mathrm{T}}$ ergibt sich

$$\begin{aligned}\oint_{\boldsymbol{c}} f(z)\,\mathrm{d}z &= \int_a^b (u(\boldsymbol{c})\cdot x'(t) - v(\boldsymbol{c})\cdot y'(t))\,\mathrm{d}t \\ &\quad + i\int_a^b (u(\boldsymbol{c})\cdot y'(t) + v(\boldsymbol{c})\cdot x'(t))\,\mathrm{d}t \\ &= \oint_{\boldsymbol{c}} \begin{pmatrix} u \\ -v \end{pmatrix} \mathrm{d}\boldsymbol{x} + i\oint_{\boldsymbol{c}} \begin{pmatrix} v \\ u \end{pmatrix} \mathrm{d}\boldsymbol{x}\end{aligned}$$

Beide Vektorfelder in den Integranden erfüllen aufgrund der Cauchy-Riemannschen Differentialgleichungen die Integrabilitätsbedingung

$$\operatorname{rot}\begin{pmatrix} u \\ -v \end{pmatrix} = -v_x - u_y = 0\,, \quad \operatorname{rot}\begin{pmatrix} v \\ u \end{pmatrix} = u_x - v_y = 0\,.$$

Da D einfach zusammenhängend ist, sind beide Vektorfelder also Potentialfelder, vgl. Satz 19.49, und die geschlossenen Kurvenintegrale verschwinden. ■

Bemerkung (27.50)
Keine der im Cauchyschen Integralsatz angegebenen Voraussetzungen ist entbehrlich. Dies zeigen die im letzten Abschnitt angegebenen Beispiele:

- $\displaystyle\oint_{|z|=1} \bar{z}\,\mathrm{d}z \neq 0$ ($\bar{z}$ ist nicht holomorph),
- $\displaystyle\oint_{|z|=1} (1/z)\,\mathrm{d}z \neq 0$ (D ist nicht einfach zusammenhängend),
- $\displaystyle\int_{\boldsymbol{c}} z\,\mathrm{d}z \neq 0$ für $\boldsymbol{c}(t) = \mathrm{e}^{(1+i)t}$, $0 \le t \le 2\pi$ ($\boldsymbol{c}$ ist nicht geschlossen).

Folgerung (27.51)
Ist $D \subset \mathbb{C}$ einfach zusammenhängend und $f\colon D \to \mathbb{C}$ holomorph, so ist das Kurvenintegral $\int_{\boldsymbol{c}} f(z)\,\mathrm{d}z$ *wegunabhängig* (bei festen Endpunkten).

Für stückweise C^1-Wege $\boldsymbol{c}_1, \boldsymbol{c}_2\colon [a,b] \to D$ gilt also unter den obigen Voraussetzungen

$$\boldsymbol{c}_1(a) = \boldsymbol{c}_2(a),\ \boldsymbol{c}_1(b) = \boldsymbol{c}_2(b) \quad \Rightarrow \quad \int_{\boldsymbol{c}_1} f(z)\,\mathrm{d}z = \int_{\boldsymbol{c}_2} f(z)\,\mathrm{d}z\,.$$

Beweis.
$\boldsymbol{c}_1 + (-\boldsymbol{c}_2)$ ist eine geschlossene, stückweise C^1-Kurve in D und D ist einfach zusammenhängend.

Die Behauptung folgt somit aus dem Cauchyschen Integralsatz zusammen mit den elementaren Eigenschaften 27.43b) und e). ■

Satz (27.52): Existenz einer Stammfunktion
Sei $D \subset \mathbb{C}$ ein einfach zusammenhängendes Gebiet und $f : D \to \mathbb{C}$ holomorph. Ferner sei $z_0 \in D$ ein (beliebiger) fester Punkt. Für $z \in D$ bezeichne $\boldsymbol{c}_z$ einen beliebigen, die Punkte z_0 (Anfangspunkt) und z (Endpunkt) verbindenden stückweisen C^1-Weg. Dann ist wegen Folgerung 27.51 durch

$$F(z) := \int_{\boldsymbol{c}_z} f(z)\,\mathrm{d}z$$

eine Funktion $F\colon D \to \mathbb{C}$ wohldefiniert. F ist eine *Stammfunktion* von f, d. h., F ist holomorph auf D und es gilt $F'(z) = f(z)$.

Beweis.
Für hinreichend kleines $\varepsilon > 0$ und $h \in \mathbb{C}$ mit $|h| < \varepsilon$ lassen sich die Kurven $\boldsymbol{c}_z$ und $\boldsymbol{c}_{z+h}$ durch die geradlinige Verbindung $\boldsymbol{c}(t) := z + th,\ 0 \le t \le 1$ zu einer geschlossenen stückweisen C^1-Kurve $\boldsymbol{c}_z + \boldsymbol{c} + (-\boldsymbol{c}_{z+h})$ innerhalb von D ergänzen, vgl. Abb. 27.20. Damit wird

$$F(z+h) - F(z) = \int_{\boldsymbol{c}_{z+h}} f(z)\,\mathrm{d}z - \int_{\boldsymbol{c}_z} f(z)\,\mathrm{d}z$$

$$= \int_{\boldsymbol{c}} f(z)\,\mathrm{d}z = \int_0^1 f(z+th)h\,\mathrm{d}t\,,$$

also

$$\left|\frac{F(z+h) - F(z)}{h} - f(z)\right| \le \int_0^1 |f(z+th) - f(z)|\,\mathrm{d}t \to 0\,, \quad h \to 0\,.$$

Damit ist F holomorph auf D mit $F' = f$. ■

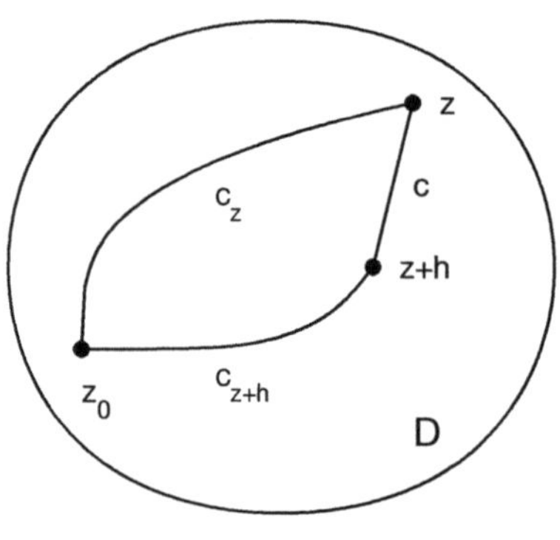

Abb. 27.20 Stammfunktion.

Folgerung (27.53)
Ist f auf einem einfach zusammenhängenden Gebiet $D \subset \mathbb{C}$ holomorph und ist F eine Stammfunktion von f auf D, so gilt für alle stetigen, stückweisen C^1-Wege $\boldsymbol{c}: [a, b] \to D$

$$\int_{\boldsymbol{c}} f(z)\,\mathrm{d}z = F(z)\big|_{\boldsymbol{c}(a)}^{\boldsymbol{c}(b)} = F(\boldsymbol{c}(b)) - F(\boldsymbol{c}(a)) . \tag{27.32}$$

Beispiel (27.54)

$$\int_{a-ib}^{a+ib} \frac{1}{z^2}\,\mathrm{d}z ; \qquad a, b > 0 .$$

a) Explizite Integration: $\boldsymbol{c}(t) := a + it, \ -b \leq t \leq b.$

$$\int_{\boldsymbol{c}} \frac{\mathrm{d}z}{z^2} = \int_{-b}^{b} \frac{i\,\mathrm{d}t}{(a+it)^2} = -\left(\frac{1}{a+it}\right)\Big|_{-b}^{b} = \frac{2ib}{a^2+b^2}$$

b) Integration mittels Stammfunktion:

$$\int_{a-ib}^{a+ib} \frac{\mathrm{d}z}{z^2} = \left(-\frac{1}{z}\right)\Big|_{a-ib}^{a+ib} = \frac{2ib}{a^2+b^2}$$

Bemerkung (27.55)
Anstelle des einfachen Zusammenhangs genügt es, im Cauchyschen Integralsatz zu fordern, dass der geschlossene, stückweise C^1-Weg $\boldsymbol{c}$ **nullhomotop** ist, d. h., dass sich $\boldsymbol{c}$ innerhalb des Gebietes D stetig auf einen Punkt zusammenziehen lässt.

Definition (27.56)
In Verallgemeinerung hierzu wird definiert: Zwei stetige, stückweise C^1-Wege $\boldsymbol{c}, \tilde{\boldsymbol{c}}: [a, b] \to D$ heißen **homotop**, wenn sie sich innerhalb des Gebietes D stetig ineinander deformieren lassen, d. h., wenn es eine stetige Abbildung $\Phi: [a, b] \times [0, 1] \to D$ gibt mit $\boldsymbol{c}(t) = \Phi(t, 0)$ und $\tilde{\boldsymbol{c}}(t) = \Phi(t, 1)$ für alle t.

So sind beispielsweise die in Abb. 27.21 dargestellten geschlossenen Wege homotop, wie man durch Aufschneiden der Wege feststellt. Die jeweiligen Teilkurven lassen sich nämlich innerhalb des Definitionsbereichs stetig ineinander deformieren.

Satz (27.57)
Ist $f: D \to \mathbb{C}$ holomorph auf dem Gebiet D und sind $\boldsymbol{c}, \tilde{\boldsymbol{c}}: [a, b] \to D$ geschlossene und in D homotope, stetige, stückweise C^1-Wege, so gilt

$$\oint_{\boldsymbol{c}} f(z)\,\mathrm{d}z = \oint_{\tilde{\boldsymbol{c}}} f(z)\,\mathrm{d}z .$$

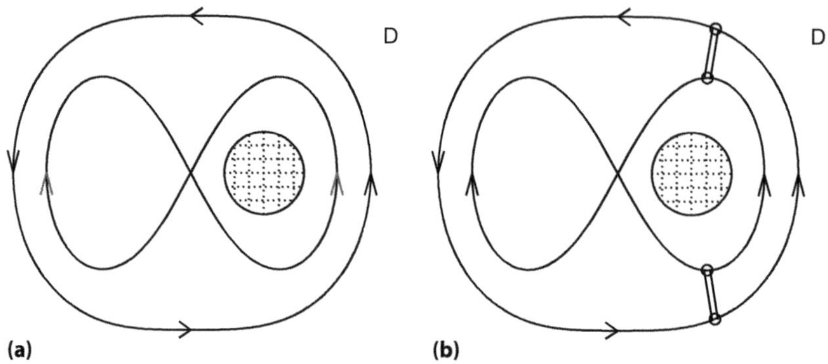

Abb. 27.21 Homotopie geschlossener Wege.

Beispiel (27.58)
Für jeden einfach geschlossenen, stückweisen C^1- Weg $\boldsymbol{c}$, der einen Punkt $z_0 \in \mathbb{C}$ einmal im positiven Sinn umläuft, gilt

$$\oint_{\boldsymbol{c}} \frac{\mathrm{d}z}{z - z_0} = 2\pi i \, .$$

Begründung:
$\boldsymbol{c}$ ist homotop zum Weg $\widetilde{\boldsymbol{c}}(t) = z_0 + r\mathrm{e}^{it}$, $0 \leq t \leq 2\pi$. ■

Definition (27.59)
Für einen geschlossenen, stetigen, stückweisen C^1-Weg $\boldsymbol{c}\colon [a, b] \to \mathbb{C} \setminus \{z_0\}$ heißt

$$\mathrm{Uml}(\boldsymbol{c}; z_0) := \frac{1}{2\pi i} \oint_{\boldsymbol{c}} \frac{\mathrm{d}z}{z - z_0}$$

die **Umlaufzahl** von $\boldsymbol{c}$ bezüglich des Punktes z_0.

$\mathrm{Uml}(\boldsymbol{c}; z_0)$ ist stets eine ganze Zahl, sie gibt an, wie oft der Weg $\boldsymbol{c}$ den Punkt z_0 in mathematisch positiven Sinn umläuft, vgl. Abb. 27.22.

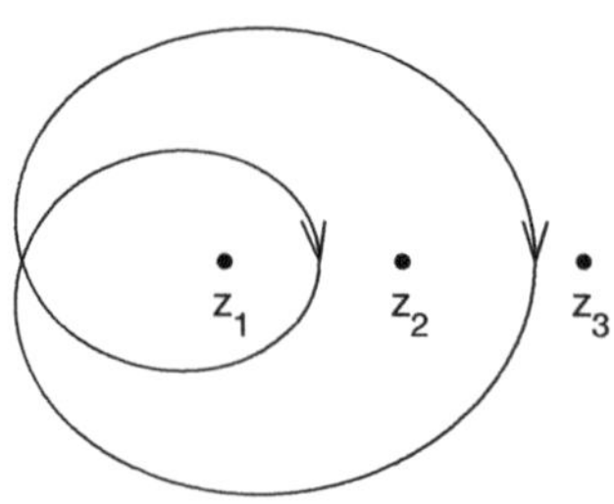

Abb. 27.22 Umlaufzahlen: $\mathrm{Uml}(\boldsymbol{c}; z_1) = -2$, $\mathrm{Uml}(\boldsymbol{c}; z_2) = -1$, $\mathrm{Uml}(\boldsymbol{c}; z_3) = 0$.

27.8 Die Cauchysche Integralformel

Satz (27.60): Cauchysche Integralformel
Ist $f: D \to \mathbb{C}$ holomorph auf einem Gebiet D und ist $c: [a, b] \to D \setminus \{z_0\}$ ein geschlossener, zum Punkt $z_0 \in D$ homotoper, stückweiser C^1-Weg, der z_0 einmal in positivem Sinn umläuft, so gilt

$$f(z_0) = \frac{1}{2\pi i} \oint_c \frac{f(z)}{z - z_0} \, \mathrm{d}z \,. \tag{27.33}$$

Beweis.
Der Weg $\boldsymbol{c}$ lässt sich innerhalb des Gebietes $D \setminus \{z_0\}$ auf einen Kreis $\boldsymbol{c}_r(t) = z_0 + re^{it}$, $0 \le t \le 2\pi$, um z_0 mit hinreichend kleinem Radius r zusammenziehen, $\boldsymbol{c}$ und $\boldsymbol{c}_r$ sind also in $D \setminus \{z_0\}$ homotop. Damit folgt

$$\begin{aligned}\oint_{\boldsymbol{c}} \frac{f(z)}{z - z_0} \, \mathrm{d}z &= \oint_{\boldsymbol{c}_r} \frac{f(z)}{z - z_0} \, \mathrm{d}z = \int_0^{2\pi} \frac{f\left(z_0 + re^{it}\right)}{re^{it}} ire^{it} \, \mathrm{d}t \\ &= i \int_0^{2\pi} f\left(z_0 + re^{it}\right) \mathrm{d}t \to 2\pi i f(z_0) \,, \quad \text{für } r \searrow 0.\end{aligned}$$

Da die linke Seite von r unabhängig ist, folgt

$$\oint_{\boldsymbol{c}} \frac{f(z)}{z - z_0} \, \mathrm{d}z = 2\pi i f(z_0) \,.$$

Bemerkungen (27.61)

a) Für einen beliebigen zu z_0 homotopen Weg $\boldsymbol{c}$ in $D \setminus \{z_0\}$ gilt in Erweiterung von (27.33):

$$\oint_{\boldsymbol{c}} \frac{f(z)}{z - z_0} \, \mathrm{d}z = 2\pi i \operatorname{Uml}(\boldsymbol{c}, z_0) f(z_0) \,. \tag{27.34}$$

b) Mit dem später bewiesenen Taylorschen Satz, vgl. Folgerung 27.66 lässt sich die Cauchysche Integralformel folgendermaßen herleiten:

$$\begin{aligned}& f(z) = f(z_0) + \sum_{k=1}^{\infty} \frac{f^{(k)}(z_0)}{k!} (z - z_0)^k \\ \Rightarrow \quad & \frac{f(z)}{z - z_0} = \frac{f(z_0)}{z - z_0} + g(z) \,; \quad g(z) \text{ holomorph auf } D \,, \\ \Rightarrow \quad & \oint_{\boldsymbol{c}} \frac{f(z)}{z - z_0} \, \mathrm{d}z = \oint_{\boldsymbol{c}} \frac{f(z_0)}{z - z_0} \, \mathrm{d}z + \oint_{\boldsymbol{c}} g(z) \, \mathrm{d}z = 2\pi i f(z_0) + 0 \,.\end{aligned}$$

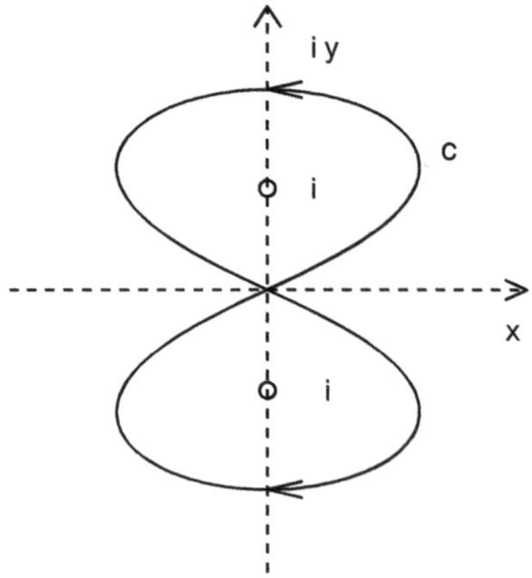

Abb. 27.23 Zu Beispiel (27.18).

Beispiel (27.62)
Wir berechnen

$$\oint_c \frac{\mathrm{d}z}{1+z^2}\,.$$

für den in Abb. 27.23 dargestellten Weg $\boldsymbol{c}$.

1. Weg: Mittels Satz 27.57:

$$\begin{aligned}\oint_c \frac{\mathrm{d}z}{1+z^2} &= \oint_c \frac{\mathrm{d}z}{(z+i)\,(z-i)}\\ &= \frac{i}{2}\oint_c \left(\frac{1}{z+i} - \frac{1}{z-i}\right)\mathrm{d}z\\ &= \frac{i}{2}\oint_c \frac{\mathrm{d}z}{z+i} - \frac{i}{2}\oint_c \frac{\mathrm{d}z}{z-i} = \frac{i}{2}\,(-2\pi i) - \frac{i}{2}\,(2\pi i) = 2\pi\,.\end{aligned}$$

2. Weg: Mittels Cauchyscher Integralformel: Wir teilen die Kurve auf, $\boldsymbol{c} = \boldsymbol{c}_1 + \boldsymbol{c}_2$, wobei $\boldsymbol{c}_1$ die Teilkurve im Bereich $\operatorname{Im} z \geq 0$, $\boldsymbol{c}_2$ die in $\operatorname{Im} z \leq 0$ beschreibt.

$$\begin{aligned}\oint_c \frac{\mathrm{d}z}{1+z^2} &= \oint_{c_1} \frac{1/(z+i)}{(z-i)}\,\mathrm{d}z + \oint_{c_2} \frac{1/(z-i)}{(z+i)}\,\mathrm{d}z\\ &= 2\pi i\left(\frac{1}{i+i}\right) - 2\pi i\left(\frac{1}{-i-i}\right) = 2\pi\,.\end{aligned}$$

Wir notieren einige Folgerungen, die sich aus der Cauchyschen Integralformel ergeben.

Folgerung (27.63): Mittelwerteigenschaft
Ist f holomorph auf einem Gebiet $D \subset \mathbb{C}$, so gilt für $z_0 \in D$, $\overline{K}_r(z_0) \subset D$:

$$f(z_0) = \frac{1}{2\pi}\int_0^{2\pi} f\left(z_0 + r\mathrm{e}^{it}\right)\mathrm{d}t\,. \tag{27.35}$$

Beweis.
Dies folgt aus dem Beweis von Satz 27.60. ■

Folgerung (27.64): Maximumprinzip

a) Ist f holomorph auf einem Gebiet D und besitzt $|f(z)|$ ein Maximum in $z_0 \in D$, so ist f konstant.
b) Ist f holomorph auf einem Gebiet D und stetig auf $\overline{D}$, so nimmt die Funktion $|f|$ ihr Maximum auf $\overline{D}$ in einem Punkt aus dem Rand ∂D an.

Beweis.
Ist $|f|$ in einem Punkt $z_0 \in D$ maximal, so gilt mit $M := |f(z_0)|$ für jeden Kreis mit $\overline{K}_r(z_0) \subset D$ nach (27.35):

$$M = |f(z_0)| \leq \frac{1}{2\pi} \int_0^{2\pi} \left| f\left(z_0 + re^{it}\right) \right| \mathrm{d}t \leq \frac{1}{2\pi} \int_0^{2\pi} M \,\mathrm{d}t = M\,.$$

Daher muss durchgehend Gleichheit gelten und damit insbesondere $|f(z)| = M$ für alle z mit $|z - z_0| \leq r$ gelten. Damit ist $|f|$ konstant auf der Kreisscheibe und durch Fortsetzung dieses Verfahrens sieht man, dass $|f|$ auch auf ganz D konstant sein muss.

Mittels der Cauchy-Riemannschen Differentialgleichung folgt hieraus aber unmittelbar, dass auch $f' = u_x + iv_x$ identisch verschwindet, und somit f auch selbst konstant ist. ■

Folgerung (27.65): Fundamentalsatz der Algebra

Ist $p(z) = \sum_{k=0}^{n} a_k z^k$ ein Polynom vom Grad $n \geq 1$ und Koeffizienten $a_k \in \mathbb{C}$, so besitzt p wenigstens eine Nullstelle in $\mathbb{C}$.

Beweis.
Sei also $a_n \neq 0$ und $n \geq 1$. Nehmen wir an, dass p keine Nullstelle besitzt, so ist $f := 1/p$ auf ganz $\mathbb{C}$ definiert und dort holomorph. Nun gilt

$$\begin{aligned} |f(z)| &= \left| \frac{1}{a_n z^n + a_{n-1} z^{n-1} + \ldots + a_0} \right| \\ &= \frac{1}{|z|^n} \frac{1}{|a_n + a_{n-1}/z + \ldots + a_0/z^n|} \\ &\to 0 \quad (z \to \infty) \end{aligned}$$

Daher muss $|f|$ in einem Punkt $z_0 \in \mathbb{C}$ maximal werden. Nach dem Maximumprinzip 27.64 ist f somit konstant auf $\mathbb{C}$ und daher ist auch das Ausgangspolynom p konstant auf $\mathbb{C}$. Sei also $p(z) = \alpha$, $\forall\, z \in \mathbb{C}$, dann folgt für $z \neq 0$:

$$a_n + a_{n-1}/z + \ldots + a_0/z^n = \alpha/z^n\,.$$

Die Grenzwertbildung $z \to \infty$ ergibt $a_n = 0$, im Widerspruch zur Annahme! ■

Folgerung (27.66): Taylor-Entwicklung

a) Ist f auf einem Gebiet $D \subset \mathbb{C}$ holomorph, $z_0 \in D$ und $\overline{K}_r(z_0) \subset D$, so ist f in $K_r(z_0)$ in eine Potenzreihe entwickelbar

$$f(z) = \sum_{k=0}^{\infty} a_k(z - z_0)^k, \quad |z - z_0| < r. \tag{27.36}$$

Insbesondere ist f auf D beliebig oft komplex differenzierbar.

b) Für die Taylor-Koeffizienten gilt

$$a_k = \frac{f^{(k)}(z_0)}{k!}, \quad k \geq 0. \tag{27.37}$$

c) Für den Konvergenzradius R der Taylor-Reihe (27.36) gilt

$$R \geq \sup\{r > 0 : K_r(z_0) \subset D\}.$$

d) **Verallgemeinerte Cauchysche Integralformel:**

$$f^{(n)}(z_0) = \frac{n!}{2\pi i} \oint_{|z-z_0|=r} \frac{f(z)}{(z - z_0)^{n+1}} \, dz \tag{27.38}$$

Beweis.
Aufgrund der Cauchyschen Integralformel gilt für $|z - z_0| < r$

$$f(z) = \frac{1}{2\pi i} \oint_{|w-z_0|=r} \frac{f(w)}{w - z} \, dw,$$

wobei der Kreis $|w - z_0| = r$ einmal im positiven Umlaufsinn durchlaufen wird.

Wir formen den Integranden um:

$$\begin{aligned}
\frac{1}{w - z} &= \frac{1}{w - z_0} \frac{w - z_0}{(w - z_0) - (z - z_0)} \\
&= \frac{1}{w - z_0} \frac{1}{1 - (z - z_0)/(w - z_0)} \\
&= \frac{1}{w - z_0} \sum_{k=0}^{\infty} \left(\frac{z - z_0}{w - z_0}\right)^k \\
\Rightarrow \quad \frac{f(w)}{w - z} &= \sum_{k=0}^{\infty} \frac{f(w)}{(w - z_0)^{k+1}} (z - z_0)^k.
\end{aligned}$$

Da die obige Reihe auf den Kreis $|w - z_0| = r$ absolut und gleichmäßig konvergiert, kann Summation und Integration vertauscht werden, vgl. Satz 27.44. Wir erhalten somit

$$f(z) = \sum_{k=0}^{\infty} \left[\frac{1}{2\pi i} \oint_{|w-z_o|=r} \frac{f(w)}{(w - z_0)^{k+1}} \, dw \right] (z - z_0)^k. \qquad \blacksquare$$

Folgerung (27.67): Cauchysche Ungleichung
Sei f holomorph auf einem Gebiet $D \subset \mathbb{C}$, $z_0 \in D$ und $r > 0$, so dass $\overline{K}_r(z_0) \subset D$. Für die Koeffizienten der Taylor-Entwicklung von f um z_0 gilt dann die Abschätzung

$$\left|\frac{1}{n!} f^{(n)}(z_0)\right| \le \frac{M(r)}{r^n}\,; \quad M(r) := \max_{|z-z_0|=r} |f(z)|\,.$$

Beweis.
Die obige Aussage ist eine unmittelbare Folgerung aus der verallgemeinerten Cauchyschen Integralformel:

$$\frac{1}{n!} f^{(n)}(z_0) = \frac{1}{2\pi i} \oint\limits_{|z-z_0|=r} \frac{f(z)}{(z-z_0)^{n+1}}\,\mathrm{d}z$$

$$\Rightarrow \quad \left|\frac{1}{n!} f^{(n)}(z_0)\right| \le \frac{1}{2\pi} \max_{|z-z_0|=r} \left(\frac{|f(z)|}{|z-z_0|^{n+1}}\right) 2\pi r = \frac{M(r)}{r^n}\,.$$ ■

Folgerung (27.68): Satz von Liouville
Ist $f : \mathbb{C} \to \mathbb{C}$ holomorph auf $\mathbb{C}$ und beschränkt, so ist f konstant.

Beweis.
Da f beschränkt ist, ist auch $M(r)$ beschränkt für $r \in\,]0, \infty[$. Aus der Cauchyschen Ungleichung folgt damit für $n = 1$

$$|f'(z_0)| \le \frac{M(r)}{r} \to 0\,, \quad \text{für} \quad r \to \infty\,.$$

Da $z_0 \in \mathbb{C}$ beliebig ist, verschwindet f' auf ganz $\mathbb{C}$. Somit ist f konstant. ■

27.9 Singularitäten

In diesem und dem folgenden Abschnitt untersuchen wir das Verhalten holomorpher Funktionen in der Nähe einer isolierten Singularität. Wir beginnen mit der *Laurent-Entwicklung* einer holomorphen Funktion, vgl. auch Definition 27.46. Man beachte insbesondere, dass der Entwicklungspunkt z_0 einer Laurent-Entwicklung i. Allg. nicht zum Definitionsbereich der Funktion gehören muss.

Satz (27.69): Laurent-Entwicklung

a) Ist f auf einem Gebiet $D \subset \mathbb{C}$ holomorph, $z_0 \in \mathbb{C}$ und gehört der Kreisring $\overline{K}_{r_1,r_2}(z_0)$, mit $0 \le r_1 < r_2 \le \infty$, zum Definitionsbereich D, so ist f in $K_{r_1,r_2}(z_0)$ in eine Laurent-Reihe entwickelbar:

$$f(z) = \sum_{k=-\infty}^{\infty} a_k (z-z_0)^k\,, \quad r_1 < |z-z_0| < r_2\,. \tag{27.39}$$

b) Für die Koeffizienten der Laurent-Reihe gilt

$$a_k = \frac{1}{2\pi i} \oint\limits_{|z-z_0|=r} \frac{f(z)}{(z-z_0)^{k+1}}\,\mathrm{d}z\,, \quad k \in \mathbb{Z}\,, \tag{27.40}$$

dabei ist r ein beliebiger Radius mit $r_1 \le r \le r_2$.

c) Die Laurent-Reihe (27.39) konvergiert auf dem größten Kreisring, der in D liegt; auf jedem kleineren, kompakten Kreisring $\overline{K}_{\rho_1,\rho_2}(z_0)$, mit $r_1 < \rho_1 < \rho_2 < r_2$, liegt absolute und gleichmäßige Konvergenz vor.

Beweis.

$\boldsymbol{c}_1$ und $\boldsymbol{c}_2$ seien die Kreise mit Radien r_1 und r_2 um z_0, also $\boldsymbol{c}_k(t) := z_0 + r_k e^{it}$, $0 \le t \le 2\pi$. Zu $z \in K_{r_1,r_2}(z_0)$ wird der Kreisring zerlegt, vgl. Abb. 27.24, und es werden die Kurvenintegrale über $\boldsymbol{k}_1$ und $\boldsymbol{k}_2$ gebildet.

Mit dem Cauchyschen Integralsatz gilt dann

$$\oint\limits_{c_2} \frac{f(w)}{w-z}\,\mathrm{d}w - \oint\limits_{c_1} \frac{f(w)}{w-z}\,\mathrm{d}w = \oint\limits_{k_1} \frac{f(w)}{w-z}\,\mathrm{d}w + \oint\limits_{k_2} \frac{f(w)}{w-z}\,\mathrm{d}w$$
$$= 2\pi i f(z) + 0\,.$$

Wir formen die Integrale über die $\boldsymbol{c}_k$ um:

a) Sei $w \in \text{Bild}(\boldsymbol{c}_2)$, also $|w - z_0| > |z - z_0|$. Dann folgt mittels geometrischer Reihe:

$$\begin{aligned}\frac{1}{w-z} &= \frac{1}{w-z_0} \cdot \frac{w-z_0}{(w-z_0)-(z-z_0)} \\ &= \frac{1}{w-z_0} \cdot \frac{1}{1-(z-z_0)/(w-z_0)} \\ &= \frac{1}{w-z_0} \cdot \sum_{k=0}^{\infty} \left(\frac{z-z_0}{w-z_0}\right)^k .\end{aligned}$$

Hieraus ergibt sich:

$$\frac{1}{2\pi i} \oint\limits_{c_2} \frac{f(w)}{w-z}\,\mathrm{d}w = \sum_{k=0}^{\infty} \left[\frac{1}{2\pi i} \oint\limits_{c_2} \frac{f(w)}{(w-z_0)^{k+1}}\,\mathrm{d}w\right] (z-z_0)^k .$$

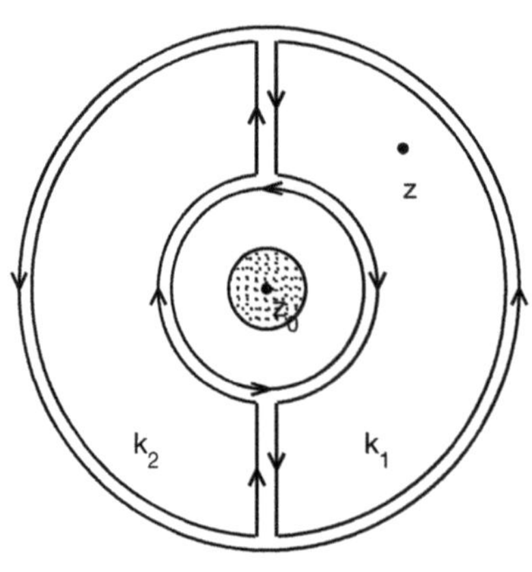

Abb. 27.24 Zur Laurent-Entwicklung.

b) Sei $w \in \text{Bild}(\boldsymbol{c}_1)$, also $|w - z_0| < |z - z_0|$. Dann ergibt sich analog:

$$\begin{aligned}\frac{1}{w-z} &= \frac{1}{z-z_0}\frac{z-z_0}{(w-z_0)-(z-z_0)} \\ &= -\frac{1}{z-z_0}\frac{1}{1-(w-z_0)/(z-z_0)} \\ &= -\frac{1}{z-z_0}\sum_{k=0}^{\infty}\left(\frac{w-z_0}{z-z_0}\right)^k \\ &= -\sum_{m=-\infty}^{-1}\frac{(z-z_0)^m}{(w-z_0)^{m+1}}\end{aligned}$$

und damit

$$-\frac{1}{2\pi i}\oint\limits_{c_1}\frac{f(w)}{w-z}\,\mathrm{d}w = \sum_{k=-\infty}^{-1}\left[\frac{1}{2\pi i}\oint\limits_{c_1}\frac{f(w)}{(w-z_0)^{k+1}}\,\mathrm{d}w\right](z-z_0)^k\,.$$

Addition der beiden Integrale ergibt

$$f(z) = \sum_{k=-\infty}^{\infty} a_k (z-z_0)^k\,, \quad r_1 < |z-z_0| < r_2\,,$$

$$a_k = \begin{cases} \dfrac{1}{2\pi i}\displaystyle\oint\limits_{c_2}\frac{f(w)}{(w-z_0)^{k+1}}\,\mathrm{d}z\,, & k = 0,1,2,\ldots \\[2ex] \dfrac{1}{2\pi i}\displaystyle\oint\limits_{c_1}\frac{f(w)}{(w-z_0)^{k+1}}\,\mathrm{d}z\,, & k = -1,-2,-3,\ldots \end{cases}$$

Nun sind die Kreise $\boldsymbol{c}_1$ und $\boldsymbol{c}_2$ aber zu jedem einmal positiv durchlaufenen Kreis $|z - z_0| = r$, $r \in [r_1, r_2]$, homotop in D. Damit folgt die Behauptung aus dem Cauchyschen Integralsatz. ∎

Bemerkungen (27.70)

a) Die Laurent-Entwicklung von f zum Entwicklungspunkt z_0 ist bei vorgegebenem Kreisring eindeutig bestimmt (**Identitätssatz**).

b) Ist f holomorph auf den Kreis $\overline{K}_{r_2}(z_0)$, so gilt aufgrund des Cauchyschen Integralsatzes $a_k = 0,\ k = -1, -2, \ldots$ Die Laurent-Reihe stimmt in diesem Fall mit der Taylor-Entwicklung von f zum Entwicklungspunkt z_0 überein.

Beispiele (27.71)

a) Wir betrachten $f(z) := \frac{\sin z}{z^2}$, $z_0 = 0$, auf dem Kreisring: $0 < |z| < \infty$.
Aus der Taylor-Reihe von $\sin z$ zum Entwicklungspunkt z_0 erhält man

$$\begin{aligned} f(z) = \frac{\sin z}{z^2} &= \sum_{k=0}^{\infty} \frac{(-1)^k}{(2k+1)!} z^{2k-1} \\ &= \frac{1}{z} - \frac{z}{3!} + \frac{z^3}{5!} - \frac{z^5}{7!} + - \dots \end{aligned}$$

b) Gegeben sei $f(z) = \frac{1}{(z+1)(z-2)}$, $z_0 = 0$.
Die rationale Funktion $f(z)$ besitzt Singularitäten in $z_1 = -1$ und $z_2 = 2$.
Es gibt daher *drei* Laurent-Entwicklungen zum Entwicklungspunkt z_0, nämlich jeweils in den Bereichen (i) $|z| < 1$, (ii) $1 < |z| < 2$ und (iii) $|z| > 2$.
Wir bestimmen die Laurent-Entwicklung für den Bereich (ii). Mittels Partialbruchzerlegung ergibt sich:

$$\begin{aligned} f(z) = \frac{1/3}{z-2} - \frac{1/3}{z+1} &= -\frac{1}{6} \cdot \frac{1}{1 - z/2} - \frac{1}{3z} \cdot \frac{1}{1-(-1/z)} \\ &= -(1/6) \cdot \sum_{k=0}^{\infty} (z/2)^k - 1/(3z) \cdot \sum_{k=0}^{\infty} (-1/z)^k \\ &= \sum_{k=-\infty}^{-1} \frac{(-1)^k}{3} z^k + \sum_{k=0}^{\infty} \left(\frac{-1}{3 \times 2^{k+1}} \right) z^k . \end{aligned}$$

Bemerkung (27.72)

Analog zu Folgerung 27.67 gilt die **Cauchysche Ungleichung** auch für die Koeffizienten der Laurent-Entwicklung:

$$\begin{aligned} f(z) &= \sum_{k=-\infty}^{\infty} a_k (z - z_0)^k , \\ |a_k| &\le \frac{M(r)}{r^k}, \ k \in \mathbb{Z}, \ r_1 \le r \le r_2 , \\ M(r) &= \max_{|z-z_0|=r} |f(z)| . \end{aligned}$$

Bemerkung (27.73)

Laurent-Entwicklungen lassen sich auch dazu benutzen, Fourier-Entwicklungen von 2π-periodischen Funktionen $f \in C_{2\pi}$ zu bestimmen.

Man geht dazu wie folgt vor:

a) Man definiere $F(z)$ auf $|z| = 1$, durch $F(e^{i\phi}) := f(\phi)$.
b) Man setze F zu einer auf einem Kreisring $r_1 < |z| < r_2$ mit $r_1 < 1 < r_2$ holomorphen Funktion fort und ermittle die Laurent-Entwicklung dieser Funktion

$$F(z) = \sum_{k=-\infty}^{\infty} \gamma_k z^k , \quad r_1 < |z| < r_2 .$$

c) Hierin setze man $z = e^{i\phi}$ ein:

$$f(\phi) = F(e^{i\phi}) = \sum_{k=-\infty}^{\infty} \gamma_k e^{ik\phi} .$$

Für die Fourier-Koeffizienten ergibt sich dann

$$\gamma_k = \frac{1}{2\pi i} \oint_{|w|=1} \frac{F(w)}{(w-0)^{k+1}} \, dw , \qquad w = e^{i\phi} ,$$
$$= \frac{1}{2\pi} \int_0^{2\pi} f(\phi) e^{-ik\phi} \, d\phi .$$

Definition (27.74)
Sei $f : D \to \mathbb{C}$ holomorph auf einem Gebiet $D \subset \mathbb{C}$.

Ein Punkt $z_0 \in \mathbb{C} \setminus D$ heißt eine **isolierte Singularität** von f, falls es einen Radius $r > 0$ gibt mit $K_{0,r}(z_0) \subset D$.

Ist nun $f(z) = \sum_{-\infty}^{\infty} a_k (z - z_0)^k$ die Laurent-Entwicklung von f in $K_{0,r}(z_0)$ zum Entwicklungspunkt z_0, so sagt man

a) z_0 ist eine **hebbare Singularität**, falls $a_k = 0$ für alle $k < 0$.
b) z_0 ist ein **Pol der Ordnung** $m \in \mathbb{N}$, falls $a_{-m} \neq 0$ und $a_k = 0$ für alle Indizes $k < -m$.
c) z_0 ist eine **wesentliche Singularität**, falls z_0 weder ein Pol noch eine hebbare Singularität ist.

Beispiele (27.75)
a) $z_0 = 0$ ist eine hebbare Singularität der Funktion $(\sin z)/z$.
b) $z_0 = 0$ ist ein Pol erster Ordnung der Funktion $(\sin z)/z^2$. Beides sieht man unmittelbar mit Hilfe der Reihenentwicklung von sin.
c) Rationale Funktionen haben keine wesentlichen Singularitäten. Ist nämlich $f = p/q$ mit Polynomen p und q, so sind die Singularitäten von f gerade die Nullstellen von q. Ist z_0 eine m-fache Nullstelle von q, also $q(z) = (z - z_0)^m r(z)$, wobei r ein Polynom mit $r(z_0) \neq 0$ ist, so folgt

$$f(z) = \frac{p(z)/r(z)}{(z - z_0)^m} = \frac{g(z)}{(z - z_0)^m} ,$$

wobei g holomorph in z_0 ist, also dort in eine Taylor-Reihe entwickelbar ist. Damit ist aber z_0 ein Pol der Ordnung $\leq m$, oder sogar eine hebbare Singularität von f.
d) Die Funktion $f(z) := e^{1/z}$ hat in $z_0 = 0$ eine wesentliche Singularität. Dies sieht man direkt mit Hilfe der exp-Reihe:

$$f(z) = \sum_{k=0}^{\infty} \frac{1}{k!} \left(\frac{1}{z}\right)^k = \sum_{j=-\infty}^{0} \frac{1}{(-j)!} z^j .$$

Satz (27.76): Klassifikation isolierter Singularitäten
Sei z_0 eine isolierte Singularität einer holomorphen Funktion $f : D \to \mathbb{C}$.

a) z_0 ist genau dann eine hebbare Singularität, falls der Grenzwert $\lim_{z\to z_0} f(z)$ (in $\mathbb{C}$) existiert. In diesem Fall ist

$$\tilde{f}(z) := \begin{cases} f(z): & z \neq z_0 \,, \\ \lim_{z\to z_0} f(z): & z = z_0 \end{cases}$$

eine holomorphe Fortsetzung von f.
b) **Satz von Riemann:** Ist f in einer Umgebung von z_0 beschränkt, so ist z_0 eine hebbare Singularität von f.
c) z_0 ist genau dann ein Pol von f, falls $\lim_{z\to z_0} |f(z)| = \infty$ gilt.
d) **Satz von Picard:** Ist z_0 eine wesentliche Singularität von f, so bildet f *jeden* Kreisring $K_{0,\varepsilon}(z_0)$ auf ganz $\mathbb{C}$ ab, oder auf $\mathbb{C}$ mit Ausnahme eines einzigen Punktes.

Beweis.

zu a): Ist z_0 hebbare Singularität von f, so ist die Laurent-Entwicklung von f in einer $K_{0,\varepsilon}(z_0)$-Umgebung,

$$f(z) = \sum_{k=0}^{\infty} a_k (z - z_0)^k \,, \quad 0 < |z - z_0| < \varepsilon \,,$$

zugleich die Taylor-Entwicklung einer holomorphen Fortsetzung von f. Damit gilt insbesondere $\lim_{z\to z_0} f(z) = a_0$. Die Umkehrung folgt aus b).

zu b): Ist $|f(z)| \leq M$ für alle $z \in K_{0,\varepsilon}(z_0)$, so liefert die Cauchysche Ungleichung 27.72 die Abschätzung $|a_k| \leq M/r^k$ für die Koeffizienten der Laurent-Entwicklung von f. Speziell für $k < 0$ und $r \downarrow 0$ ergibt sich $a_k = 0$.

zu c): Sei z_0 ein Pol m-ter Ordnung von f; gelte also $f(z) = \sum_{-m}^{\infty} a_k (z - z_0)^k$, mit $a_{-m} \neq 0$. Umformung ergibt

$$f(z) = \frac{1}{(z - z_0)^m} \left\{ a_{-m} + \sum_{k=-m+1}^{\infty} a_k (z - z_0)^{m+k} \right\}$$

$$\Rightarrow \quad |f(z)| \geq \frac{1}{|z - z_0|^m} \left\{ |a_{-m}| - \left| \sum_{k=-m+1}^{\infty} a_k (z - z_0)^{m+k} \right| \right\}$$

Für $z \to z_0$ konvergiert der erste Faktor der obigen Abschätzung gegen ∞, der zweite Faktor gegen $|a_{-m}| \neq 0$. Damit geht die rechte Seite der Abschätzung gegen ∞ und somit auch $|f(z)|$. Die Umkehrung folgt aus d).

zu d): Wir zeigen lediglich die folgende schwächere Aussage:

Satz von Casorati und Weierstraß
Ist z_0 eine wesentliche Singularität von f, so liegt das Bild jeder $K_{0,\varepsilon}(z_0)$-Umgebung dicht in $\mathbb{C}$, d. h., jeder Punkt $w \in \mathbb{C}$ lässt sich durch Werte $f(z)$ mit $0 < |z - z_0| < \varepsilon$ beliebig genau approximieren.

Wir führen den Beweis indirekt und nehmen an, dass es einen Punkt $w_0 \in \mathbb{C}$ und ein $\delta > 0$ gibt, so dass gilt

$$\forall\, z: \quad 0 < |z - z_0| < \varepsilon \quad \Rightarrow \quad |f(z) - w_0| > \delta\,.$$

Die Funktion $g(z) := 1/(f(z) - w_0)$ ist demnach auf $K_{0,\varepsilon}(z_0)$ holomorph und beschränkt (durch $1/\delta$). Nach dem Riemannschen Satz ist g also auf $K_\varepsilon(z_0)$ holomorph fortsetzbar und somit in eine Taylor-Reihe entwickelbar:

$$g(z) = \sum_{k=0}^{\infty} a_k (z - z_0)^k\,, \quad 0 < |z - z_0| < \varepsilon\,.$$

Nicht alle a_k können verschwinden (da g keine Nullstelle hat); somit gibt es ein $m \geq 0$ mit $g(z) = (z - z_0)^m g_1(z)$, wobei g_1 auf $K_\varepsilon(z_0)$ holomorph ist und $g_1(z) \neq 0$ auf $K_\varepsilon(z_0)$ gilt.
Eine Umformung ergibt

$$f(z) = w_0 + \frac{1}{(z - z_0)^m} \left(\frac{1}{g_1(z)} \right)\,.$$

Da die Funktion $1/g_1$ ebenfalls in $K_\varepsilon(z_0)$ nicht verschwindet und dort holomorph ist, folgt, dass z_0 ein Pol m-ter Ordnung von f ist. Widerspruch zur Annahme! ■

Beispiel (27.77)
Die Funktion $f(z) := \exp(1/z)$ besitzt in $z_0 := 0$ eine wesentliche Singularität.
Wir sehen nun

i) z^{-1} bildet $K_{0,\varepsilon}(0)$ bijektiv auf $\mathbb{C} \setminus K_{1/\varepsilon}(0)$ ab.
ii) exp bildet jeden Streifen $S_k := \mathbb{R} + i\,[(2k-1)\pi, (2k+1)\pi[$ bijektiv auf $\mathbb{C} \setminus \{0\}$ ab, $k \in \mathbb{Z}$.

Aus diesen beiden Aussagen folgt, dass f jede $K_{0,\varepsilon}$-Umgebung sogar unendlich oft auf $\mathbb{C} \setminus \{0\}$ abbildet.
Ein Beispiel für eine auf $\mathbb{C} \setminus \{0\}$ holomorphe Funktion, die jede punktierte Nullumgebung auf ganz $\mathbb{C}$ abbildet, ist durch $g(z) := \sin(1/z)$ gegeben.

27.10 Residuen

Partialbruch-Zerlegung

Wir verwenden unsere Untersuchung der isolierten Singularitäten einer holomorphen Funktion, um eine Methode zur Bestimmung der komplexen Partialbruch-Zerlegung einer rationalen Funktion zu entwickeln.

Definition (27.78)
Besitzt eine holomorphe Funktion $f\colon D \to \mathbb{C}$ in $z_0 \in \mathbb{C} \setminus D$ die Laurent-Entwicklung $f(z) = \sum_{-\infty}^{\infty} a_k(z-z_0)^k$, $0 < |z-z_0| < r$, so heißt

$$h_f(z; z_0) := \sum_{k=-\infty}^{-1} a_k(z-z_0)^k , \quad 0 < |z-z_0| ,$$

der **Hauptteil** von f zum Entwicklungspunkt z_0 (isolierte Singularität).

Satz (27.79): Komplexe Partialbruch-Zerlegung
Ist $r(z) = p(z)/q(z)$ eine rationale Funktion auf $\mathbb{C}$ mit Polynomen p und q und Grad $p <$ Grad q, und sind $z_1, \ldots, z_m$ die verschiedenen Nullstellen des Nennerpolynoms q, so gilt

$$r(z) = h_r(z; z_1) + \ldots + h_r(z; z_m) .$$

Beweis.
Die Funktion

$$g(z) := r(z) - \sum_{j=1}^{m} h_r(z; z_j)$$

ist auf $\mathbb{C} \setminus \{z_1, \ldots, z_m\}$ holomorph und hat in jedem der Punkte z_j einen verschwindenden Hauptteil. Die z_j sind damit hebbare Singularitäten und die holomorphe Fortsetzung von g ist eine auf ganz $\mathbb{C}$ holomorphe Funktion.

Wegen Grad $p <$ Grad q folgt $\lim_{z\to\infty} r(z) = 0$ und somit auch $\lim_{z\to\infty} g(z) = 0$.

Nach dem Satz von Liouville 27.68 ist g folglich konstant und aufgrund des obigen Grenzwertes gilt damit $g = 0$. ■

Beispiel (27.80)
Gesucht sei die Partialbruch-Zerlegung der rationalen Funktion

$$f(z) = \frac{4}{(z+1)^2(z-1)} .$$

Das Nennerpolynom hat die Nullstellen $z_{1/2} = \pm 1$.
Für $z_1 = -1$ hat man:

$$f(z) = \frac{1}{(z+1)^2} \cdot \frac{4}{z-1} .$$

Von $g(z) := 4/(z-1)$ werden die ersten beiden Terme der Taylor-Entwicklung um z_1 benötigt:

$$g(z) = \frac{4}{z-1}\,, \quad g'(z) = \frac{-4}{(z-1)^2} \quad \Rightarrow \quad g(z) = (-2) - 1(z+1) + \ldots$$

$$\Rightarrow \quad f(z) = -\frac{2}{(z+1)^2} - \frac{1}{z+1} + \ldots$$

Die ersten beiden Summanden bilden den Hauptteil $h_f(z; z_1)$.

Für $z_2 = 1$ hat man:

$$f(z) = \frac{4}{z-1} \cdot \frac{1}{(z+1)^2}\,.$$

Von $g(z) := 1/(z+1)^2$ wird der erste Term der Taylor-Entwicklung um z_2 benötigt: $g(z) = 1/4 + \ldots$ und damit

$$f(z) = \frac{1}{z-1} + \ldots\,,$$

wobei der erste Summand gerade den Hauptteil $h_f(z; z_2)$ bildet.

Damit folgt nach Satz 27.79:

$$f(z) = -\frac{2}{(z+1)^2} - \frac{1}{z+1} + \frac{1}{z-1}\,.$$

Definition (27.81)

Ist z_0 eine isolierte Singularität einer holomorphen Funktion $f = f(z)$ mit der Laurent-Entwicklung

$$f(z) = \sum_{k=-\infty}^{\infty} a_k (z - z_0)^k\,, \quad 0 < |z - z_0| < r\,,$$

so heißt $\text{Res}(f; z_0) := a_{-1}$ das **Residuum** der Funktion f im Punkt z_0.

Satz (27.82): Residuensatz

Sei $D \subset \mathbb{C}$ ein Gebiet, $f\colon G := D \setminus \{z_1, \ldots, z_m\} \to \mathbb{C}$ holomorph und $\boldsymbol{c}\colon [0,1] \to G$ ein geschlossener stückweise C^1-Weg, der in D nullhomotop ist, d. h., innerhalb von $\boldsymbol{c}$ liegen höchstens die Singularitäten $z_1, \ldots, z_m$. Dann gilt

$$\oint_{c} f(z)\,\mathrm{d}z = 2\pi i \sum_{k=1}^{m} \text{Uml}(\boldsymbol{c}, z_k)\, \text{Res}(f; z_k)\,.$$

Beweisskizze:

- Es brauchen nur Singularitäten innerhalb des Weges $\boldsymbol{c}$ untersucht zu werden, für die äußeren Singularitäten verschwindet die Umlaufzahl.
- Man kann den Weg $\boldsymbol{c}$ so in geschlossene Teilwege $\boldsymbol{c}_j$ zerlegen, dass jeder Teilweg nur Singularitäten mit gleicher Umlaufzahl ℓ_j enthält.

- Jeder Teilweg $\boldsymbol{c}_j$ ist in G homotop zu einem ℓ_j-fach durchlaufenen, einfach geschlossenen, stückweisen C^1-Weg $\widetilde{\boldsymbol{c}}_j$. Damit folgt für das Integral

$$\oint_{c} f(z)\,\mathrm{d}z = \sum_{j=1}^{s} \ell_j \oint_{\widetilde{c}_j} f(z)\,\mathrm{d}z\,.$$

- Jeder einfach geschlossene Weg $\widetilde{\boldsymbol{c}}_j$ kann zerlegt werden in eine Summe von Kreisen um die Singularitäten innerhalb von $\widetilde{\boldsymbol{c}}_j$. Insgesamt folgt somit

$$\oint_{c} f(z)\,\mathrm{d}z = \sum_{k=1}^{m} \mathrm{Uml}(\boldsymbol{c}, z_k) \oint_{|z-z_k|=r_k} f(z)\,\mathrm{d}z\,.$$

Nun verwenden wir die Laurent-Entwicklung von f um z_k und erhalten

$$\begin{aligned}\oint_{|z-z_k|=r_k} f(z)\,\mathrm{d}z &= \oint_{|z-z_k|=r_k} \sum_{j=-\infty}^{\infty} a_j^{(k)}(z-z_k)^j\,\mathrm{d}z \\ &= \sum_{j=-\infty}^{\infty} a_j^{(k)} \oint_{|z-z_k|=r_k} (z-z_k)^j\,\mathrm{d}z \\ &= 2\pi i a_{-1}^{(k)} = 2\pi i\ \mathrm{Res}(f; z_k)\end{aligned}$$

■

Wir geben im Folgenden einige Standardverfahren zur konkreten Berechnung von Residuen an.

Satz (27.83)

a) Ist z_0 ein *einfacher Pol* von f, so besitzt f eine Darstellung $f(z) = g(z)/(z - z_0)$, wobei g eine in z_0 holomorphe Funktion ist. Dann gilt

$$\mathrm{Res}(f; z_0) = g(z_0) = \lim_{z\to z_0} (z - z_0) f(z)\,. \tag{27.41}$$

b) Gilt $f(z) = P(z)/Q(z)$ mit in einer Umgebung von z_0 holomorphen Funktionen P und Q, und ist z_0 eine *einfache Nullstelle* von Q, so gilt

$$\mathrm{Res}(f; z_0) = \frac{P(z_0)}{Q'(z_0)}\,. \tag{27.42}$$

c) Gilt eine Darstellung $f(z) = g(z)/(z - z_0)^m$ mit einer in einer Umgebung von z_0 holomorphen Funktion g, so folgt

$$\mathrm{Res}(f; z_0) = \frac{g^{(m-1)}(z_0)}{(m-1)!}\,. \tag{27.43}$$

Beweis.

zu a): Dies folgt aus c) für $m = 1$.

zu b): Setzt man $Q(z) = (z - z_0)R(z)$, so ist R in z_0 holomorph fortsetzbar mit $R(z_0) \neq 0$. Damit ist auch $g(z) := P(z)/R(z)$ bei $z = z_0$ holomorph fortsetzbar, und es gilt $f(z) = g(z)/(z - z_0)$. Nach a) folgt somit $\operatorname{Res}(f; z_0) = g(z_0) = P(z_0)/R(z_0)$.
Differentiation von $Q(z) = (z - z_0)R(z)$ ergibt ferner

$$Q'(z) = R(z) + (z - z_o)R'(z)$$

und somit $Q'(z_0) = R(z_0)$, also $\operatorname{Res}(f; z_0) = P(z_0)/Q'(z_0)$.

zu c): Die Taylor-Entwicklung von g ergibt

$$f(z) = \frac{g(z)}{(z - z_0)^m} = \sum_{k=0}^{\infty} \frac{g^{(k)}(z_0)}{k!} (z - z_0)^{k-m} .$$

Speziell für $k = m - 1$ folgt $a_{-1} = \operatorname{Res}(f; z_0) = \frac{g^{(m-1)}(z_0)}{(m-1)!}$ ■

Beispiele (27.84)

a) Gegeben sei $f(z) = \frac{1}{(z+1)(z-2)}$. Nach Satz 27.83a) ergibt sich

$$\operatorname{Res}(f; -1) = \left.\frac{1}{z-2}\right|_{z=-1} = -1/3 ,$$

$$\operatorname{Res}(f; 2) = \left.\frac{1}{z+1}\right|_{z=2} = 1/3 .$$

b) Sei $f(z) = \frac{1}{(1+z^2)}$. Nach Satz 27.83b) ergibt sich

$$\operatorname{Res}(f; i) = \left.\frac{1}{2z}\right|_{z=i} = 1/(2i) ,$$

$$\operatorname{Res}(f; -i) = \left.\frac{1}{2z}\right|_{z=-i} = -1/(2i) .$$

c) Sei $f(z) = \frac{e^{iz}}{z(1+z^2)^2}$.
$z_0 = i$ ist Pol zweiter Ordnung von f. Nach Satz 27.83c) erhält man

$$\operatorname{Res}(f; i) = g'(i) , \quad \text{mit} \quad g(z) := \frac{e^{iz}}{z(z+i)^2} .$$

$$\Rightarrow \quad g'(z) = \frac{iz(z+i)^2 - (z+i)^2 - 2z(z+i)}{z^2(z+i)^4} e^{iz}$$

$$= \left(\frac{i}{z(z+i)^2} - \frac{1}{z^2(z+i)^2} - \frac{2}{z(z+i)^3} \right) e^{iz}$$

$$\Rightarrow \quad g'(i) = \left(-\frac{1}{4} - \frac{1}{4} - \frac{1}{4} \right) e^{-1} = -\frac{3}{4e} .$$

Damit erhalten wir $\operatorname{Res}(f; i) = -3/(4e)$.

Bemerkung (27.85)
Aus dem Residuensatz lässt sich die Cauchysche Integralformel zurückgewinnen:

Ist $\boldsymbol{c}$ einfach geschlossen in einem Gebiet D, positiv orientiert, liegt z_0 im Innern von $\boldsymbol{c}$ und ist $f: D \to \mathbb{C}$ holomorph, so gilt

$$\oint_{\boldsymbol{c}} \frac{f(z)}{z - z_0}\,\mathrm{d}z = 2\pi i \operatorname{Res}\left(\frac{f(z)}{z - z_0}; z_0\right) = 2\pi i f(z_0)\,.$$

27.11 Berechnung reeller Integrale mittels Residuen

Im Folgenden beschreiben wir einige Verfahren, mit denen es gelingt, schwierige, zumeist uneigentliche reelle Integrale mit Hilfe von Residuen zu berechnen. Die Grundidee besteht darin, den reellen Integrationsweg zu einem geschlossen Weg in $\mathbb{C}$ zu ergänzen und hierauf den Residuensatz anzuwenden.

Satz (27.86)
Ist $R(z) = P(z)/Q(z)$ eine rationale Funktion, die keine reellen Singularitäten besitzt, und gilt für den Grad der Polynome P und Q: $\operatorname{grad}(Q) \geq \operatorname{grad}(P) + 2$, so folgt

$$\int_{-\infty}^{\infty} R(x)\,\mathrm{d}x = 2\pi i \sum_{\mathrm{Im} z>0} \operatorname{Res}(R; z)\,.$$

Beweis.
Wegen $\operatorname{grad}(Q) \geq \operatorname{grad}(P) + 2$ gilt für große $|z|$, $z \in \mathbb{C}$, eine Abschätzung der Form

$$|R(z)| = \left|\frac{P(z)}{Q(z)}\right| \leq \frac{C}{|z|^2}$$

Damit folgt die (absolute) Konvergenz des uneigentlichen Integrals $\int_{-\infty}^{\infty} R(x)\,\mathrm{d}x$ nach dem Majorantenkriterium; vgl. Satz 13.29.

Wir integrieren nun in $\mathbb{C}$ über den in Abb. 27.25 dargestellten Integrationsweg

Ist r hinreichend groß, so liegen alle Singularitäten der rationalen Funktion R mit $\mathrm{Im}\, z_k > 0$ innerhalb des Weges $\boldsymbol{c}_1 + \boldsymbol{c}_2$. Somit folgt

$$2\pi i \sum_{\mathrm{Im}\, z_k>0} \operatorname{Res}(R; z_k) = \oint_{\boldsymbol{c}_1+\boldsymbol{c}_2} R(z)\,\mathrm{d}z \tag{27.44}$$

Wir betrachten nun die Grenzwerte der einzelnen Integrale für $r \to \infty$:

$$\int_{\boldsymbol{c}_1} R(z)\,\mathrm{d}z = \int_{-r}^{r} R(z)\,\mathrm{d}z \to \int_{-\infty}^{\infty} R(x)\,\mathrm{d}x \quad (r \to \infty)\,.$$

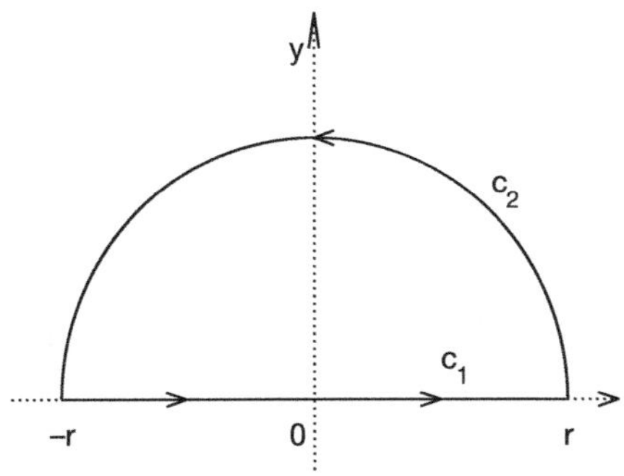

Abb. 27.25 Komplexer Integrationsweg.

Das zweite Integral schätzen wir ab

$$\left|\int_{c_2} R(z)\,\mathrm{d}z\right| \leq \max_{|z|=r}|R(z)|\cdot L(\boldsymbol{c}_2) \leq \frac{C}{r^2}\cdot \pi r \to 0$$

für $r \to \infty$. Aus (27.44) folgt somit die Behauptung

$$\int_{-\infty}^{\infty} R(x)\,\mathrm{d}x = 2\pi i \sum_{\mathrm{Im} z>0} \mathrm{Res}(R; z)\,.$$

■

Beispiel (27.87)
Zu berechnen sei das uneigentliche Integral

$$\int_{-\infty}^{\infty} \frac{\mathrm{d}x}{1+x^6}\,.$$

Die Funktion $R(z) := 1/(1+z^6)$ besitzt sechs Polstellen, von denen drei in der oberen Halbebene liegen, nämlich $z_1 = \mathrm{e}^{i\pi/6}$, $z_2 = \mathrm{e}^{i\pi/2}$, $z_3 = \mathrm{e}^{i5\pi/6}$. Ferner gilt nach Satz 27.83

$$\mathrm{Res}(f; z_k) = \left.\frac{1}{6z^5}\right|_{z_k} = -\frac{z_k}{6}\,.$$

Damit folgt nach Satz 27.86

$$\begin{aligned}\int_{-\infty}^{\infty} \frac{\mathrm{d}x}{1+x^6} &= -\frac{2\pi i}{6}\,(\mathrm{e}^{i\pi/6} + \mathrm{e}^{i\pi/2} + \mathrm{e}^{i5\pi/6}) \\ &= \frac{\pi}{3}\,(2\sin(\pi/6)+1)\,.\end{aligned}$$

Beispiel (27.88)
Zu berechnen sei

$$\int_{-\infty}^{\infty} \frac{e^{i\omega x}}{x^2+a^2}\,dx\,; \qquad a>0,\ \omega>0\,.$$

Satz 27.86 lässt sich nicht direkt anwenden; allerdings lässt sich der Beweis des Satzes unmittelbar übertragen, da

$$\left|\frac{e^{i\omega z}}{z^2+a^2}\right| = \frac{e^{-\omega y}}{|z^2+a^2|} \le \frac{1}{|z^2+a^2|} \le \frac{C}{|z|^2}\,.$$

Damit erhalten wir

$$\begin{aligned}\int_{-\infty}^{\infty} \frac{e^{i\omega x}}{x^2+a^2}\,dx &= 2\pi i \sum_{\mathrm{Im} z>0} \mathrm{Res}\left(\frac{e^{i\omega z}}{z^2+a^2};\, z\right)\\ &= 2\pi i\ \mathrm{Res}\left(\frac{e^{i\omega z}}{z^2+a^2};\, ia\right)\\ &= 2\pi i \frac{e^{i\omega z}}{2z}\bigg|_{z=ia} = \frac{\pi}{a}e^{-\omega a}\,.\end{aligned}$$

Satz (27.89)
Sei f holomorph auf einem Gebiet $G = D\setminus\{z_1,\dots,z_m\}$, wobei $D\supset\{z:\mathrm{Im}\,z> -\varepsilon\}$ für ein $\varepsilon>0$. Die (endlich vielen) isolierten Singularitäten von f mögen in der oberen Halbebene $\mathrm{Im}\,z>0$ liegen.

Gilt nun $\lim_{z\to\infty,\ y\ge 0} f(z)=0$, so folgt

$$\mathrm{CHW}\int_{-\infty}^{\infty} f(x)e^{ix}\,dx = 2\pi i\sum_{k=1}^{m}\mathrm{Res}\left(f(z)e^{iz};\, z_k\right)\,.$$

Hierbei bezeichnet CHW den Cauchyschen Hauptwert des Integrals, vgl. Bemerkung 13.28.

Beweis.
Wir integrieren wieder über den Integrationsweg aus Abb. 27.25 und schätzen ab.

$$\begin{aligned}\left|\int_{C_2} f(z)e^{iz}\,dz\right| &= \left|\int_0^{\pi} f(re^{i\phi})e^{ir\exp(i\phi)}rie^{i\phi}\,d\phi\right|\\ &\le M(r)\int_0^{\pi} re^{-r\sin\phi}\,d\phi\,,\end{aligned}$$

wobei $M(r) := \max\{|f(z)| : |z|=r,\ \mathrm{Im}\,z\ge 0\}$.

Zur Abschätzung verwenden wir nun $\sin\phi \geq 2\,\phi/\pi$ für $0 \leq \phi \leq \pi/2$.

$$\int_0^{\pi} re^{-r\sin\phi}\,\mathrm{d}\phi = 2r\int_0^{\pi/2} \mathrm{e}^{-r\sin\phi}\,\mathrm{d}\phi \leq 2r\int_0^{\pi/2} \mathrm{e}^{-2r\phi/\pi}\,\mathrm{d}\phi$$

$$= -\frac{2r}{2r/\pi}\mathrm{e}^{-2r\phi/\pi}\Big|_{\phi=0}^{\pi/2} = \pi(1-\mathrm{e}^{-r}) \leq \pi\,.$$

Damit folgt $\int_{c_2} f(z)\mathrm{e}^{iz}\,\mathrm{d}z \to 0,\ r \to \infty$. ■

Beispiel (27.90)
Zu berechnen sei das uneigentliche Integral

$$\int_{-\infty}^{\infty} \frac{\cos x}{1+x^2}\,\mathrm{d}x\,.$$

Das uneigentliche Integral existiert nach dem Majorantenkriterium. Es lässt sich als Realteil des komplexen Integrals

$$\int_{-\infty}^{\infty} \frac{\mathrm{e}^{iz}}{1+z^2}\,\mathrm{d}z$$

schreiben. Wegen $f(z) := 1/(1+z^2) \to 0,\ z \to \infty$, folgt mit Satz27.89:

$$\int_{-\infty}^{\infty} \frac{\mathrm{e}^{iz}}{1+z^2}\,\mathrm{d}z = 2\pi i\ \mathrm{Res}\left(\frac{\mathrm{e}^{iz}}{1+z^2};\ i\right) = 2\pi i\frac{\mathrm{e}^{iz}}{2z}\Big|_{z=i} = \frac{\pi}{\mathrm{e}}\,.$$

Damit folgt

$$\int_{-\infty}^{\infty} \frac{\cos x}{1+x^2}\,\mathrm{d}x = \frac{\pi}{\mathrm{e}}\,, \qquad \int_{-\infty}^{\infty} \frac{\sin x}{1+x^2}\,\mathrm{d}x = 0\,.$$

Satz (27.91)
Ist $R = R(x, y)$ eine rationale Funktion in den Variablen $(x, y) \in \mathbb{R}^2$, die auf dem Einheitskreis $x^2 + y^2 = 1$ keine Singularitäten hat, so gilt:

$$\int_0^{2\pi} R(\sin t, \cos t)\,\mathrm{d}t = 2\pi \sum_{|z|<1} \mathrm{Res}\left\{\frac{1}{z}R\left(\frac{z-1/z}{2i}, \frac{z+1/z}{2}\right);\ z\right\}.$$

Beweis.
Die rechte Seite lässt sich mit dem Residuensatz als Integral schreiben:

$$\oint\limits_{|z|=1} \frac{1}{iz} R\left(\frac{z-1/z}{2i}, \frac{z+1/z}{2}\right) \mathrm{d}z = \int\limits_0^{2\pi} \frac{1}{i\mathrm{e}^{it}} R(\sin t, \cos t) i\mathrm{e}^{it}\,\mathrm{d}t$$

$$= \int\limits_0^{2\pi} R(\sin t, \cos t)\,\mathrm{d}t\,. \qquad \blacksquare$$

Beispiel (27.92)
Zu berechnen sei das Integral

$$\int\limits_0^{2\pi} \frac{\mathrm{d}t}{a+\sin t}, \qquad a > 1\,.$$

Die Voraussetzung von Satz 27.91 ist erfüllt, $R(x, y) = 1/(a + x)$ hat keine Singularität auf dem Einheitskreis. Die Funktion

$$f(z) := \frac{1}{z}\frac{1}{a+(z-1/z)/(2i)} = \frac{2i}{z^2+2iaz-1}$$

hat Polstellen bei $z_{1,2} = -ia \pm i\sqrt{a^2-1}$. Nur z_1 liegt im Einheitskreis. Mit

$$\mathrm{Res}(f; z_1) = \frac{2i}{2z_1+2ia} = \frac{1}{\sqrt{a^2-1}}$$

folgt nun aus Satz 27.91

$$\int\limits_0^{2\pi} \frac{\mathrm{d}t}{a+\sin t} = \frac{2\pi}{\sqrt{a^2-1}}\,.$$

Satz (27.93)
Sei $R = R(x)$ eine rationale Funktion in einer Variablen x, die im Intervall $[0, \infty[$ keine Polstelle besitzt. Es sei $R(x) = P(x)/Q(x)$ mit $\operatorname{grad} Q > \operatorname{grad} P$ und es sei $0 < \alpha < 1$. Dann gilt

$$\int\limits_0^{\infty} \frac{R(x)}{x^\alpha}\,\mathrm{d}x = \frac{2\pi i}{1-\mathrm{e}^{-2\pi\alpha i}} \sum_{z_k \neq 0} \mathrm{Res}\left(\frac{R(z)}{z^\alpha}; z_k\right)\,.$$

Dabei ist der folgende Zweig von z^α zu wählen:

$$z = r\mathrm{e}^{i\phi}\,, \quad 0 < \phi < 2\pi \quad \Rightarrow \quad z^\alpha := r^\alpha \mathrm{e}^{i\alpha\phi}\,.$$

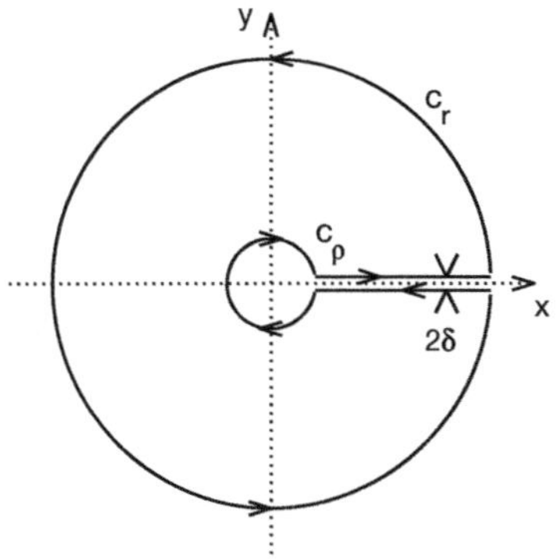

Abb. 27.26 Komplexer Integrationsweg.

Beweis.
Wir integrieren die Funktion $f(z) = R(z)/z^\alpha$ über den in Abb. 27.26 dargestellten Integrationsweg und führen die Grenzprozesse $\rho \to 0$, $\delta \to 0$ und $r \to \infty$ durch.

$$\int_c \frac{R(z)}{z^\alpha}\,\mathrm{d}z = \int_{c_r} \frac{R(z)}{z^\alpha}\,\mathrm{d}z + \int_{c_\rho} \frac{R(z)}{z^\alpha}\,\mathrm{d}z + \int_\rho^r \frac{R(x+\delta i)}{(x+\delta i)^\alpha}\,\mathrm{d}x - \int_\rho^r \frac{R(x-\delta i)}{(x-\delta i)^\alpha}\,\mathrm{d}x\,.$$

Für $\delta \to 0$ ergeben sich die Grenzwerte

$$\int_\rho^r \frac{R(x+\delta i)}{(x+\delta i)^\alpha}\,\mathrm{d}x \quad \to \quad \int_\rho^r \frac{R(x)}{x^\alpha}\,\mathrm{d}x\,,$$

$$\int_\rho^r \frac{R(x-\delta i)}{(x-\delta i)^\alpha}\,\mathrm{d}x \quad \to \quad \mathrm{e}^{-2\pi\alpha i}\int_\rho^r \frac{R(x)}{x^\alpha}\,\mathrm{d}x\,.$$

Wegen grad $Q >$ grad P und $0 < \alpha < 1$ gilt

$$z\frac{R(z)}{z^\alpha} = z^{1-\alpha}R(z) \to 0 \quad (z \to \infty / z \to 0)$$

und damit

$$\left|\int_{c_r} f(z)\,\mathrm{d}z\right| \le \int_0^{2\pi} |f(re^{i\phi})ire^{i\phi}|\,\mathrm{d}\phi \le 2\pi \max_{|z|=r} |zf(z)|$$

$$\Rightarrow \quad \int_{c_r} f(z)\,\mathrm{d}z \to 0(r \to \infty)\,, \qquad \int_{c_\rho} f(z)\,\mathrm{d}z \to 0(\rho \to 0)\,.$$

Somit folgt aus dem Residuensatz

$$2\pi i \sum_{z_k \neq 0} \operatorname{Res}\left(\frac{R(z)}{z^\alpha}; z_k\right) = \oint_c \frac{R(z)}{z^\alpha}\,\mathrm{d}z \to (1 - \mathrm{e}^{-2\pi\alpha i}) \int_0^\infty \frac{R(x)}{z^\alpha}\,\mathrm{d}x$$

für $\rho,\ \delta \to 0,\ r \to \infty$. ■

Beispiel (27.94)
Zu berechnen sei das uneigentliche Integral

$$I := \int_0^\infty \frac{\mathrm{d}x}{x^\alpha\,(1+x)}\,, \quad 0 < \alpha < 1\,.$$

Die Funktion $R(z) = 1/(1+z)$ hat einen Pol in $z = -1$, die Voraussetzung des Satzes 27.93 ist also erfüllt. Man hat

$$\operatorname{Res}\left(\frac{1}{z^\alpha\,(1+z)};\ -1\right) = \frac{1}{\mathrm{e}^{\pi i\alpha}}\,.$$

Damit folgt nach Satz 27.93

$$I = \frac{2\pi i}{1 - \mathrm{e}^{-2\pi\alpha i}} \cdot \frac{1}{\mathrm{e}^{\pi\alpha i}} = \frac{\pi}{\sin(\pi\alpha)}\,.$$

28
Integraltransformationen

Integraltransformationen ordnen einer vorgegebenen Funktion $f = f(t)$ einer reellen oder komplexen Variablen in eindeutiger Weise eine transformierte Funktion der folgenden Form zu:

$$F(s) := \int_{\alpha}^{\beta} K(s,t) f(t)\,\mathrm{d}t\,. \tag{28.1}$$

Dabei heißt $K(s, t)$ der **Kern** der Integraltransformation. Für s sind dabei ebenfalls mitunter komplexe Werte $s \in D \subset \mathbb{C}$ zugelassen. Ferner gilt zumeist $\alpha = -\infty$ und/oder $\beta = +\infty$, d. h. das Integral in (28.1) ist ein uneigentliches Integral, vgl. hierzu auch den Abschn. 13.5.

Beispiele für solche Integraltransformationen sind:

Fourier-Transformation: $F(\omega) = \int_{-\infty}^{\infty} \mathrm{e}^{-i\omega t} f(t)\,\mathrm{d}t$

Laplace-Transformation: $F(s) = \int_{0}^{\infty} \mathrm{e}^{-st} f(t)\,\mathrm{d}t$

Mellin-Transformation: $F(s) = \int_{0}^{\infty} t^{s-1} f(t)\,\mathrm{d}t$

Hankel-Transformation: $F_\nu(s) = \int_{0}^{\infty} t J_\nu(st) f(t)\,\mathrm{d}t\,.$

Die praktische Anwendbarkeit solcher Integraltransformationen beruht im Wesentlichen darauf, dass Differentialausdrücke hierdurch in algebraische Ausdrücke transformiert werden, die zumeist einfacher handhabbar sind. In den Ingenieurwissenschaften wird diese Technik daher häufig zur Lösung linearer Differentialgleichungen verwendet, in denen auch unstetige oder impulsartige Terme auftreten können. Die Standardverfahren aus den früheren Abschnitten lassen sich auf solche Probleme i. Allg. nur recht umständlich anwenden.

Mathematik in den Ingenieur- und Naturwissenschaften 2, 5. Aufl.
Rainer Ansorge, Hans J. Oberle, Kai Rothe und Thomas Sonar.

Natürlich verbleibt nach der Transformation einer Differentialgleichung und der Lösung der entstehenden algebraischen Gleichung immer noch das Problem, die Lösung im Bildbereich zurückzutransformieren, also die inverse Integraltransformation zu bestimmen.

Wir wollen uns im Folgenden die beiden am häufigsten verwendeten Integraltransformationen, die Fourier- und die Laplace-Transformation ansehen.

28.1 Die Fourier-Transformation

Ausgangspunkt der folgenden Überlegungen ist die bekannte **Fourier-Entwicklung** einer T–periodischen, stückweise stetigen bzw. stückweise stetig differenzierbaren Funktion $f : \mathbb{R} \to \mathbb{R}$. Nach Kap. 16 hat man die folgenden beiden Darstellungen

Komplexe Darstellung (28.1)

$$f(t) = \sum_{k=-\infty}^{\infty} \gamma_k e^{ik\omega t}, \quad \omega = \frac{2\pi}{T},$$

$$\gamma_k = \frac{1}{T} \int_{-T/2}^{T/2} f(\tau) e^{-ik\omega\tau} \, d\tau$$

Reelle Darstellung (28.2)

$$f(t) = \frac{a_0}{2} + \sum_{k=1}^{\infty} [a_k \cos(k\omega t) + b_k \sin(k\omega t)]$$

$$a_k = 2 \operatorname{Re} \gamma_k = \frac{2}{T} \int_{-T/2}^{T/2} f(\tau) \cos(k\omega\tau) \, d\tau$$

$$b_k = -2 \operatorname{Im} \gamma_k = \frac{2}{T} \int_{-T/2}^{T/2} f(\tau) \sin(k\omega\tau) \, d\tau \,.$$

Unter entsprechenden Voraussetzungen an die Funktion f konvergieren die jeweiligen Reihen mit denen aus f berechneten Fourier-Koeffizienten punktweise und in kompakten Intervallen, in denen f stetig ist, auch gleichmäßig gegen f, vgl. Satz 16.14.

In Unstetigkeitsstellen von f konvergieren die Reihen gegen den Mittelwert der einseitigen Grenzwerte $(f(t^-) + f(t^+))/2$.

Die **Grundidee der Fourier-Transformation** besteht nun darin, die obigen Darstellungen durch Grenzwertbildung $T \to \infty$ auf nichtperiodische Funktionen zu übertragen.

Setzt man die Fourier-Koeffizienten in (28.1) ein, so erhält man

$$f(t) = \frac{1}{2\pi} \sum_{k=-\infty}^{\infty} e^{i\omega_k t} \left(\int_{-T/2}^{T/2} f(\tau) e^{-i\omega_k \tau} \, d\tau \right) \Delta\omega , \tag{28.2}$$

wobei $\Delta\omega := \omega := 2\pi/T$ und $\omega_k := k\Delta\omega,\ k \in \mathbb{Z}$.

Nun lässt sich die Relation (28.2) interpretieren als *Riemann-Summe* der Funktion $e^{i\omega t}F_T(\omega)$ mit $F_T(\omega) := \int_{-T/2}^{T/2} f(\tau)e^{-i\omega\tau}\, d\tau$ zur Zerlegung $\{\omega_k : k \in \mathbb{Z}\}$ (bei festem t).

Für $T \to \infty$ erhalten wir damit formal, d. h. ohne Konvergenzuntersuchung, die folgende Darstellung

$$\begin{aligned} &\text{(a)} \quad f(t) = \frac{1}{2\pi} \int_{-\infty}^{\infty} F(\omega) e^{i\omega t} \, d\omega \\ &\text{(b)} \quad F(\omega) = \int_{-\infty}^{\infty} f(\tau) e^{-i\omega\tau} \, d\tau \end{aligned} \tag{28.3}$$

Definition (28.3)
Die in (28.3)b) definierte Funktion $F(\omega),\ \omega \in \mathbb{R}$, heißt (sofern existent) die **Fourier-Transformierte** oder **Spektralfunktion** von f. Sie lässt sich interpretieren als Dichtefunktion der in f enthaltenen harmonischen Schwingungen.

(28.3)a) heißt das **Fourier-Integral** oder die **spektrale Zerlegung** von f. Beide uneigentlichen Integrale sind im Sinn des *Cauchyschen Hauptwertes* zu berechnen.

Gebräuchlich sind auch die Schreibweisen: $\mathcal{F}\{f\}(\omega) := \widehat{f}(\omega) := F(\omega)$. Dabei bezeichnet $\mathcal{F}$ den **Operator der Fourier-Transformation.**

Reelle Darstellung

Durch Zerlegung in Real- und Imaginärteil erhalten wir aus (28.3)

$$F(\omega) = \int_{-\infty}^{\infty} f(\tau)\,(\cos(\omega\tau) - i\sin(\omega\tau))\, d\tau =: a(\omega) - ib(\omega)$$

sowie

$$\begin{aligned} f(t) &= \frac{1}{2\pi} \int_{-\infty}^{\infty} F(\omega)\,(\cos(\omega\tau) + i\sin(\omega\tau))\, d\omega \\ &= \frac{1}{2\pi} \int_{-\infty}^{\infty} (a(\omega) \ - ib(\omega))\,(\cos(\omega\tau) + i\sin(\omega\tau))\, d\omega \\ &= \frac{1}{\pi} \int_{0}^{\infty} (a(\omega)\cos(\omega\tau) + b(\omega)\sin(\omega\tau))\, d\omega \end{aligned}$$

Zur letzten Umformung beachte man, dass $a(\omega)$ eine gerade und $b(\omega)$ eine ungerade Funktion ist.

Zusammengefasst ergibt sich das **Sinus-** und das **Cosinus-Spektrum**:

$$\begin{aligned} f(t) &= \frac{1}{\pi}\int\limits_0^\infty (a(\omega)\cos(\omega\tau) + b(\omega)\sin(\omega\tau))\,\mathrm{d}\omega \\ a(\omega) &= \int\limits_{-\infty}^{\infty} f(\tau)\cos(\omega\tau)\,\mathrm{d}\tau \\ b(\omega) &= \int\limits_{-\infty}^{\infty} f(\tau)\sin(\omega\tau)\,\mathrm{d}\tau \end{aligned} \tag{28.4}$$

Beispiel (28.4): Rechteckimpuls

Für den Rechteckimpuls der Breite $2a$, vgl. Abb. 28.1, mit

$$f(t) = \begin{cases} 1: & -a \le t \le a\,, \\ 0: & |t| > a\,. \end{cases}$$

ergibt sich

$$\begin{aligned} F(\omega) &= \int\limits_{\infty}^{\infty} f(t)\mathrm{e}^{-i\omega t}\,\mathrm{d}t = \int\limits_{-a}^{a} \mathrm{e}^{-i\omega t}\,\mathrm{d}t \\ &= -\frac{1}{i\omega}\mathrm{e}^{-i\omega t}\bigg|_{-a}^{a} = -\frac{1}{i\omega}[\mathrm{e}^{-i\omega a} - \mathrm{e}^{i\omega a}] \\ &= \begin{cases} \dfrac{2}{\omega}\sin(\omega a): & \text{für } \omega \neq 0\,, \\ 2a: & \text{für } \omega = 0 \end{cases} \qquad =: 2a\,\mathrm{sinc}(\omega a)\,. \end{aligned}$$

Dabei wird die sogenannte **sinc-Funktion** definiert durch, vgl. Abb. 28.2,

$$\mathrm{sinc}(z) := \begin{cases} \dfrac{1}{z}\sin(z): & \text{für } z \neq 0\,, \\ 1: & \text{für } z = 0\,. \end{cases} \tag{28.5}$$

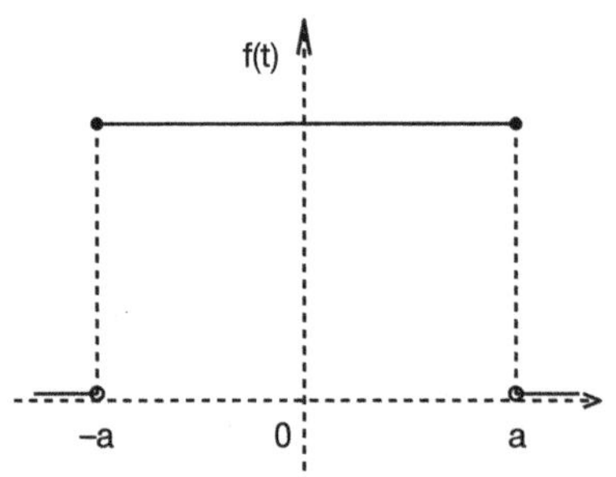

Abb. 28.1 Rechteckimpuls.

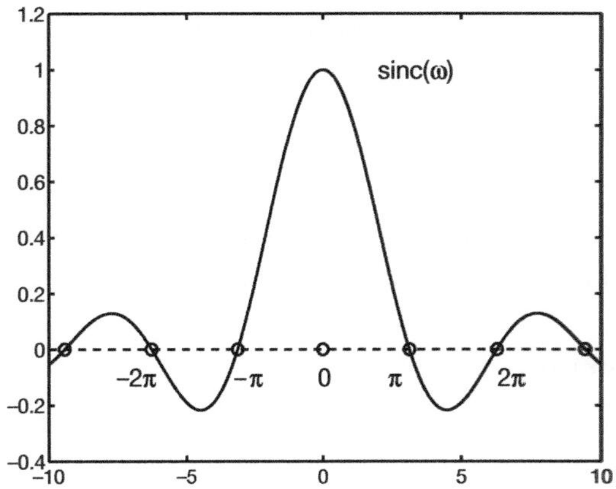

Abb. 28.2 Die sinc-Funktion.

Zur Umkehrung:

$$\mathcal{F}^{-1}\{F\}(t) = \frac{1}{2\pi} \int_{-\infty}^{\infty} \frac{2\sin(\omega a)}{\omega} \mathrm{e}^{i\omega t}\,\mathrm{d}\omega$$

$$= \frac{1}{\pi} \int_{-\infty}^{\infty} \frac{\sin(\omega a)\cos(\omega t)}{\omega}\,\mathrm{d}\omega$$

$$= \frac{1}{2\pi} \int_{-\infty}^{\infty} \frac{\sin(\omega(a+t)) + \sin(\omega(a-t))}{\omega}\,\mathrm{d}\omega\,.$$

Es sind also zwei Integrale vom Typ CHW $\int_{-\infty}^{\infty} \frac{\sin(ax)}{x}\,\mathrm{d}x$ zu berechnen.

Hierzu verwenden wir den Residuensatz, vgl. Abschn. 27.11. Wir integrieren – analog zu Satz 27.93 – über den in Abb. 28.3 dargestellten, stückweisen C^1-Weg.

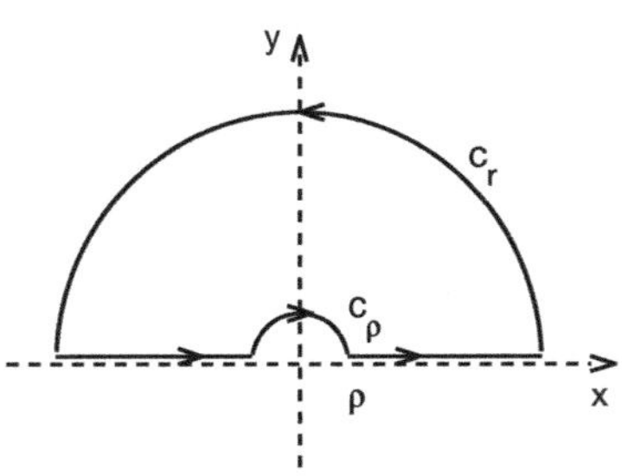

Abb. 28.3 Komplexer Integrationsweg.

Mit einer analogen Abschätzung wie in Satz 27.89 sieht man zunächst

$$\int_{C_r} \frac{e^{i\alpha z}}{z}\,dz \to 0 \quad (\text{für} \quad r \to \infty)\,.$$

Mittels Laurent-Entwicklung findet man ferner die Darstellung $e^{i\alpha z}/z = 1/z + h(z)$, wobei h eine auf $\mathbb{C}$ holomorphe Funktion ist. Somit folgt

$$\int_{C_\rho} \frac{e^{i\alpha z}}{z}\,dz = \int_{C_\rho} \frac{1}{z}\,dz + \int_{C_\rho} h(z)\,dz\,,$$

mit $\int_{C_\rho} h(z)\,dz \to 0$ für $\rho \downarrow 0$ und

$$\int_{C_\rho} \frac{1}{z}\,dz = -\int_0^\pi \frac{1}{\rho} e^{-i\phi} \rho i e^{i\phi}\,d\phi = -\pi i\,.$$

Insgesamt folgt also $\int_{C_\rho} \frac{e^{i\alpha z}}{z}\,dz = -\pi i$, und damit für den Imaginärteil

$$\text{CHW} \int_{-\infty}^{\infty} \frac{\sin(\alpha x)}{x}\,dx = \begin{cases} \pi\,, & \text{für } \alpha > 0\,, \\ 0\,, & \text{für } \alpha = 0\,, \\ -\pi\,, & \text{für } \alpha < 0\,. \end{cases}$$

$$\Rightarrow \quad \mathcal{F}^{-1}\{F\}(t) = \begin{cases} 1\,, & \text{für } |t| < a\,, \\ 1/2\,, & \text{für } |t| = a\,, \\ 0\,, & \text{für } |t| > a\,. \end{cases}$$

Man erkennt an dieser Relation die Mittelwerteigenschaft wieder, die wir bereits in Satz 16.14 für Fourier-Reihen periodischer, stückweiser C^1-Funktionen bewiesen hatten.

Beispiel (28.5): Kondensatorentladung
Wir betrachten eine Kondensatorentladung, vgl. Abb. 28.4, mit

$$f(t) = \begin{cases} e^{-at}: & t \geq 0\,, \\ 0: & t < 0\,. \end{cases}$$

Für die Fourier-Transformierte ergibt sich

$$\begin{aligned} F(\omega) &= \int_{-\infty}^{\infty} f(t) e^{-i\omega t}\,dt = \int_0^\infty e^{-(a+i\omega)t}\,dt \\ &= -\frac{1}{a+i\omega} e^{-(a+i\omega)t}\Big|_0^\infty = \frac{1}{a+i\omega} \quad (a > 0)\,. \end{aligned}$$

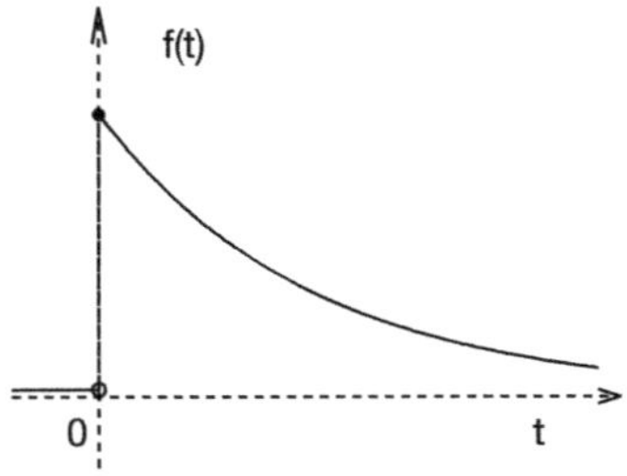

Abb. 28.4 Kondensator-Entladung.

Zur Umkehrung:

$$\mathcal{F}^{-1}\{F\}(t) = \frac{1}{2\pi}\int\limits_{-\infty}^{\infty}\frac{1}{a+i\omega}e^{i\omega t}\,d\omega = \frac{1}{2\pi i}\int\limits_{-\infty}^{\infty}\frac{e^{it\omega}}{\omega - ia}\,d\omega$$

$$= \frac{1}{2\pi i}\int\limits_{-\infty}^{\infty}\frac{e^{ix}}{x - iat}\,dx\,, \quad \text{mit} \quad x := t\cdot\omega\,, \quad dx = t\cdot d\omega\,.$$

Für $t \neq 0$ lässt sich das Integral mittels Satz 27.89 berechnen. Wir erhalten:

$$\mathcal{F}^{-1}\{F\}(t) = \sum_{\operatorname{Im} z_k > 0} \operatorname{Res}\left(\frac{e^{iz}}{z - iat}; z_k\right)$$

$$= \begin{cases} e^{-iat}\,, & \text{für } t > 0\,, \\ 0\,, & \text{für } t < 0\,. \end{cases}$$

Für $t = 0$ ergibt sich durch direkte Berechnung des (ersten) Integrals $\mathcal{F}^{-1}\{F\}(0) = 1/2$. Man beobachtet wieder die Mittelwerteigenschaft an der Unstetigkeitsstelle $t = 0$.

Beispiel (28.6)
Analog findet man für $f(t) = e^{-a|t|}$, $a > 0$, $t \in \mathbb{R}$:

$$F(\omega) = \int\limits_{-\infty}^{\infty} e^{-a|t|}e^{-i\omega t}\,dt$$

$$= \int\limits_{-\infty}^{0} e^{(a-i\omega)t}\,dt + \int\limits_{0}^{\infty} e^{(a+i\omega)t}\,dt$$

$$= \frac{1}{a - i\omega} + \frac{1}{a + i\omega} = \frac{2a}{a^2 + \omega^2}\,.$$

Man erkennt, dass für diese stetige Funktion f die Fourier-Transformierte wie $O(1/\omega^2)$ abfällt, vgl. dagegen die Beispiele 28.4 und 28.5.

Ohne Beweis sei der folgende Konvergenzsatz für die Fourier-Transformierte zitiert, der hinreichende Bedingungen für die Existenz (Konvergenz) der Fourier-Transformierten und deren Umkehrbarkeit angibt.

Satz (28.7): Existenz, Eindeutigkeit

a) Ist $f : \mathbb{R} \to \mathbb{C}$ stückweise stetig und absolut integrabel, d. h. $\int_{-\infty}^{\infty} |f(t)|\,\mathrm{d}t < \infty$, so existiert die Fourier-Transformierte

$$F(\omega) = \int_{-\infty}^{\infty} f(t)\mathrm{e}^{-i\omega t}\,\mathrm{d}t$$

für alle $\omega \in \mathbb{R}$. Das Integral konvergiert gleichmäßig und $F = \mathcal{F}\{f\} : \mathbb{R} \to \mathbb{C}$ ist stetig auf $\mathbb{R}$.

b) Ist $f : \mathbb{R} \to \mathbb{C}$ stückweise C^1-Funktion und absolut integrabel, so gilt für alle $t \in \mathbb{R}$ die folgende Umkehrformel

$$\frac{1}{2}\left(f(t^-) + f(t^+)\right) = \mathrm{CHW}\,\frac{1}{2\pi}\int_{-\infty}^{\infty} F(\omega)\mathrm{e}^{i\omega t}\,\mathrm{d}\omega\,.$$

c) Sind $f_1, f_2 : \mathbb{R} \to \mathbb{C}$ stückweise C^1-Funktionen und absolut integrabel und besitzen diese die gleiche Fourier-Transformierte, also $F_1(\omega) = F_2(\omega)$, $(\forall\,\omega \in \mathbb{R})$, so folgt $f_1(t) = f_2(t)$ in allen Punkten $t \in \mathbb{R}$, in denen f_1 und f_2 stetig sind.

Es sei angemerkt, dass eine Funktion $f : \mathbb{R} \to \mathbb{C}$ stückweise stetig, bzw. eine stückweise C^1-Funktion genannt wird, wenn sie dies auf jedem kompakten Teilintervall von $\mathbb{R}$ ist. Dies setzt die Existenz der einseitigen Grenzwerte in den Unstetigkeitsstellen bzw. die Existenz der einseitigen Ableitungen in den Nichtdifferenzierbarkeitsstellen voraus.

Rechenregeln

Im Folgenden seien $f, g, \ldots : \mathbb{R} \to \mathbb{C}$ stückweise stetig differenzierbar und absolut integrabel. Mit $F(\omega)$, $G(\omega)$, …, $\omega \in \mathbb{R}$, werden ihre Fourier-Transformierten bezeichnet.

(a) Linearität:

$$\begin{aligned}\mathcal{F}\{f + g\}(\omega) &= F(\omega) + G(\omega)\\ \mathcal{F}\{\alpha \cdot f\}(\omega) &= \alpha F(\omega)\,, \quad \alpha \in \mathbb{C}\,.\end{aligned} \tag{28.6}$$

(b) Konjugation:

$$\mathcal{F}\{\overline{f}\}(\omega) = \overline{F(-\omega)}\,. \tag{28.7}$$

Beweis.

$$\mathcal{F}[\overline{f}](\omega) = \int_{-\infty}^{\infty} \overline{f(t)}\mathrm{e}^{-i\omega t}\,\mathrm{d}vt = \int_{-\infty}^{\infty} \overline{f(t)\mathrm{e}^{-i(-\omega)t}}\,\mathrm{d}t = \overline{F(-\omega)}\,. \qquad \blacksquare$$

(c) Streckung:

$$\mathcal{F}\{f(ct)\}(\omega) = \frac{1}{|c|}F(\omega/c)\,. \tag{28.8}$$

Beweis.

$$\mathcal{F}\{f(ct)\}(\omega) = \int_{-\infty}^{\infty} f(ct)\mathrm{e}^{-i\omega t}\,\mathrm{d}t = \mathbf{sign}(c)\cdot\int_{-\infty}^{\infty} f(\tau)\mathrm{e}^{-i\omega(\tau/c)}\frac{1}{c}\,\mathrm{d}\tau. \qquad \blacksquare$$

(d) Verschiebungssätze:

$$\begin{aligned}\mathcal{F}\{f(t-a)\}(\omega) &= \mathrm{e}^{-i\omega a}F(\omega)\,,\\ \mathcal{F}\{\mathrm{e}^{iat}f(t)\}(\omega) &= F(\omega-a)\,.\end{aligned} \tag{28.9}$$

Beweis.

$$\int_{-\infty}^{\infty} f(t-a)\mathrm{e}^{-i\omega t}\,\mathrm{d}t = \int_{-\infty}^{\infty} f(\tau)\mathrm{e}^{-i\omega(\tau+a)}\,\mathrm{d}\tau\,, \quad \text{sowie}$$

$$\int_{-\infty}^{\infty} \mathrm{e}^{iat}f(t)\mathrm{e}^{-i\omega t}\,\mathrm{d}t = \int_{-\infty}^{\infty} f(t)\mathrm{e}^{-i(\omega-a)t}\,\mathrm{d}t\,. \qquad \blacksquare$$

(e) Faltungssätze:

$$\begin{aligned}\mathcal{F}\{(f*g)(t)\}(\omega) &= F(\omega)\cdot G(\omega)\,,\\ \mathcal{F}\{f(t)\cdot g(t)\}(\omega) &= \frac{1}{2\pi}(F*G)(\omega)\,.\end{aligned} \tag{28.10}$$

Dabei bezeichnet $(f*g)(t) := \int_{-\infty}^{\infty} f(t-\tau)g(\tau)\,\mathrm{d}\tau$ die **Faltung** der Funktionen f und g.

Beweis.

$$\begin{aligned}\int_{-\infty}^{\infty}\int_{-\infty}^{\infty} f(t-\tau)g(\tau)\,\mathrm{d}\tau\cdot\mathrm{e}^{-i\omega t}\,\mathrm{d}t &= \int_{-\infty}^{\infty}\int_{-\infty}^{\infty} f(t-\tau)\mathrm{e}^{-i\omega(t-\tau)}\,\mathrm{d}t\cdot g(\tau)\mathrm{e}^{-i\omega\tau}\,\mathrm{d}\tau\\ &= \int_{-\infty}^{\infty} f(u)\mathrm{e}^{-i\omega u}\,\mathrm{d}u\cdot\int_{-\infty}^{\infty} g(\tau)\mathrm{e}^{-i\omega\tau}\,\mathrm{d}\tau. \qquad \blacksquare\end{aligned}$$

(f) Differentiation:

Ist f eine stückweise C^1-Funktion mit **nur** ***endlich*** vielen Unstetigkeitsstellen $t_1,\ldots,t_m$ und sind f und f' absolut integrierbar, so gilt

$$\mathcal{F}\{f'\}(\omega) = i\omega F(\omega) - \sum_{k=1}^{m}\left(f\left(t_k^+\right) - f\left(t_k^-\right)\right)\mathrm{e}^{-i\omega t_k} \tag{28.11}$$

Beweis (o. B. d. A. für eine Unstetigkeitsstelle).

$$\begin{aligned}\int_{-\infty}^{\infty} f'(t)\mathrm{e}^{-i\omega t}\,\mathrm{d}t &= \int_{-\infty}^{t_1} f'(t)\mathrm{e}^{-i\omega t}\,\mathrm{d}t + \int_{t_1}^{\infty} f'(t)\mathrm{e}^{-i\omega t}\,\mathrm{d}t\\ &= [f(t)\mathrm{e}^{-i\omega t}]\Big|_{-\infty}^{t_1} + [f(t)\mathrm{e}^{-i\omega t}]\Big|_{t_1}^{\infty} + i\omega\int_{-\infty}^{\infty} f(t)\mathrm{e}^{-i\omega t}\,\mathrm{d}t\\ &= \left(f\left(t_1^-\right) - f\left(t_1^+\right)\right)\mathrm{e}^{-i\omega t_1} + i\omega F(\omega)\,. \qquad \blacksquare\end{aligned}$$

Ist f sogar stetig, so folgt $\mathcal{F}\{f'\}(\omega) = i\omega F(\omega)$.

Entsprechend erhält man für die höheren Ableitungen unter entsprechenden Glattheitsvoraussetzungen

$$\mathcal{F}\{f^{(s)}\}(\omega) = (i\omega)^s F(\omega)\,, \quad s \in \mathbb{N}\,. \tag{28.12}$$

Beispiel (28.8)
Für die Faltung $g = f * f$ des Rechteckimplulses

$$f(t) = \begin{cases} 1: & -1 \leq t \leq 1\,, \\ 0: & |t| > 1\,. \end{cases}$$

erhält man die „Dachfunktion"

$$g(t) = \int\limits_{\max\{-1,\, t-1\}}^{\min\{1,\, t+1\}} 1\,\mathrm{d}\tau = \begin{cases} 2 - |t|: & -2 \leq t \leq 2\,, \\ 0: & |t| > 2\,. \end{cases}$$

Mit Beispiel 28.4 und dem Faltungssatz ergibt sich damit für die Fourier-Transformierte der Dachfunktion g: $G(\omega) = 4 \cdot \operatorname{sinc}^2(\omega)$.

Beispiel (28.9)
Wir suchen eine Lösung der Differentialgleichung

$$y''(t) + ay'(t) + by(t) = c(t)\,,$$

die den Wachstumsbedingungen $\lim_{|t|\to\infty} y(t) = 0$ und $\lim_{|t|\to\infty} y'(t) = 0$ genügt.

Die Fourier-Transformation der Differentialgleichung ergibt mit (28.11)

$$(-\omega^2 + i\omega a + b) \cdot Y(\omega) = C(\omega)\,,$$

wobei Y die Fourier-Transformierte von y und C diejenige von c bezeichnet.

Damit ist also

$$Y(\omega) = \frac{1}{-\omega^2 + i\omega a + b} \cdot C(\omega)\,.$$

Die Rücktransformation ergibt mittels Faltungssatz (28.10) die folgende Lösungsdarstellung

$$y(t) = \frac{1}{2\pi} \int\limits_{-\infty}^{\infty} \int\limits_{-\infty}^{\infty} \frac{c(\tau)}{-\omega^2 + i\omega a + b} \mathrm{e}^{i\omega(t-\tau)}\,\mathrm{d}\tau\,\mathrm{d}\omega\,.$$

Beispiel (28.10): RC-Tiefpass
Bei vorgegebenem Spannungsverlauf $u_1(t)$ ist eine Lösung $u(t)$ der Differentialgleichung

$$RCu'(t) + u(t) = u_1(t)$$

gesucht (R: Ohmscher Widerstand, C: Kapazität).

Sind die Funktionen u_1 und u nun Fourier-transformierbar (mit Fourier-Transformierten $U_1(\omega)$ und $U(\omega)$), so folgt aus obiger Differentialgleichung

$$U(\omega) = \frac{1}{1 + i\omega RC} \cdot U_1(\omega)\,.$$

Die Funktion $H(\omega) := 1/(1 + i\omega RC)$ heißt auch **Übertragungsfunktion**. Sie ist nach Beispiel 28.5 gerade die Fourier-Transformierte der Funktion

$$h(t) = \begin{cases} \frac{1}{RC} e^{-t/(RC)} : & t > 0\,, \\ 0 : & t < 0\,. \end{cases}$$

Damit ergibt sich nun aus dem Faltungssatz die Darstellung

$$u(t) = (h * u_1)(t) = \frac{1}{RC} \int_0^\infty u_1(\tau) e^{-(t-\tau)/(RC)} \, d\tau\,.$$

Es sei angemerkt, dass dies die einzige Lösung der obigen Differentialgleichung ist, die die Wachstumsbedingung $u(t) \to 0$, für $|t| \to \infty$, erfüllt.

Anwendungen auf partielle Differentialgleichungen

Wir betrachten noch zwei Anwendungen der Fourier-Transformation auf partielle Differentialgleichungen.

Beispiel (28.11): Wärmeleitung

Wir untersuchen die eindimensionale Wärmeleitungsgleichung für einen unendlich langen Stab.

$$\begin{aligned} &u_t(t,x) = c u_{xx}(t,x)\,, \quad -\infty < x < \infty\,, \quad t \geq 0\,, \\ &u(x,0) = u_0(x)\,. \end{aligned}$$

Bilden wir die Fourier-Transformation der Differentialgleichung bez. der Variablen x, also $U(\omega, t) := \int_{-\infty}^{\infty} u(x,t) e^{-i\omega x} \, dx$, so folgt

$$\begin{aligned} &U_t(\omega,t) = c(i\omega)^2 U(\omega,t)\,, \quad U(\omega,0) = U_0(\omega)\,, \\ \Rightarrow\quad &U(\omega,t) = U_0(\omega) e^{-c\omega^2 t}\,. \end{aligned}$$

Hierbei ist U_0 die Fourier-Transformierte der Anfangsfunktion u_0. Zur Rücktransformation verwenden wir wieder den Faltungssatz und bestimmen dazu zunächst das Urbild der Funktion $e^{-ct\omega^2}$:

$$\begin{aligned} \mathcal{F}^{-1}[e^{-ct\omega^2}] &= \frac{1}{2\pi} \int_{-\infty}^{\infty} e^{-ct\omega^2} e^{i\omega x} \, d\omega \\ &= \frac{1}{2\pi} \int_{-\infty}^{\infty} \exp\left(-[\sqrt{ct}\omega]^2 + i\frac{x}{\sqrt{ct}} [\sqrt{ct}\omega] + \frac{x^2}{4ct} \right) \cdot e^{-\frac{x^2}{4ct}} \, d\omega \\ &= \frac{1}{2\pi} e^{-\frac{x^2}{4ct}} \int_{-\infty}^{\infty} e^{-\left([\sqrt{ct}\omega] - \frac{ix}{2\sqrt{ct}} \right)^2} \, d\omega \\ &= \frac{1}{2\sqrt{\pi ct}} e^{-\frac{x^2}{4ct}}\,, \quad \text{vgl. Beispiel 19.31}\,. \end{aligned}$$

Die Anwendung des Faltungssatzes ergibt nunmehr

$$u(x,t) = \frac{1}{\sqrt{4\pi ct}} \int_{-\infty}^{\infty} \mathrm{e}^{-\frac{(x-\xi)^2}{4ct}} u_0(\xi)\,\mathrm{d}\xi \qquad (28.13)$$

Man beachte, dass die obige Herleitung nur formaler Natur ist, da wir die Existenz der Fourier-Transformationen nicht nachgewiesen haben. Der in (28.13) auftretende Faktor

$$G(x,\xi,t) := \frac{1}{\sqrt{4\pi ct}} \mathrm{e}^{-\frac{(x-\xi)^2}{4ct}}, \quad t > 0,$$

heißt wie früher **Greensche Funktion**.

Beispiel (28.12): Potentialgleichung
Wir betrachten das folgende Potentialproblem auf der Halbebene

$$\begin{aligned} &u_{xx} + u_{yy} = 0, \quad x \in \mathbb{R}, \quad y \geq 0, \\ &u(x,0) = u_0(x). \end{aligned}$$

Die Fourier-Transformation bez. der Variablen x ergibt

$$U_{yy}(\omega, y) = -(i\omega)^2 U(\omega, y) = \omega^2 U(\omega, y)$$

und somit $U(\omega, y) = C_1 \cdot \mathrm{e}^{|\omega|\,y} + C_2 \cdot \mathrm{e}^{-|\omega|\,y}$.

Da wir nur Lösungen betrachten wollen, die für $|y| \to \infty$ verschwinden, muss $C_1 = 0$ sein und somit

$$U(\omega, y) = U_0(\omega)\mathrm{e}^{-|\omega|\,y}.$$

Zur Rücktransformation liefert zunächst das Beispiel 28.6

$$\mathcal{F}^{-1}[\mathrm{e}^{-|\omega|y}] = \frac{1}{2\pi} \frac{2y}{y^2 + x^2}.$$

Hiermit und mit dem Faltungssatz ergibt sich

$$u(x,t) = \frac{1}{\pi} \int_{-\infty}^{\infty} \frac{y}{y^2 + (x-\xi)^2} u_0(\xi)\,\mathrm{d}\xi. \qquad (28.14)$$

Gleichung (28.14) heißt auch die **Poissonsche Integralformel für die Halbebene.**

Das Abtastproblem

Von einer hinreichend glatten Funktion $f : \mathbb{R} \to \mathbb{R}$ seien nur die Werte auf einem äquidistanten Gitter $t_k = k\Delta t$, $k \in \mathbb{Z}$, bekannt. Wir untersuchen, ob sich hieraus die Funktion f auch zwischen den Knoten rekonstruieren lässt. Allgemein wird sich hierzu nur dann etwas aussagen lassen, wenn man voraussetzt, dass f zu einer bestimmten Funktionenklasse gehört.

Beispiel (28.13)
Ist $f \in \Pi_n$ etwa ein Polynom vom Höchstgrad n, so braucht man nur $n+1$ Stützstellen $(t_k, f_k)_{k=0,\ldots,n}$ zu kennen, um hieraus f mittels Polynom-Interpolation rekonstruieren zu können.

Beispiel (28.14)
Sei f eine T-periodische Funktion mit der Fourier-Entwicklung

$$f(t) = \sum_{k=-\infty}^{\infty} \gamma_k e^{ik\omega t}, \quad \omega = \frac{2\pi}{T}.$$

Fordern wir, dass die Amplituden γ_k nur für endlich viele Frequenzen $\omega_k = k\omega$ nicht verschwinden, so ist f ein trigonometrisches Polynom $f(t) = \sum_{k=-m}^{m} \gamma_k \cdot e^{ik\omega t}$.

Die $(2m+1)$ Unbekannten γ_k, $k = -m, \ldots, m$ lassen sich mittels *trigonometrischer Interpolation* aus den f_k-Werten bestimmen; vgl. auch Bemerkung 16.20c). Hierzu braucht man wenigstens die Knoten

$$t_k = k\Delta t, \quad k = 0, 1, \ldots, N-1, \quad \Delta t = \frac{T}{N}, \quad N = 2m+1.$$

Man fordert also weiterhin für die **Abtastrate**

$$\Delta t \le \frac{T}{N} = \frac{2\pi}{(2m+1)\omega} =: \frac{\pi}{\Omega},$$

wobei $\Omega := \frac{2m+1}{2}\omega \approx m\omega$ die **Bandbreite** bezeichnet.

Wir übertragen das letzte Beispiel nun auf den aperiodischen Fall.

Dazu lauten die entsprechenden Forderungen, die sogenannten **Nyquist-Bedingungen**[1], an eine Fourier- transformierbare Funktion $f: \mathbb{R} \to \mathbb{R}$:

(N1) Die Funktion f besitze endliche Bandbreite, d. h., es gibt ein $\Omega > 0$ mit $F(\omega) = 0$ für alle $|\omega| > \Omega$.

(N2) Die Abtastfrequenz $2\pi/\Delta t$ ist mindestens doppelt so groß wie die Bandbreite, also $\Delta t \le \pi/\Omega$.

Damit lässt sich nun die folgende Aussage beweisen.

Satz (28.15): Abtasttheorem von Shannon[2]
Genügt eine gerade Funktion $f: \mathbb{R} \to \mathbb{R}$ den in Satz 28.7 genannten Voraussetzungen, ist f also insbesondere Fourier-transformierbar, und sind die Nyquist-Bedingungen (N1), (N2) erfüllt, so lässt sich f aus den Daten $f(t_k)$, $t_k := k\Delta t$, $k \in \mathbb{Z}$ rekonstruieren.

1) Harry Nyquist (1889–1976); New Haven, AT&T, Bell Labs.
2) Claude Elwood Shannon (1916–2001); Princeton, AT&T, Bell Labs.

Beweis (ohne Konvergenzuntersuchungen).
Aufgrund der Voraussetzung (N1) lässt sich f folgendermaßen schreiben

$$f(t) = \frac{1}{2\pi} \int_{-\Omega}^{\Omega} F(\omega) e^{i\omega t} \, d\omega \,, \quad t \in \mathbb{R} \,. \tag{28.15}$$

Wir setzen $F(\omega)$, $\omega \in [-\Omega, \Omega]$, als eine 2Ω–periodische Funktion auf $\mathbb{R}$ fort und betrachten die zugehörige Fourier-Reihe

$$F(\omega) = \sum_{k=-\infty}^{\infty} \gamma_k e^{ik(\pi/\Omega)\omega} \,, \quad -\Omega \le \omega \le \Omega \,. \tag{28.16}$$

Für die Fourier-Koeffizienten gilt nun nach (16.4) und (28.15)

$$\gamma_k = \frac{1}{2\Omega} \int_{-\Omega}^{\Omega} F(\omega) e^{ik(\pi/\Omega)\omega} \, d\omega = \frac{\pi}{\Omega} f(-t_k) \,. \tag{28.17}$$

Dabei haben wir gemäß der Nyquist-Bedingung (N2) o. B. d. A. $\Delta t = \pi/\Omega$ angenommen (andernfalls könnte man Ω entsprechend vergrößern).

Setzt man nun (28.16) in (28.15) ein, so lässt sich wegen der gleichmäßigen Konvergenz umformen:

$$\begin{aligned}
f(t) &= \frac{1}{2\pi} \int_{-\Omega}^{\Omega} \sum_{k=-\infty}^{\infty} \gamma_k e^{i(t+k(\pi/\Omega))\omega} \, d\omega \\
&= \frac{1}{2\pi} \sum_{k=-\infty}^{\infty} \gamma_k \int_{-\Omega}^{\Omega} e^{i(t+k(\pi/\Omega))\omega} \, d\omega \\
&= \frac{1}{2\pi} \sum_{k=-\infty}^{\infty} \gamma_k \frac{1}{i(t+k(\pi/\Omega))} e^{i(t+k(\pi/\Omega))\omega} \Big|_{\omega=-\Omega}^{\Omega} \\
&= \frac{1}{\pi} \sum_{k=-\infty}^{\infty} \gamma_k \frac{\sin(\Omega t + k\pi)}{(t + k(\pi/\Omega))} \\
&= \sum_{k=-\infty}^{\infty} f(t_k) \frac{\sin(\Omega t - k\pi)}{(\Omega t - k\pi)} \,,
\end{aligned}$$

wobei sich die letzte Gleichheit aus (28.17) ergibt. Damit ist f allein durch die Werte $f(t_k)$ dargestellt worden. ∎

Bemerkung (28.16)
Vor dem Abtasten eines Signals können mit einem sogenannten *Antialiasingfilter* alle Frequenzen größer als die zulässige Nyquist-Frequenz herausgefiltert werden, so dass das entstehende Signal dann die Voraussetzungen des Abtasttheorems erfüllt.

28.2 Die Laplace-Transformation

Aufgrund der in Satz 28.7 geforderten absoluten Integrierbarkeit lassen sich nur solche Funktionen einer Fourier-Transformation unterziehen, die hinreichend schnell abfallen. Dies schränkt die Anwendbarkeit auf allgemeine Einschaltvorgänge erheblich ein. Die Idee zur Laplace-Transformation besteht darin, die Integraltransformation durch Einführung eines *konvergenzerzeugenden Faktors* zu modifizieren und sie damit auf eine größere Klasse von Funktionen anwendbar zu machen.

Die Laplace-Transformation geht zurück auf frühe Untersuchungen von Laplace und Euler. Ihre vielfältige Anwendbarkeit auf Probleme der Mechanik und der Elektrotechnik wurde vor allem durch die Arbeiten von Heaviside[3] und Doetsch[4] aufgezeigt.

Definition (28.17)
Zu einer stückweise stetigen Funktion $f\colon [0,\infty[\to\mathbb{R}$ wird durch

$$F(s)=\mathcal{L}\{f\}(s):=\int\limits_0^\infty \mathrm{e}^{-st}f(t)\,\mathrm{d}t\,,\quad s\in\mathbb{C}\,,\tag{28.18}$$

die **Laplace-Transformierte** definiert.

$f(t)$ heißt die **Urbildfunktion** oder **Originalfunktion**, $F(s)$ heißt die **Bildfunktion**.

Der Zusammenhang (28.18) wird mitunter auch durch das sogenannte **Doetsch-Symbol** $f(t)\circ\!\!-\!\!\bullet F(s)$ ausgedrückt.

Ein hinreichendes Kriterium für die Existenz des in der Laplace-Transformierten auftretenden uneigentlichen Integrals lässt sich mit Hilfe des Majorantenkriteriums, vgl. Satz 13.29, gewinnen. Dazu definiert man:

Definition (28.18)
Eine stückweise stetige Funktion $f\colon [0,\infty[\to\mathbb{R}$ heißt **von exponentieller Ordnung** γ, falls es Konstanten $C,\ a>0$ gibt mit

$$\forall\, t\geq a\colon\quad |f(t)|\leq C\mathrm{e}^{\gamma t}\,.\tag{28.19}$$

Daraus erhält man den folgenden Existenzsatz:

Satz (28.19): Existenzsatz
Ist $f\colon [0,\infty[\to\mathbb{R}$ stückweise stetig und von exponentieller Ordnung γ, so existiert die Laplace-Transformierte $F(s)$ von f für alle $s\in\mathbb{C}$ mit $\operatorname{Re}s>\gamma$.

3) Oliver Heaviside (1850–1925); Newcastle.
4) Gustav Doetsch (1892–1977); Göttingen, Hannover, Halle.

Beweis.
Für $b > a$ lässt sich das Integral aus (28.18) in zwei Teilintegrale aufspalten:

$$\int_0^b e^{-st} f(t)\,dt = \int_0^a e^{-st} f(t)\,dt + \int_a^b e^{-st} f(t)\,dt$$

Das erste Integral existiert, da der Integrand als stückweise stetig angenommen wurde. Der Integrand des zweiten Integrals ist abschätzbar durch

$$|e^{-st} f(t)| \leq C e^{(\gamma - \operatorname{Re} s)t} \qquad (t \geq a)$$

und das uneigentliche Integral $\int_a^\infty C e^{(\gamma-\operatorname{Re} s)t}\,dt$ konvergiert für alle $\operatorname{Re} s > \gamma$.

Damit folgt auch die absolute Konvergenz des uneigentlichen Integrals (28.18) nach dem Majorantenkriterium. ■

Beispiel (28.20)
Die konstante Funktion $f(t) = 1$ ist von exponentieller Ordnung $\gamma = 0$ und man erhält für die Laplace-Transformierte

$$\mathcal{L}\{1\}(s) = \int_0^\infty e^{-st}\,dt = -\frac{1}{s} e^{-st}\Big|_0^\infty = \frac{1}{s}, \qquad \operatorname{Re} s > 0\,. \tag{28.20}$$

Beispiel (28.21)
Für $a > 0$ ist die sogenannte **Heaviside-Funktion**

$$h_a(t) := \begin{cases} 0\,, & t < a \\ 1\,, & t \geq a \end{cases} \tag{28.21}$$

ebenfalls von exponentieller Ordnung $\gamma = 0$ und man erhält wie oben für die Laplace-Transformierte, vgl. Abb. 28.5,

$$\mathcal{L}\{h_a\}(s) = \int_a^\infty e^{-st}\,dt = \frac{1}{s} e^{-as}\,, \qquad \operatorname{Re} s > 0\,. \tag{28.22}$$

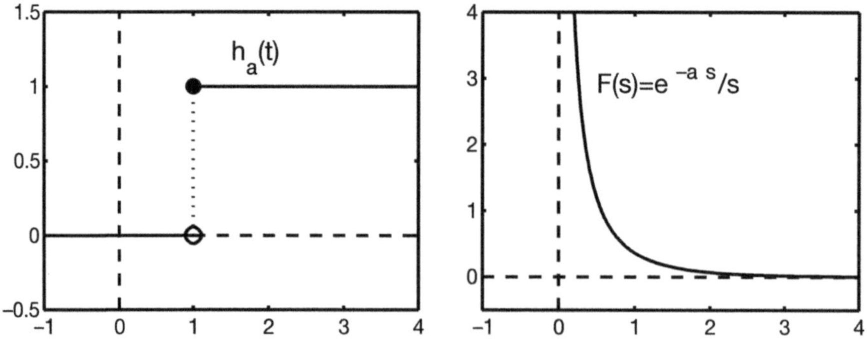

Abb. 28.5 $\mathcal{L}$-Transformation der Heaviside-Funktion.

Beispiel (28.22)
Für $a \in \mathbb{R}$ ist die Funktion $f(t) := \mathrm{e}^{at}$ von exponentieller Ordnung $\gamma = a$. Für $\operatorname{Re} s > a$ ergibt sich damit

$$\mathcal{L}\{\mathrm{e}^{at}\}(s) = \int_0^\infty \mathrm{e}^{-st}\mathrm{e}^{at}\,\mathrm{d}t = \int_0^\infty \mathrm{e}^{-(s-a)t}\,\mathrm{d}t = \frac{1}{s-a}\,. \tag{28.23}$$

Beispiel (28.23)
Für $a \in \mathbb{R}$ ist die Funktion $f(t) = \sin(at)$ von exponentieller Ordnung $\gamma = 0$ und man erhält für die Laplace-Transformierte:

$$\begin{aligned}\mathcal{L}\{\sin(at)\}(s) &= \int_0^\infty \mathrm{e}^{-st}\sin(at)\,\mathrm{d}t = \operatorname{Im}\left(\int_0^\infty \mathrm{e}^{-(s-ia)t}\,\mathrm{d}t\right)\\ &= \operatorname{Im}\left(\frac{1}{s-ia}\right) = \frac{a}{s^2+a^2}\,,\qquad \operatorname{Re} s > 0\end{aligned} \tag{28.24}$$

Analog zeigt man:

$$\mathcal{L}\{\cos(at)\}(s) = \frac{s}{s^2+a^2}\,,\qquad \operatorname{Re} s > 0\,. \tag{28.25}$$

Beispiel (28.24)
Für $a > -1$ ist die Funktion $f(t) = t^a$ von exponentieller Ordnung γ für jedes $\gamma > 0$.

$$\begin{aligned}\mathcal{L}\{t^a\}(s) &= \int_0^\infty \mathrm{e}^{-st}t^a\,\mathrm{d}t\\ &= \frac{1}{s^{a+1}}\int_0^\infty \mathrm{e}^{-x}x^a\,\mathrm{d}x = \frac{\Gamma(a+1)}{s^{a+1}}\,,\qquad \operatorname{Re} s > 0\end{aligned} \tag{28.26}$$

Dabei bezeichnet $\Gamma(x)$ die **Gamma-Funktion**, vgl. Beispiel (13.33).
Speziell für $a = n \in \mathbb{N}$ ergibt sich: $\mathcal{L}\{t^n\}(s) = n!/s^{n+1}$, $\operatorname{Re} s > 0$.

Umkehrung der Laplace-Transformation

Sei $f\colon [0,\infty[\to \mathbb{R}$ eine stückweise C^1-Funktion von exponentieller Ordnung γ, die die Laplace-Transformierten $F(s) := \mathcal{L}\{f\}(s)$, $\operatorname{Re} s > \gamma$, besitzt.

Für $\alpha > \gamma$ betrachten wir die Hilfsfunktion

$$f^*(t) := \begin{cases} 0\,, & t < 0 \\ \mathrm{e}^{-\alpha t}\cdot f(t)\,, & t \geq 0\,. \end{cases}$$

f^* ist eine stückweise C^1-Funktion und absolut integrierbar über $\mathbb{R}$.

Damit existiert die Fourier-Transformierte $F^*(\omega) = \mathcal{F}\{f^*(t)\}(\omega)$ von f^* und es gilt

$$F^*(\omega) = \int_0^\infty f(t)\mathrm{e}^{-(\alpha+i\omega)t}\,\mathrm{d}t = F(\alpha + i\omega)\,.$$

Hieraus lässt sich nun die Ausgangsfunktion gemäß Satz 28.7 zurückgewinnen:

$$\begin{aligned}\frac{1}{2}\left(f^*(t^-) + f^*(t^+)\right) &= \frac{1}{2\pi}\lim_{\Omega\to\infty}\int_{-\Omega}^{\Omega} F^*(\omega)\mathrm{e}^{i\omega t}\,\mathrm{d}\omega\\ &= \frac{1}{2\pi}\lim_{\Omega\to\infty}\int_{-\Omega}^{\Omega} F(\alpha+i\omega)\mathrm{e}^{i\omega t}\,\mathrm{d}\omega\,.\end{aligned}$$

Für $t \geq 0$ folgt hieraus

$$\begin{aligned}\frac{1}{2}\left(f(t^-) + f(t^+)\right) &= \frac{1}{2\pi}\lim_{\Omega\to\infty}\int_{-\Omega}^{\Omega} F(\alpha+i\omega)\mathrm{e}^{(\alpha+i\omega)t}\,\mathrm{d}\omega\\ &= \frac{1}{2\pi i}\lim_{\Omega\to\infty}\int_{\alpha-i\Omega}^{\alpha+i\Omega} F(s)\mathrm{e}^{st}\,\mathrm{d}s\,.\end{aligned}$$

Dabei ist als Integrationsweg in $\mathbb{C}$ die Verbindungsgerade zwischen den Punkten $\alpha \pm i\Omega$ parallel zur y-Achse zu wählen.

Satz (28.25)
Ist $f\colon [0,\infty[\to \mathbb{R}$ stückweise stetig differenzierbar und von exponentieller Ordnung γ, so gilt für die Laplace-Transformierte $F(s)$ von f und $\alpha > \gamma$:

$$\frac{1}{2\pi i}\lim_{\Omega\to\infty}\int_{\alpha-i\Omega}^{\alpha+i\Omega} F(s)\mathrm{e}^{st}\,\mathrm{d}s = \begin{cases}\frac{1}{2}\left(f(t^-)+f(t^+)\right), & t>0\\ \frac{1}{2}f(0^+), & t=0\\ 0, & t<0\,.\end{cases}$$

Satz 28.25 legt es nahe, zur Berechnung des obigen komplexen Integrals den Residuensatz 27.82 anzuwenden. Dazu wird die Verbindungsgerade zwischen den Punkten $\alpha \pm i\Omega$ ergänzt durch einen Kreisbogen um den Mittelpunkt $s = 0$ und mit Radius $r = |\alpha \pm i\Omega|$. Man erhält dann die folgende Darstellung

Satz (28.26)
Die Laplace-Transformierte $F(s)$ lasse sich holomorph fortsetzen, diese Fortsetzung sei auf ganz $\mathbb{C}$ – bis auf endlich viele Singularitäten – erklärt und es gelte eine Abschätzung der Form $|F(s)| \leq M/|s|^\rho$, $\rho > 0$. Dann gilt:

$$\mathcal{L}^{-1}\{F(s)\}(t) = \sum_{s_k} \operatorname{Res}\left(F(s) \cdot e^{st}; s_k\right) .$$

Beispiel (28.27)
Gesucht sei die Urbildfunktion zu $F(s) = \frac{1}{s-a}$. Nach Satz 28.26 ergibt sich mit (27.42)

$$\begin{aligned} f(t) &= \sum_{s_k} \operatorname{Res}\left(\frac{e^{st}}{s-a}; s_k\right) = \operatorname{Res}\left(\frac{e^{st}}{s-a}; a\right) \\ &= \frac{e^{at}}{1} = e^{at} . \end{aligned}$$

Man vergleiche hierzu auch (28.23).

Rechenregeln

Im Folgenden seien $f, g, \ldots : \mathbb{R} \to \mathbb{C}$ stückweise stetig differenzierbare Funktionen, die für $t < 0$ verschwinden und die von exponentieller Ordnung γ sind. Mit $F(s)$, $G(s)$, ... seien die zugehörigen Laplace-Transformierten bezeichnet, $\operatorname{Re} s > \gamma$.

(a) Linearität:

$$\begin{aligned} \mathcal{L}\{f(t) + g(t)\}(s) &= F(s) + G(s) \\ \mathcal{L}\{\alpha \cdot f(t)\}(s) &= \alpha F(s) , \quad \alpha \in \mathbb{C} . \end{aligned} \tag{28.27}$$

(b) Streckung:

$$\mathcal{L}\{f(ct)\}(s) = \frac{1}{c} F\left(\frac{s}{c}\right) , \; c > 0 . \tag{28.28}$$

Beweis.

$$\mathcal{L}\{f(ct)\} = \int_0^\infty e^{-st} f(ct)\, dt = \int_0^\infty e^{-(s/c)\tau} f(\tau)(1/c)\, d\tau = (1/c)F(s/c) .$$ ■

(c) Verschiebungssätze:

$$\begin{aligned} \mathcal{L}\{e^{at} f(t)\}(s) &= F(s-a) , \\ \mathcal{L}\{h_a(t) f(t-a)\}(s) &= e^{-as} F(s) . \end{aligned} \tag{28.29}$$

Beweis.

$$\mathcal{L}\{e^{at} f(t)\} = \int_0^\infty e^{-(s-a)t} f(t)\,dt = F(s-a)\,, \quad \text{sowie}$$

$$\mathcal{L}\{h_a(t) f(t-a)\} = \int_a^\infty e^{-st} f(t-a)\,dt = \int_0^\infty e^{-s(\tau+a)} f(\tau)\,d\tau = e^{-sa} F(s)\,.$$

■

Beispiele (28.28)

a) Gesucht sei die Laplace-Transformierte von:

$$f(t) := \begin{cases} \sin t\,, & 0 \le t \le \pi/4\,, \\ \sin t + \cos(t-\pi/4)\,, & t \ge \pi/4\,. \end{cases}$$

Man findet die folgende Darstellung von f mit Hilfe der Heaviside-Funktion:

$$f(t) = \sin t + g(t)\,, \quad g(t) = h_{\pi/4}(t)\cos(t-\pi/4)\,.$$

Mit (28.24), (28.25) und (28.29) erhalten wir hieraus

$$\mathcal{L}\{f(t)\} = \frac{1}{s^2+1} + e^{-\pi s/4}\frac{s}{s^2+1}\,.$$

b) Gesucht sei das Urbild der Laplace-Transformierten $F(s) := (1-e^{-2s})/s^2$.
Die Anwendung der Linearität und des Verschiebungssatzes ergibt mit (28.26)

$$f(t) = \mathcal{L}^{-1}\left\{\frac{1}{s^2}\right\} - \mathcal{L}^{-1}\left\{\frac{e^{-2s}}{s^2}\right\} = t - h_2(t)\,(t-2)\,.$$

c) Gesucht sei das Urbild der Laplace-Transformierten

$$F(s) := \frac{1}{s^2-4s+5} = \frac{1}{(s-2)^2+1}\,.$$

Die Anwendung des Verschiebungssatzes ergibt $f(t) = e^{2t}\sin t$.

(d) Der Faltungssatz:

Genügen f und g den oben genannten Voraussetzungen, so besitzt auch die Faltung $f * g$ eine Laplace-Transformierte, und es gilt

$$\mathcal{L}\{(f*g)(t)\}(s) = F(s)\cdot G(s)\,, \quad \operatorname{Re} s > \gamma\,. \tag{28.30}$$

Beweis.
Wegen $f(t) = g(t) = 0$ für $t < 0$ hat man für die Faltung die Darstellung

$$(f * g)(t) := \int_0^t f(t-\tau)g(\tau)\,\mathrm{d}\tau\,.$$

Nach Definition der Laplace-Transformation gilt damit

$$\mathcal{L}\{f_1 * f_2\}(s) = \lim_{b\to\infty} \int_0^b \mathrm{e}^{-st} \int_0^t f(t-\tau)g(\tau)\,\mathrm{d}\tau\,\mathrm{d}t$$

Dieses Integral lässt sich als ein Flächenintegral deuten über dem Dreieck $K_b := \{(t,\tau)^{\mathrm{T}} : 0 \le \tau \le t \le b\}$, vgl. Abb. 28.6.

Die Umkehrung der Parametrisierung gemäß dem Satz von Fubini ergibt:

$$\begin{aligned}
\mathcal{L}\{f * g\}(s) &= \lim_{b\to\infty} \int_0^b \int_\tau^b \mathrm{e}^{-st} f(t-\tau)g(\tau)\,\mathrm{d}t\,\mathrm{d}\tau \\
&= \lim_{b\to\infty} \int_0^b \int_0^{b-\tau} \mathrm{e}^{-s(\tau+u)} f(u)g(\tau)\,\mathrm{d}u\,\mathrm{d}\tau \\
&= \lim_{b\to\infty} \int_0^b \mathrm{e}^{-s\tau}g(\tau) \left[\int_0^{b-\tau} \mathrm{e}^{-su} f(u)\,\mathrm{d}u\right] \mathrm{d}\tau = \mathcal{L}\{f\}(s)\cdot\mathcal{L}\{g\}(s)\,.
\end{aligned}$$

■

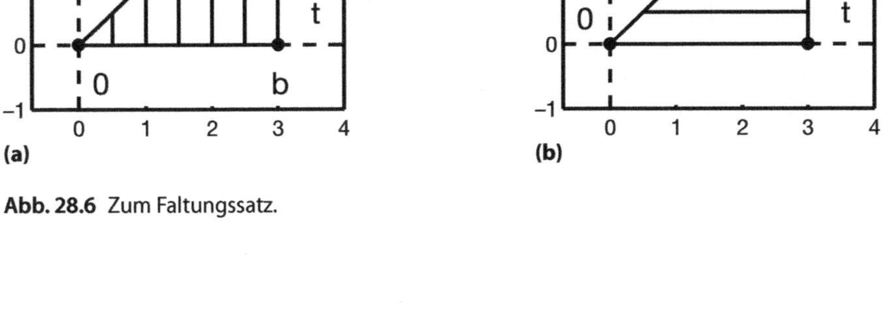

Abb. 28.6 Zum Faltungssatz.

Beispiel (28.29)
Gesucht sei das Urbild f der Laplace-Transformierten $F(s) := \frac{1}{s(s^2+4)}$.

Wegen $\mathcal{L}^{-1}\{1/s\} = 1$ und $\mathcal{L}^{-1}\{1/(s^2+4)\} = 0.5 * \sin(2t)$ liefert der Faltungssatz

$$f(t) = \int_0^t \frac{1}{2}\sin(2t)\cdot 1\,\mathrm{d}t = \frac{1}{4}(1-\cos(2t))\,.$$

(e) Differentiation und Integration:

i) Ist f stetig, stückweise stetig differenzierbar und von exponentieller Ordnung γ, so existiert auch $\mathcal{L}\{f'\}$ für $\operatorname{Re} s > \gamma$ und es gilt:

$$\mathcal{L}\{f'(t)\} = s\mathcal{L}\{f(t)\} - f(0^+)\,. \tag{28.31}$$

Unter entsprechenden Voraussetzungen gilt für die Ableitungen höherer Ordnung:

$$\mathcal{L}\{f^{(n)}(t)\} = s^n\mathcal{L}\{f(t)\} - \sum_{j=1}^{n} s^{n-j} f^{(j-1)}(0^+)\,. \tag{28.32}$$

ii) Unter entsprechenden Voraussetzungen an f gilt für die Integration:

$$\mathcal{L}\left\{\int_0^t f(\tau)\,\mathrm{d}\tau\right\} = (1/s)\mathcal{L}\{f(t)\} \tag{28.33}$$

iii) Unter entsprechenden Voraussetzungen an f gilt:

$$\mathcal{L}\{t^n f(t)\} = (-1)^n \frac{\mathrm{d}^n}{\mathrm{d}s^n}F(s)\,, \quad n \in \mathbb{N}\,, \tag{28.34}$$

$$\mathcal{L}\{f(t)/t\} = \int_s^\infty F(\sigma)\,\mathrm{d}\sigma\,. \tag{28.35}$$

Beweis (zu (28.31)).
Seien $0 = t_0 < t_1 < \ldots < t_n = a$ die Sprungstellen von f' in einem (beschränkten) Intervall $[0, a]$. Partielle Integration ergibt:

$$\begin{aligned}\int_0^a \mathrm{e}^{-st} f'(t)\,\mathrm{d}t &= \sum_{k=0}^{n-1} \mathrm{e}^{-st} f(t)\Big|_{t_k}^{t_{k+1}} + s\int_0^a \mathrm{e}^{-st} f(t)\,\mathrm{d}t \\ &= \mathrm{e}^{-sa} f(a) - f(0^+) + s\int_0^a \mathrm{e}^{-st} f(t)\,\mathrm{d}t\,.\end{aligned}$$

Für $a \to \infty$ und $\operatorname{Re} s > \gamma$ folgt hieraus die Behauptung. ■

Beispiele (28.30)

a) Gegeben sei die Anfangswertaufgabe:

$$y'' - y' - 2y = 0\,, \quad y(0) = 1\,, \quad y'(0) = 0\,.$$

Die Laplace-Transformation der Differentialgleichung ergibt unter Verwendung von (28.31):

$$[s^2\mathcal{L}\{y\} - s\,y(0) - y'(0)] - [s\mathcal{L}\{y\} - y(0)] - 2\mathcal{L}\{y\} = 0\,.$$

Setzt man hierin die Anfangsbedingungen ein, so folgt:

$$\mathcal{L}\{y\} = (s-1)/(s^2 - s - 2)\,.$$

Die Partialbruchzerlegung ergibt:

$$\mathcal{L}\{y\} = \frac{1/3}{s-2} + \frac{2/3}{s+1}\,.$$

Die Rücktransformation ergibt schließlich mit (28.23): $y(t) = (1/3)\mathrm{e}^{2t} + (2/3)\mathrm{e}^{-t}$.

b) Gegeben sei die Anfangswertaufgabe:

$$y'' + y = \sin(2t)\,, \quad y(0) = 2\,, \quad y'(0) = 1\,.$$

Die Laplace-Transformation der Differentialgleichung ergibt, vgl. (28.24):

$$[s^2\mathcal{L}\{y\} - s\,y(0) - y'(0)] + \mathcal{L}\{y\} = 2/(s^2 + 4)\,.$$

Die Anfangsbedingungen eingesetzt ergibt:

$$\mathcal{L}\{y\} = \frac{2s^3 + s^2 + 8s + 6}{(s^2+1)(s^2+4)}\,.$$

Und weiter mittels Partialbruchzerlegung:

$$\mathcal{L}\{y\} = \frac{2s}{s^2+1} + \frac{5/3}{s^2+1} - \frac{2/3}{s^2+4}\,.$$

Die Rücktransformation ergibt nun: $y(t) = 2\cos t + (5/3)\sin t - (1/3)\sin(2t)$.

c) Gegeben sei die Anfangswertaufgabe:

$$2y'' + y' + 2y = h_5(t) - h_{20}(t)\,, \quad y(0) = 0\,, \quad y'(0) = 0\,.$$

Hierdurch wird die Ladung eines Kondensators in einem einfachen elektrischen Schaltkreis mit einem Einheits-Spannungs-„Impuls“ für $5 \le t \le 20$ beschrieben.

Die Laplace-Transformation der Differentialgleichung ergibt mit $Y(s) := \mathcal{L}\{y\}(s)$:

$$2s^2 Y(s) + sY(s) + 2Y(s) = \mathrm{e}^{-5s}/s - \mathrm{e}^{-20s}/s\,;$$

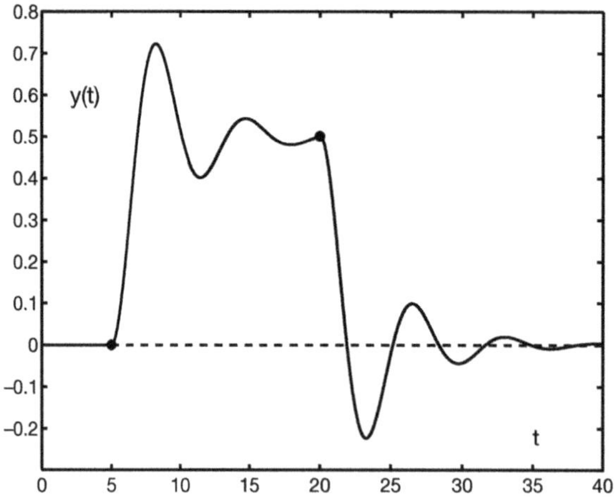

Abb. 28.7 Lösung der Anfangswertaufgabe 28.30c).

oder aufgelöst:

$$Y(s) = [e^{-5s} - e^{-20s}]\, G(s)\,, \qquad G(s) := \frac{1}{s(2s^2 + s + 2)}\,.$$

Ist $g(t) := \mathcal{L}^{-1}\{G(s)\}$, so ist die Lösung $y(t)$ nach dem Verschiebungssatz gegeben durch

$$y(t) = h_5(t)g(t-5) - h_{20}(t)g(t-20)\,.$$

Die Partialbruchzerlegung von $G(s)$ ergibt:

$$G(s) = \frac{0.5}{s} - \frac{s + 1/2}{2s^2 + s + 2} = \frac{0.5}{s} - 0.5\frac{(s+1/4) + 1/4}{(s+1/4)^2 + 15/16}\,.$$

Damit ergibt die Rücktransformation, vgl. Abb. 28.7:

$$g(t) = 0.5 - 0.5e^{-t/4}\,[\cos(\sqrt{15}t/4) + (1/\sqrt{15})\sin(\sqrt{15}t/4)]\,.$$

Impulsfunktionen (Distributionen)

Mittels Distributionen werden sehr kurze, impulsartige wirkende Kräfte $\delta(t)$ beschrieben, deren *„Gesamtimpuls"* $I := \int_{-\infty}^{\infty} \delta(t)\,\mathrm{d}t$ endlich und vorgegeben ist (z. B. = 1).

Die spezielle Distribution δ, die einer hinreichend glatten Funktion $f : \mathbb{R} \to \mathbb{R}$ den Wert $f(0)$ zuordnet, heißt die **Diracsche**[5] **Delta-Distribution.**

5) Paul A.M. Dirac (1902–1984); Cambridge, Florida State University.

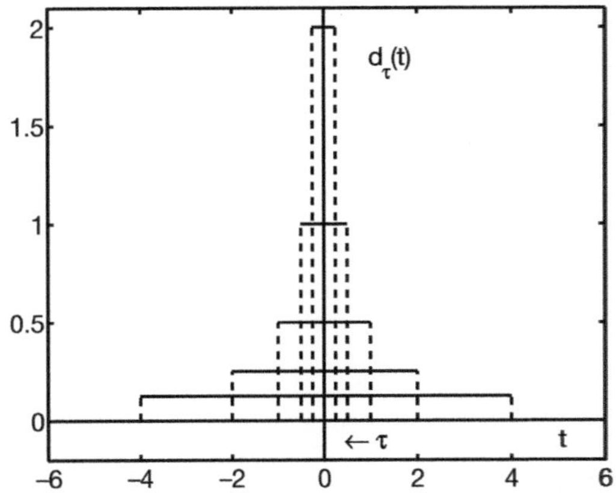

Abb. 28.8 Zur δ-Distribution.

$\delta(t)$ lässt sich als „Grenzwert" einer Funktionenfolge interpretierten, wobei allerdings nicht der Grenzwert der Funktionenfolge selbst, sondern der von Integralausdrücken dieser Funktionenfolge gebildet wird, vgl. Abb. 28.8.

$$d_\tau(t) := \begin{cases} 1/(2\tau), & -\tau < t < \tau \\ 0, & |t| \geq \tau \end{cases} \quad \to \quad \delta(t)\ (\tau \downarrow 0)$$

Für stetige Funktionen $f \in C(\mathbb{R})$ wird definiert:

$$\int_{-\infty}^{\infty} \delta(t-t_0) f(t)\,\mathrm{d}t := \lim_{\tau\to 0} \int_{-\infty}^{\infty} d_\tau(t-t_0) f(t)\,\mathrm{d}t$$
$$= \lim_{\tau\to 0}\left[\frac{1}{2\tau}\int_{t_0-\tau}^{t_0+\tau} f(t)\,\mathrm{d}t\right] = \lim_{\tau\to 0}\left[\frac{1}{2\tau}(2\tau) f(\tilde{\tau})\right] = f(t_0)\,.$$

Laplace-Transformierte der δ-Distribution

$$L\{\delta(t-t_0)\} := \lim_{\tau\to 0} L\{d_\tau(t-t_0)\} = \lim_{\tau\to 0} \int_0^{\infty} \mathrm{e}^{-st} d_\tau(t-t_0)\,\mathrm{d}t$$
$$= \lim_{\tau\to 0}\left[\frac{1}{2\tau}\int_{t_0-\tau}^{t_0+\tau} \mathrm{e}^{-st}\,\mathrm{d}t\right] = \lim_{\tau\to 0}\left[-\frac{1}{2s\tau}\mathrm{e}^{-st_0}\left(\mathrm{e}^{-s\tau}-\mathrm{e}^{s\tau}\right)\right] = \mathrm{e}^{-st_0}\,. \tag{28.36}$$

Beispiel (28.31): vgl. auch Beispiel 28.30c)
Gegeben sei die Anfangswertaufgabe

$$2y'' + y' + 2y = 15\,\delta(t-5)\,, \quad y(0) = 0\,, \quad y'(0) = 0\,.$$

Die Laplace-Transformation ergibt mit (28.36):

$$2s^2 Y(s) + sY(s) + 2Y(s) = 15\,\mathrm{e}^{-5s}\,;$$

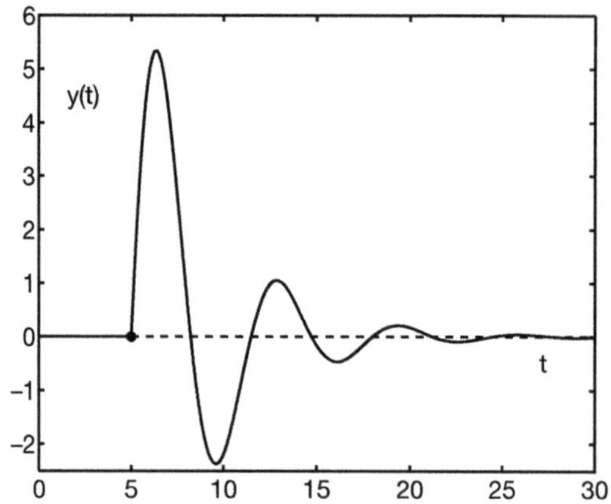

Abb. 28.9 Lösung zu Beispiel 28.31.

oder aufgelöst:

$$Y(s) = \mathrm{e}^{-5s} G(s)\,, \qquad G(s) := \frac{15}{2s^2 + s + 2}\,.$$

Ist $g(t) := L^{-1}\{G(s)\}$, so lautet die Lösung:

$$y(t) = h_5(t) g(t-5)\,.$$

Die Funktion $G(s)$ lässt sich umschreiben:

$$G(s) = \frac{15}{2s^2 + s + 2} = 2\sqrt{15}\frac{\sqrt{15}/4}{(s+1/4)^2 + 15/16}\,.$$

Die Rücktransformation ergibt, vgl. Abb. 28.9, $g(t) = 2\sqrt{15}\mathrm{e}^{-t/4}\sin(\sqrt{15}t/4)]$.

Weiterführende Literatur

Lehrbücher zur Ingenieur-Mathematik

1 Arens, T., Hettlich, F., Karpfinger, C., Kockelkorn, U., Lichtenegger, K. und Stachel, H. (2008). *Mathematik*. Heidelberg: Spektrum Akademischer Verlag.

2 Aumann, G. (1984–1998). *Höhere Mathematik*, Bde. 1–3. Mannheim: Bibliographisches Institut.

3 Bärwolff, G. und Graichen, G. (2006). *Höhere Mathematik für Naturwissenschaftler und Ingenieure*. Heidelberg: Spektrum Akademischer Verlag.

4 Burg, K., Haf, H., Wille, F. und Meister, A. (2004–2009). *Höhere Mathematik für Ingenieure*, Bde. 1–6. Wiesbaden: Vieweg und Teubner.

5 Hoffmann, A., Marx, B. und Vogt, W. (2005–2006). *Mathematik für Ingenieure*, Bde. 1 und 2. Pearson Studium.

6 Laugwitz, D. (1964–1988). *Ingenieur-Mathematik*, Bde. 1–5. Mannheim: Bibliographisches Institut.

7 Meyberg, K. und Vachenauer, P. (2001). *Höhere Mathematik*, Bde. 1 und 2. Berlin: Springer.

8 Neunzert, H., Eschmann, W., A. Blickendörfer-Ehlers und Schelkes, K. (1996–1998). *Mathematik für Physiker und Ingenieure: Analysis 1 und 2*. Berlin: Springer.

9 Papula, L. (2008–2009). *Mathematik für Ingenieure und Naturwissenschaftler*, Bde. 1–3. Berlin: Springer.

10 Sauer, R. und Szabó, I. (Hrsg.) (1968). *Mathematische Hilfsmittel des Ingenieurs*. Berlin: Springer.

11 Seydel, R. und Bulirsch, R. (1986). *Vom Regenbogen zum Farbfernsehen – Höhere Mathematik in Fallstudien aus Natur und Technik*. Berlin: Springer.

12 Spiegel, M.R. (1999). *Höhere Mathematik für Ingenieure und Naturwissenschaftler. Theorie und Anwendung*, (Schaum's). New York: McGraw-Hill.

Lehrbücher zur Analysis

13 Collatz, L. (1968). *Funktionalanalysis und Numerische Mathematik*. Heidelberg: Springer.

14 Forster, O. (2008). *Analysis*, Bde. 1 und 2. Wiesbaden: Vieweg + Teubner.

15 Heuser, H. (2008–2009). *Lehrbuch der Analysis*, Bde. 1–2. Wiesbaden: Vieweg + Teubner.

16 Jänich, K. (2001). *Analysis für Physiker und Ingenieure*. Berlin: Springer.

Mathematik in den Ingenieur- und Naturwissenschaften 2, 5. Aufl.
Rainer Ansorge, Hans J. Oberle, Kai Rothe und Thomas Sonar.

17 Königsberger, K. (2009). *Analysis*, Bde. 1–2. Berlin: Springer.
18 Niederdrenk, K. und Yserentant, H. (1997). *Funktionen einer Veränderlichen.* Wiesbaden: Vieweg.
19 Rudin, W. (2009). *Reelle und komplexe Analysis.* München: Oldenbourg.
20 Sonar, T. (1999). *Einführung in die Analysis.* Wiesbaden: Vieweg + Teubner.
21 Walter, W. (2007–2009). *Analysis*, Bde. 1–2. Berlin: Springer.

Lehrbücher zu Gewöhnlichen Differentialgleichungen und deren Numerik

22 Boyce, W.E. und R.C. DiParma. (2000). *Gewöhnliche Differentialgleichungen.* Heidelberg: Spektrum Akademischer Verlag.
23 Collatz, L. (1990). *Differentialgleichungen.* Stuttgart: Teubner.
24 Deuflhard, P. und Bornemann, F. (2008). *Numerische Mathematik*, Bd. 2: Gewöhnliche Differentialgleichungen. Berlin: De Gruyter Lehrbuch.
25 Grüne, L. und Junge, O. (2008). *Gewöhnliche Differentialgleichungen: Eine Einführung aus der Perspektive der dynamischen Systeme.* Wiesbaden: Vieweg + Teubner.
26 Hairer, E., Norsett, S.P. und Wanner, G. (2009). *Solving Ordinary Differential Equations I: Nonstiff Problems.* Berlin: Springer.
27 Hairer, E. und Wanner, G. (2010). *Solving Ordinary Differential Equations II: Stiff and Differential Algebraic Problems.* Berlin: Springer.
28 Heuser, H. (2009). *Gewöhnliche Differentialgleichungen.* Wiesbaden: Vieweg + Teubner.
29 Hermann, M. (2004). *Numerik gewöhnlicher Differentialgleichungen.* München: Oldenbourg.

Lehrbücher zu Partiellen Differentialgleichungen und deren Numerik

30 Ansorge, R. (1978). *Differenzenapproximationen partieller Anfangswertaufgaben.* Stuttgart: Teubner.
31 Ansorge, R. und Hass, R. (1970/2009). *Konvergenz von Differenzenverfahren für lineare und nichtlineare Anfangswertaufgaben.* Berlin: Springer.
32 Ansorge, R. und Th. Sonar. (2009). *Mathematical Models of Fluid Dynamics.* Weinheim: Wiley-VCH.
33 Braess, D. (2007). *Finite Elemente.* Berlin: Springer.
34 Dziuk, G. (2010). *Theorie und Numerik partieller Differentialgleichungen.* Berlin: De Gruyter.
35 Evans, L.C. (2010). *Partial Differential Equations.* American Mathematical Society.
36 Großmann, Ch. und Roos, H.-G. (2005). *Numerik partieller Differentialgleichungen.* Wiesbaden: Vieweg + Teubner.
37 Hackbusch, W. (1986). *Theorie und Numerik elliptischer Differentialgleichungen.* Stuttgart: Teubner.
38 Larsson, S. und Thomée, V. (2005). *Partielle Differentialgleichungen und numerische Methoden.* Berlin: Springer.
39 Morton, K.W. und Mayers, D.F. (2005). *Numerical Solution of Partial Differential Equations.* Cambridge: Cambridge University Press.
40 Strauss, W.A. (2008). *Partial Differential Equations.* Berlin: Wiley.

41 Tveito, A. und Winther, R. (2002). *Einführung in die partiellen Differentialgleichungen*. Berlin: Springer.
42 van Kan, J.J. und Segal, A. (1995). *Numerik partieller Differentialgleichungen für Ingenieure*. Stuttgart: Teubner.

Lehrbücher zur Funktionentheorie

43 Cartan, E. (1966). *Elementare Theorie der analytischen Funktionen*. Mannheim: Bibliographisches Institut.
44 Fischer, W. und Lieb, I. (2009). *Einführung in die komplexe Analysis*. Wiesbaden: Vieweg + Teubner.
45 Freitag, E. und Busam, R. (2009). *Funktionentheorie 1*. Berlin: Springer.
46 Henrici, P. und Jeltsch, R. (1998). *Komplexe Analysis für Ingenieure*, 2 Bde. Berlin: Springer.
47 Jänich, K. (2009). *Funktionentheorie*. Berlin: Springer.
48 Remmert, R. und Schumacher, G. (2002/2007). *Funktionentheorie 1 und 2*. Berlin: Springer.

Lehrbücher zu Integraltransformationen

49 Föllinger, O. (2007). *Laplace-, Fourier- und z-Transformation*. Hüthig.
50 Mertins, A. (2010). *Signaltheorie*. Wiesbaden: Vieweg + Teubner.
51 Preuß, W. (2009). *Funktionaltransformationen*. München: Hanser.
52 Weber, H. und Ulrich, H. (2007). *Laplace Transformation*. Wiesbaden: Vieweg + Teubner.

Lehrbücher zur Numerischen Mathematik

53 Deuflhard, P. und Hohmann, A. (2008). *Numerische Mathematik*, Bd. 1. Berlin: De Gruyter Lehrbuch.
54 Forsythe, G.E., Malcolm, M.A. und Moler, C.B. (1977). *Computer Methods for Mathematical Computations*. Inc., Englewood Cliffs, N. J.,: Prentice-Hall.
55 Golub, G.H. und Van Loan, C. (2007). *Matrix Computations*. Hindustan Book Agency.
56 Hämmerlin, G. und Hoffmann, K.-H. (1994). *Numerische Mathematik*. Berlin: Springer.
57 Hermann, M. (2006). *Numerische Mathematik*. München: Oldenbourg.
58 Kahaner, D., Moler, C. und Nash, S. (1989). *Numerical Methods and Software*. Inc., Englewood Cliffs, N. J.,: Prentice-Hall.
59 Knorrenschild, M. (2008). *Numerische Mathematik: Eine beispielorientierte Einführung*. Leipzig: Hanser Fachbuchverlag.
60 Opfer, G. (2008). *Numerische Mathematik für Anfänger*. Wiesbaden: Vieweg + Teubner.
61 Roos, H.-G. und Schwetlick, H. (1999). *Numerische Mathematik*. Stuttgart, Leipzig: Teubner.
62 Schaback, R. und Wendland, H. (2004). *Numerische Mathematik*. Berlin: Springer.

63 Schwarz, H.R. und Köckler, N. (2008). *Numerische Mathematik*. Wiesbaden: Vieweg + Teubner.
64 Sonar, T. (2001). *Angewandte Mathematik, Modellbildung und Informatik*. Wiesbaden: Vieweg + Teubner.
65 Stoer, J. und Bulirsch, R. (2005–2007). *Numerische Mathematik*, Bde. 1–2. Berlin: Springer.
66 Törnig, W. und Spellucci, P. (1988–1990). *Numerische Mathematik für Ingenieure und Physiker*. Bde. 1–2. Berlin: Springer.
67 Überhuber, C., Katzenbeisser, S. und Praetorius, D. (2004). *MATLAB 7: Eine Einführung*. Wien: Springer.
68 Werner, J. (1992). *Numerische Mathematik*, Bde. 1–2. Wiesbaden: Vieweg.
69 Wilkinson, J.H. und Reinsch, C. (1971). *Linear Algebra. Handbook for Automatic Computation*, Vol. II. Berlin: Springer.

Formelsammlungen und Handbücher

70 Abramowitz, M. und Stegun, I.A. (1972). *Handbook of Mathematical Functions*. New York: Dover Publications, Inc.
71 Bartsch, H.J. (2004). *Taschenbuch mathematischer Formeln*. Leipzig: Hanser Fachbuchverlag.
72 Bronstein, I.N., Semendjajew, K.A., Musiol, G. und Muehlig, H. (2008). *Taschenbuch der Mathematik*. Frankfurt: Harri Deutsch.
73 Dreszer, J. (Hrsg.) (1975). *Mathematik-Handbuch für Technik und Naturwissenschaften*. Frankfurt: Harri Deutsch.
74 Hart, J.F. et al. (Hrsg.) (1968). *Computer Approximations*. New York, London, Sydney: Wiley.
75 Papula, L. (2006). *Mathematische Formelsammlung für Ingenieure und Naturwissenschaftler*. Wiesbaden: Vieweg + Teubner.
76 Rade, L. und Westergren, B. (2000). *Springers Mathematische Formeln*. Berlin: Springer, Übersetzt und bearbeitet von P. Vachenauer.
77 Reinhardt, F. und Soeder, H. (1998). *dtv-Atlas Mathematik*. München: Bde. 1–2. Deutscher Taschenbuch Verlag.
78 Stöcker, H. (2007). *Taschenbuch mathematischer Formeln und moderner Verfahren*. Frankfurt: Harri Deutsch.

Aufgabensammlungen

79 Busum, R. und Epp, T. (2009). *Prüfungstrainer: Lineare Algebra und Analysis*. Heidelberg: Spektrum Akademischer Verlag.
80 Günter, N.M. und Kusmin, R.O. (1993). *Aufgabensammlung zur Höheren Mathematik*, Bde. 1 und 2. Frankfurt: Harri Deutsch.
81 Minorski, V.P. (2008). *Aufgabensammlung der höheren Mathematik*. Leipzig: Hanser Fachbuch.
82 Papula, L. (2008). *Mathematik für Ingenieure und Naturwissenschaftler: Klausur- und Übungsaufgaben*. Wiesbaden: Vieweg + Teubner.
83 Pforr, A., Oehlschlaegel, L. und Seltmann, G. (1998). *Übungsaufgaben zur linearen Algebra und linearen Optimierung*. Wiesbaden: Vieweg + Teubner.

84 Rießinger, T. (2009). *Übungsaufgaben zur Mathematik für Ingenieure*. Berlin: Springer.

85 Turtur, C.W. (2007). *Prüfungstrainer Mathematik*. Wiesbaden: Vieweg + Teubner.

86 Wenzel, H. und Heinrich, G. (2005). *Übungsaufgaben zur Analysis*. Wiesbaden: Vieweg + Teubner.

Stichwortverzeichnis

Mathematik in den Ingenieur- und Naturwissenschaften 2, 5. Aufl.
Rainer Ansorge, Hans J. Oberle, Kai Rothe und Thomas Sonar.

C

D

I

J

K

P

Q

R

W

Z